도서 구입을 감사드리며 빅데이터 러닝센터가 준비한

e-러닝(VOD) 무료수강권 증정 안내

도서 구입 인증을 하신 분들께 빅데이터 러닝센터 e-러닝(VOD) 수강 쿠폰(10만원 상당)을 전달드립니다.
아래의 구입 인증 방법을 참고하시어, 인증 후 빅데이터 러닝센터 e-러닝 컨텐츠를 이용하시기 바랍니다.

사이트 회원가입 필수

STEP. 1 ilovedata.kr 접속 > 로그인 > 고객센터 > 도서 구입 인증 게시판

빅데이터 러닝센터 정규교육 서점 위탁교육 라이선스 튜터 ① 고객센터 마이페이지

공지사항 이벤트 ② 도서 구입 인증 게시판 FAQ 문의하기 찾아오시는 길

도서 구입 인증 게시판

No 제목 작성자 등록일 조회수

③ 글쓰기

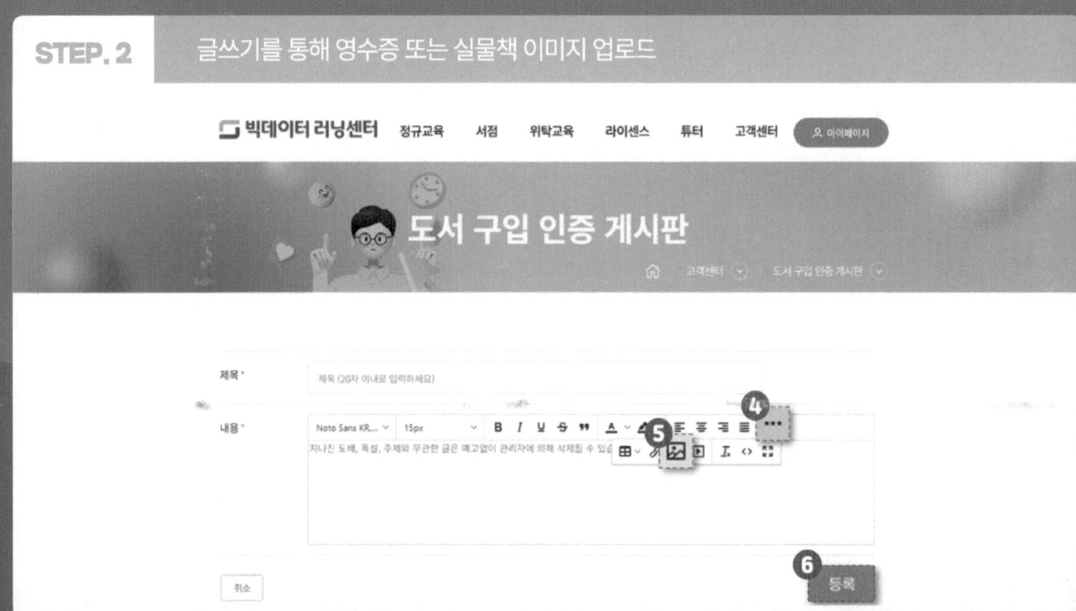

주의사항 | 쿠폰은 e-러닝(VOD) 교육에만 사용 가능합니다. (정규교육 사용 불가)

논문 투고를 위한 A to Z

SPSS를 활용한 논문의 준비부터 분석, 원고작성과 게재까지

노승국 · 이정우 지음

빅데이터 러닝센터

저자 소개

노승국
KAIST 문화기술대학원 박사학위 취득 후, 경찰대학 데이터사이언스 주임교수로 관련 연구를 수행하고 있다.
주요 관심 분야는 연구방법론, 계량경제, 머신러닝, 자연어 데이터 분석 등이다.

이정우
경찰대학 졸업 및 경비, 수사, 경무 분야 근무 후 경찰대학 치안대학원에서 데이터사이언스 연구를 수행하고 있다.
주요 관심 분야는 치안시스템 최적화, 경찰 수사 자동화, 빅데이터 활용 치안 정보 분석 등이다.

SPSS를 활용한 논문의 준비부터 분석, 원고작성과 게재까지
초판 1쇄 인쇄 : 2024년 1월 24일/ 초판 1쇄 발행 : 2024년 1월 25일
발행처 : (주)데이타솔루션 / 발행인 : 배복태
주 소 : 서울시 강남구 언주로 620 현대인텔렉스빌딩 10층
대표전화 : 02-3467-7200
등록번호 : 제16-1669호 / 등록일 : 1998년 5월 15일
ISBN 978-89-6505-029-2

책을 만든 사람들
펴 낸 곳 : 데이타솔루션 빅데이터 러닝센터
공 급 처 : 한나래출판사

http://www.ilovedata.co.kr
제품문의 : sales@datasolution.kr
교육 및 교재 문의 : training@datasolution.kr
실습 데이터 다운로드 : https://spss.datasolution.kr/manual/manual.htm

저자 서문

학문의 여정은 강렬한 호기심과 지식에 대한 끊임없는 추구로 시작됩니다. '논문의 준비부터 분석, 원고작성과 게재까지'는 그 여정을 여러분과 함께 걸으며, 연구의 세계를 즐겁고 풍성하게 만드는 모든 것을 탐험하는 지침서가 되고자 합니다.

연구를 진행하는 것은 상당한 열정과 정교함, 그리고 오랜 시간의 헌신이 필요합니다. 이 책은 초기 연구자로부터 경험 많은 학자에 이르기까지 모든 수준의 연구자들을 지원하며, 각 단계에서 겪게 될 도전과 결정 사항을 이해하고 관리하는 데 도움이 될 것입니다.

논문 작성의 복잡함을 간단하게 나타내는 것은 절대 쉬운 일이 아닙니다. 그렇기에 이 책은 연구 문제의 선정에서부터 논문의 구조화, 데이터 분석, 그리고 마침내 학술 저널 게재까지, 과학적 연구와 학술 작성의 주요 측면을 깊이 있고 접근 가능한 방식으로 다룹니다. 또한, 이 책은 그저 이론적인 지식만을 전달하는 것이 아닙니다. 이는 실제 사례 연구와 인터뷰, 실용적인 도구와 전략을 통해 학자들이 자신의 연구를 성공적으로 계획하고, 구현하고, 전달할 수 있도록 지원합니다. 즉, 단순한 가이드북을 넘어 여러분의 학문적 파트너가 되고자 합니다. 또한 여러분의 아이디어와 저널에 출판될 준비가 되기까지 함께 발전해 나갈 도우미가 되고자 합니다.

논문 작성과 학술 게재의 세계는 때때로 우리에게 어렵고, 복잡하며, 때로는 힘들게 느껴질 수 있습니다. 하지만 이 책을 통해, 저는 그 과정이 여러분의 학문적 호기심을 키우고, 새로운 아이디어와 지식의 스파크를 제공하며, 여러분의 연구 여정을 더욱 풍요롭고 보람찬 것으로 만들어주길 희망합니다.

경찰대학 연구실에서 노승국 교수

2024년 1월

공동 저자 서문

이 책은 학사부터 박사과정의 학생, 그리고 교수에 이르기까지 모든 연구자를 위한 지침서라고 할 수 있습니다. 연구논문의 작성부터 SCIE 급과 KCI 급 학술지에 투고하는 전 과정을 체계적이고 상세하게 다루고 있으며, 연구 과정에서 필수적인 통계분석 도구인 SPSS를 활용한 실질적이고 실용적인 분석 방법에 대해서도 깊이 있게 설명하고 있습니다. 여러분은 이 책을 통해 연구 주제의 선정부터 연구 설계, 논문 작성의 기술, 통계분석, 그리고 학술지 투고와 리뷰 과정에 이르기까지 연구의 전 과정을 한눈에 조망할 수 있게 될 것입니다.

연구자의 여정은 끊임없는 학습과 탐구의 연속입니다. 이 책이 여러분의 여정에서 가이드가 되어, 각자의 아이디어와 발견을 세상과 공유하는 데 도움이 되기를 바랍니다. 저 또한 계속해서 배우고, 탐구하고, 발전하는 한 연구자로, 이 책을 통해 제가 얻은 지식과 경험을 여러분과 나누고자 합니다.

이 책은 경찰대학 노승국 교수님의 깊이 있는 지식과 통찰력, 그리고 경험이 결합하여 탄생하게 되었습니다. 교수님의 지혜롭고 열정적인 지도에 깊이 감사드립니다. 또한, 제 가족과 아내에게도 이해와 지지에 대한 진심의 감사를 전합니다. 이 책이 가족들의 헌신과 사랑의 결실로서, 많은 연구자에게 유용한 지침이 되기를 희망합니다.

이정우

2024년 1월

목 차

2. 실전 데이터 분석(SPSS)

3. 연구 논문 게재의 실제

1

연구논문 작성 Tip

SPSS를 활용한 논문의 준비부터 분석, 원고작성과 게재까지

1.1. 왜 논문이 필요한가

1.2. 연구방법론 지식의 습득

1.3. 연구주제 결정을 위한 연구 가설 설정법과 기본 통계지식의 이해

1.4. 데이터 확보와 관리법

1.5. 효율적인 통계분석의 수행

1.6. 한글 글쓰기 능력의 중요성

1.7. 영어 번역과 검증

1.8. 빠르고 정확한 시각화

1.9. 협업 전략

1. 연구논문 작성 Tip

1.1. 왜 논문 실적이 필요한가?

연구논문의 중요성은 하이브레인넷에 게시된 한 국립 대학의 교수 초빙 공고를 보면 명확하게 이해할 수 있다. 해당 공고 화학과의 경우 3년 이내 SCI(E)급 논문을 3편 이상 요구하였으며, 경영학부의 경우 국내 KCI(한국연구재단 등재) 저널 논문 2편 이상 또는 SCI(E)급 이상 논문 1편 이상을 요구했다. 알아두어야 할 점은 이러한 요건이 지원을 할 수 있는 최소 자격으로 설정되었다는 것이다.

대학(부서)	학과	초빙분야	추가 지원자격
	화학과	유기합성	· 최근 3년 이내 SCI(E) 논문 3편 이상 (제1저자 또는 교신저자에 한함) ※IF 5이상10미만 SCI(E)논문은 SCI(E) 논문2편, IF 10이상 20미만 SCI(E)논문은 SCI(E)논문 3편, IF 20이상 논문은 SCI(E)논문 SCI(E)5편으로 인정 ※학문분야별 상위 5%이내의 SCI(E)논문은 SCI(E) 논문 3편으로 인정, 5%초과 10% 이내의 SCI(E)논문은 SCI(E) 논문 2편으로 인정
경영대학	경영학부	원가관리회계	· 최근 3년 이내 한국연구재단 등재학술지 이상 논문 2편 이상 (제1저자 또는 교신저자에 한함) ※ 국제등재학술지 이상 (CI(E)급 이상)논문 1편은 한국연구재단 등재학술지 2편으로 인정 (제1저자 또는 교신저자에 한함)

위 표의 경영학부 지원 자격을 자세히 살펴보면, KCI 저널은 2편을 요구하는 반면, 같은 요건으로 SCI(E)급 논문은 1편만을 요구했다. 이는 명백히 SCI(E) 저널의 가치와 중요성을 인정하는 것이다. 또한, 같은 SCI(E) 등급이라도 세분화하여 우수한 저널에 논문이 등재되었는지에 따라 차등하여 평가한다는 것도 알 수 있는데, 그 기준은 바로 저널의 Impact Factor(I.F.)이다. SCI(E) 등급 저널만 이 I.F.를 발표하고 있으므로, 이러한 저널에 논문을 게재한다는 것은 대학이나 연구기관 등에 지원 시 유리한 평가를 받을 수 있다는 것을 의미한다.

따라서 연구자에게 연구논문 성과는 가장 중요한 요소이며, 석·박사와 그 이후 연구 생활의 성패를 측정하는 가늠자라고 할 수 있다. 하지만 대부분 대학원생과 연구자가 연구논문을 작성하는데 막연함과 두려움을 가지고 있으며, 이는 자신의 분야를 오랫동안 공부했다는 교수·연구원도 마찬가지인 경우가 많다. 그러나, 한정된 시간, 에너지, 연구비의 제약은 늘 연구자를 힘들게 한다. 그렇다면 어떻게 연구논문을 효율적으로, 잘 작성할 수 있을까? 지금부터 연구논문을 효율적이고, 효과적으로 작성하는 방법들을 알아본다.

1.2. 연구방법론 지식의 습득

1.2.1. 논문 작성이 어려운 이유

대학원 생활을 시작한 석·박사과정생이나, 경력이 오래된 연구자들이 논문 작성에 어려움을 겪는 이유를 다음과 같이 정리해보았다.

① 자기 검열이 강하다

많은 연구자가 새로운 논문을 작성하기 전에 선행 논문을 참고하며, 특히 Top 저널의 최고 수준의 논문을 따라가고자 한다. 하지만 처음부터 수준 높은 논문을 작성하는 것은 거의 불가능하다. 그런데도 '왜 나는 이 정도 수준밖에 안 되지?'라고 생각하며 좌절하는 경우가 많으며, 많은 대학원생과 연구자는 궁여지책으로 같은 연구실(Lab)의 선배나 동료들에게 조언을 구하기도 한다. 그러나 일반적으로 그들 또한 나와 같은 고민을 하고 논문 작성에 도움이 필요한 사람들이며, 내가 원하는 정확한 해결책을 제시해주기 어렵다.

이러한 이유로 많은 연구자가 논문 작성을 힘들어하고, 기껏 공을 들여 작성한 논문을 학술지에 투고하기를 두려워한다. 그러나 논문에 대한 평가는 해당 학술지 리뷰어들의 몫이다. KCI 논문의 경우 일반적으로 3명의 리뷰어의 기준만 통과하면 학술지에 게재되는 것이다. 또한, 게재 불가 판정을 받았더라고 하더라도 비평을 통해 해당 분야에 능통한 교수·연구원들의 평가와 조언을 받는 것은 논문의 질적 향상을 위한 디딤돌이 되며, 연구자 자신의 논문 작성 실력을 높이기 위한 지침이 될 수 있다. 따라서 학술지에 논문을 투고하는 데 있어 리뷰어를 활용한다고 생각하는 것이 바람직하며, 과도한 자기 검열을 할 필요가 없다.

② 통계나 숫자가 부담스럽다

일부 연구자들은 질적 연구를 수행함으로써 부담스러운 통계나 숫자를 회피하고자 한다. 그러나 생각과는 달리 질적 연구는 양적 연구를 완벽히 숙달한 사람들이 활용하는 연구방법론이다. 예를 들어, 양적 연구방법론에서 대표적인 회귀분석을 실시한다고 하자. 분석 결과 설명변수의 설명력(R^2)이 0.9라고 나타난다면, 설명변수가 종속변수의 변동성의 90%를 설명하고 있다는 것을 의미한다. 설명력이 0.9인 것만으로도 매우 좋은 분석 결과(물론, 현실적으로 실현 불가능한 수준인 것은 당연하다)라고 할 수 있으나, 양적 연구에 완벽히 숙달한 연구자는 그러한 결과에 만족하지 않고, 회귀식으로 설명되지 않는 나머지 10%를 설명하기 위해 질적 연구를 수행하는 것으로 판단하는 것이 합리적이다.

따라서 통계나 숫자가 어렵다고 하여 질적 연구방법론으로 회피하는 것은 바람직하지 않고, 오히려 부정확하고 불완전한 논문 작성으로 이어질 위험이 있다. 통계나 숫자의 복잡한 수식과 방법론은 수학자와 통계학자의 몫이라는 것을 인지하고, 이미 발견된 완벽한 수식과 유용한 분석 방법을 잘 활용하겠다는 태도가 더 필요하다.

하지만 그렇다고 해서 통계적 기초 지식을 전혀 알 필요가 없다는 것을 의미하는 것은 아니다. 기초가 세워지지 않으면 응용과 발전이 불가능한 만큼, 연구를 위한 통계적 지식을 쌓는 것은 모든 연구 분야에 있어 중요하다. 다만, '통계와 숫자'에 미리 겁을 먹고 양적 연구방법론을 회피하는 정도에까지 이르지 않도록 조심만 하면 된다.

③ 내가 무엇을 모르는지 모른다

대학원의 연구실에서 자주 찾아볼 수 있는 풍경은 바로 후배 대학원생이 논문 작성에 대한 대부분의 지식 습득을 선배들에게 의존하는 것이다. 그러나 그들도 같은 학생이며, 설사 질문에 대한 답변을 알려준다고 하더라도 그것이 정답일 것이란 보장은 없다. 하물며, 모두 자신의 공부와 연구를 진행하느라 바쁜 와중에 성심성의껏 정답을 찾아준다는 기대를 하기도 어렵다. 내가 무엇을 모르는지 모를 때, 누군가가 나에게 정답을 알려줄 것이란 생각을 버려야 한다.

연구자 자신이 '무엇을 모르는지 모른다'라는 것을 인지하고, 그러한 상황에서 벗어나기 위한 도움을 얻을 수 있는 적절한 조력자를 찾아야 한다. 그 조력자는 대개 지도교수이거나 뛰어난 연구 역량을 이미 갖추고 있는 선배 연구자일 수 있다. 다만, 자신과 비슷하게 '무엇을 모르는지 모르는' 사람들로부터 유용한 조언을 얻을 수 있을 것이라는 생각은 버리도록 하자.

④ 연구 문제를 어떻게 결정할지 고민이다

결론부터 말하자면, 혼자 고민할 문제가 아니다. 대학원생의 경우, 지도교수와 충분히 상의하는 것이 가장 올바른 답이라고 할 수 있다. 지도교수가 바쁘거나, 상담에 관심이 없어 도움을 얻기가 어렵다면 교내 연구방법론에 관한 여러 강의를 들어보고, 시중의 연구방법론 도서를 정독해야 한다.

다수 대학원생이 학부 또는 대학원에서 연구방법론 수업 하나를 듣고 나서 '연구방법론은 끝났으니, 이제 전공 공부에 집중하자'라고 생각하는데, 완전히 잘못된 생각이다. 연구방법론이라는 기초가 확립되어야 논문 작성을 할 수 있으며, SCI(E)급 논문을 제1 저자로 5편 정도 작성할 때까지는 '나는 아직 연습 중이다'라는 마음가짐을 갖추는 것이 필요하다.

⑤ 누구와 어떻게 협업해야 할지 잘 모른다

모든 논문을, 특히 양질의 연구논문 작성을 혼자서 다 할 수는 없다. 각 연구 분야와 연구자마다 특출난 장점을 가지고 있으므로 협업을 통해 논문 작성의 효율성을 달성할 수 있다.

그러나 문제는 어떠한 사람과 협업해야 할지 결정하기 어렵다는 것이다. 많이들 하는 선택이 단순히 '친한 사람'과 협업을 시작하는 것인데, SCIE, SSCI급 논문 작성은 대인관계만으로 해결될 수 있는 문제가 아니다. 효율적인 연구논문 작성을 위해 논문 작성의 단계에 맞추어 각자의 장점을 극대화할 수 있도록 협업 체계를 구성해야 한다.

⑥ 최신 MS-Office 프로그램의 사용법을 잘 모른다

이 글을 읽고 있는 당신은 현재 PC에 설치된 MS-Office의 버전을 알고 있는가? 아니면 아예 설치도 되어있지 않은가? MS-Office는 현재 2022버전까지 출시되었으며, 구독을 통해 MS 365 서비스도 활용할 수 있다. 또한 2023년 7월을 기준으로 곧 출시될 예정인 MS copilot은 경험해보지 못한 효율을 가져올 수 있을 것이란 기대를 모으고 있다. MS-Office는 논문 작성 및 자료 정리 시 불필요한 코딩과 프로그래밍의 수고를 줄여주며, Add-in 기능은 강력한 확장성과 효율성을 가져다준다. 게다가 KCI를 제외한 SCI(E)급 학술지는 MS word로 원고를 작성하는 것이 기본이다.

⑦ 복잡한 통계 방법론, 패키지, 프로그래밍을 사용하기만 하면 좋을 것으로 생각한다

흔히 말하는 구조방정식이 반드시 논문에 포함되어야 하는가? 회귀분석이 T-test나 ANOVA보다 우월한 방법인가? 정답은 '내가 보유한 데이터에 따라 다르다'이다.

또한, 분석을 위해 흔히 사용되는 통계 패키지인 AMOS, SPSS 말고, Excel로 통계분석을 할 수는 없을까? R과 Python을 쓰는 이유가 무엇인가? 내 데이터의 형태에 따라 적절한 분석 방법을 사용하면 되고, 거창한 패키지와 프로그래밍 없이도 Excel을 활용하여 통계분석을 훌륭히 수행할 수 있다.

⑧ 당신은 상식적이고 합리적인 사람이기 때문이다.

누군가 초보 연구자에게 주저자로 SCIE 급 논문 5편을 어느 정도의 기간에 완성할 수 있을지 묻는다면, 대부분은 최소 3년 그리고 10년이라고 대답할 것이다. 왜냐하면 자신이 지켜본 선배 연구자들이 으레 그래왔던 것을 알고 있기 때문이다. 이 대답이 합리적인 추론의 결과라고 생각하겠지만, 과연 1년 안에 논문 5편을 쓰는 것은 불가능한가? 정답은 '아니다'이다. '합리적일 것 같은' 생각으로 자기 능력을 스스로 제한하지 말자. 연구성과는 투입한 시간과 노력에 비례한다.

1.2.2. 효율적인 논문 작성을 위해 필요한 것들

저자는 2017년 한 해에 SCI급 논문 7편을 게재하였다. 일 년간 대략 10편의 논문을 작성하여 7편의 논문을 게재한 성과의 비결은 효율적인 논문 작성법을 알고 있었기 때문이다. 물론 양에서 질이 나온다는 기본적인 원리가 존재하나, 효율성이 뒷받침되어야 좋은 성과를 낼 수 있다. 효율적이라

는 말은 최단 시간과 비용, 그리고 노력을 투입하여 최대한의 성과를 내는 것을 말한다. 논문을 효율적으로 작성하는 데 필요한 것들을 대략 정리하면 다음과 같다.

- 논문의 형태 구성과 본문의 작성을 위한 연구방법론 지식의 습득
- 연구 주제 결정을 위한 연구가설 설정법과 기본 통계 지식의 이해
- 데이터의 확보와 관리
- 효율적인 통계분석의 수행
- 한글 글쓰기 능력
- 영어 번역과 검증 능력
- 연구 결과의 빠르고 정확한 시각화
- 적절한 협업 전략

이어서 위와 같은 능력과 지식을 어떻게 습득할 수 있는지에 대하여 개별적으로 살펴본다.

표 1 : SCIE, SSCI, A&HCI, 그리고 SCOPUS란?

∘ SCIE, SSCI, A&HCI, 그리고 SCOPUS란?

1) SCIE, SSCI, A&HCI

SCIE, SSCI, 그리고 A&HCI는 모두 Clarivate Analytics에서 만든 학술 데이터베이스이다. 이들은 학술 논문의 수준을 판단하고 그 논문이 얼마나 많이 인용되었는지를 I.F.(Impact Factor)를 통해 보여준다. SCIE, SSCI, A&HCI에 포함되는 저널은 엄격한 검토 과정을 거쳐 등재되며, 각 분야에서 영향력을 인정받는다.

- Science Citation Index Expanded (SCIE): SCIE는 과학과 기술 분야의 주요 학술 저널을 포함한다.
- Social Sciences Citation Index (SSCI): SSCI는 사회과학 분야의 주요 학술 저널을 포함한다.
- Arts & Humanities Citation Index (A&HCI): A&HCI는 예술과 인문학 분야의 주요 학술 저널을 포함한다.

I.F.(Impact Factor)는 주어진 연도의 저널에 게재된 논문들이 그 이후 2년 동안 얼마나 자주 인용되었는지를 측정한 수치다. 예를 들어, 2023년의 Impact Factor는 2021년과 2022년에 게재된 논문들이 2023년에 얼마나 자주 인용되었는지를 나타낸다. 이는 학술 논문의 '인용 지수'나 '피인용 성'을 나타내며, 그 논문이 해당 분야에 얼마나 큰 영향을 미쳤는지를 나타

내는 대표적인 방법이다.

2) SCOPUS

SCOPUS는 네덜란드의 엘스비어(Elsevier) 출판사가 2004년에 만든 학술 논문 데이터베이스이다. SCOPUS는 SCIE, SSCI, A&HCI에 비해 비영어권 논문들도 함께 평가하므로 이들보다 더 많은 논문 데이터를 포함하고 있다.

참고로, SCOPUS에 포함된 저널과 SCIE, SSCI, A&HCI에 포함된 저널의 겹치는 부분도 상당하며, 상호 보완적인 관계라고 할 수 있으므로 어느 것이 우월하다고 할 수는 없다. 그러나, SCIE, SSCI, A&HCI 저널의 경우 영어권 논문을 대상으로 하여 비영어권 논문보다 검증이 쉽고, 우리나라 학계와 대학 등에서 SCIE, SSCI, A&HCI 저널을 더 선호한다는 점으로 볼 때 SCIE, SSCI, A&HCI 저널에 논문을 투고하는 것을 현실적으로 추천한다.

◦ SCI와 SCIE의 통합

초기 Clarivate Analytics가 제공하는 학술 데이터베이스는 SCI만 존재했으나, 확장판으로서 SCIE가 출시되었다. 과거 CD를 통해 발간된 것이 SCI고 온라인으로 발간되던 것이 SCIE인데, 발간 이후 시간이 지남에 따라 둘 사이에 질적인 차이는 존재하지 않게 되었다. 그러나, 일부 대학이나 연구기관에서 SCI 논문보다 SCIE 논문의 질을 낮게 보는 경우가 존재하자, Clarivate Analytics는 2020년부터 둘을 SCIE로 통합하여 발간하고 있다.

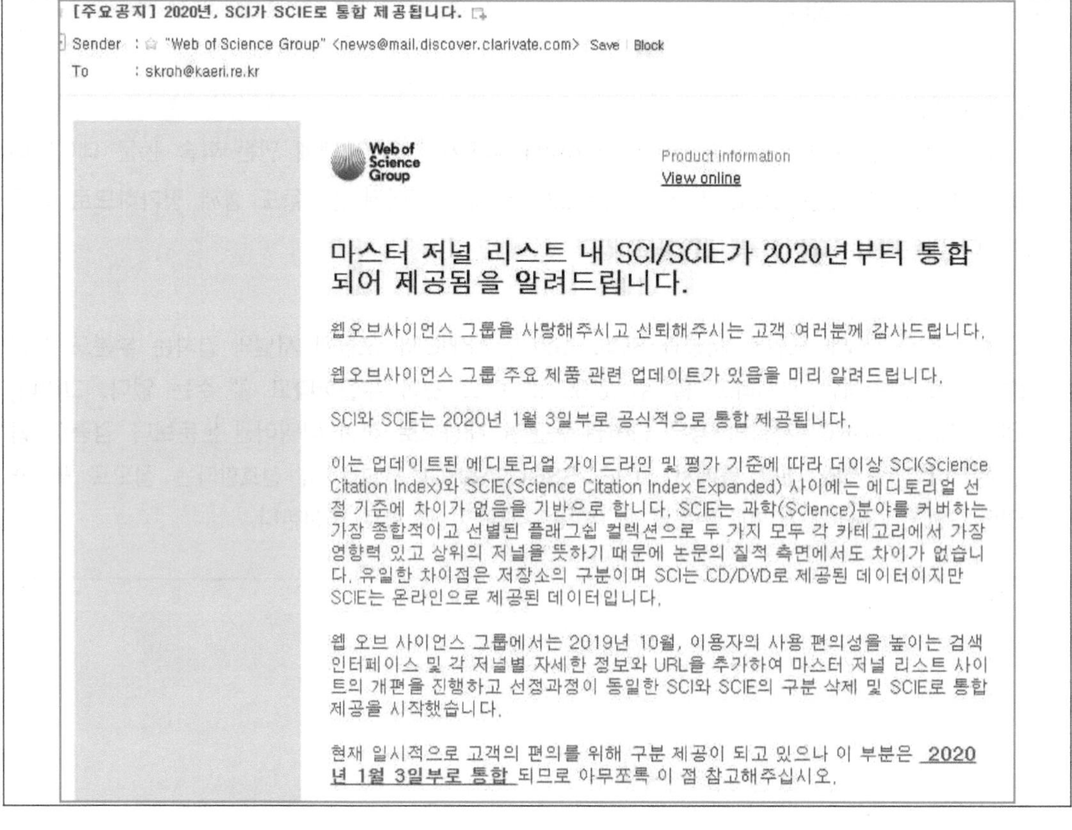
[주요공지] 2020년, SCI가 SCIE로 통합 제공됩니다.

Sender : "Web of Science Group" <news@mail.discover.clarivate.com> Save | Block

To : skroh@kaeri.re.kr

Web of Science Group

Product information

View online

마스터 저널 리스트 내 SCI/SCIE가 2020년부터 통합 되어 제공됨을 알려드립니다.

웹오브사이언스 그룹을 사랑해주시고 신뢰해주시는 고객 여러분께 감사드립니다.

웹오브사이언스 그룹 주요 제품 관련 업데이트가 있음을 미리 알려드립니다.

SCI와 SCIE는 2020년 1월 3일부로 공식적으로 통합 제공됩니다.

이는 업데이트된 에디토리얼 가이드라인 및 평가 기준에 따라 더이상 SCI(Science Citation Index)와 SCIE(Science Citation Index Expanded) 사이에는 에디토리얼 선정 기준에 차이가 없음을 기반으로 합니다. SCIE는 과학(Science)분야를 커버하는 가장 종합적이고 선별된 플래그쉽 컬렉션으로 두 가지 모두 각 카테고리에서 가장 영향력 있고 상위의 저널을 뜻하기 때문에 논문의 질적 측면에서도 차이가 없습니다. 유일한 차이점은 저장소의 구분이며 SCI는 CD/DVD로 제공된 데이터이지만 SCIE는 온라인으로 제공된 데이터입니다.

웹 오브 사이언스 그룹에서는 2019년 10월, 이용자의 사용 편의성을 높이는 검색 인터페이스 및 각 저널별 자세한 정보와 URL을 추가하여 마스터 저널 리스트 사이트의 개편을 진행하고 선정과정이 동일한 SCI와 SCIE의 구분 삭제 및 SCIE로 통합 제공을 시작했습니다.

현재 일시적으로 고객의 편의를 위해 구분 제공이 되고 있으나 이 부분은 2020년 1월 3일부로 통합 되므로 아무쪼록 이 점 참고해주십시오.

1.2.3. 연구방법론 지식의 습득

① 연구방법론 지식이 필요한 이유

연구방법론은 다른 말로 '연구 길잡이'라고 할 수 있다. 직장에서 일을 할 때 업무매뉴얼을 찾듯이 연구논문을 작성하면서 연구방법론을 숙지하는 것은 무엇보다 중요하다.

연구논문을 작성하고 학술지에 투고하는 목적을 생각해보자. 이러한 과정들을 진행하는 목적은 자신의 연구내용을 '다른 사람들에게 알리기 위함'이다. 사람들은 일반적으로 익숙한 형식을 글을 마주하게 될 때 그 내용을 효과적으로 이해할 수 있다. 따라서 논문에는 일정한 틀 또는 형식이 필요하다.

논문은 보통 '서론-선행연구-연구내용-연구 결과-결론'의 형식을 갖추고 있다. 그러나 실제 논문을 작성할 때 위와 같은 순서를 지킬 필요는 없다. 오히려 효율적인 논문을 작성하기 위해서는 '조각맞추기'라는 생각을 가지고 자신이 작성할 수 있는 부분을 먼저 작성하고 나머지 부분을 채워놓아야 한다. 다시 말해, 연구 결과와 결론부터 작성하고 서론을 작성해도 무방하다는 것이다.

연구방법론을 공부해야 하는 또 다른 이유는 바로 연구방법론이 연구 주제 선정에 대한 고민에 대한 해결책을 제시해줄 수 있다는 것이다. 연구방법론 강의와 출판 서적 중에서는 주제 선정에 대한 팁이 담겨있는 경우가 많다. 이훈영 교수의 연구조사방법론(이훈영), Research Methodology : A Step-by-Step Guide for Beginners(Ranjit Kumar) 등의 책이 그러하다.

② 연구논문이란?

㉮ 개략적인 정의

연구논문은 연구자가 자신의 연구 결과를 논문의 형식으로 표현한 저작물을 뜻한다. 연구논문의 목적은 앞서 말한 것과 같이 연구 결과를 다른 연구자와 공유하기 위한 것이다. 다른 연구자들이 연구 결과를 정확하고 상세히 파악하기 쉽게 작성하는 것이 요구되나, 그렇다고 해서 교과서처럼 자세히 작성하지는 않는다. 이러한 점이 연구논문이 가지는 'Art의 영역'이라고 할 수 있다. 또한, 연구논문은 다른 연구자들의 검증이 필요하다. 그렇기에 정형화된 틀이 필요하고 논리적으로 작성되어야 하는 것이다.

그렇다면 '연구'란 무엇인가? 연구의 사전적 의미는 '무언가 새로운 것을 밝혀내고자 하는 과정', 즉 새로운 지식을 창출하는 과정이다.

㉯ 연구 질문의 선택

연구를 수행하는 목적은 질문에 대한 답을 구하기 위해서다. 그렇다면 어떤 질문에 대한 답을 구하는 것인지 생각할 필요가 있다. 질문의 유형은 세 가지로 구분되는데, 개념 질문, 실용 질문, 응용 질문이 있다.

개념 질문은 '무엇을 생각해야 할까?'에 관한 것이며, 실용 질문은 '무엇을 해야 할까?', 그리고 응용 질문은 '무엇을 해야 할지 알려면 무엇을 이해해야 할까?'에 관한 것이다. 각 질문 유형의 특성과 연구 분야에 대한 설명은 다음과 같다.

A. 개념 질문 : 개념 질문은 학계에서의 가장 흔한 질문 유형이다. 특정 현상을 이해하려면 어떤 것을 생각해야 할지에 관한 것이며, 실용 질문과 달리 문제에 대한 해답을 곧바로 제시하지 않는다. 예를 들어, 어느 천문학자가 '300만 광년 떨어진 항성의 구성 물질을 밝혀냈다'라고 했을 때, 연구 결과에 대해 누군가가 '그래서? 어쩌라고?' 식의 반응을 보이는 것은 개념 질문의 의의를 제대로 이해하지 못하는 것이다. 개념 질문은 '그래서?'에 대한 답을 하는 것이 아니고 세상의 어떤 문제나 현상을 이해하는 것을 돕고자 하는 것이다. 대개 인문학, 사회과학, 자연과학 분야에서 개념 질문을 통해 답을 끌어낼 목적으로 연구를 수행한다.

B. 실용 질문 : 실용 질문은 앞서 언급한 '그래서?'라는 질문에 문제 상황이나 개선의 여지가 있는 상황을 변화시키고 고치기 위해 무엇을 해야 할지 비교적 구체적으로 밝히는 역할을 한다. 특히 산업계에서 흔히 찾을 수 있는 질문 유형이며, 의료나 공학 분야의 연구에서 주로 사용된다.

C. 응용 질문 : '무엇을 해야 할지 알려면 무엇을 이해해야 할까?'에 관한 것으로 개념 질문과 실용 질문의 중도적 위치에 있는 유형이다. 응용 질문은 실제 문제 상황의 해결책이 아니라 해결책에 한 걸음 다가가는 방법을 알려주는 역할을 한다. 정부 기관에서 정책을 수립하거나 문제를 해결하기 위해 응용 질문에 관한 연구과제를 활용하며 경영학, 공학, 의학 분야에서도 자주 연구하는 문제이다.

질문의 유형은 위와 같이 파악했는데, 그렇다면 적절한 연구 질문을 어떻게 선택해야 할까? 초보 연구자들에게는 가급적 개념 질문을 선택하는 것이 바람직하며, 반드시 다루어야 하는 상황이 아니라면 실용 질문이나 응용 질문은 건드리지 않는 것이 좋다. 왜냐하면 실용 질문과 응용 질문은 현실의 문제와 맞닿아 있고 연구를 통해 해결책을 제시해야 하는 경우가 많은데, 시간과 연구비가 제한적인 초보 연구자가 접근하기에 어려운 문제들이기 때문이다. 물론 개념 질문 자체가 이론적이기 때문에 현실적인 문제와 동떨어져 있다고 생각할 수 있으나, 개념 질문과 관련된 연구를 수행하면서 실적을 쌓다 보면 실용 질문과 응용 질문에 관한 연구 문제를 해결할 수 있는 연구 역량을 기를 수 있을 것이다.

개념 질문과 관련하여 연구를 진행하는 경우 반드시 숙지해야 하는 것이 있다. 다른 연구자들이 개념 질문과 관련된 연구 결과에 대해 '그래서?'라고 질문하는 상황을 떠올리고 그러한 질문에 대비할 필요가 있다. 물론 개념 질문이 실용적인 방안이나 해결책을 목적으로 두고 있지는 않으나, 위 질문에 대한 답변을 생각하며 연구를 설계하고 수행한다면 더 좋은 연구 결과를 산출할 수 있을 것이다.

㉰ 좋은 연구논문의 조건

좋은 연구논문의 조건은 연구자가 보유한 데이터의 가치와 분석 방법의 정교함으로 결정된다.

이를 2x2 matrix로 표현하면 그림 3과 같다. 그림 3에 표현된 내용은 앞으로 설명할 내용을 함축적으로 담고 있으므로 계속 숙지하고 있기를 바란다.

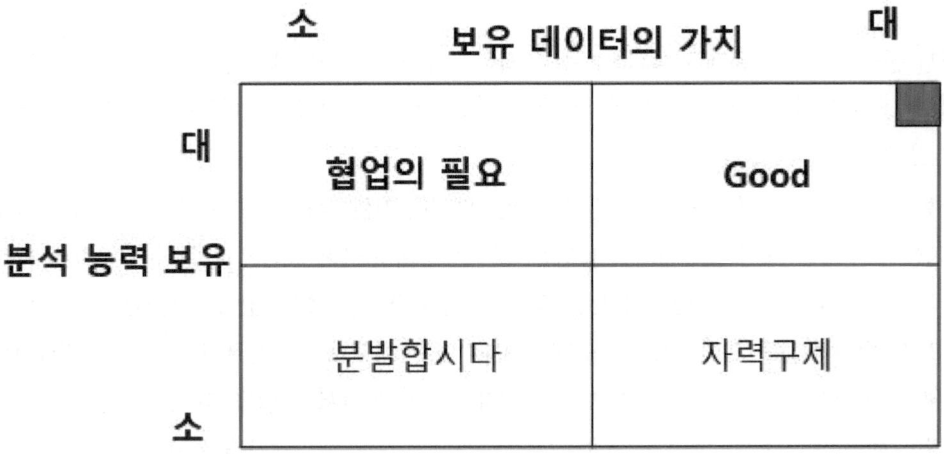

	소 (보유 데이터의 가치)	대
대 (분석 능력 보유)	협업의 필요	Good
소	분발합시다	자력구제

그림 3

만약 자신이 뛰어난 분석 능력을 보유하고 있으나 양질의 데이터를 가지고 있지 않다면(2사분면) 데이터의 질을 높이기 위한 노력이 필요하다. 이를 위해 기업과 공공기관 등에서 일하고 있는 part-time 박사생들과 협업하는 것은 좋은 전략이다. 일반적으로 쉽게 구할 수 없는 현업자들의 데이터를 확보하여 자신이 가진 지식으로 분석을 수행한다면 좋은 연구논문을 작성할 가능성이 커진다. 그와 반대로 자신이 썩 괜찮은 데이터를 가지고 있으나 분석 능력이 부족하다면(4사분면) 연구방법론과 통계분석 능력을 함양하려는 노력이 필요하다.

그림 3의 상단 우측 초록색 부분은 SCIE급 저널에 논문을 게재할 수 있는 후보 영역인데, 모든 연구자가 이 영역에 해당하는 능력을 갖추기는 어려우므로 이를 보완하기 위한 전략이 필요하다.

자신이 그림의 3사분면('분발합시다')에 해당한다면, 양질의 데이터를 구하거나 통계적 분석 능력을 함양하려는 노력을 스스로 해야 한다. 모든 연구자는 자신의 시간과 노력을 중요하게 생각하고, 이는 당연한 원리이므로 협업자를 찾을 때 조금이라도 자신에게 도움이 되는 연구자를 원한다. 스스로가 부족하다고 느낀다면, 자신의 가치를 향상하기 위해 분발해야 한다.

③ 현실적이고 효과적인 논문 작성

㉮ 연구논문 원고작성법의 습득

대부분의 강의와 교과서에서 제시하고 있는 논문의 작성 순서는 아래 표 2와 같다.

표 2

주제 선정 → 연구 문제(가설설정) → 인과관계 설정 → 설문지 작성 → 설문 → 데이터 분석 → 결괏값 도출 → 제목 선정 → 초록 작성 → 서론 작성 → 선행연구 분석 → 본문 → … → 결론 작성

이러한 논문 작성 순서와 함께, 이미 잘 짜인 데이터(엑셀 등)를 표본으로 제공한다. 그러나 실제 연구자들이 수집한 데이터는 결측치가 있는 경우가 대부분이며 교과서와 같이 깔끔하게 분석되지 않는다. 기존 교과서들이 제시하는 위 논문 작성 순서를 무시할 수는 없으나 순서를 그대로 따르려면 양질의 데이터 수집을 위한 엄청난 금전적 여유 또는 지도교수의 전폭적인 지원이 필요하며, 이는 대부분 연구자에게는 현실적으로 불가능한 이야기이다. 따라서 현실을 고려한 논문 작성 순서를 아래와 같이 제안한다.

대다수 연구자가 경험하는 논문 작성 순서

주제 선정(1차) → 이론 공부 → 주제 선정(2차) → 설문지 작성 → 설문지 수정 → 설문 → 결과 안 나옴 → 분석 결과 안 나옴 → 주제 선정(3차) → 이론 공부 → 데이터 확보* → 급히 마무리

* 낮은 수준의 1차 자료 또는 누구나 사용하는 2차 자료를 수집하는 경우(주변 사람들 대상 조사)

ex) 비확률표본추출(Non probability Sampling) 중편의 표본추출(Convenience Sampling) 기법

현실을 고려한 논문 작성 순서

대략적인 주제 선정과 선행연구 → 데이터 확보 → 데이터 척도에 맞는 통계분석 → 결과에 관한 토론 및 해석 → 결론 작성 → 추가 선행연구 및 작성 → 서론 작성 → 초록 작성 → 제목 선정

현실을 고려한 논문 작성 순서에 따르면, 자신이 보유한 데이터가 가진 의미를 적절한 통계분석을 통해 추출할 수 있으며, 이를 해석함으로써 연구 주제를 확정할 수 있어 불필요한 절차의 반복과 시간의 낭비를 막을 수 있다는 장점이 있다.

제안된 절차에서 중요한 요소 중 하나는 데이터 척도에 맞는 통계분석 방법을 결정하는 것이다. 이를 위해서 통계 지식 습득을 통한 통계적 통찰력을 기르는 것이 필요한데, 이를 위한 방법은 <1. 5. 효율적인 통계분석의 수행>에서 설명되어 있다.

㉯ 연구논문 원고작성법의 습득

연구 주제를 선정하고 설문을 수행하여 데이터를 얻어 분석을 진행하였다. 그런데 연구논문을 작성할 때는 연구자가 진행한 연구 설계 방법에 관해 기술해주어야 한다. 이를 보여주는 예는 아래 표에 제시되어 있다.

대학원생 김분석은 다음과 같은 2차 데이터를 확보하였다. 고등학교 교육이 소득에 미치는 효과에 대한 데이터로 중학교 졸업자 500명과 고등학교 졸업자 500명을 임의로 선정하여 소득을 비교한 것이다. 문) 여기에서 사용된 연구 설계는 어디에 해당할까? 1. 정태적 집단 비교 (Static group comparison) 2. 통제집단 전후 비교(Before-after control group design) 3. 통제집단 사후 비교(After only control group design) 4. 사후연구법 (Ex post facto study) 답) 본 연구의 목적은 (   ) 법을 활용하여 --- 소득을 비교한 것이다.

연구방법론을 공부하여 1~4에 제시된 용어들을 배웠다면 좀 더 세련되고 전문적으로 표현할 수 있을 것이며, 통계분석 결과 또한 정확히 작성할 수 있다.

연구 설계 방법에 대한 일반적인 표현 양식은 아래 표 5와 같으나, 꼭 똑같이 쓸 필요는 없으며 연구방법론 공부를 통해 어떤 통계분석 방법 활용 시 어떤 표현을 써야 하는지를 학습하여야 한다.

표 5

▸ 기술통계(Descriptive statistics) On the quiz, the 9 students had a mean score of 7.000(SD=1.225). Scores of 6.000, 7.000, 8.000 represented the 25th, 50th, and 75th percentiles, respectively. ▸ 상관관계(Correlations) For the nine students, the scores on the first quiz(M=7.000, SD=1.1225) and the first exam(M=80.889, SD=6.900) were strongly and significantly correlated. R=0.695, p=0.038 ▸ 단일표본 t-검정(One sample t Test)

A one sample t test showed that the difference in quiz scores between the current sample (N=9, M=7.000, SD=1.225) and the hypothesized value (6.000) was statistically significant, t(8)=2.449, p=0.040, 95% CI [0.059, 1.941], d=0.816.

▸ 독립 표본 t-검장 (Independent sample t Test)
An independent sample t test showed that the difference in quiz scores between the control group (N=4, M=6.000, SD=0.817) and the experimental group (N=4, M=8.000, SD=0.817) was statistically significant, t(6)=-3.464, p=0.013, 95% CI [-3.413, -0.587], d=-2.449.

▸ 일원 분산분석 (One way ANOVA)
A one way ANOVA showed that the differences in quiz scores between the control group (N=3, M=4.000, SD=1.000), the first experimental group (N=3, M=8.000, SD=1.000), and the second experimental group (N=3, M=9.000, SD=1.000) were statistically significant, F(2,6)=21.000, p=0.002, q^2=0.875.

▸ 일원 분산분석과 사후 검정(One way ANOVA with Post Hoc Tests)
A one way ANOVA Showed that the differences in quiz scores between the control group (N=3, M=4.000, SD=1.000), and the second experimental group (N=3, M=9.000, SD=1.000) were statistically significant, F(2,6)=21.000, p=0.002, q^2=0.0875

연구논문 원고의 목차별 설명과 필수적으로 작성해야 할 사항들을 아래 표 6과 같이 정리하였다. 개략적인 내용이므로, 연구방법론 공부를 통해 세부 지식을 습득해나가길 바란다.

표 6

▸ 제목
논문의 내용을 한 두 줄로 요약해서 나타낸 것이다. 본론과 결론을 작성한 후 결정하는 것이 적절하지만, 1차 심사 혹은 프로포절 단계가 필요한 경우에는 본론과 결론을 작성하기 전에 결정할 필요가 있다.

▸ 서론
연구의 목적과 중요성을 부각하는 부분이다. 본론과 결론을 작성한 후 결정하는 것이 적절하지만, 1차 심사 혹은 프로포절 단계가 필요한 경우에는 본론과 결론을 작성하기 전에 결정할 필요가 있다.

▸ 가설과 연구모형

연구 문제에 대해 연구자가 생각하는 답, 즉 예측을 뜻하는 것이 연구가설이다. 여러 개의 가설이 서로 연관성이 있는 경우, 통합하여 그림으로 나타내는 연구모형을 제시하면 논문을 이해하는 데 도움이 된다.

▸ 자료 수집

학위 논문의 경우, <조사 대상이 왜 그 연구를 위해 적합한지, 어떤 과정을 거쳐 선택되고 협조를 얻었는지, 어떤 보상이 주어졌는지, 조사 대상의 수, 인구 통계적 특성 조사 중, 이탈하거나 응답이 불성실한 경우, 애초의 숫자와 분석 대상이 된 숫자>를 명시한다.
조사 대상을 여러 실험 집단에 할당하는 경우, <그 할당 방법과 각 집단의 대상자의 수, 세부 분석 절차(측정 도구, 설문의 경우 모든 문항과 문항의 선정 이유)>를 명시한다.

▸ 결과

통계 결과는 <표본크기, 기술통계치(평균, 표준편차), 검정통계량(z, t, x^2, F), 자유도, 유의확률, 신뢰구간, 효과 크기>를 명시한다.
가설 검정 결과는 <'가설은 지지되었다' 혹은 '가설은 지지되지 않았다'>를 명시한다.

▸ 결론

<요약, 연구 결과의 이론적 공헌, 한계점과 미래 연구 방향>을 기술한다.
결론 작성 시 논문의 최종 점검을 하는데, 전체 체제상 내용의 일관성을 갖도록 미흡한 부분을 수정·보완한다.

▸ 편집 관련 유의 사항

학술지마다 양식, 요구사항이 다르므로 학술지에 맞추어 편집한다. 즉, 맞춤법, 오타, 들여쓰기, 문단 나누기, 어법 등에 유의하며, 표나 그림과 관련해서는 해당 번호를 명시적으로 기술한다.

서점에 가면 연구방법론에 대한 도서는 무수히 많다. 그중에서도 연구자로서 꼭 읽어볼 만한 책들을 일부 소개하자면 아래와 같다.

- Research Methodology /A Step-by-step Guide for Beginners (Kumar, Ranjit)
- 이훈영 교수의 연구조사방법론 (이훈영)

▸ 사회과학 통계방법론의 핵심 이론 (프레드릭 J 그레이브터, 래리 B.)

1.2.4. 연구 아이디어 창출과 연구 문제 정의

기존의 지식에 창의성이 더해질 때 좋은 연구 아이디어가 생겨난다. 연구 문제는 연구 아이디어가 구체화한 것이라고 할 수 있다. 그렇다면 연구 아이디어를 어디서 얻으며, 연구 문제로 어떻게 구체화할 수 있을까? 그리고 어떤 연구 문제가 더 가치가 있을까? 이에 대한 답은 다음과 같다.

㉮ 기존 연구의 확장 : 기존에 수행되었던 연구의 미래 연구 방향에 관한 연구를 진행하거나, 기존 연구에 새로운 변수를 추가 도입한다.

㉯ 학제간적 연구 : 다른 분야의 이론 및 연구성과로부터 연구 아이디어를 얻는다.

㉰ 새로운 이론 및 주제 : 다른 연구자들이 관심을 두는 연구 문제는 '새로운' 것이라는 것이다.

㉱ 독창적 연구와 반복적 연구 : 독창적 연구는 표본추출 오류 발생의 가능성을 수반한다. 반복적 연구는 외적 타당성과 일반화 가능성을 높이지만 기존 연구와 차별되어야 하며 보다 엄격히 수행되어야 한다.

㉲ 해당 분야 문헌에 대한 심도 있는 연구 : 연구하고자 하는 분야의 축적된 지식을 습득하고, 자신의 연구가설 도출의 배경 및 논거를 제시한다. 또한, 기존의 연구들에서 사용된 방법론은 자신의 연구를 수행하는 데 매우 유용한 지침이 된다.

㉳ 연구 문제의 구체화 : 연구 문제는 가급적 구체적인 것이 바람직하다. a) 연구 대상이 되는 변수들의 관계로 나타낼 것, b) 질문 형태로 나타낼 것, c) 경험적 검증이 가능하도록 나타낼 것이 요구된다.

1.3. 연구 주제 결정을 위한 연구가설 설정법과 기본 통계 지식의 이해

1.3.1. 통계 지식이 필요한 이유

통계 지식이 필요한 이유는 아래와 같이 크게 3가지를 들 수 있다.

▸ 나의 연구가설을 증명하기 위해

▸ 타인의 연구를 이해하기 위해

▸ 통계로 인한 속임수에 속지 않기 위해

통계 지식에 대한 상세 설명에 앞서, 가설이란 정확히 무엇인지를 알 필요가 있다.

1.3.2. 가설의 정의

① 가설의 정의

일반적으로 연구에서 가설은 '연구가설'을 뜻한다. 연구가설은 연구 문제에서 제기된 개념들 관계가 현실에서 어떨 것이라고 주장하는 연구자의 생각을 나타낸 진술을 말한다. 즉, 가설은 연구 문제에서 도출된다. 연구 문제는 다시 기존의 연구 혹은 이론에서 도출되므로, 기존 연구 및 이론은 가설설정에서 매우 중요한 토대가 된다. 한편, 기존의 이론 자체도 검증의 대상이 될 수 있으므로 기존 이론의 검증 자체도 연구 문제가 될 수 있다.

② 가설의 진술

가설은 과학적 지식의 핵심을 관계적 진술로 표현한 것이다. 관계적 진술의 방법은 크게 3가지로 나뉜다.

- ▸ 연관성 진술 : 두 개념이 동시에 존재하거나 발생한다는 것을 나타내는 진술 방법이다. 개념들 사이의 상관관계나 공분산에 관하여 이야기하는 것으로 관계의 방향에 따라 정(+)의 관계, 무(無)의 관계, 부(-)의 관계로 표현한다.
- ▸ 인과적 진술 : 두 개념이 연관성을 갖는 동시에(연관성 진술), 한 개념이 원인이고 다른 개념이 결과인 상황에 해당한다. 원인이 되는 개념이 독립변수이며, 결과로 도출되는 개념이 종속변수이다. 그 인과의 방향에 따라 정(+)의 관계, 부(-)의 관계로 표현한다.
- ▸ 차이 진술 : 하나의 특성에서 차이가 존재하는 복수의 집단 간에 다른 특성에서 차이가 있다는 진술이다.

※ 인과관계(Causal Relationship)

▸ 과학적 연구에서 인과관계의 성격

- · 어떤 결과에 대한 원인은 **여러 가지**가 존재할 수 있다.
- · 두 변수 간의 관계는 결정적 관계가 아닌 **확률적 관계**이다.
- · 변수 간의 인과관계를 검증하는 경우 그 결론은 입증이 아니라 **추론***이다.
  - * 표본의 변숫값을 검증하는 것이므로 모집단에 관한 진술의 인과관계는 추론된 것이며 틀릴 가능성이 있음

▸ 인과관계의 요건

- · 원인으로 추정되는 변수 x와 결과로 추정되는 변수 y 간에 인과관계가 있다고 하기 위해서는 다음 세 가지 요건이 충족되어야 한다.

  ① 연관성　② 시간적 순서　③ 다른 가능한 원인이 존재하지 않음

1.3.3. 가설 검정 이슈

① 가설 검정의 순서

1. 귀무가설과 대립가설의 설정	• 귀무가설: 기존의 사실, 기존에 받아들이던 가설을 의미한다. • 대립가설 : 표본을 통해 새롭게 입증하고자 하는 가설을 의미한다.
2. 사용자에 의한 유의수준 설정	• 유의수준 : 제1종 오류(귀무가설이 참인데, 대립가설을 선택하는 오류)의 최대 허용 한계로, 보통 통계학에서는 5% 기준으로 사용한다.
3. 통계적 분석 기법의 선택	• 독립변수와 종속변수의 척도(범주형 or 연속형)에 따라 통계적 분석 기법을 적절하게 선택한다.
4. 검정통계량 vs 기각역 유의확률 vs 유의수준	• SPSS Statistics 등 통계 패키지를 이용하여 출력된 유의확률을 기준으로 유의수준과 비교한다.
5. 귀무가설의 기각 여부 결정	• 유의확률이 유의수준(연구자가 결정)보다 작게 되면 귀무가설을 기각한다.
6. 최종 결론 및 의사결정	• 기각 여부를 판단하여 최종 의사결정을 한다.

② 귀무가설과 대립가설(연구가설)

귀무가설은 '영가설'이라고도 하며, 기존에 알려지고 받아들여진 사실을 말한다. 연구논문에서는 'H_0' 기호로 표현된다. 귀무가설(歸無假說)이라는 용어는 일본식 한자 표현에서 들여온 것으로, 글자 그대로 해석하면 '없는 것으로 돌아가는 가설'이다. 이러한 단어가 낯설게 느껴진다면, 영문명인 'Null Hypothesis'의 뜻을 살펴보면 쉽게 받아들일 수 있다. 영어 단어 'Null'은 형용사로 '아무 의미 없는'이라는 뜻인데, 연구란 새로운 것을 찾는 과정이라는 점에서 Null Hypothesis는 '의미가 없는 가설' 정도로 이해할 수 있다.

대립가설은 연구자가 입증하고자 하는 새로운 가설을 말한다. **연구가설, 대안가설**이라고도 하며 기호로 'H_1', 'H_2'와 같이 표현된다. 귀무가설에 대한 통계적 검정 때문에 대립가설을 간접적으로 검정하는 방식으로 연구가 수행된다. 구체적으로, 검정 결과 귀무가설이 기각되면 대립가설이 지지가 되며, 귀무가설이 기각되지 않으면 대립가설은 지지가 되지 않는다.

귀무가설과 대립가설의 예는 아래 표 9, 10과 같다.

표 9

귀무가설 H_0	지금까지의 농구 동아리 1학년 남자 신입생들의 평균 키는 177.5cm이다
대립가설 H_1	올해 농구 동아리 1학년 남자 신입생들의 평균 키는 177.5cm가 아닐 것이다

표 10

귀무가설 H_0	지역별 범죄 발생률은 차이가 없다

대립가설 H_1	지역별 범죄 발생률은 차이가 있다

③ 검정통계량과 기각역 → 위치의 비교

검정통계량(Test statistic)은 귀무가설과 대립가설 중 어느 하나를 택하는 데 사용되는 통계량이다. 귀무가설이 옳다는 전제하에서 구한 검정통계량 값이 나타날 가능성이 크면 귀무가설을 채택하고 나타날 가능성이 작으면 귀무가설을 기각한다.

기각역(Critical region)은 귀무가설을 기각하게 되는 검정통계량 관측값의 영역이다. 구체적으로, 귀무가설이 옳다는 전제하에서 검정통계량이 특정 값을 초과하거나 미달할 확률이 유의수준(보통 5% 또는 1%)인 검정통계량 분포의 영역을 말한다. 검정통계량이 기각역 범위 밖에서 나타나면 귀무가설을 채택하고 기각역 범위 내에서 나타나면 귀무가설을 기각한다.

그림 4

④ 유의확률과 유의수준

유의확률(p-value)이란 귀무가설이 옳다는 가정하에 검정통계량이 계산될 확률값을 의미한다. 유의확률을 유의수준과 비교하여 귀무가설 기각 여부를 확인하고 최종 가설을 선택한다.

유의수준(Significance level)이란 제1종 오류(귀무가설이 참임에도 불구하고 대립가설을 채택하는 오류)의 최대 허용 한계를 의미한다. 'α'로 나타내며, 유의수준 α를 작게 설정하면 귀무가설을 지지하지 않는다는 결론을 내기가 어렵고, 반대로 유의수준 α를 크게 설정하면 귀무가설을 지지하지 않는다는 결론을 내기가 쉽다.

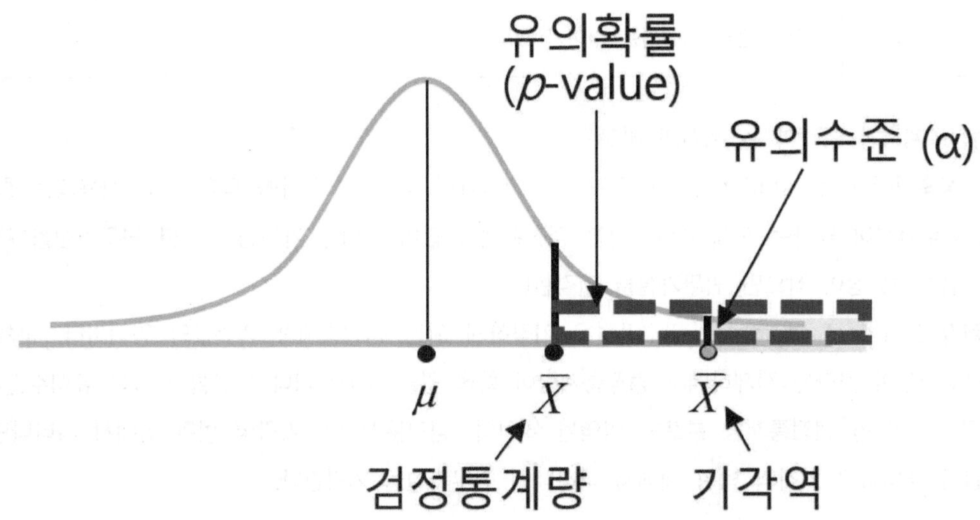

그림 5 유의확률과 유의수준

- p-value < α : 귀무가설 지지하지 않음
- p-value > α : 귀무가설 지지

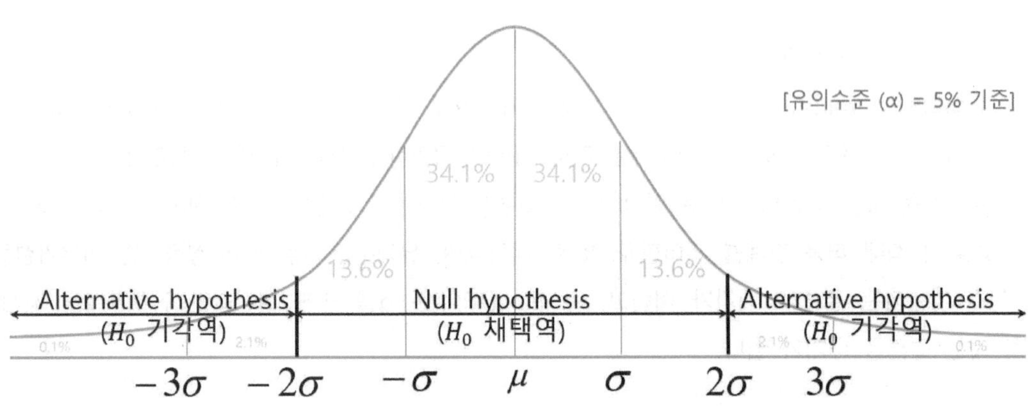

그림 6 귀무가설(Null hypothesis), 대립가설(Alternative hypothesis), 유의확률, 유의수준

⑤ 유의확률((p-value) 추가 설명과 실습

p-value에서 'p'는 probability 즉 확률을 의미한다. 따라서 p-value는 말 그대로 '확률값'을 뜻한다고 보면 된다. p-value는 귀무가설이 진실이라고 가정할 때 모집단에서 추출한 표본의 검정통

1 연구논문 작성 Tip

계량이 나올 확률로서 다음과 같이 조건부 확률로 나타낼 수 있다 : $p(\frac{Data}{H_0} = True)$

p-value가 작으면 귀무가설이 진실일 가능성이 작으며, 이에 따라 귀무가설을 기각할 수 있다. 연구논문 작성 시 *p*-value가 유의수준(α)보다 작으면 '통계적으로 유의적'이라고 기술하며, α보다 크면 '통계적으로 비유의적'이라고 기술한다.

아래 예시는 SPSS를 활용하여 어느 고등학교 1학년 여학생 30명의 평균 키 데이터에 관한 가설에 대해 단일표본 T 검정을 수행하여 *p*-value를 산출하는 과정이다.

고등학교 1학년 여학생 30명의 키
162 164 164 164 165 / 166 164 169 163 167 / 163 174 163 161 164 161 163 179 158 162 / 158 166 167 154 166 / 165 161 164 161 155

▸ 귀무가설 : 여학생들의 평균 키는 162cm이다.

▸ 연구가설 : 여학생들의 평균 키는 162cm가 아닐 것이다.

SPSS에 데이터를 입력한다(또는 예제 데이터 '1.3.3. p-value'를 연다).

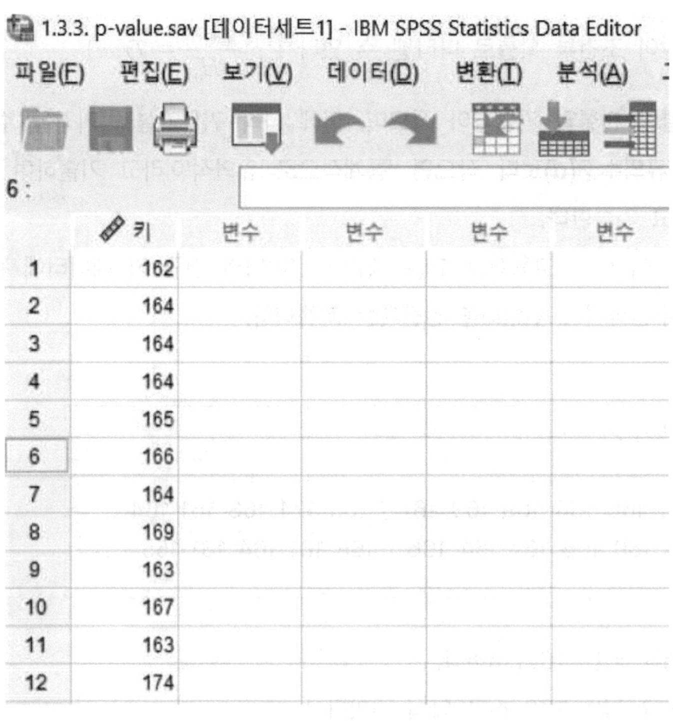

그림 7

'분석(A)' - '평균 및 비율 비교' - '일표본 T검정(S)'를 차례로 클릭한다.

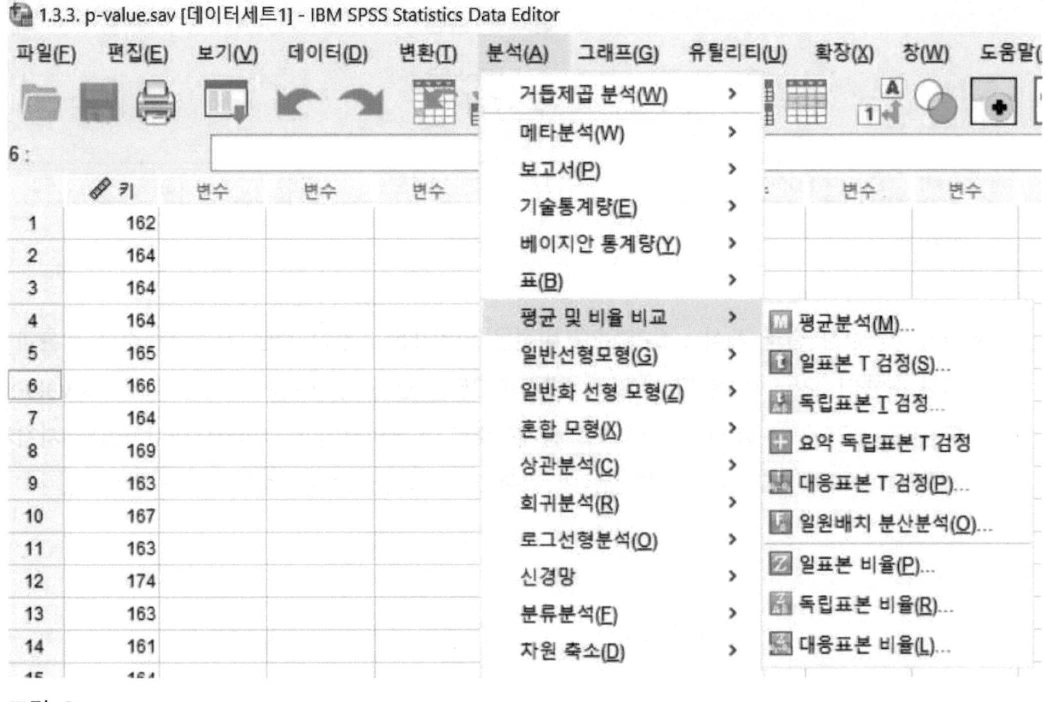

그림 8

키 변수를 '검정 변수(T)'로 이동시키고, '검정값(V)'에 162를 입력한 후 '확인'을 클릭한다.

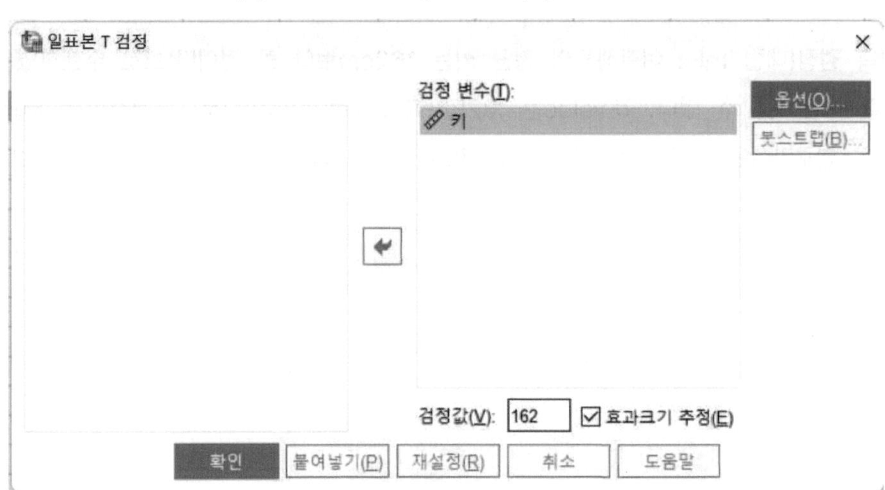

그림 9

출력결과로 제시되는 검정 결과를 확인한다.

일표본 검정

	검정값 = 162						
			유의확률			차이의 95% 신뢰구간	
	t	자유도	단측 확률	양측 확률	평균차이	하한	상한
키	1.996	29	.028	.055	1.767	-.04	3.58

그림 10

▸ 그림 10 검정 결과 해석 : SPSS29 버전은 단일표본 T검정 수행 시 단측 검정 확률과 양측 검정 확률이 모두 제시된다. α(유의수준)=0.05인 양측 검정으로 수행한 경우, *p*-value(유의확률)은 .055로 *p*-value> α이므로 통계적으로 비유의적이다. 따라서 연구가설은 지지가 되지 않으며, 고등학교 1학년 여학생들의 평균 키는 162cm라는 것을 부정할 수 없다.

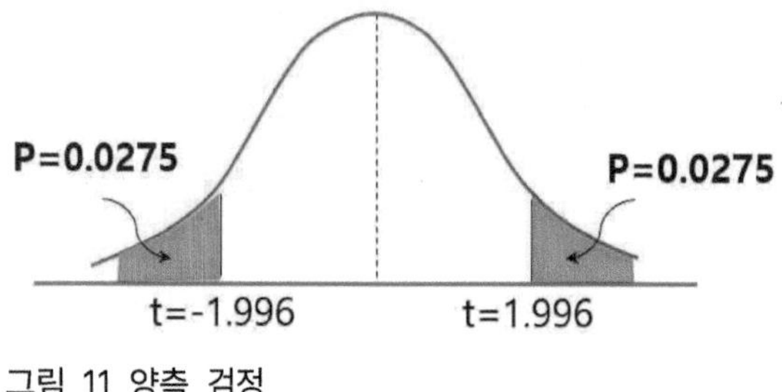

그림 11 양측 검정

한편, 단측 검정(대립가설 : 여학생들의 평균 키는 162cm보다 클 것이다)으로 수행하였을 때 다음과 같이 분석할 수 있다. *p*-value는 .028이고 *p*-value<α이므로, 통계적으로 유의적이다. 따라서 연구가설은 지지가 되었으며, 고등학교 1학년 여학생들의 평균 키는 162보다 클 것으로 판단할 수 있다.

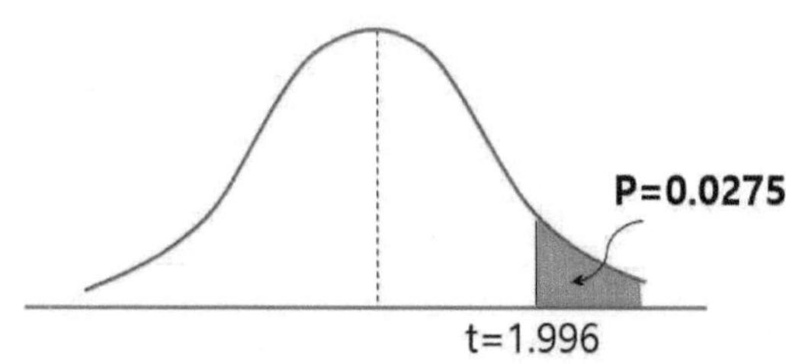

그림 12 단측 검정

⑥ 통계의 해석과 *p*-value

앞선 예시에서 분석을 양측 검정으로 수행한 경우와 단측 검정으로 수행하였을 때 귀무가설 채택 여부가 다르게 도출되었다. 실제 연구논문을 위한 통계분석 시 결과가 잘 나오지 않을 때 양측 검정을 단측 검정으로 바꾸는 방법 등을 사용하는 경우가 있으며, 그 외 표본 수를 더 많게 하는 방법 등이 사용된다.

표본 수가 많아지면 *p*-value는 아래 그림 13과 같이 작아지고, 귀무가설을 기각할 가능성이 커진다.

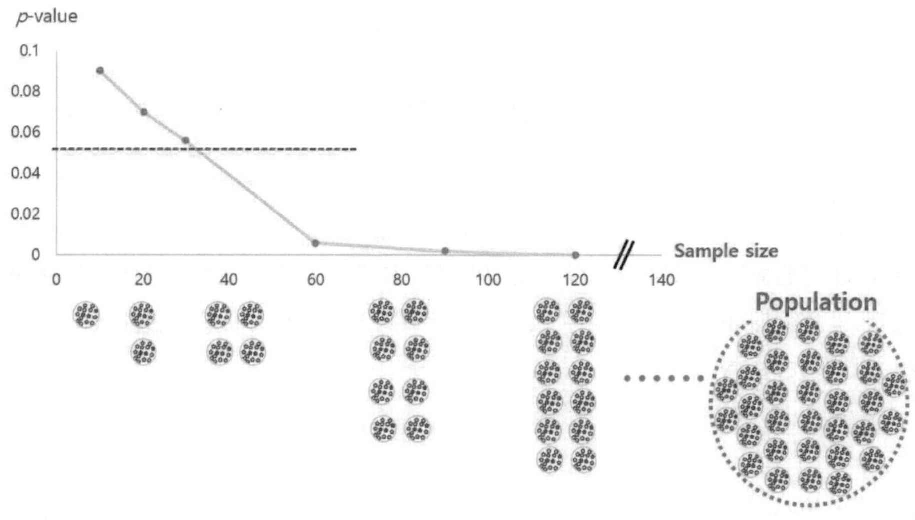

그림 13

많은 대학원생이 동료 혹은 선배들로부터 통계분석 결과가 제대로 나오지 않는다면 '표본 수를 늘려라'라는 조언을 듣는다. 그 방법을 통해 원하는 결과를 얻긴 했지만, 왜 *p*-value가 작아지는지 알지 못하는 경우가 대부분이다. 왜 표본 수를 늘리면 *p*-value가 작아질까?

그 대답은 T검정 수행 시 t값(t-value)를 구하는 아래 수식을 보면 알 수 있다.

$$t-\text{value} = \frac{(\bar{x} - \overset{[H_0]}{\mu}) \times \sqrt{n}}{s}$$

그림 11과 그림 12에서 볼 수 있듯이, T검정 시 *p*-value는 t-value에 따라 결정된다. t-value가 클수록 그래프의 오른쪽으로 t-value가 이동하며 *p*-value가 줄어드는 것이다. 그런데 그림 14의 수식에서 표본 수(n)이 증가할수록 t-value도 증가하게 된다. 따라서 그림 15와 같이 t-value가 우측으로 이동하여 *p*-value도 P_1에서 P_2로 줄어들게 되는 것이다.

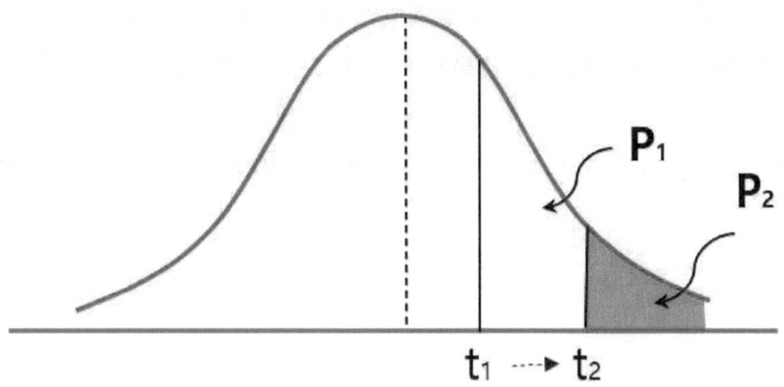

그림 15

그러나 이러한 방법들이 언제나 유용한 것은 아니다. 통계를 제대로 공부한 리뷰어들은 표본 수를 늘리는 등의 방법에 대하여 다음과 같은 의문을 가질 수 있고, 그 여부를 확인할 수 있도록 효과 크기 수치를 제시해달라고 할 수 있다.

⑦ 효과 크기

효과 크기(Effect size)는 *p*-value에 의한 연구가설 검정의 한계점에 의해 그 필요성이 강조되고 있다. T검정의 경우, *p*-value를 결정짓는 t-value는 실제 상관관계의 크기와 더불어 **표본의 크기(n의 크기)**에 의해 결정된다(t-value 수식 참조). 즉, 상관계수가 작더라도 표본의 크기가 크면 t-value가 커져 통계적으로 유의한 결과가 나타날 수 있다. 이러한 문제점이 드러나자, 미국심리학회(APA)는 연구논문에 효과 크기를 기재할 것을 명시적으로 요구하며 많은 학술지에서 이를 받아들이고 있다.

효과 크기는 연구되는 현상이 모집단에 존재하는 정도를 뜻한다. 즉, 효과 크기가 클수록 그 현상이 뚜렷하다고 할 수 있다. *p*-value와 비교하면 *p*-value는 통계적 유의성을 나타내는 것임에 비해 효과 크기는 실질적 유의성을 나타낸다고 할 수 있다. 따라서 효과 크기는 '평균 차이의 크기'나 '관계의 크기'에 실질적으로 얼마나 의미를 부여할 수 있는가와 관련된다.

아래 수식을 보면 검정통계량, 효과 크기, 표본의 크기 사이의 관계를 한 눈에 알 수 있다.

검정통계량(T검정의 경우 t-value) **= 효과 크기 × *f(N)***

※ *f(N)*은 표본크기에 관한 함수임

위 수식은 효과 크기가 매우 작아도 표본의 크기가 크면 통계적으로 유의할 수 있고, 반대로 효과 크기가 크더라도 표본크기가 작으면 통계적으로 비유의적일 수 있다는 것을 보여준다.

평균 차이에 대한 대표적인 효과 크기 지표는 **Cohen's *d***가 있다. Cohen's *d*의 공식은 다음과 같은데, 통계를 조금이라고 공부한 사람은 어디선가 많이 본 듯한 느낌이 들 것이다.

$$Cohen's\ d = \frac{(\overline{X} - \mu_0)}{S} \approx \frac{t}{\sqrt{n}}$$

Cohen's *d* 공식은 곧 z값을 계산하는 식이다. 즉, 정규분포에서 얼마나 z값이 바깥쪽으로 치우쳐 있는지(얼마나 흔치 않은 결과인지)를 말하는 것으로, 이는 곧 얼마나 유의한 것인지를 보여준다. 효과 크기가 작다는 것은 정규분포에서 중간점(0)에 가깝다는 말이며, 이는 곧 너무 흔한(당연한) 결과이므로 유의하지 않다는 것을 말한다.

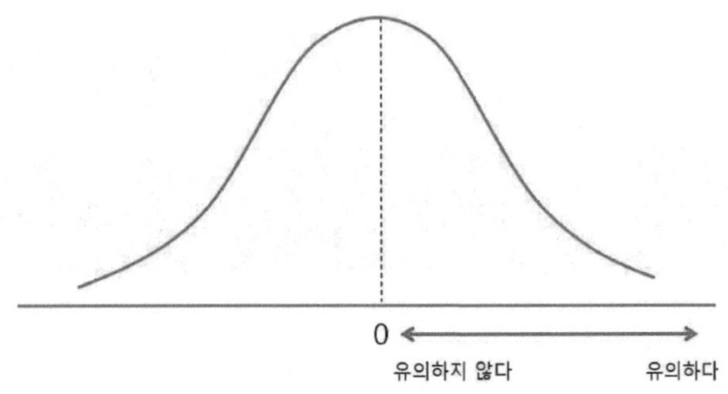

그림 16

Cohen's *d*가 0.2 이하이면 '효과 크기가 작다'라고 하며, 0.5 이하는 '효과 크기가 중간이다', 0.8 이상일 경우 '효과 크기가 크다'라고 본다.

분석 방법에 따라 효과 크기에 해당하는 통계량은 여러 가지가 존재하는데, 아래 표는 효과 크기를 나타내는 통계량별 효과 크기의 판단 기준이다.

효과 크기	작다	중간이다	크다
Cohen's *d*	.2	.5	.8
Hedge's *g*	.2	.5	.8
Glass's Δ	.2	.5	.8
r	.1	.3	.5
(parial) η^2	.01	.06	.14
ϵ^2	.01	.06	.14
ω^2	.01	.06	.14
R^2	.01	.06	.14
Cohen's f^2	.02	.15	.35

자료출처: 이학식의 '사회조사 연구방법론'

1 연구논문 작성 Tip

SPSS 29등 최신 버전의 경우 통계분석 방법별로 효과크기를 표시하는 기능을 제공한다. 그러나 구버전의 경우 이러한 기능을 지원하지 않는데, 이 경우 여러 온라인 웹사이트에서 효과크기를 알려주는 기능을 제공하니 참고하기 바란다. 다음은 효과크기을 확인할 수 있는 웹사이트 중 한 웹사이트의 활용 방법이다.

㉮ FREE STATISTICS CALCULATORS(https://www.danielsoper.com/statcalc/)에 접속한다.

그림 17

㉯ 스크롤을 아래로 내려 'Effect Size'를 클릭하면 분석방법별 효과크기 계산 링크가 나타난다. 첫 번째 링크(Student t-Test; T검정)을 클릭해보자.

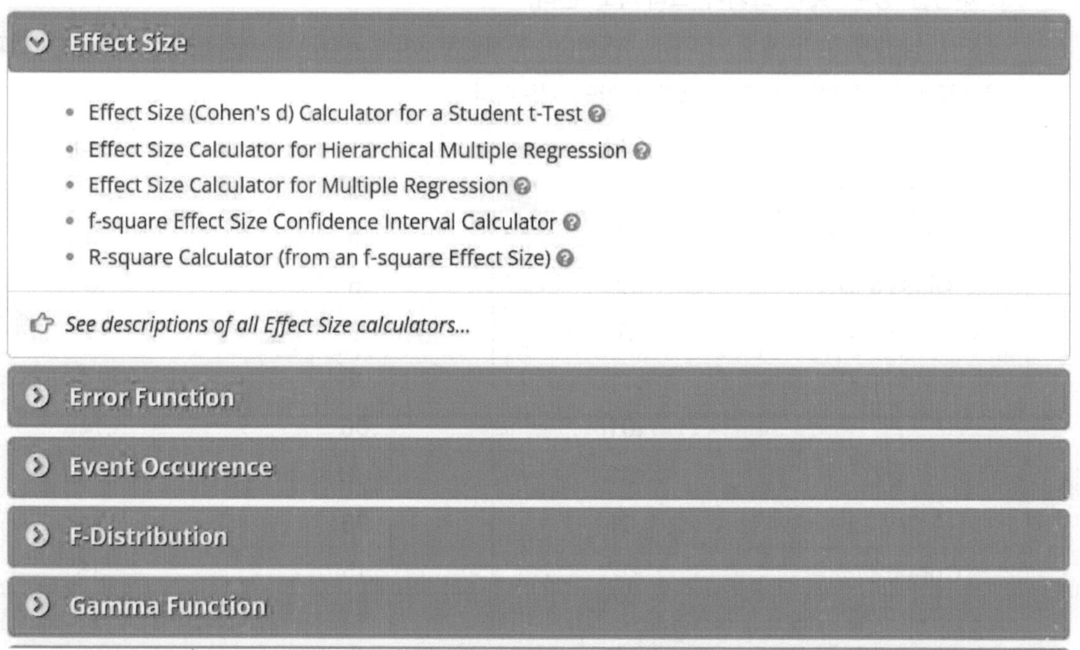

그림 18

㉰ T검정의 경우 두 집단(단일표본 T검정의 경우한 집단)의 평균과 표준편차를 입력하고 'Calculate'를 클릭하면 아래와 같이 효과크기가 제시된다.

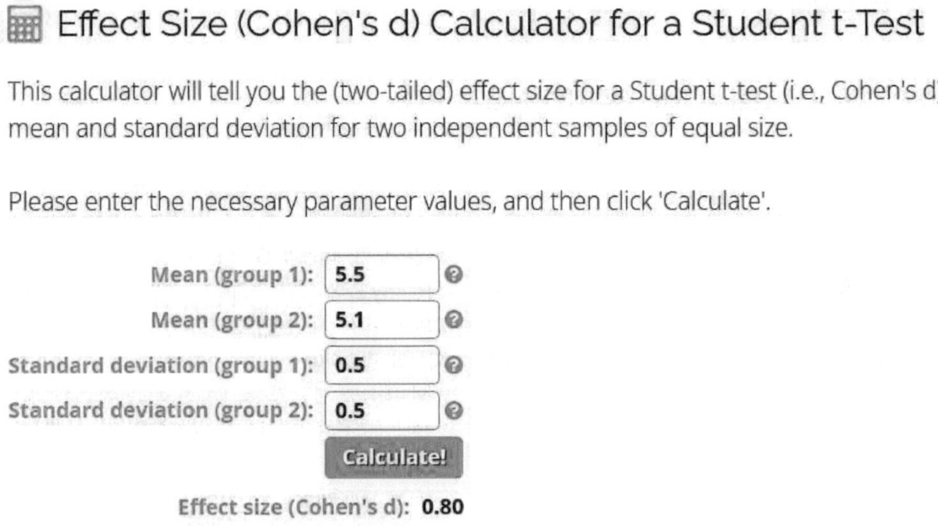

Effect Size (Cohen's d) Calculator for a Student t-Test

This calculator will tell you the (two-tailed) effect size for a Student t-test (i.e., Cohen's d), given the mean and standard deviation for two independent samples of equal size.

Please enter the necessary parameter values, and then click 'Calculate'.

Mean (group 1):	5.5
Mean (group 2):	5.1
Standard deviation (group 1):	0.5
Standard deviation (group 2):	0.5
	Calculate!
Effect size (Cohen's d):	0.80

1.4. 데이터 확보와 관리법

1.4.1. 데이터 확보가 필요한 이유

연구자로서 실적은 연구논문으로 평가되므로, 논문은 꼭 써야 한다. 연구논문 작성에 있어 데이터는 필수적이며 단적으로 말하자면 데이터가 없으면 논문도 없다. 그러나 내 입맛에 있는 데이터는 거의 존재하지 않으며, 구하기도 매우 어렵다.

1.4.2. 데이터의 특성과 활용

데이터(자료)는 1, 2, 3차 자료로 구분된다.

1차 자료는 연구자가 현재 수행 중인 조사연구의 목적을 달성하기 위해 직접 수집하는 자료로 설문지, 면접법, 관찰법 등으로 수집하는 자료를 말한다.

2차 자료는 다른 목적을 위해 이미 수집된 자료로 연구자가 자신이 수행 중인 연구 문제를 해결하기 위해 사용하는 자료이다.

3차 자료는 종합연구를 수행하기 위한 기초자료로, 종합연구란 같은 연구 문제에 대하여 방대하게 축적된 경험적 연구논문들을 기반으로 하여 그 논문들을 대상으로 분석하는 연구를 말한다. 3차 자료는 기존 연구를 종합적으로 분석하는 방법인 메타분석과 관련된다. 메타분석의 대표적인 예시로,

약물 A의 효과에 대한 5개의 관련 연구가 있으며 각 연구는 서로 다른 표본크기와 효과 크기를 가지고 있다고 가정하자. 메타분석은 이러한 5개의 연구 결과를 모아서 약물 A의 효과에 대한 종합적인 결론을 도출하는 방법이다.

이 중 1, 2차 자료의 장단점을 표로 정리하면 다음과 같다.

표 13

구분	장점	단점
1차 자료	•자신이 생각하는 연구 방향대로 자료를 수집할 수 있다. •(설계가 잘 된다면) 한 번의 조사로 다양한 주제에 관한 연구가 가능하다.	•시간, 노력, 비용이 많이 든다. •외적타당도*에 대한 검증 요구를 받을 수 있다. •설문지 작성 시 (본인 생각보다) 고도의 기술과 지식이 필요하다. * 외적타당도: 연구 결과로 밝혀진 독립변수의 효과에 대한 결론을 일반화시킬 수 있는 범위
2차 자료	•1차 자료의 수집에 따른 시간, 노력, 비용을 절감할 수 있다. •직접적이고 즉각적인 사용이 가능하다. •국제 비교나 종단적 비교가 가능하다. •공신력 있는 기관에서 수집한 자료는 신뢰도와 타당도가 높다.	•연구의 분석단위나 조작적 정의가 다른 경우 사용이 곤란하다. •일반적으로 신뢰도와 타당도가 낮다. •시간이 지나 시의적절하지 못한 정보일 수 있다. •경우에 따라 연구에 필요한 2차 자료의 소재를 파악하기 어렵다.

연구자 누구나 가지고 싶어 하는 자료는 1차 자료다. 그러나 1차 자료 확보는 금전적·시간적 부담이 많이 소요되며, 경험이 부족한 연구자가 1차 자료를 수집하고자 하는 경우 연구의 본래 목적과 다른 자료가 수집될 수 있다. 즉, '배가 산으로' 갈 위험성이 존재한다. 2차 자료는 1차 자료에 비해 입수하기가 쉬운 장점이 있으나, 개별 연구자의 입맛에 정확히 들어맞는 자료는 찾기 어렵기 때문에 신중하게 자료를 수집·활용해야 한다.

현실적으로 연구자가 쉽게 구할 수 있는 자료는 2차 자료이므로, 2차 자료 수집 및 활용 방법에 대하여 몇 가지 소개한다.

첫 번째로, 정부 등 공공기관의 공개 데이터를 활용하는 것이다. 공공데이터 포털(https://www.data.go.kr/)은 국가에서 보유하고 있는 다양한 데이터를 개방하고 있으며, KOSIS 국가통계포털(https://kosis.kr/)은 주제별·기관별 통계자료를 제공한다.

두 번째로, 사기업·공공기관의 내부 데이터를 활용하는 것이다. 이들 데이터는 외부에 공개되지 않으므로, 연구자 본인 또는 협업 연구자가 해당 기업 또는 기관에 종사하여 정당한 경로로 데이터를 활용할 수 있다면 다른 연구와 차별성 있게 양질의 연구를 진행할 수 있다.

세 번째로, 이미 다른 연구자가 논문에서 사용했던 데이터를 활용할 수도 있다. 논문의 본문 또는 해당 논문의 저널 사이트에서 얻은 데이터를 활용하여 2차 분석을 진행하면 새로운 연구논문을 작성할 수 있다.

네 번째로, 구글트렌드(https://trends.google.com/trends/)나 네이버 데이터랩(https://datalab.naver 활용하는 방법이다. 이들 사이트에서는 기간별 검색어의 변화량을 확인할 수 있어, 사회과학 분야의 특정 주제에 관한 관심도 데이터를 간편하게 얻을 수 있다.

이렇게 수집된 2차 자료는 이미 다른 연구에서 많이 사용한 '닳고 닳은' 데이터일 확률이 높다. 최대한 참신한 2차 자료를 구하는 것이 좋겠지만 2차 자료는 연구자 본인이 직접 만든 데이터가 아니므로 결국 무에서 유를 창조해야 하는 과정을 거쳐야 하며, 데이터 관리 능력도 요구된다. 이미 활용이 많이 되었던 2차 자료를 활용하여 좋은 연구논문을 작성하는 방안은 새로운 분석 방법을 사용하는 것이다. 즉, 고급 통계분석 방법론을 활용하여 기존의 연구와 차별성을 가지는 분석을 진행해야 한다.

한편, 2차 자료 중에서도 어떤 척도의 자료를 구하는 것이 좋을까? 결론부터 이야기하자면 비율척도 〉등간척도 〉서열척도 〉명목척도 순으로 유용하다. 비율·등간척도로 측정된 데이터를 분석하면서 서열·명목 척도로 변경해서 분석할 수 있기 때문이다. 예를 들어, 가구별 소득액(비율척도)을 가구별 소득 구간(서열척도)으로 변경하거나 나이(비율척도)를 나이대(서열척도)로 변경할 수 있으며, 다중회귀분석을 로지스틱 회귀분석으로 분석 방법을 변경하는 것도 가능하다.

1.4.3. 데이터 관리

SPSS 등 대부분의 통계 패키지의 기본 형식은 Excel과 같이 열과 행으로 나누어진 표 형식이다. 통계 패키지에 직접 데이터를 입력할 수 있지만, 연구논문 작성 시 데이터 관리의 기본은 Excel 프로그램으로 하는 것을 추천하며, 특히 CSV 파일로 관리하는 것이 좋다.

왜냐하면 수집한 원 데이터를 계산하거나 편집하는 경우, SPSS의 수식을 쓰는 것은 Excel보다 비효율적일 수 있으며 SPSS가 설치되지 않은 컴퓨터에서 연구 회의 등을 진행할 때 불편함을 겪을 수 있다. 따라서 SPSS 등 통계 패키지는 실제 분석 시에만 CSV 파일을 불러들여서 활용하는 것이 바람직하다.

그런데도 SPSS는 Excel로 할 수 없는 복잡한 통계분석을 쉽게 해주는 좋은 도구이다. 데이터를 나누거나, 역 코딩된 데이터를 동시에 바꾸기, 결측치 처리 등이 SPSS의 유용한 기능이다. 따라서 Excel을 주된 데이터 관리 도구로 활용하되, 필요한 경우와 실제 분석 시 SPSS를 보조적으로 사용하는 것을 추천한다.

1.4.4. 결측치, 이상치

SPSS를 활용한 데이터의 입력과 수정은 2장에서 다루고, 본 장에서는 데이터 수집 이후 논문 작성을 위한 과정을 요약해서 보여주도록 한다.

① 결측치, 이상치란

결측치란 데이터 집합에서 어떤 변수의 값이 빠지어있는 상태로, 해당 변수의 값이 측정되지 않았거나 기록되지 않은 상태를 의미한다. 이상치는 데이터 집합 내 일반적인 패턴에서 벗어난 극단적인 값으로, 대부분 데이터와 크게 다른 값을 가지는 관측치를 말한다. 결측치와 이상치를 처리하는 방법은 유사하므로, 본 장에서는 두 개념을 합쳐 결측치라고 부르겠다.

대개 결측치를 발견한 연구자들은 다음과 같은 방식으로 결측치를 처리하려고 한다.

(1) 2차 데이터를 사용한 논문들을 복기해보는 과정에서 뭔가 이상한 점을 발견

(2) 결국 결측치에 대한 대체 방법에 오류가 있음을 확인함

(3) 결측치에 '0'을 입력해서 처리

이러한 방식은 중대한 문제점을 가지고 있다. 결측치에 '0'을 입력하는 것은 데이터 조작의 가능성이 있는 위험한 방법이기 때문이다. 예를 들어, 학생들의 키에 대한 데이터에서 결측치를 '0'으로 입력해버리면 분석 결과가 완전히 달라진다.

결측치 처리가 민감한 문제임에도 불구하고 연구자 처지에서 결측치를 올바르게 처리하는 방법을 배우기 쉽지 않다. 왜냐하면 통계분석과 관련한 모든 교과서는 완벽한 데이터를 제공하고 멋진 결과들을 제시하기 때문이다. 따라서 본 장에서는 결측치 대체 방법을 확인한 후, 예제를 가지고 실제 SPSS에서 결측치 대체 방법에 대한 실습을 진행한다.

② 결측치 대체 방법

결측치의 대체 방법은 다음과 같이 9가지로 구분된다.

(1) 평균 대체 : 전체 표본을 몇 개의 대체 층으로 분류한 뒤 각층에서의 응답자 평균값을 그 층에 속한 모든 결측값에 대체하는 방법

(2) 유사 자료 대체 : 전체 표본을 대체 층으로 나눈 뒤 각층 내에서 응답 자료를 순서대로 정리하여 결측값이 있는 경우 그 결측값 바로 이전의 응답을 결측값 대신 대체하는 방법

(3) 외부 자료 대체 : 결측값을 기존에 실시된 표본조사에서 유사한 항목의 응답 값으로 대체하는 방법

(4) 조사 단위 대체 : 무응답 된 대상을 표본으로 추출되지 않은 다른 대상으로 대체시키는 방법

(5) 회귀 대체 : 무응답이 있는 항목 y에 응답이 있는 y의 보조변수 x_1, x_2, ... ,x_k를 회귀모형에 적합 시키는 방법

(6) 이월 대체 : 조사 시점 순서로 표본 정렬 후 무응답 t 시점의 항목 y_i에 가장 가까운 과거 u 시점의 응답값 y_u를 회귀모형에 적합 시켜 무응답을 대체하는 방법

(7) 무작위 대체 : 대체층 내에서 대체 값을 확률추출로 무작위 선택하여 결측값에 대체하는 방법

(8) 베이지안 대체 : 결측값의 추정을 위해 추정 모수에 사전정보를 부가하여 사후 정보를 얻는 방법

(9) 복합 대체 : 여러 가지 방법을 혼합하여 얻은 값으로 대체하는 방법

③ 결측치 대체 실습-1; 선형 보간법

㉮ '1.4.3. 결측치 대체 실습-1.sav' 파일을 열고 결측치(빈칸)를 확인한다.

1.4.3. 결측치 대체 실습-1.sav [데이터세트1] - IBM SPSS Statistics Data Editor

파일(F) 편집(E) 보기(V) 데이터(D) 변환(T) 분석(A) 그래프(G) 유틸리티(

	미세먼지지수	변수	변수	변수	변수	변수
1	28.2					
2	26.2					
3	33.2					
4	43.3					
5	42.9					
6	64.0					
7	40.1					
8	34.4					
9	24.0					
10	24.4					
11	.					
12	25.6					
13	24.8					
14	22.0					
15	30.4					
16	43.7					
17	22.7					
18	44.7					
19	49.7					
20	36.0					
21	29.9					
22	28.7					
23	24.9					

그림 20

㉯ '변환(T)' - '변수계산(C)'를 클릭한다.

그림 21

㉰ 각 데이터에 측정 시간(time)을 기입하기 위해 '목표변수(T)'에 time을 입력하고, '숫자표현식(E)'에 '함수 집단(G)' 박스에서 '기타' - '$Casenum'을 선택하여 더블클릭한 후 확인 버튼을 클릭한다.

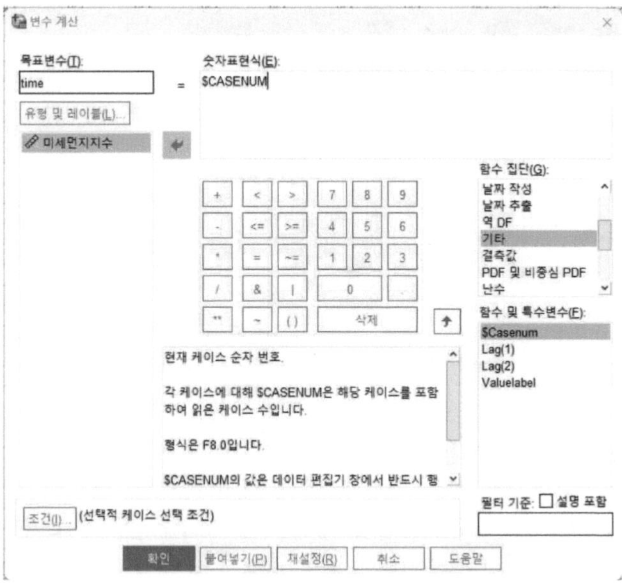

그림 22

㉣ time 변수가 생성된 것을 확인한다.

*1.4.3. 결측치 대체 실습-1.sav [데이터세트1] - IBM SPSS Statistics Data Editor

파일(F) 편집(E) 보기(V) 데이터(D) 변환(T) 분석(A) 그래프(G) 유틸리티(U

	미세먼지지수	time	변수	변수	변수	변수
1	28.2	1.00				
2	26.2	2.00				
3	33.2	3.00				
4	43.3	4.00				
5	42.9	5.00				
6	64.0	6.00				
7	40.1	7.00				
8	34.4	8.00				
9	24.0	9.00				
10	24.4	10.00				
11	.	11.00				
12	25.6	12.00				
13	24.8	13.00				
14	22.0	14.00				
15	30.4	15.00				
16	43.7	16.00				
17	22.7	17.00				
18	44.7	18.00				
19	49.7	19.00				
20	36.0	20.00				
21	29.9	21.00				
22	28.7	22.00				
23	24.9	23.00				
24	.	24.00				

그림 23

㉮ 순차도표(시퀀스 차트)를 활용하여 결측값을 확인하기 위해 '분석(A)' - '시계열 분석(T)' - '시퀀스 차트(N)'을 클릭한다.

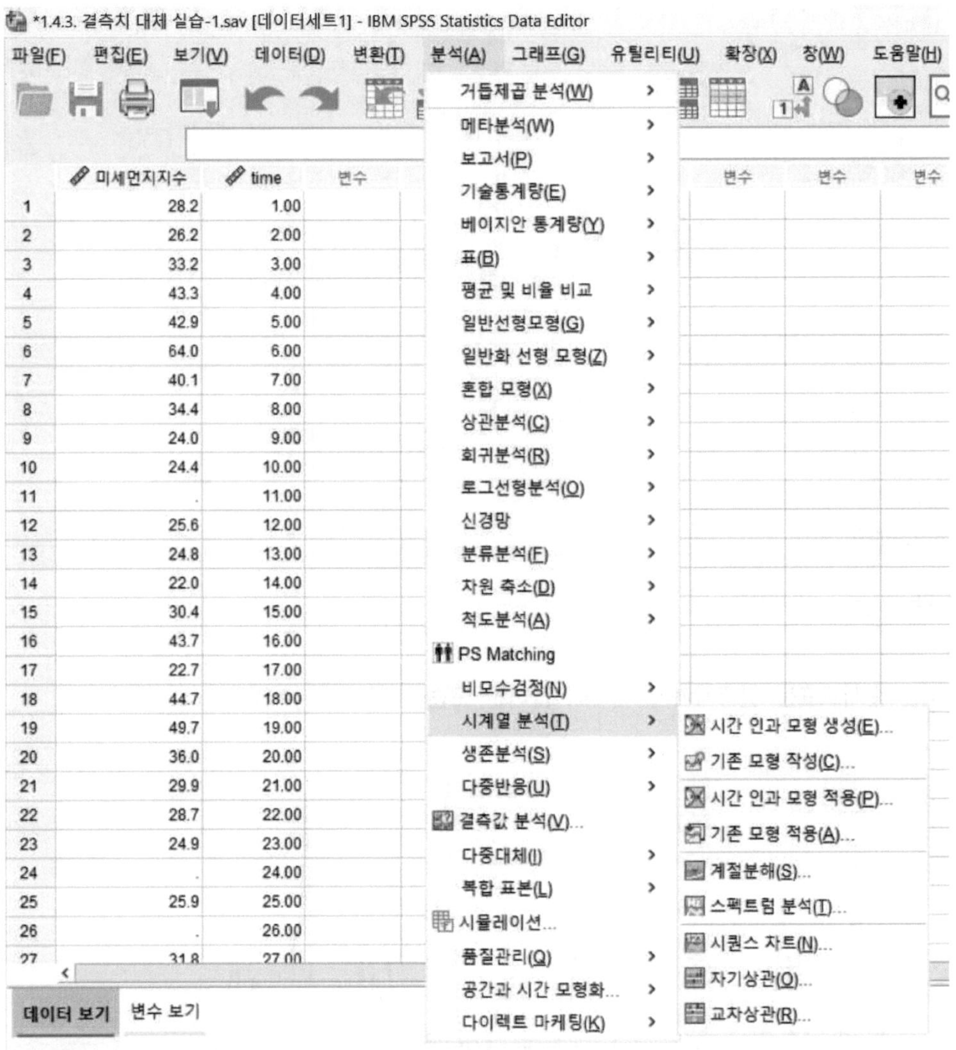

그림 24

㉶ 시퀀스 차트 창에서 '미세먼지지수' 변수를 '변수(V)'로, 'time' 변수를 '시간축 레이블(A)'로 이동하고 '확인'을 클릭한다.

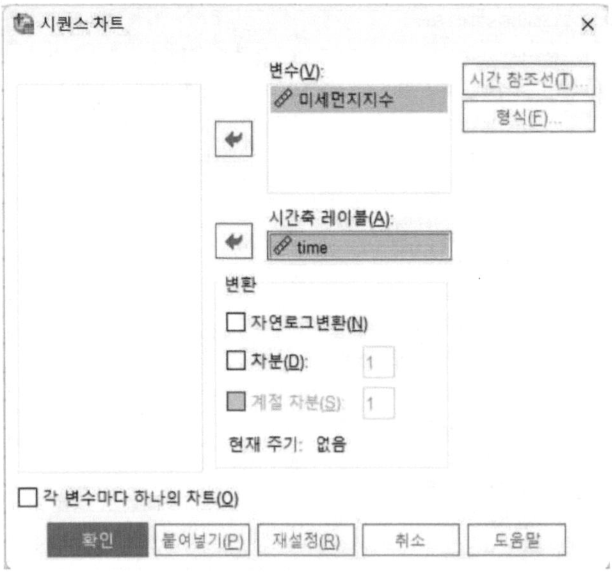

시퀀스 차트
변수(V):
미세먼지지수
시간 참조선(T)...
형식(F)...
시간축 레이블(A):
time
변환
자연로그변환(N)
차분(D): 1
계절 차분(S): 1
현재 주기: 없음
각 변수마다 하나의 차트(O)
확인 붙여넣기(P) 재설정(R) 취소 도움말

그림 25

㉷ 출력되는 순차도표는 결측치가 존재하여 끊어진 모습을 확인할 수 있다.

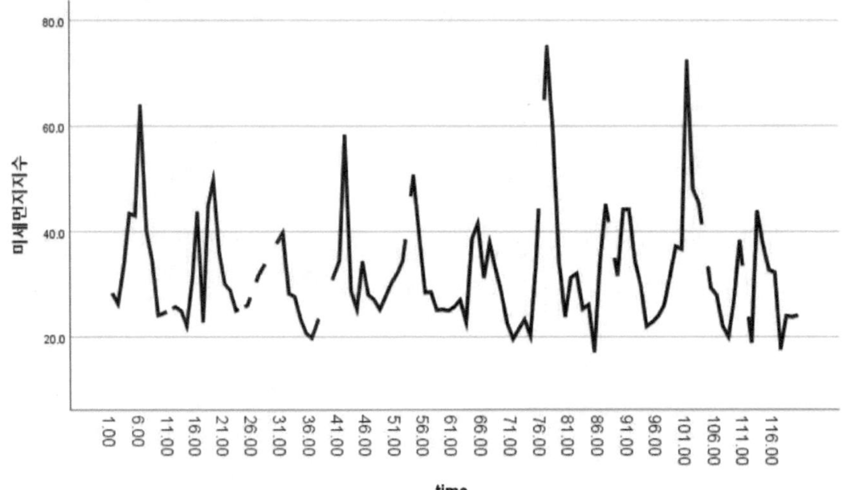

그림 26

㉳ 결측값을 대체하기 위해 '변환(T)' - '결측값 대체(V)'를 클릭한다.

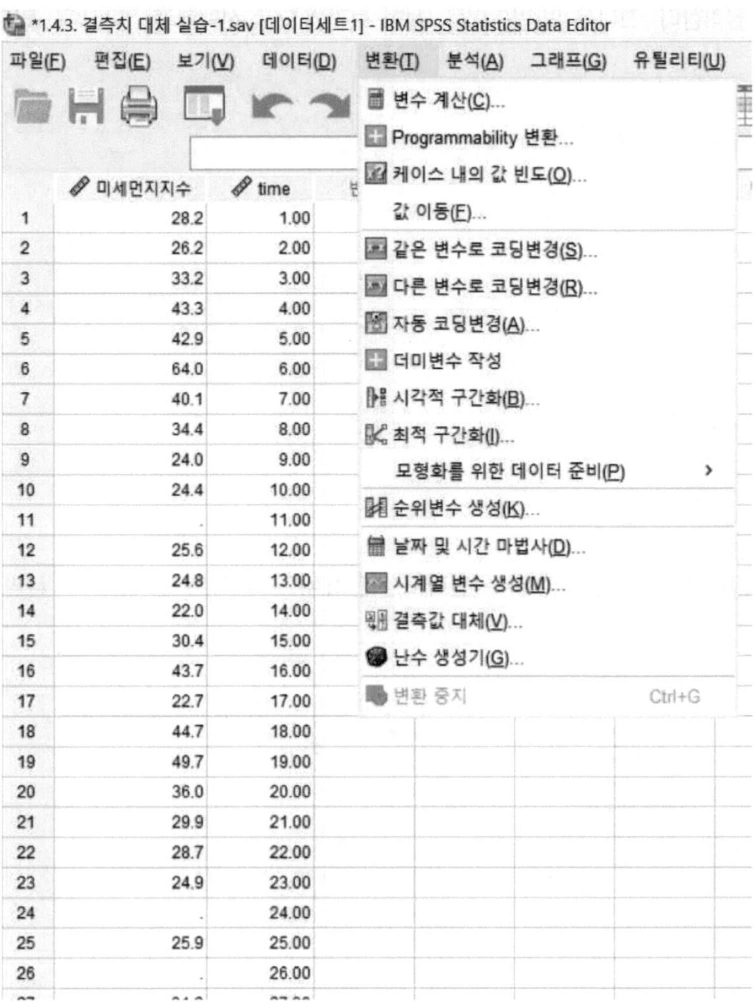

	미세먼지지수	time
1	28.2	1.00
2	26.2	2.00
3	33.2	3.00
4	43.3	4.00
5	42.9	5.00
6	64.0	6.00
7	40.1	7.00
8	34.4	8.00
9	24.0	9.00
10	24.4	10.00
11	.	11.00
12	25.6	12.00
13	24.8	13.00
14	22.0	14.00
15	30.4	15.00
16	43.7	16.00
17	22.7	17.00
18	44.7	18.00
19	49.7	19.00
20	36.0	20.00
21	29.9	21.00
22	28.7	22.00
23	24.9	23.00
24	.	24.00
25	25.9	25.00
26	.	26.00

그림 27

㉶ 결측값 대체 대화상자에서 '미세먼지지수' 변수를 '새 변수(N)'로 이동하고, 이름을 '미세먼지지수_대체'로 설정하고 '변경(H)'을 클릭한다. 그다음 '방법(M)'을 '선형 보간법'으로 선택한 뒤 '확인'을 클릭한다.

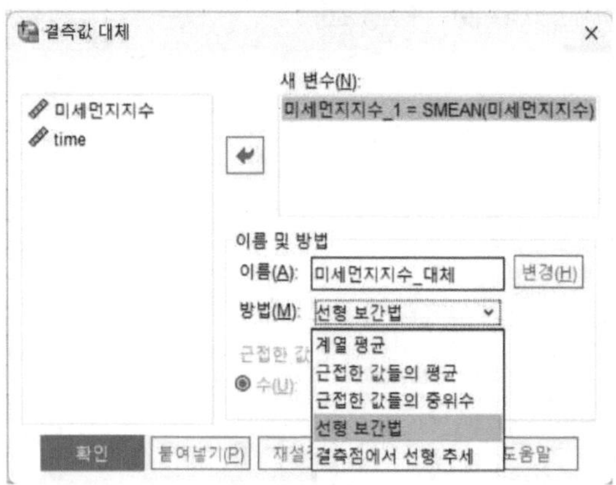

그림 28

㉷ 완성된 결측값 대체 열('미세먼지지수_대체')을 확인하고, '분석(A)' - '시계열 분석(T)' - '시퀀스 차트(N)'을 클릭한다.

	미세먼지지수	time	미세먼지지수_대체
1	28.2	1.00	28.20
2	26.2	2.00	26.20
3	33.2	3.00	33.20
4	43.3	4.00	43.30
5	42.9	5.00	42.90
6	64.0	6.00	64.00
7	40.1	7.00	40.10
8	34.4	8.00	34.40
9	24.0	9.00	24.00
10	24.4	10.00	24.40
11	.	11.00	32.02
12	25.6	12.00	25.60
13	24.8	13.00	24.80
14	22.0	14.00	22.00
15	30.4	15.00	30.40
16	43.7	16.00	43.70
17	22.7	17.00	22.70
18	44.7	18.00	44.70
19	49.7	19.00	49.70
20	36.0	20.00	36.00
21	29.9	21.00	29.90
22	28.7	22.00	28.70
23	24.9	23.00	24.90
24	.	24.00	32.02
25	25.9	25.00	25.90
26	.	26.00	32.02

그림 29

㉮ '미세먼지지수_대체' 변수를 '변수(V)'로 이동하고 '확인'을 클릭한다.

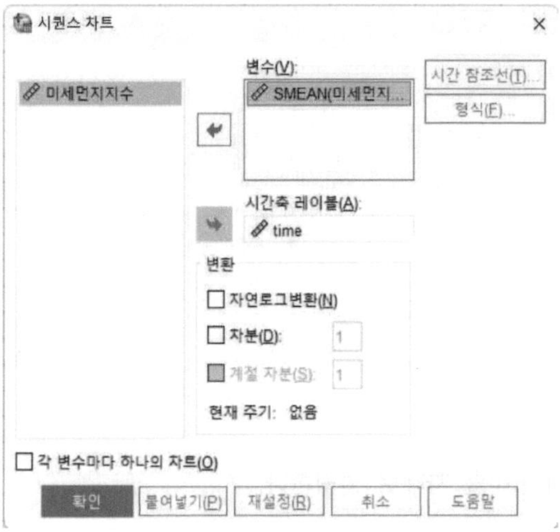

시퀀스 차트
미세먼지지수
변수(V):
SMEAN(미세먼지...
시간 참조선(T)...
형식(F)...
시간축 레이블(A):
time
변환
자연로그변환(N)
차분(D): 1
계절 차분(S): 1
현재 주기: 없음
각 변수마다 하나의 차트(O)
확인 붙여넣기(P) 재설정(R) 취소 도움말

그림 30

㉯ 새로 출력되는 순차도표는 결측값이 대체되어 완전히 이어진 모습을 확인할 수 있다.

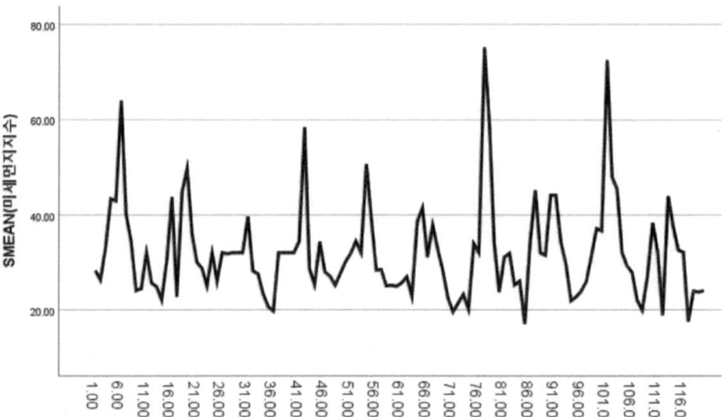

그림 31

④ 결측치 대체 실습-2; 자동 대치

SPSS는 결측치를 자동으로 대치된 값을 제시해주는 유용한 기능이 존재한다. 대다수의 SPSS 교과서에는 이러한 기능에 대한 설명이 나와 있지 않고, 당연히 사용법을 모르는 연구자들도 대다수이다. 그러나 실제 사용한다면 매우 유용한 방법이므로, 다음 예시에서는 SPSS의 자동 대치 기능을 실습한다.

㉮ '1.4.3. 결측치 대체 실습-2(자동 대치).sav' 파일을 연다. 이 샘플 파일에서 결측값은 '9'로 설정되어 있다.

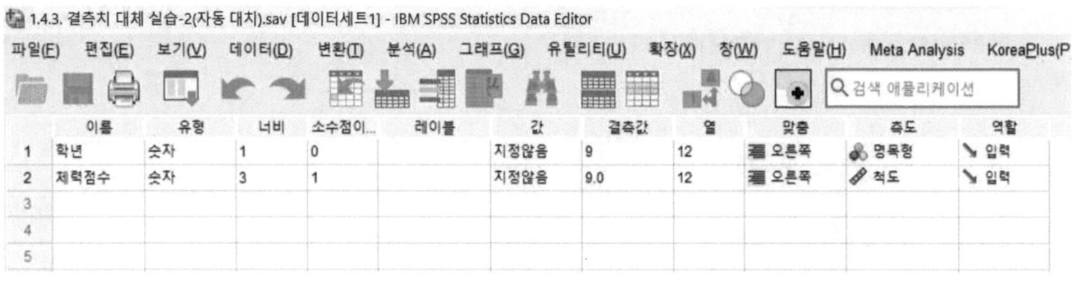

그림 32

㉯ '분석(A)' - '다중대체(I)' - '결측 데이터값 대체(I)'를 차례로 클릭한다.

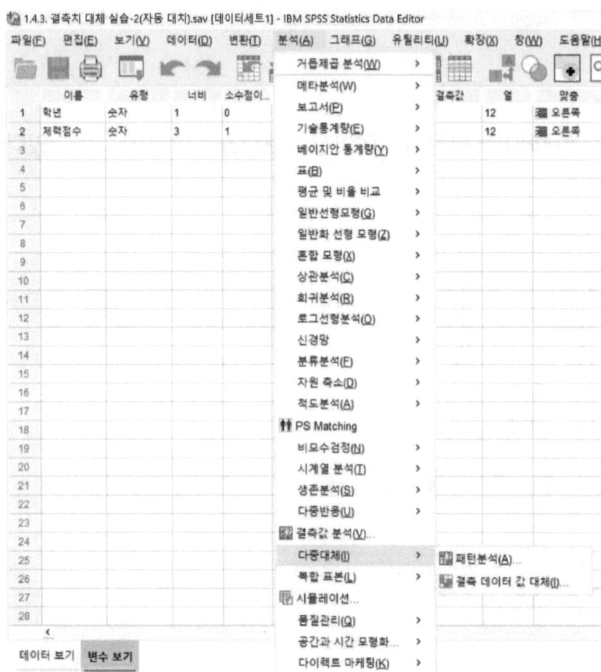

그림 33

㉰ 결측 데이터값 대체 대화상자에서 결측치가 존재하는 변수(학년, 체력 점수)를 모두 '모형의 변수(A)'로 이동한다. '대체(M)'은 결측치를 대체한 샘플의 숫자이다. '5'를 입력하는 경우 '5가지 샘플을 만들어서 제시'해달라는 뜻이다.

'데이터세트 이름(D)'으로 '결측치_보완'을 기재하고 상단 탭의 '방법'을 클릭한다.

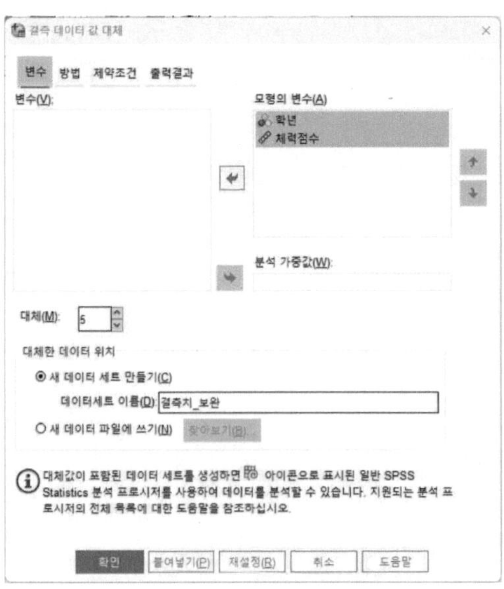

그림 34

㉣ '대체 방법'에서 '자동(A)'을 클릭하고 상단 탭의 '제약조건'을 누른다.

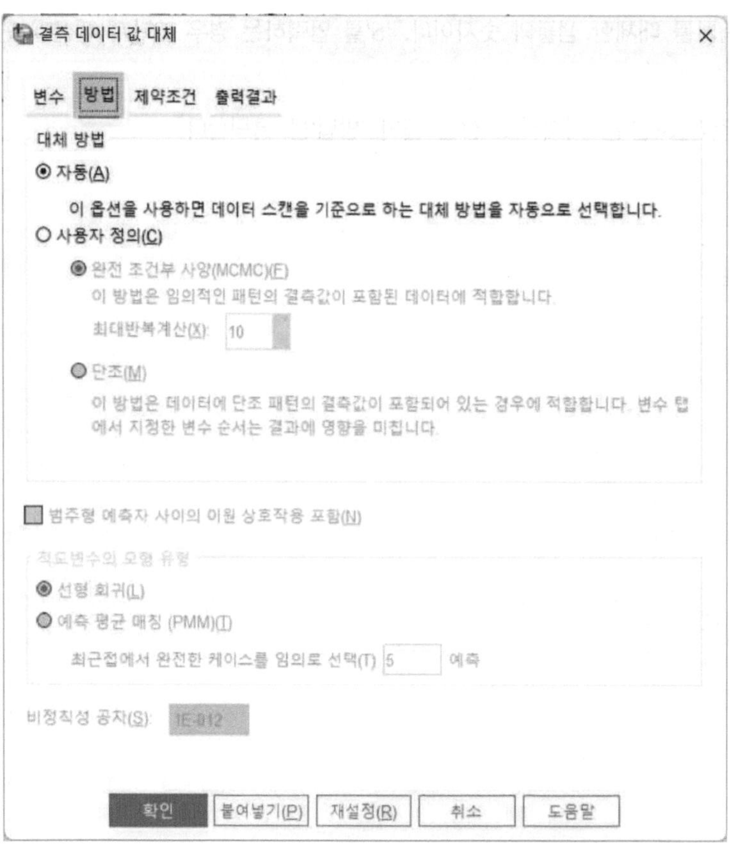

그림 35

㉤ '제약조건' 탭에서 '데이터 스캔(S)'을 누르면(좌) '변수 요약(V)'이 나타난다(우). 데이터 스캔을 완료한 후 '확인'을 누른다.

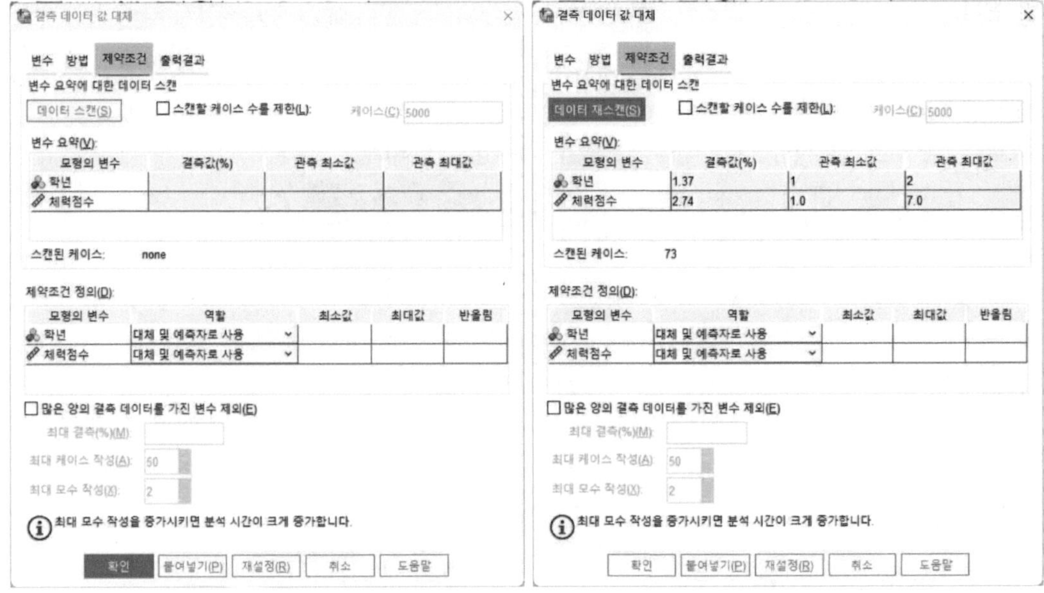

그림 36

㉥ 새로운 SPSS '결측치_보완'창이 생성된다. 첫 열의 'Imputation'은 대체 횟수('결측 데이터 값 대체' 대화상자의 '변수' 탭에서 '대체(M)'에 입력한 값)를 나타내며 Imputation이 0인 데이터는 원본 데이터이다. 노란색으로 색칠된 셀이 대체된 셀이다. 연구자는 마음에 드는 대체 결과를 선택해 연구를 수행하면 된다.

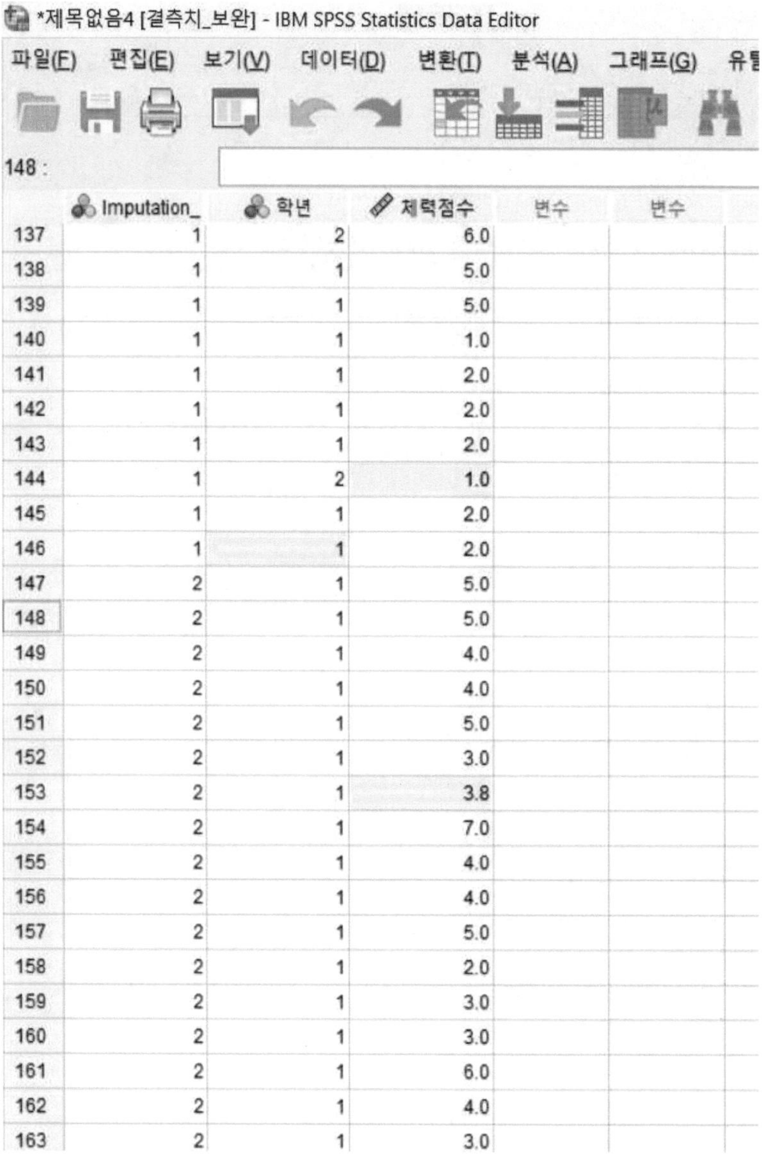

*제목없음4 [결측치_보완] - IBM SPSS Statistics Data Editor

파일(F) 편집(E) 보기(V) 데이터(D) 변환(T) 분석(A) 그래프(G) 유틸

148 :

	Imputation_	학년	체력점수	변수	변수
137	1	2	6.0		
138	1	1	5.0		
139	1	1	5.0		
140	1	1	1.0		
141	1	1	2.0		
142	1	1	2.0		
143	1	1	2.0		
144	1	2	1.0		
145	1	1	2.0		
146	1	1	2.0		
147	2	1	5.0		
148	2	1	5.0		
149	2	1	4.0		
150	2	1	4.0		
151	2	1	5.0		
152	2	1	3.0		
153	2	1	3.8		
154	2	1	7.0		
155	2	1	4.0		
156	2	1	4.0		
157	2	1	5.0		
158	2	1	2.0		
159	2	1	3.0		
160	2	1	3.0		
161	2	1	6.0		
162	2	1	4.0		
163	2	1	3.0		

그림 37

1.5. 효과적인 통계분석의 수행

1.5.1. 효과적인 통계분석이란

통계분석 방법은 보유한 데이터의 척도에 따라 결정된다. 그리고 척도에 따라 선택할 수 있는 분석 방법은 여러 가지다. 따라서 어떤 척도의 데이터를 수집할 수 있는지, 자신이 보유한 데이터가 어떤 척도인지 판단할 수 있는지, 그리고 얼마나 다양한 분석 방법론을 알고 있는지에 따라 통계분석의 효과성이 달라질 수 있다. 왜냐하면 척도의 변환을 통해 통계분석 방법이 달라지고 연구자가 예상하지 못했던 결과 도출도 가능하기 때문이다.

1.5.2. 네 가지 척도

척도(scale)는 변수를 측정하는 도구를 말한다. 모든 척도는 척도가 담고 있는 정보의 양에 따라 명목척도, 서열척도, 등간척도(간격척도), 비율척도 네 가지로 분류된다. 명목척도와 서열척도를 아울러 범주형 척도(Category Scales)라고도 하며, 등간척도와 비율척도를 아울러 연속형 척도(Continuous Scales)라고도 한다.

다음은 네 가지 척도에 대한 상세 설명이다.

① 명목척도(Nominal Scales)

명목척도는 측정 대상의 속성을 분류하거나 범주를 확인할 목적으로 이름 또는 명칭 대신에 부호나 수치를 부여하는 것이다. 실제 분석에서 명목측정, 명목척도, 범주형 척도, 명목변수 등의 용어는 같은 의미로 사용된다.

명목척도의 예는 성별(남자=1, 여자=2), 직업(회사원=1, 자영업=2, 공무원=3, 기타=4), 결혼 여부(결혼=1, 미혼=2), 주민등록번호, 이메일 ID 등이 있다.

② 서열척도(Ordinal Scales)

서열척도는 측정 대상의 속성을 일정한 기준에 따라 분류하고(명목척도) 분류된 속성에 서열이나 순위(Rank or Order)를 매길 수 있도록 수치를 부여한 것으로 순위 척도라고도 한다. 서열척도는 속성의 순서 간 차이 정도는 알 수 없고 단지 순서를 나타낼 뿐이다. 실제 분석에서 서열 및 순서측정, 서열 및 순서척도, 서열 및 순서변수 등의 용어는 같은 의미로 사용된다.

서열척도의 예는 소득수준(상, 중, 하), 성적 석차(1등, 2등, 3등....), 군인의 계급 등이 있다.

③ 등간척도(Interval Scales)

등간척도는 측정 대상의 속성을 일정한 기준에 따라 분류하고(명목척도), 분류된 속성이 순서를 가지며(서열척도), 그 순서의 차이가 동일한 간격을 가진 척도이다.

등간척도의 대표적인 예는 온도이다. 온도계의 눈금은 온도의 높고 낮음을 나타내며, 일정한 간격(1°C)을 가지고 있다. IQ 지수, 물가지수, 시험점수 등이 등간척도에 해당한다.

④ 비율척도(Ratio Scales)

비율척도는 측정 대상의 속성이 명목, 서열, 등간척도의 특징을 가지면서 반드시 '절대적인' 또는 '자연적인' 0의 값(영점)을 가진 척도이다. 앞서 등간척도의 예시로 든 온도의 경우 0°C는 절대적이거나 자연적인 영점이 아니라 인위적으로 설정한 값이기 때문에 비율척도에는 해당하지 않는다.

비율척도의 예로는 소득금액, 나이, 거리, 범죄율 등이 있다.

이상 정리한 네 가지 척도의 특징과 척도에 따라 적용할 수 있는 분석 방법을 표로 정리한 것이 표 14다.

<table>
<tr><th>척도</th><th>비교</th><th>상호 배타성
·포괄성</th><th>서열 비교</th><th>동일한 간격</th><th>절대적 '0'
존재</th><th>특징</th><th>적용할 수 있는
분석 방법</th></tr>
<tr><td>명목</td><td>분류</td><td>○</td><td></td><td></td><td></td><td>숫자로 구분</td><td>빈도분석
교차분석</td></tr>
<tr><td>서열</td><td>순위 비교</td><td>○</td><td>○</td><td></td><td></td><td>명목+서열</td><td>서열/상관분석</td></tr>
<tr><td>등간</td><td>간격 비교</td><td>○</td><td>○</td><td>○</td><td></td><td>서열+등간</td><td rowspan="2">상관분석
T-검정
ANOVA
회귀분석</td></tr>
<tr><td>비율</td><td>절대적 크기
비교</td><td>○</td><td>○</td><td>○</td><td>○</td><td>등간+절대적
'0'</td></tr>
</table>

표 14

1.5.3. 통계분석 방법의 결정

앞서 말한 바와 같이 통계분석 방법은 척도에 의해 결정된다. 아래 도식도는 종속변수와 독립변수의 척도, 개수 등에 의해 통계분석 방법이 결정되는 것을 보여준다.

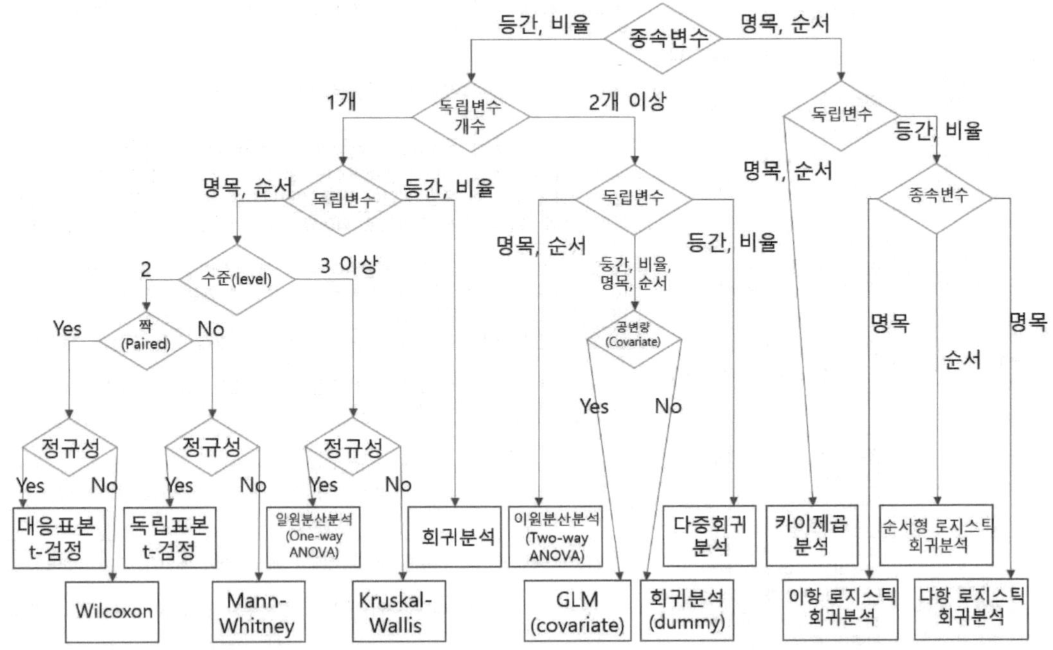

그림 38

SPSS를 활용한 실제 통계분석 방법은 2장에서 설명하도록 하고, 본 장에서는 다음과 같이 통계분석 방법별 적용이 가능한 척도와 분석 용도를 정리하였다.

통계분석 방법	가능한 척도	분석 용도
빈도분석 (Frequency)	모든 척도	일정한 기준으로 데이터의 속성을 분류하고 구간별 빈도(관측 수)와 비율을 파악하고, 수집한 데이터의 결측치와 이상치(극대·극솟값)을 찾을 때 유용하다. 빈도분석은 기본적으로 명목척도로 측정된 데이터이어야 하나 그 외 척도의 경우에도 연구자가 일정한 기준으로 구간을 정하여 데이터를 변환하면 적용할 수 있다.
기술통계 (Descriptive)	연속형 척도(등간, 비율)	데이터의 ① 대푯값을 나타내는 평균, 중앙값, 최빈값을 확인할 수 있으며, ② 데이터의 흩어진 정도(분산, 표준편차, 분위, 사분편차), ③ 데이터 분포의 비대칭 정도(왜도)와 뾰족한 정도(첨도), ④ 데이터의 정규성 등의 정보를 확인할 수 있다.
교차분석 (Crosstabs)	범주형 척도(명목, 서열) ※연속형 척도도 일정 구간으로 데이터를 변환하면 적용 가능	두 개 이상의 변수와 변수 간 만나는(교차하는) 분포와 비율을 파악할 수 있다.
카이제곱 분석 (x^2)	범주형 척도(명목, 서열) ※연속형 척도도 일정 구간으로 데이터를 변환하면 적용 가능	독립변수 내 범주별로 종속변수에서의 분포가 같은지 다른지를 검정할 때 적용한다.
평균 비교 (Means)	독립변수 : 범주형 척도 종속변수 : 연속형 척도	독립변수는 주로 명목이나 서열척도이며 종속변수는 등간 이상의 평균을 구할 수 있는 변수일 경우 적용한다.
신뢰도 분석 (Reliability)	연속형 척도	동일한 개념을 측정하는 다수 문항의 일관성 정도를 파악하는 경우 적용한다. 통계량을 크론바흐 알파(α) 값으로 나타내며 일관성(신뢰도)을 저해하는 문항을 제거하는 방법이다.

요인분석 (Factor)	연속형 척도	동일한 개념을 측정하는 다수 문항이 상관관계에 의해 동일한 잠재 요인으로 묶어지는지를 확인하는 방법이다.
상관관계 (Correlation)	독립변수 : 서열, 등간, 비율 척도 종속변수 : 서열, 등간, 비율 척도	두 변수 간 관련성 정도와 방향(+/-)을 알고자 할 때 적용한다.
T-검정 (T-Test)	독립변수 : 범주형 척도 종속변수 : 연속형 척도	① 단일표본 T-검정: 검정변수의 평균값과 기준(영가설)값과의 평균 비교 ② 독립표본 T-검정: 하나의 종속변수에 대하여 두 개의 범주 간 평균 비교 ③ 대응표본 T-검정: 동일 집단에 대해 검정변수를 두 번 측정하여 평균 비교
분산분석 (ANOVA)	독립변수 : 수준(level)이 3개 이상 범주형 척도 종속변수 : 1개 연속형 척도	독립변수의 수준이 3개 이상으로 되어있으며, 수준 간 종속변수의 평균 차이를 검정하는 방법 ① 일원배치 분산분석: 1개 독립변수의 수준 간 검정변수의 평균 차이 비교 ② 이원배치 분산분석: 2개 이상 독립변수 간 2개 이상의 검정변수의 평균 차이 비교(상호작용 효과 검정 포함)
다변량 분산분석 (MANCOVA)	독립변수 : 범주형 척도 종속변수 : 2개 이상 연속형 척도	① 일원다변량 분산분석: 1개 독립변수의 수준 간 2개 이상 검정변수의 평균 비교 ② 이원다변량 분산분석: 2개 이상 독립변수 간 2개 이상의 검정변수의 평균 차이 비교(상호작용 효과 검정 포함)
회귀분석 (Regression)	독립변수 : 연속형 척도 종속변수 : 연속형 척도 단, 독립변수가 범주형인 경우에도 가변수(더미변수)로 변환하여 분석 가능	독립변수가 종속변수의 변화에 얼마나 영향을 미치는지 파악하고자 하는 경우 적용한다. 독립변수의 유의미성, 방향(+/-), 영향의 정도 등을 파악할 수 있다.
매개효과 및 조절효과 분석	독립변수 : 연속형 척도 종속변수 : 연속형 척도 단, 독립변수가 범주형인 경우에도 가변수(더미변수)로 변환하여 분석 가능	매개효과: 독립변수와 종속변수의 관계에서 매개변수가 개입함으로써 나타나는 효과 조절효과: 종속변수에 대해 독립변수와 조절변수와 결합하여 나타나는 상호작용 효과
로지스틱 회귀분석	독립변수 : 모든 척도 종속변수 : 범주형 척도	종속변수의 측정값을 로짓(logit)으로 변환하여 로짓과 독립변수의 관계를 선형으로 표현

표 15

1.5.4. 효과적인 통계분석 맛보기 - 자동 회귀분석

어느 학문이든지 연구논문 작성 시 가장 많이 활용하는 통계분석 방법은 회귀분석일 것이다. 회귀분석은 대부분의 통계프로그램 활용 도서에서 설명하고 있으며, 회귀분석에 대한 별도 도서도 시중에 많이 나와 있다. 그러나 SPSS에서 자동으로 회귀분석을 하는 방법을 설명한 책은 없다. 따라서 본 장에서는 효과적인 연구논문 작성에 도움을 줄 수 있는 SPSS의 자동 회귀분석 기능에 대해 실습해보도록 한다.

<자동 회귀분석 예제> 화장품 기업의 매출액에 어떤 변수들이 얼마나 영향을 미치는지 확인하고자 한다. 이를 위해 국내 24개 기업의 온라인 광고비용, 오프라인 광고비용, 직원 수, 연구개발비, 매출액 자료를 수집하였다. 다른 변수들의 영향은 통제되었다고 가정했을 때, 온라인 광고비용, 오프라인 광고비용, 직원 수, 연구개발비는 매출액에 영향을 미친다고 할 수 있는가?

① 귀무가설(H_0)과 연구가설(H_1) 설정

가설 검정을 위해 귀무가설과 연구가설(대립가설)을 아래와 같이 설정한다.

H_0: 온라인 광고비용, 오프라인 광고비용, 직원 수, 연구개발비는 모두 매출액에 영향을 미치지 않는다.

H_1: 온라인 광고비용, 오프라인 광고비용, 직원 수, 연구개발비 중 최소한 어느 한 변수는 매출액에 영향을 미친다.

② SPSS에서 '1.5.4. 자동 회귀분석.sav' 파일을 불러온다.

1.5.4. 자동 회귀분석.sav [데이터세트4] - IBM SPSS Statistics Data Editor

파일(F) 편집(E) 보기(V) 데이터(D) 변환(T) 분석(A) 그래프(G) 유

5 :

	온라인광고	오프라인광고	직원수	연구개발비	매출액
1	2.30	1.60	31	68	28.2
2	2.30	1.59	53	68	28.4
3	3.40	1.73	77	80	31.0
4	2.80	1.75	72	82	31.4
5	2.30	1.62	43	60	25.7
6	3.10	1.70	75	65	33.9
7	3.40	1.68	68	88	29.7
8	2.80	1.79	30	79	32.4
9	3.00	1.60	50	70	30.0
10	2.70	1.70	32	69	28.2
11	2.80	1.84	34	68	29.6
12	2.60	1.70	50	88	29.0
13	2.90	1.60	76	80	28.1
14	3.40	1.75	66	55	34.0
15	3.10	1.72	59	58	32.5
16	3.70	1.75	57	66	34.7
17	3.20	1.70	55	59	33.0
18	2.80	1.54	54	80	26.7
19	2.80	1.62	39	54	29.6
20	2.30	1.55	45	65	25.3

그림 39

③ '분석(A)' - '회귀분석(R)' - '자동 선형 모형화(A)'를 차례로 클릭한다.

그림 40

④ '자동 선형 모형화' 대화상자가 다음과 같이 나타난다. 대화상자에서 '사용자 정의 필드 할당 사용(C)'을 클릭한다.

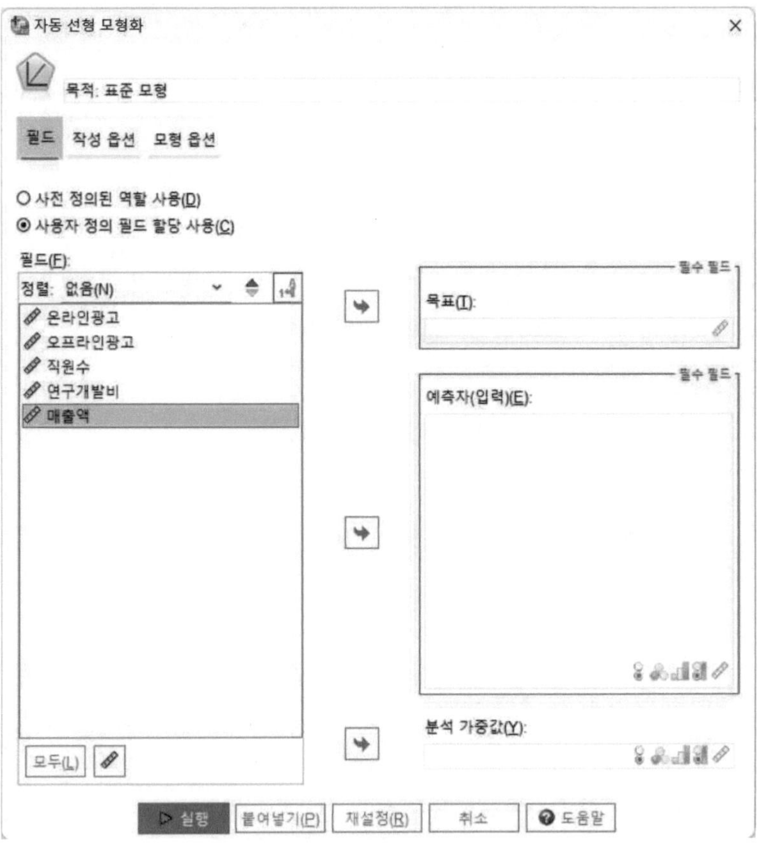

그림 41

⑤ 분석하고자 하는 독립변수들을 클릭하여 '예측자(입력)(E)'로 이동하고(화살표 클릭), 종속변수(매출액)를 클릭하여 '목표(T)'로 이동한다. 가중치가 있는 경우 해당 변수를 '분석 가중값(Y)'으로 이동한다.

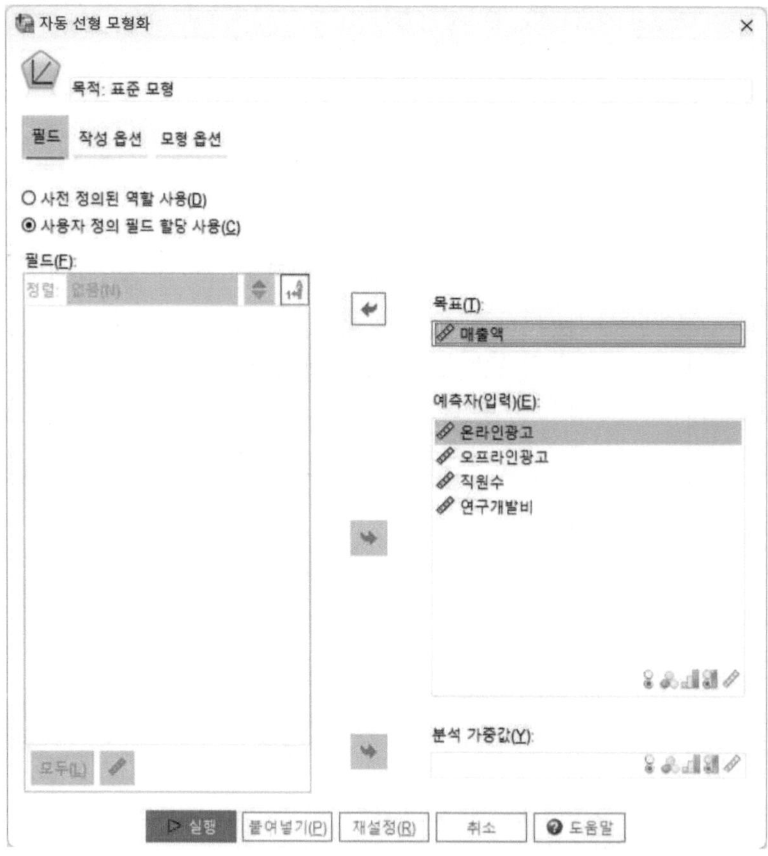

그림 42

⑥ 대화상자의 '작성 옵션' 탭을 클릭하고 자동 회귀분석의 원하는 주요 목표를 선택한다. 본 예시에서는 '표준 모형 작성(D)'을 클릭한다.

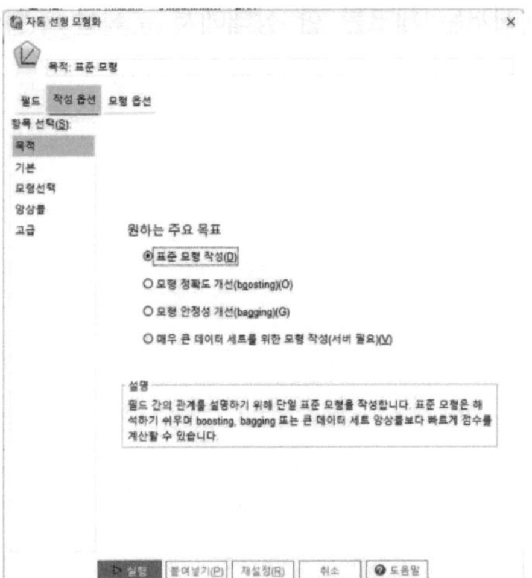

그림 43

⑦ 대화상자의 '작성 옵션' 탭에서 '기본'을 선택하면 데이터 준비를 자동으로 할지를 설정할 수 있다. '자동으로 데이터 준비(T)'를 클릭할 경우 이상값 및 결측값을 자동으로 대체하여 분석을 하는 등의 기능이 수행되므로, 필요한 경우 체크하도록 한다. 본 예제에서는 체크를 한 상태에서 분석을 수행한다.

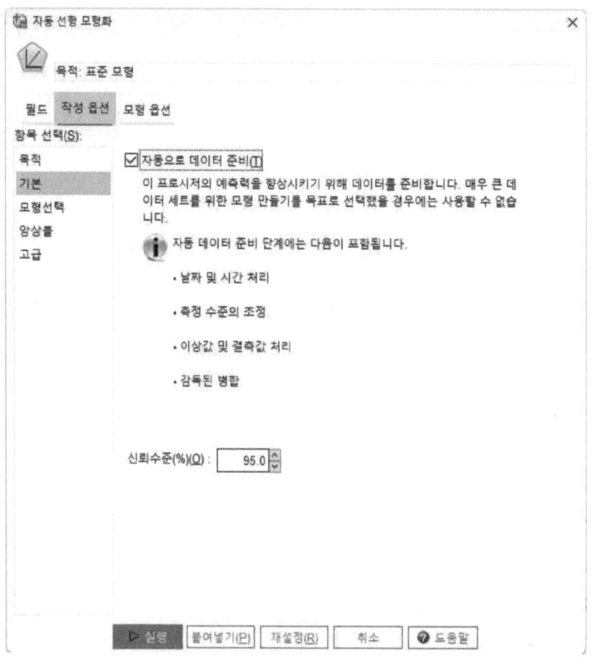

그림 44

⑧ 대화상자의 '작성 옵션' 탭에서 '모형선택 방법(M)'을 선택한다. 본 예시에서는 '모든 예측자 포함'을 선택한 뒤, '실행'을 누른다.

※ 모형선택 방법

▸ **모든 예측자 포함**(Enter Method): 모든 예측 변수를 한 번에 모델에 포함시키는 방법이다. 가장 간단한 방식이지만, 이 방법으로 생성된 모델은 과적합(overfitting)이 되기 쉽다. 과적합이란, 모델이 학습 데이터에 과도하게 적합되어 새로운 데이터에 대한 예측력이 떨어지는 현상을 의미한다.

▸ **단계별 전진**(Stepwise Forward): 단계적으로 예측 변수를 추가하는 방법이다. 초기에는 모델에 예측 변수가 없으나, 각 예측 변수를 하나씩 모델에 추가하며 모델의 통계적 지표가 가장 크게 향상되는 예측 변수를 선택한다.

▸ **최량 부분집합**(Best Subset): 가능한 모든 예측 변수의 조합을 고려하여 최적의 모델을 찾는 방법이다. 예측 변수의 수가 많은 경우 계산에 시간이 가장 많이 걸리지만 모델의 품질을 최대화하는 데 가장 효과적일 수 있다.

이 세 가지 방법 각각은 장단점이 있으므로, 연구의 목적과 보유한 데이터 등에 따라 적절한 방법을 선택한다.

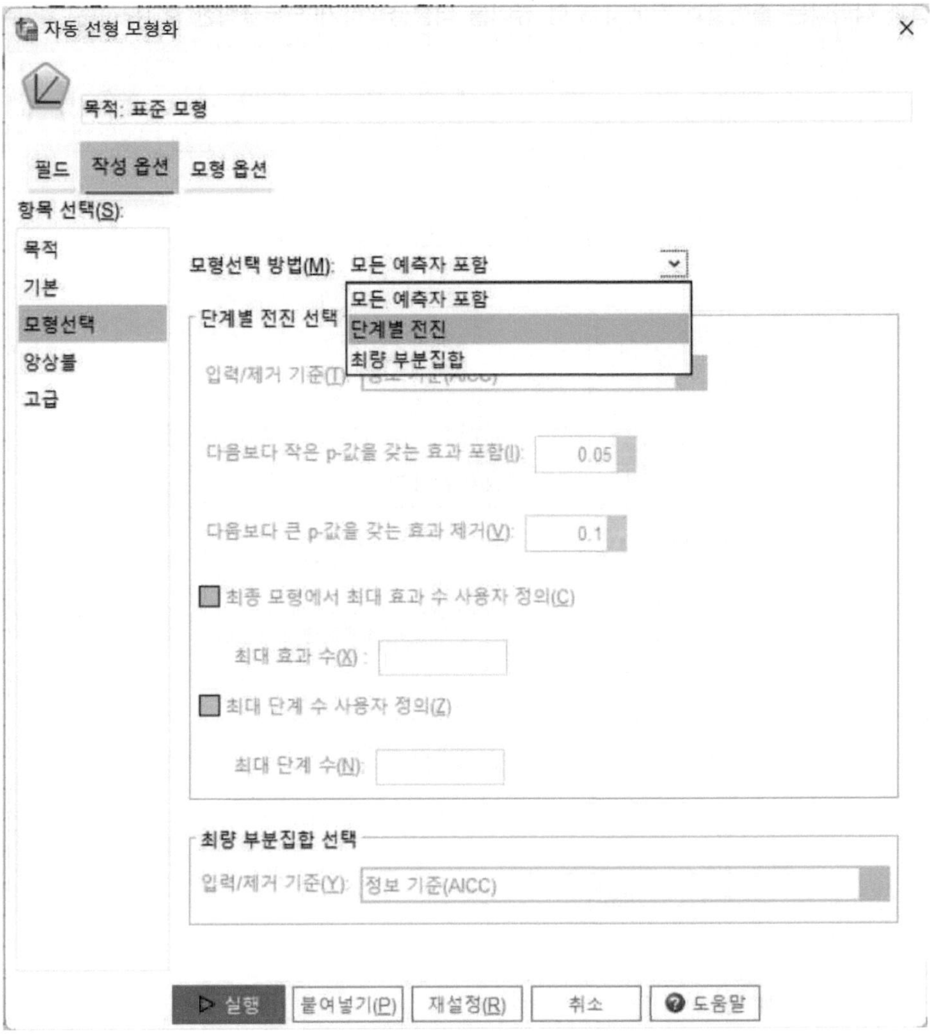

자동 선형 모형화

목적: 표준 모형

필드 | 작성 옵션 | 모형 옵션

항목 선택(S):

목적
기본
모형선택
앙상블
고급

모형선택 방법(M): 모든 예측자 포함

모든 예측자 포함
단계별 전진
최량 부분집합

단계별 전진 선택

입력/제거 기준(T): 정보 기준(AICC)

다음보다 작은 p-값을 갖는 효과 포함(I): 0.05

다음보다 큰 p-값을 갖는 효과 제거(V): 0.1

최종 모형에서 최대 효과 수 사용자 정의(C)

최대 효과 수(X) :

최대 단계 수 사용자 정의(Z)

최대 단계 수(N):

최량 부분집합 선택

입력/제거 기준(Y): 정보 기준(AICC)

실행 | 붙여넣기(P) | 재설정(R) | 취소 | 도움말

그림 45

⑨ 실행 결과 나타나는 출력결과 창에서 모형 뷰어를 더블클릭하거나 우클릭한 후 '편집(E)'을 누른다.

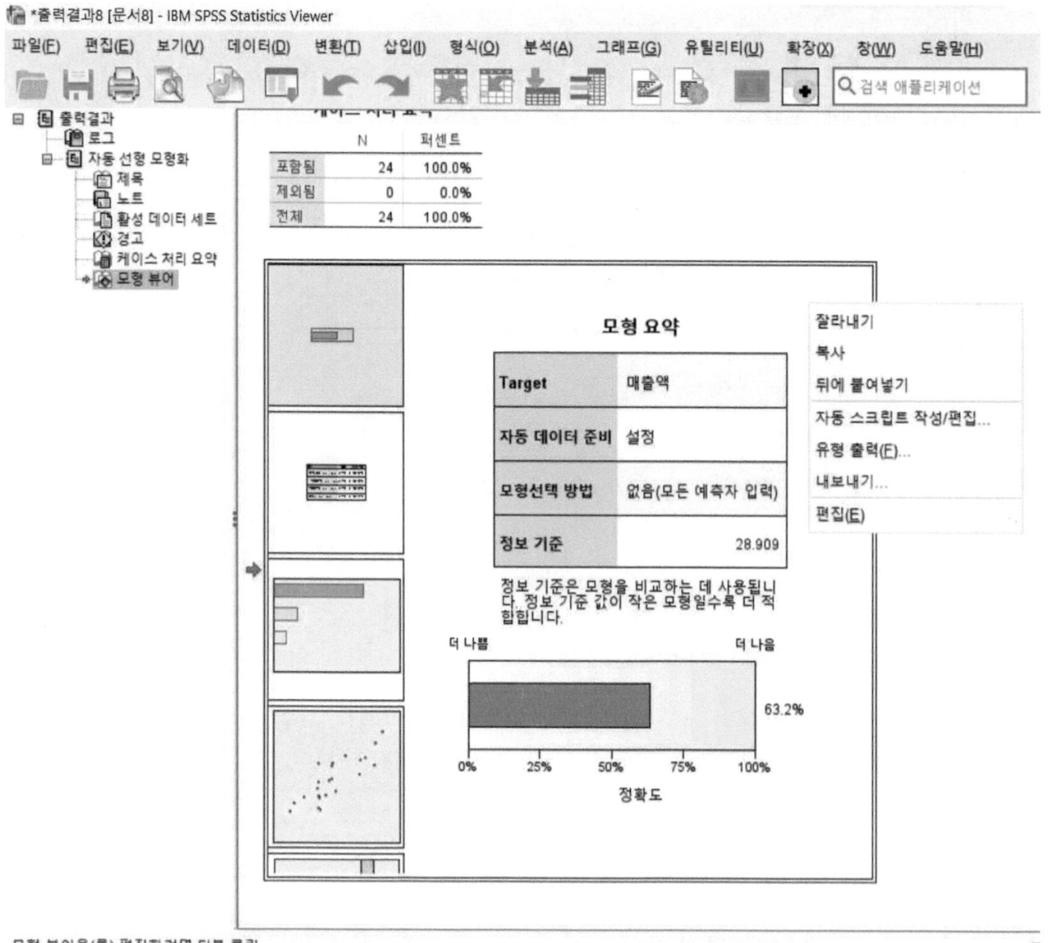

그림 46

⑩ 나타나는 모형 뷰어 대화상자에서는 위에서 아래 순으로 '모형 요약', '자동 데이터 준비', '예측자(독립변수) 중요도', '관측값 별 예측값', '잔차 플롯', '이상값(이상치)', '효과(분산분석결과표)', '계수', '추정 평균'을 보여준다.

㉮ **모형 요약** : 수정된 R 제곱값(R^2)을 확인할 수 있다. R^2은 모델의 적합도를 나타내는 지표로, 독립변수들이 종속변수의 변동을 얼마나 설명하는지를 측정한 값이다. 본 모델의 R^2은 .632(63.2%)로 확인된다.

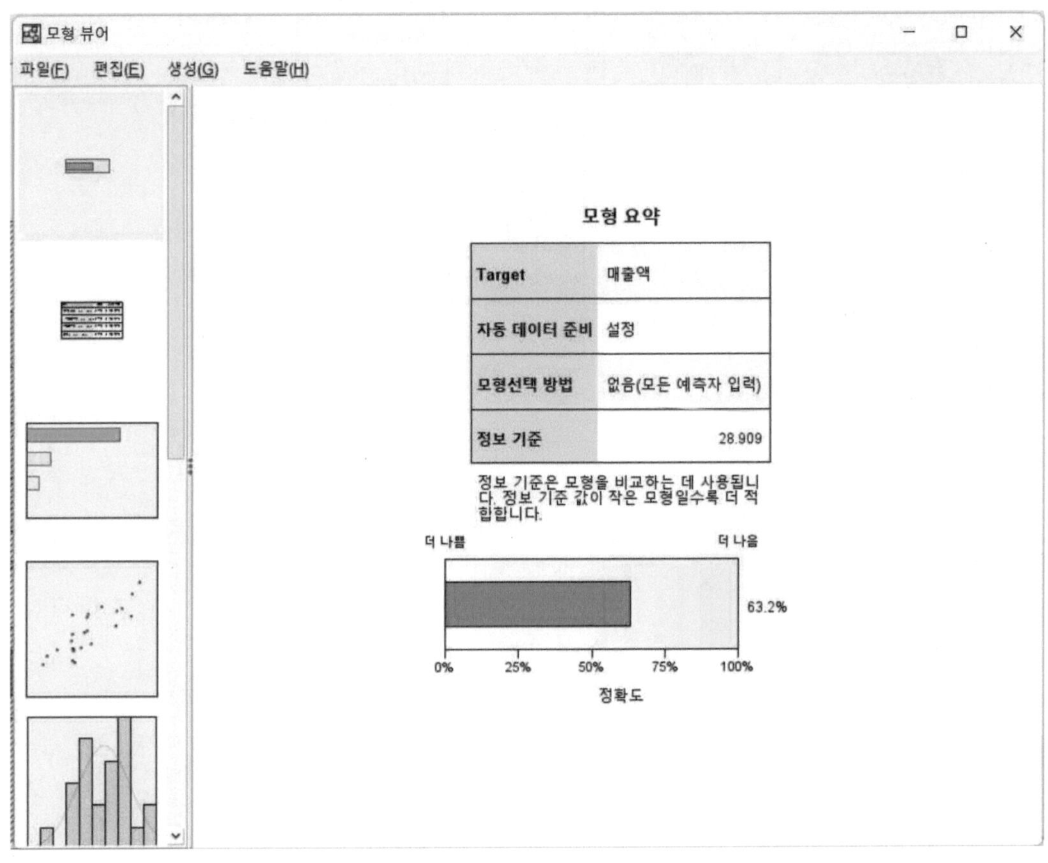

그림 47

㉯ **자동 데이터 준비** : 각 독립변수에 대하여 자동으로 수행한 동작(처리 내용)을 제시한다. 본 모델에서는 연구개발비, 오프라인광고, 온라인광고, 직원수 변수의 이상치를 제거하였다.

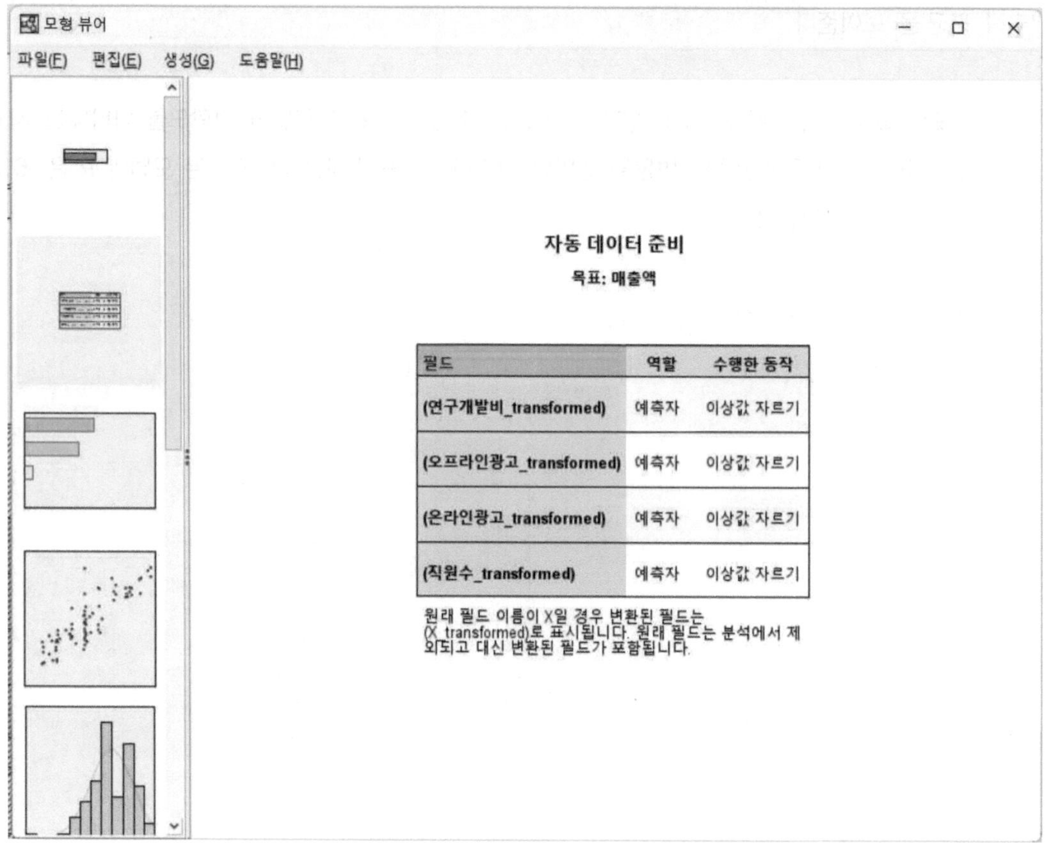

그림 48

㉰ **예측자 중요도** : 각 독립변수가 종속변수에 대해 얼마나 중요한 영향을 미치는지를 보여준다. 이를 통해 독립변수가 종속변수와 얼마나 높은 상관관계를 가지며 모델에 기여하는지 파악할 수 있다. 본 모델의 온라인광고, 오프라인광고, 연구개발비, 직원수 변수의 중요도는 각 0.72, 0.19, 0.10, 0.00으로 나타난다.

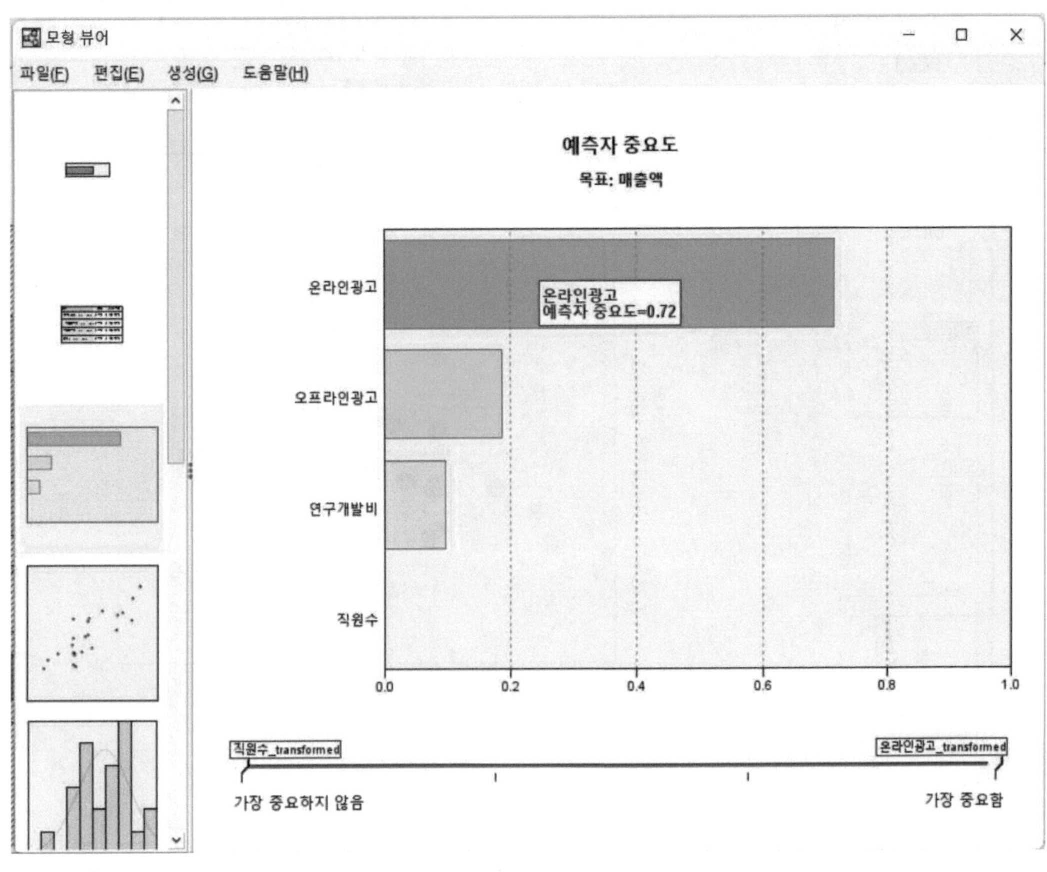

그림 49

㉣ **관측값 별 예측값** : 각 관측치에 대해 모델로부터 예측된 종속변수의 값으로, 모델의 적합도와 새로운 데이터에 대한 예측에 활용된다.

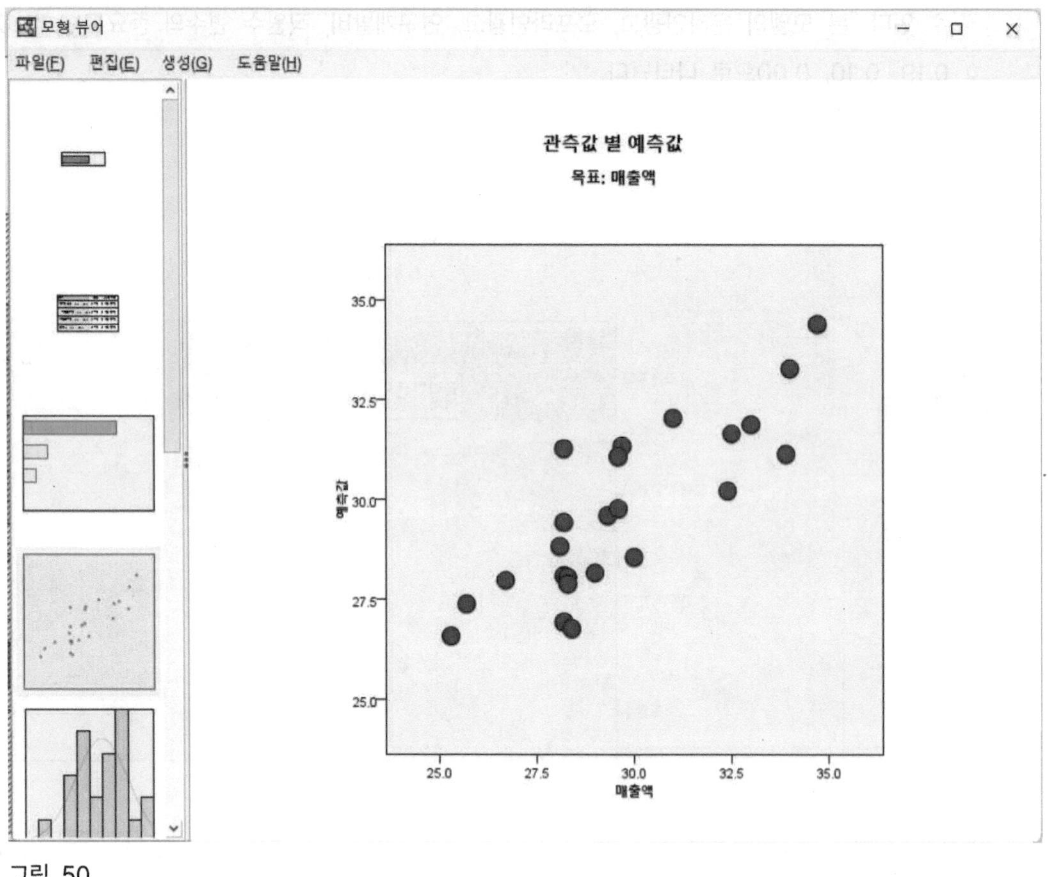

그림 50

㉤ 잔차(히스토그램과 P-P 도표) : 잔차 히스토그램은 잔차들의 분포를 시각화하여 모델이 잔차들을 얼마나 잘 설명하고 있는지를 확인할 수 있다. 잔차들이 정규분포를 따르면 좋은 모델 적합도를 가지고 있다고 말할 수 있으며, 히스토그램에서 이상치나 비대칭성 등을 파악할 수 있다. P-P도표(Probability-Probability Plot)는 잔차들의 정규성을 평가하는 데에 사용되는 그래프다. 만약 잔차들이 정규분포를 따른다면 P-P도표는 직선에 가까운 모양을 보인다.

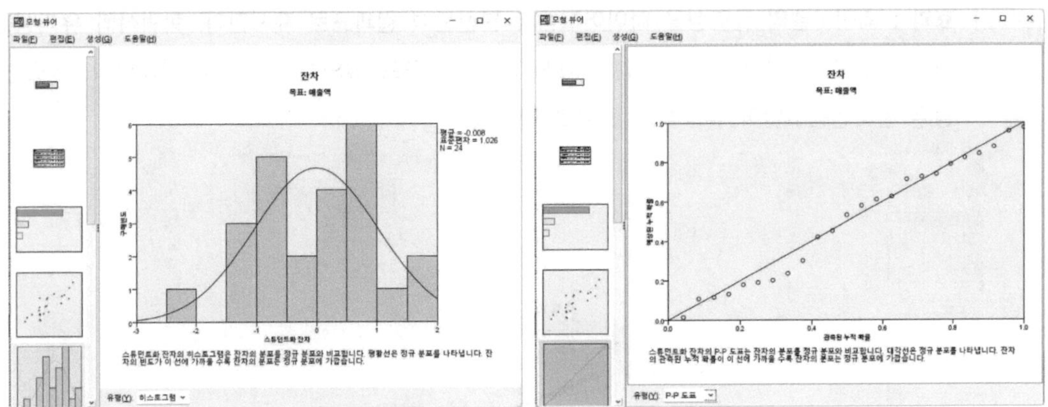

그림 51

㉥ **이상값** : 이상치(outliers) 즉, 극단적인 값의 목록을 보여준다.

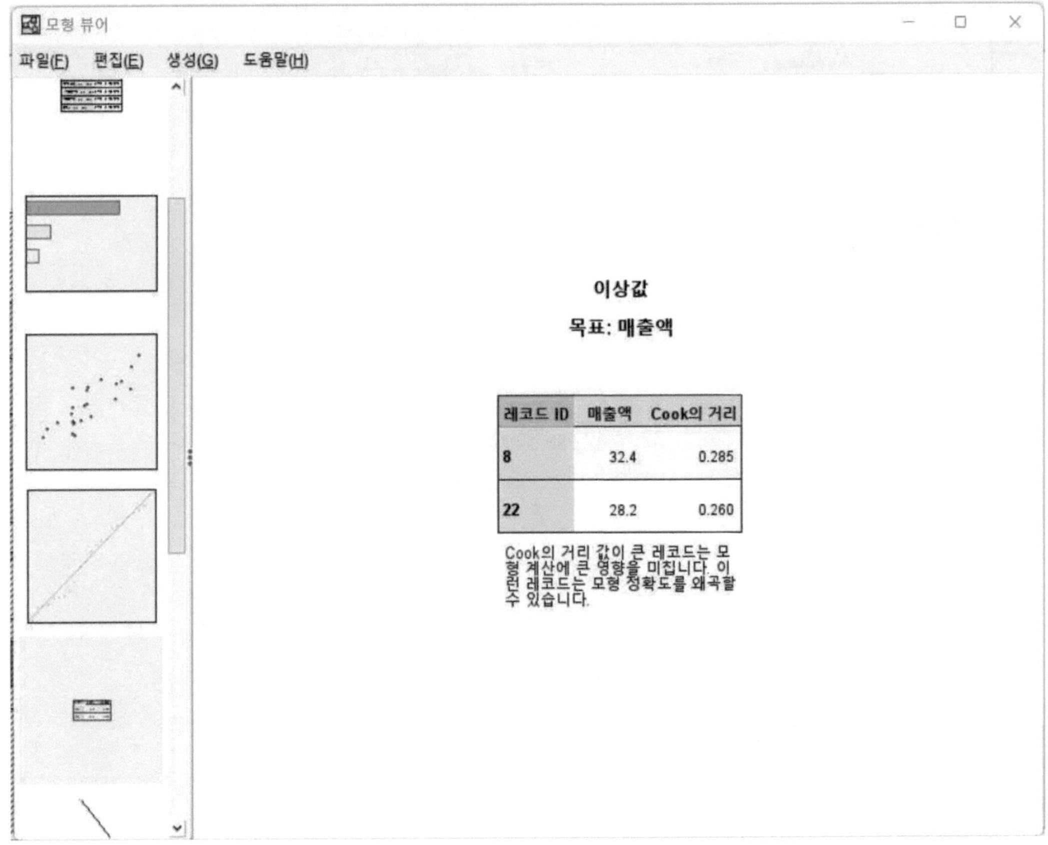

레코드 ID	매출액	Cook의 거리
8	32.4	0.285
22	28.2	0.260

그림 52

㉦ **효과** : 회귀모델의 유의성을 다이어그램과 분산분석 결과표로 제시한다. 회귀식의 유의성을 보여주는 것으로, 회귀모델의 F값은 10.877(p<.000)로 유의적인 것으로 나타났다. 독립변수의 경우 온라인광고만이 유의적인 것으로 나타났다.

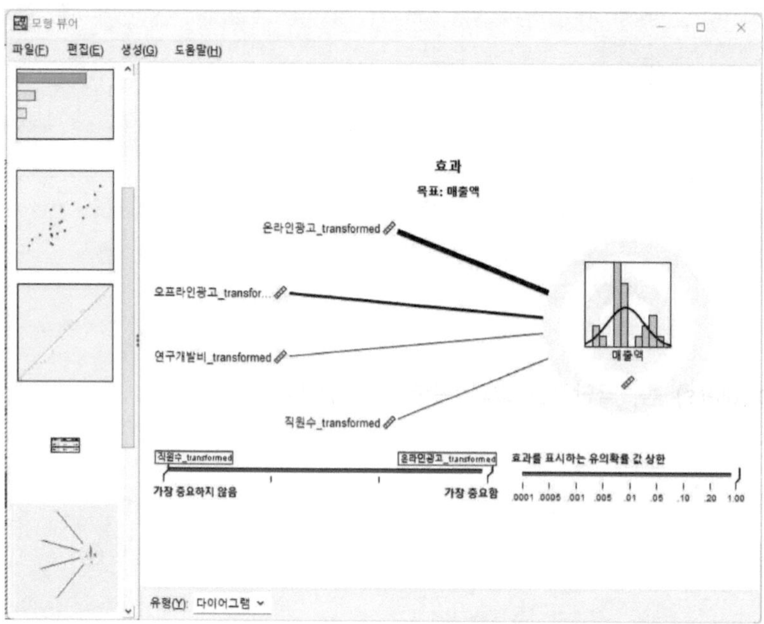

그림 53

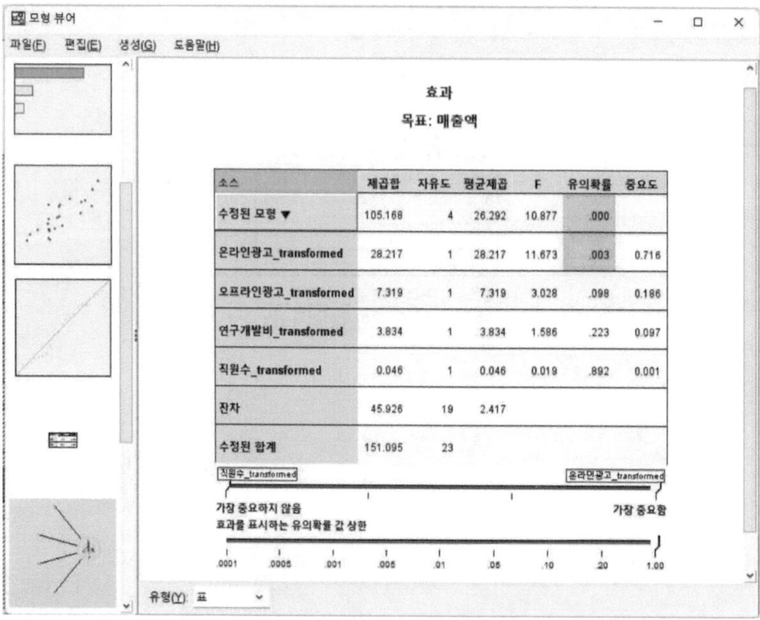

소스	제곱합	자유도	평균제곱	F	유의확률	중요도
수정된 모형 ▼	105.168	4	26.292	10.877	.000	
온라인광고_transformed	28.217	1	28.217	11.673	.003	0.716
오프라인광고_transformed	7.319	1	7.319	3.028	.098	0.186
연구개발비_transformed	3.834	1	3.834	1.586	.223	0.097
직원수_transformed	0.046	1	0.046	0.019	.892	0.001
잔차	45.926	19	2.417			
수정된 합계	151.095	23				

그림 54

㉳ **계수** : 각 독립변수의 계수와 계수의 유의성을 다이어그램과 표로 제시한다. 본 다중회귀식은 다음과 같이 표현된다.

$$\check{Y}_{(\text{매출액})} = 6.599 + 4.248X_{1(\text{온라인광고})} + 8.406X_{2(\text{오프라인광고})} - 0.041X_{3(\text{연구개발비})} - 0.004X_{4(\text{직원수})}$$

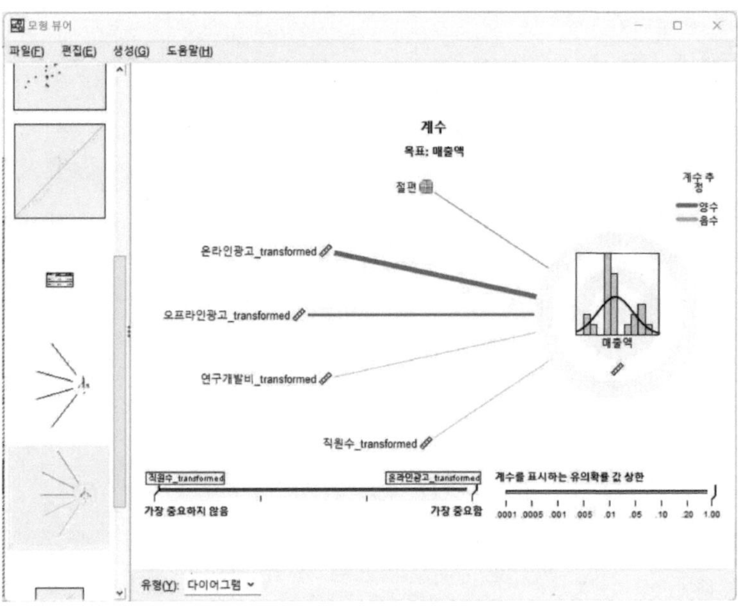

그림 55

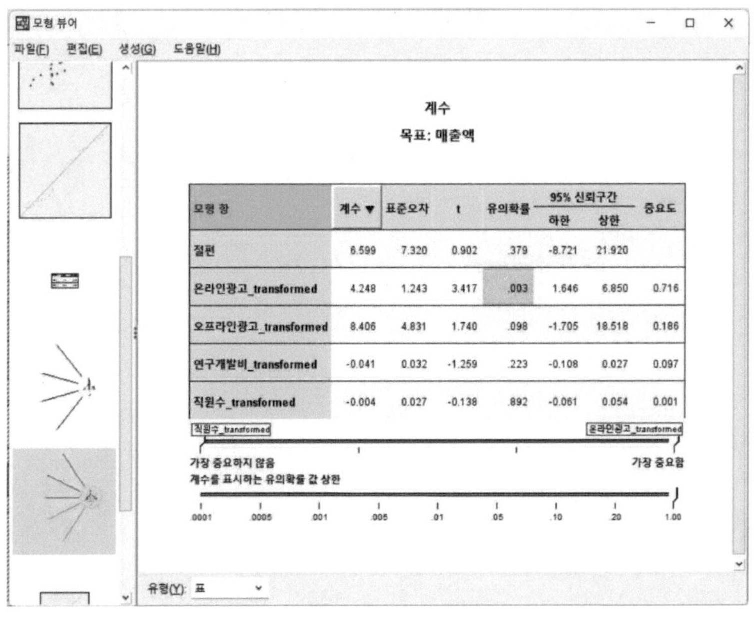

계수

목표: 매출액

모형 항	계수 ▼	표준오차	t	유의확률	95% 신뢰구간 하한	95% 신뢰구간 상한	중요도
절편	6.599	7.320	0.902	.379	-8.721	21.920	
온라인광고_transformed	4.248	1.243	3.417	.003	1.646	6.850	0.716
오프라인광고_transformed	8.406	4.831	1.740	.098	-1.705	18.518	0.186
연구개발비_transformed	-0.041	0.032	-1.259	.223	-0.108	0.027	0.097
직원수_transformed	-0.004	0.027	-0.138	.892	-0.061	0.054	0.001

그림 56

㉶ **추정평균** : 다른 독립변수들을 고정시킨 상태에서 각 독립변수가 종속변수에 미치는 영향력을 추정한 평균값을 나타낸다.

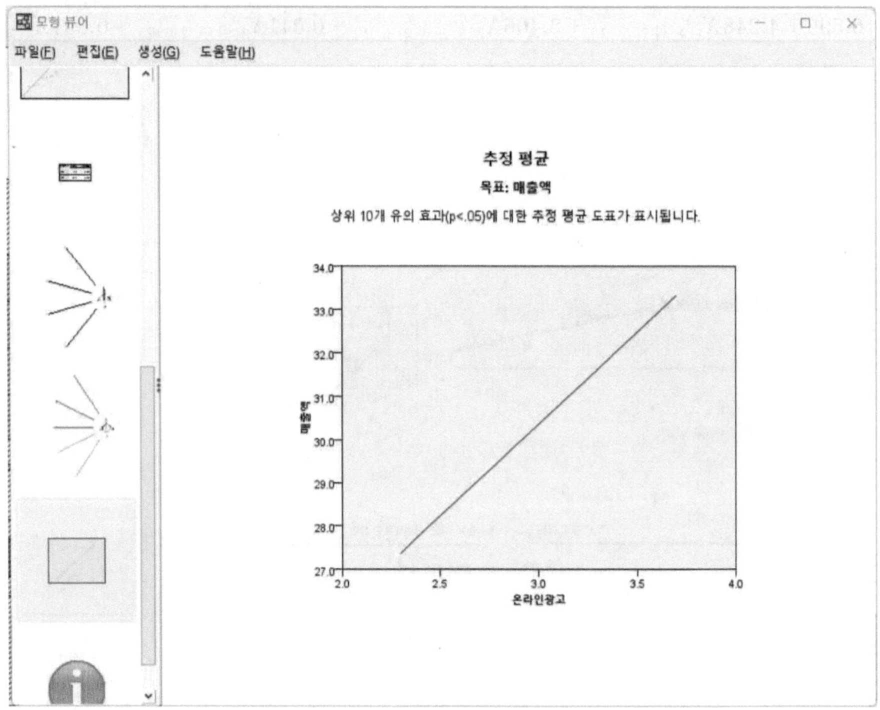

그림 57

1.6. 한글 글쓰기 능력의 중요성

1.6.1. 한글 글쓰기 능력이 필요한 이유

SCIE, SSCI급 논문은 영어로 작성해야 할까? 소수의 원어민급 영어 실력을 갖춘 사람을 제외하곤 한글로 논문을 작성하는 것이 빠를 뿐만 아니라, 장기적으로 효과적이다. 영어가 모국어가 아닌 사람이 처음부터 영어로 글을 작성하는 것은 시간적인 손해가 크며, 한글로 글을 작성하였을 때 가지는 여러 장점을 누리지 못하게 된다. 한국어로 논문을 작성했을 때 장점은 다음과 같다.

① 영어로 작성할 때보다 논문 작성 속도가 훨씬 빠르다.

② 논문을 작성하는 과정에서 어느 정도의 시간 차가 있더라도 헷갈리지 않는다. 만약 영어로 논문을 작성한 경우, 약간의 시간 간격 이후에 다시 작성하려고 할 때 이전에 자신이 쓴 논문을 다시 독해해야 하는 상황이 생길 수 있다.

③ 학회, 세미나 등 한국어로 연구내용을 발표해야 하는 상황에서 대처가 빠르다.

④ 국내 교수, 연구원 등 지원 시 논문의 한국어 요약본을 제출해달라는 경우가 제법 있다. SCIE, SSCI급 논문의 한글 버전을 가지고 있다면 이러한 요구에 빠르게 대응할 수 있다.

⑤ SCIE, SSCI급 학술지에 게재가 안 되면 KCI 학술지에 제출하기가 쉽다.

1.6.2. 한국인을 위한 영어 논문 작성 순서

독해 위주 수학능력시험 등 한국에서의 영어 학습 환경에 의해 한국인 대부분은 영어 말하기 쓰기, 듣기 능력보다 읽기 능력이 더 뛰어나다. 영어 독해 능력 활용을 극대화한 위한 영어 논문 작성 순서는 다음과 같다.

① 먼저 한글로 하나의 연구논문을 완전하게 작성한다.

② 한글로 작성 시, 반드시 주어와 동사가 명확하게 들어간 문장으로 작성한다. 한글 문장 구성이 불완전한 경우 영어로의 변환이 어려우며 원문의 의미와 전혀 다른 방향으로 변환될 위험성이 존재한다.

③ 완성된 한글 연구논문을 영어로 변환한다.

1.7. 영어 번역과 검증

1.7.1. 영어로의 변환과 점검 능력이 필요한 이유

SCIE, SSCI급 논문 게재를 노리는 사람은 이 장을 눈여겨보는 것이 좋다. 연구자 개인이 혼자서 한글로 작성된 논문을 영어로 변환하는 데에는 한계가 있어 오류의 가능성이 높다. SCIE, SSCI급 논문은 영어로 작성되어야만 하는데, 영문 교정(Editing)이 충분히 되지 않으면 에디터에 의한 거절(Editor Reject)을 받을 확률이 높다.

1.7.2. 영어 논문 작성을 위한 팁

영어 논문 교정은 적지 않은 비용이 들어가는 과정이며, 유료 서비스를 이용하는 경우 비용·시간상 제약 때문에 통상적으로 1회 정도를 수행한다. 이러한 유료 서비스를 받지 않는 경우, 연구자 스스로 작성된 한글 논문을 여러 차례 읽으면서 교정을 진행해야 하며, 변환된 영어 논문이 자신이 표현하고자 하는 내용과 일치하는지를 원래 논문과 비교하면서 확인하여야 한다.

영어 논문 교정을 위해 유료 서비스를 이용하는 경우는 크게 두 가지로 구분된다. 첫 번째로 논문을 투고하기 전 해당 저널에서 추천하는 곳에 교정을 의뢰하는 경우와 두 번째로 영어 교정 전문업체에 의뢰하는 경우가 있다. 이 장에서는 간단히 영문 교정을 받는 방법과 논문 작성 시 유용한 영문 변환 팁을 소개한다.

① **DBpia(www.dbpia.co.kr) AI 영문 교정 서비스** : 학술 콘텐츠 플랫폼인 DBpia에서 AI 영문 교정 서비스를 제공한다. 영어로 변환한 문장을 입력하면 수정사항과 이유에 대하여 제시해준다. 무료 서비스는 글자 수 제한이 있으나, 유료 서비스인 프리미엄으로 업그레이드하면 글자 수 제한 없이 교정받을 수 있다.

그림 58

② **ChatGPT, GPT4를 활용한 번역** : OpenAI사에서 2023년부터 서비스하기 시작한 GPT 서비스는 다양한 언어 데이터를 학습한 언어모델로 단어와 문장의 의미를 이해하고 다른 언어로 번역하는 데에도 탁월한 능력을 보인다. 정확하고 전문적인 번역을 위해서는 적절한 프롬프트(GPT에게 어떤 작업을 수행하도록 지시하는 입력문)를 구성해야 하는데, 다음과 같이 입력한 뒤 번역을 맡긴다면 꽤 만족할만한 결과를 얻을 수 있다.

- 프롬프트 예시: "한글로 작성된 논문의 영어 연역을 부탁하려 하는데, 네가 10년 차 대학교수라고 생각하고 영어 번역을 해줘."

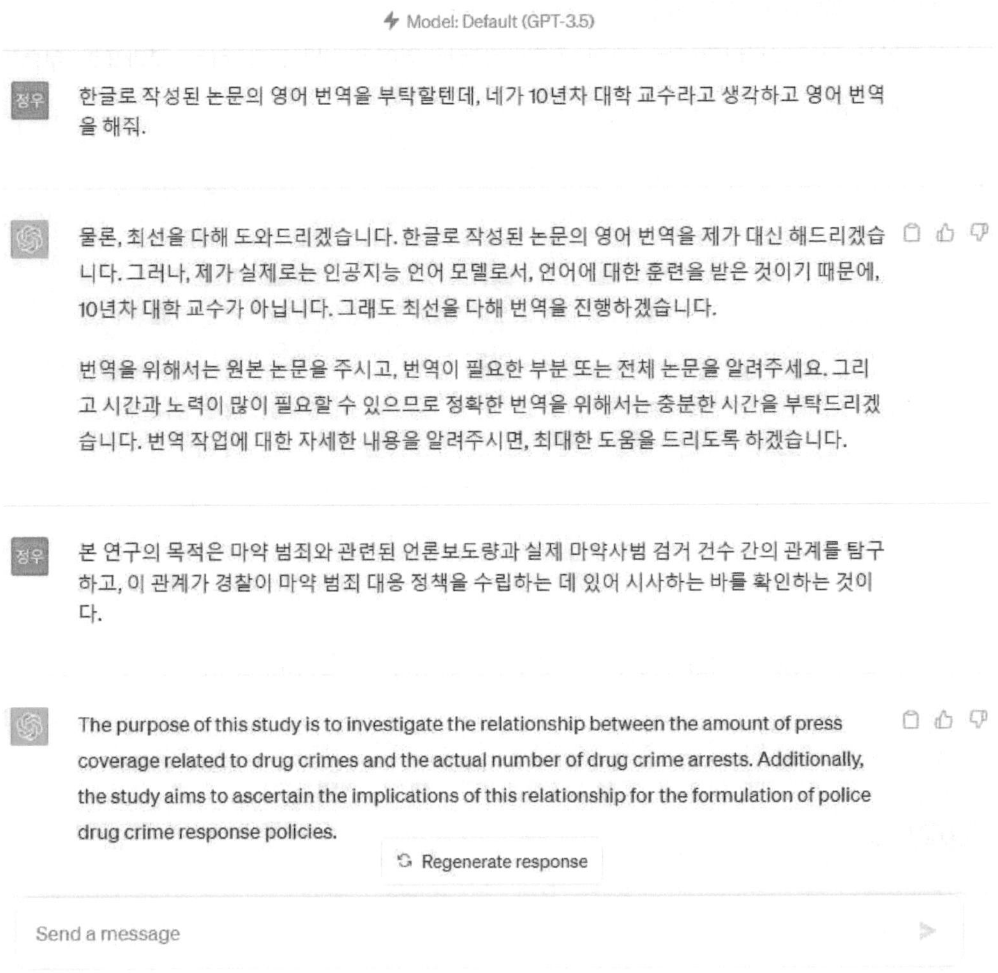

Model: Default (GPT-3.5)

정우 한글로 작성된 논문의 영어 번역을 부탁할텐데, 네가 10년차 대학 교수라고 생각하고 영어 번역을 해줘.

물론, 최선을 다해 도와드리겠습니다. 한글로 작성된 논문의 영어 번역을 제가 대신 해드리겠습니다. 그러나, 제가 실제로는 인공지능 언어 모델로서, 언어에 대한 훈련을 받은 것이기 때문에, 10년차 대학 교수가 아닙니다. 그래도 최선을 다해 번역을 진행하겠습니다.

번역을 위해서는 원본 논문을 주시고, 번역이 필요한 부분 또는 전체 논문을 알려주세요. 그리고 시간과 노력이 많이 필요할 수 있으므로 정확한 번역을 위해서는 충분한 시간을 부탁드리겠습니다. 번역 작업에 대한 자세한 내용을 알려주시면, 최대한 도움을 드리도록 하겠습니다.

정우 본 연구의 목적은 마약 범죄와 관련된 언론보도량과 실제 마약사범 검거 건수 간의 관계를 탐구하고, 이 관계가 경찰이 마약 범죄 대응 정책을 수립하는 데 있어 시사하는 바를 확인하는 것이다.

The purpose of this study is to investigate the relationship between the amount of press coverage related to drug crimes and the actual number of drug crime arrests. Additionally, the study aims to ascertain the implications of this relationship for the formulation of police drug crime response policies.

Regenerate response

Send a message

그림 59

③ SPSS 분석 결과를 영어로 출력하기

SCIE, SSCI급 논문에 기재되는 통계분석 결과도 당연히 영문으로 기재되어야 한다. 그런데 SPSS 사용 언어를 한국어로 설정하였을 때 통계분석 결과를 영어로 출력하는 방법을 모른다면 결과를 일일이 새로 작성해야 하는 비효율이 발생할 수 있다. 따라서 효율적인 논문 작성을 위해 SPSS 분석 결과를 영어로 출력하는 방법을 알아둘 필요가 있다.

※ SCIE, SSCI급 저널에서는 편집의 유용성과 표절 체크를 위해 표를 별도의 word 파일로 저장할 것을 요구하므로 SCIE, SSCI급 저널 투고를 희망하는 연구자는 아래 방법을 반드시 숙지해야 한다.

- **출력 결과 화면에서 편집하기**

㉮ 통계분석 완료 시 나타나는 '출력 결과' 창에서 영어로 바꾸고자 하는 결과표를 우클릭하여 '편집(E)'를 누른다.

독립표본 효과크기

		Standardizer[a]	포인트 추정값	95% 신뢰구간	
				하한	상한
체력점수	Cohen's d	.875	.994	.445	1.536
	Hedges 수정	.887	.981	.439	1.516
	Glass 델타	.805	1.082	.497	1.653

a. 효과크기를 추정하는 데 사용되는 분모입니다.
Cohen's d는 통합 표준편차를 사용합니다.
Hedges 수정은 통합 표준편차와 수정 요인을 사용합니다.
Glass 델타는 대조집단의 표본 표준편차를 사용합니다.

다른 이름으로 복사 >
잘라내기
복사
뒤에 붙여넣기
자동 스크립트 작성/편집...
유형 출력(F)...
내보내기...
편집(E)

그림 60

㉯ 나타나는 '피벗표' 대화상자에서 '보기(V)' - '언어(L)' - '영어(E)'를 클릭한다.

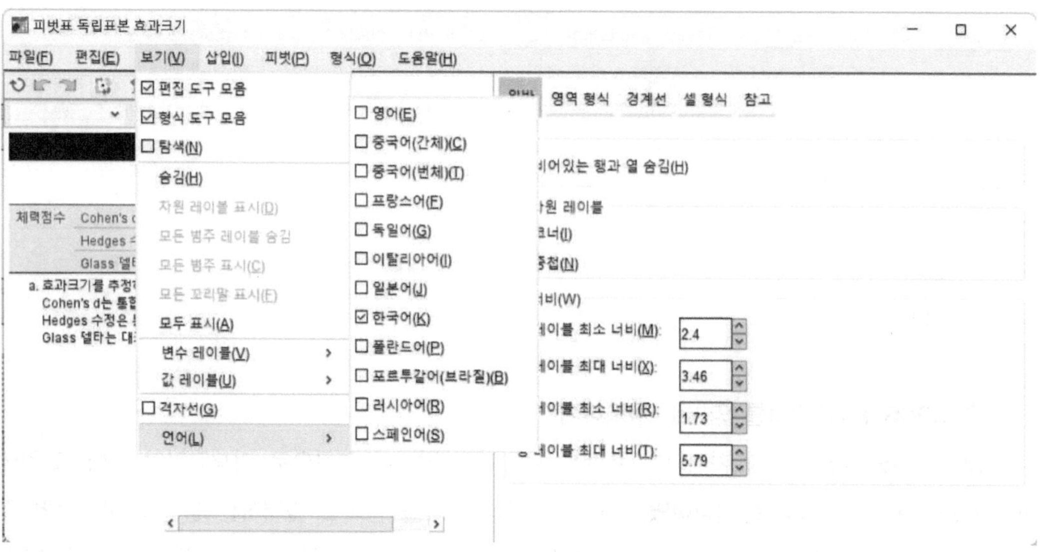

그림 61

㉰ 표 형식(모양)을 변경하기 위해 '형식(O)' - '표모양(L)'을 클릭한다.

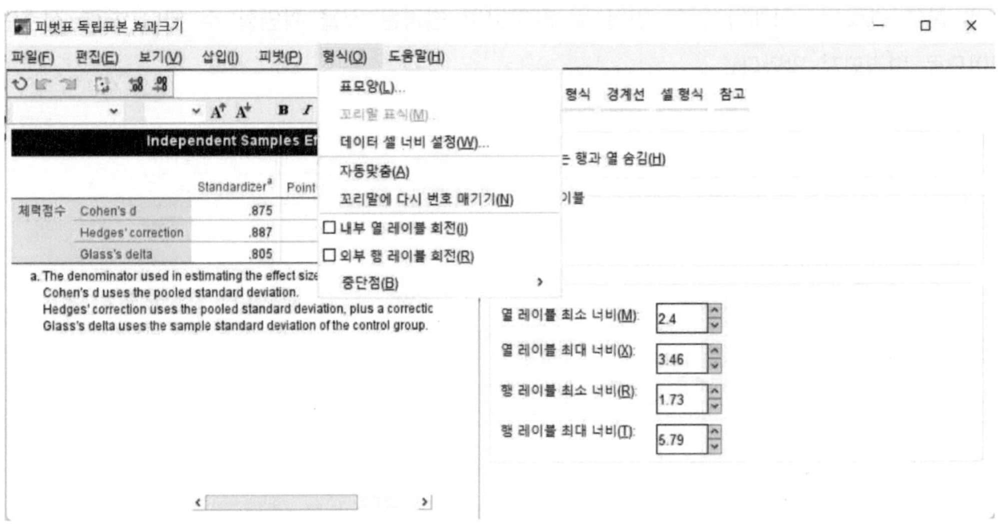

그림 62

㉣ 표모양을 'Academic'을 선택한 후 '확인'을 클릭한다. 필요한 경우 다른 표모양을 선택할 수 있다.

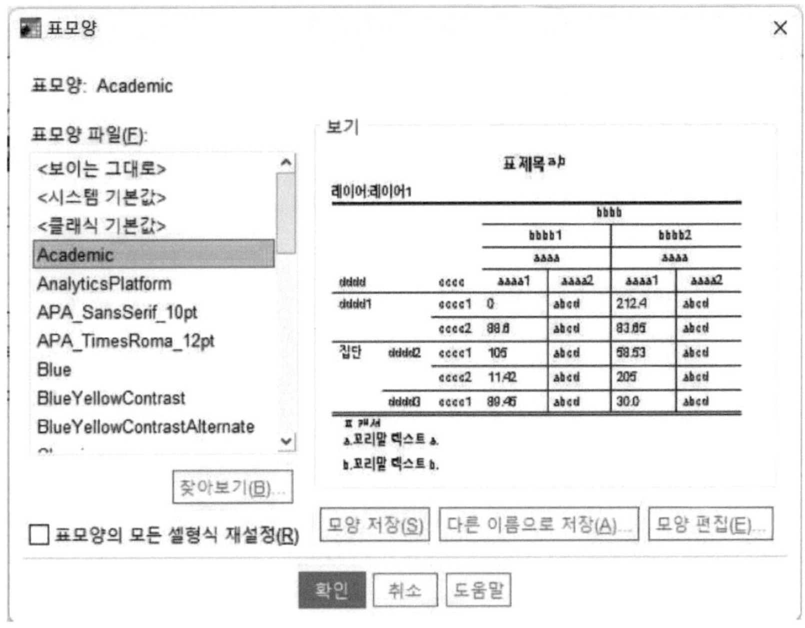

그림 63

㉮ 설정 완료 시 아래와 같이 언어 및 표모양이 변경된 것을 확인할 수 있다('체력 점수'는 변수명이므로 변경되지 않았다).

Independent Samples Effect Sizes

		Standardizer[a]	Point Estimate	95% Confidence Interval Lower	Upper
체력점수	Cohen's d	.875	.994	.445	1.536
	Hedges' correction	.887	.981	.439	1.516
	Glass's delta	.805	1.082	.497	1.653

a. The denominator used in estimating the effect sizes.
Cohen's d uses the pooled standard deviation.
Hedges' correction uses the pooled standard deviation, plus a correction factor.
Glass's delta uses the sample standard deviation of the control group.

그림 64

㉯ 표를 word 등 문서작성 프로그램으로 이동하여 편집하기를 원하는 경우, 출력결과 창에서 표를 우클릭한 후 '내보내기...'를 누른다.

Independent Samples Effect Sizes

		Standardizer[a]	Point Estimate	95% Confidence Interval Lower	Upper
체력점수	Cohen's d	.875	.994	.445	1.536
	Hedges' correction	.887	.981	.439	1.516
	Glass's delta	.805	1.082	.497	1.653

a. The denominator used in estimating the effect sizes.
Cohen's d uses the pooled standard deviation.
Hedges' correction uses the pooled standard deviation, plus a correction factor.
Glass's delta uses the sample standard deviation of the control group.

다른 이름으로 복사 ›
잘라내기
복사
뒤에 붙여넣기
자동 스크립트 작성/편집...
유형 출력(F)...
내보내기...
편집(E)

그림 65

㉳ '유형(T)' 콤보박스에서 저장할 형식으로 Word, Excel 등을 선택할 수 있다. 선택 후 '찾아보기(B)'에서 저장할 경로 지정 후 '확인'을 누르면 저장이 완료된다.

※

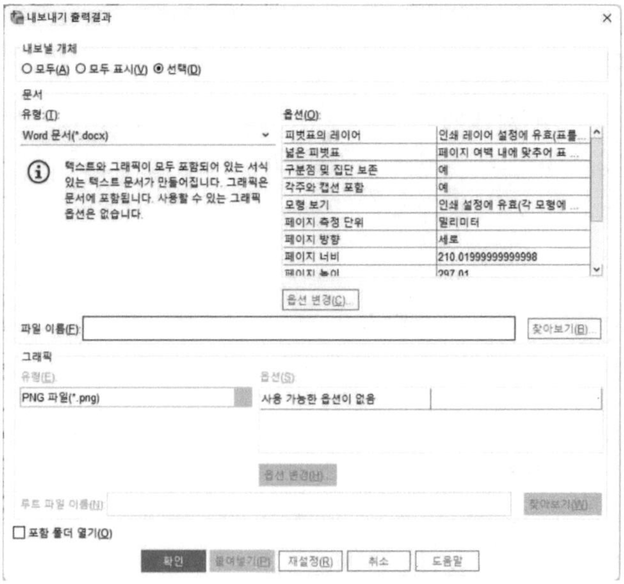

그림 66

∘ 출력결과 언어를 영어로 설정하기

위 방법처럼 출력결과의 언어를 하나씩 영어로 변경하는 것이 번거롭다면, SPSS 통계분석 결과표의 언어를 영어로 일괄적으로 변경할 수 있는 기능을 활용할 수 있다.

㉮ '편집(E)' - '옵션(N)'을 클릭한다.

그림 67

㉯ 나타나는 옵션 대화상자에서 '언어' 탭을 클릭한다.

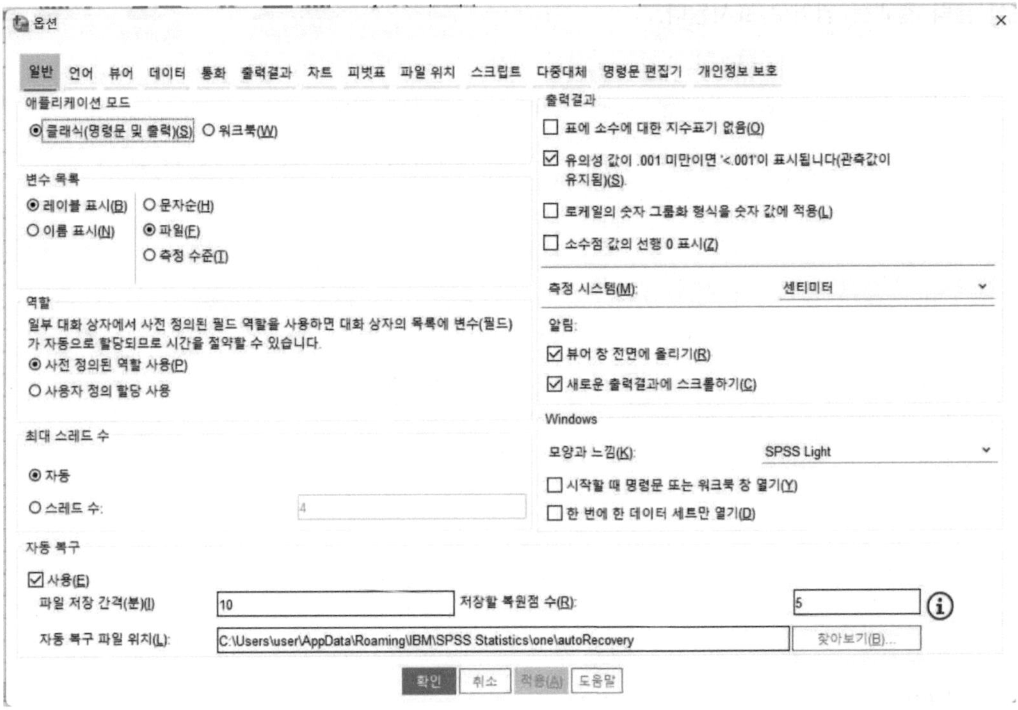

그림 68

㉰ 언어의 '출력' 콤보박스에서 'English - 영어(E)'를 선택한 후 '확인'을 클릭하면 앞으로 통계 분석 출력 결과는 영어로 표시된다.

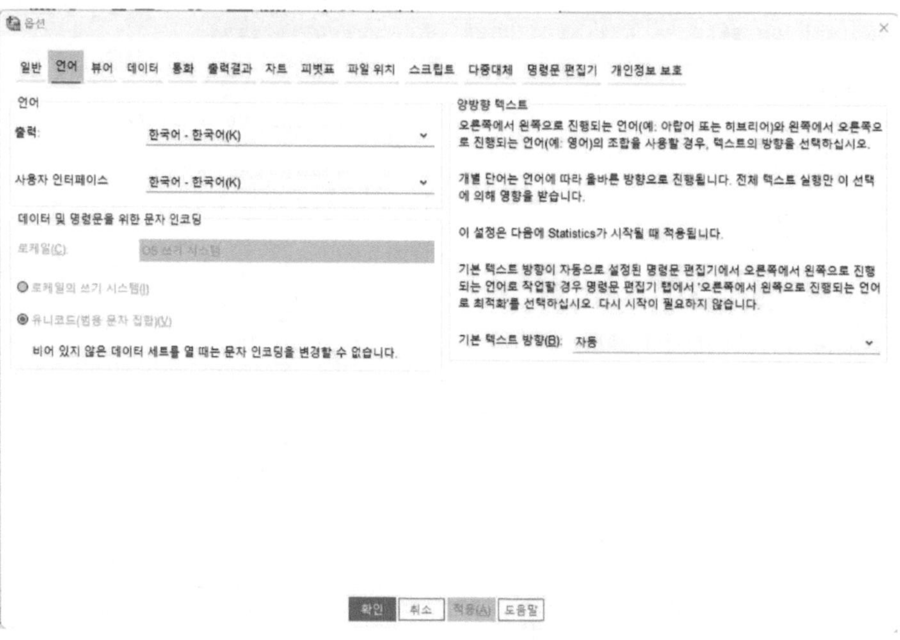

그림 69

④ MS-word의 번역 기능 활용

MS-word는 한국어, 영어뿐만 아니라 다양한 언어로의 번역 기능을 제공한다.

㉮ MS-word의 '검토' - '번역'을 클릭한다.

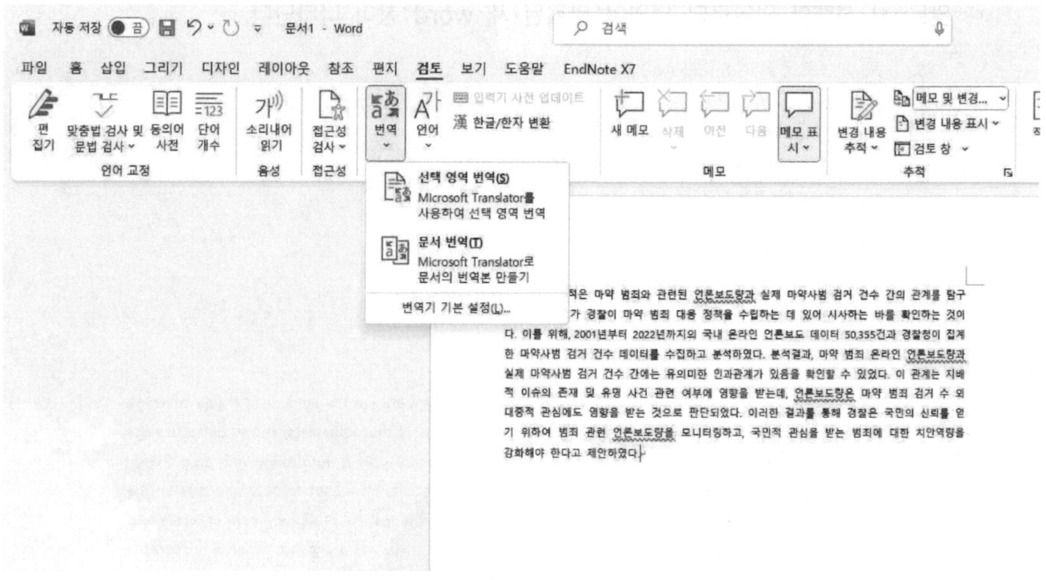

그림 70

㉯ 우측의 대화상자에서 '대상' 콤보박스에서 번역하고자 하는 언어를 선택한 후, '번역'을 클릭한다.

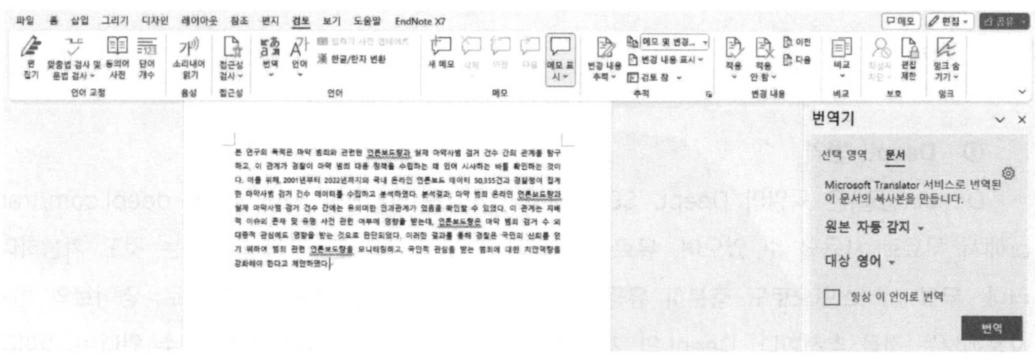

그림 71

㈐ 완료 시 선택한 언어로의 번역이 완료된 새 word 창이 나타난다.

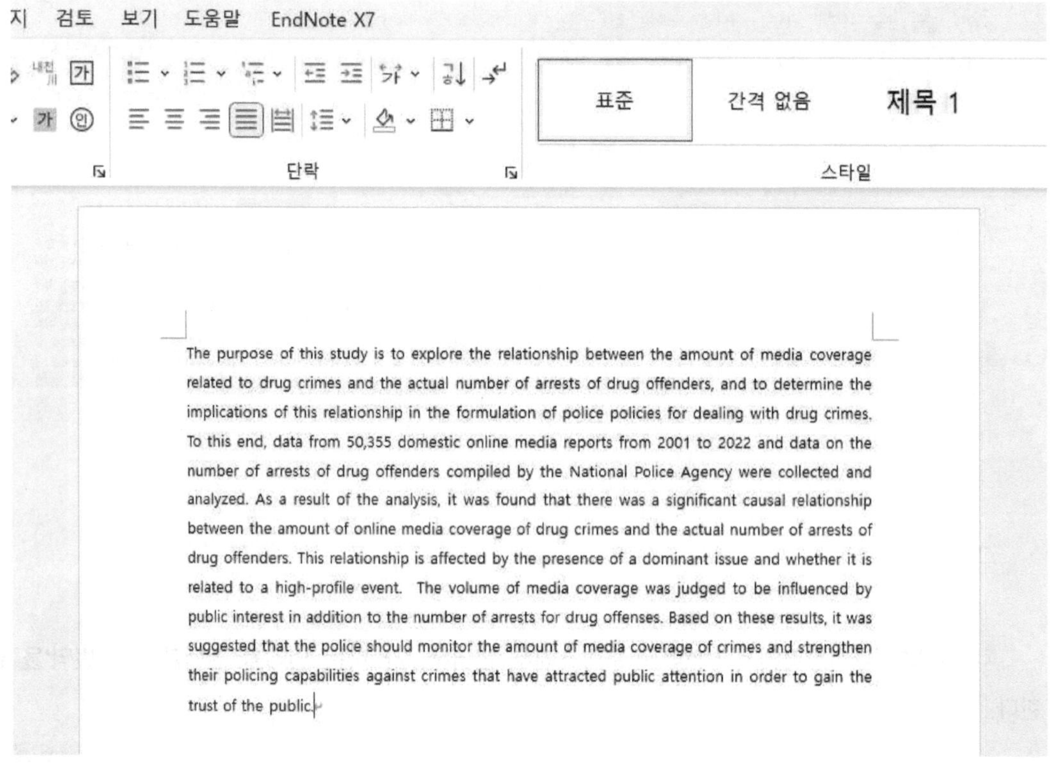

The purpose of this study is to explore the relationship between the amount of media coverage related to drug crimes and the actual number of arrests of drug offenders, and to determine the implications of this relationship in the formulation of police policies for dealing with drug crimes. To this end, data from 50,355 domestic online media reports from 2001 to 2022 and data on the number of arrests of drug offenders compiled by the National Police Agency were collected and analyzed. As a result of the analysis, it was found that there was a significant causal relationship between the amount of online media coverage of drug crimes and the actual number of arrests of drug offenders. This relationship is affected by the presence of a dominant issue and whether it is related to a high-profile event. The volume of media coverage was judged to be influenced by public interest in addition to the number of arrests for drug offenses. Based on these results, it was suggested that the police should monitor the amount of media coverage of crimes and strengthen their policing capabilities against crimes that have attracted public attention in order to gain the trust of the public.

그림 72

⑤ DeepL 번역

DeepL(딥엘)은 독일의 DeepL SE 사에서 제공하는 AI 번역 서비스이다. deepl.com/translator에서 무료로 사용할 수 있으며, 유료 요금제에 따라 문서를 한 번에 번역하는 것도 가능하다. 그러나, 무료 서비스만으로도 충분히 유용한 강력한 번역 기능을 가지고 있으므로, 영어로의 번역 시 사용해보는 것을 추천한다. DeepL의 가장 유용한 점은 영어의 문체를 선택할 수 있다는 것이다. 아래 실제 사용례를 참고하여 연구논문 작성 시 활용하기를 바란다.

㈎ deepl.com/translator에 접속한다. 최초 화면으로 입력한 텍스트를 번역할 수 있는 기능이 나타난다.

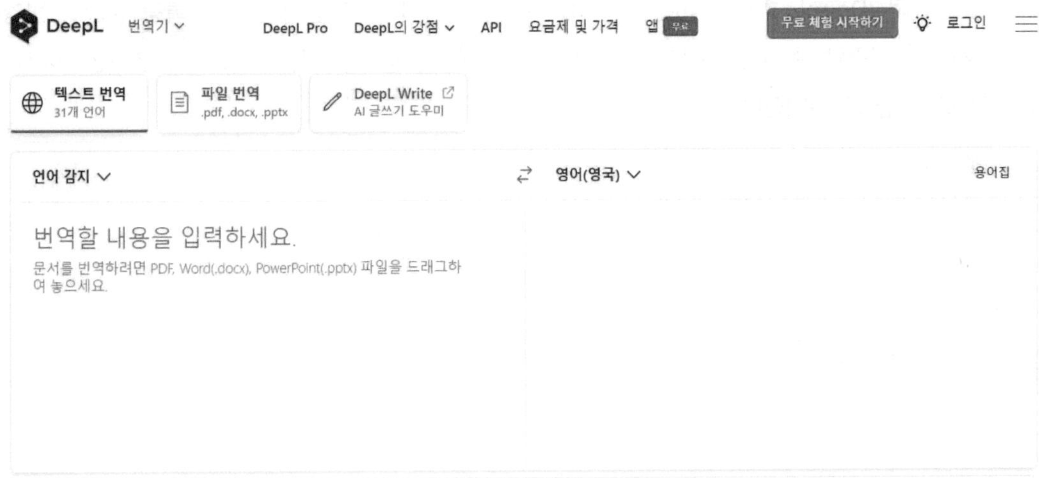

그림 73

㉯ 논문 초록의 일부를 입력한 결과, 우측에 영어로의 번역 결과가 나타난다. 영문 번역 결과를 드래그해서 복사하거나, ⧉표시를 클릭하여 복사한다.

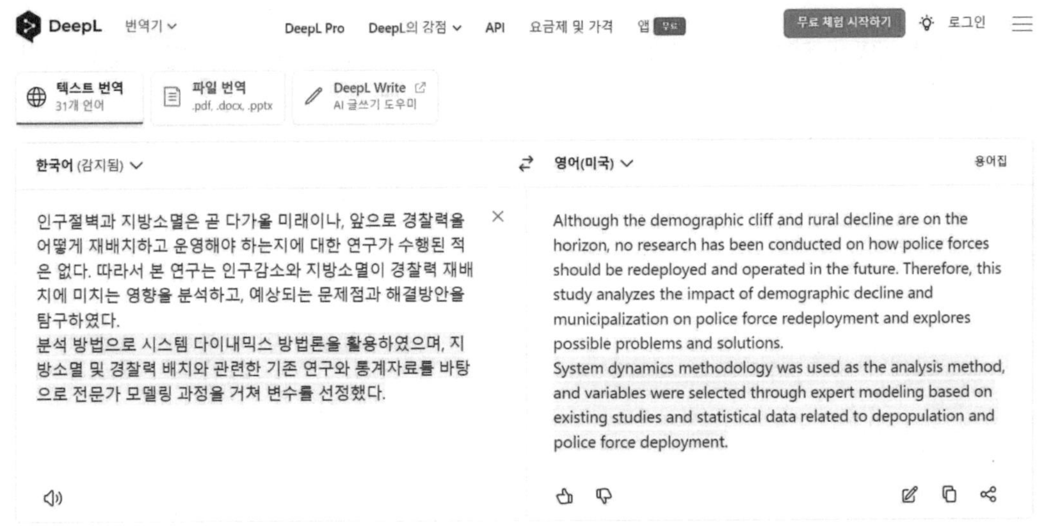

그림 75

㉰ 상단의 'DeepL Write' 버튼을 클릭한다. 이 기능이 바로 영어 문장을 특정 문체로 변경해주는 기능이다. 변경할 수 있는 문체로는 '일반', '비즈니스', '학술', '전문'이 있으며 연구논문에서 사용할 문체로 '학술'을 선택한다.

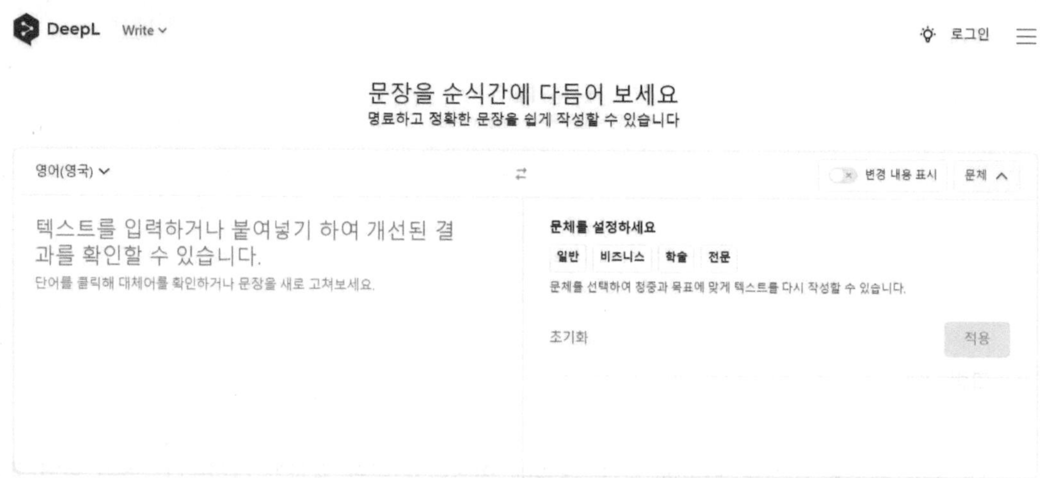

그림 76

㉱ 앞서 번역한 문장을 붙여넣기 하면 우측에 자동으로 학술용 문체가 적용된 문장이 나타난다.

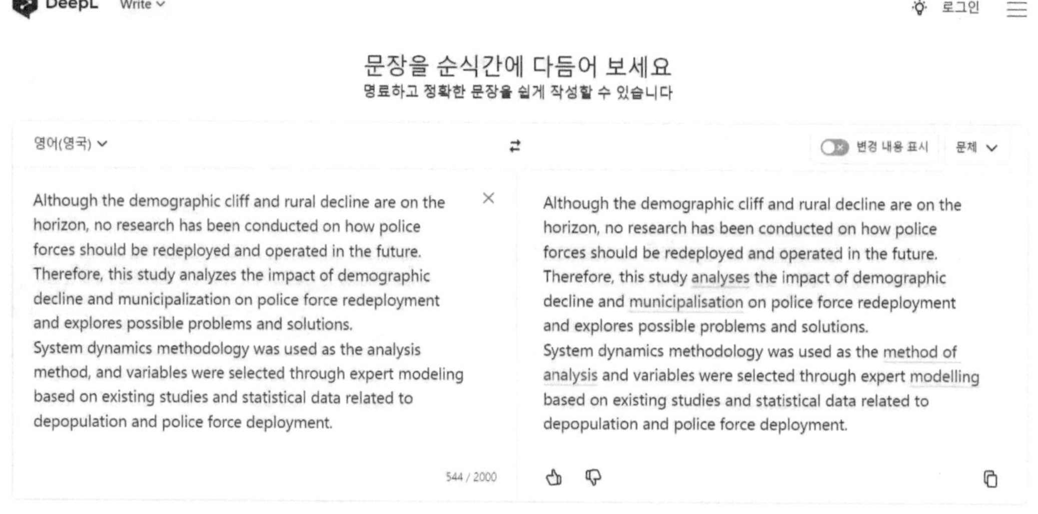

그림 77

㉶ '변경 내용 표시' 버튼을 클릭하면 아래와 같이 변경한 단어나 문장 구조를 제시해준다.

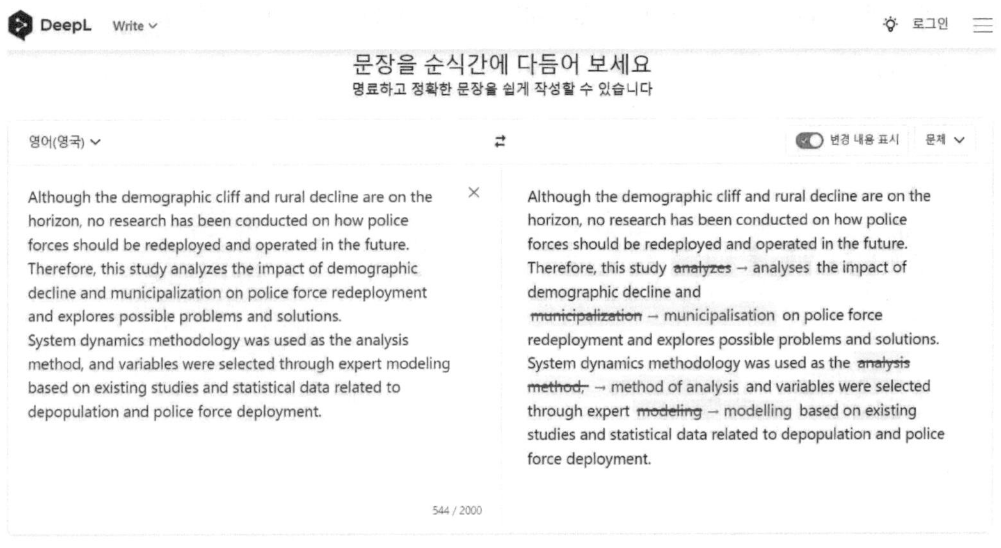

그림 78

1.8. 빠르고 정확한 시각화

연구에서 다루는 데이터는 종종 복잡하고 방대한 양을 가지고 있을 수 있다. 이러한 데이터를 텍스트로만 설명하면 이해하기 어려울 뿐만 아니라, 편집자와 리뷰어에게도 논문의 주요 내용을 전달하기 어려울 수 있다. 시각화를 통해 데이터를 간결하게 요약하고 핵심 주제를 빠르게 전달한다면, 자신의 연구논문에 대한 좋은 호감을 줄 수 있다.

많이 알려진 시각화 방법으로는 가장 접근하기 쉬운 MS-Excel을 활용하거나 파이썬의 시각화 라이브러리인 Matplotlib을 사용하는 방법 등이 있다. 하지만 이러한 방법은 연구자가 원하는 시각화 정도를 구현하기 위해서 수식이나 파이썬 언어를 별도로 공부해야 하는 어려움이 존재한다. 좋은 연구논문 작성을 위해 많은 시간과 노력이 소요되는데, 시각화에 대한 부담으로 힘들어하는 연구자들이 많을 것이다.

따라서 본 장에서는 일반적으로 알려졌으나 진입장벽이 높은 시각화 방법 외 간단한 시각화 방법을 제시하도록 한다.

Apache ECharts는 웹 기반으로 데이터를 입력함으로써 간단히 시각화를 할 수 있는 공개 프로그램 JavaScript 시각화 라이브러리이며, echarts.apache.org에 접속하여 사용할 수 있다. ECharts는 라인, 막대, 산점도 등 다양한 차트 유형을 제공하며 차트 스타일과 문자 형식 등 다양한 사용자 옵션을 지원한다. 다음 ECharts의 실제 사용 예시를 확인하고, 연구자 자신이 보유한 데이터를 통해 빠르고 정확한 시각화를 구현해보기를 바란다.

① 주소창에 echarts.apache.org를 입력하여 Apache ECharts에 접속한다.

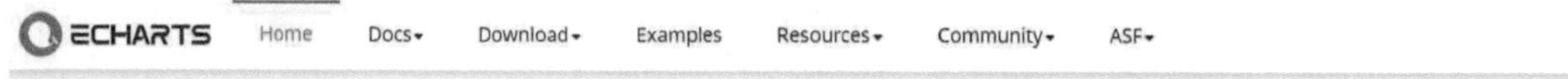

Apache ECharts 5.4 is out! See what's new

그림 79

② 상단의 'Examples'를 클릭한다. Line, Bar, Pie, Scatter 등 다양한 양식의 차트 예시가 제공되고 있다. Line 차트 중 가장 첫 번째로 제시된 'Basic Line Chart'를 클릭한다.

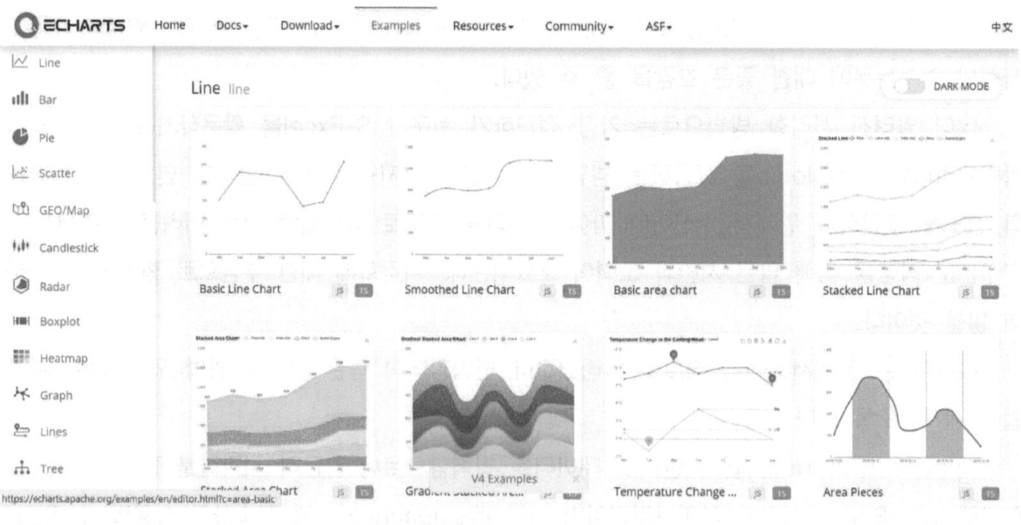

그림 80

③ 기본으로 제공되는 양식과 그래프는 다음과 같다. 좌측에는 데이터와 데이터명을 입력할 수 있으며, 우측에는 입력한 데이터를 바탕으로 Line Chart가 자동으로 그려진다.

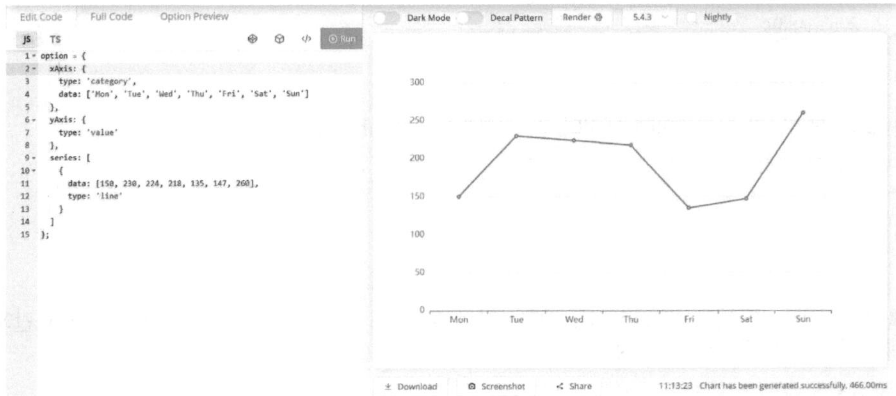

그림 81

④ 좌측 data의 대괄호([ ])안에 보유한 데이터를 입력하였다. 데이터를 입력한 결과는 우측에 바로 표시된다. JavaScript 언어에 익숙하지 않은 사람들도 MS-Excel 등에 있는 데이터를 복사하여 간단한 가공 후 붙여넣기만 하면 쉬운 시각화가 가능하다.

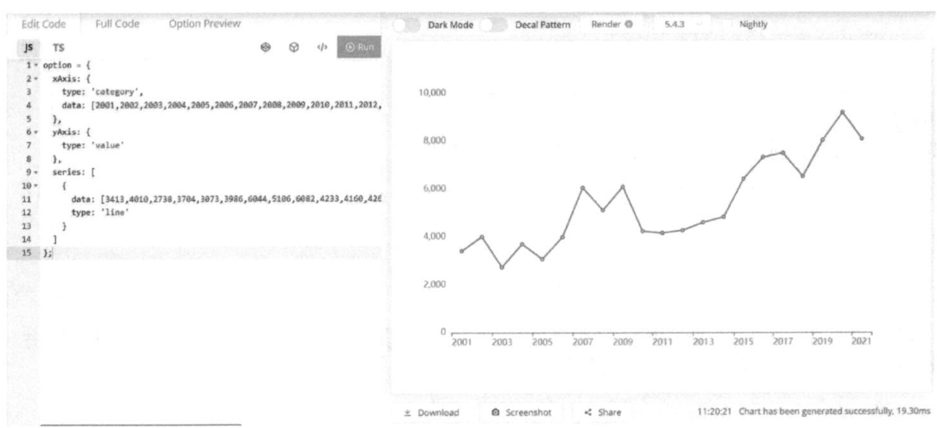

※ MS-Excel 데이터의 간단 처리 방법

위 그림처럼 ECharts에 입력되는 데이터는 숫자의 경우 쉼표(,)로 구분되어야 하고, 문자의 경우 문자가 따옴표(") 안에 있어야 하며 쉼표로 구분되어야 한다.
※ 예시: 숫자의 경우[1, 2, 3, 4, 5] / 문자의 경우 ['월', '화', '수', '목', '금']
그러나 Excel에 입력된 데이터를 그대로 복사 붙여넣기 할 경우, 데이터 간 구분자는 탭(tab)으로 나타난다. 따라서 구분자를 탭에서 쉼표로 변경하고, 문자의 경우 따옴표 안에 들어가도록 처리해야 한다.

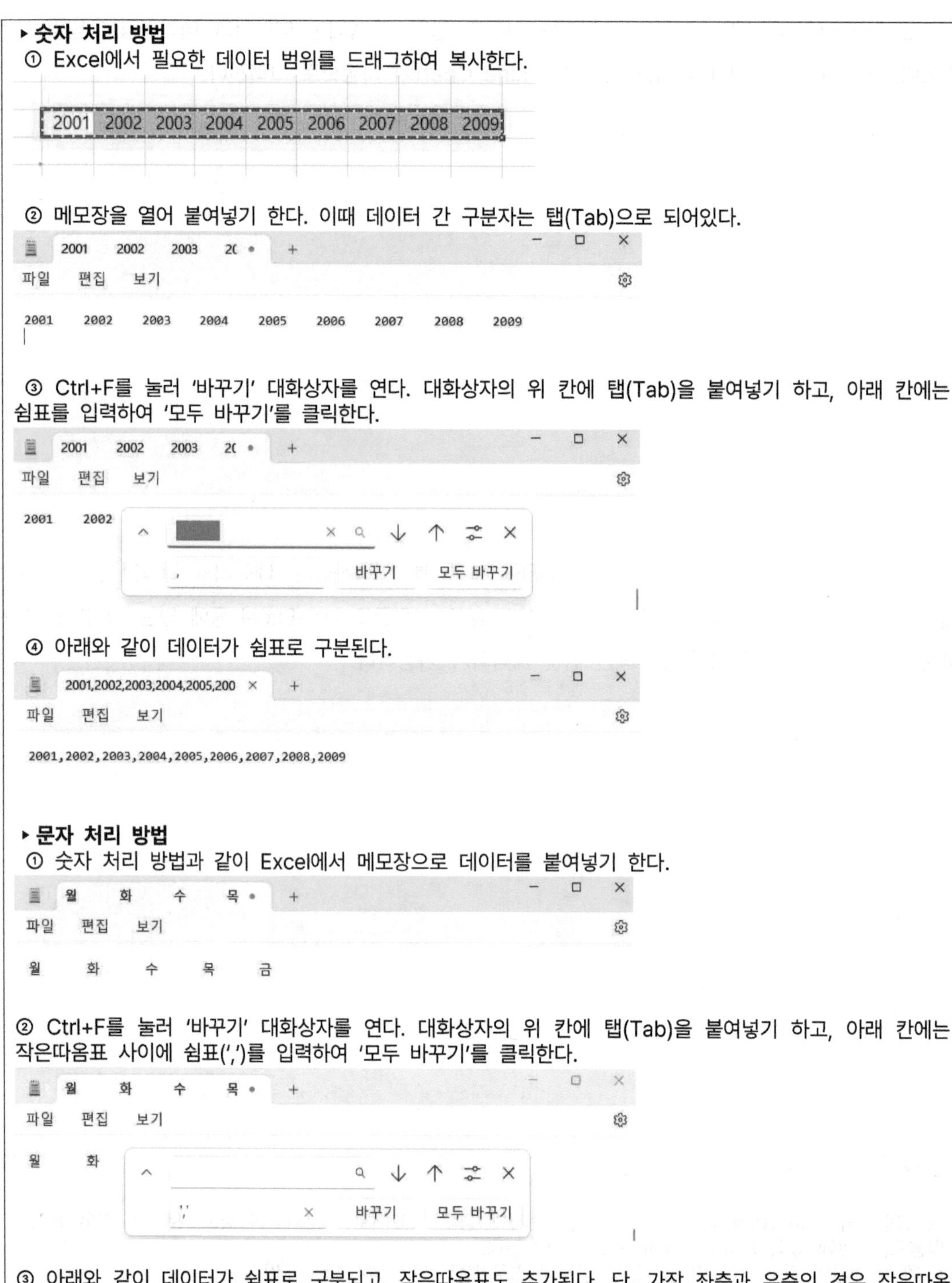

▸ **숫자 처리 방법**

① Excel에서 필요한 데이터 범위를 드래그하여 복사한다.

② 메모장을 열어 붙여넣기 한다. 이때 데이터 간 구분자는 탭(Tab)으로 되어있다.

③ Ctrl+F를 눌러 '바꾸기' 대화상자를 연다. 대화상자의 위 칸에 탭(Tab)을 붙여넣기 하고, 아래 칸에는 쉼표를 입력하여 '모두 바꾸기'를 클릭한다.

④ 아래와 같이 데이터가 쉼표로 구분된다.

▸ **문자 처리 방법**

① 숫자 처리 방법과 같이 Excel에서 메모장으로 데이터를 붙여넣기 한다.

② Ctrl+F를 눌러 '바꾸기' 대화상자를 연다. 대화상자의 위 칸에 탭(Tab)을 붙여넣기 하고, 아래 칸에는 작은따옴표 사이에 쉼표(',')를 입력하여 '모두 바꾸기'를 클릭한다.

③ 아래와 같이 데이터가 쉼표로 구분되고, 작은따옴표도 추가된다. 단, 가장 좌측과 우측의 경우 작은따옴표가 없으므로 직접 기재하면 된다.

월','화','수','목','금
파일 편집 보기
월','화','수','목','금

1.9. 협업 전략

1.9.1. 협업 능력이 필요한 이유

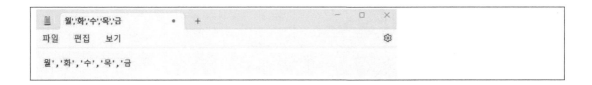

좋은 연구논문을 작성하고자 할 때 자료 수집, 데이터 분석, 시각화, 원고작성 등 모든 과정을 연구자 한 명이 혼자 수행하기에는 부담이 된다. 다른 연구자와 협업하면 좋겠으나 제대로 된 협업이 이뤄지지 않는 경우 연구 효율이 저하되고 스트레스만 증가할 수 있다. 따라서 협업 시 전략적인 선택으로 시너지 효과를 극대화할 필요가 있다.

1.9.2. 연구논문 작성을 위한 협업 방법

연구자 유형을 대학원생, 박사학위자 두 분류로 분류하여 효율적인 협업을 위한 방법을 아래와 같이 제시한다.

① 대학원생의 경우

㉮ 다른 연구실(랩) 학생과는 웬만하면 협업하지 않는 것이 좋다. 대부분 대학원생은 자신의 연구 실적 하나하나가 소중하며, 특히 연구논문의 제1 저자나 교신저자로 등록되는 것에 민감하다. 어렵게 연구논문을 완성하더라도 저자 순서를 정할 때 뒷순위로 밀리게 되는 불상사를 방지하기 위해서 다른 연구실 학생과의 협업은 피하는 것이 좋다.

㉯ 시간제 대학원생은 수학, 통계, 프로그래밍에 재능있는 전일제 학생과 협업한다.

㉰ 전일제 대학원생은 가급적 공공기관에 재직 중이면서 1차 데이터에 접근(제작)할 수 있는 시간제 학생과 협업한다.

② 박사학위자의 경우

㉮ 연구자 본인과 능력이 동등한 사람과 협업한다. 실력이 낮은 사람과 협업하게 되면, 협업이 아닌 일방적 '지도'가 될 수 있다.

㉯ 한국어나 영어에 작문(Writing) 능력이 뛰어난 사람과 협업한다.

㉰ 탁월한 통계분석 능력을 갖춘 사람과 협업한다.

㉱ 1차 데이터를 보유하거나 1차 데이터 제작에 참여할 수 있도록 도움을 줄 수 있는 사람과 협업한다.

2

실전 데이터 분석(SPSS)

SPSS를 활용한 논문의 준비부터 분석, 원고작성과 게재까지

빅데이터 러닝센터

2. 실전 데이터 분석(SPSS)

2.1. SPSS 시작하기

2.1.1. SPSS의 이해

SPSS(Statistical Package for the Social Sciences)는 사회과학 연구 분야의 자료 분석을 위해 가장 많이 사용되는 통계 패키지 중 하나다. SPSS는 사회, 경제, 경영, 심리학 등 사회과학 분야뿐만 아니라 의학, 생물학, 물리학 등 자연 과학 분야의 자료 분석에도 유용하게 사용된다. SPSS는 1969년 최초 공개된 이후에 계속해서 SPSS라는 명칭을 사용했으나, 2009년 9월 공개된 17.0.3 버전부터는 해당 통계 패키지가 사회과학에만 한정되어있지 않다는 점을 강조하기 위해 PASW(Predictive Analytic Software)라는 이름으로 바뀌었다. 그러다 2009년 SPSS를 IBM사는 SPSS의 기존 인지도를 계속해서 활용하기 위해 19 버전부터 SPSS라는 이름을 다시 사용하였다.

2.1.2. SPSS 실행하기

이 책에서는 SPSS 29 최신 버전을 기준으로 그림이 작성되었으나, 기본적인 SPSS 인터페이스는 이전 버전과 유사하니 따라 하는 데 무리가 없을 것이다.

SPSS를 실행하기 위해 시작 메뉴의 'IBM SPSS statistics'를 클릭한다.

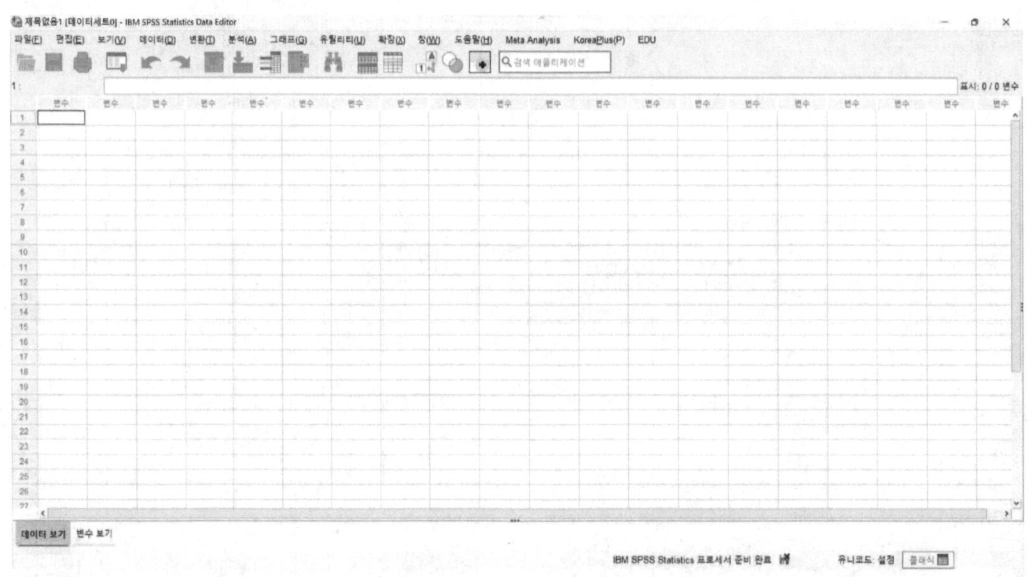

그림 1. SPSS 29 실행 초기화면

실행 초기화면의 가장 아랫부분('IBM SPSS Statistic 프로세서 준비 완료'가 기재된 부분)을 상태표시줄(status bar)이라고 한다. 상태표시줄에 그림1과 같이 준비 완료 표시가 있으면 SPSS를 정상적으로 사용할 수 있으며, 다른 경고 메시지가 표시될 때는 정상적인 사용 대기 상태가 아니다.

① 파일 불러오기

메뉴 바 혹은 도구모음의 아이콘을 이용하여 다양한 종류의 파일을 SPSS로 불러올 수 있다.

∘메뉴 바를 이용하여 파일 불러오기

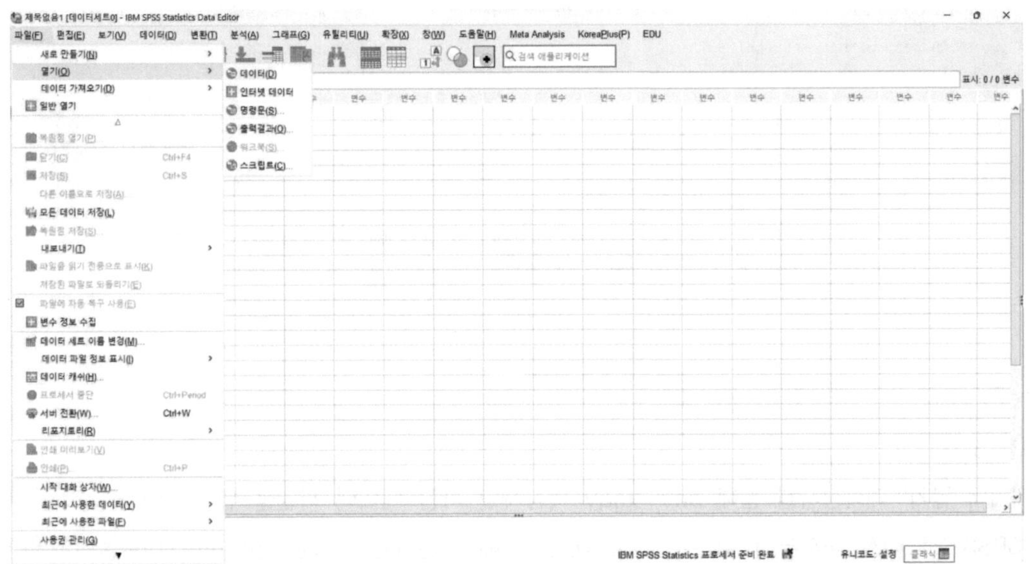

그림 2

메뉴 바의 '파일(F)'의 '열기(O)' 메뉴를 클릭하면 그림2와 같이 데이터, 인터넷 데이터, 명령문, 출력결과 등 여러 파일 형식을 하나의 파일로 결합하여 관리할 수 있다. SPSS 26 버전부터는 엑셀, Stata 등 다양한 형식의 인터넷 데이터 파일을 불러올 수 있다.

∘데이터 열기 대화상자

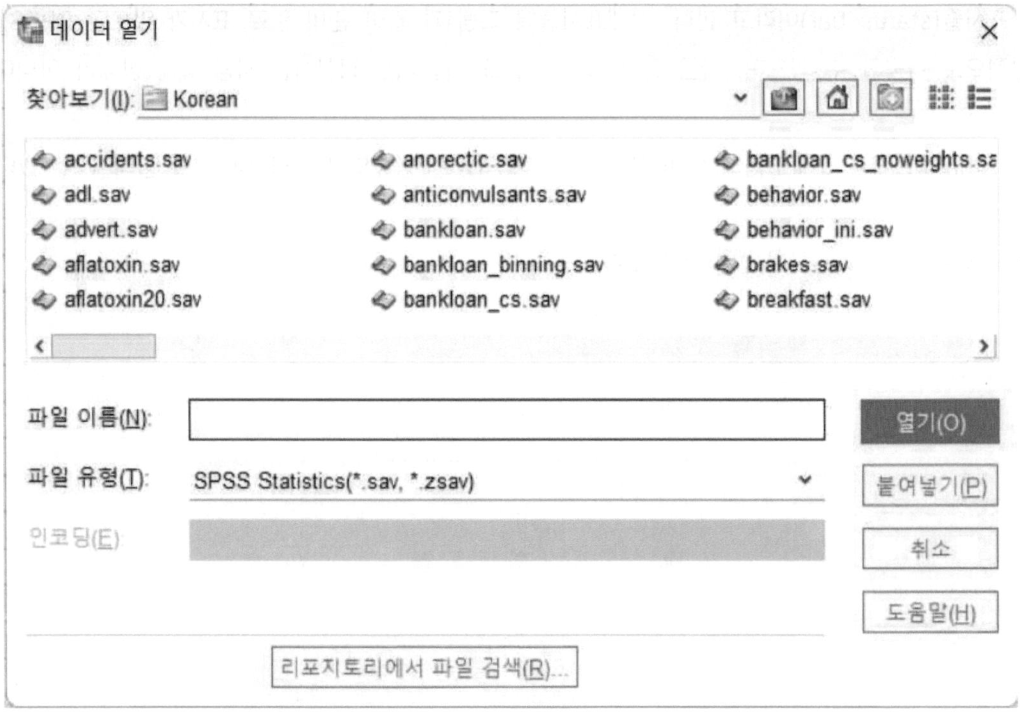

데이터 열기
찾아보기(I): Korean
accidents.sav
adl.sav
advert.sav
aflatoxin.sav
aflatoxin20.sav
anorectic.sav
anticonvulsants.sav
bankloan.sav
bankloan_binning.sav
bankloan_cs.sav
bankloan_cs_noweights.sa
behavior.sav
behavior_ini.sav
brakes.sav
breakfast.sav
파일 이름(N):
파일 유형(T): SPSS Statistics(*.sav, *.zsav)
인코딩(E)
열기(O)
붙여넣기(P)
취소
도움말(H)
리포지토리에서 파일 검색(R)...

그림 3

'데이터 열기' 대화상자를 통해 sav, zsav 확장자를 가진 데이터 파일을 열 수 있다. zsav 파일은 SPSS 21 버전 이후부터 열 수 있다. 대화상자에서 원하는 파일을 선택하여 더블클릭하거나 '열기(O)'를 클릭하면 SPSS에서 파일을 열 수 있다.

초기 실행 화면 상단의 도구모음 상자에서 아이콘을 클릭해도 데이터 열기를 할 수 있다.

※ SPSS 버전에 따라 위 '데이터 열기' 대화상자에 나타나 있는 샘플 파일이 제공되지 않을 수 있다.

① Excel, text 파일 불러오기

SPSS 29는 Excel이나 text 자료 등 다양한 형식의 파일도 불러올 수 있다.

◦ Excel 파일 불러오기

'demo.xlsx' 파일은 그림 5와 같은 자료가 저장되어 있다.

자동 저장 끔 demo.xlsx - 읽기 전용

파일 홈 삽입 페이지 레이아웃 수식 데이터 검토 보기

E1 fx Income

	A	B	C	D	F	G
1	Age	Gender	Marital Status	Address	Income Category	Job Category
2	55	f	1	12	3.00	3
3	56	m	0	29	4.00	3
4	28	f	no answer	9	2.00	1
5	24	m	1	4	2.00	1
6	25	m	no answer	2	1.00	2
7	45	m	0	9	4.00	2
8	44	m	1	17	4.00	3
9	46	m	no answer	20	4.00	3
10	41	m	no answer	10	2.00	2
11	29	f	no answer	4	1.00	2
12	34	m	0	0	4.00	2
13	55	f	0	17	3.00	1
14	28	m	0	9	3.00	1
15	21	f	1	2	1.00	1
16	55	f	0	8	4.00	2
17	35	m	0	8	3.00	2
18	45	f	0	4	2.00	2
19	21	m	0	1	2.00	1
20	32	f	0	0	2.00	1
21	42	f	0	9	4.00	3
22	40	f	1	12	4.00	3
23	36	f	0	6	2.00	1
24	42	m	1	13	3.00	2
25	65	m	1	17	2.00	3
26	52	m	1	5	4.00	3

그림 5

Excel 파일을 열기 위해 메뉴 바의 '파일' → '열기' → '데이터'를 클릭하여 데이터 열기 대화상자를 연다. 그림 6의 '파일 유형(T)' 컴보 버튼을 이용하여 Excel 형식의 파일을 선택하면 폴더에서 Excel 형식의 파일을 확인할 수 있다.

데이터 열기
찾아보기(I): English
MapData
demo.xlsx
파일 이름(N):
파일 유형(T): Excel(*.xls, *.xlsx, *.xlsm)
인코딩(E)
열기(O)
붙여넣기(P)
취소
도움말(H)
리포지토리에서 파일 검색(R)...

그림 6

그림 6 데이터 열기 대화상자의 'demo.xlsx'를 선택 후 '열기(O)'를 클릭하면 그림 7과 같은 Excel 파일 읽기 대화상자가 나타난다.

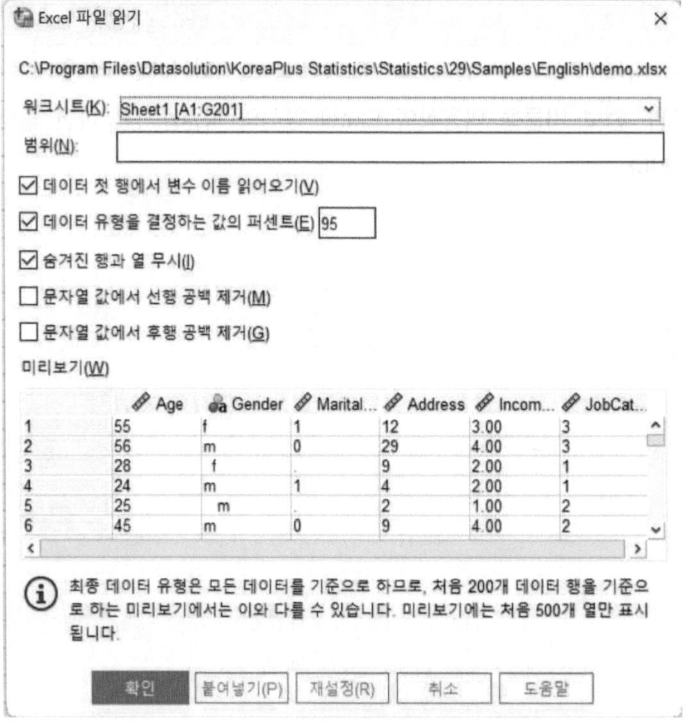

Excel 파일 읽기 대화상자의 각 선택 부분의 기능은 다음과 같다.

- 워크시트 : 해당 Excel 파일에 여러 워크시트가 존재하는 경우 콤보 버튼을 통해 특정 워크시트를 선택할 수 있다.
- 범위 : 워크시트 중 일부분만을 불러오고자 할 때 범위를 설정한다.
- 데이터 첫 행에서 변수 이름 읽어오기 : Excel 데이터의 첫 행이 변수 이름이면 체크하고 그렇지 않다면 비워둔다.
- 데이터 유형을 결정하는 값의 퍼센트 : 한 변수에 두 개 이상의 데이터 유형(숫자, 문자 등)이 존재하는 경우에 해당 변수를 어떤 데이터 유형으로 결정할지에 관한 기준을 설정하는 기능이다. 예를 들어, 한 변수에 100개의 데이터가 있고 이 중 4개는 문자, 96개는 숫자인 경우를 가정해 보자. 이 경우 숫자인 데이터가 95퍼센트 이상을 차지하기 때문에 해당 변수의 유형은 숫자로 정의되고 문자로 이루어진 데이터는 결측값으로 처리된다.
- 문자열 값에서 선행 공백 제거 : 문자열 값에 맨 앞에 공간이 있는 경우 제거한다.
- 문자열 값에서 후행 공백 제거 : 문자열 값에 맨 뒤에 공간이 있는 경우 제거한다.

Excel 파일 읽기 대화상자에서 설정을 완료한 후, '확인'을 클릭하면 그림 8과 같이 SPSS Data Editor에 Excel 데이터가 나타난다.

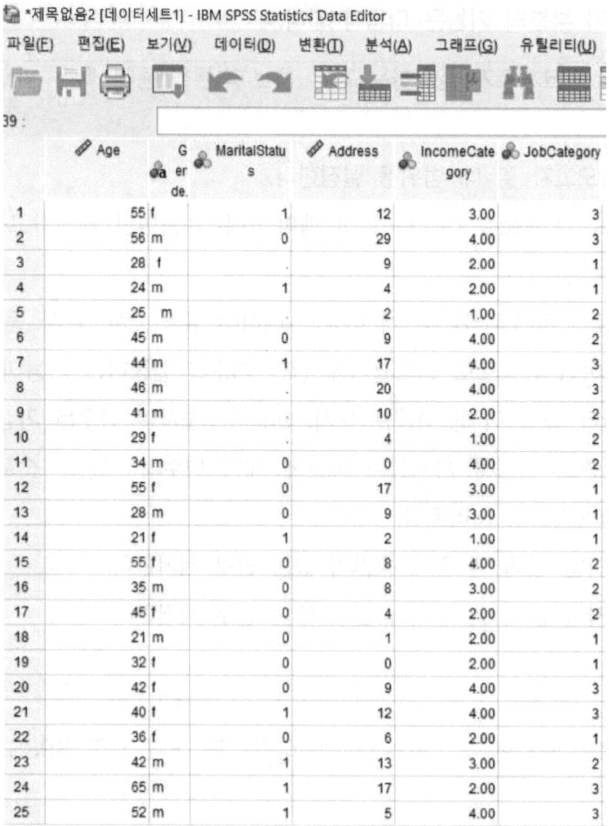

*제목없음2 [데이터세트1] - IBM SPSS Statistics Data Editor

파일(F) 편집(E) 보기(V) 데이터(D) 변환(T) 분석(A) 그래프(G) 유틸리티(U)

39 :

	Age	Gerde.	MaritalStatus	Address	IncomeCategory	JobCategory
1	55	f	1	12	3.00	3
2	56	m	0	29	4.00	3
3	28	f	.	9	2.00	1
4	24	m	1	4	2.00	1
5	25	m	.	2	1.00	2
6	45	m	0	9	4.00	2
7	44	m	1	17	4.00	3
8	46	m	.	20	4.00	3
9	41	m	.	10	2.00	2
10	29	f	.	4	1.00	2
11	34	m	0	0	4.00	2
12	55	f	0	17	3.00	1
13	28	m	0	9	3.00	1
14	21	f	1	2	1.00	1
15	55	f	0	8	4.00	2
16	35	m	0	8	3.00	2
17	45	f	0	4	2.00	2
18	21	m	0	1	2.00	1
19	32	f	0	0	2.00	1
20	42	f	0	9	4.00	3
21	40	f	1	12	4.00	3
22	36	f	0	6	2.00	1
23	42	m	1	13	3.00	2
24	65	m	1	17	2.00	3
25	52	m	1	5	4.00	3

그림 8

◦ text 파일 불러오기

txt 파일을 사용할 일이 있을지 생각하는 사회과학 분야 SPSS 사용자들이 많을 것이다. 그러나, SPSS의 사용을 기계학습이나 딥러닝으로 확장할 때 그 생각은 달라진다. 왜냐하면 기계학습, 딥러닝 분야에서는 주로 txt 또는 CSV 파일을 활용하기 때문이다.

R, 파이썬 등 프로그래밍에 부담을 연구자들의 경우 SPSS를 활용하면 편하게 클릭만으로도 기계학습, 딥러닝 분석을 수행할 수 있다. 따라서, txt, CSV 데이터를 SPSS에서 여는 방법을 배워두도록 하자.

※ SPSS 최신 버전에서는 의사결정나무, K-평균군집, 판별분석 등 기계학습 기법 및 다중 퍼셉트론, 방사형 기저함수 기능을 제공한다.

그림 9 SPSS에서도 K-평균군집, 판별분석 등이 가능하다.

'demo.txt' 파일은 그림 10과 같은 자료가 저장되어 있다. text 파일로 코딩하는 경우 변수 간 구분은 쉼표(,)로 하고 케이스 간 구분은 줄 바꿈(enter)으로 한다.

demo.txt

파일 편집 보기

```
Age     Gender  Marital Status  Address Income  Income Category Job Category
55      f       1       12      72.00   3.00    3
56      m       0       29      153.00  4.00    3
28        f     no answer       9       28.00   2.00    1
24      m       1       4       26.00   2.00    1
25         m    no answer       2       23.00   1.00    2
45      m       0       9       76.00   4.00    2
44      m       1       17      144.00  4.00    3
46      m       no answer       20      75.00   4.00    3
41      m       no answer       10      26.00   2.00    2
29      f       no answer       4       19.00   1.00    2
34      m       0       0       89.00   4.00    2
55      f       0       17      72.00   3.00    1
28      m       0       9       55.00   3.00    1
21      f       1       2       20.00   1.00    1
55      f       0       8       283.00  4.00    2
35      m       0       8       70.00   3.00    2
45      f       0       4       48.00   2.00    2
21      m       0       1       37.00   2.00    1
32      f       0       0       28.00   2.00    1
42      f       0       9       109.00  4.00    3
40      f       1       12      117.00  4.00    3
36      f       0       6       39.00   2.00    1
42      m       1       13      53.00   3.00    2
65      m       1       17      42.00   2.00    3
52      m       1       5       83.00   4.00    3
```

줄 1, 열 1   100%   Unix (LF)   UTF-8

그림 10

text 파일을 열기 위해 메뉴 바의 '파일' → '열기' → '데이터'를 클릭하여 데이터 열기 대화상자를 연다. 그림 11의 '파일 유형(T)' 콤보버튼을 이용하여 '텍스트' 유형(txt, dat, csv, tab)을 선택하면 폴더에서 text 형식의 파일을 확인할 수 있다.

그림 11

'demo.txt'를 선택하여 '열기(O)'를 클릭하면 그림 12과 같이 텍스트 가져오기 마법사 대화상자가 나타난다.

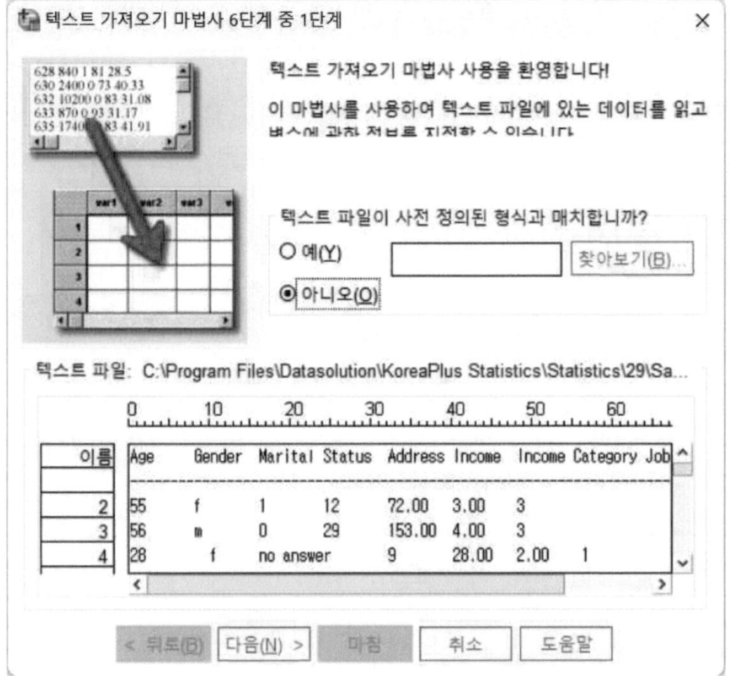

그림 12

그림 12에서 '다음(N)'을 클릭하면 그림 13과 같이 텍스트 가져오기 마법사 2단계가 나타난다.

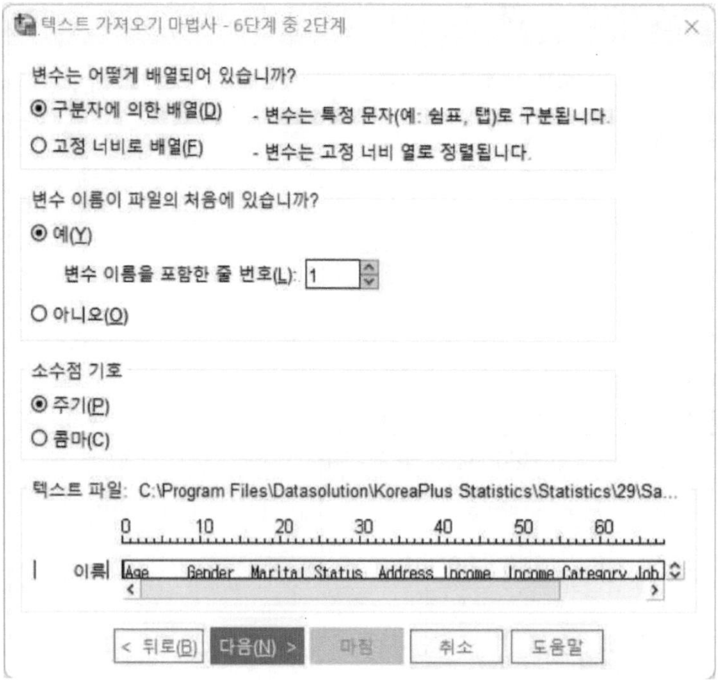

텍스트 가져오기 마법사 - 6단계 중 2단계

변수는 어떻게 배열되어 있습니까?
◉ 구분자에 의한 배열(D) - 변수는 특정 문자(예: 쉼표, 탭)로 구분됩니다.
○ 고정 너비로 배열(F) - 변수는 고정 너비 열로 정렬됩니다.

변수 이름이 파일의 처음에 있습니까?
◉ 예(Y)
변수 이름을 포함한 줄 번호(L): 1
○ 아니오(O)

소수점 기호
◉ 주기(P)
○ 콤마(C)

텍스트 파일: C:\Program Files\Datasolution\KoreaPlus Statistics\Statistics\29\Sa...

이름 Age Gender Marital Status Address Income Income Category Job

< 뒤로(B) 다음(N) > 마침 취소 도움말

그림 13

2단계의 선택사항은 다음과 같다.

A. 변수는 어떻게 배열되어 있습니까?
- 구분자에 의한 배열: 변수 사이에 쉼표나 탭(tab)으로 구분이 된 경우 선택한다.
- 고정 너비로 배열: 연속적으로 코딩되었을 때 선택한다.

B. 변수 이름이 파일의 처음에 있습니까?
- 예: text 파일의 첫 줄에 변수 이름이 있는 경우 선택한다.
- 아니오: text 파일의 첫 줄에 변수명이 없는 경우 선택한다.

그림 13에서 '다음(N)'을 클릭하면 그림 14과 같은 3단계 대화상자가 나타난다. 대화상자의 선택사항에 따라 하단의 '데이터 미리보기'를 통해 코딩 내용을 확인할 수 있다.

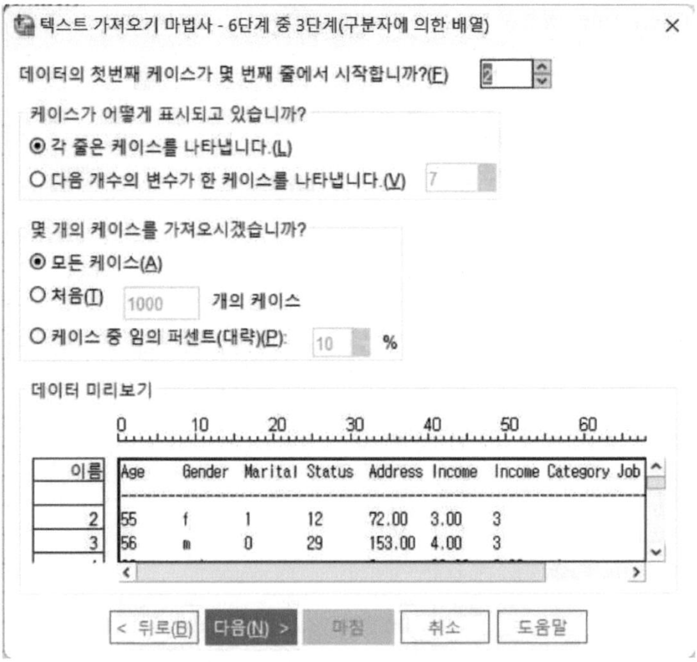

텍스트 가져오기 마법사 - 6단계 중 3단계(구분자에 의한 배열)

데이터의 첫번째 케이스가 몇 번째 줄에서 시작합니까?(F) 2

케이스가 어떻게 표시되고 있습니까?

◉ 각 줄은 케이스를 나타냅니다.(L)

○ 다음 개수의 변수가 한 케이스를 나타냅니다.(V) 7

몇 개의 케이스를 가져오시겠습니까?

◉ 모든 케이스(A)

○ 처음(T) 1000 개의 케이스

○ 케이스 중 임의 퍼센트(대략)(P): 10 %

데이터 미리보기

이름	Age	Gender	Marital Status	Address	Income	Income Category	Job
2	55	f	1	12	72.00	3.00	3
3	56	m	0	29	153.00	4.00	3

< 뒤로(B) 다음(N) > 마침 취소 도움말

그림 14

그림 14의 설정을 완료하고 '다음(N)'을 클릭하면 그림 15와 같이 4단계 대화상자가 나타난다. 4단계에서는 변수 사이에 어떤 구분자를 사용했는지를 선택한다. 예시의 파일은 탭(tab)을 사용했기 때문에 '탭(T)'이 자동으로 선택된다.

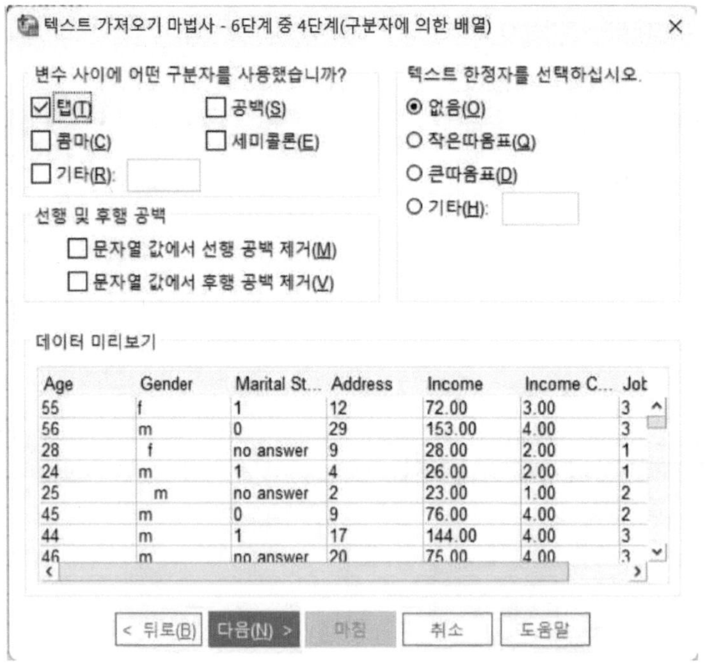

그림 15

그림 15에서 '다음(N)'을 클릭하면 그림 16와 같이 5단계 대화상자가 나타난다. 여기서 '변수 이름(V)'에는 각 변수의 이름(Age, Gender 등)을 입력하고 변수의 '데이터 형식(D)'을 선택한다.

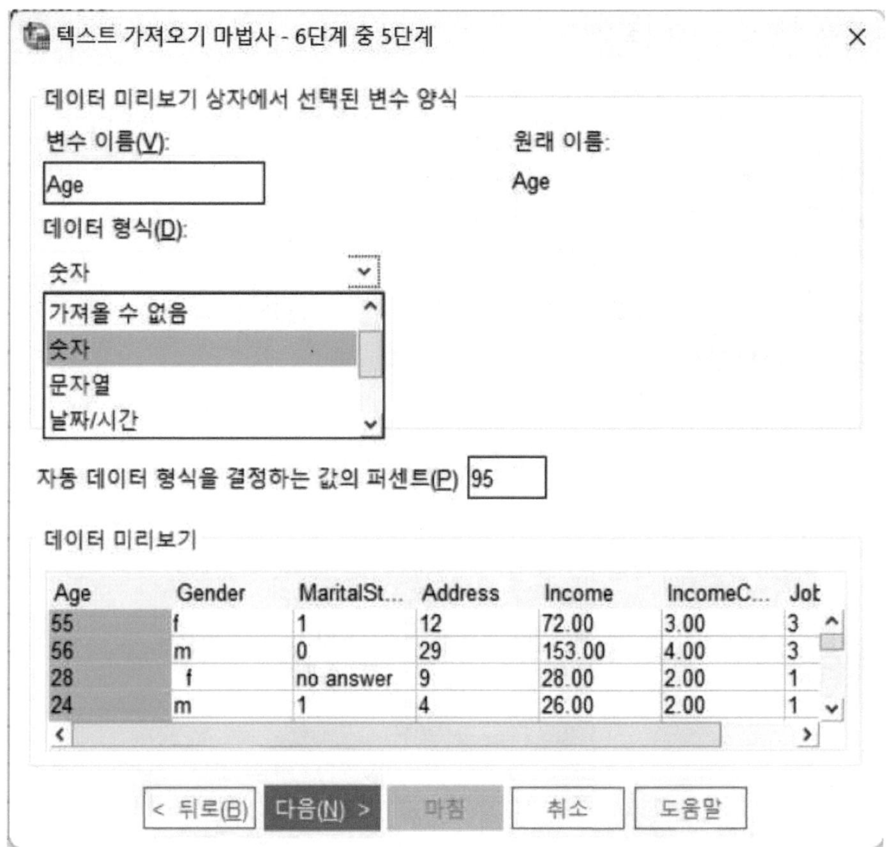

그림 16

그림 16에서 '다음(N)'을 클릭하면 그림 17과 같이 6단계가 나타난다.

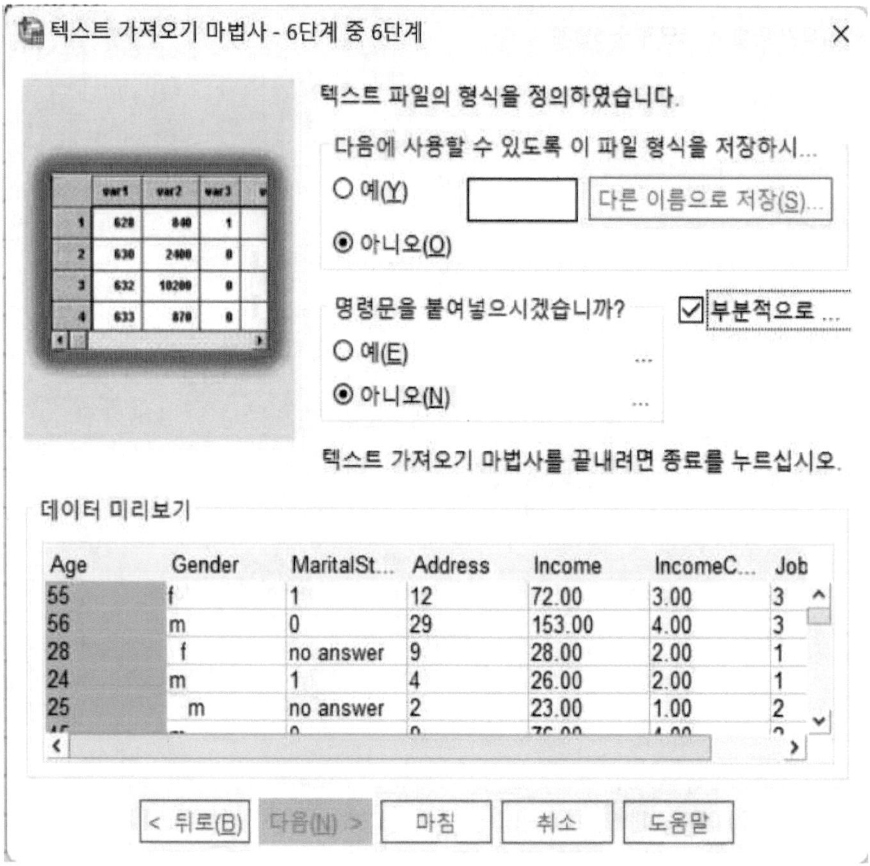

텍스트 가져오기 마법사 - 6단계 중 6단계

텍스트 파일의 형식을 정의하였습니다.

다음에 사용할 수 있도록 이 파일 형식을 저장하시...

○ 예(Y) 다른 이름으로 저장(S)...

◉ 아니오(O)

명령문을 붙여넣으시겠습니까? ☑ 부분적으로 ...

○ 예(E)

◉ 아니오(N)

텍스트 가져오기 마법사를 끝내려면 종료를 누르십시오.

데이터 미리보기

Age	Gender	MaritalSt...	Address	Income	IncomeC...	Job
55	f	1	12	72.00	3.00	3
56	m	0	29	153.00	4.00	3
28	f	no answer	9	28.00	2.00	1
24	m	1	4	26.00	2.00	1
25	m	no answer	2	23.00	1.00	2

< 뒤로(B) 다음(N) > 마침 취소 도움말

그림 17

6단계에서 선택사항을 설정한 후, '마침'을 클릭하면 그림 18과 같이 Data Editor에 text 데이터가 나타난다.

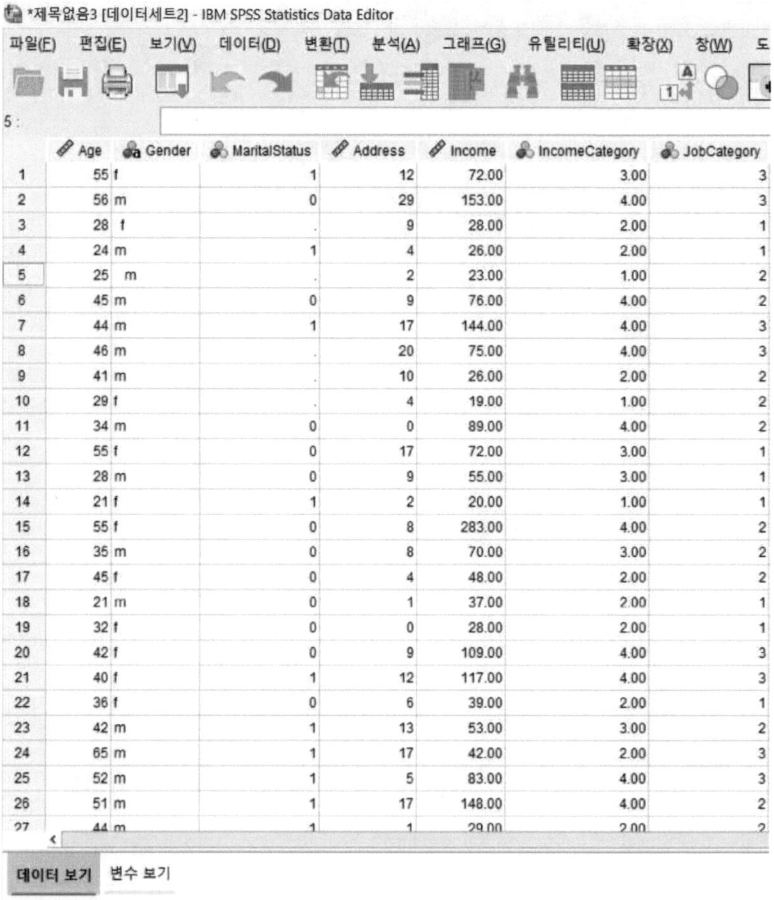

*제목없음3 [데이터세트2] - IBM SPSS Statistics Data Editor

파일(F) 편집(E) 보기(V) 데이터(D) 변환(T) 분석(A) 그래프(G) 유틸리티(U) 확장(X) 창(W) 도

5 :

	Age	Gender	MaritalStatus	Address	Income	IncomeCategory	JobCategory
1	55	f	1	12	72.00	3.00	3
2	56	m	0	29	153.00	4.00	3
3	28	f	.	9	28.00	2.00	1
4	24	m	1	4	26.00	2.00	1
5	25	m	.	2	23.00	1.00	2
6	45	m	0	9	76.00	4.00	2
7	44	m	1	17	144.00	4.00	3
8	46	m	.	20	75.00	4.00	3
9	41	m	.	10	26.00	2.00	2
10	29	f	.	4	19.00	1.00	2
11	34	m	0	0	89.00	4.00	2
12	55	f	0	17	72.00	3.00	1
13	28	m	0	9	55.00	3.00	1
14	21	f	1	2	20.00	1.00	1
15	55	f	0	8	283.00	4.00	2
16	35	m	0	8	70.00	3.00	2
17	45	f	0	4	48.00	2.00	2
18	21	m	0	1	37.00	2.00	1
19	32	f	0	0	28.00	2.00	1
20	42	f	0	9	109.00	4.00	3
21	40	f	1	12	117.00	4.00	3
22	36	f	0	6	39.00	2.00	1
23	42	m	1	13	53.00	3.00	2
24	65	m	1	17	42.00	2.00	3
25	52	m	1	5	83.00	4.00	3
26	51	m	1	17	148.00	4.00	2
27	44	m	1	1	29.00	2.00	2

데이터 보기 변수 보기

그림 18

2.1.3. 데이터 입력과 수정

① 변수 정의

Data Editor에서 자료를 새로 입력하거나 Excel, text 등 다른 형식의 자료를 불러온 경우 변수 정의를 해야 한다. 본 목차에서는 변수를 정의하는 방법을 설명한다.

∘변수명(이름)의 설정

SPSS의 왼쪽 아래 끝을 보면 '변수 보기' 탭이 있다. '변수 보기' 탭에서는 변수 이름, 유형, 너비, 소수점 이하 자리, 레이블, 변숫값, 결측값 등을 설정할 수 있다. '변수 보기' 탭을 눌렀을 때 화면은 그림 19과 같다.

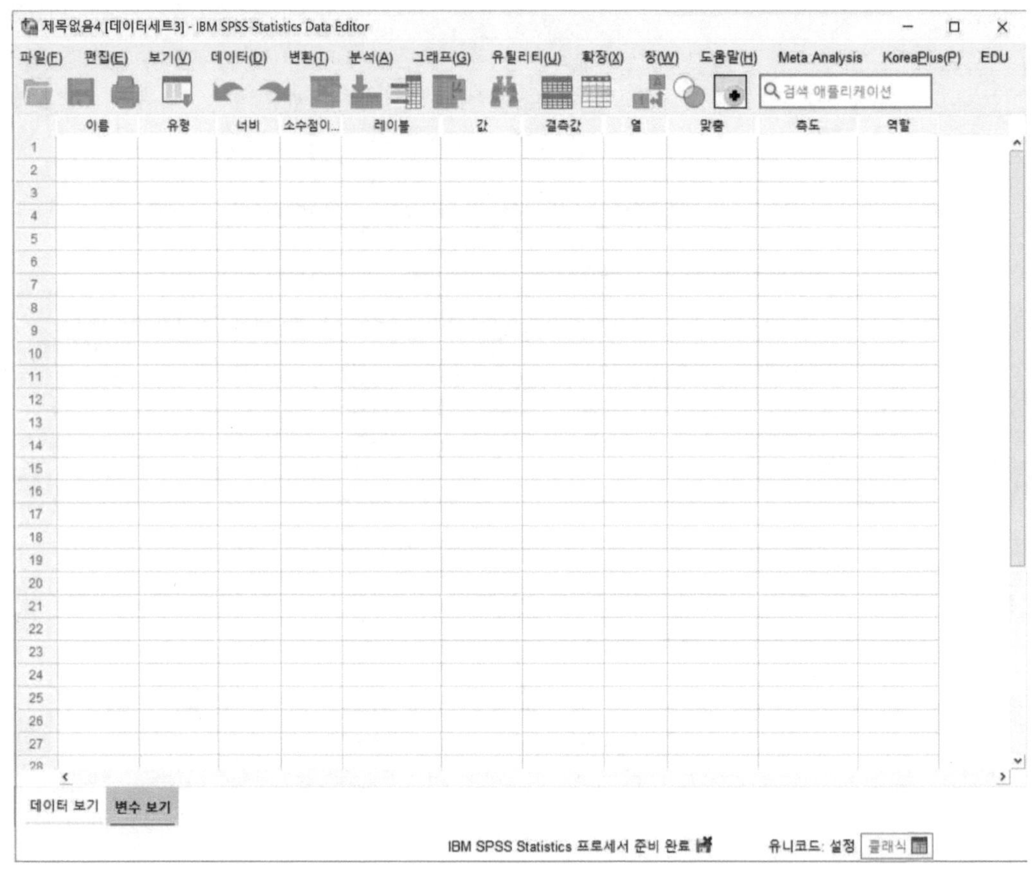

그림 19

그림 19의 '이름' 열에서 변수명을 설정한다. 변수명이 너무 길 때 '이름' 열에 변수명을 간단히 축약해서 입력하고 구체적인 내용을 '레이블' 열에 입력한다. 변수명은 빈칸이나 특수문자를 사용할 수 없으며, 변수명의 첫 글자를 숫자로 시작할 수 없다. 예시에서는 나이, 생년월일, 성별, 소득수준 4가지 변수가 사용되었는데, 이를 입력하면 그림 20과 같다.

◦ 변수 유형의 설정

SPSS에서는 숫자, 날짜, 문자 등의 변수 유형을 사용할 수 있다. 가장 많이 사용하는 변수 유형은 숫자이므로 본 예시에서는 이를 중심으로 설명하였다. cell을 클릭하면 나타나는 [...] 아이콘을 클릭하면 그림 22과 같이 변수 유형 대화상자가 나타난다.

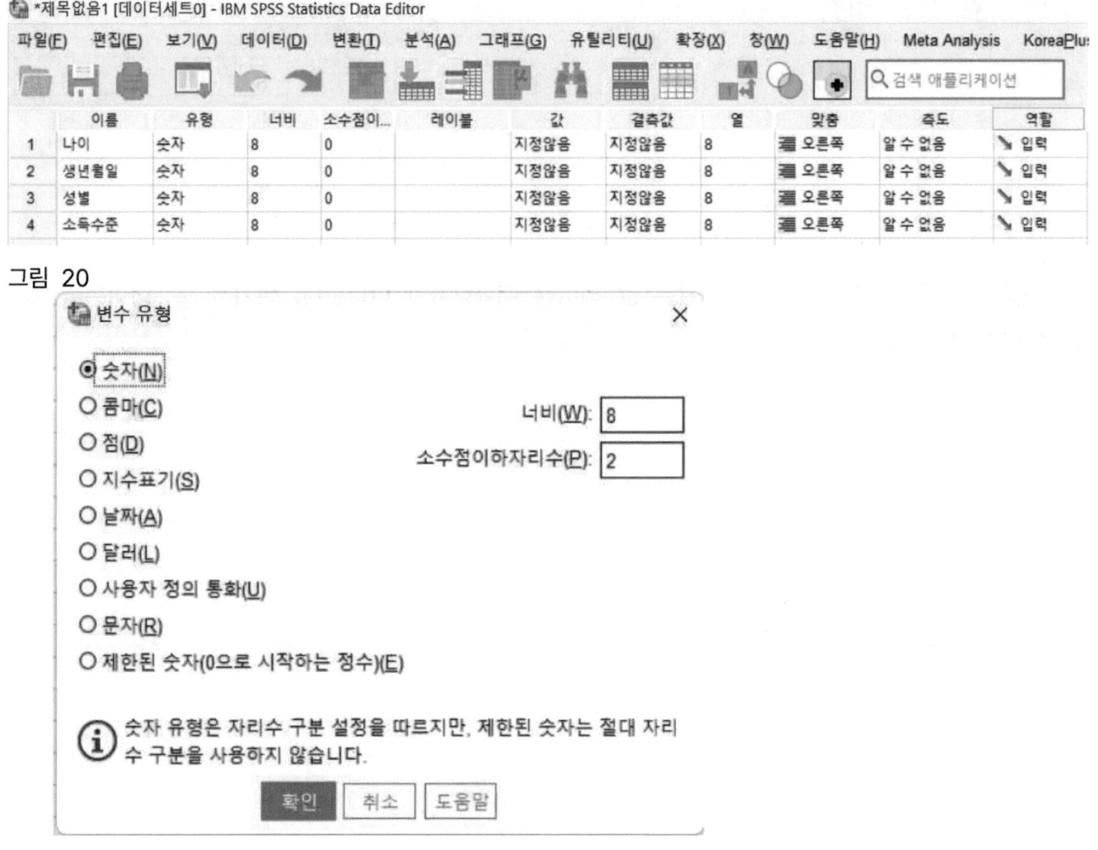

그림 20

그림 22

변수 유형 대화상자에서 각 변수의 특성에 맞게 유형을 지정한다. '숫자(N)'을 지정했을 때 '너비(W)'는 해당 변수의 cell에 입력될 수 있는 데이터의 자릿수를 의미하고, '소수점 이하 자릿수(P)'는 데이터의 소수점 이하 자릿수를 의미한다.

◦ 레이블(변수 설명)의 설정

변수 이름(변수명)이 너무 긴 경우 축약하여 이름에 입력하고 레이블에서 상세 설명을 써넣는다. 본 예시에서 입력한 레이블 값은 그림 23와 같다.

◦ 변숫값의 설정

그림 23의 유형 열이 '숫자'로 설정되어 있으므로, 실제 데이터를 Data Editor에서 코딩하기 위해서는 숫자를 입력해야 한다. 성별의 경우, Data Editor에 코딩된 숫자의 의미를 정의하기 위해서는 변숫값을 입력해야 한다. 그림 23에서 성별이 입력된 행에 있는 '값' cell을 클릭하면 나타나는

*제목없음1 [데이터세트0] - IBM SPSS Statistics Data Editor

파일(F) 편집(E) 보기(V) 데이터(D) 변환(T) 분석(A) 그래프(G) 유틸리티(U) 확장(X) 창(W) 도움말(H) Meta Analysis KoreaPlus(

	이름	유형	너비	소수점이...	레이블	값	결측값	열	맞춤	측도	역할
1	나이	숫자	8	0	응답자의 나이	지정않음	지정않음	8	오른쪽	알 수 없음	입력
2	생년월일	숫자	8	0	응답자의 생년...	지정않음	지정않음	8	오른쪽	알 수 없음	입력
3	성별	숫자	8	0	응답자의 성별	지정않음	지정않음	8	오른쪽	알 수 없음	입력
4	소득수준	숫자	8	0	연간 소득수준	지정않음	지정않음	8	오른쪽	알 수 없음	입력

그림 23

[...] 아이콘을 클릭하면 그림 24과 같은 값 레이블 대화상자가 나타난다. 여기서 [+] 아이콘을 클릭하면 변숫값을 입력할 수 있다.

그림 24

그림 25과 같이 남자는 '1', 여자는 '2'로 입력한 후(남자, 여자 순서를 바꿔도 상관없다) '확인'을 클릭한다.

값 레이블(V)

맞춤법(S)...

값 레이블(V):

값(U)	레이블(L)
1	남자
2	여자

확인 재설정(R) 취소 도움말

그림 25

그림 26은 위와 같은 방법으로 성별과 소득수준의 변숫값 입력을 완료한 화면이다.

*제목없음1 [데이터세트0] - IBM SPSS Statistics Data Editor

파일(F) 편집(E) 보기(V) 데이터(D) 변환(T) 분석(A) 그래프(G) 유틸리티(U) 확장(X) 창(W) 도움말(H) Meta Analysis KoreaPlus

검색 애플리케이션

	이름	유형	너비	소수점이...	레이블	값	결측값	열	맞춤	측도	역할
1	나이	숫자	8	0	응답자의 나이	지정않음	지정않음	8	오른쪽	알 수 없음	입력
2	생년월일	숫자	8	0	응답자의 생년...	지정않음	지정않음	8	오른쪽	알 수 없음	입력
3	성별	숫자	8	0	응답자의 성별	{1, 남자}...	지정않음	8	오른쪽	알 수 없음	입력
4	소득수준	숫자	8	0	연간 소득수준	{1, 낮음}...	지정않음	8	오른쪽	알 수 없음	입력

그림 26

◦ 결측값의 설정

데이터 수집과정에서 일부 항목의 데이터가 누락된 경우가 존재할 수 있다. 누락된 데이터를 결측값(missing value)으로 처리하는데, 그 처리 방법으로는 (a) Data Editor에서 해당 cell을 빈칸으로 두는 방법이 있고 (b) 결측값으로 설정하는 방법이 있다. 이 중 (a) 해당 cell을 빈칸으로 두는 방법은 실제 데이터가 존재하나 코딩 과정에서 실수로 누락된 부분까지 결측값으로 처리되어 혼란을 줄 수 있다. 따라서 (b) 결측값으로 설정하는 방법을 사용하는 것이 바람직하다.

본 예시에서는 나이 데이터가 빠져있는 경우를 가정하고 결측값으로 처리하는 방법에 대해 알아본다. 먼저, 그림 26의 나이가 입력된 행에 있는 결측값 cell을 클릭하면 나타나는 [...] 아이콘을 누르면 그림 27과 같은 대화상자가 나타난다.

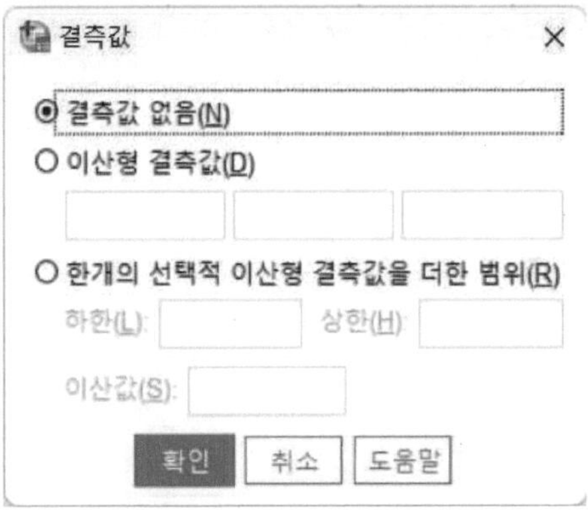

결측값

◉ 결측값 없음(N)
○ 이산형 결측값(D)
○ 한개의 선택적 이산형 결측값을 더한 범위(R)
하한(L): 상한(H):
이산값(S):
확인 취소 도움말

그림 27

통상적으로 결측값이 데이터가 한 자릿수면 '9'로 설정하고, 두 자릿수면 '99'로 설정한다. 본 예시는 나이이므로 '99'를 설정한다. 그림 28과 같이 결측값 대화상자에서 '이산형 결측값'을 선택하고 '99'를 입력한다. 만약 나이가 99살인 사람이 있는 경우에는 결측값으로 '999'를 입력하면 된다.

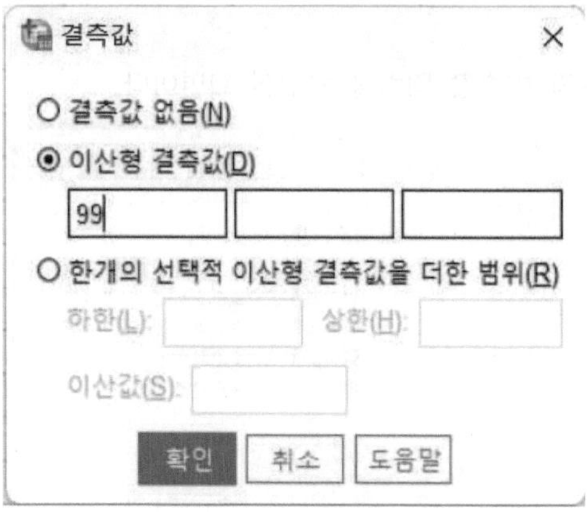

그림 28

결측값 대화상자서 결측값을 입력하고 '확인'을 누르면 그림 29과 같이 설정된 결측값이 Data Editer에 나타난다.

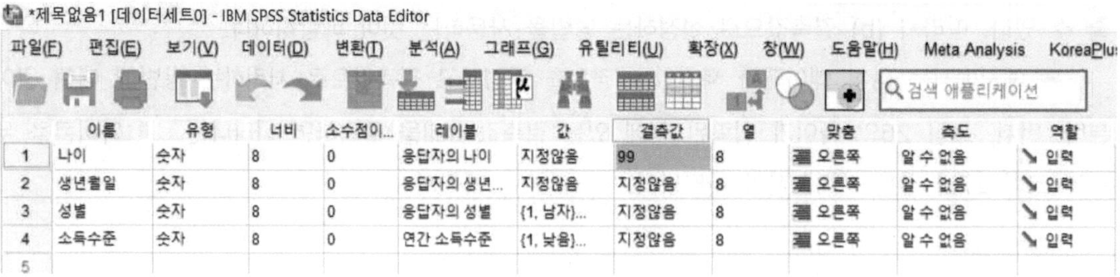

그림 29

∘ 측도의 설정

SPSS의 측도는 변수를 측정하는 도구를 의미하는데, 일반적으로 척도(scale)라고 부른다. 어떠한 측도를 사용하여 변수를 측정했는지에 따라 분석 내용과 방법이 달라지므로 측도의 설정은 중요하다. SPSS는 측도를 '척도', '순서형', '명목형'으로 설정할 수 있게 되어있다. '척도'는 척도의 유형 중 등간척도(간격척도)와 비율척도를 의미하며, '순서형'은 서열척도를 뜻하고 '명목형'은 명목척도를 의미한다(척도의 유형에 대해서는 2.2. 장에서 자세히 설명한다).

앞서 예시에서 '성별'의 값을 남자는 1, 여자는 2로 설정했는데 이는 명목척도에 해당한다. 이를 SPSS에서 설정하기 위해서 그림 30의 성별이 입력된 행에 있는 측도 cell을 클릭하여 나오는 콤보박스에서 '명목형'을 선택한다.

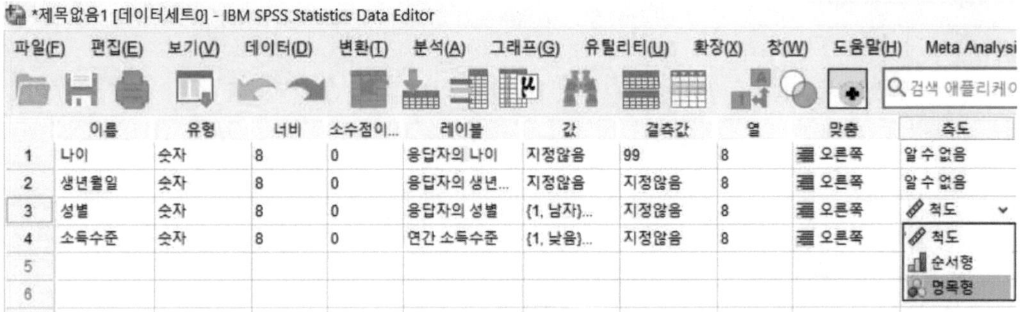

*제목없음1 [데이터세트0] - IBM SPSS Statistics Data Editor

	이름	유형	너비	소수점이...	레이블	값	결측값	열	맞춤	측도
1	나이	숫자	8	0	응답자의 나이	지정않음	99	8	오른쪽	알 수 없음
2	생년월일	숫자	8	0	응답자의 생년...	지정않음	지정않음	8	오른쪽	알 수 없음
3	성별	숫자	8	0	응답자의 성별	{1, 남자}...	지정않음	8	오른쪽	척도
4	소득수준	숫자	8	0	연간 소득수준	{1, 낮음}...	지정않음	8	오른쪽	척도 / 순서형 / 명목형
5										
6										

그림 30

같은 방법으로 나머지 변수의 측도를 설정한 것이 그림 31이다.

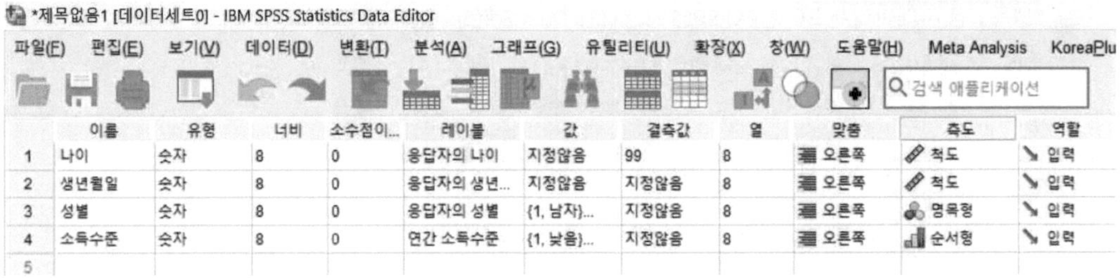

*제목없음1 [데이터세트0] - IBM SPSS Statistics Data Editor

	이름	유형	너비	소수점이...	레이블	값	결측값	열	맞춤	측도	역할
1	나이	숫자	8	0	응답자의 나이	지정않음	99	8	오른쪽	척도	입력
2	생년월일	숫자	8	0	응답자의 생년...	지정않음	지정않음	8	오른쪽	척도	입력
3	성별	숫자	8	0	응답자의 성별	{1, 남자}...	지정않음	8	오른쪽	명목형	입력
4	소득수준	숫자	8	0	연간 소득수준	{1, 낮음}...	지정않음	8	오른쪽	순서형	입력
5											

그림 31

◦ 변수 정의 완료

이상 설명을 바탕으로 변수 정의를 완료하고 화면 하단의 '데이터 보기'를 클릭하면 그림 32와 같이 나타난다.

*제목없음1 [데이터세트0] - IBM SPSS Statistics Data Editor

파일(F) 편집(E) 보기(V) 데이터(D) 변환(T) 분석(A) 그

14 :

	나이	생년월일	성별	소득수준	변수
1					
2					
3					
4					
5					
6					
7					
8					
9					
10					
11					

그림 32

각 변수의 빈칸에 수집한 자료를 입력한다. 입력을 완료한 모습은 그림 33과 같다.

*제목없음1 [데이터세트0] - IBM SPSS Statistics Data Editor

파일(F) 편집(E) 보기(V) 데이터(D) 변환(T) 분석(A) 그ㄹ

14 :

	나이	생년월일	성별	소득수준	변수
1	30	921205	1	3	
2	28	901125	2	2	
3	33	890814	1	1	
4	29	930331	1	1	
5	25	971201	1	3	
6	28	940332	2	2	
7	29	911111	2	3	
8					

그림 33

2.2. 기술 통계분석

2.2.1. 자료의 특성

자료가 어떤 특성이 있는지 알기 위해서는 보유한 자료가 어떤 분포(distribution)를 보이는지 확인해야 한다. 분포의 확인을 통해 얻을 수 있는 자료의 특성은 ① 대푯값을 보여주는 중심경향치, ② 분포의 흩어진 정도를 보여주는 산포도, ③ 분포의 모양을 나타내는 분포도가 있다.

① 중심경향치(Central tendency)

중심경향치는 자료의 분포가 중심에 밀집된 경향을 의미하며 자료를 대표하는 값이다. 중심경향치에 해당하는 대표적 지표로는 평균, 중위수, 최빈값이 있다.

㉮ 평균(Mean)

평균의 종류로는 산술평균, 기하평균, 조화평균 등이 있다. 이 중 대표적인 지표는 산술평균으로, 모든 관측치의 합을 총 개수로 나눈 값이다.

척도 유형 중 등간척도와 비율척도로 측정된 자료는 중심경향치로 평균을 사용할 수 있지만 명목척도와 서열척도로 측정된 자료는 평균을 사용할 수 없다. 또한, 평균은 이상치(극단값)에 영향을 많이 받으므로 주의해야 한다.

㉯ 중위수(Median)

중위수는 자료를 크기 순서대로 나열했을 때 가장 가운데 위치하는 값으로 중앙값이라고도 한다. 자료의 수가 홀수이면 정중앙에 있는 관측치가 중위수이며, 짝수일 때에는 중앙에 있는 두 관측치의 평균을 중위수로 한다.

척도 유형 중 서열척도, 등간척도, 비율척도로 측정된 자료에서 중심경향치로 중위수를 사용할 수 있다. 또한, 중위수는 평균에 비해 이상치에 영향을 덜 받으므로, 자료에 이상치가 존재할 때는 대푯값으로 중위수를 사용하는 것이 좋다.

㉰ 최빈값(Mode)

최빈값은 자료에서 가장 많이 출현하는 관측치를 말한다. 최빈값은 자료에서 반드시 하나만 존재하는 것이 아니라 여러 개 존재할 수 있다. 최빈값은 모든 척도(명목, 서열, 등간, 비율)의 자료에서 중심경향치로 활용할 수 있다.

② 산포도(Degree of scattering)

산포도는 자료의 흩어진 정도를 의미한다. 산포도의 종류로는 범위, 사분위 수, 분산, 표준편차 등이 있다.

㉮ 범위(Range)

범위는 자료 중 최댓값과 최솟값의 차이이다. 범위는 극단적으로 높거나 낮을 값을 가지는 이상치의 영향을 많이 받는다는 점에서 유의해야 한다.

㉯ 사분위 수(Quartile deviation)

사분위 수는 자료 중 상위 25%에 해당하는 관측치와 하위 25%에 해당하는 관측치를 제외한 범위를 구한 값이다. 즉, 상위 25%~상위 75%(또는 하위 25%~하위 75%)의 범위이다. 사분위 수는 범위와 달리 이상치에 영향을 크게 받지 않지만, 전체 자료를 충분히 활용하지 못하는 한계가 존재한다.

㉰ 분산(Variance)

분산은 관측치들이 평균으로부터 얼마나 흩어져 있는지를 의미하는 지표이다. 관측치에서 표본평균을 뺀 것을 '편차(Deviation)'라고 하는데, 모든 편차를 제곱하여 합한 후 '관측치 개수 – 1'로 나눈 값이 분산이다. 표본의 분산을 수식으로 나타내면 다음과 같다.

$$s^2 = \frac{\sum_{i=1}^{n}\left(X_i - \overline{X}\right)^2}{n-1}$$

(s^2: 표본의 분산, n: 관측치 개수, X_i: i번째 관측치, $\overline{X}$: 표본평균)

㉱ 표준편차(Standard deviation)

표준편차는 분산과 함께 대표적인 산포도를 나타내는 지표이다. 표준편차는 분산의 제곱근으로 계산된다.

표준편차의 단위는 관측치의 단위와 같으므로 서로 다른 두 집단을 상대적으로 비교하는 데 유용하다. 즉, A 집단과 B 집단의 표본평균이 같을 때 A 집단의 표준편차가 B 집단보다 작다면 A 집단이 B 집단보다 동질적이라고 할 수 있다.

③ 분포도

분포의 모양을 나타내는 분포도로는 왜도와 첨도가 있다.

㉮ 왜도(Skewness)

왜도는 자료의 분포가 기울어진 방향과 정도를 나타내는 지표이다. 즉, 분포의 비대칭 정도를 의미한다.

왜도가 양의 값(+)을 갖는 경우 자료의 분포가 오른쪽으로 길게 뻗으며(오른쪽 꼬리), 음의 값(-)을 갖는 경우 자료의 분포가 왼쪽으로 길게 뻗는다(왼쪽 꼬리).

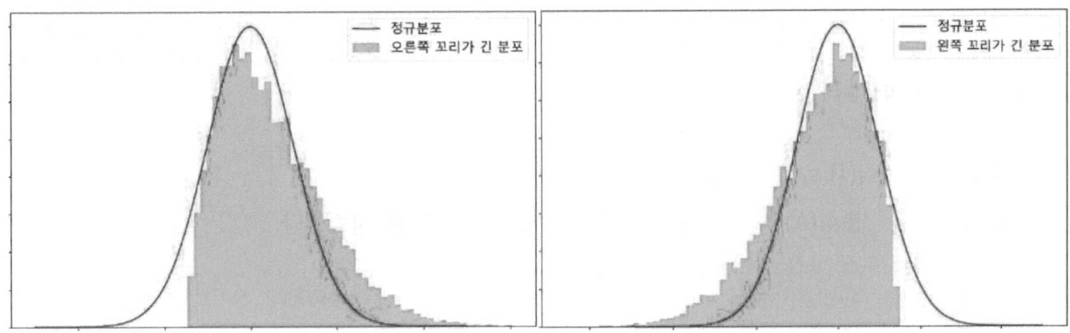

㉯ 첨도(Kurtosis)

첨도는 자료의 분포가 중심에 집중된 정도를 나타내는 지표이다. 정규분포를 기준으로 자료가 정규분포를 따르는 경우 첨도는 '3'이다. 자료가 정규분포보다 중심에 집중되어있는 경우 첨도는 3보다 큰 값을 가지며, 정규분포보다 중심에 덜 집중되었을 때 3보다 작은 값을 갖는다.

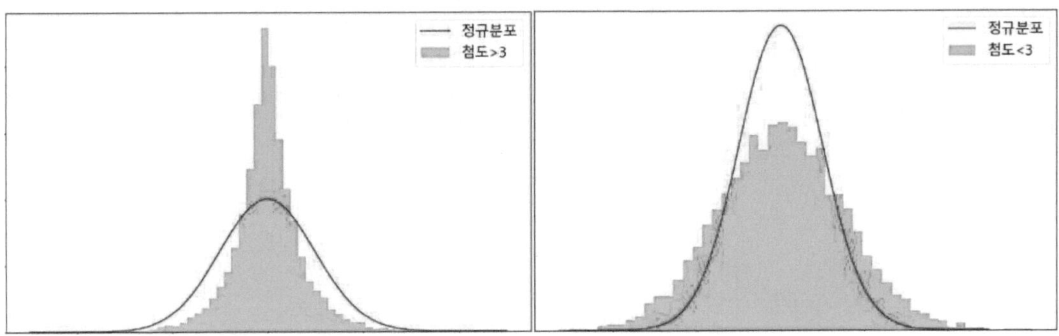

2.2.2.

2.2.3. 빈도분석

④ 단일응답 자료의 빈도분석

단일응답 자료는 하나의 질문에 한 가지 응답을 하는 자료를 말한다. 본 예시에서는 고등학교 학생들의 성별을 조사한 자료를 대상으로 빈도분석을 수행한다.

번호	1	1	2	1	2	1	2	2	1	1	1	2	2	2	1	1	1	1	2	1
성별	남	남	여	남	여	남	여	여	남	남	남	여	여	여	남	남	남	남	여	남

표 21 고등학교 학생들의 성별

㉮ '2.2.2. 빈도분석(1).sav' 파일을 연다

㉯ 그림 1과 같이 '분석(A)' - '기술통계량(E)' - '빈도분석(F)'를 클릭한다.

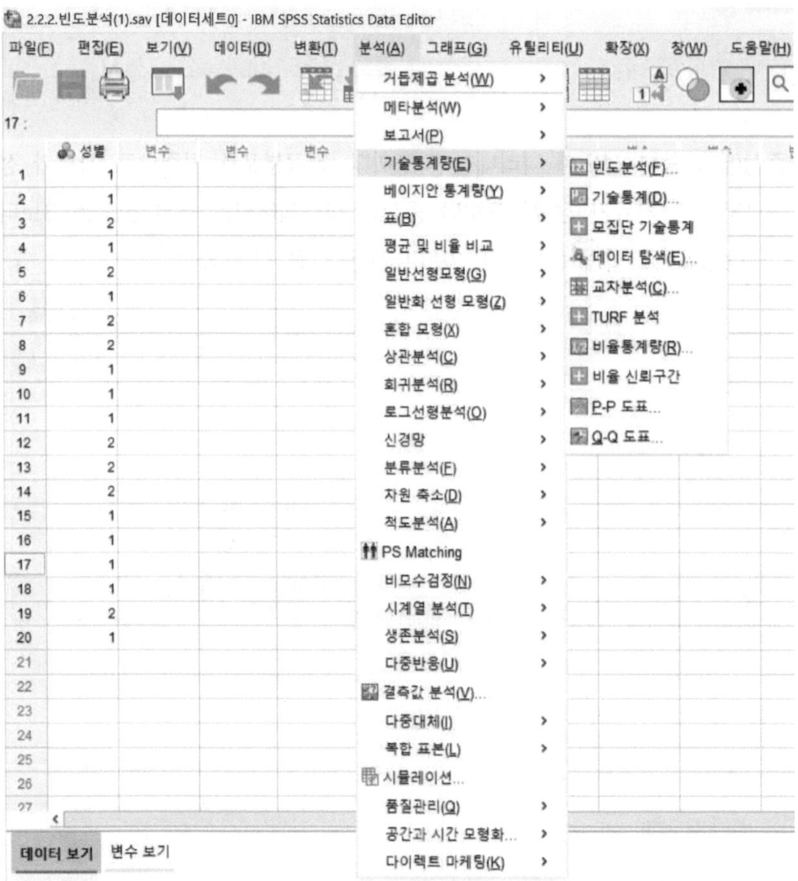

그림 1

㉰ 그림 1과 같이 실행 시 그림 2의 빈도분석 대화상자에 분석할 변수가 나타난다.

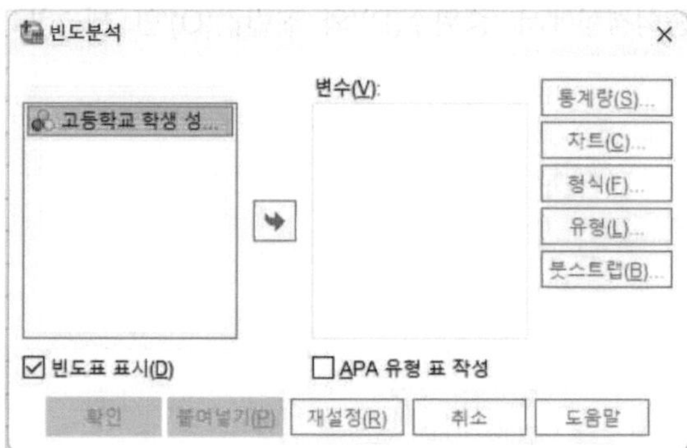

그림 2

<참고: APA 유형 표>

SPSS 등 통계 패키지를 사용하거나, 연구논문 작성 및 투고 시 'APA 유형(양식)'이라는 단어를 자주 보게 된다. APA란 American Psychological Association(미국심리학회)의 약자로, APA 양식은 곧 미국심리학회가 정한 문서 작성 양식이다. 많은 저널에서 APA의 논문 작성 기준, 연구 윤리 등을 기준으로 삼고 있으므로 SPSS도 APA 유형 표 작성을 옵션으로 제공한다.

※ 구글 스콜라 등 학술 검색 사이트에서도 APA 유형의 인용 양식을 제공한다.

㉱ 그림 3에서 고등학교 학생 성별을 클릭하고 화살표를 클릭하여 '변수(V)' 상자로 보낸다.

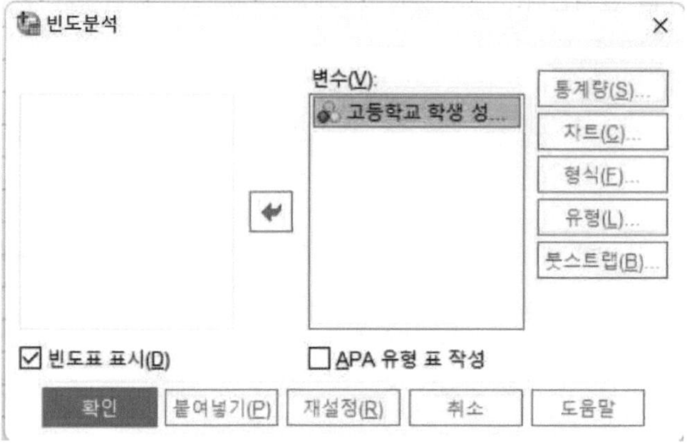

그림 3

㈒ 그림 3에서 '통계량(S)'를 클릭 시 빈도분석:통계량 대화상자가 나타난다. 본 예시의 변수인 성별은 명목변수여서 평균과 합계는 의미가 없으므로 중심경향에서 '중위수(D)'와 최빈값(O)'만 체크하고 '계속(C)'을 클릭한다.

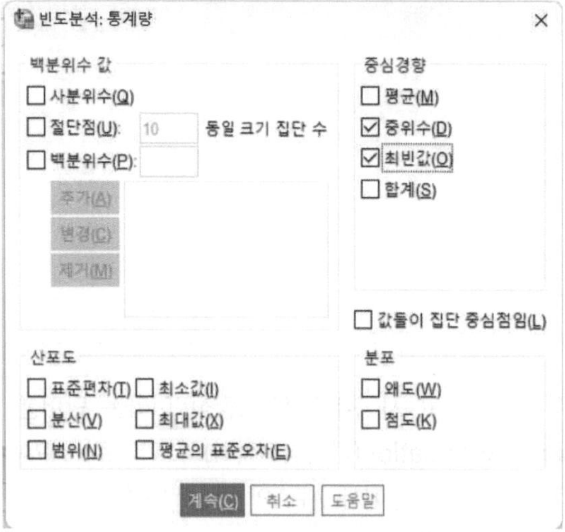

그림 4

㈓ 그림 3에서 '차트(C)'를 클릭하면 그림 5와 같이 빈도분석:차트 대화상자가 나타나는데, 본 예시에서는 '원형 차트(P)'를 선택 후 '계속(C)'을 클릭한다.

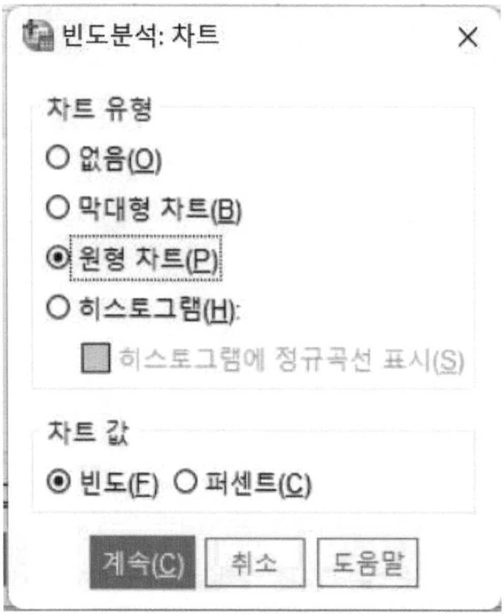

그림 5

㉳ 그림 3에서 '확인'을 클릭하면 그림 6과 그림 7의 결과가 나타난다.

통계량

고등학교 학생 성별

N	유효	20
	결측	0
중위수		1.00
최빈값		1

고등학교 학생 성별

		빈도	퍼센트	유효 퍼센트	누적 퍼센트
유효	남자	12	60.0	60.0	60.0
	여자	8	40.0	40.0	100.0
	전체	20	100.0	100.0	

그림 6

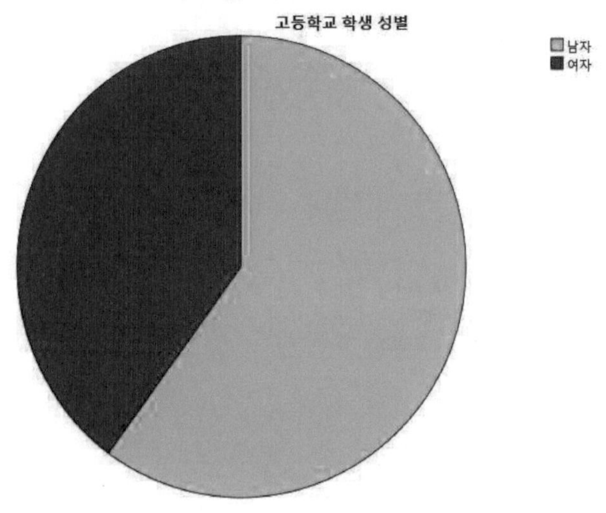

그림 7

⑤ 복수응답 자료의 빈도분석

복수응답 자료는 하나의 질문에 두 개 이상의 응답을 하는 자료를 말한다. 본 예시에서는 10명의 응답자를 대상으로 국어, 수학, 영어 학원에 다닌 적 있는지와 학원이 필요하다고 생각하는 과목을 조사하였다. 수집된 자료는 표 2와 같다.

응답자	수학	국어	영어	순위1	순위2
1	1	1	1	1	2
2	0	0	0	3	2
3	1	0	0	2	3
4	1	1	0	1	2
5	0	1	0	1	3
6	1	0	1	1	2
7	1	1	0	2	1
8	0	0	1	1	2
9	1	0	1	3	2
10	0	1	1	1	2

표 22

'2.2.2. 빈도분석(2).sav' 파일을 연다.

그림 8과 같이 '분석(a)' - '다중반응(U)' - '변수군 정의(D)'를 클릭한다.

그림 8

그림 9와 같이 다중반응 변수군 정의 대화상자가 나타난다.

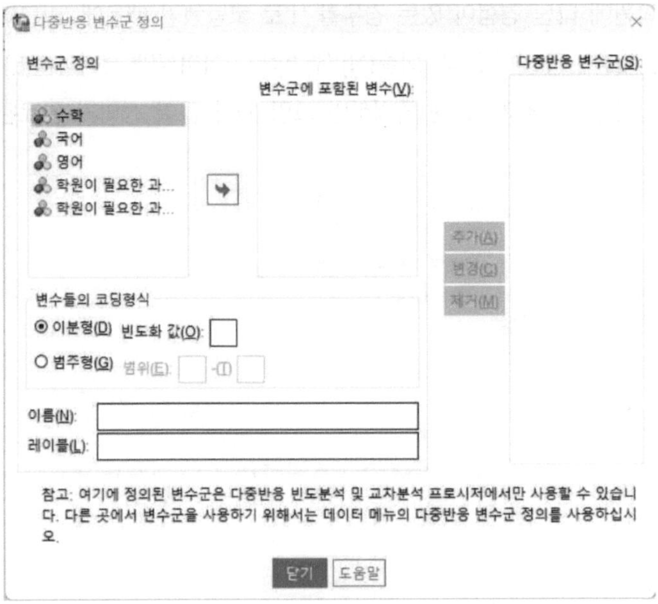

그림 9

그림 10 대화상자에서 첫 번째 질문(국어, 수학, 영어 학원에 다닌 적 있는지 여부)과 관련 있는 변수(국어, 수학, 영어)를 선택하여 그림 10과 같이 '변수군에 포함된 변수(V)'로 이동한다.

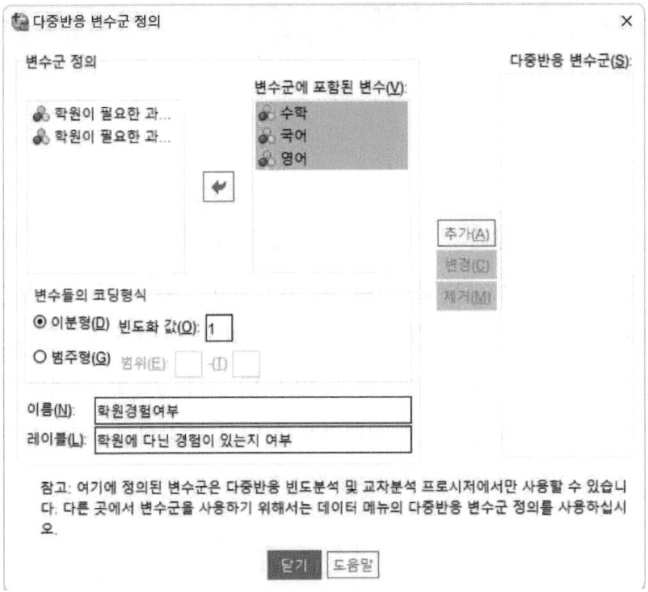

그림 10

그림 10의 수학, 과학, 영어 변수는 이분형 명목척도(다닌 경험이 있는지 여부)로 측정되었기 때문에 코딩형식은 '이분형(D)'를 선택한다. 또한, 학원에 다닌 경험이 있는 경우를 '1'로 코팅했기 때문에 '빈도화 값(O)'은 '1'로 한다. 또한 새롭게 정의할 다중반응 변수군의 '이름(N)'에 '학원경험여부'를, '레이블(L)'에 '학원에 다닌 경험이 있는지 여부'를 입력한 후 '추가(A)'를 클릭하면 그림 11과 같이 정의가 완료된다.

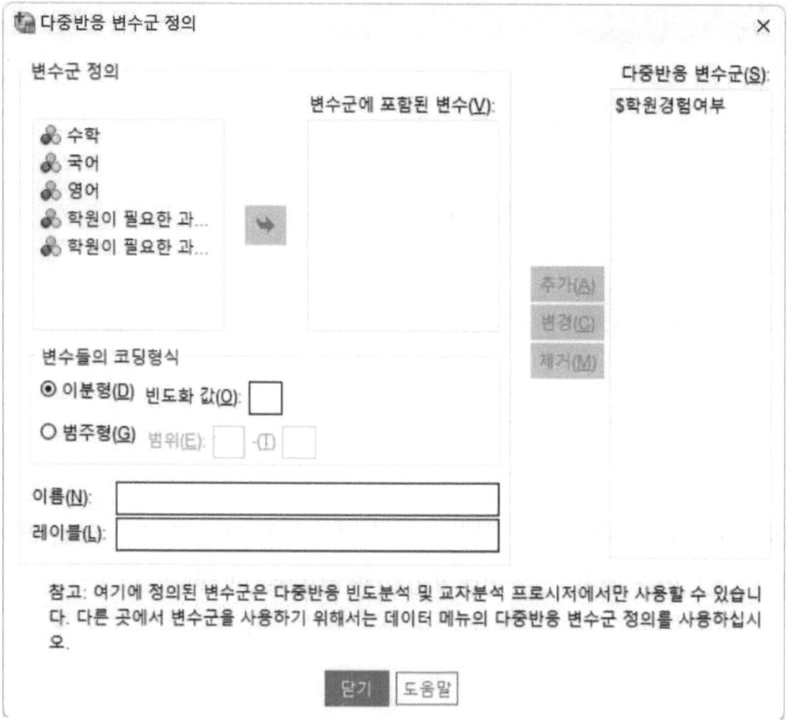

그림 11

두 번째 질문(학원이 필요하다고 생각하는 과목)의 응답에서 1순위와 2순위를 통합하여 빈도분석을 하기 위해 첫 번째 질문과 같은 방법으로 다중반응 변수군 정의를 한다. 학원이 필요한 과목(1순위) 변수와 학원이 필요한 과목(2순위) 변수를 선택하여 '변수군에 포함된 변수(V)'로 보낸다. 이때 두 변수는 범주형 명목척도로 측정되었으므로 코딩형식을 '범주형(G)'을 선택하고 '범위(E)'는 1~3으로 입력한다. 새롭게 정의할 변수의 '이름(N)'에 '필요과목'을, '레이블(L)'에 '학원이 필요하다고 생각하는 과목 1, 2 순위'를 입력한 후 '추가(A)'를 클릭하여 정의를 마친 모습은 그림 12과 같다.

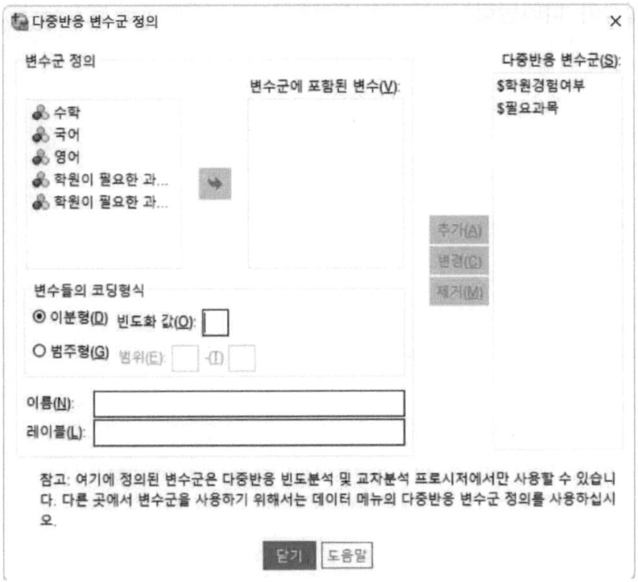

다중반응 변수군 정의

변수군 정의

변수군에 포함된 변수(V):

수학
국어
영어
학원이 필요한 과...
학원이 필요한 과...

다중반응 변수군(S):
$학원경험여부
$필요과목

추가(A)
변경(C)
제거(M)

변수들의 코딩형식
◉ 이분형(D) 빈도화 값(O):
○ 범주형(G) 범위(E): ~(T)

이름(N):
레이블(L):

참고: 여기에 정의된 변수군은 다중반응 빈도분석 및 교차분석 프로시저에서만 사용할 수 있습니다. 다른 곳에서 변수군을 사용하기 위해서는 데이터 메뉴의 다중반응 변수군 정의를 사용하십시오.

닫기 도움말

그림 12

정의를 완료한 후 빈도분석을 실시하기 위해 그림 13과 같이 '분석(A)' - '다중반응(U)' - '빈도분석(F)'를 클릭한다.

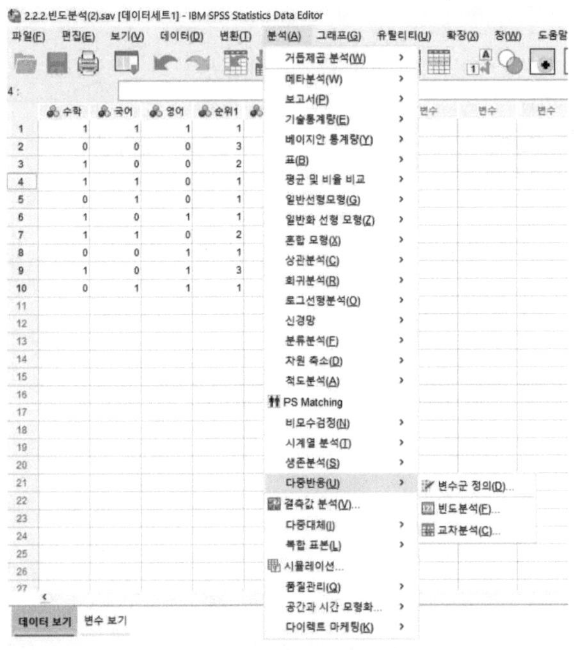

그림 13

그림 14과 같이 다중반응 빈도분석 대화상자가 나타난다.

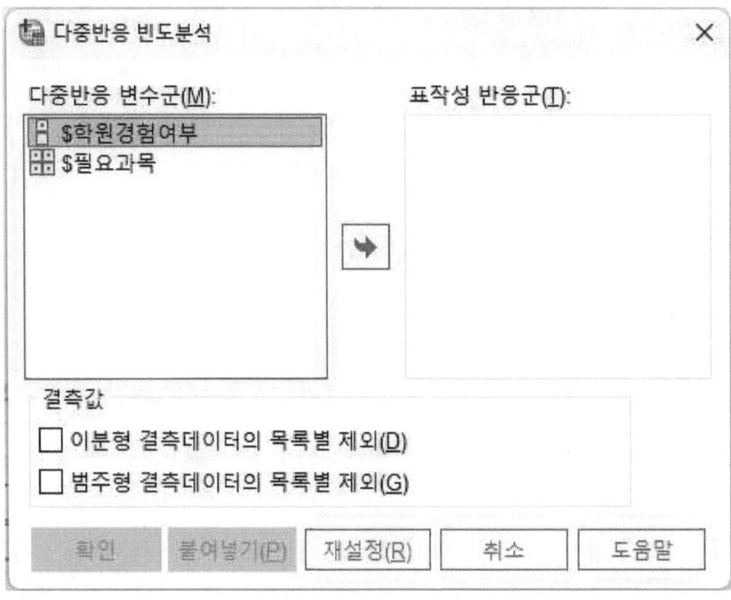

그림 14

그림 15과 같이 분석할 변수들을 '표작성 반응군(T)'로 이동한다.

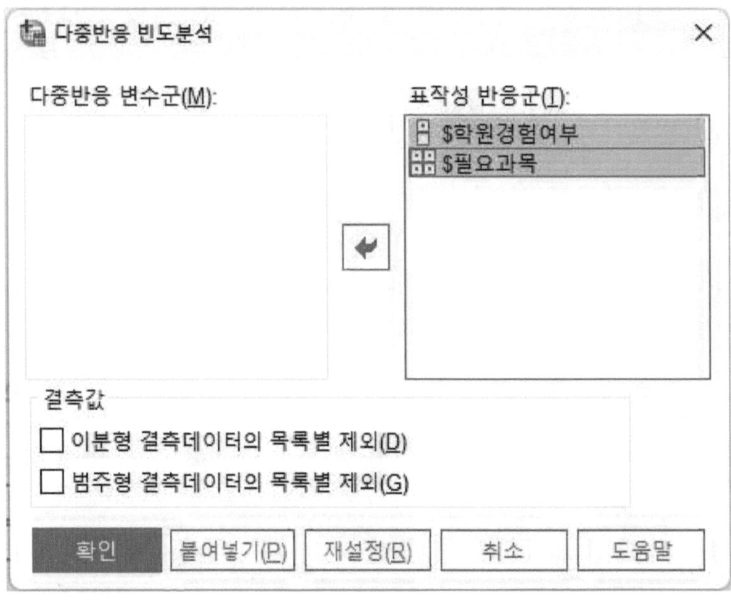

그림 15

그림 15에서 '확인'을 클릭하면 그림 16~17과 같은 결과가 나타난다.

$학원경험여부 빈도

		반응 N	반응 퍼센트	케이스 중 %
학원에 다닌 경험이 있는지 여부[a]	수학	6	37.5%	66.7%
	국어	5	31.3%	55.6%
	영어	5	31.3%	55.6%
전체		16	100.0%	177.8%

a. 값 1을(를) 가지는 이분형 변수 집단입니다.

그림 16

$필요과목 빈도

		반응 N	반응 퍼센트	케이스 중 %
학원이 필요하다고 생각하는 과목 1, 2순위[a]	수학학원	7	35.0%	70.0%
	국어학원	9	45.0%	90.0%
	영어학원	4	20.0%	40.0%
전체		20	100.0%	200.0%

a. 범주형 변수 집단

그림 17

그림 16의 표는 응답자들이 학원에 다닌 경험이 있는 과목명이 나타나 있다. 응답자는 총 10명이나 복수 응답을 하였기 때문에 전체 케이스 퍼센트 합계는 177.8%로 나타났다.

그림 17의 표는 학원이 필요하다고 생각하는 과목(1, 2순위)이 제시되어 있는데, 10명의 응답자가 각 두 가지를 선택하였기 때문에 케이스 퍼센트 합계는 200%로 나타난다.

2.2.4. 기술통계분석

SPSS에서 <학생 30명의 수학시험 점수 자료>를 대상으로 기술통계분석을 실시하는 과정은 다음과 같다.

'2.2.3. 기술통계분석.sav' 파일을 연다.

그림 18과 같이 '기술통계(D)'를 클릭한다.

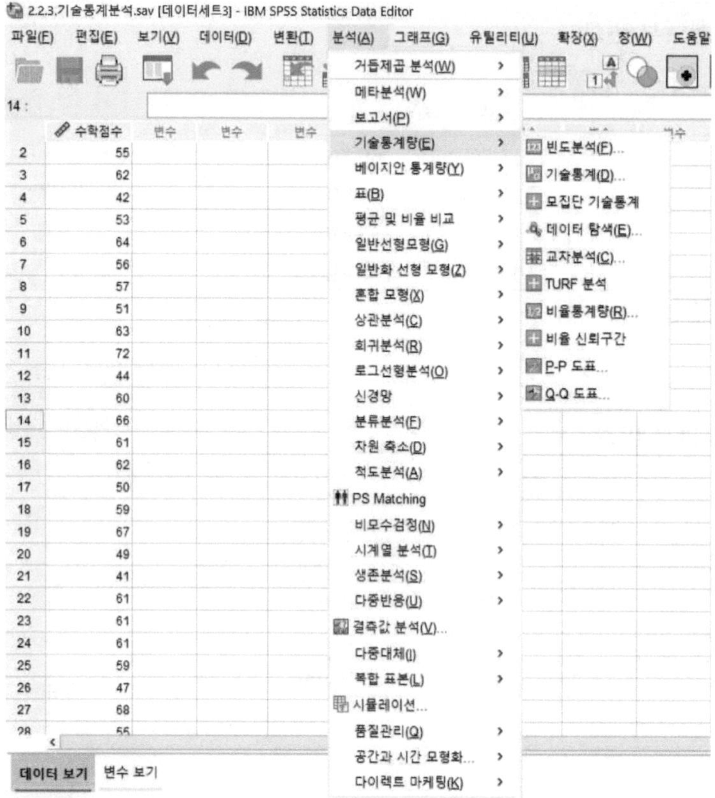

그림 18

그림 18과 같이 실행하면 그림 19와 같은 기술통계 대화상자가 나타난다.

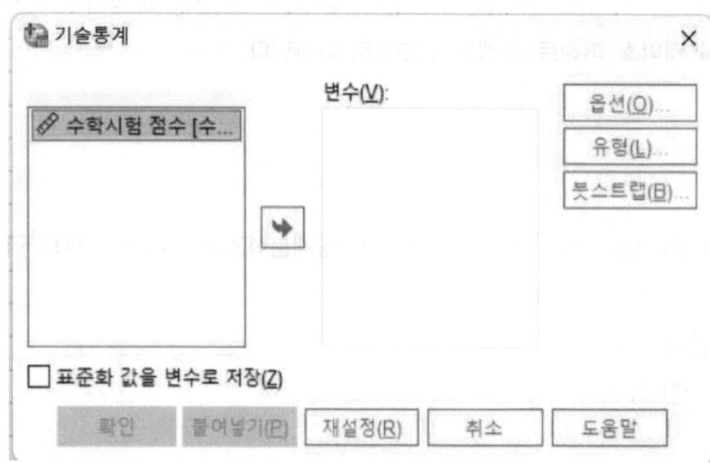

그림 19

그림 20과 같이 수학시험 점수 변수를 '변수(V)'로 보낸다. 이때 '표준화 값을 변수로 저장(Z)'을 선택하면 원래 자료(raw data)를 표준화시킬 수 있다.

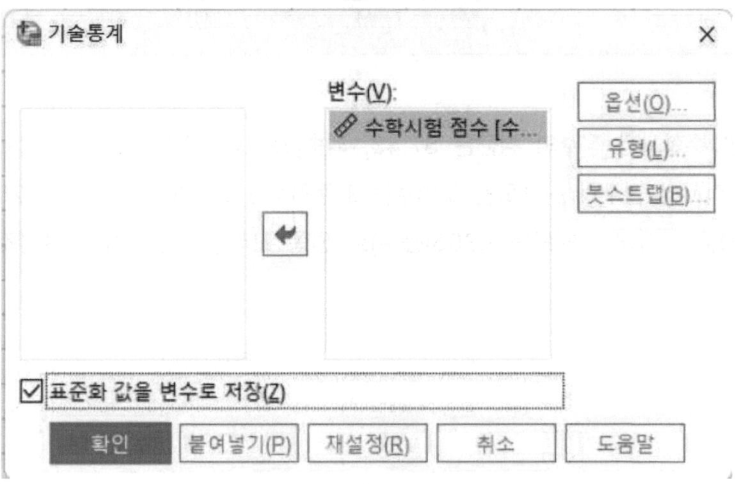

그림 20

그림 20에서 '옵션(O)'을 클릭하여 나오는 대화상자의 체크박스를 그림 21과 같이 선택한다.

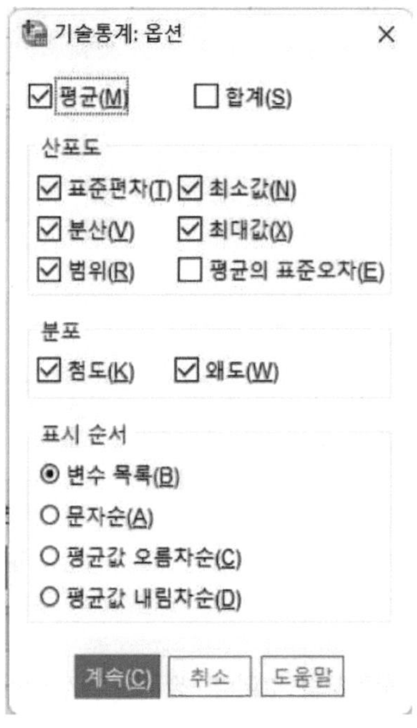

그림 21

그림 21에서 '계속(C)'를 클릭하고 '확인'을 클릭하면 그림 22~23의 결과가 도출된다.

기술통계량

	N	범위	최소값	최대값	평균	표준편차	분산	왜도		첨도	
	통계량	통계량	통계량	통계량	통계량	통계량	통계량	통계량	표준오차	통계량	표준오차
수학시험 점수	30	32	41	73	57.43	8.500	72.254	-.305	.427	-.483	.833
유효 N(목록별)	30										

그림 22

그림 22 기술통계량을 보면 수학시험 점수의 평균은 57.43, 최솟값은 41, 최댓값은 73, 범위는 32(=73-41)로 나타났다. 수학시험 점수의 산포도를 보여주는 표준편차는 8.500, 분산은 72.254로 나타났다. 자료 분포의 모양을 나타내는 왜도는 -.305(음수)로 왼쪽 꼬리를 갖는 모습을 한 것으로 나타났다.

*2.2.3.기술통계분석.sav [데이터세트3] - IBM SPSS Statistics Data Editor

파일(F) 편집(E) 보기(V) 데이터(D) 변환(T) 분석(A) 그래프(G) 유틸리티(U) 확장(X) 창(W) 도움말(H)

14 :

	수학점수	Z수학점수	변수	변수	변수	변수	변수	변수	변수
2	55	-.28627							
3	62	.53724							
4	42	-1.81564							
5	53	-.52155							
6	64	.77253							
7	56	-.16862							
8	57	-.05098							
9	51	-.75684							
10	63	.65488							
11	72	1.71368							
12	44	-1.58035							
13	60	.30195							
14	66	1.00782							
15	61	.41960							
16	62	.53724							
17	50	-.87449							
18	59	.18431							
19	67	1.12546							
20	49	-.99213							
21	41	-1.93328							
22	61	.41960							
23	61	.41960							
24	61	.41960							
25	59	.18431							
26	47	-1.22742							
27	68	1.24310							
28	55	-.28627							

데이터 보기 변수 보기

그림 23

그림 23의 Z수학시험 점수는 수학시험 점수(raw data)를 표준화시킨 값이다. 평균인 57.43에 가까울수록 Z수학시험 점수는 0에 가까워진다.

2.2.5. 데이터 탐색과 결측치 처리

① 데이터 탐색

SPSS를 이용하여 데이터 탐색을 하는 방법은 다음과 같다.

㉮ '2.2.4. 데이터 탐색과 결측치 처리.sav' 파일을 연다.

㉯ 그림 24와 같이 '데이터 탐색(E)'를 클릭한다.

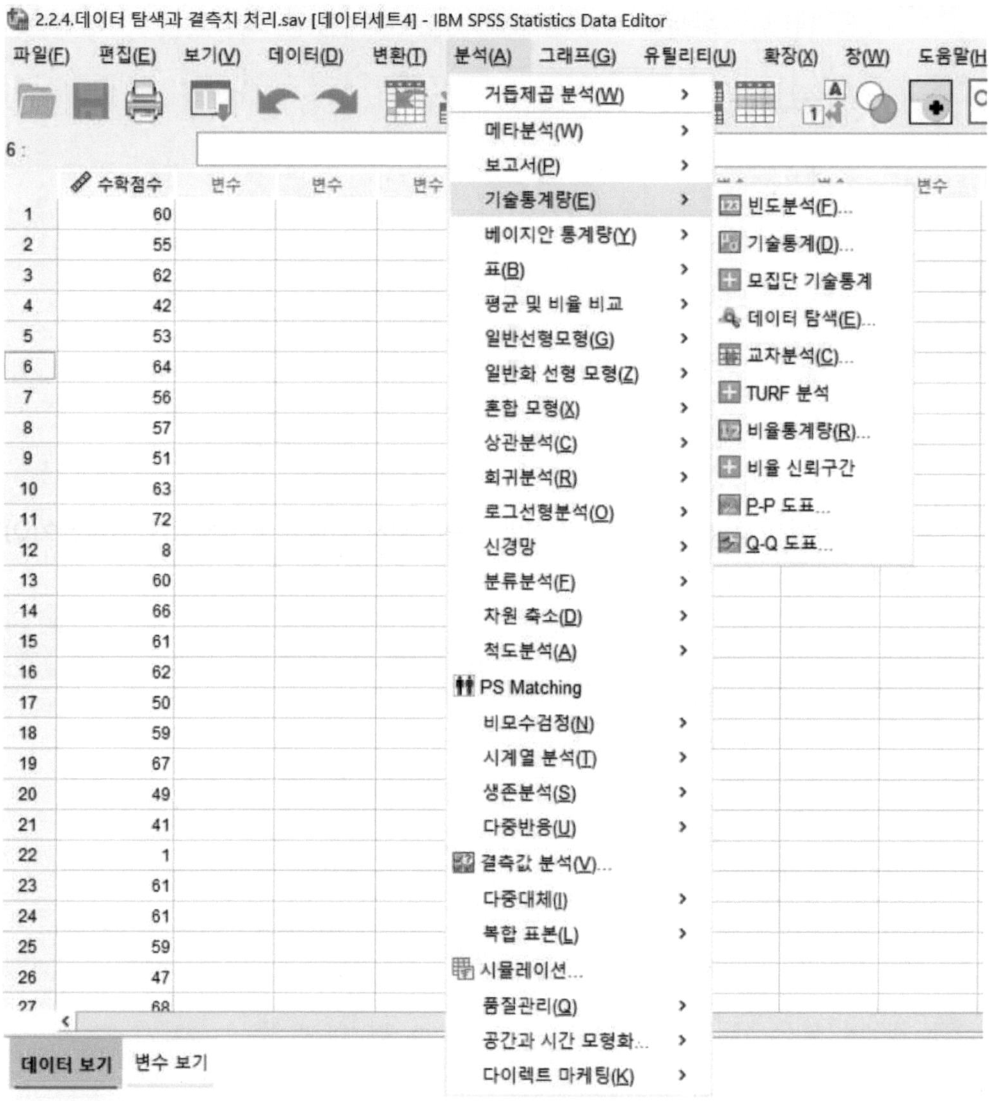

그림 24

㉰ '데이터 탐색(E)'을 클릭하면 그림 25과 같은 데이터 탐색 대화상자가 나타난다.

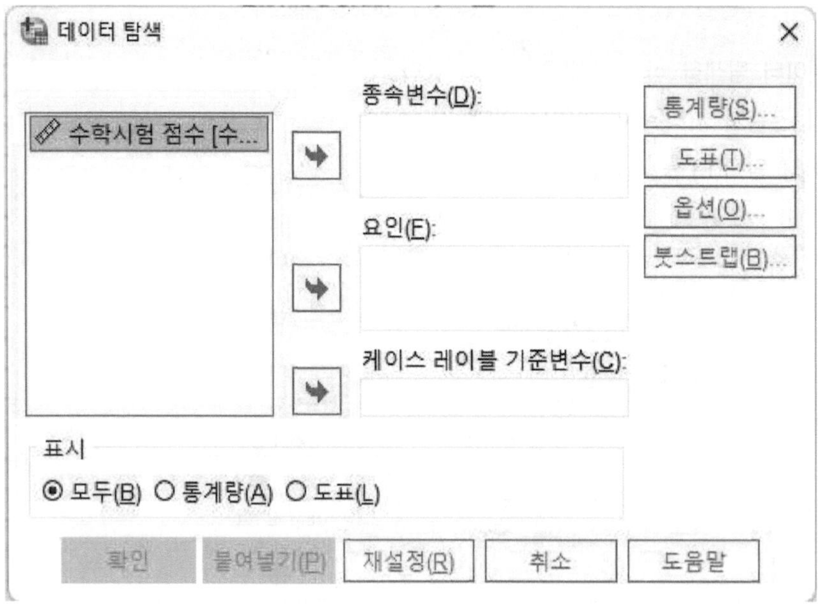

그림 25

㉱ 데이터 탐색 대화상자에서 그림 26과 같이 분석할 변수(수학시험 점수)를 클릭하여 '종속변수(D)' 상자로 이동한다.

그림 26

㉮ 데이터 탐색 대화상자에서 '통계량(S)'을 클릭하여 그림 27과 같이 기술통계(D), 이상값(O), 백분위수(P)를 선택하고 '계속(C)'를 클릭한다.

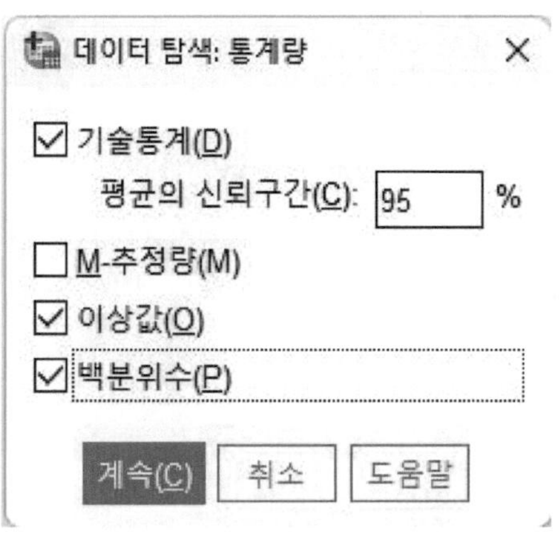

그림 27

㉯ 데이터 탐색 대화상자에서 '도표(T)'를 클릭하고 그림 28과 같이 히스토그램(H), 검정과 함께 정규성도표(O)를 선택한다. '계속(C)'를 클릭하고 이어서 '확인'을 클릭하면 결과가 나타난다.

데이터 탐색: 도표

상자도표
요인수준들과 함께(F)
종속변수들과 함께(D)
지정않음(N)

기술통계
줄기와 잎그림(S)
히스토그램(H)

검정과 함께 정규성도표(O)

Levene 검정이 있는 수준-산포
없음(E)
거듭제곱 추정(P)
변환(T) 거듭제곱(W): 자연로그
변환하지 않음(U)

계속(C) 취소 도움말

그림 28

㉳ 데이터 탐색 결과

- 기술통계

기술통계

			통계	표준화 오차
수학시험 점수	평균 순위		55.90	3.342
	평균의 95% 신뢰구간	하한	49.06	
		상한	62.74	
	5% 절사평균		56.69	
	중위수(D)		59.50	
	분산(V)		335.059	
	표준화 편차		18.305	
	최소값(U)		1	
	최대값(X)		105	
	범위(R)		104	
	사분위수 범위		14	
	왜도(W)		-.908	.427
	첨도(K)		4.405	.833

그림 29

그림 29는 그림 22의 내용과 유사하다. 그림 29는 추가로 평균의 95% 신뢰구간이 49.06~62.74라는 것과 중위수가 59.5라는 것을 보여준다.

- 히스토그램(histogram)

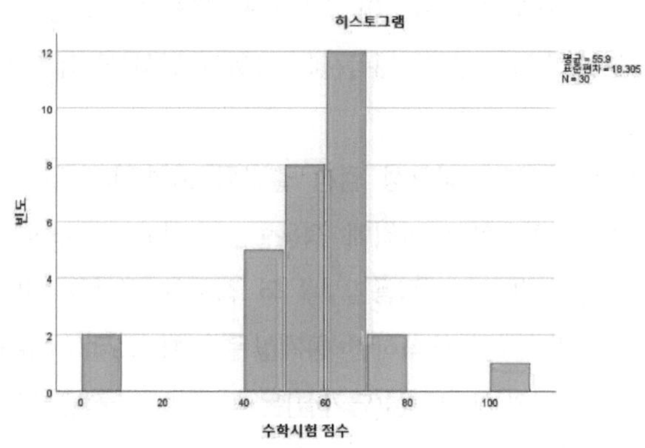

그림 30

- 수학시험 점수의 Q-Q 도표

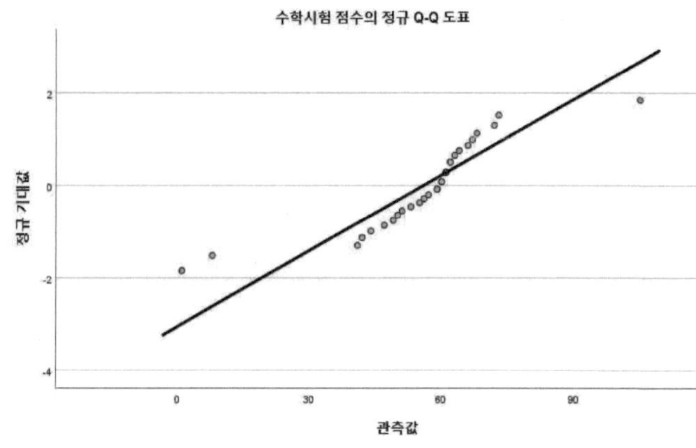

그림 31

- 정규성 검정 결과

정규성 검정

	Kolmogorov-Smirnov[a]			
	통계	자유도	CTT 유의확률	통계
수학시험 점수	.154	30	.066	.838

a. Lilliefors 유의확률 수정

그림 32

그림 30~32는 데이터가 정규분포를 따르는지를 보여준다. 그림 30 히스토그램을 보면 가운데 범위의 빈도가 높긴 하나, 양측 끝에 데이터가 존재하여 정규성이 있는지를 정확히 알기는 힘들다. 그림 31 Q-Q 도표는 데이터가 정규분포에 가까울수록 점들이 대각선에 가까이 위치하는데, 본 예시는 대각선에 크게 벗어나지 않는 것으로 보인다.

그림 32는 Kolmogorov-Smirnov와 Shapiro-Wilk 정규성 검정 결과를 보여준다. 일반적으로 Kolmogorov-Smirnov 검정 방법은 모든 종류의 연속형 데이터에 적용할 수 있고, Shapiro-Wilk 검정 방법은 표본 크기가 작거나 비대칭성이 심한 데이터에 적용할 때 더 정확한 결과를 나타낸다. Kolmogorov-Smirnov 검정 방법을 기준으로 그림 32를 해석하면 통계값은 .145 그리고 유의확률은 .066으로 나타났다. Kolmogorov-Smirnov 검정의 귀무가설(영가설)은 "데이터는 정규분포를 따른다"이고, p-value=.066>.05이므로 데이터가 정규성을 가진다는 결론을 내릴 수 있다.

- 박스 플롯(box plot)

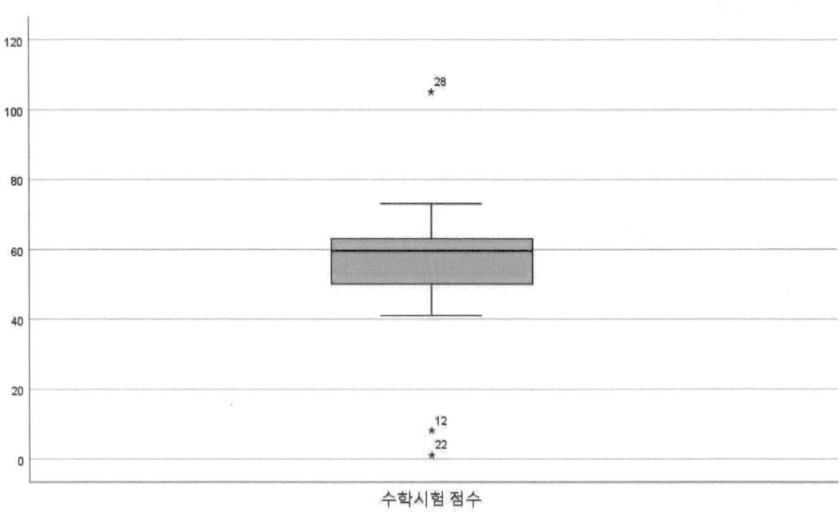

그림 33

- 백분위수(Percentile)

백분위수(P)

		백분위수(P)						
		5	10	25	50	75	90	95
가중평균(정의 1)	수학시험 점수	4.85	41.10	49.75	59.50	63.25	71.60	87.40
Tukey의 Hinges	수학시험 점수			50.00	59.50	63.00		

그림 34

◦ 극단값

극단값

			케이스 번호(C)	변수값
수학시험 점수	최고	1	28	105
		2	30	73
		3	11	72
		4	27	68
		5	19	67
	최저	1	22	1
		2	12	8
		3	21	41
		4	4	42
		5	29	44

그림 35

그림 33은 데이터를 박스 플롯으로 나타낸 것이다. 박스 내 가로선은 중위수, 박스 하단(밑변)은 1사분위수(25th percentile), 박스 상단(윗변)은 3사분위수(75th percentile)를 나타낸다.

한편, 박스 플롯에는 표시되지 않지만, 상위 경계(upper fence)와 하위 경계(lower fence)가 존재하는데, 상위 경계는 '3사분위수+1.5*IQR'이며, 하위 경계는 '1사분위수-1.5*IQR이다. 이때 IQR(InterQuartile Range)은 사분위수 범위를 말하며 '3사분위수-1사분위수'에 해당하는 값이다.

박스에 이어진 실선은 위스커(whisker)라고 부르는데, 위스커의 상단은 상위 경계 이하에 위치하는 최댓값을 말하며, 위스커의 하단은 하위 경계 이상에 위치하는 값을 말한다. 박스 플롯에서 상위 경계 위에 위치하거나, 하위 경계 아래에 위치하는 값을 '이상치(ourlier)라고 한다. 본 예시에서 이상치는 연번 28번(상위 경계 위에 위치)과 연번 12, 22번(하위 경계 아래에 위치)이다.

② 결측치 처리

데이터 탐색 과정에서 박스 플롯 및 극단값 표에서 발견된 이상치를 결측치로 설정한다. 연번 12, 22, 28번(차례대로 값 1, 8, 105)이 이상치로 확인되었으므로 '변수특성정의'를 통해 결측치 처리를 한다.

'데이터(D)' - '변수특성정의(V)'를 차례로 클릭한다.

그림 36

'변수특성정의' 대화상자에서 수학시험 점수를 '스캔할 변수(S)'로 이동시킨 후 '계속(C)'를 클릭한다.

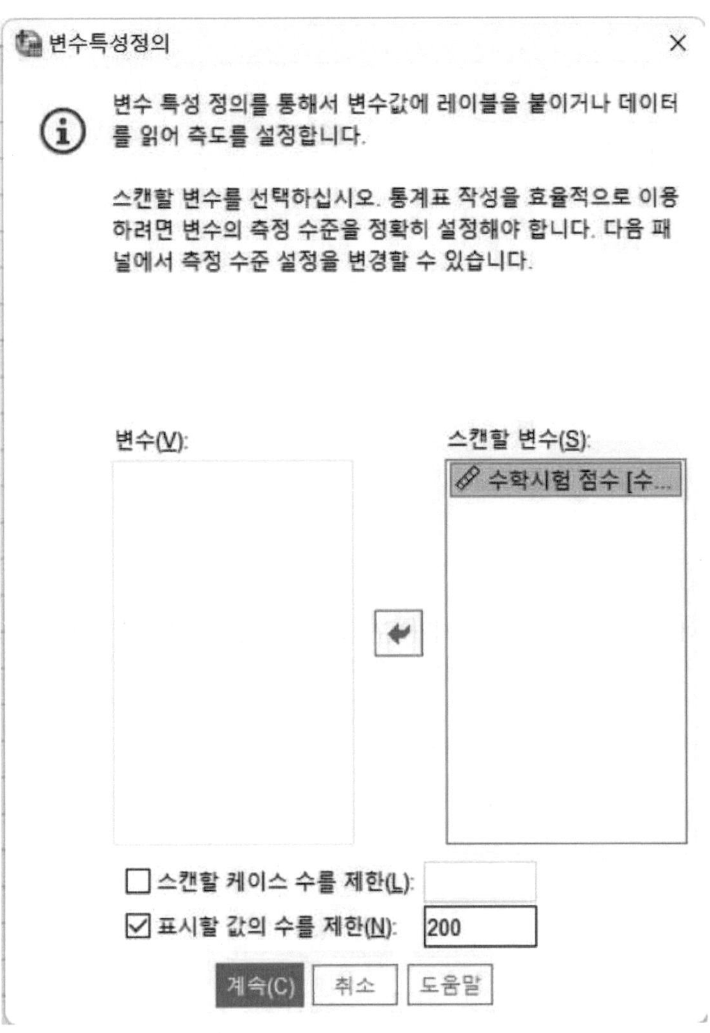

그림 37

'값 레이블 격자(V)'에 데이터 목록이 표시된다. 이상치로 확인된 값 1, 8, 105의 '결측' 체크박스에 체크한다. 체크 완료 후 '확인'을 누른다.

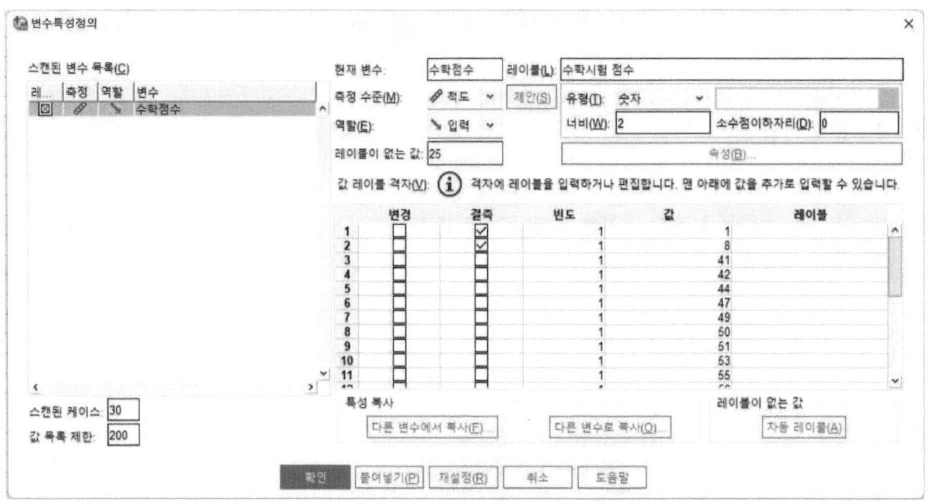

그림 38

결측값 설정 완료 후 '변수 보기' 창에서 다음과 같이 이상치가 결측값으로 설정된 것을 확인할 수 있다.

그림 39

이후 결측치 대체와 통계분석은 1.4.4. 장의 내용과 2장의 각 분석 방법을 참고한다.

2.3. 평균과 비율 차이 검정

2.3.1. 단일표본 T-검정(One-sample T-test)

단일표본 T-검정은 특정 모집단의 평균값이 기존에 알려진 평균값과 다른지를 검정하고자 할 때 사용한다. 여기서 t 값은 다음과 같이 계산된다.

$$t = \frac{\overline{X} - \mu_0}{s/\sqrt{n}} \quad (df = n-1)$$

($\overline{X}$: 표본의 평균, μ_0: 귀무가설로 설정된 모집단의 평균(기존에 알려진 평균),

s: 표본의 표준편차, $s/\sqrt{n} = \overline{X}$의 표준오차($\overline{X}$ 표본추출분포의 표준편차)

<예제> OO고등학교 1학년 여학생의 평균 키는 163으로 기존에 알려져 있다. 실제로 그러한지 조사하기 위하여 OO고등학교 1학년 여학생 30명의 키를 측정하였다. OO고등학교 1학년 여학생의 평균 키가 163인지 확인하기 위해 유의수준(α) 0.05로 단일표본 T-검정을 수행하였다.

① 귀무가설(H_0)과 연구가설(H_1) 설정

가설 검정을 위해 귀무가설과 연구가설(대립가설)을 아래와 같이 설정한다.

$$H_0 : \mu = 163$$

$$H_1 : \mu \neq 163$$

연구가설 H_1 : OO고등학교 1학년 여학생의 평균 키는 163이 아닐 것이다.

② 데이터 확인 및 결측값 처리

'2.3.1. 단일표본 T-검정.sav' 파일을 열고 데이터를 확인한다. 자료에 결측값(빈칸)이 존재하면 결측값을 빼고 통계분석을 수행할지, 아니면 결측값을 대체하여 통계분석을 수행할지 결정한다. 본 예제에서는 실제 연구자 개인이 보유한 데이터가 완벽하지 않음을 고려하여 결측값을 대체하여 통계분석을 수행한다.

2.3.1.단일표본 T-검정.sav [데이터세트2] - IBM SPSS Statistics Data

파일(F) 편집(E) 보기(V) 데이터(D) 변환(T) 분석(A)

11 :

	키	변수	변수	변수	변수
1	162				
2	164				
3	164				
4	164				
5	165				
6	.				
7	164				
8	169				
9	163				
10	.				
11	163				
12	174				
13	163				
14	161				
15	164				
16	.				
17	163				
18	179				

그림 40

③ 결측값 대체 : 본 예제의 자료는 단일표본이므로 다중대체(자동 대치, 1.4.4. 장 참고)가 아닌 수동 대체 방법을 사용한다. '변환(T)' - '결측값 대체(M)'을 차례로 클릭한다.

그림 41

④ '결측값 대체' 대화상자에서 '키' 변수를 클릭하고 화살표를 눌러 '새 변수(N)'로 이동한다.

그림 42

⑤ '방법(M)' 콤보박스에서 결측값 대체 방법을 선택한다. 본 예제는 '계열 평균'을 선택한다.

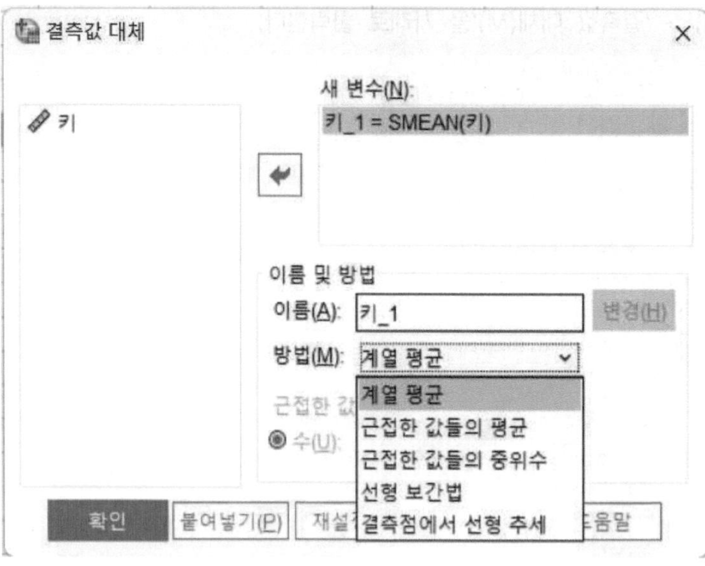

그림 43

⑥ '이름(A)'을 '키_대체'로 설정하고 '변경(H)'를 누르면 아래와 같이 새 변수의 이름이 변경된다.

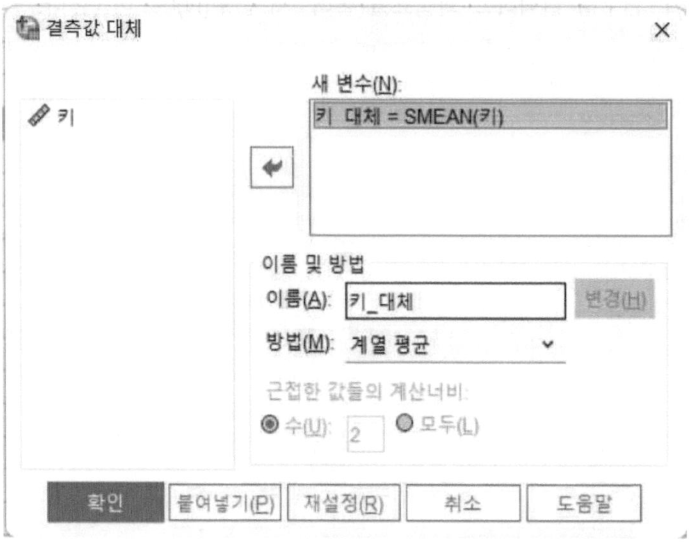

결측값 대체
새 변수(N):
키_대체 = SMEAN(키)
키
이름 및 방법
이름(A): 키_대체 변경(H)
방법(M): 계열 평균
근접한 값들의 계산너비:
수(U): 2 모두(L)
확인 붙여넣기(P) 재설정(R) 취소 도움말

그림 44

⑦ '키' 열의 오른쪽에 결측값이 대체된 '키_대체' 열이 새로 생성되었다.

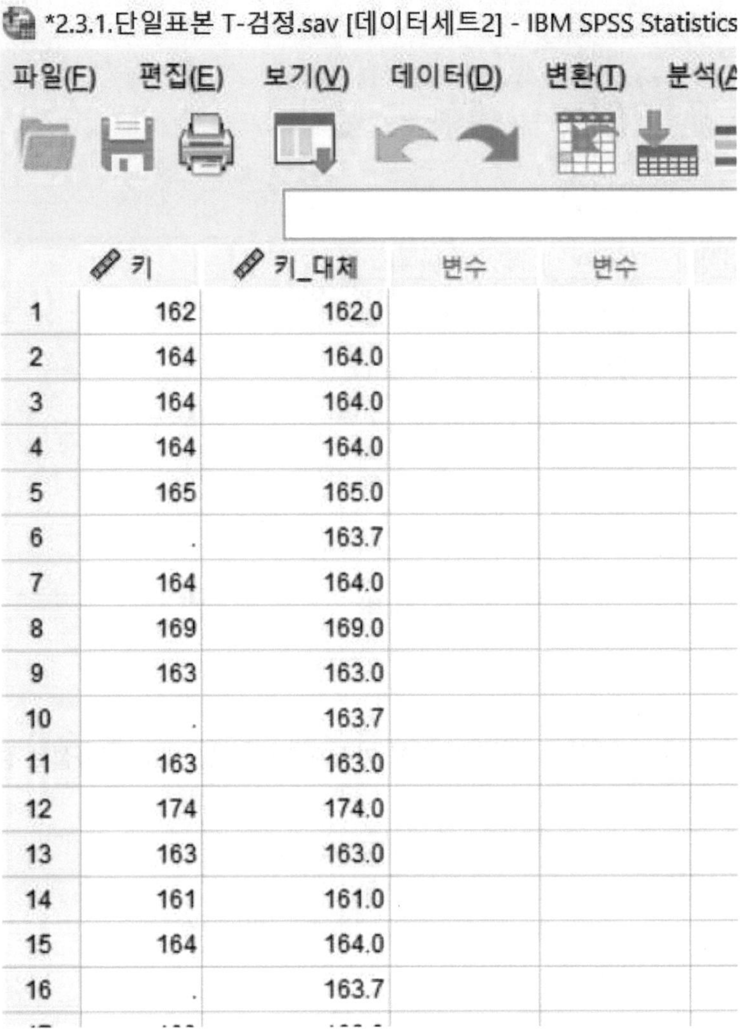

*2.3.1.단일표본 T-검정.sav [데이터세트2] - IBM SPSS Statistics

파일(F) 편집(E) 보기(V) 데이터(D) 변환(T) 분석(A

	키	키_대체	변수	변수
1	162	162.0		
2	164	164.0		
3	164	164.0		
4	164	164.0		
5	165	165.0		
6	.	163.7		
7	164	164.0		
8	169	169.0		
9	163	163.0		
10	.	163.7		
11	163	163.0		
12	174	174.0		
13	163	163.0		
14	161	161.0		
15	164	164.0		
16	.	163.7		

그림 45

⑧ 단일표본 T-검정 수행을 위해 '분석(A)' - '평균 및 비율 비교' - '일표본 T 검정(S)' 순으로 클릭한다.

그림 46

⑨ '키_대체' 변수를 '검정 변수(T)'로 이동하고, '검정값(V)'에 기존에 알려진 평균값(귀무가설로 설정된 모집단의 평균) 163을 입력한다.

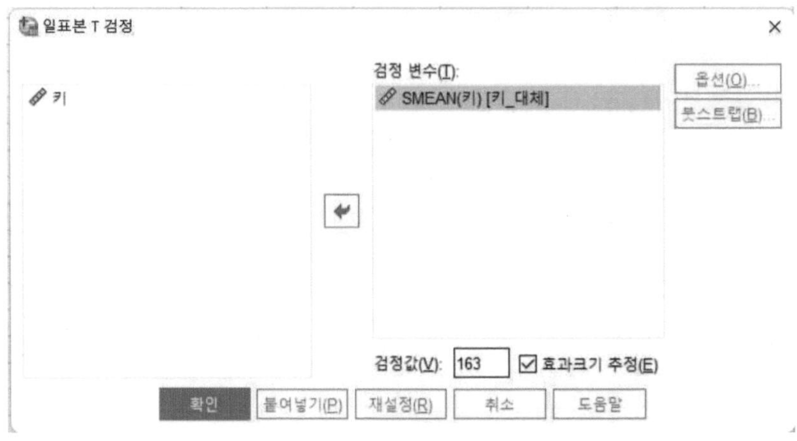

그림 47

※ '효과크기 추정(E)' 기능은 SPSS 구버전의 경우 지원하지 않는 기능이다. 이에 대한 해결책(효과크기 확인법)은 '1.3.3. 가설 검정 이슈' 절의 ⑦효과크기 내용 참조

⑩ 위 대화상자에서 '옵션(O)'을 클릭하면 나타나는 옵션 대화상자에서 신뢰구간과 결측값 처리 방법을 선택한다. 본 분석에서는 기본 설정을 유지하고 '계속(C)'를 클릭한다.

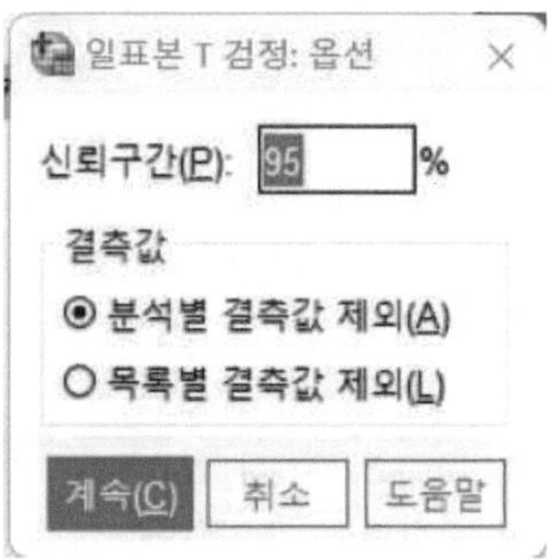

그림 48

<참고> 옵션 대화상자

▸ **분석별 결측값 제외(A)** : 분석의 대상이 되는 변숫값이 결측된 케이스만 그 분석에서 제외한다. '검정별 결측값 제외' 또는 '대응별 결측값 제외'라고도 한다.

▸ **목록별 결측값 제외(L)** : 어떤 변숫값이 결측되었을 때 해당 변숫값을 포함하는 케이스는 모든 분석에서 제외한다.

⑪ 모든 설정을 완료한 뒤 '확인'을 클릭한다.

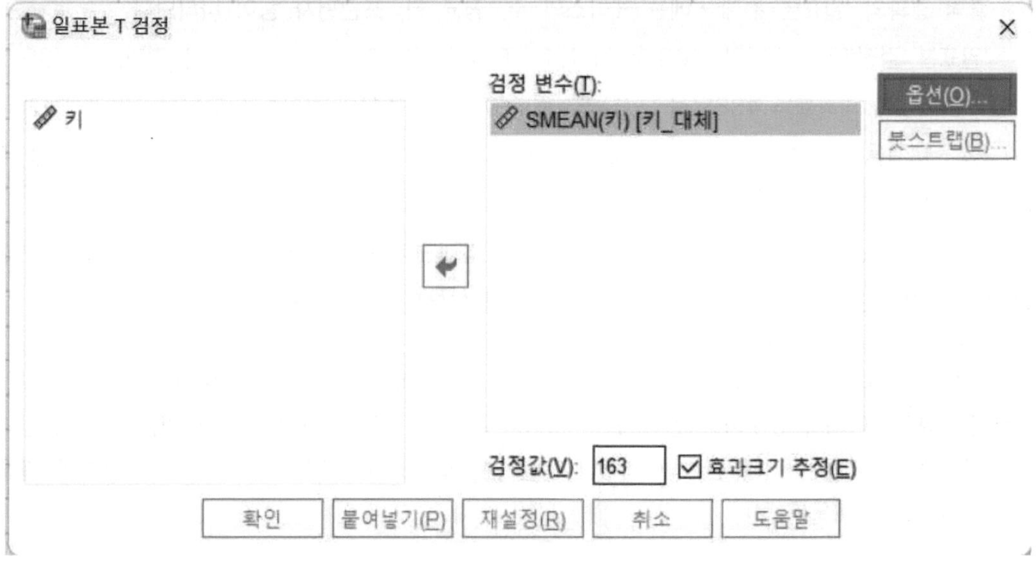

그림 49

⑫ 단일표본 T-검정 출력 결과가 다음과 같이 표시된다.

일표본 통계량

	N	평균	표준편차	평균의 표준오차
SMEAN(키)	30	163.680	4.7177	.8613

일표본 검정

	검정값 = 163						
			유의확률			차이의 95% 신뢰구간	
	t	자유도	단측 확률	양측 확률	평균차이	하한	상한
SMEAN(키)	.789	29	.218	.436	.6800	-1.082	2.442

일표본 효과크기

				95% 신뢰구간	
		Standardizer[a]	포인트 추정값	하한	상한
SMEAN(키)	Cohen's d	4.7177	.144	-.217	.503
	Hedges 수정	4.8442	.140	-.211	.490

a. 효과크기를 추정하는 데 사용되는 분모입니다.
Cohen's d는 표본 표준편차를 사용합니다.
Hedges 수정은 표본 표준편차와 수정 요인을 사용합니다.

출력 결과의 '일표본 통계량'에는 케이스의 수, 평균 키, 표준편차 등이 나타난다.

'일표본 검정'에는 검정값 '163cm'에 대한 T-검정 결과가 나타난다. 분석 결과, t=.789, 양측 검정 결과 p(유의확률)=.436으로 α(유의수준)=.05에서 비유의적으로 나타났다. 따라서 귀무가설 ($H_0 : \mu = 163$)을 기각할 수 없다. 즉, OO고등학교 1학년 여학생의 평균 키는 163이라고 할 수 있다.

효과크기 Cohen's d는 .144로 나타났으므로 '효과크기가 작다'라고 볼 수 있다. 효과크기에 관한 설명은 '1.3.3. 가설 검정 이슈' 장의 ⑦효과크기 부분을 참고하기를 바란다.

위 예제의 데이터는 변수의 이름만 바꾸면 다른 사회과학·자연 분야의 데이터가 될 수 있다. 따라서, 예제 데이터가 연구자 자신의 연구 분야와 관련이 없다고 하여 분석 방법을 어렵게 받아들일 필요가 없다. 데이터와 변수의 명칭만 다를 뿐, 보유한 데이터의 척도가 분석 방법을 결정한다는 점을 명심하도록 하자.

<다른 예제 1>

자전거 경주대회에 참가한 자동차들의 평균 속력은 163km로 기존에 알려져 있다. 실제로 그러한지 조사하기 위하여 참가자 30명의 속도를 측정하였다. 자전거 경주대회 참가자들의 평균 속도가 163인지 확인하기 위해 유의수준 0.05로 단일표본 T-검정을 수행하였다.

<다른 예제 2>
중증 고혈압 환자들의 평균 혈압은 163으로 기존에 알려져 있다. 실제로 그러한지 조사하기 위하여 A 병원의 중증 고혈압 환자 30명의 혈압을 측정하였다. 중증 고혈압 환자들의 평균 혈압이 163인지 확인하기 위해 유의수준 0.05로 단일표본 T-검정을 수행하였다.

2.3.2. 독립표본 T-검정(Two-sample T-test 또는 Independent Samples T-test)

독립표본 T-검정은 두 모집단의 평균 차이를 검정하고자 할 때 사용한다. 독립표본 T-검정은 두 모집단이 정규분포를 이루며(정규성) 분산이 같다(등분산성)는 가정하에 사용될 수 있다.

<예제>
중학교 1학년과 2학년의 체력 점수는 차이가 있을까? 이를 조사하기 위하여 중학교 1학년, 2학년 학생들의 체력을 측정하여 점수를 매겼다.
이 자료로부터 1학년과 2학년의 체력 점수가 차이가 있다고 할 수 있는지 확인하기 위해 유의수준(a) 0.05로 독립표본 T-검정을 수행하였다.

① 귀무가설(H_0)과 연구가설(H_1) 설정

가설 검정을 위해 귀무가설과 연구가설(대립가설)을 아래와 같이 설정한다.

$$H_0 : \mu_1 = \mu_2$$

$$H_1 : \mu_1 \neq \mu_2$$

연구가설 H_1 : 중학교 1학년과 2학년의 체력 점수는 차이가 있을 것이다.

② 데이터 확인 및 결측값 처리

'2.3.2.독립표본 T-검정.sav' 파일을 열고 데이터를 확인한다. 자료에 결측값이 존재하면 결측값을 빼고 통계분석을 수행할지, 아니면 결측값을 대체하여 통계분석을 수행할지 결정한다. 본 예제에서는 실제 연구자 개인이 보유한 데이터가 완벽하지 않음을 고려하여 결측값을 대체하여 통계분석을 수행한다(본 예제의 결측값은 '9', '999'로 코딩되어 있다).

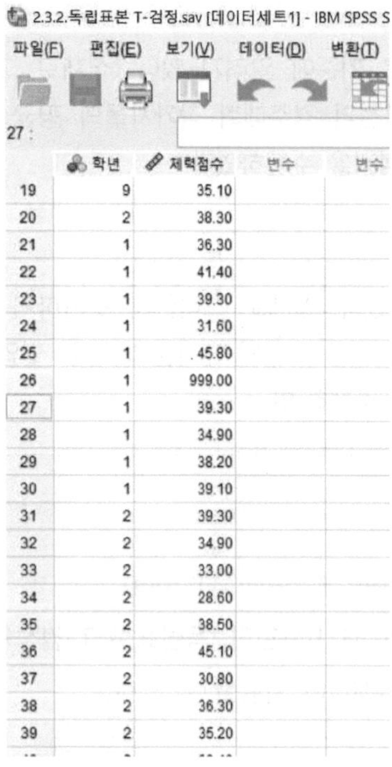

그림 53

③ 결측값을 결측 처리하기 위해 '데이터(D)' - '변수특성정의(V)'를 클릭한다.

2.3.2.독립표본 T-검정.sav [데이터세트1] - IBM SPSS Statistics Data Editor
파일(F) 편집(E) 보기(V) 데이터(D) 변환(T) 분석(A) 그래프(G) 유틸
31 :
학년 체력점수
19 9 35.10
20 2 38.30
21 1 36.30
22 1 41.40
23 1 39.30
24 1 31.60
25 1 45.80
26 1 999.00
27 1 39.30
28 1 34.90
29 1 38.20
30 1 39.10
31 2 39.30
32 2 34.90
33 2 33.00
변수특성정의(V)...
알 수 없음에 대한 측정 수준 설정(L)...
데이터 특성 복사(C)...
새 사용자 정의 속성(B)...
날짜 및 시간 정의(E)...
다중반응 변수군 정의(M)...
검증(L) >
중복 케이스 식별(U)...
특이 케이스 식별(I)...
데이터 세트 비교(P)...
케이스 정렬(O)...
변수 정렬(B)...
전치(N)...
파일 전체의 문자열 너비 조정
파일 합치기(G) >

그림 54

④ '변수특성정의' 대화상자에서 결측값이 존재하는 변수들을 모두 '스캔할 변수(S)'로 옮기고 '계속(C)'을 클릭한다. ※ 결측치가 존재하지 않는 변수를 함께 스캔해도 상관없다.

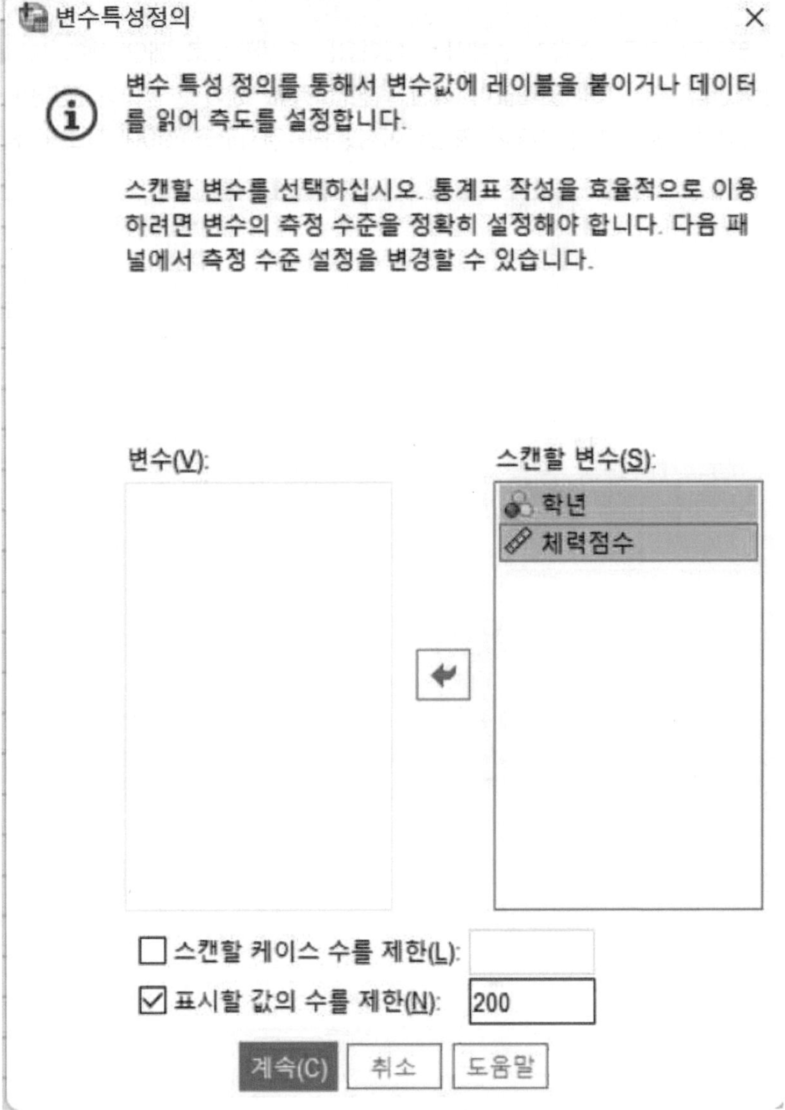

그림 55

⑤ '스캔된 변수 목록(C)'에는 독립변수들이 나타난다. 각 독립변수를 클릭하면 '값 레이블 격자(V)'에 데이터값, 빈도 등이 표시된다. 데이터값이 결측값(9, 99, 999 등으로 표시)에 해당하는 행의 '결측' 상자에 체크한다.

<결측값의 코딩>
수집한 데이터를 엑셀 등에 코딩할 경우, 결측이 존재하는 데이터는 일반적으로 해당 셀에 '9', '99', '999'와 같은 값을 입력한다. 단, 만약 결측값이 아닌 측정값 중에 '9'가 포함되어 있다면 결측값을 '99'로 코딩하고, 측정값 중에 '9'와 '99'가 포함되어 있다면 결측값을 '999'로 코딩하는 방식을 사용하면 된다.

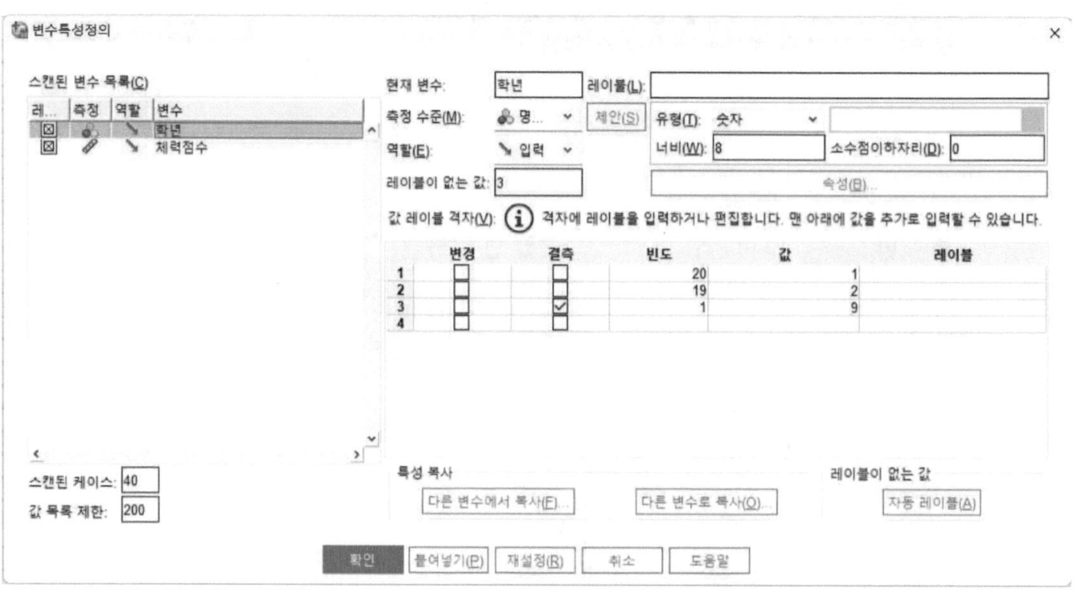

그림 56

⑥ '변수특성정의' 대화상자에서 결측값을 모두 체크한 후 '확인'을 누르면 결측 처리가 완료된다. 결측값 처리된 결과는 '변수 보기'에서도 확인할 수 있다.

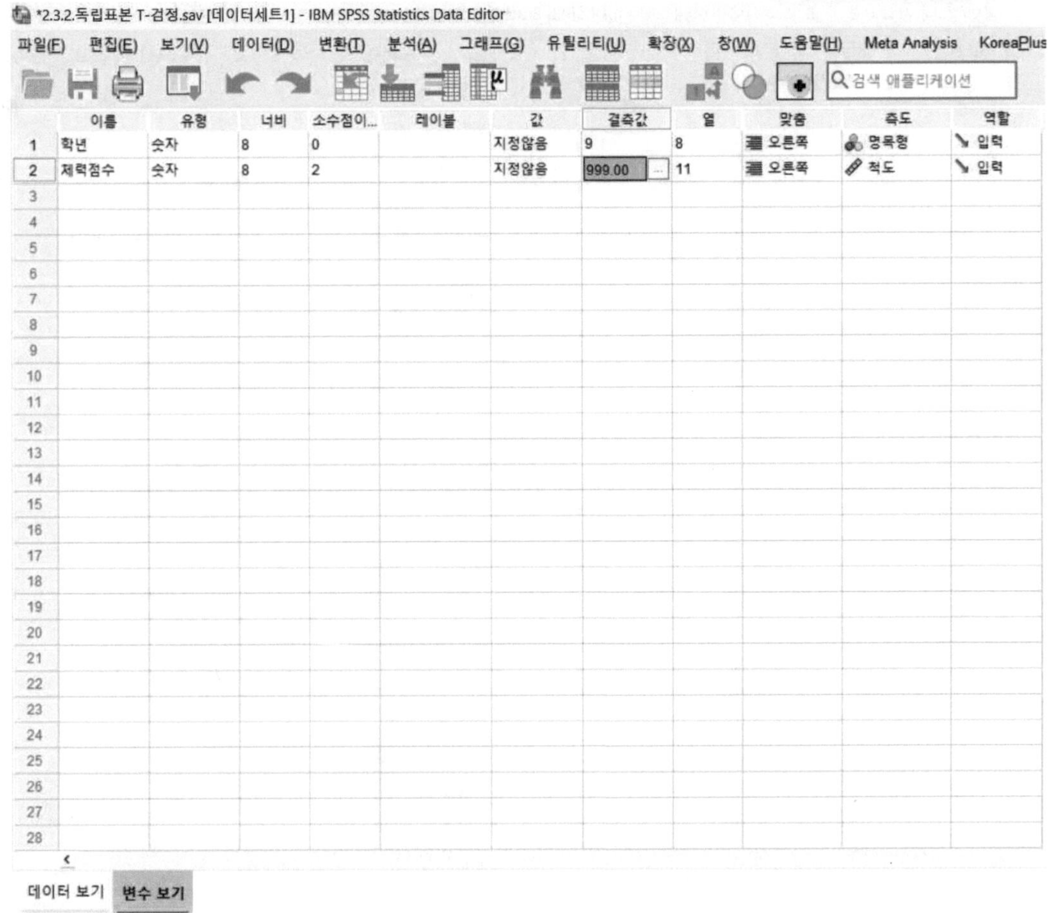

그림 57

⑦ 결측값 대체 : 본 예제의 자료는 다중대체(자동 대치, 1.4.4. 장 참고) 방법으로 결측치를 대체한다. '분석(A)' - '다중대체(I)' - '결측 데이터값 대체(I)'를 차례로 클릭한다.

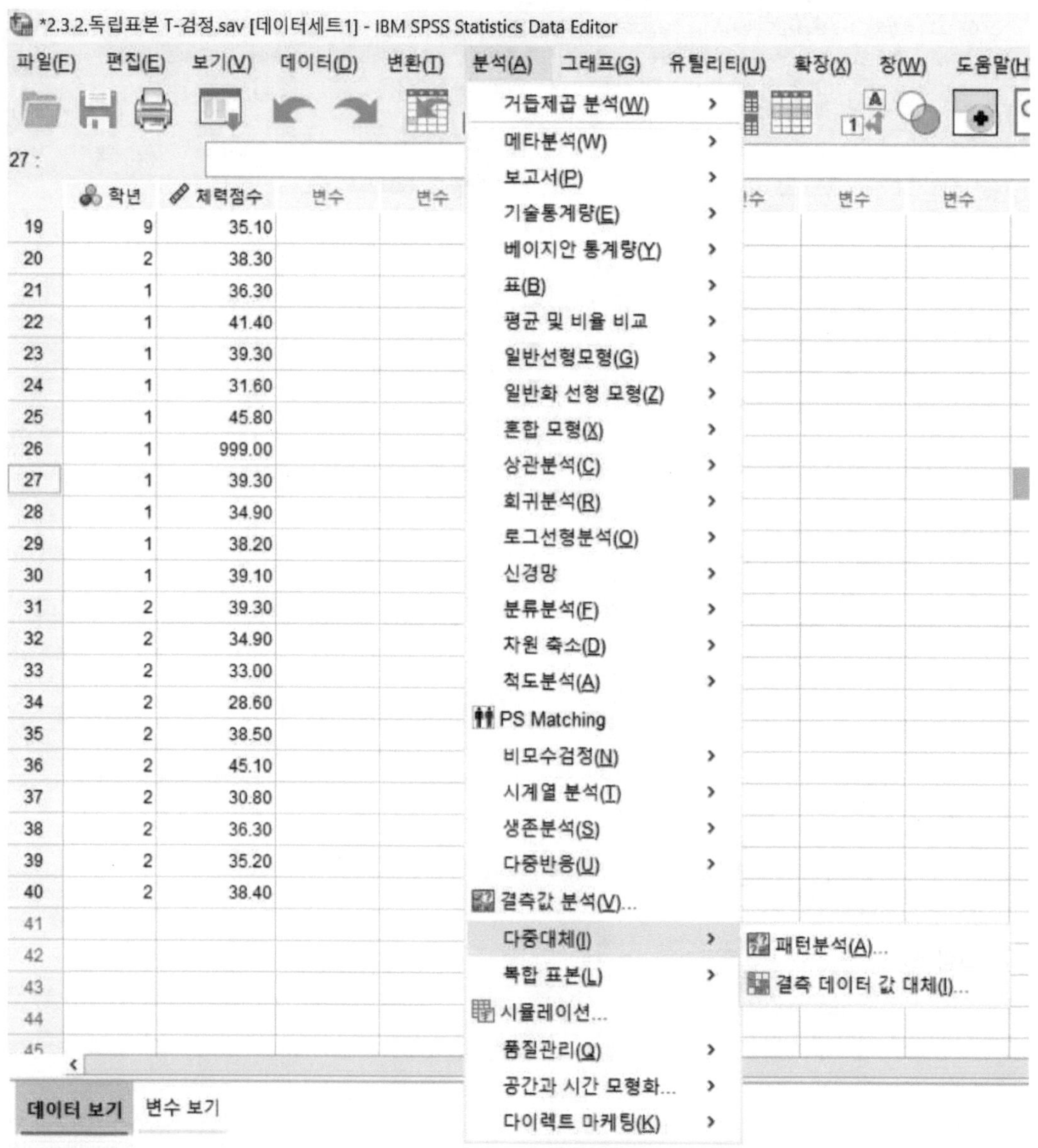

그림 58

⑧ '결측 데이터값 대체' 대화상자에서 결측치가 존재하는 변수(학년, 체력점수)를 모두 '모형의 변수(A)'로 이동한다. 결측치를 대체한 샘플의 수('대체(M)')는 2로 설정한다(원하는 샘플의 숫자만큼 설정한다).

'데이터세트 이름(D)'으로 '결측치_대체'을 기재한다.

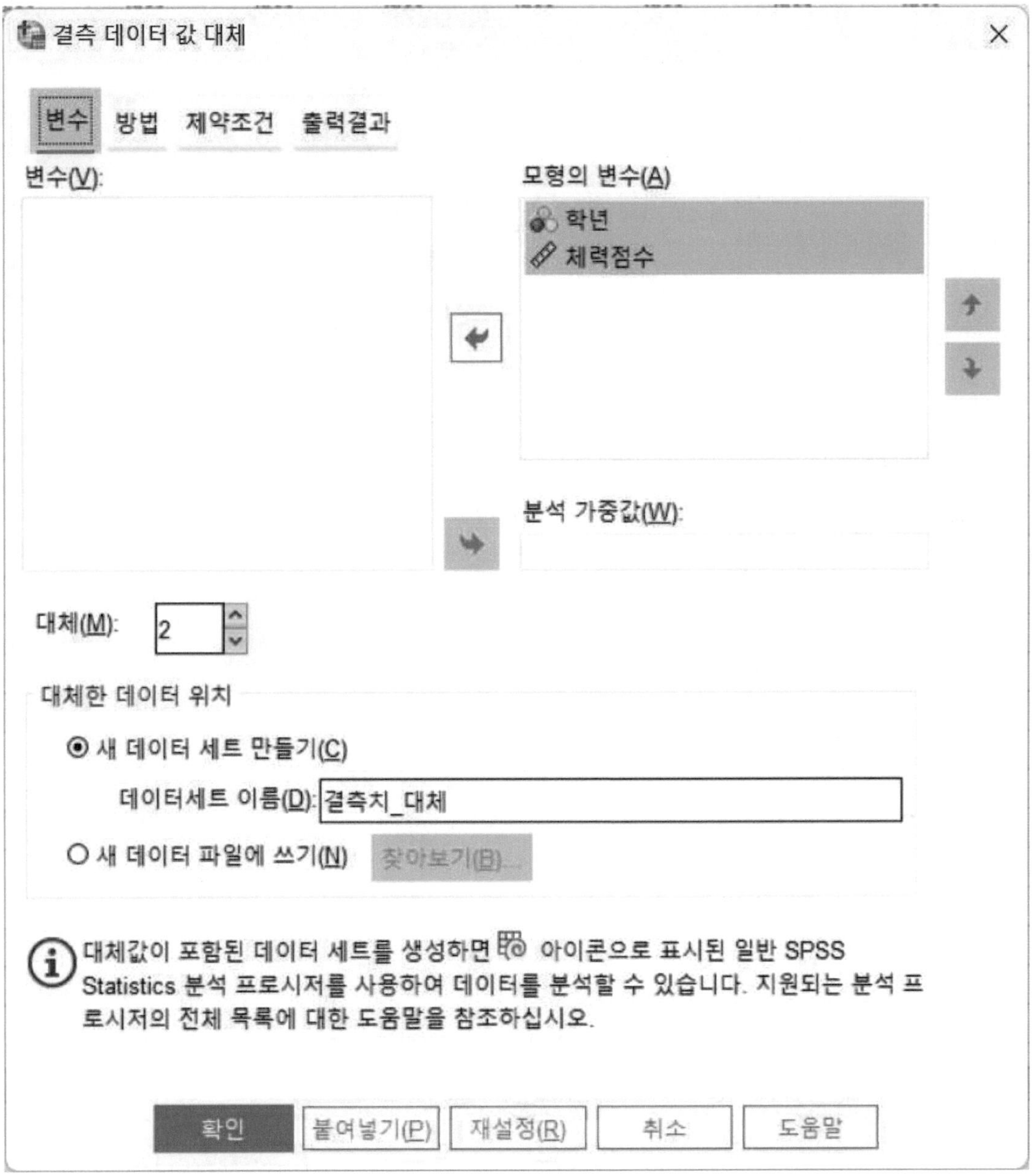

결측 데이터 값 대체

변수 방법 제약조건 출력결과

변수(V):

모형의 변수(A)

학년

체력점수

분석 가중값(W):

대체(M): 2

대체한 데이터 위치

◉ 새 데이터 세트 만들기(C)

데이터세트 이름(D): 결측치_대체

○ 새 데이터 파일에 쓰기(N) 찾아보기(B)...

대체값이 포함된 데이터 세트를 생성하면 아이콘으로 표시된 일반 SPSS Statistics 분석 프로시저를 사용하여 데이터를 분석할 수 있습니다. 지원되는 분석 프로시저의 전체 목록에 대한 도움말을 참조하십시오.

확인 붙여넣기(P) 재설정(R) 취소 도움말

그림 59

⑨ 상단 탭의 '방법' 탭은 기본 설정('자동(A)')을 유지하고, '제약조건' 탭을 클릭한다. '데이터 스캔(S)'을 누르면(좌) '변수 요약(V)'이 나타난다(우). 데이터 스캔을 완료한 후 '확인'을 누른다.

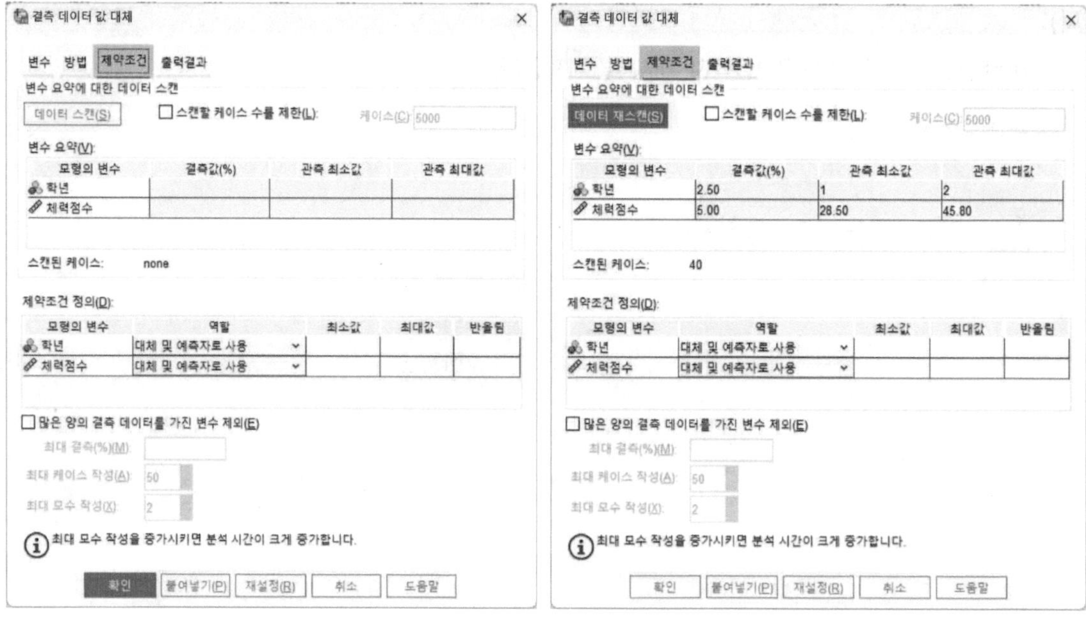

그림 60

⑩ 새로운 SPSS '결측치_대체' 창이 생성된다. 'Imputation' 열은 대체 횟수를 나타내며, 노란색으로 색칠된 셀이 대체된 셀이다.

*제목없음2 [결측치_대체] - IBM SPSS Statistics Data Editor

파일(F) 편집(E) 보기(V) 데이터(D) 변환(T) 분석(A)

14 :

	Imputation_	학년	체력점수	변수	변수
43	1	1	39.20		
44	1	1	31.50		
45	1	1	45.70		
46	1	1	37.10		
47	1	1	39.20		
48	1	1	34.80		
49	1	1	38.10		
50	1	1	39.00		
51	1	2	39.20		
52	1	2	34.80		
53	1	2	32.90		
54	1	2	28.50		
55	1	2	38.40		
56	1	2	45.00		
57	1	2	30.70		
58	1	2	36.20		
59	1	1	35.10		
60	1	2	38.30		
61	1	1	36.30		
62	1	1	41.40		
63	1	1	39.30		
64	1	1	31.60		
65	1	1	45.80		
66	1	1	37.35		
67	1	1	39.30		

그림 61

⑪ 독립표본 T-검정 수행 전 정규성 가정 검정을 위해 '분석(A)' - '기술통계량(E)' - '데이터 탐색(E)'를 클릭한다.

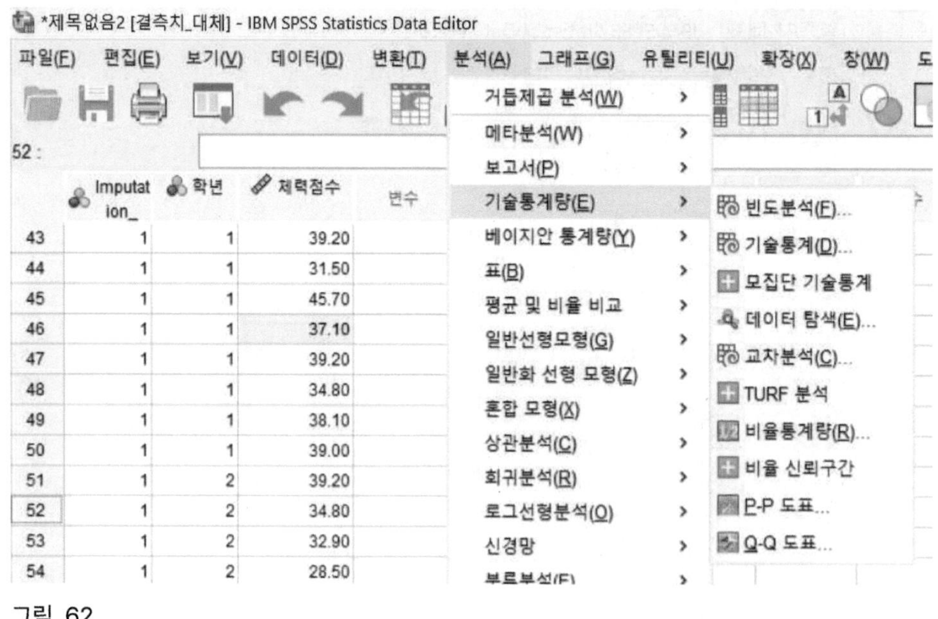

그림 62

⑫ '데이터 탐색' 대화상자에서 '종속변수(D)'에 체력점수를, '요인(E)'에 학년을 이동하고 '도표(T)'를 클릭한다.

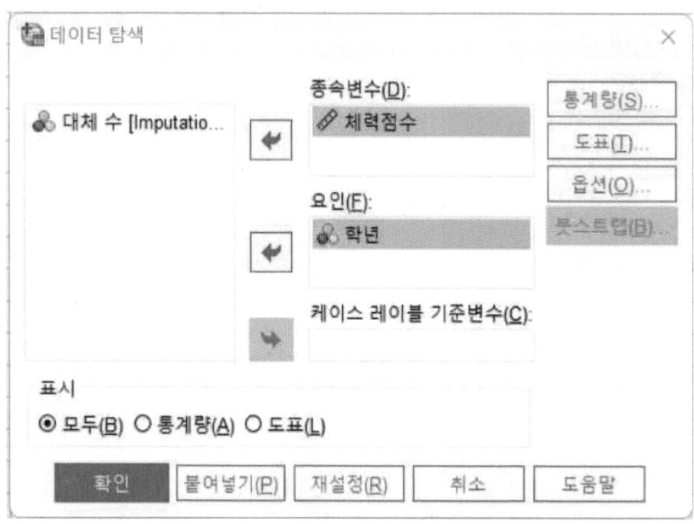

그림 63

⑬ '도표' 대화상자에서 '검정과 함께 정규성도표(O)'를 클릭하고 '계속(C)'를 클릭한다. 이후 '데이터 탐색' 대화상자에서 '확인'을 클릭한다.

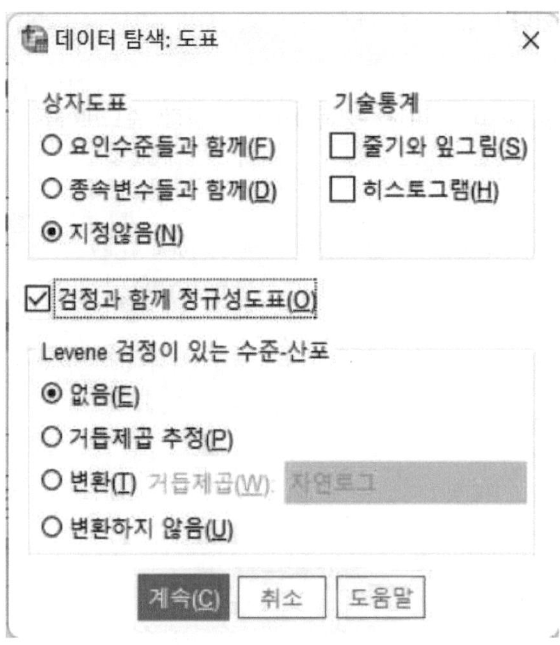

그림 64

⑭ 정규성 검정 결과가 나타난다.

정규성 검정

			Kolmogorov-Smirnov[a]			Shapiro-Wilk		
대체 수		학년	통계	자유도	CTT 유의확률	통계	자유도	CTT 유의확률
원 데이터	체력점수	1	.185	18	.106	.939	18	.276
		2	.136	19	.200*	.950	19	.394
1	체력점수	1	.183	21	.064	.945	21	.274
		2	.136	19	.200*	.950	19	.394
2	체력점수	1	.154	21	.200*	.952	21	.373
		2	.136	19	.200*	.950	19	.394

*. 이것은 참 유의성의 하한입니다.

a. Lilliefors 유의확률 수정

▸ 콜모고로프-스미르노프 검정(Kolmogorov-Smirnov test)과 샤피로-윌크 검정(Shapiro-Wilk test)은 둘 다 데이터가 정규분포를 따르는지 아닌지를 확인하는 통계적 검정 방법이다. 일반적으로 콜모고로프-스미르노프 검정은 샘플의 크기가 클 때 사용하며, 샤피로-윌크 검정은 상대적으로 작은 샘플(n

<50)일 때 사용한다.

▸ 두 검정 방법의 영가설은 "데이터는 정규분포를 따른다"인데, 두 변수의 유의확률이 0.05 이상으로 영가설을 기각하지 않으므로 정규성 가정을 충족한다.

⑮ 독립표본 T-검정 수행을 위해 '분석(A)' - '평균 및 비율 비교' - '독립표본 T 검정' 순으로 클릭한다.

그림 66

⑯ '독립표본 T검정' 대화상자에서 체력점수를 '검정 변수(T)' 상자로, 학년을 '집단변수(G)' 상자로 이동하고 '집단 정의(D)'를 클릭한다.

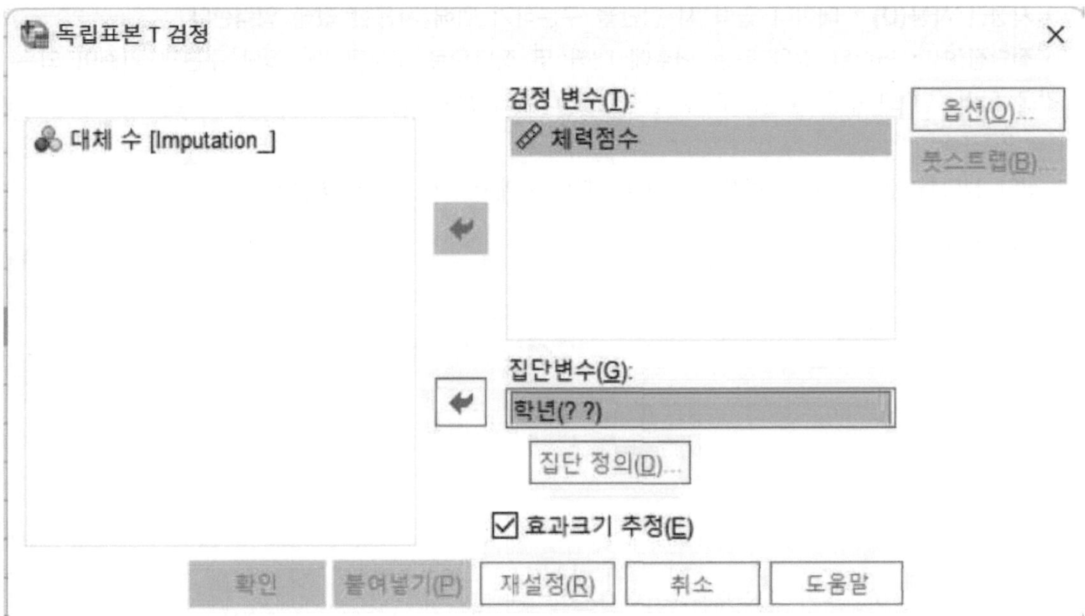

그림 67

※ '효과크기 추정(E)' 기능은 SPSS 구버전의 경우 지원하지 않는 기능이다. 이에 대한 해결책(효과크기 확인법)은 '1.3.3. 가설 검정 이슈' 절의 ⑦효과크기 내용 참조

⑰ '집단 정의' 대화상자에서 '지정값 사용(U)'를 이용하여 집단을 정의한다. 데이터 정의 시 1학년을 '1', 2학년을 '2'라고 입력했으므로 '집단 1'에는 '1', '집단 2'에는 '2'를 입력하고 '계속(C)'를 클릭한다.

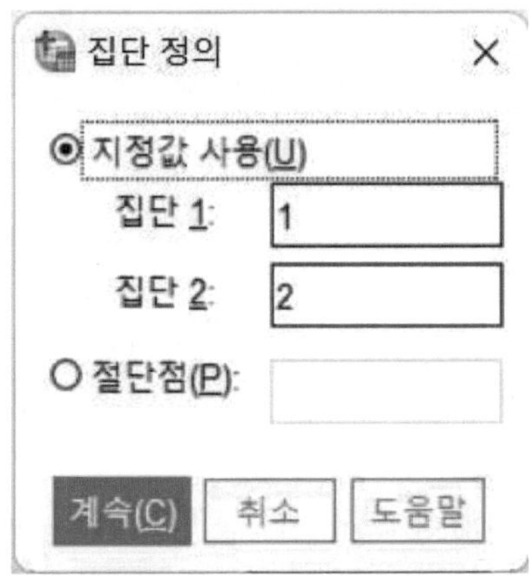

그림 68

<참고> 집단 정의 대화상자

▸ **지정값 사용(U)** : 데이터 입력 시 집단을 구분하기 위해 사용한 값을 입력한다.
▸ **절단점(P)** : 연속된 값을 갖는 변수에 대해 두 집단으로 구분할 때, 집단 구분의 기준이 되는 값을 입력하면 그 값을 중심으로 두 집단으로 나뉘어 정의된다.

⑱ 집단 정의를 완료한 뒤 독립표본 T검정 대화상자에서 '확인'을 클릭한다.

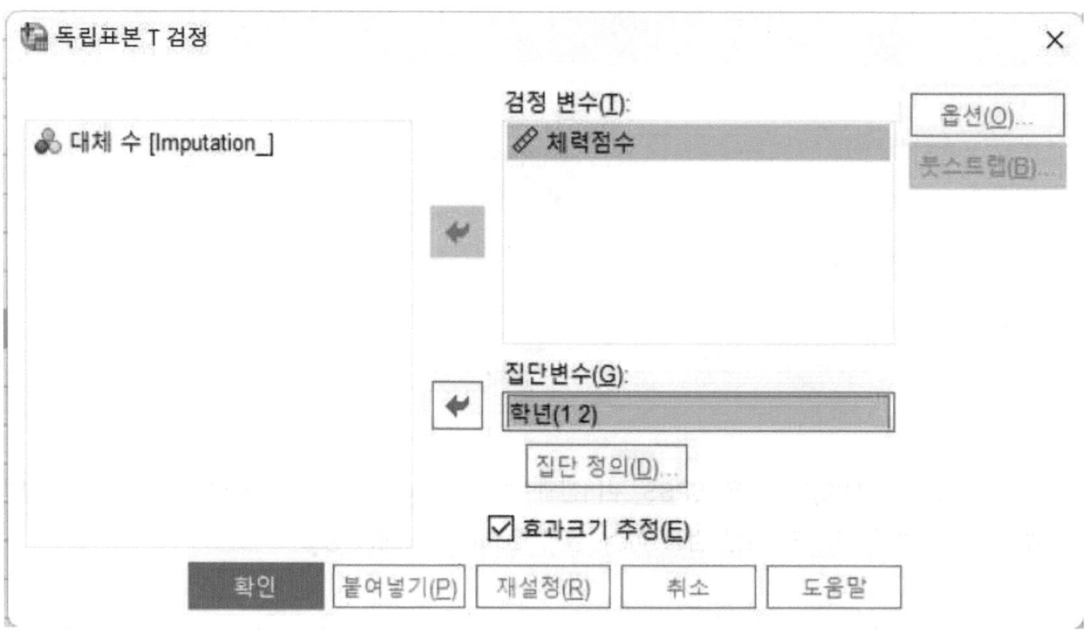

그림 69

독립표본 T-검정 출력 결과가 다음과 같이 표시된다.

집단통계량

대체 수		학년	N	평균	표준편차	평균의 표준오차	분수 누락 정보	상대 증가 분산	상대 효율
원 데이터	체력점수	1	18	38.3833	3.89302	.91759			
		2	19	36.0053	4.69142	1.07629			
1	체력점수	1	21	38.1167	3.67181	.80126			
		2	19	36.0053	4.69142	1.07629			
2	체력점수	1	21	38.2728	3.73499	.81504			
		2	19	36.0053	4.69142	1.07629			
통합	체력점수	1	21	38.1948		.81940	.029	.028	.986
		2	19	36.0053		1.07629	.000	.000	1.000

그림 70

독립표본 검정

대체 수			Levene의 등분산 검정 F	Levene의 등분산 검정 유의확률	평균의 동일성에 대한 T 검정 t	자유도	유의확률 단측 확률	유의확률 양측 확률	평균차이	표준오차 차이	차이의 95% 신뢰구간 하한	차이의 95% 신뢰구간 상한
원 데이터	체력점수	등분산을 가정함	.841	.365	1.673	35	.052	.103	2.37807	1.42161	-.50796	5.26410
		등분산을 가정하지 않음			1.681	34.421	.051	.102	2.37807	1.41434	-.49493	5.25107
1	체력점수	등분산을 가정함	1.336	.255	1.593	38	.060	.119	2.11147	1.32534	-.57155	4.79448
		등분산을 가정하지 않음			1.574	34.064	.062	.125	2.11147	1.34179	-.61519	4.83812
2	체력점수	등분산을 가정함	1.047	.313	1.699	38	.049	.097	2.26755	1.33463	-.43426	4.96936
		등분산을 가정하지 않음			1.680	34.387	.051	.102	2.26755	1.35007	-.47499	5.01008
통합	체력점수	등분산을 가정함			1.638	9567		.101	2.18951	1.33684	-.43099	4.81000
		등분산을 가정하지 않음			1.619	10029.671		.106	2.18951	1.35271	-.46207	4.84108

그림 71

독립표본 효과크기

대체 수			Standardizer[a]	포인트 추정값	95% 신뢰구간 하한	95% 신뢰구간 상한
원 데이터	체력점수	Cohen's d	4.32208	.550	-.111	1.204
		Hedges 수정	4.41754	.538	-.108	1.178
		Glass 델타	4.69142	.507	-.165	1.166
1	체력점수	Cohen's d	4.18586	.504	-.130	1.132
		Hedges 수정	4.27080	.494	-.127	1.109
		Glass 델타	4.69142	.450	-.193	1.082
2	체력점수	Cohen's d	4.21518	.538	-.098	1.167
		Hedges 수정	4.30072	.527	-.096	1.144
		Glass 델타	4.69142	.483	-.163	1.117

a. 효과크기를 추정하는 데 사용되는 분모입니다.
Cohen's d는 통합 표준편차를 사용합니다.
Hedges 수정은 통합 표준편차와 수정 요인을 사용합니다.
Glass 델타는 대조집단의 표본 표준편차를 사용합니다.

그림 72

분석 결과는 원 데이터를 분석한 결과(대체 수 '원데이터'로 표시)[1]와 결측치가 대체된 데이터를 분석한 결과(대체 수 '1', '2'로 표시)가 나뉘어서 나타난다. 본 예제에서는 결측치가 대체된 데이터를 분석한 결과 중 대체 수 '1'을 해석한다.

'독립표본 검정' 표에서 Levene의 등분산 검정 결과 p=.255로 α(유의수준)=.05보다 크므로 등분산 가정에 문제가 없다. 등분산을 가정하였을 때 양측 검정에서 t=1.593, p=.119로 나타나 '$H_0 : \mu_1 = \mu_2$' 는 α=.05에서 기각되지 않는다. 즉, 학년에 따른 체력 점수의 차이가 있다고 할 수 없다. **결론적으로, 중학교 1학년과 2학년의 체력 점수는 차이가 없을 것이라는 귀무가설(영가설)이 지지가 되었다.**

---

1) 원 데이터는 '분석별 결측값 제외(기본설정)'로 설정되어 분석된 결과이다. (2.3.1. ⑩ 설명 참조)

효과 크기 Cohen's d는 .504로 '효과 크기가 중간이다'라고 할 수 있다.

<독립표본 평균 비교의 비모수 통계기법>

독립된 두 표본의 정규성 가정 검정(독립표본 T-검정의 ⑪~⑭ 절차) 결과, 정규성 가정이 위배되는 경우에는 T-검정을 진행할 수 없다. 따라서 비모수적인 통계기법을 활용하여 두 모집단의 평균을 비교하여야 한다. 비모수 통계기법은 분석 대상 자료가 명목·서열척도로 측정되었거나, 등간·비율 척도로 측정되었더라도 모수 통계기법 시 필요한 가정이 충족되지 않았을 때 활용한다.

독립된 두 표본이 동일한지 조사하기 위한 비모수 통계기법으로 Mann-Whitney U 검정을 활용한다. Mann-Whitney U 검정에서는 두 표본의 관측치가 통합되어 서열(순위)가 부여되고, 각 표본별로 U값이 계산된다. SPSS에서 분석을 진행하는 방법은 다음과 같다.

① '2.3.2. 독립표본 T-검정.sav' 파일을 열고, 독립표본 T-검정의 ⑭번 절차(정규성 검정)까지 완료한 상태에서 분석을 진행한다. (단, 정규성 분석 결과 정규성 가정이 위배되었음을 가정한다.)

② Mann-Whitney U 검정을 위해 '분석(A)' - '비모수검정(N)' - '레거시 대화상자(L)' - '2-독립표본' 순으로 클릭한다.

그림 73

③ '2-독립 표본 비모수검정' 대화상자에서 체력점수를 '검정 변수(T)'로, 학년을 '집단변수(G)'로 이동하고, '집단 정의(D)'를 클릭한다.

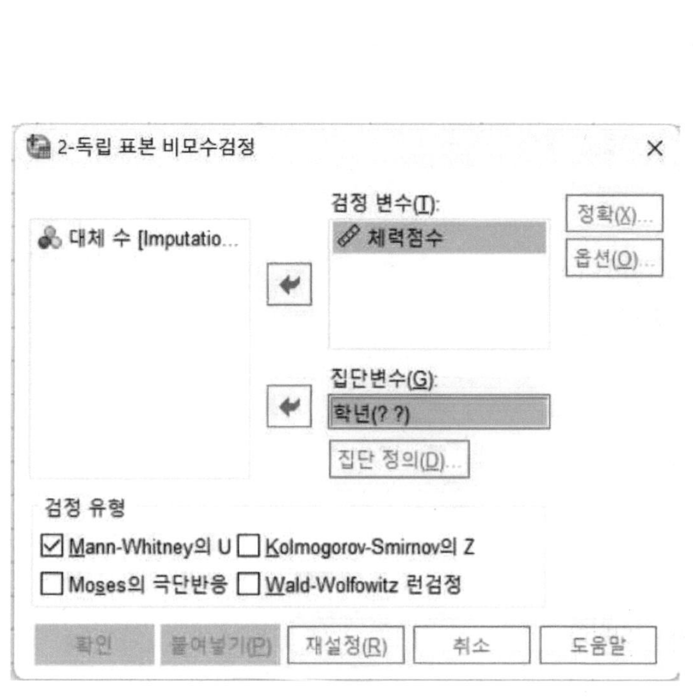

그림 74

④ 1학년을 '1', 2학년을 '2'로 코딩하였으므로 '집단 정의' 대화상자에서 1, 2를 차례로 입력하고 '계속(C)'를 클릭한다.

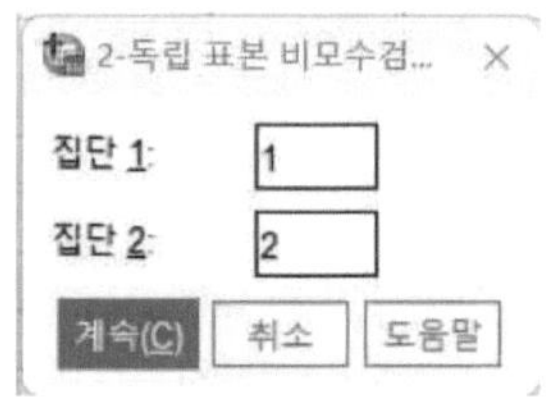

그림 75

⑤ '2-독립 표본 비모수검정' 대화상자에서 검정 유형으로 'Mann-Whitney의 U'를 선택하고 '확인'을 클릭한다.

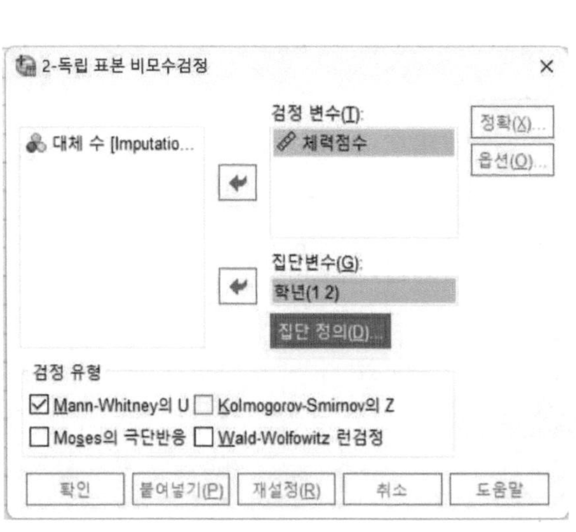

그림 76

⑥ 다음과 같이 출력결과가 나타난다.

순위

대체 수		학년	N	평균 순위	순위합
원 데이터	체력점수	1	18	22.28	401.00
		2	19	15.89	302.00
		전체	37		
1	체력점수	1	21	23.38	491.00
		2	19	17.32	329.00
		전체	40		
2	체력점수	1	21	23.67	497.00
		2	19	17.00	323.00
		전체	40		
통합	체력점수	1	21	23.52	
		2	19	17.16	
		전체	40		

▸ '순위' 표는 1학년, 2학년 케이스의 수와 표본(1학년, 2학년)별 케이스의 평균 순위와 순위의 합계를 보여준다.

검정 통계량[a]

대체 수		체력점수
원 데이터	Mann-Whitney의 U	112.000
	Wilcoxon의 W	302.000
	Z	-1.794
	근사 유의확률 (양측)	.073
	정확 유의확률 [2*(단측 유의확률)]	.075[b]
1	Mann-Whitney의 U	139.000
	Wilcoxon의 W	329.000
	Z	-1.640
	근사 유의확률 (양측)	.101
	정확 유의확률 [2*(단측 유의확률)]	.105[b]
2	Mann-Whitney의 U	133.000
	Wilcoxon의 W	323.000
	Z	-1.802
	근사 유의확률 (양측)	.072
	정확 유의확률 [2*(단측 유의확률)]	.074[b]

a. 집단변수: 학년

b. 등순위에 대해 수정된 사항이 없습니다.

▸ Mann-Whitney U 값과 양측검정 결과 유의확률을 보여준다. 분석에 사용된 케이스의 수가 30 이상이면 '근사 유의확률(양측)'을 이용하고, 30개 미만인 경우에는 '정확 유의확률[2*(단측 유의확률]'을 이용하여 유의성을 검정한다. 검정 결과, 원 데이터와 결측값 대체 데이터 모두 p>.05이므로 귀무가설은 기각되지 않는다. **결론적으로, 중학교 1학년과 2학년의 체력 점수는 차이가 없을 것이라는 귀무가설(영가설)이 지지가 되었다.**

2.3.3. 대응 표본 T-검정(Paired Samples T-test)

대응 표본 T-검정은 표본의 값들이 짝(pair)을 이루고 있으며, 이 짝을 이룬 값들을 비교할 때 사용한다. 짝을 이룬 값들은 서로 독립적이지 않으며, 모집단이 같다. 즉, 같은 집단의 두 값을 비교하는 것이므로 독립표본 T-검정과 달리 등분산성 가정은 필요하지 않다.

<예제>
한 제약회사는 생쥐의 특정 유전자 발현량을 조절하는 신약을 개발하고 있다. 신약의 효과가 있는지를 확인하기 위해 생쥐 49마리를 대상으로 신약의 투약 전, 투약 후 유전자 발현량을 측정하였다.
이 자료로부터 투약 전, 후 생쥐의 특정 유전자 발현량의 차이가 존재한다고 할 수 있는지 확인하기 위해 유의수준(α) 0.05로 대응 표본 T-검정을 수행하였다.

① 귀무가설(H_0)과 연구가설(H_1) 설정

가설 검정을 위해 귀무가설과 연구가설(대립가설)을 아래와 같이 설정한다. 여기서 μ_d는 두 집단(본 예제에서는 투약 전, 후 생쥐 집단) 간 차이의 평균을 나타낸다.

$H_0 : \mu_d = 0$ (집단 간 차이가 없다. 즉, 투약 전·후 유전자 발현량은 같다)

$H_1 : \mu_d \neq 0$ (집단 간 차이가 있다. 즉, 투약 전·후 유전자 발현량은 다르다)

연구가설 H_1 : 신약 투약 전·후 생쥐의 특정 유전자 발현량은 다를 것이다.

<참고- 귀무가설 H_0의 다른 표현>
귀무가설(영가설) H_0은 다음과 같이 여러 가지로 표현될 수 있으며, 그 의미는 같다.

- $H_0 : \mu_d = 0 \ (\mu_d = \mu_{투약전} - \mu_{투약후})$
- $H_0 : \mu_{투약전} - \mu_{투약후} = 0$
- $H_0 : \mu_{투약전} = \mu_{투약후}$

② 데이터 확인 및 결측값 처리

'2.3.3.대응표본 T-검정.sav' 파일을 열고 데이터를 확인한다. 자료에 결측값이 존재하면 결측값을 빼고 통계분석을 수행할지, 아니면 결측값을 대체하여 통계분석을 수행할지 결정한다.

본 예제에서는 실제 연구자 개인이 보유한 데이터가 완벽하지 않음을 고려하여 결측값을 대체하여 통계분석을 수행한다(본 예제의 결측값은 '999'로 표시되어 있다).

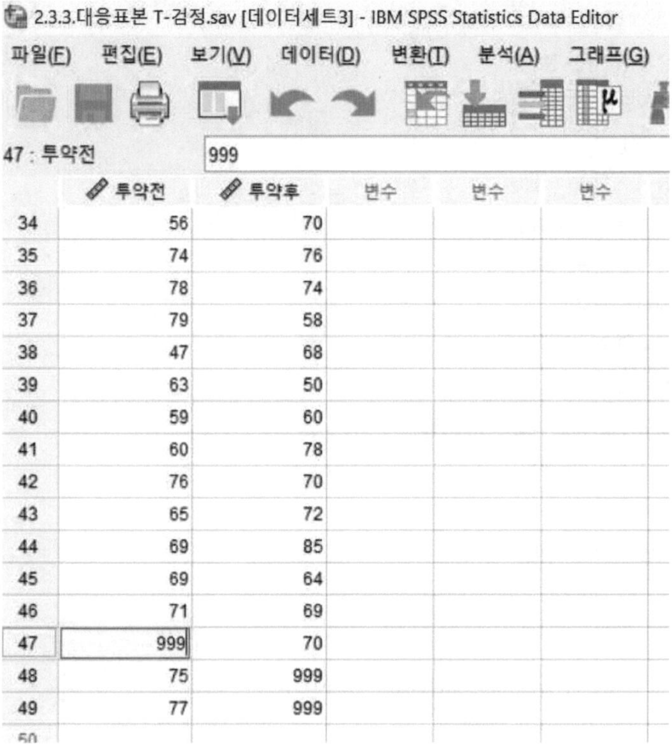

2.3.3.대응표본 T-검정.sav [데이터세트3] - IBM SPSS Statistics Data Editor

파일(F) 편집(E) 보기(V) 데이터(D) 변환(T) 분석(A) 그래프(G)

47 : 투약전 999

	투약전	투약후	변수	변수	변수
34	56	70			
35	74	76			
36	78	74			
37	79	58			
38	47	68			
39	63	50			
40	59	60			
41	60	78			
42	76	70			
43	65	72			
44	69	85			
45	69	64			
46	71	69			
47	999	70			
48	75	999			
49	77	999			
50					

그림 79

③ 결측값을 결측 처리하기 위해 '데이터(D)' - '변수특성정의(V)'를 클릭한다.

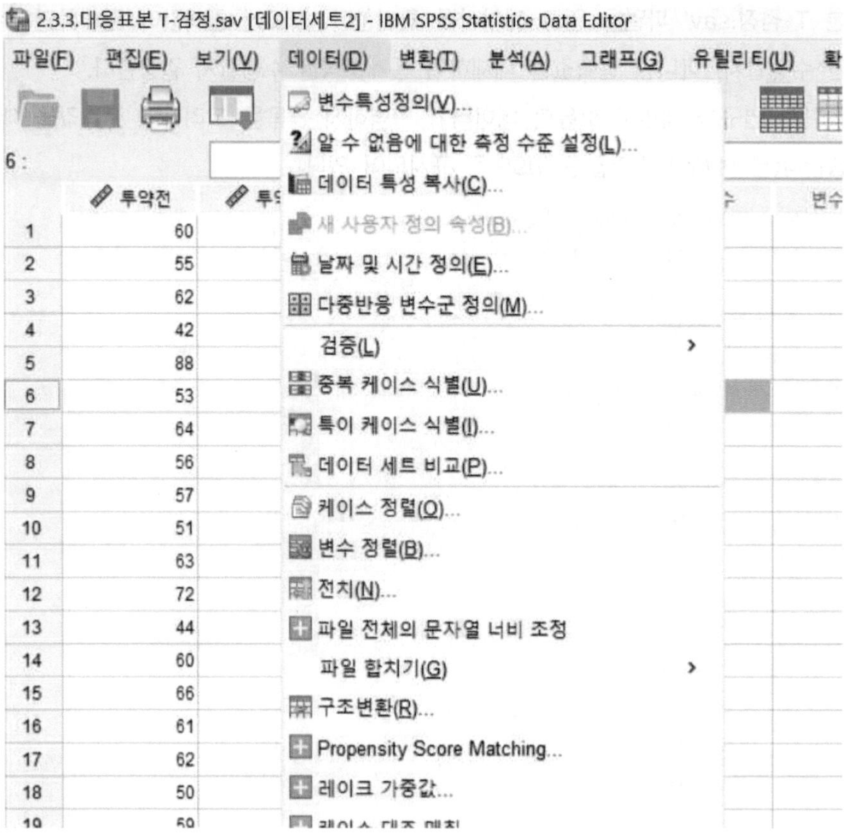

그림 80

④ '변수특성정의' 대화상자에서 결측값이 존재하는 변수들을 모두 '스캔할 변수(S)'로 옮기고 '계속(C)'을 클릭한다. ※ 결측치가 존재하지 않는 변수를 함께 스캔해도 상관없다.

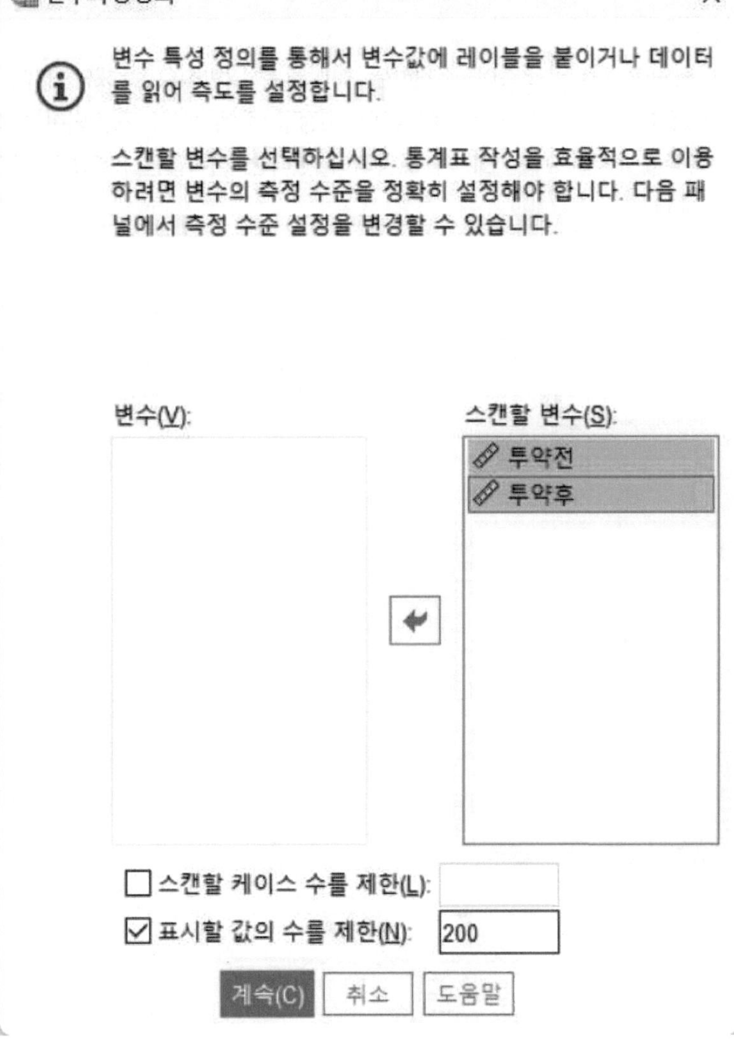

그림 81

⑤ '스캔된 변수 목록(C)'에는 독립변수들이 나타난다. 각 독립변수를 클릭하면 '값 레이블 격자(V)'에 데이터 값, 빈도 등이 표시된다. 데이터 값이 결측값(9, 99, 999 등으로 표시)에 해당하는 행의 '결측' 상자에 체크한다.

> <결측값의 코딩>
> 수집한 데이터를 엑셀 등에 코딩할 경우, 결측이 존재하는 데이터는 일반적으로 해당 셀에 '9', '99', '999'와 같은 값을 입력한다. 단, 만약 결측값이 아닌 측정값 중에 '9'가 포함되어 있다면 결측값을 '99'로 코딩하고, 측정값 중에 '9'와 '99'가 포함되어 있다면 결측값을 '999'로 코딩하는 방식을 사용하면 된다.

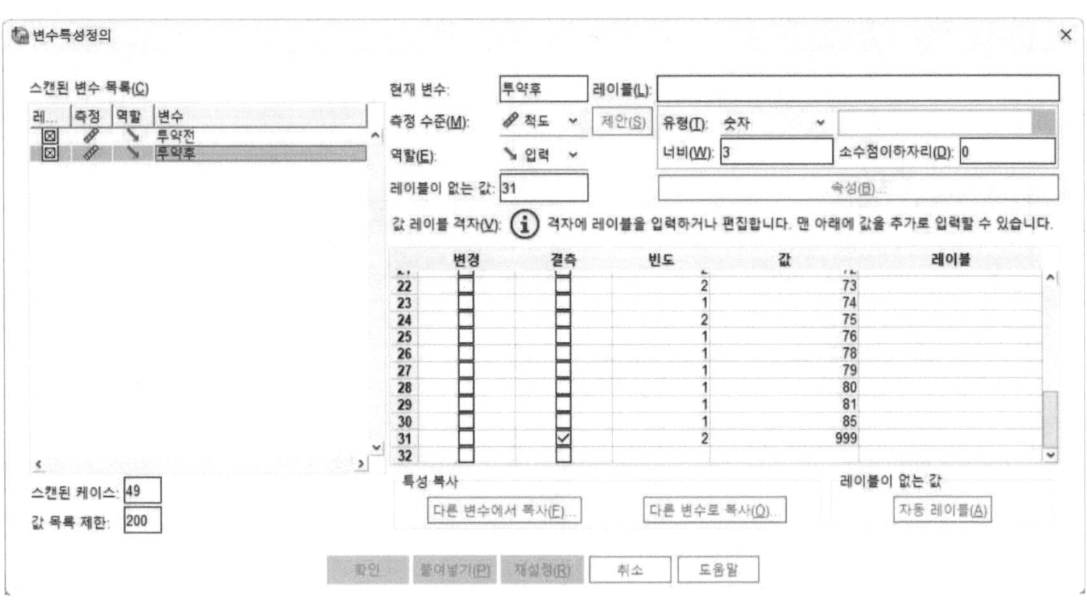

그림 82

⑥ '변수특성정의' 대화상자에서 결측값을 모두 체크한 후 '확인'을 누르면 결측 처리가 완료된다. 결측값 처리된 결과는 '변수 보기'에서도 확인할 수 있다.

2.3.3.대응표본 T-검정.sav [데이터세트2] - IBM SPSS Statistics Data Editor

파일(F) 편집(E) 보기(V) 데이터(D) 변환(T) 분석(A) 그래프(G) 유틸리티(U) 확장(X) 창(W) 도움말(H) Meta Analysis KoreaPlus(P)

	이름	유형	너비	소수점이...	레이블	값	결측값	열	맞춤	측도	역할
1	투약전	숫자	3	0		지정않음	999	12	오른쪽	척도	입력
2	투약후	숫자	3	0		지정않음	999	12	오른쪽	척도	입력
3											
4											
5											
6											
7											
8											
9											
10											
11											
12											
13											
14											

그림 83

⑦ 결측값 대체 : 다중대체(자동 대치, 1.4.4. 장 참고) 방법으로 결측치를 대체한다. '분석(A)' - '다중대체(I)' - '결측 데이터 값 대체(I)'를 차례로 클릭한다.

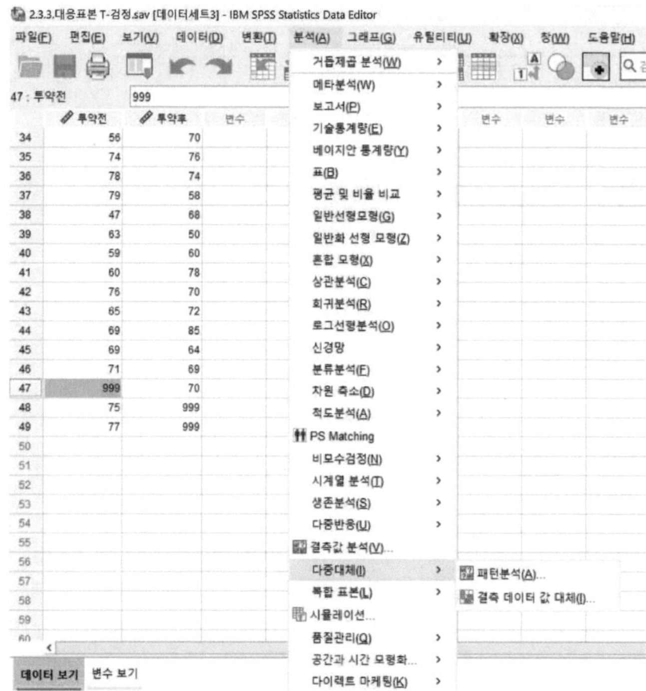

그림 84

⑧ '결측 데이터 값 대체' 대화상자에서 결측치가 존재하는 변수(투약전, 투약후)를 모두 '모형의 변수(A)'로 이동한다. 결측치를 대체할 샘플의 수('대체(M)')는 '3'으로 설정한다(원하는 샘플의 숫자만큼 설정한다).

'데이터세트 이름(D)'으로 '결측치_대체'를 기재한다.

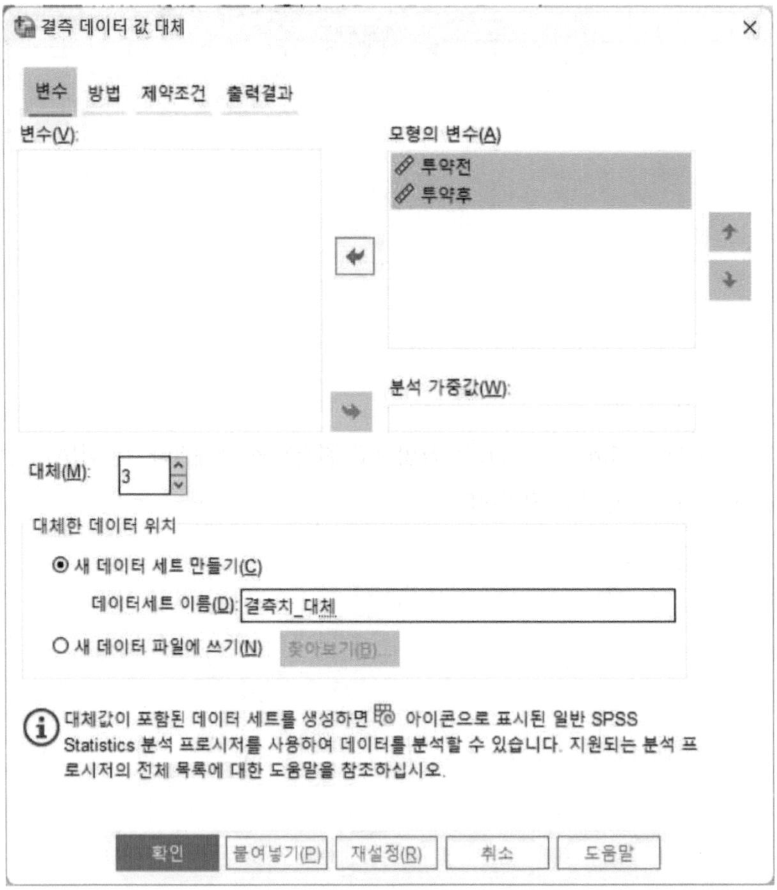

그림 85

⑨ 상단 탭의 '방법' 탭은 기본 설정('자동(A)')을 유지하고. '제약조건' 탭을 클릭한다. '데이터 스캔(S)'을 누르면(좌) '변수 요약(V)'이 나타난다(우). 데이터 스캔을 완료한 후 '확인'을 누른다.

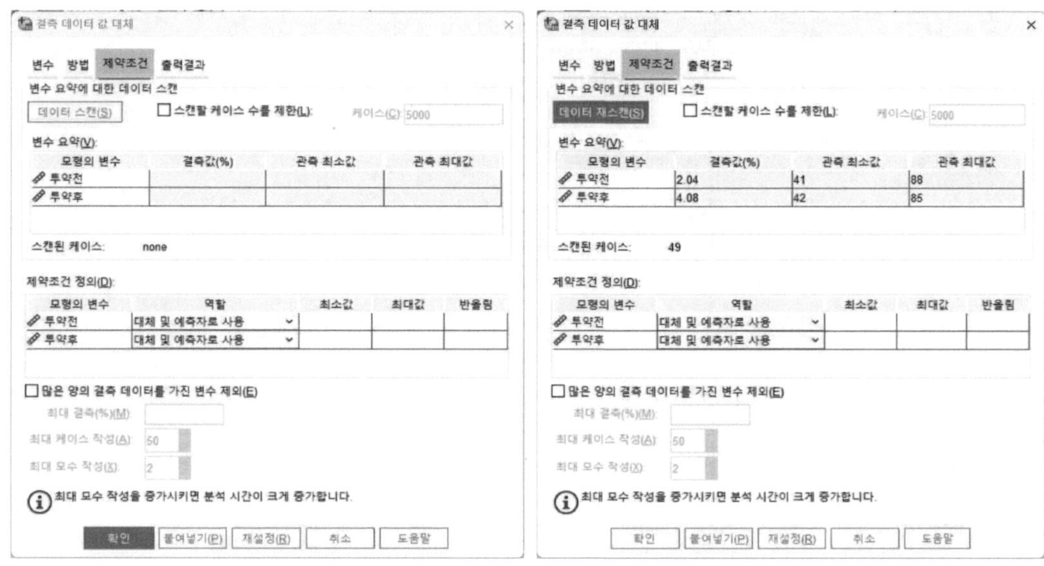

그림 86

⑩ 새로운 SPSS '결측치_대체' 창이 생성된다. 'Imputation' 열은 대체 횟수를 나타내며, 노란색으로 색칠된 셀이 대체된 셀이다.

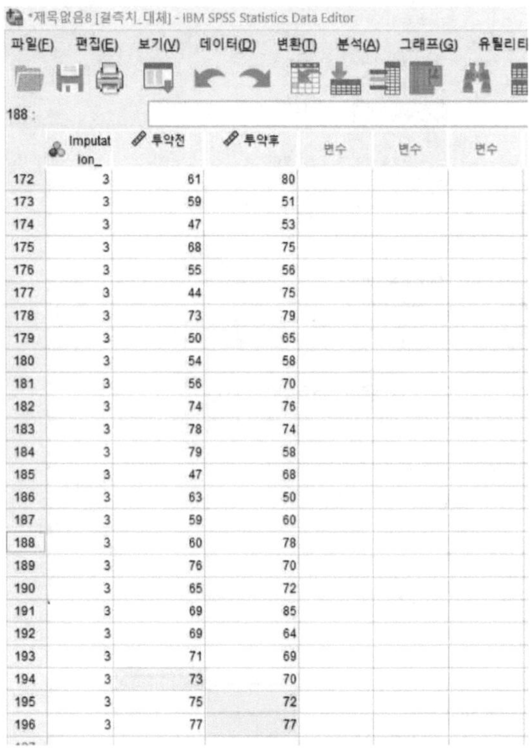

	Imputation_	투약전	투약후	변수	변수	변수
172	3	61	80			
173	3	59	51			
174	3	47	53			
175	3	68	75			
176	3	55	56			
177	3	44	75			
178	3	73	79			
179	3	50	65			
180	3	54	58			
181	3	56	70			
182	3	74	76			
183	3	78	74			
184	3	79	58			
185	3	47	68			
186	3	63	50			
187	3	59	60			
188	3	60	78			
189	3	76	70			
190	3	65	72			
191	3	69	85			
192	3	69	64			
193	3	71	69			
194	3	73	70			
195	3	75	72			
196	3	77	77			

그림 87

⑪ 대응 표본 T-검정에서 정규성 검정은 사전값, 사후값의 정규성 여부를 확인하는 것이 아니라 '사전값-사후값'(차이값)의 정규분포를 검정해야 한다. 따라서 '투약전' 변수와 '투약후' 변수의 차이인 '차이값' 변수를 생성한다. 변수 계산을 위해 '변환(T)' - '변수 계산(C)'를 클릭한다.

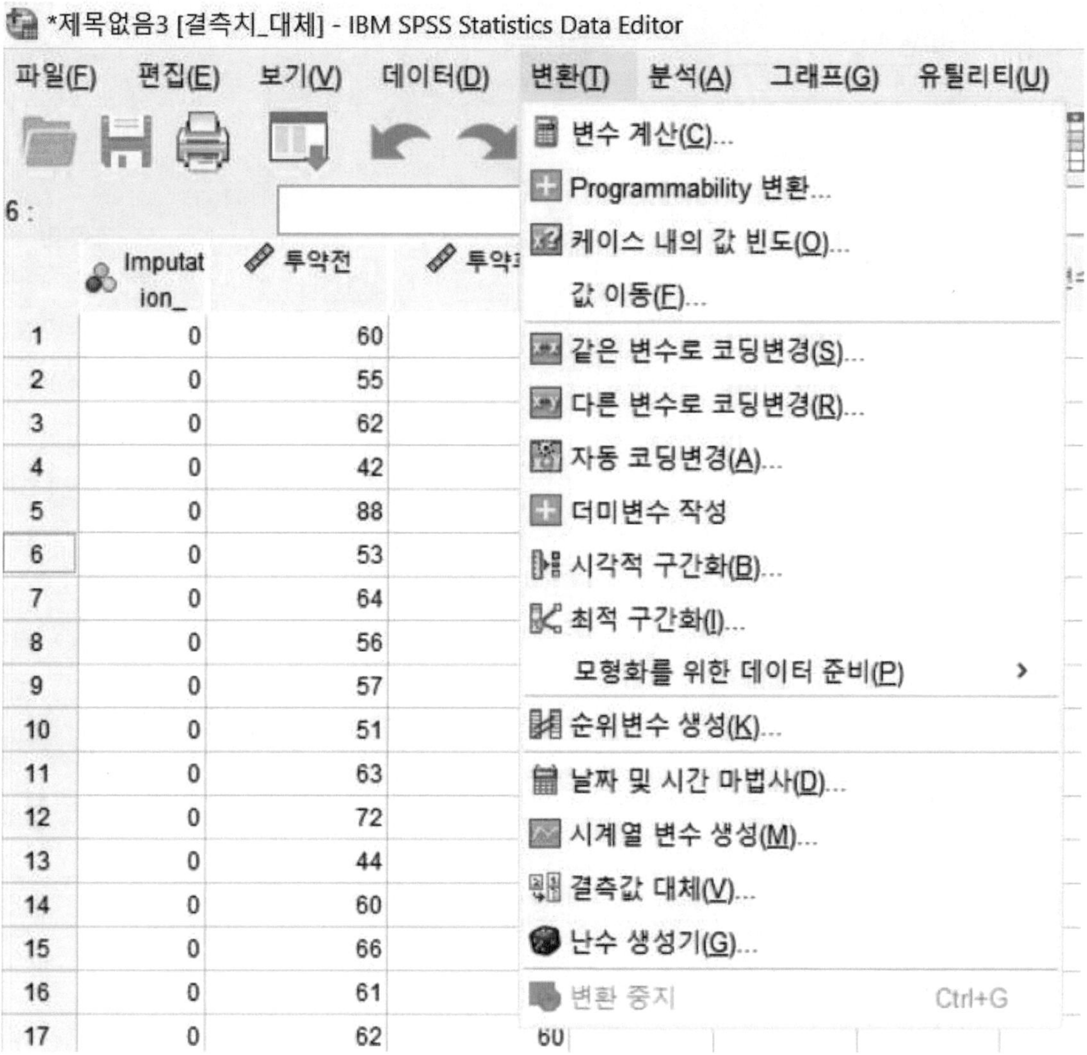

*제목없음3 [결측치_대체] - IBM SPSS Statistics Data Editor

파일(F) 편집(E) 보기(V) 데이터(D) 변환(T) 분석(A) 그래프(G) 유틸리티(U)

- 변수 계산(C)...
- Programmability 변환...
- 케이스 내의 값 빈도(O)...
- 값 이동(F)...
- 같은 변수로 코딩변경(S)...
- 다른 변수로 코딩변경(R)...
- 자동 코딩변경(A)...
- 더미변수 작성
- 시각적 구간화(B)...
- 최적 구간화(I)...
- 모형화를 위한 데이터 준비(P)
- 순위변수 생성(K)...
- 날짜 및 시간 마법사(D)...
- 시계열 변수 생성(M)...
- 결측값 대체(V)...
- 난수 생성기(G)...
- 변환 중지 Ctrl+G

	Imputation_	투약전
1	0	60
2	0	55
3	0	62
4	0	42
5	0	88
6	0	53
7	0	64
8	0	56
9	0	57
10	0	51
11	0	63
12	0	72
13	0	44
14	0	60
15	0	66
16	0	61
17	0	62

그림 88

⑫ '변수 계산' 대화상자에서 '목표변수(T)'를 '차이값'으로 설정하고, '숫자 표현 식(E)'에서 변수 계산식을 다음과 같이 입력한다. 입력 완료 후 '확인'을 클릭한다.

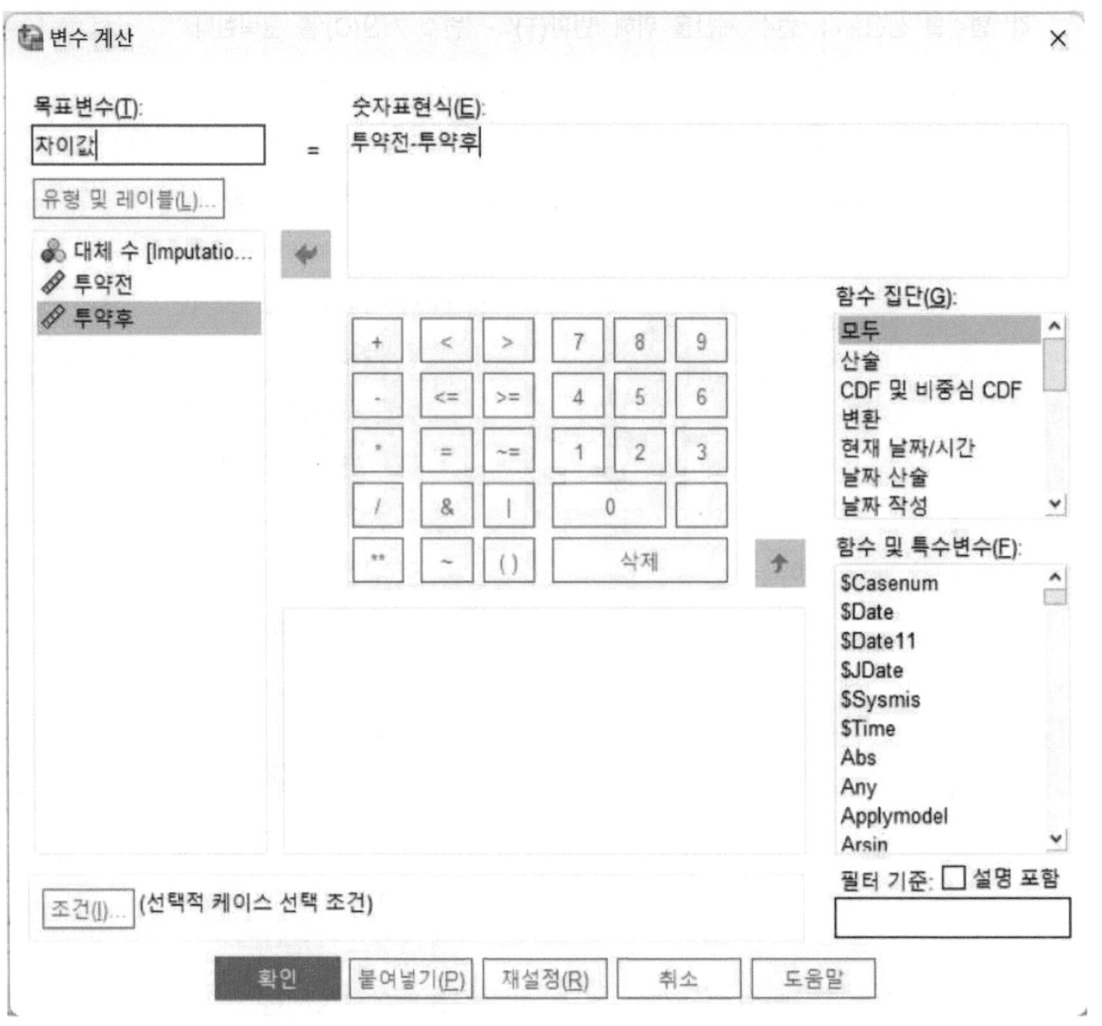

그림 89

⑬ 다음과 같이 '차이값' 변수가 생성되었다.

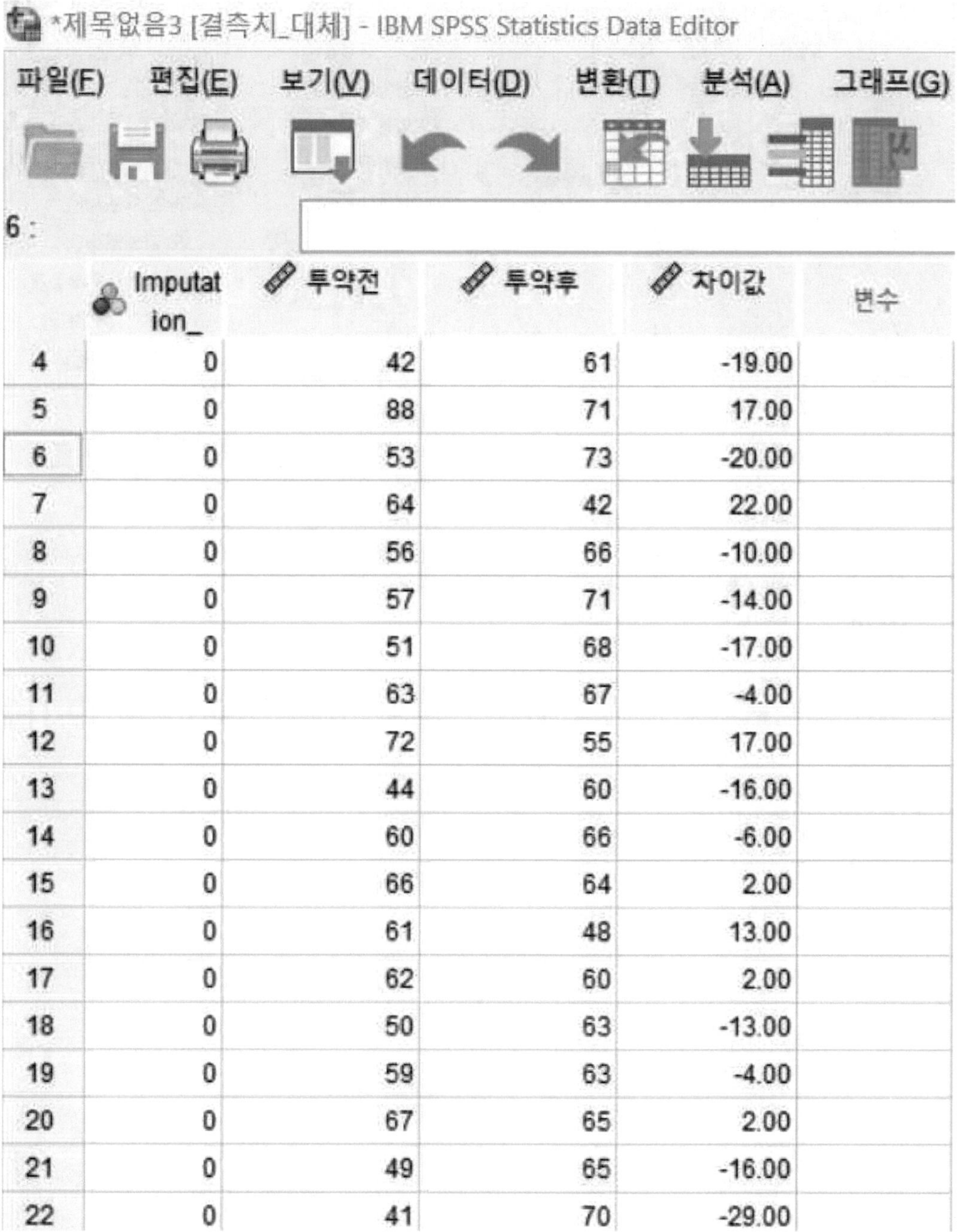

*제목없음3 [결측치_대체] - IBM SPSS Statistics Data Editor

파일(F) 편집(E) 보기(V) 데이터(D) 변환(T) 분석(A) 그래프(G)

6 :

	Imputation_	투약전	투약후	차이값	변수
4	0	42	61	-19.00	
5	0	88	71	17.00	
6	0	53	73	-20.00	
7	0	64	42	22.00	
8	0	56	66	-10.00	
9	0	57	71	-14.00	
10	0	51	68	-17.00	
11	0	63	67	-4.00	
12	0	72	55	17.00	
13	0	44	60	-16.00	
14	0	60	66	-6.00	
15	0	66	64	2.00	
16	0	61	48	13.00	
17	0	62	60	2.00	
18	0	50	63	-13.00	
19	0	59	63	-4.00	
20	0	67	65	2.00	
21	0	49	65	-16.00	
22	0	41	70	-29.00	

그림 90

⑭ 차이값 변수의 정규성 검정을 위해 '분석(A)' - '기술 통계량(E)' - '데이터 탐색(E)'를 클릭한다.

그림 91

⑮ '데이터 탐색' 대화상자에서 '종속변수(D)'에 차이값 변수를 이동시키고 '도표(T)'를 클릭한다.

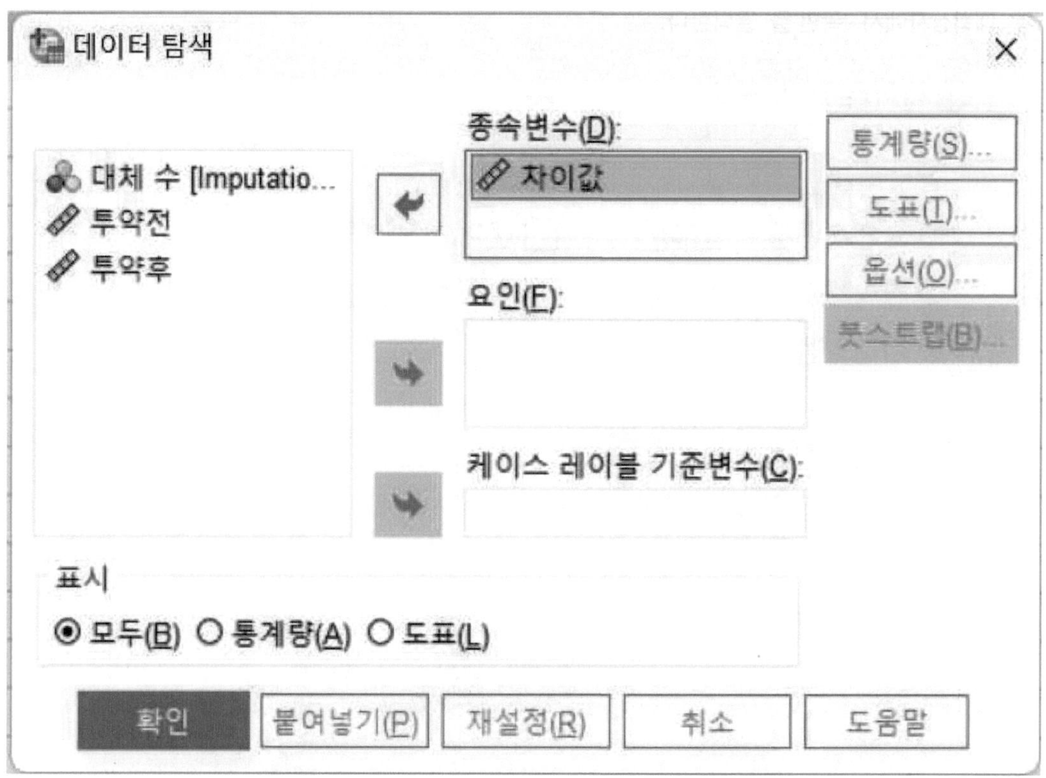

그림 92

⑯ '도표' 대화상자에서 '검정과 함께 정규성도표(O)'를 클릭하고 '계속(C)'를 클릭한다. 이후 '데이터 탐색' 대화상자에서 '확인'을 클릭한다.

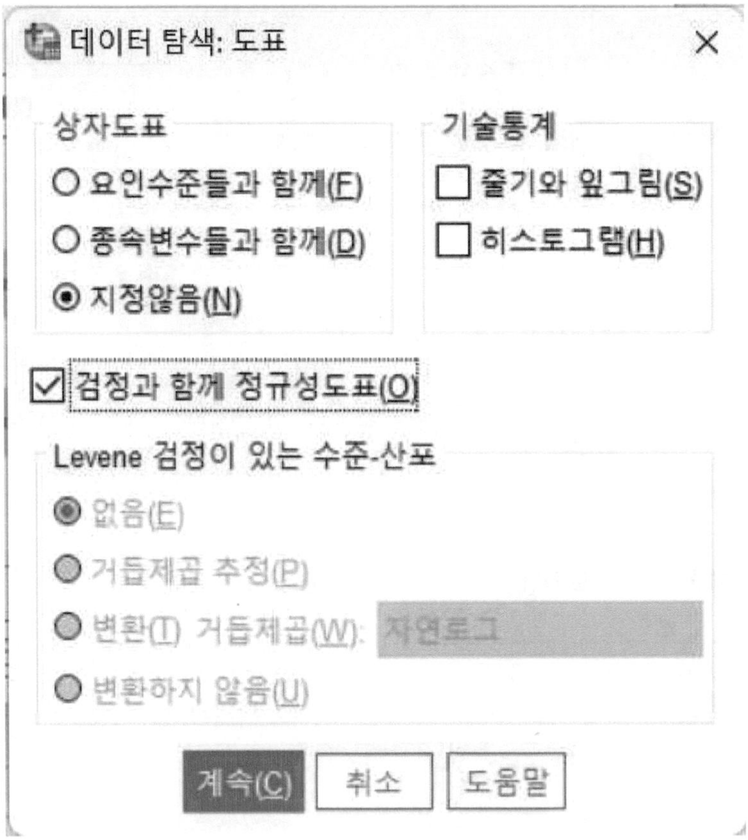

그림 93

⑰ 정규성 검정 결과가 나타난다.

▸ 콜모고로프-스미르노프 검정(Kolmogorov-Smirnov test)과 샤피로-윌크 검정(Shapiro-Wilk test)은 둘 다 데이터가 정규분포를 따르는지 아닌지를 확인하는 통계적 검정 방법이다. 일반적으로 콜모고로프-스미르노프 검정은 샘플의 크기가 클 때 사용하며, 샤피로-윌크 검정은 상대적으로 작은 샘플(n<50)일 때 사용한다.

▸ 두 검정 방법의 영가설은 "데이터는 정규분포를 따른다"인데, 차이값 변수의 유의확률이 0.05 이상으로 영가설을 기각하지 않으므로 정규성 가정을 충족한다.

정규성 검정

대체 수		Kolmogorov-Smirnov[a] 통계	자유도	CTT 유의확률	Shapiro-Wilk 통계	자유도	CTT 유의확률
원 데이터	차이값	.083	46	.200*	.978	46	.516
1	차이값	.083	49	.200*	.976	49	.414
2	차이값	.072	49	.200*	.982	49	.661
3	차이값	.086	49	.200*	.974	49	.357

*. 이것은 참 유의성의 하한입니다.

a. Lilliefors 유의확률 수정

⑱ 대응 표본 T-검정 수행을 위해 '분석(A)' - '평균 및 비율 비교' - '대응표본 T 검정(P)' 순으로 클릭한다.

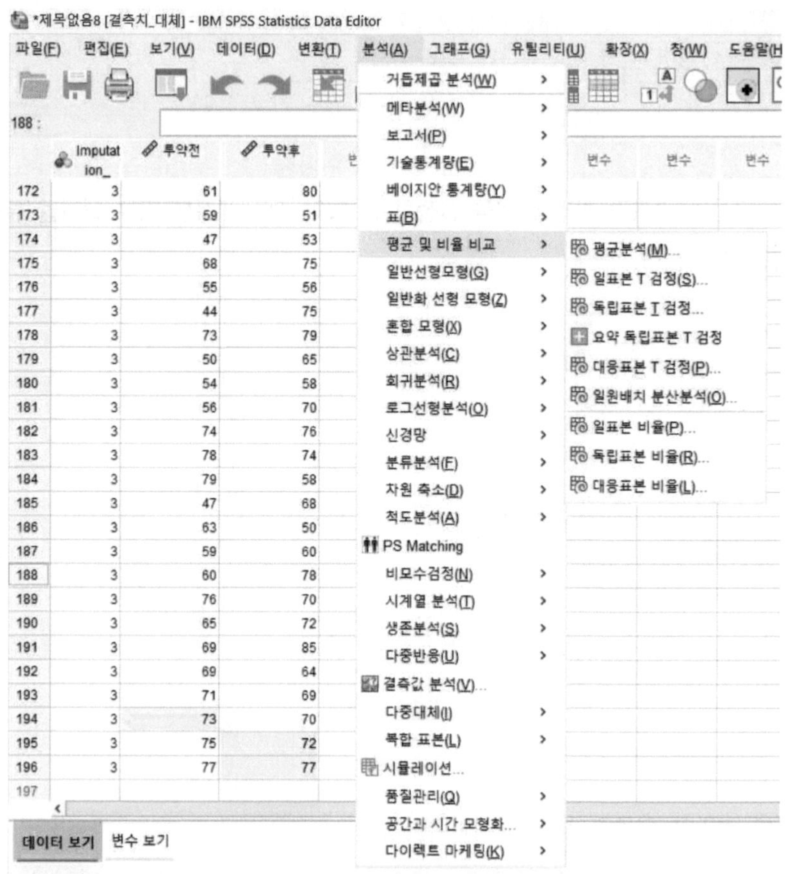

그림 95

⑲ '대응표본 T검정' 대화상자에서 차이 검정을 하고자 하는 대응 변수 두 개를 '대응 변수(V)' 상자로 이동한다.

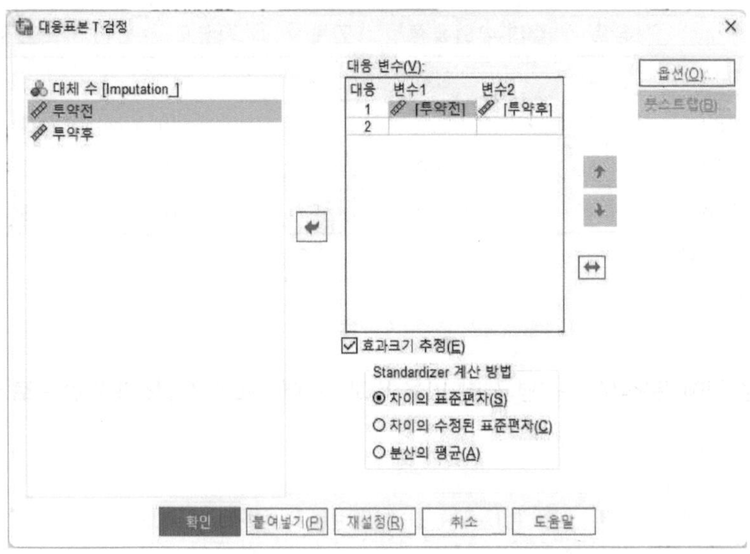

그림 96

⑳ '옵션(O)'을 누르면 신뢰구간과 결측값 처리 방법을 설정할 수 있다. 예제에서는 기본 설정을 유지한다. 설정을 완료한 후 '확인'을 누른다.

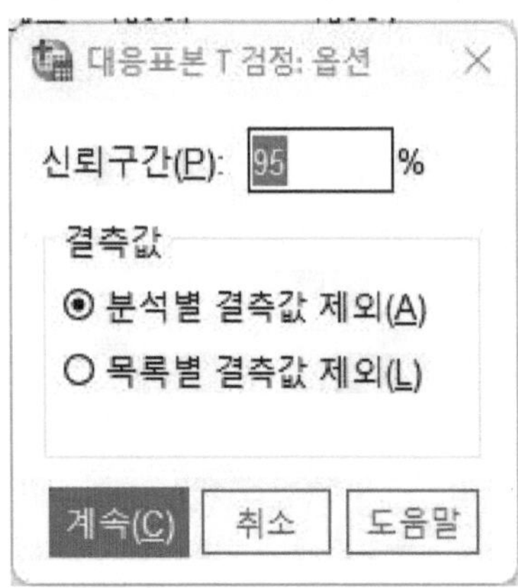

그림 97

㉑ 대응 표본 T-검정 출력 결과가 다음과 같이 표시된다.

대응표본 통계량

대체 수			평균	N	표준편차	평균의 표준오차	분수 누락 정보	상대 증가 분산	상대 효율
원 데이터	대응 1	투약전	60.46	46	10.375	1.530			
		투약후	65.39	46	9.844	1.451			
1	대응 1	투약전	61.17	49	10.527	1.504			
		투약후	66.60	49	11.177	1.597			
2	대응 1	투약전	61.17	49	10.526	1.504			
		투약후	66.27	49	10.290	1.470			
3	대응 1	투약전	61.35	49	10.654	1.522			
		투약후	65.87	49	9.748	1.393			
통합	대응 1	투약전	61.23	49		1.515	.006	.006	.998
		투약후	66.25	49		1.548	.080	.081	.974

대응표본 상관계수

대체 수			N	상관관계	유의확률	
					단측 확률	양측 확률
원 데이터	대응 1	투약전 & 투약후	46	.168	.132	.263
1	대응 1	투약전 & 투약후	49	.287	.023	.046
2	대응 1	투약전 & 투약후	49	.261	.035	.070
3	대응 1	투약전 & 투약후	49	.222	.062	.125
통합	대응 1	투약전 & 투약후	49	.257		

대응표본 검정

대체 수			대응차					t	자유도	유의확률		분수 누락 정보	상대 증가 분산	상대 효율
			평균	표준편차	평균의 표준오차	차이의 95% 신뢰구간 하한	상한			단측 확률	양측 확률			
원 데이터	대응 1	투약전 - 투약후	-4.935	13.044	1.923	-8.808	-1.061	-2.566	45	.007	.014			
1	대응 1	투약전 - 투약후	-5.429	12.971	1.853	-9.155	-1.704	-2.930	48	.003	.005			
2	대응 1	투약전 - 투약후	-5.100	12.655	1.808	-8.735	-1.465	-2.821	48	.003	.007			
3	대응 1	투약전 - 투약후	-4.520	12.743	1.820	-8.180	-.860	-2.483	48	.008	.017			
통합	대응 1	투약전 - 투약후	-5.017		1.903	-8.760	-1.273	-2.636	328		.009	.084	.085	.973

대응표본 효과크기

대체 수				Standardizer[a]	포인트 추정값	95% 신뢰구간 하한	95% 신뢰구간 상한
원 데이터	대응 1	투약전 - 투약후	Cohen's d	13.044	-.378	-.676	-.077
			Hedges 수정	13.267	-.372	-.664	-.076
1	대응 1	투약전 - 투약후	Cohen's d	12.971	-.419	-.709	-.124
			Hedges 수정	13.178	-.412	-.698	-.122
2	대응 1	투약전 - 투약후	Cohen's d	12.655	-.403	-.692	-.110
			Hedges 수정	12.858	-.397	-.681	-.108
3	대응 1	투약전 - 투약후	Cohen's d	12.743	-.355	-.642	-.064
			Hedges 수정	12.946	-.349	-.632	-.063

a. 효과크기를 추정하는 데 사용되는 분모입니다.
Cohen's d는 평균차이의 표본 표준편차를 사용합니다.
Hedges 수정은 평균차이의 표본 표준편차와 수정 요인을 사용합니다.

분석 결과는 원 데이터를 분석한 결과(대체 수 '원데이터'로 표시)2)와 결측치가 대체된 데이터를 분석한 결과(대체 수 '1', '2', '3'으로 표시)가 모두 나타난다. 본 예제에서는 결측치가 대체된 데이터를 분석한 결과 중 대체 수 '1'을 기준으로 해석한다.

<참고> 자동 대체된 데이터의 선택
대응분석 T-검정의 예제에서와 결측치를 자동으로 대체할 때 대체할 샘플 수로 '3'을 설정하면 3개의 대체된 샘플이 제시된다. T-검정 등으로 검정 시 분석 결과도 3개가 출력되는데, 이 중 어떤 데이터(분석 결과)를 선택할지는 연구 분야의 특성·목적·대체된 데이터의 적절성 등을 고려하여 연구자가 결정한다.

'대응표본 통계량' 표에서 투약전(유전자 발현량)의 평균은 61.17, 투약후의 평균은 66.60로 나타났다. '대응표본 검정' 표에서 양측 검정의 경우 t=-2.930, *p*=.005로 나타나 귀무가설 $H_0 : \mu_d = 0$은 기각된다. **따라서 신약 투약 전·후 생쥐의 특정 유전자 발현량은 다를 것이라는 연구가설은 지지가 되었다.**

효과 크기 Cohen's d는 -.419로 나타나 '효과 크기가 작다'라고 할 수 있다.

<대응표본 평균 비교의 비모수 통계기법>

대응된 두 표본의 정규성 가정 검정(대응표본 T-검정의 ⑪~⑰ 절차) 결과, 정규성 가정이 위배되는 경우에는 T-검정을 진행할 수 없다. 따라서 비모수적인 통계기법을 활용하여 두 모집단의 평균을 비교하여야 한다.(비모수 통계기법에 대한 설명은 독립표본 T-검정 참고)

대응된 두 표본이 동일한지 조사하기 위한 비모수 통계기법으로 Wilcoxon 부호-서열 검정

2) 원 데이터는 '분석별 결측값 제외(기본설정)'로 설정되어 분석된 결과이다. (2.3.1. ⑩ 설명 참조)

을 활용한다. SPSS에서 분석을 진행하는 방법은 다음과 같다.

① '2.3.3. 대응표본 T-검정.sav' 파일을 열고, 독립표본 T-검정의 ⑰번 절차(정규성 검정)까지 완료한 상태에서 분석을 진행한다. (단, <u>정규성 분석 결과 정규성 가정이 위배되었음을 가정한</u>다.)

② Wilcoxon 부호-서열 검정을 위해 '분석(A)' - '비모수검정(N)' - '레거시 대화상자(L)' - '2-대응표본(L)' 순으로 클릭한다.

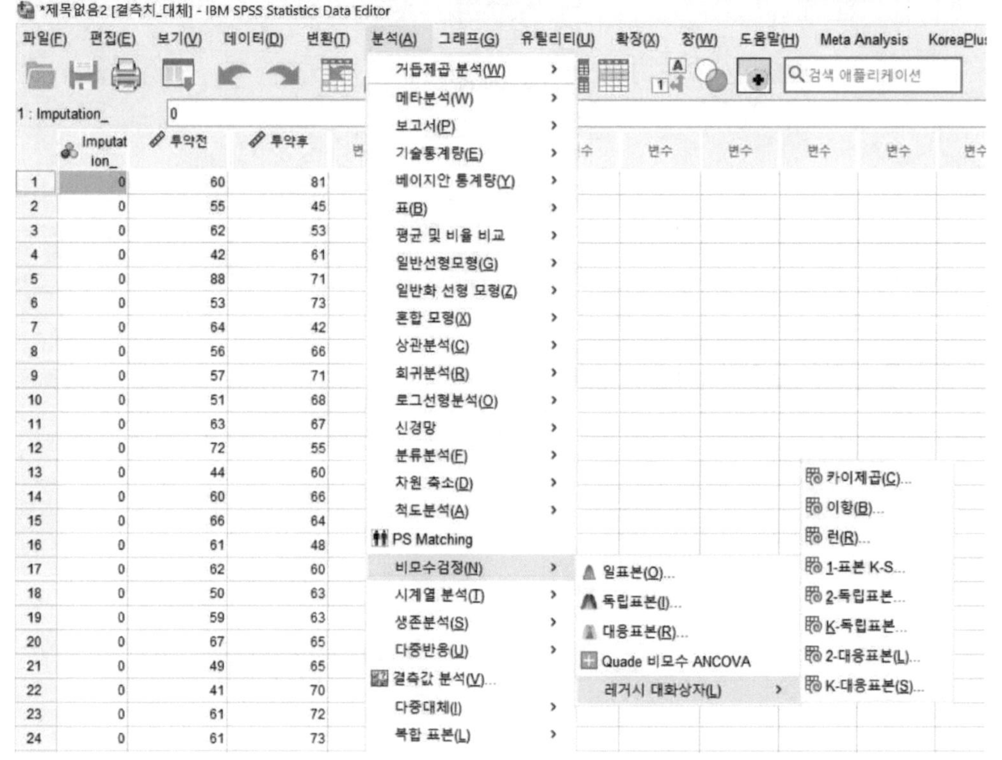

그림 102

③ '2-대응표본 비모수검정' 대화상자에서 투약전, 투약후를 '검정 대응(T)'으로 이동하고 검정 유형으로 'Wilcoxon'을 선택한 후 '확인'을 클릭한다.

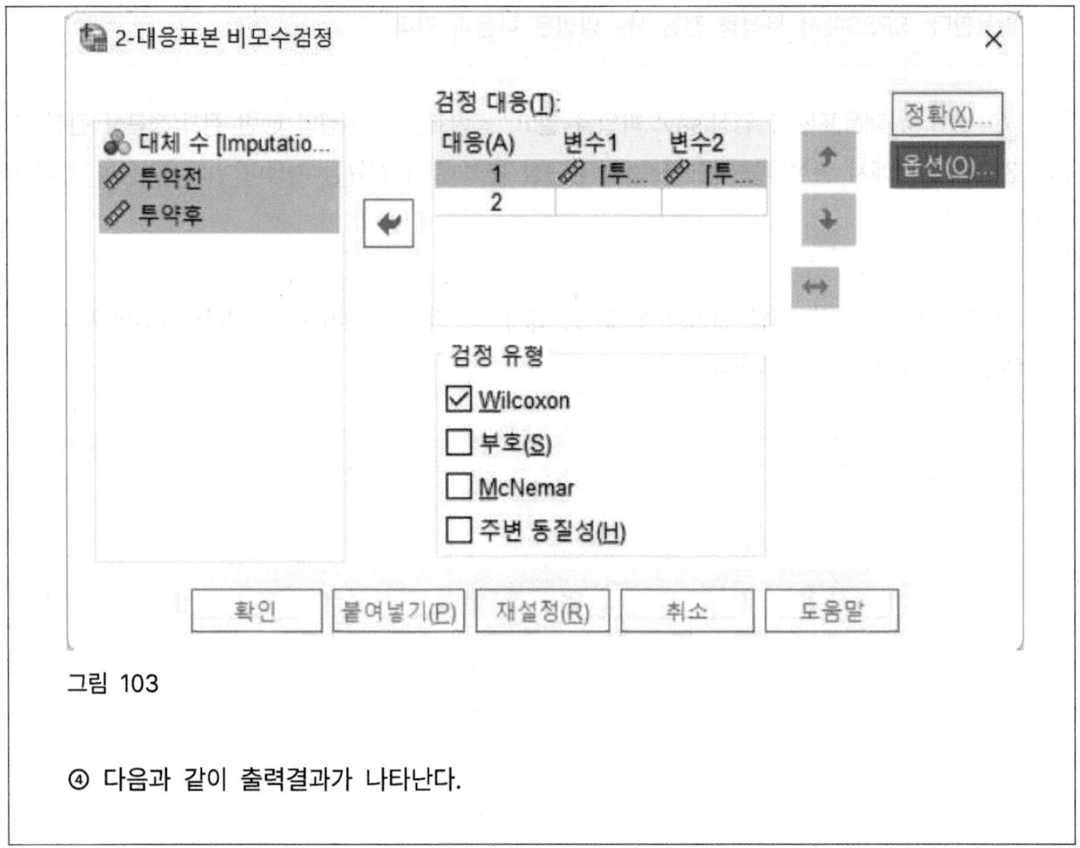

그림 103

④ 다음과 같이 출력결과가 나타난다.

순위

대체 수			N	평균 순위	순위합
원 데이터	투약후 - 투약전	음의 순위	16[a]	20.28	324.50
		양의 순위	30[b]	25.22	756.50
		등순위	0[c]		
		전체	46		
1	투약후 - 투약전	음의 순위	19[a]	22.03	418.50
		양의 순위	30[b]	26.88	806.50
		등순위	0[c]		
		전체	49		
2	투약후 - 투약전	음의 순위	17[a]	21.38	363.50
		양의 순위	32[b]	26.92	861.50
		등순위	0[c]		
		전체	49		
3	투약후 - 투약전	음의 순위	18[a]	21.81	392.50
		양의 순위	31[b]	26.85	832.50
		등순위	0[c]		
		전체	49		
통합	투약후 - 투약전	음의 순위	18	21.74	
		양의 순위	31	26.89	
		등순위	0		
		전체	49		

a. 투약후 < 투약전

b. 투약후 > 투약전

c. 투약후 = 투약전

▸ '순위' 표의 대체수 3(Imputation=3)에 따르면 신약 투약 전보다 투약 후에 유전자 발현량이 증가한 생쥐는 31마리이며, 유전자 발현량이 감소한 생쥐는 18마리로 나타났다.

검정 통계량[a]

대체 수		투약후 - 투약전
원 데이터	Z	-2.361[b]
	근사 유의확률 (양측)	.018
1	Z	-1.931[b]
	근사 유의확률 (양측)	.054
2	Z	-2.478[b]
	근사 유의확률 (양측)	.013
3	Z	-2.189[b]
	근사 유의확률 (양측)	.029

a. Wilcoxon 부호순위 검정

b. 음의 순위를 기준으로.

▸ 대체수 3(Imputation=3)의 경우 Wilcoxon 부호-서열 검정 결과 Z값은 –2.189, p-vlaue=.029로 유의수준 .05에서 귀무가설을 기각한다. **따라서 신약 투약 전·후 생쥐의 특정 유전자 발현량은 다를 것이라는 연구가설은 지지가 되었다.**

2.3.4. 단일표본 비율검정(One-sample Proportion Test)

단일표본의 비율을 검정하기 위해서는 기본적으로 이항분포(Binomial distribution)를 사용하나, 표본의 크기가 크면($n \geq 30$) 중심극한정리에 따라 비율의 표본추출분포가 정규분포에 가깝게 된다. 따라서 이 경우 Z-test를 사용하여 비율을 검정한다. Z-test를 사용하여 비율을 검정한다. 여기서 Z값은 다음과 같이 계산된다.

$$Z = \frac{\hat{p} - p_0}{SE_{\hat{p}}} = \frac{\hat{p} - p_0}{\sqrt{\frac{p_0 q_0}{n}}}$$

($\hat{p}$: 비율추정치로서 표본의 비율 값, p_0: 귀무가설로 설정된 모집단의 비율 값, $q_0 = 1 - p_0$, $SE_{\hat{p}}$: $\hat{p}$의 표준오차)

<예제>
어떤 지방의 모기는 전체의 10%만 암컷으로 부화하는 것으로 알려져 있다. 생물학자 A는 기온이 높아짐에 따라 암컷 모기가 부화하는 비율이 높아지는지 실험하고자 한다. A가 다른 조건을 같게 하고 기온만 높여 모기 100마리를 부화시킨 결과 14마리의 암컷이 부화하였다. 이러한 결과로 보아 기온이 높아짐에 따라 암컷 모기의 부화 비율이 높아졌다고 할 수 있겠는가? (α=.05)

2 실전 데이터 분석(SPSS)

① 귀무가설(H_0)과 연구가설(H_1) 설정

가설 검정을 위해 귀무가설과 연구가설(대립가설)을 아래와 같이 설정한다.

$$H_0 : p = .10$$

$$H_1 : p > .10$$

연구가설 H_1 : 기온이 높아짐에 따라 암컷 모기의 부화 비율이 높아질 것이다.

② 데이터 확인

'2.3.4.단일표본 비율검정.sav' 파일을 열고 데이터를 확인한다. 코딩 형식을 확인하면 부화한 모기가 암컷일 경우 '1', 수컷일 경우 '0'으로 코딩되어 있다.

2.3.4.단일모집단 비율검정.sav [데이터세트4] - IBM SPSS Statistics Data Editor

파일(F) 편집(E) 보기(V) 데이터(D) 변환(T) 분석(A) 그래프(G) 유

	암컷여부	변수	변수	변수	변수	변수
1	0					
2	0					
3	0					
4	0					
5	0					
6	1					
7	0					
8	0					
9	0					
10	0					
11	0					
12	1					
13	0					
14	0					
15	0					
16	0					
17	1					
18	0					
19	0					
20	1					

그림 106

③ 단일표본 비율검정을 위해 '분석(A)' - '평균 및 비율 비교' - '일표본 비율(P)' 순으로 클릭한다.

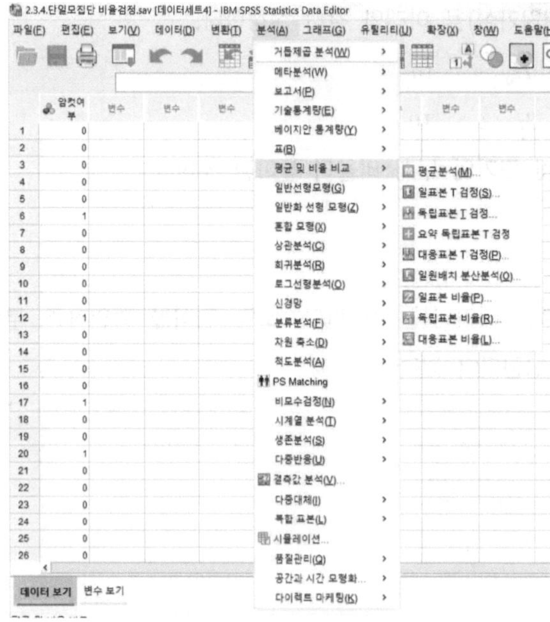

그림 107

④ '일표본 비율' 대화상자에서 암컷여부를 '검정 변수(T)' 상자로 이동하고, '성공 정의'에서 '값(A)'를 선택한 후 '1'을 입력한다. 암컷모기가 부화한 경우의 코딩을 '1'로 하였기 때문이다.

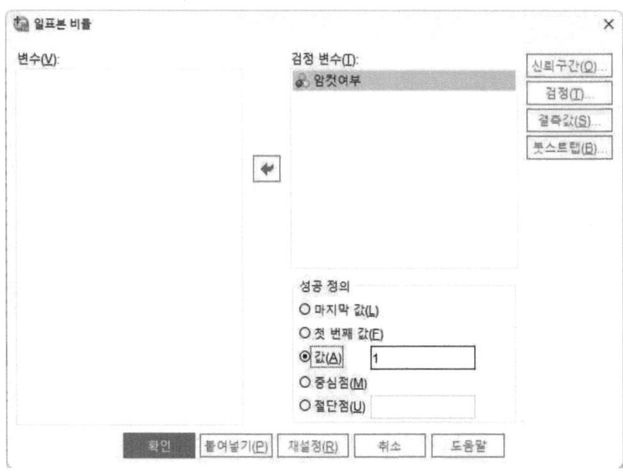

그림 108

⑤ 위 대화상자에서 '신뢰구간(O)'를 선택하면 나타나는 '신뢰구간' 대화상자에서 적용 범위 수준을 95%로 설정하고, '구간 유형'을 '결측값 없음(N)'으로 설정하고 '계속(C)'를 클릭한다.

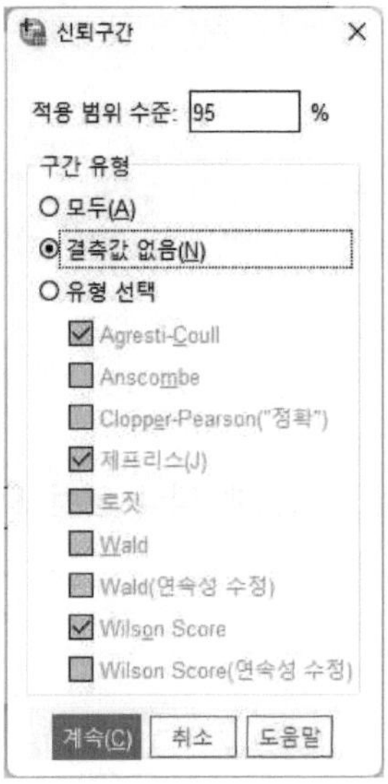

신뢰구간

적용 범위 수준: 95 %

구간 유형

○ 모두(A)

◉ 결측값 없음(N)

○ 유형 선택

☑ Agresti-Coull

☐ Anscombe

☐ Clopper-Pearson("정확")

☑ 제프리스(J)

☐ 로짓

☐ Wald

☐ Wald(연속성 수정)

☑ Wilson Score

☐ Wilson Score(연속성 수정)

계속(C) 취소 도움말

그림 109

⑥ '일표본 비율' 대화상자에서 '검정(T)'를 클릭하면 나오는 '검정' 대화상자에서 검정 유형을 '정확검정 이항'을 선택하고 '검정값(V)'에는 검정하고자 하는 비율(귀무가설로 설정된 비율) 0.10을 입력한다. 입력을 마친 후 '계속'을 클릭하고 일표본 비율 대화상자에서 '확인'을 눌러서 검정 결과를 확인한다.

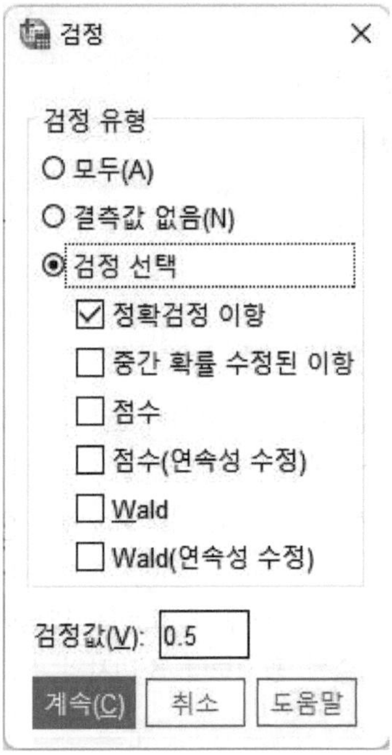

검정

검정 유형

○ 모두(A)

○ 결측값 없음(N)

◉ 검정 선택

☑ 정확검정 이항

☐ 중간 확률 수정된 이항

☐ 점수

☐ 점수(연속성 수정)

☐ Wald

☐ Wald(연속성 수정)

검정값(V): 0.5

계속(C) 취소 도움말

그림 110

⑦ 단일표본 비율검정 결과가 다음과 같이 표시된다.

일표본 비율 검정

	검정 유형	관측값 성공	관측값 시행	비율	관측 - 검정값[a]	근사 표준오차	유의성 단측 확률	유의성 양측 확률
암컷여부 = 1	정확검정 이항	14	100	.140	-.360	.035	<.001	<.001

a. 검정값 = .5

그림 111

단측검정에서 p<.001이므로 α=.05에서 유의적이다. 따라서 기온이 높아짐에 따라 암컷 모기의 부화 비율이 높아졌다고 할 수 있다.

2.3.5. 독립표본 비율 검정(Two-sample Proportion Test)

두 표본의 비율 차이 검정을 위해서는 기본적으로 이항분포(Binomial distribution)를 사용하나, 표본의 크기가 크면($n \geq 30$) 중심극한정리에 따라 비율 차이의 표본추출분포가 정규분포에 가깝게 된다. 따라서 이 경우 Z-test를 사용하여 비율을 검정한다. 여기서 Z값은 다음과 같이 계산된다.

$$Z = \frac{(\hat{p}_1 - \hat{p}_2) - (p_1 - p_2)}{\sqrt{\frac{\hat{p}\hat{q}}{n_1} + \frac{\hat{p}\hat{q}}{n_2}}}$$

($\hat{p}_1$: 비율추정치로서 표본 1의 비율 값, $\hat{p}_2$: 비율추정치로서 표본 2의 비율 값,

p_1: 모집단 1의 비율 값, p_2: 모집단 2의 비율 값, $\hat{q} = 1 - \hat{p}$,

$\sqrt{\frac{\hat{p}\hat{q}}{n2} + \frac{\hat{p}\hat{q}}{n_2}}$: $(\hat{p}_1 - \hat{p}_2)$의 표준오차)

<예제>

커피 광고 시 노란색 컵에 담긴 커피를 노출하는 것이 빨간색 컵에 담긴 커피를 노출하는 것보다 더 많이 선호되는지를 조사하고자 한다. 이를 위해 80명의 소비자를 무작위로 40명씩 두 그룹으로 나누어 첫 번째 그룹에는 광고에 빨간색 컵을 노출했고, 두 번째 그룹에는 광고에 노란색 컵을 노출했다.

광고노출 후 커피를 선호한다고 응답한 사람은 첫 번째 그룹은 11명, 두 번째 그룹은 13명이었다. 이 결과에 따라 노란색 컵이 노출된 광고가 빨간색 컵이 노출된 광고보다 소비자의 선호를 끌어낸다고 할 수 있는가? (α=.05)

① 귀무가설(H_0)과 연구가설(H_1) 설정

가설 검정을 위해 귀무가설과 연구가설(대립가설)을 아래와 같이 설정한다.

$$H_0 : p_1 = p_2$$

$$H_1 : p_1 > p_2$$

연구가설 H_1 : 노란색 컵이 노출된 광고가 빨간색 컵이 노출된 광고보다 소비자의 선호를 더 끌어낼 것이다.

② 데이터 확인

'2.3.5.독립표본 비율검정.sav' 파일을 열고 데이터를 확인한다. 코딩 형식을 확인하면 색깔 변수의 경우 '빨간색컵'이 '1', '노란색컵'이 '2'로 코딩되어 있고 선호 여부의 경우 '선호하지 않는다'가 '0', '선호한다'가 '1'로 코딩되어 있다.

2.3.5.독립표본 비율검정.sav [데이터세트1] - IBM SPSS Statistics Data E

파일(F) 편집(E) 보기(V) 데이터(D) 변환(T) 분석(A) 그래

	색깔	선호여부	변수	변수	변수
1	1	1			
2	1	1			
3	1	1			
4	1	1			
5	1	1			
6	1	1			
7	1	1			
8	1	1			
9	1	1			
10	1	1			
11	1	1			
12	1	1			
13	1	1			
14	1	1			
15	1	1			
16	1	1			
17	1	1			
18	1	1			
19	1	1			
20	1	1			
21	1	1			
22	1	1			

그림 112

③ 독립표본 비율검정을 위해 '분석(A)' - '평균 및 비율 비교' - '독립표본 비율(P)' 순으로 클릭한다.

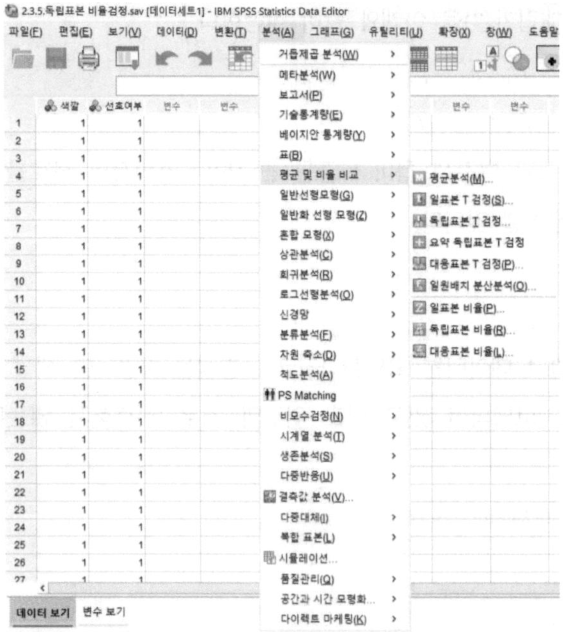

그림 113

④ '독립표본 비율' 대화상자에서 선호여부를 '검정 변수(T)'로 보내고 색깔을 '집단변수(O)'로 보낸다. 이후 집단 정의에서 '값(E)'를 선택하고 집단 1에 '1'을, 집단 2에 '2'를 입력한다.

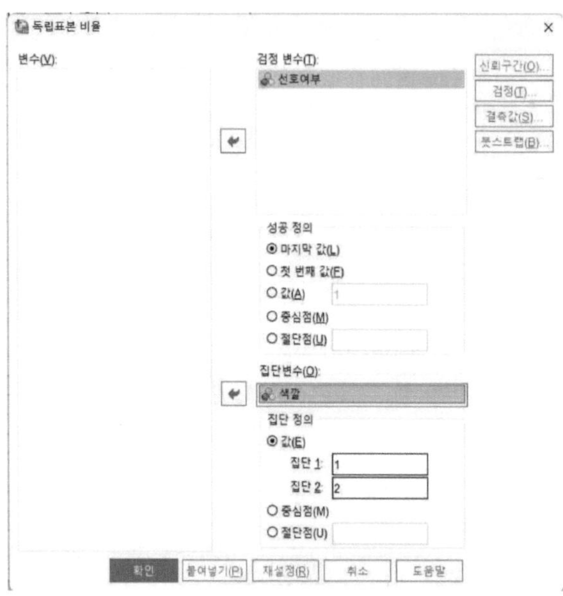

그림 114

⑤ '독립표본 비율' 대화상자에서 '신뢰구간(O)'을 선택하여 나타나는 대화상자에서 '적용 범위 수준'을 95%로 하고, '구간 유형'은 '결측값 없음(N)'을 클릭한 뒤 '계속'을 클릭한다.

신뢰구간
적용 범위 수준: 95 %
구간 유형
모두(A)
결측값 없음(N)
유형 선택
Agresti-Caffo
Brown-Li-Jeffreys
Hauck-Anderson
Newcombe
Newcombe(연속성 수정)
Wald
Wald(연속성 수정)
계속(C)
취소
도움말

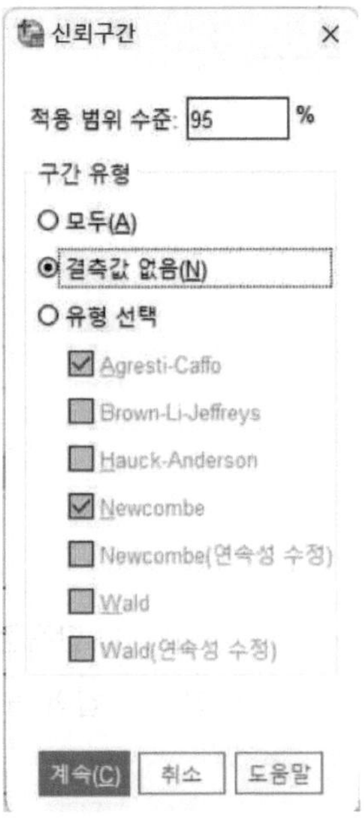

그림 115

⑥ '독립표본 비율' 대화상자에서 '검정(T)'을 선택하여 나타나는 대화상자에서 검정 유형으로 '모두(A)'를 클릭하여 '계속(C)'을 클릭한다. 설정 완료 후 '확인'을 클릭한다.

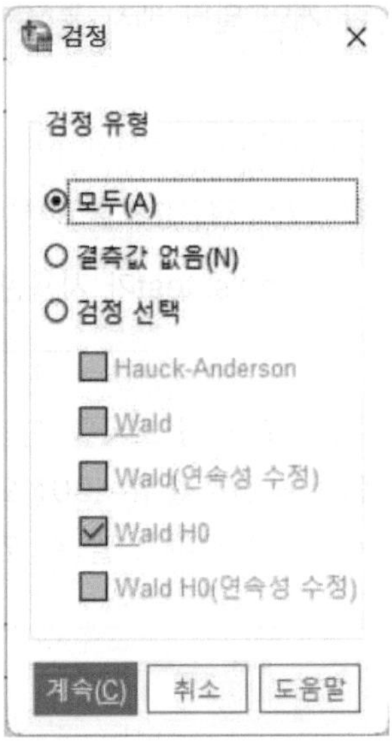

검정
검정 유형
모두(A)
결측값 없음(N)
검정 선택
Hauck-Anderson
Wald
Wald(연속성 수정)
Wald H0
Wald H0(연속성 수정)
계속(C)
취소
도움말

그림 116

⑦ 독립표본 비율검정 결과가 다음과 같이 표시된다.

독립표본 비율 그룹 통계

	색깔	성공	시행	비율	근사 표준오차
선호여부 = 선호한다	= 빨간색컵	29	40	.725	.071
	= 노란색컵	27	40	.675	.074

독립표본 비율 검정

	검정 유형	비율 차이	근사 표준오차	Z	유의성 단측 확률	유의성 양측 확률
선호여부 = 선호한다	Hauck-Anderson	.050	.102	.362	.359	.717
	Wald	.050	.102	.489	.313	.625
	Wald(연속성 수정)	.050	.102	.244	.403	.807
	Wald H0	.050	.102	.488	.313	.626
	Wald H0(연속성 수정)	.050	.102	.244	.404	.807

'독립표본 비율 검정' 표에 따르면 Z값의 범위는 검정 유형별로 .244~.489로 나타났고, 단측검정 기준 p>.05로 귀무가설을 기각하지 못한다. 따라서 노란색 컵이 노출된 광고가 빨간색 컵이 노출된 광고보다 소비자의 선호를 더 끌어낸다고 할 수 없다.

2.4. 분산분석

2.4.1. 일원 배치 분산분석(One-Way ANOVA)

분산분석(ANOVA: analysis of variance)는 두 개 이상의 집단의 평균값을 비교하고자 할 때 사용되며, 분산분석의 검정 통계량은 F이다. 본 장에서는 독립변수가 한 개인 일원 배치 분산분석을 설명한다.

분산분석 시 자료는 독립변수는 명목척도, 종속변수는 등간 혹은 비율척도로 측정되어야 한다. 분산분석을 실행하기 위해서는 일정한 가정이 충족되어야 하는데, 각 모집단은 정규분포를 이루며(정규성), 분산이 같아야 한다(등분산성). 등분산성을 검정하는 방법으로는 Levene's test가 사용된다.

<예제>
정부는 도시별 거주 만족도의 차이가 있는지를 조사하기 위하여 거주 만족도 측정 조사를 진행하였다. 1~3번 도시에 거주 중인 주민들을 무작위로 선정하여 거주 만족도 점수를 1~100점으로 평가하도록 하였다. 이렇게 수집된 자료를 통해 도시에 따라 거주 만족도가 다르다고 할 수 있는가?

① 귀무가설(H_0)과 연구가설(H_1) 설정

가설 검정을 위해 귀무가설과 연구가설(대립가설)을 아래와 같이 설정한다.

H_0: 세 도시의 거주 만족도는 같다($\mu_1 = \mu_2 = \mu_3$).

H_1: 세 도시의 거주 만족도는 모두 같지는 않다 (즉, 적어도 두 도시 간에는 거주 만족도 차이가 존재한다).

② 데이터 확인 및 결측값 처리

'2.4.1.일원배치 분산분석.sav' 파일을 열고 데이터를 확인한다. 자료에 결측값이 존재하면 결측값을 빼고 통계분석을 수행할지, 아니면 결측값을 대체하여 통계분석을 수행할지 결정한다.

본 예제에서는 실제 연구자 개인이 보유한 데이터가 완벽하지 않음을 고려하여 결측값을 대체하여 통계분석을 수행한다(결측값은 '9' 또는 '999'로 코딩되어 있다).

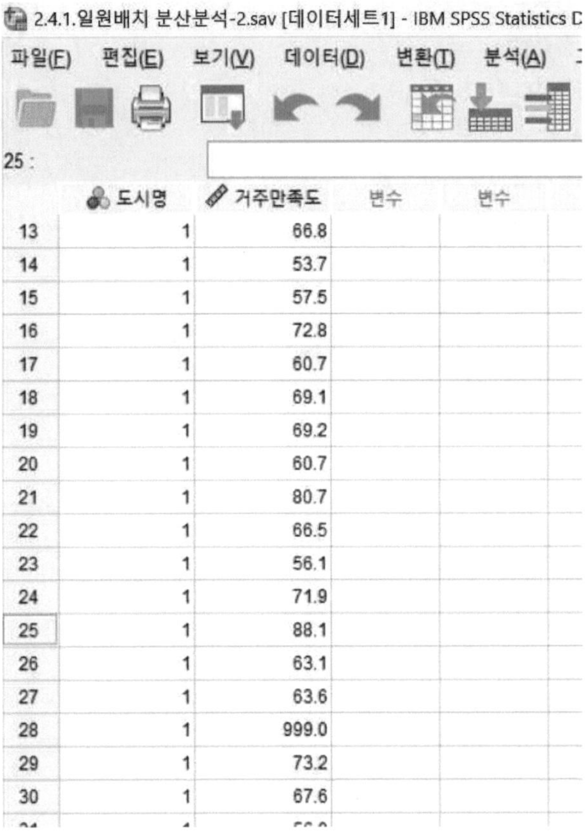

2.4.1.일원배치 분산분석-2.sav [데이터세트1] - IBM SPSS Statistics D

파일(F) 편집(E) 보기(V) 데이터(D) 변환(T) 분석(A)

25 :

	도시명	거주만족도	변수	변수
13	1	66.8		
14	1	53.7		
15	1	57.5		
16	1	72.8		
17	1	60.7		
18	1	69.1		
19	1	69.2		
20	1	60.7		
21	1	80.7		
22	1	66.5		
23	1	56.1		
24	1	71.9		
25	1	88.1		
26	1	63.1		
27	1	63.6		
28	1	999.0		
29	1	73.2		
30	1	67.6		

그림 119

③ 결측값을 결측 처리하기 위해 '데이터(D)' - '변수특성정의(V)'를 클릭한다.

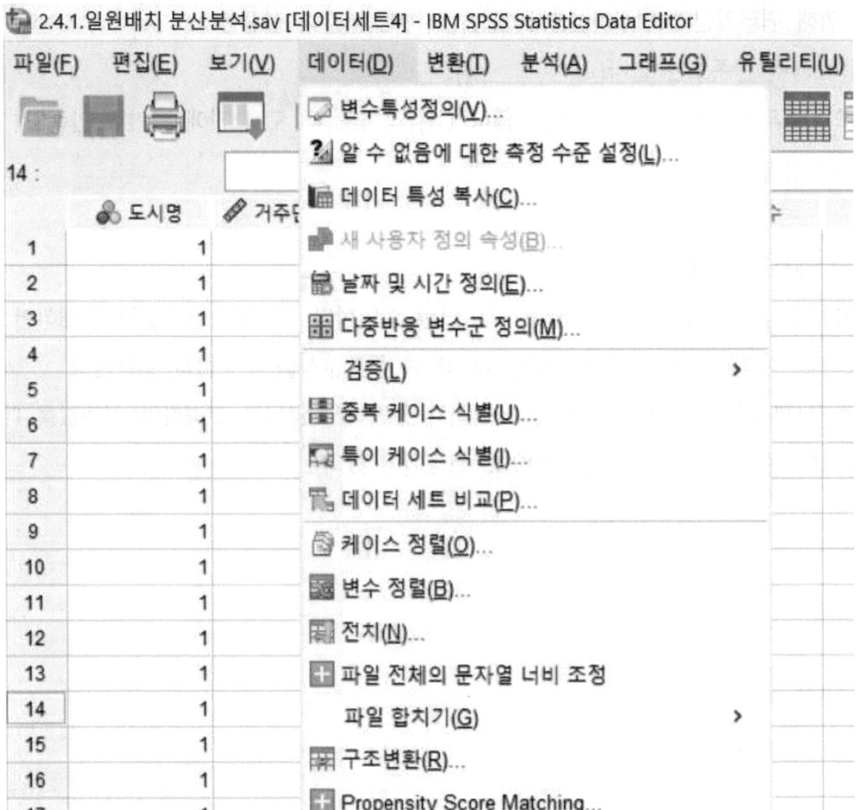

④ '변수특성정의' 대화상자에서 결측값이 존재하는 변수들을 모두 '스캔할 변수(S)'로 옮기고 '계속(C)'을 클릭한다. ※ 결측치가 존재하지 않는 변수를 함께 스캔해도 상관없다.

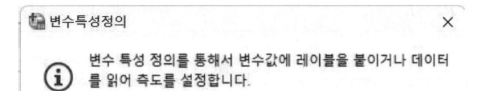

그림 121

⑤ '스캔된 변수 목록(C)'에는 독립변수들이 나타난다. 각 독립변수를 클릭하면 '값 레이블 격자(V)'에 데이터 값, 빈도 등이 표시된다. 데이터 값이 결측값(9, 99, 999 등으로 표시)에 해당하는 행의 '결측' 상자에 체크한다.

<결측값의 코딩>
수집한 데이터를 엑셀 등에 코딩할 경우, 결측이 존재하는 데이터는 일반적으로 해당 셀에 '9', '99', '999'와 같은 값을 입력한다. 단, 만약 결측값이 아닌 측정값 중에 '9'가 포함되어 있다면 결측값을 '99'로 코딩하고, 측정값 중에 '9'와 '99'가 포함되어 있다면 결측값을 '999'로 코딩하는 방식을 사용하면 된다.

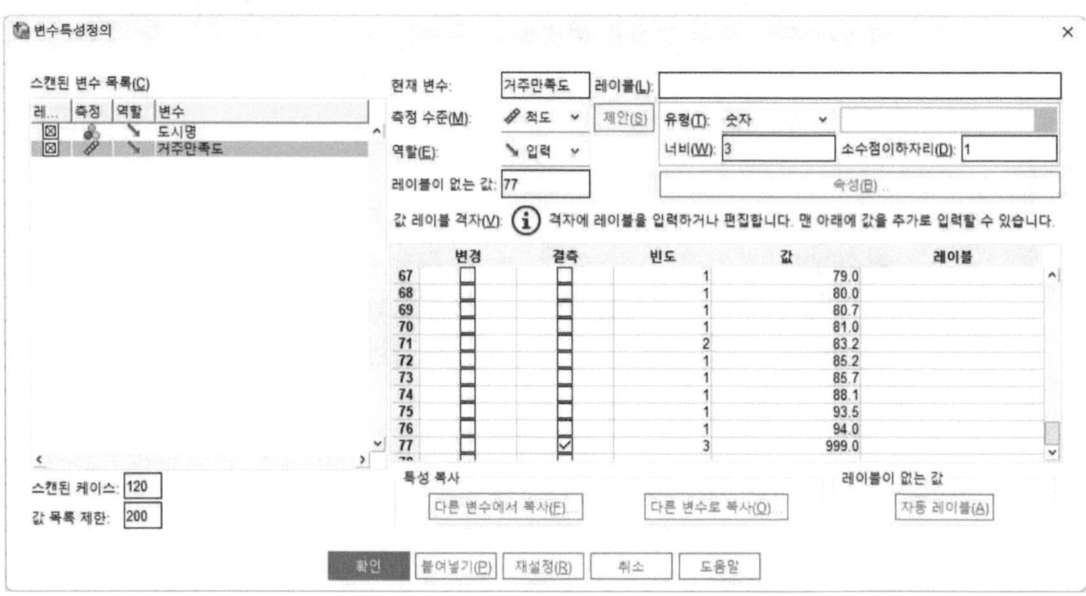

	변경	결측	빈도	값	레이블
67	☐	☐	1	79.0	
68	☐	☐	1	80.0	
69	☐	☐	1	80.7	
70	☐	☐	1	81.0	
71	☐	☐	2	83.2	
72	☐	☐	1	85.2	
73	☐	☐	1	85.7	
74	☐	☐	1	88.1	
75	☐	☐	1	93.5	
76	☐	☐	1	94.0	
77	☐	☑	3	999.0	

그림 122

⑥ '변수특성정의' 대화상자에서 결측값을 모두 체크한 후 '확인'을 누르면 결측 처리가 완료된다. 결측값 처리된 결과는 '변수 보기'에서도 확인할 수 있다.

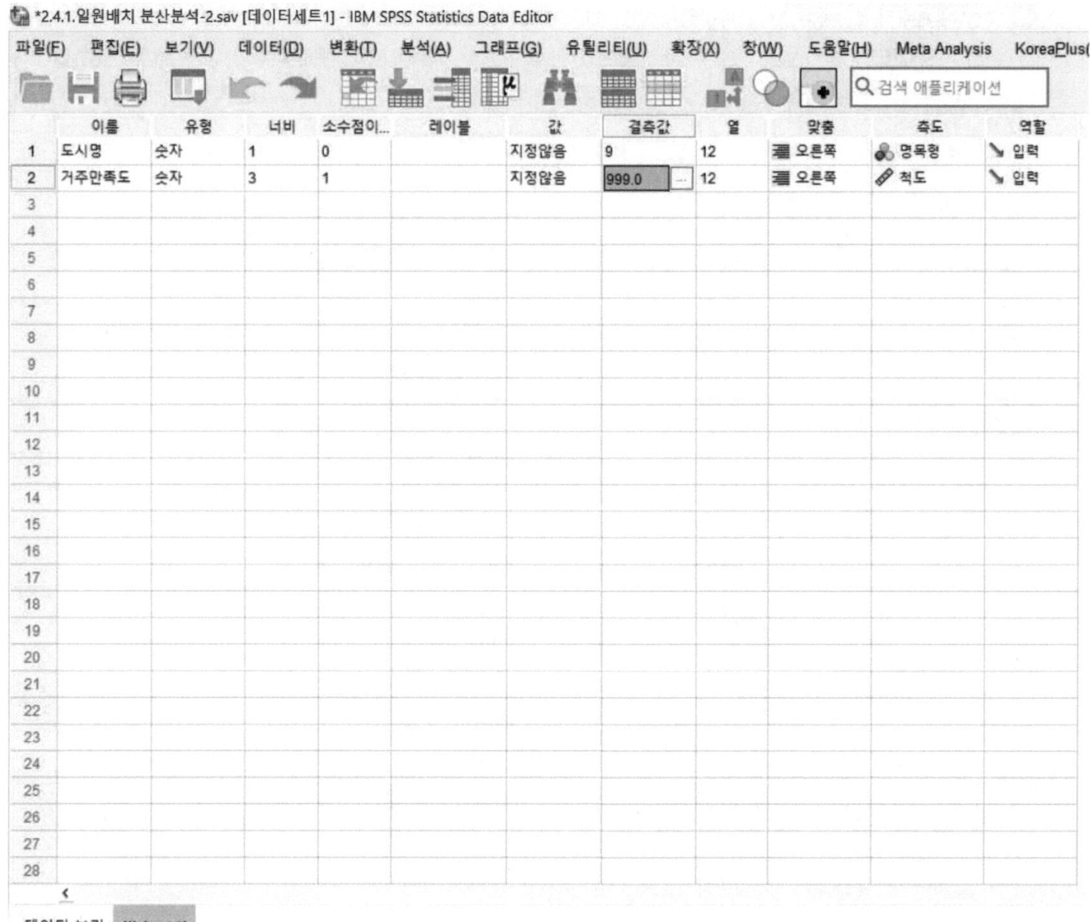

그림 123

⑦ 결측값 대체 : 본 예제의 자료는 다중대체(자동 대치, 1.4.4. 장 참고) 방법으로 결측치를 대체한다. '분석(A)' - '다중대체(I)' - '결측 데이터 값 대체(I)'를 차례로 클릭한다.

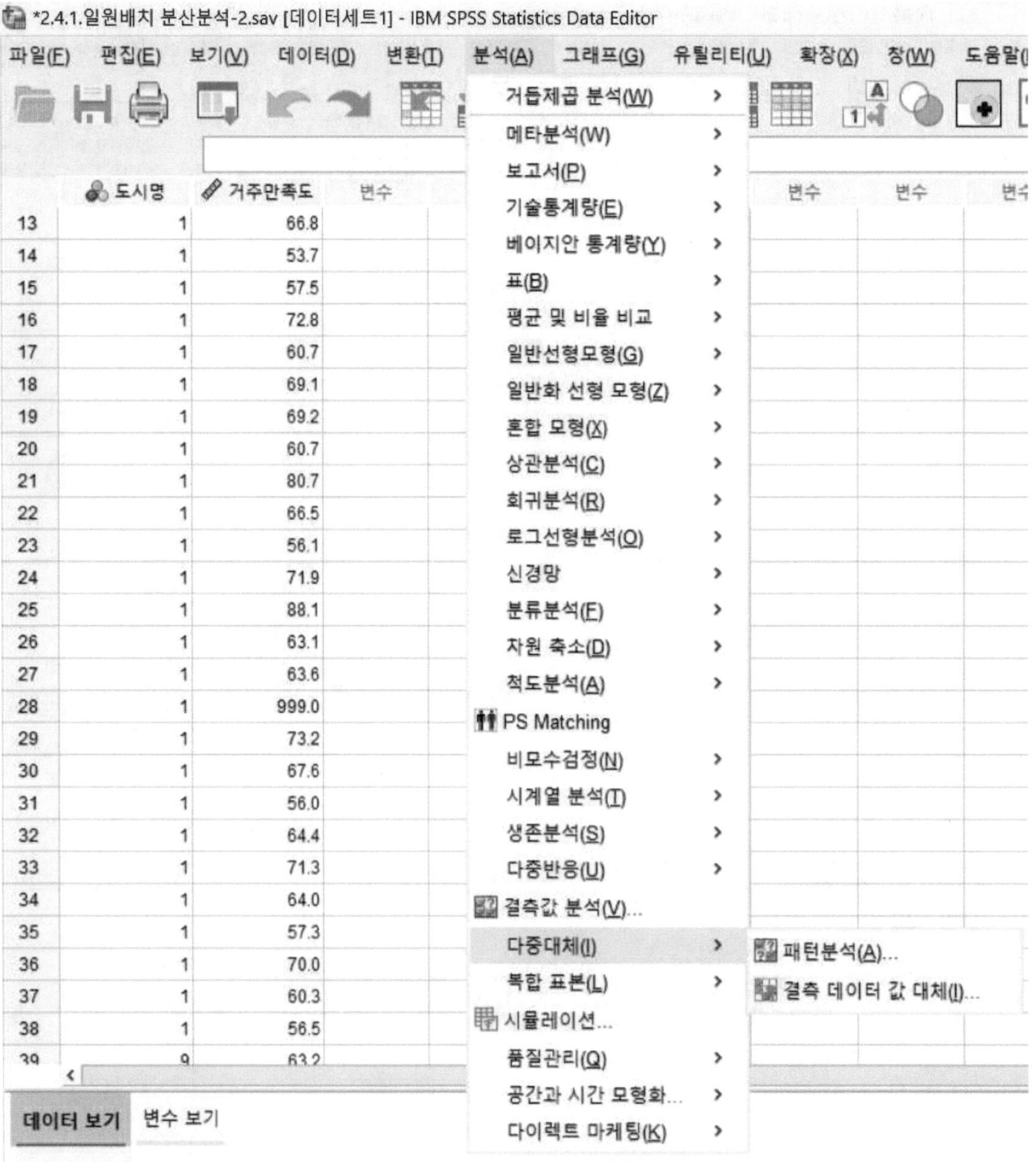

그림 124

⑧ '결측 데이터 값 대체' 대화상자에서 결측치가 존재하는 변수(도시명, 거주만족도)를 모두 '모형의 변수(A)'로 이동한다. 결측치를 대체한 샘플의 수('대체(M)')는 3으로 설정한다(원하는 샘플의 숫자만큼 설정한다).

'데이터세트 이름(D)'으로 '결측치_대체'를 기재한다.

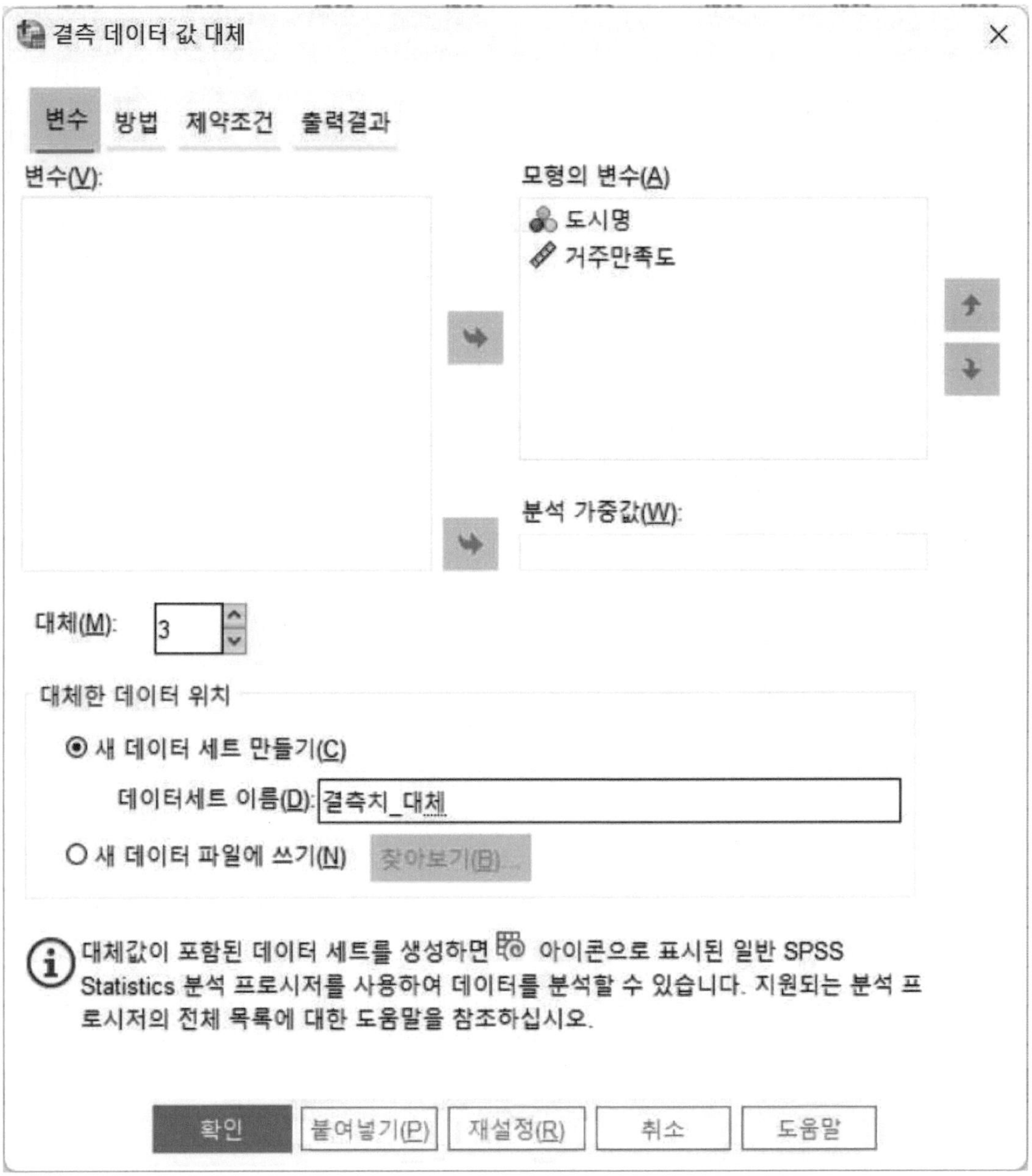

결측 데이터 값 대체

변수 방법 제약조건 출력결과

변수(V):

모형의 변수(A)

도시명

거주만족도

분석 가중값(W):

대체(M): 3

대체한 데이터 위치

새 데이터 세트 만들기(C)

데이터세트 이름(D): 결측치_대체

새 데이터 파일에 쓰기(N) 찾아보기(B)...

대체값이 포함된 데이터 세트를 생성하면 아이콘으로 표시된 일반 SPSS Statistics 분석 프로시저를 사용하여 데이터를 분석할 수 있습니다. 지원되는 분석 프로시저의 전체 목록에 대한 도움말을 참조하십시오.

확인 붙여넣기(P) 재설정(R) 취소 도움말

그림 125

⑨ 상단 탭의 '방법' 탭은 기본 설정('자동(A)')을 유지하고. '제약조건' 탭을 클릭한다. '데이터 스캔(S)'을 누르면(좌) '변수 요약(V)'이 나타난다(우). 데이터 스캔을 완료한 후 '확인'을 누른다.

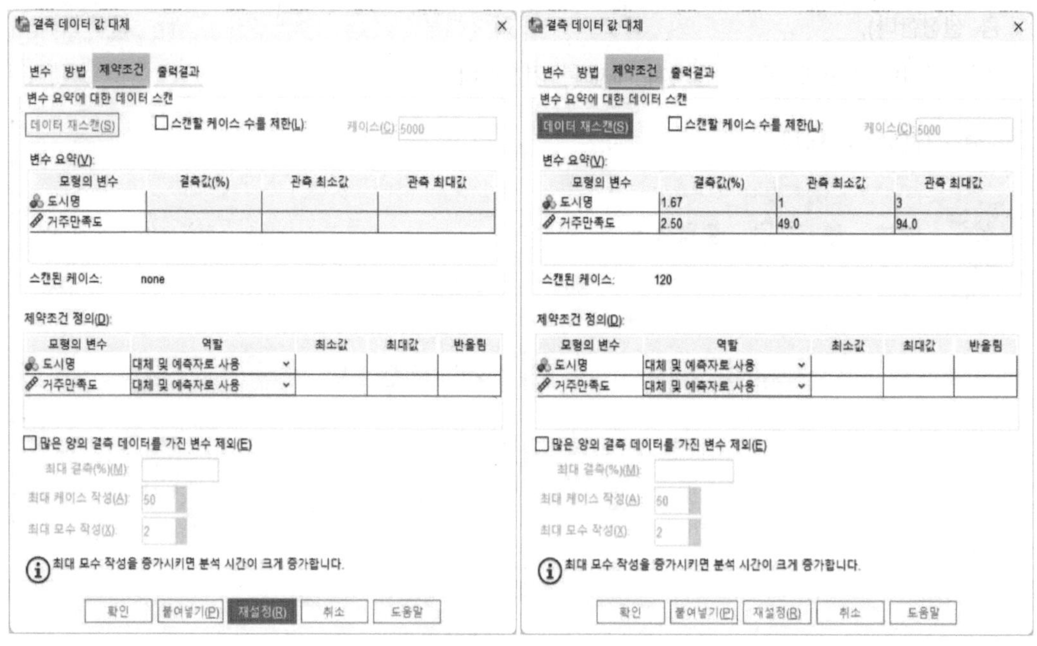

그림 126

⑩ 새로운 SPSS '결측치_대체' 창이 생성된다. 'Imputation' 열은 대체 횟수를 나타내며, 노란색으로 색칠된 셀이 대체된 셀이다.

그림 127

⑪ 일원 배치 분산분석 수행 전 정규성 가정 검정을 위해 '분석(A)' - '기술통계량(E)' - '데이터 탐색(E)'를 클릭한다.

그림 128

⑫ '데이터 탐색' 대화상자에서 '종속변수(D)'에 거주만족도를, '요인(E)'에 도시명을 이동하고 '도표(T)'를 클릭한다.

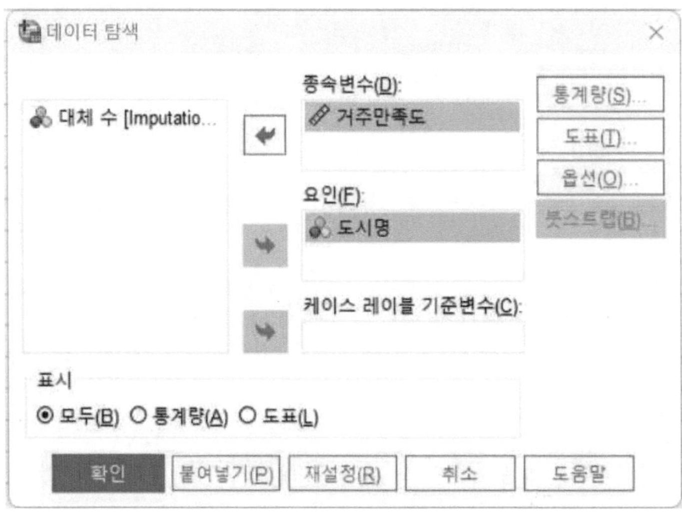

그림 129

⑬ '도표' 대화상자에서 '검정과 함께 정규성도표(O)'를 클릭하고 '계속(C)'를 클릭한다. 이후 '데이터 탐색' 대화상자에서 '확인'을 클릭한다.

그림 130

⑭ 정규성 검정 결과가 나타난다.

정규성 검정

대체 수		도시명	Kolmogorov-Smirnov[a] 통계	자유도	CTT 유의확률	Shapiro-Wilk 통계	자유도	CTT 유의확률
원 데이터	거주만족도	1	.081	38	.200*	.977	38	.595
		2	.073	39	.200*	.973	39	.473
		3	.067	38	.200*	.988	38	.955
1	거주만족도	1	.077	41	.200*	.984	41	.829
		2	.077	40	.200*	.973	40	.443
		3	.075	39	.200*	.987	39	.919
2	거주만족도	1	.094	40	.200*	.975	40	.513
		2	.083	40	.200*	.972	40	.404
		3	.066	40	.200*	.988	40	.946
3	거주만족도	1	.079	40	.200*	.986	40	.895
		2	.085	41	.200*	.974	41	.446
		3	.076	39	.200*	.987	39	.919

*. 이것은 참 유의성의 하한입니다.

a. Lilliefors 유의확률 수정

그림 131

▸ 콜모고로프-스미르노프 검정(Kolmogorov-Smirnov test)과 샤피로-윌크 검정(Shapiro-Wilk test)은 둘 다 데이터가 정규분포를 따르는지 아닌지를 확인하는 통계적 검정 방법이다. 일반적으로 콜모고로프-스미르노프 검정은 샘플의 크기가 클 때 사용하며, 샤피로-윌크 검정은 상대적으로 작은 샘플(n<50)일 때 사용한다.
▸ 두 검정 방법의 영가설은 "데이터는 정규분포를 따른다"인데, 두 변수의 유의확률이 0.05 이상으로 영가설을 기각하지 않으므로 정규성 가정을 충족한다.

⑮ 일원 배치 분산분석 수행을 위해 '분석(A)' - '평균 및 비율 비교' - '일원배치 분산분석(O)' 순으로 클릭한다.

그림 132

⑯ '일원배치 분산분석' 대화상자에서 거주만족도를 '종속변수(E)' 상자로, 도시명을 '요인(F)' 상자로 이동한다.

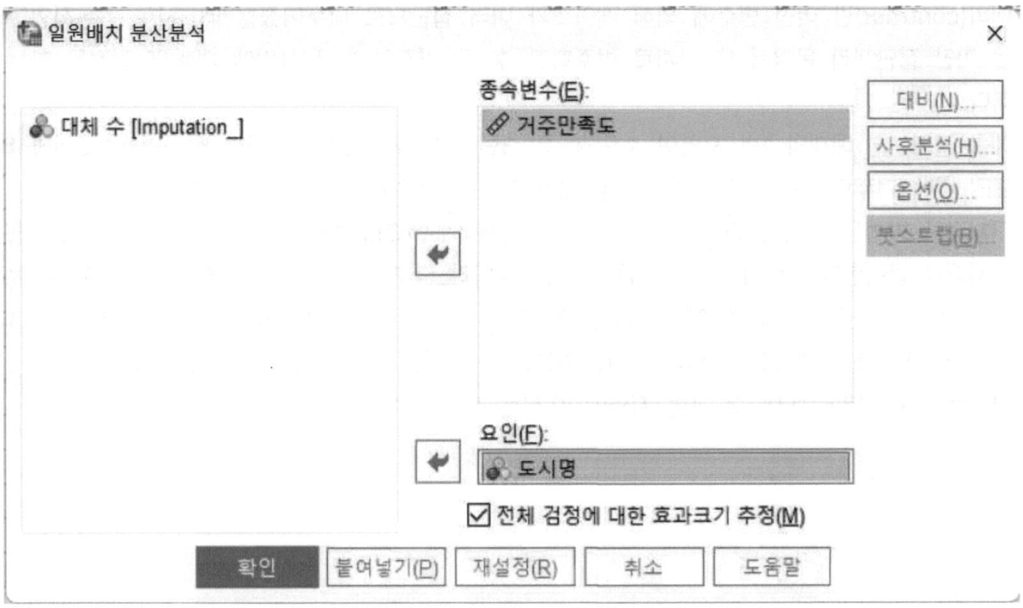

그림 133

⑰ 위 대화상자에서 '대비(N)'을 클릭하면 대비 대화상자가 나타난다.

일원배치 분산분석: 대비
다항식(P) 차수(D): 1차
1 / 1 대비
이전(V) 다음(N)
계수(O):
추가(A)
변경(C)
제거(M)
계수합: 0.000
대비에 대한 효과크기 추정(S)
모든 집단의 통합 표준편차를 Standardizer로 사용(U)
대비에 관련된 집단의 통합 표준편차를 Standardizer로 사용(E)
계속(C) 취소 도움말

그림 134

<참고> 대비 대화상자

대비(contrast)란 어떤 변수에 의해 케이스가 여러 집단으로 나누어졌을 때, 서로 공통적인 특성을 가진 집단끼리 묶어서 두 가지로 범주화한 후 두 범주의 평균 차이에 대해 T-검정을 하는 것이다.

예를 들어, 본 예제의 1번 지역이 수도권, 2, 3번 지역이 비수도권이라고 한다면 '수도권과 비수도권 간에 거주만족도 차이가 있는지'를 대비 기능을 활용하여 검정할 수 있다.

구체적인 방법은 다음과 같다. 대비 대화상자에서 '계수(O):□'에 각 집단의 계수를 1~3 집단의 순서대로 입력한다. 각 집단의 계수를 입력할 때마다 '추가(A)' 버튼을 누른다. '추가(A)'를 할 때마다 박스 아래편에 '계수합'이 계산되는데, 모든 계수의 합은 0이 되도록 입력해야 한다. 다른 범주 간 비교를 수행하고자 한다면 '다음(N)'을 눌러 같은 방식으로 계수를 입력하면 된다.

아래는 1번 지역에 '1.0', 3, 4번 지역에 '0.5'를 지정한 화면이다.

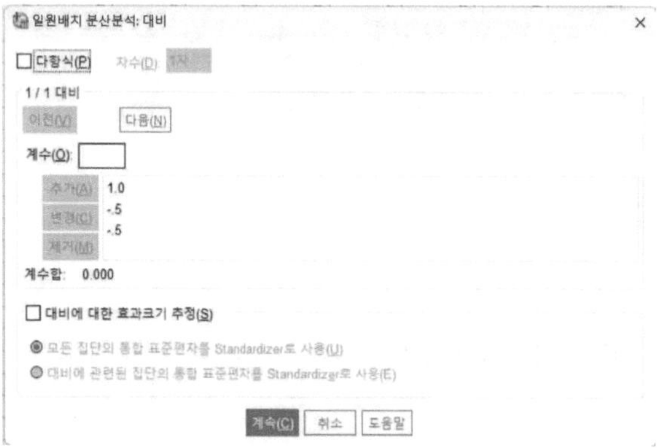

일원배치 분산분석: 대비

☐ 다항식(P) 차수(D): 1차

1 / 1 대비

이전(V) 다음(N)

계수(O): ☐

추가(A) 1.0
변경(C) -.5
제거(M) -.5

계수합: 0.000

☐ 대비에 대한 효과크기 추정(S)

◉ 모든 집단의 통합 표준편차를 Standardizer로 사용(U)
◉ 대비에 관련된 집단의 통합 표준편차를 Standardizer로 사용(E)

계속(C) 취소 도움말

그림 135

⑱ '일원배치 분산분석' 대화상자에서 '사후분석(H)'를 클릭하면 '사후분석-다중비교' 대화상자가 나타난다. 분산분석은 등분산을 가정하므로, 'Bonferroni'와 'Scheffe' 방법을 체크하고 '계속(C)'을 클릭한다.

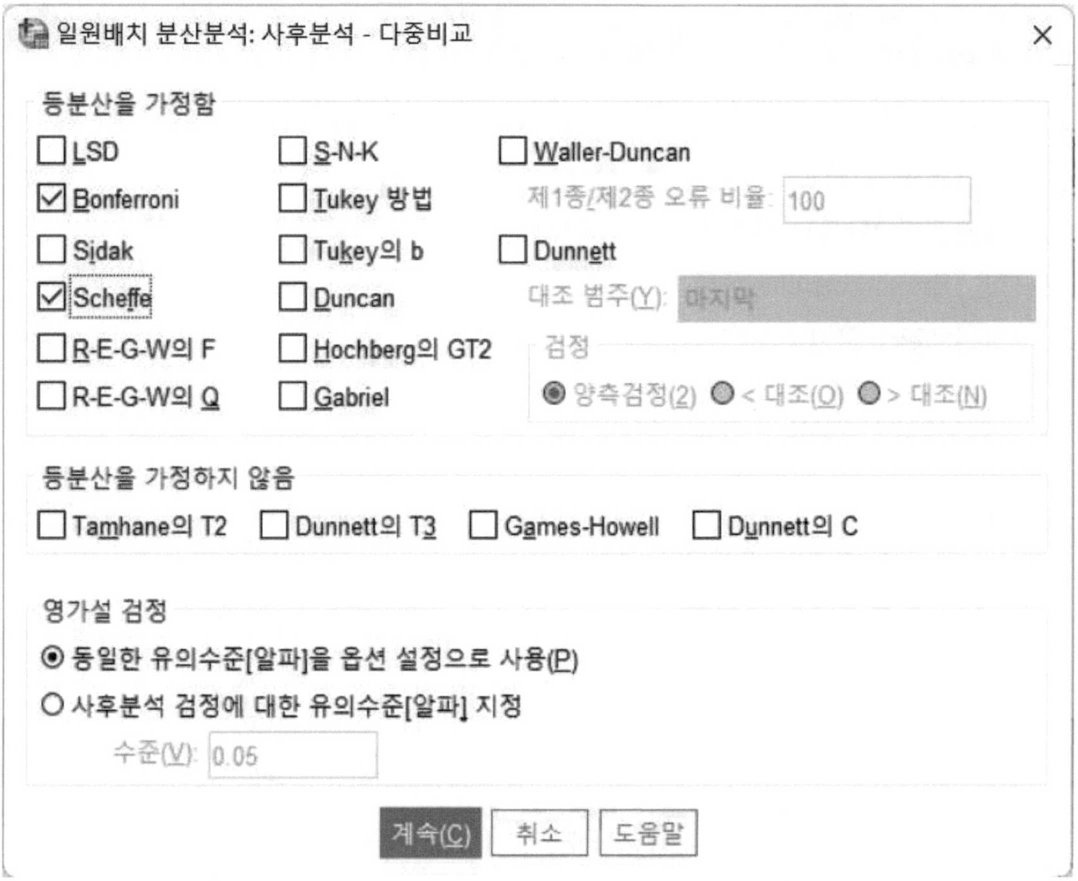

일원배치 분산분석: 사후분석 - 다중비교

등분산을 가정함

☐ LSD ☐ S-N-K ☐ Waller-Duncan
☑ Bonferroni ☐ Tukey 방법 제1종/제2종 오류 비율: 100
☐ Sidak ☐ Tukey의 b ☐ Dunnett
☑ Scheffe ☐ Duncan 대조 범주(Y): 마지막
☐ R-E-G-W의 F ☐ Hochberg의 GT2 검정
☐ R-E-G-W의 Q ☐ Gabriel ◉ 양측검정(2) ○ < 대조(O) ○ > 대조(N)

등분산을 가정하지 않음

☐ Tamhane의 T2 ☐ Dunnett의 T3 ☐ Games-Howell ☐ Dunnett의 C

영가설 검정

◉ 동일한 유의수준[알파]을 옵션 설정으로 사용(P)
○ 사후분석 검정에 대한 유의수준[알파] 지정
수준(V): 0.05

계속(C) 취소 도움말

그림 136

<참고> 사후분석-다중비교

대표적인 사후분석법으로는 아래와 같은 방법이 있다.

- Tukey 방법 : 각 집단의 크기가 같을 때 사용한다.
- Scheffe 방법과 Bonferroni 방법 : 각 집단의 크기에 상관없이 사용할 수 있다.

⑲ '일원배치 분산분석' 대화상자에서 '옵션(O)'을 클릭하면 '옵션' 대화상자가 나타난다. 아래와 같이 선택한 후 '계속'을 클릭한다.

그림 137

<참고> 옵션

▸ 분산 동질성 검정 : 분산분석은 모집단의 분산이 같다는 전제가 충족되어야 하므로, Levene 통계량을 측정한다.

▸ 평균 도표 : 집단별 종속변수 값의 평균을 시각적으로 나타낸다.

⑳ '일원배치 분산분석' 대화상자에서 '확인'을 클릭하면 다음과 같이 출력결과가 표시된다.

※ 본 예제에서는 편의상 결측치가 대체된 샘플 중 1번 샘플(Imputation이 '1'인 샘플)만을 대상으로 설명한다.

기술통계

거주만족도

대체 수		N	평균	표준편차	표준오차	평균의 95% 신뢰구간 하한	평균의 95% 신뢰구간 상한	최소값	최대값	분수 누락 정보	상대 증가 분산	상대 효율
1	1	41	65.138	9.1711	1.4323	62.244	68.033	45.8	88.1			
	2	40	65.847	9.4782	1.4986	62.815	68.878	49.0	94.0			
	3	39	52.911	6.8464	1.0963	50.692	55.130	36.4	71.5			
	전체	120	61.400	10.3807	.9476	59.524	63.277	36.4	94.0			
통합	1	41	65.138		1.4323					.	.	.
	2	40	65.847		1.4986					.	.	.
	3	39	52.911		1.0963					.	.	.
	전체	120	61.400		.9476					.	.	.

▸'기술통계' 표는 집단별 케이스 수, 평균, 표준편차 등이 나타나 있다. 거주만족도 평균의 경우, 2번 지역이 가장 높고 3번 지역이 가장 낮게 나타났다.

분산의 동질성 검정

	대체 수		Levene 통계량	df1	df2	CTT 유의확률
거주만족도	1	평균을 기준으로 합니다.	1.886	2	117	.156
		중위수를 기준으로 합니다.	1.777	2	117	.174
		자유도를 수정한 상태에서 중위수를 기준으로 합니다.	1.777	2	110.710	.174
		절삭평균을 기준으로 합니다.	1.850	2	117	.162

▸'분산의 동질성 검정' 표는 등분산성 검정을 위한 Levene 통계량이 나타난다. 평균을 기준으로 한 Levene 통계량의 p=.156이므로, α=.05에서 등분산성 가정을 충족한다. 따라서 본 예제의 데이터는 일원 배치 분산분석에 적합하다고 할 수 있다.

ANOVA

거주만족도

대체 수		제곱합	자유도	평균제곱	F	CTT 유의확률
1	집단-간	4174.293	2	2087.146	28.234	<.001
	집단-내	8649.117	117	73.924		
	전체	12823.409	119			

▸'ANOVA(분산분석표)'에서 F=28.234, p<.001이므로 귀무가설 'H_0: $\mu_1 = \mu_2 = \mu_3$'은 기각된

다. 도시별 거주 만족도는 적어도 어느 두 도시 간에는 차이가 있다고 할 수 있다.

ANOVA 효과 크기[a]

대체 수			포인트 추정값	95% 신뢰구간 하한	95% 신뢰구간 상한
1	거주만족도	에타 제곱	.326	.186	.436
		엡실런 제곱	.314	.172	.426
		오메가 제곱 고정 효과	.312	.171	.424
		오메가 제곱 변량효과	.185	.093	.269

a. 에타 제곱 및 엡실런 제곱은 고정 효과 모델을 기반으로 추정됩니다.

그림 141

▸효과 크기의 경우, 에타 제곱은 .326, 엡실런 제곱은 .314, 오메가 제곱(고정효과)는 .312이다. 따라서 효과 크기는 크다고 할 수 있다.

대비 계수

대체 수	대비	도시명 1	도시명 2	도시명 3
1	1	1	-.5	-.5

▸'대비 계수' 표는 대비검정을 위해 설정한 계수값에 표시된다.

대비검정

대체 수			대비	대비 값	표준오차	t	자유도	유의확률 (양측)	95% 신뢰구간 하한	95% 신뢰구간 상한
1	거주만족도	등분산 가정	1	5.760	1.6550	3.480	117	<.001	2.482	9.037
		등분산을 가정하지 않습니다.	1	5.760	1.7069	3.374	73.380	.001	2.358	9.161
통합	거주만족도	등분산 가정	1	5.760	1.6550	3.480	.	.		
		등분산을 가정하지 않습니다.	1	5.760	1.7069	3.374	.	.		

▸'대비검정' 표는 대비 검정 결과로 수도권 지방(집단 1)과 비수도권 지방(집단 2, 3)의 거주만족도 차이에 대한 T-검정 결과가 제시된다. 수도권 지방과 비수도권 지방의 거주만족도 평균 차이는 5.760으로 수도권 지방의 평균 거주만족도가 더 높은 것으로 나타났다. 평균 차이의 유의성 검정 결과 p<.001로 등분산을 가정한 상태에서 두 지방의 평균 차이는 유의한 것으로 나타났다. **따라서, 수도권 지방은 비수도권 지방에 비해 거주 만족도가 높은 것으로 해석할 수 있다.**

다중비교

종속변수: 거주만족도

대체 수		(I) 도시명	(J) 도시명	평균차이(I-J)	표준오차	CTT 유의확률	95% 신뢰구간 하한	95% 신뢰구간 상한
1	Scheffe	1	2	-.7082	1.9108	.934	-5.446	4.029
			3	12.2273*	1.9232	<.001	7.459	16.996
		2	1	.7082	1.9108	.934	-4.029	5.446
			3	12.9355*	1.9348	<.001	8.138	17.733
		3	1	-12.2273*	1.9232	<.001	-16.996	-7.459
			2	-12.9355*	1.9348	<.001	-17.733	-8.138
	Bonferroni	1	2	-.7082	1.9108	1.000	-5.349	3.933
			3	12.2273*	1.9232	<.001	7.556	16.898
		2	1	.7082	1.9108	1.000	-3.933	5.349
			3	12.9355*	1.9348	<.001	8.236	17.635
		3	1	-12.2273*	1.9232	<.001	-16.898	-7.556
			2	-12.9355*	1.9348	<.001	-17.635	-8.236

*. 평균차이는 0.05 수준에서 유의합니다.

그림 144

▸ '다중비교' 표는 사후 검정 결과를 보여준다. 표에서 두 집단 간 차이가 유의하였을 때 '*'가 표시된다. 표를 해석하면 1번 도시와 3번 도시, 2번 도시와 3번 도시의 거주 만족도 차이가 유의적인 것으로 나타났다. 즉, 3번 도시는 다른 도시들에 비해 거주 만족도가 낮게 나타났다.

대체 수=1

	도시명	N	유의수준 = 0.05에 대한 부분집합 1	유의수준 = 0.05에 대한 부분집합 2
Scheffe[a,b]	3	39	52.911	
	1	41		65.138
	2	40		65.847
	CTT 유의확률		1.000	.934

동질적 부분집합에 있는 집단에 대한 평균이 표시됩니다.

a. 조화평균 표본크기 39.983을(를) 사용합니다.

b. 집단 크기가 동일하지 않습니다. 집단 크기의 조화평균이 사용됩니다. I 유형 오차 수준은 보장되지 않습니다.

▸ '대체 수' 표는 결측치가 대체된 값을 보여준다.

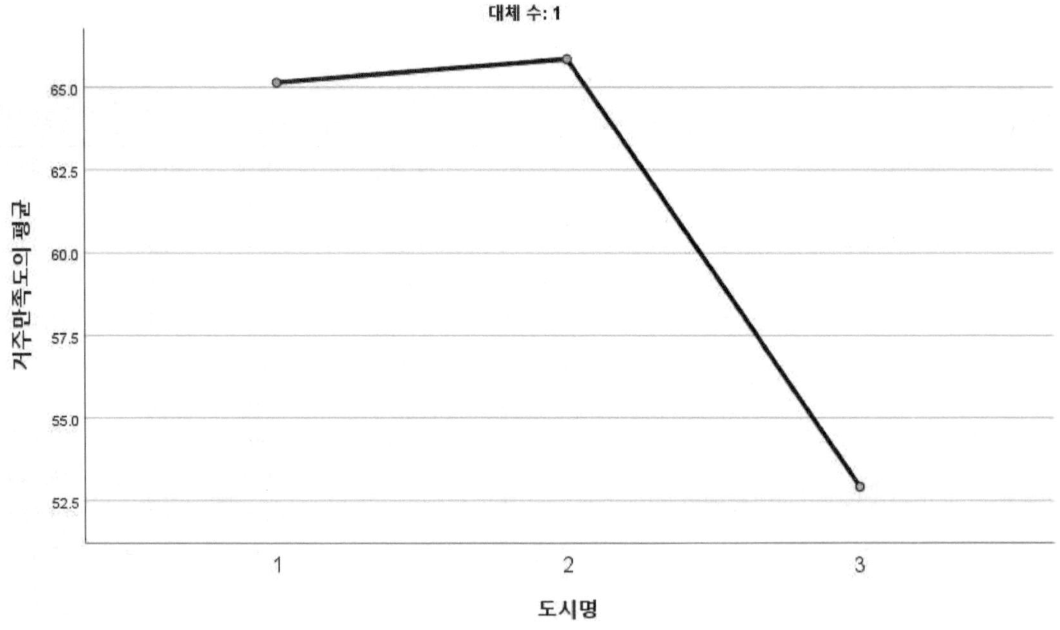

▸ 평균 도표는 도시별 거주 만족도의 평균값을 그래프로 나타낸 것이다.

<일원배치 분산분석의 비모수 통계기법>

세 집단의 정규성 가정 검정(일원배치 분산분석의 ⑪~⑭ 절차) 결과, 정규성 가정이 위배되는 경우에는 분산분석을 진행할 수 없다. 따라서 비모수적인 통계기법을 활용하여 두 모집단의 평균을 비교하여야 한다.(비모수 통계기법에 대한 설명은 독립표본 T-검정 참고)

세 개 이상의 집단의 분포(평균)을 비교하기 위한 비모수 통계기법으로 Kruskal-Wallis H 검정을 활용한다. SPSS에서 분석을 진행하는 방법은 다음과 같다.

① '2.4.1.일원배치 분산분석.sav' 파일을 열고, 일원배치 분산분석의 ⑭번 절차(정규성 검정)까지 완료한 상태에서 분석을 진행한다. (단, 정규성 분석 결과 정규성 가정이 위배되었음을 가정한다.)

② Kruskal-Wallis H 검정을 위해 '분석(A)' - '비모수검정(N)' - '레거시 대화상자(L)' - 'K-독립표본' 순으로 클릭한다.

그림 147

③ 'K-독립 표본 비모수검정' 대화상자에서 거주만족도를 '검정 변수(T)'로 이동하고 도시명을 '집단변수(G)'로 이동한다.

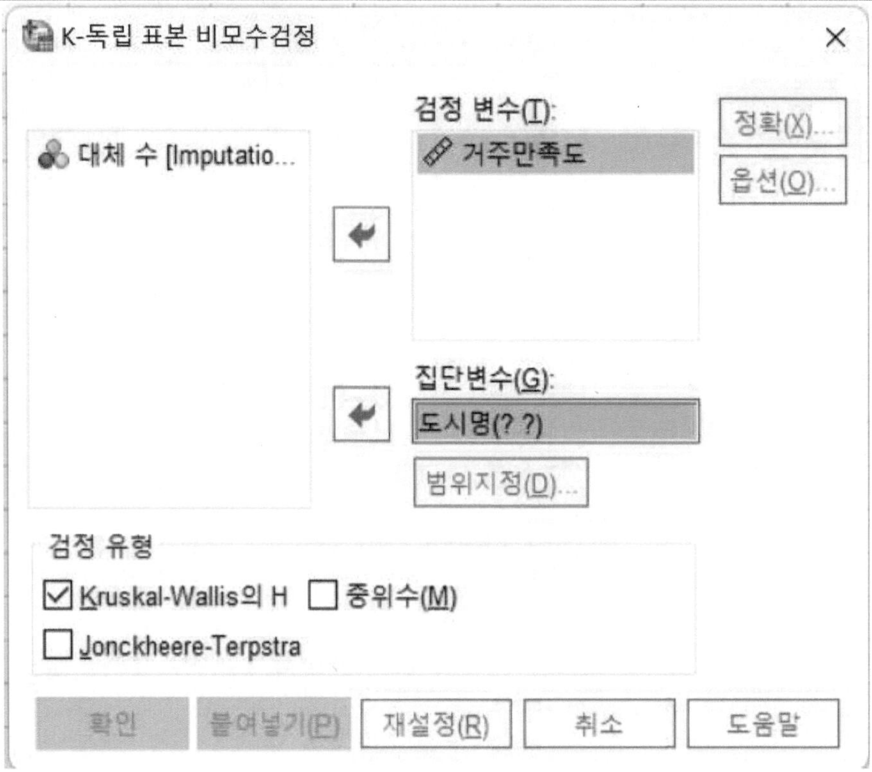

그림 148

④ 위 대화상자에서 '집단변수(G)'를 클릭하면 나타나는 대화상자에서 도시명이 1~3으로 코딩되었으므로 최소값으로 '1', 최대값으로 '3'을 입력하고 '계속(C)'를 클릭한다.

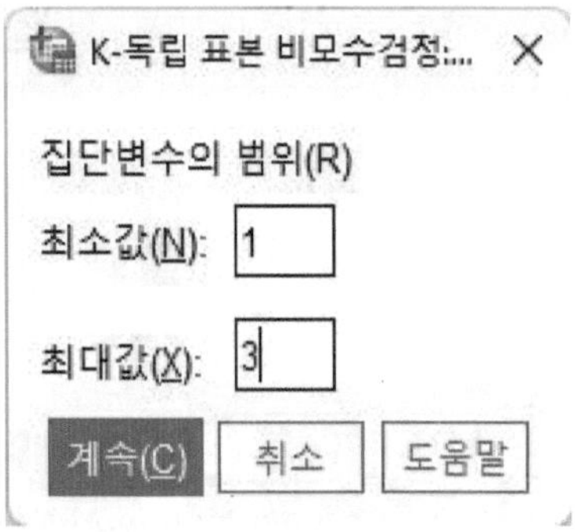

그림 149

⑤ 'K-독립 표본 비모수검정' 대화상자에서 검정 유형으로 'Kruskal-Wallis의 H'를 선택하고 '확인'을 클릭한다.

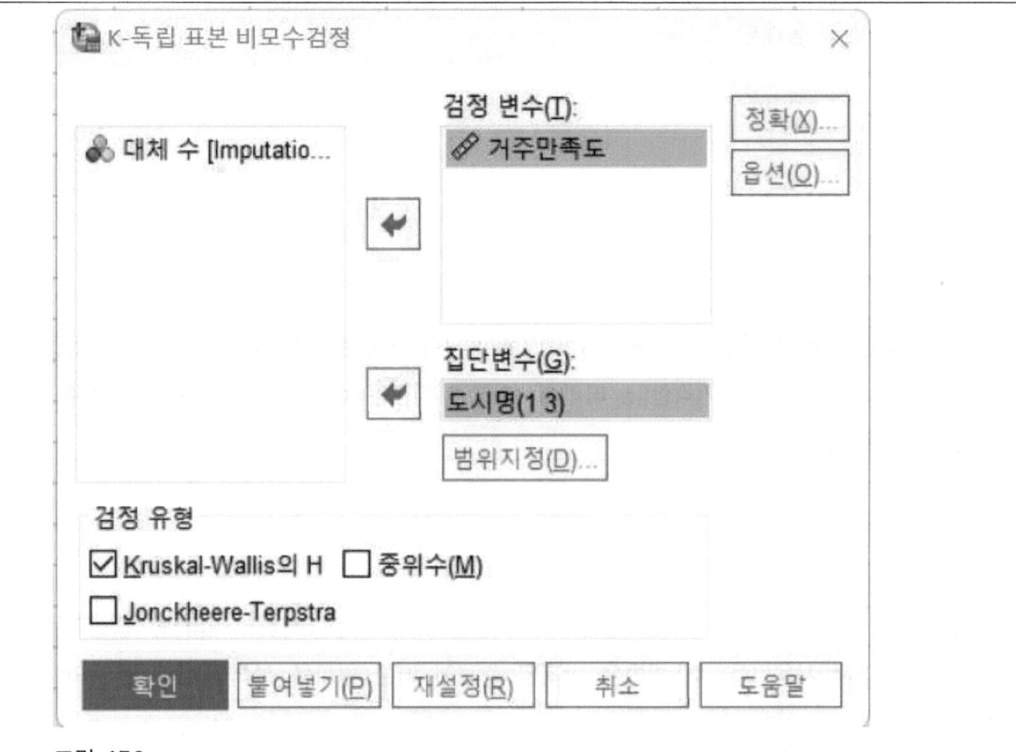

그림 150

⑥ 출력결과가 다음과 같이 나타난다.

※ 본 예제에서는 편의상 결측치가 대체된 샘플 중 1번 샘플(Imputation이 '1'인 샘플)만을 대상으로 설명한다.

순위

대체 수		도시명	N	평균 순위
1	거주만족도	1	39	76.32
		2	41	75.51
		3	40	29.69
		전체	120	
통합	거주만족도	1	39	76.32
		2	41	75.51
		3	40	29.69
		전체	120	

▸ Kruskal-Wallis H 검정 시 SPSS에서 자료를 서열척도로 변환시키기 때문에 '순위' 표는 도시별 응답자 수와 도시별 케이스들의 평균 순위를 나타낸다.

검정 통계량[a,b]

대체 수		거주만족도
1	Kruskal-Wallis의 H	47.100
	자유도	2
	근사 유의확률	<.001

a. Kruskal Wallis 검정

b. 집단변수: 도시명

▸ Kruskal-Wallis H 검정 결과 Kruskal-Wallis H 통계량은 47.100이고, p-value<.001로 유의수준 .05에서 귀무가설을 기각한다. **따라서, 수도권 지방은 비수도권 지방에 비해 거주 만족도가 높은 것으로 해석할 수 있다.**

2.4.2. 반복측정 분산분석(Repeated measures ANOVA)

반복측정 분산분석은 분산분석의 한 유형으로서 같은 개체 또는 그룹을 여러 번 측정하는 실험 또는 연구 디자인에서 사용된다. 이 방법은 반복된 측정에 따른 변화를 분석하고 그룹 간의 차이를 비교하는 데 유용하다.

반복측정 분산분석의 독립변수는 명목척도, 종속변수는 등간 혹은 비율척도로 측정되어야 한다. 또한, 분석조건으로 구형성 가정(sphericity assumption)이 필요한데, 구형성 가정이란 모든 독립변수의 수준 간에 차이의 분산이 일정하다는 가정을 말한다. 쉽게 말해, 어떤 측정값이 시간에 따라 변화하는 상황에서 각각의 시간 간격마다 측정값의 변화는 일정하다는 가정이다.

<예제>
식욕을 억제하기 위해 개발된 약물의 효과가 시간에 따라 변하는지 확인하기 위하여 생쥐를 대상으로 약물을 투약하고 시간에 따른 하루 사료 섭취량을 측정하는 실험을 시행하였다. 자료는 6마리 생쥐를 대상으로 약물 투약 전, 7일 후, 14일 후의 하루 사료 섭취량을 보여준다. 이렇게 수집된 자료를 통해 약물의 효과가 시간에 따라 변한다고 할 수 있는가? (α=.05)

① 귀무가설(H_0)과 연구가설(H_1) 설정

가설 검정을 위해 귀무가설과 연구가설(대립가설)을 아래와 같이 설정한다.

H_0: 시간의 흐름과 상관없이 약물의 효과는 같을 것이다.

H_1: 시간의 흐름에 따라 약물의 효과가 다를 것이다.

② 데이터 확인

'2.4.2.반복측정 분산분석.sav' 파일을 열고 데이터를 확인한다.

2.4.2.반복측정 분산분석.sav [데이터세트5] - IBM SPSS Statistics

파일(F) 편집(E) 보기(V) 데이터(D) 변환(T) 분석(A

12 :

	실험체	투약전	투약7일후	투약14일후	변수
1	1	11	11	13	
2	2	19	9	15	
3	3	21	14	15	
4	4	13	9	12	
5	5	20	19	20	
6	6	26	21	19	
7					
8					

그림 153

③ 반복측정 분산분석 수행 전 정규성 가정 검정을 위해 '분석(A)' - '기술통계량(E)' - '데이터 탐색(E)'를 클릭한다.

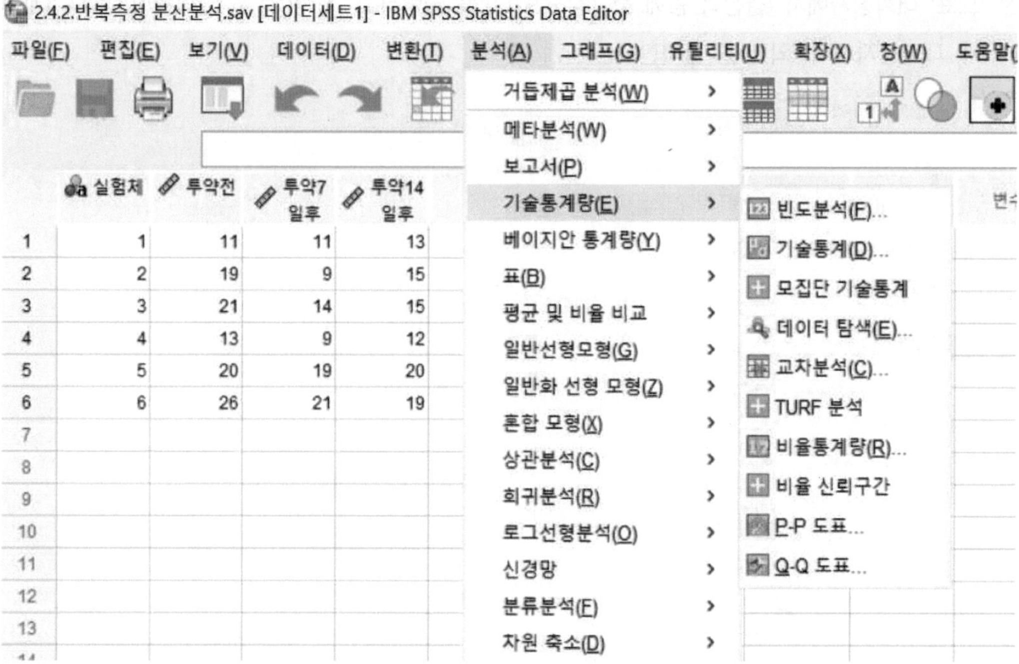

그림 154

④ '데이터 탐색' 대화상자에서 '종속변수(D)'에 투약전, 투약7일후, 투약14일후 변수를 이동하고 '도표(T)'를 클릭한다.

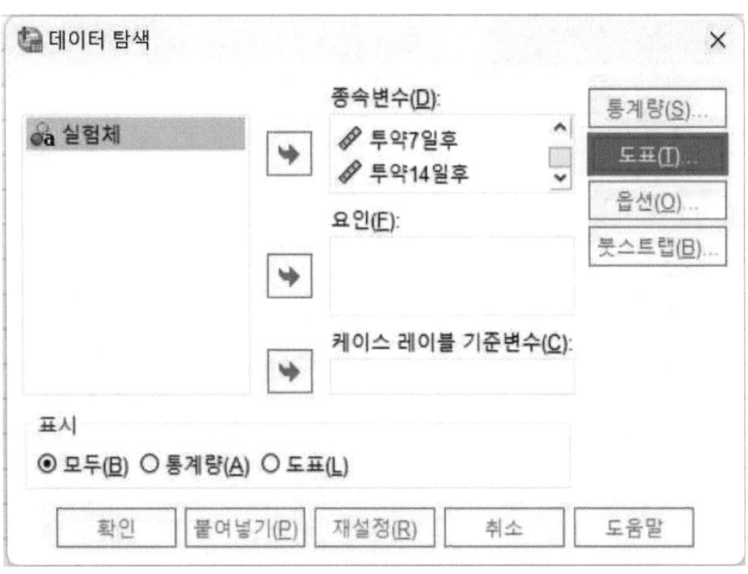

그림 155

⑤ '도표' 대화상자에서 '검정과 함께 정규성도표(O)'를 클릭하고 '계속(C)'를 클릭한다. 이후 '데이터 탐색' 대화상자에서 '확인'을 클릭한다.

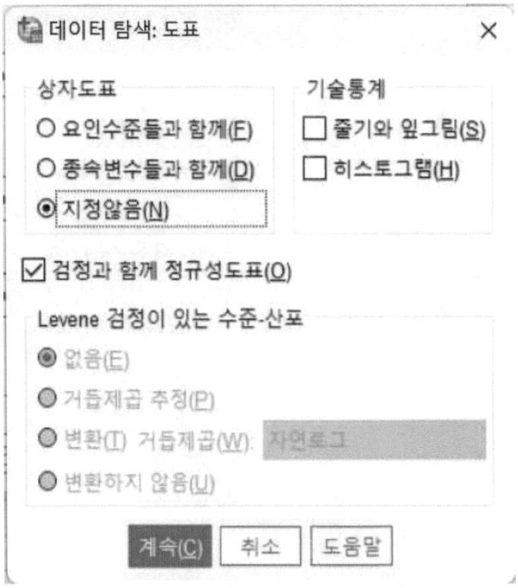

데이터 탐색: 도표
상자도표
요인수준들과 함께(F)
종속변수들과 함께(D)
지정않음(N)
기술통계
줄기와 잎그림(S)
히스토그램(H)
검정과 함께 정규성도표(O)
Levene 검정이 있는 수준-산포
없음(E)
거듭제곱 추정(P)
변환(T) 거듭제곱(W): 자연로그
변환하지 않음(U)
계속(C)
취소
도움말

그림 156

⑥ 정규성 검정 결과가 나타난다.

정규성 검정

	Kolmogorov-Smirnov[a]			Shapiro-Wilk		
	통계	자유도	CTT 유의확률	통계	자유도	CTT 유의확률
투약전	.215	6	.200*	.948	6	.725
투약7일후	.209	6	.200*	.876	6	.251
투약14일후	.249	6	.200*	.908	6	.425

*. 이것은 참 유의성의 하한입니다.

a. Lilliefors 유의확률 수정

▸ 콜모고로프-스미르노프 검정(Kolmogorov-Smirnov test)과 샤피로-윌크 검정(Shapiro-Wilk test)은 둘 다 데이터가 정규분포를 따르는지 아닌지를 확인하는 통계적 검정 방법이다. 일반적으로 콜모고로프-스미르노프 검정은 샘플의 크기가 클 때 사용하며, 샤피로-윌크 검정은 상대적으로 작은 샘플(n<50)일 때 사용한다.

▸ 두 검정 방법의 영가설은 "데이터는 정규분포를 따른다"인데, 두 변수의 유의확률이 0.05 이상으로 영가설을 기각하지 않으므로 정규성 가정을 충족한다.

⑦ 반복측정 분산분석을 위해 '분석(A)' - '일반선형모형(G)' - '반복측도(R)' 순으로 클릭한다.

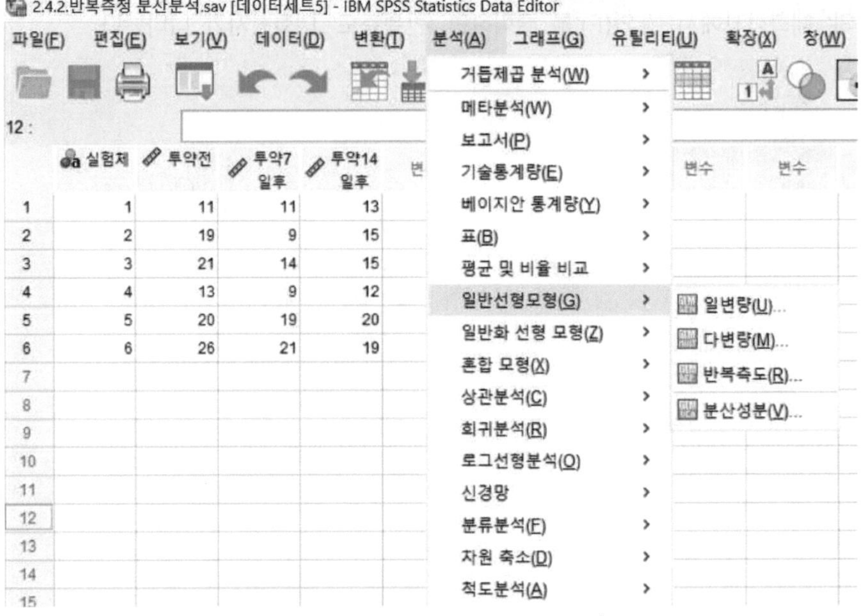

그림 158

⑧ '반복측도 요인 정의' 대화상자에서 '개체-내 요인이름(W)' 박스에 '경과기간'을, '수준 수(L)' 박스에 '3'를 입력한 후 '추가(A)'를 클릭한다. '측도 이름(N)' 박스에는 '섭취량'을 입력한 후 '추가(D)'를 클릭한다.

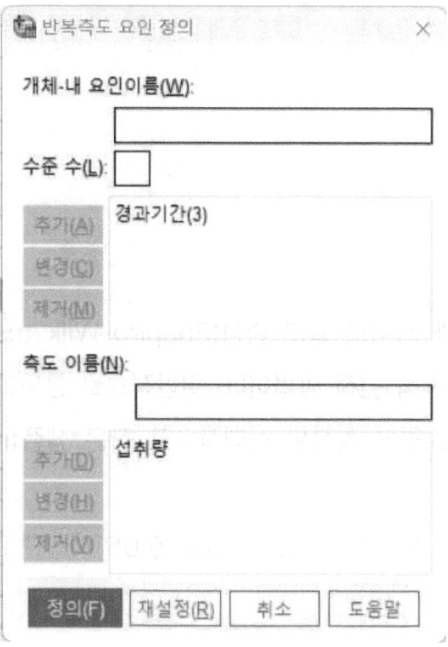

그림 159

⑨ '반복측도 요인 정의' 대화상자에서 '정의(F)'를 클릭하면 '반복측도' 대화상자가 나타난다.

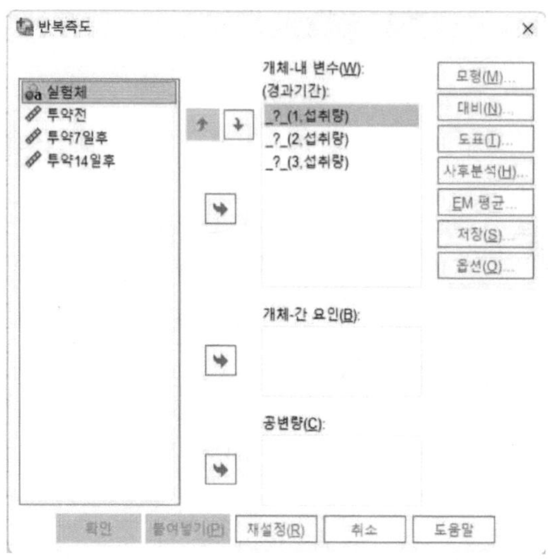

그림 160

⑩ '반복측도' 대화상자에서 투약전, 투약7일후, 투약14일후를 '개체-내 변수(W)'로 이동시킨다.

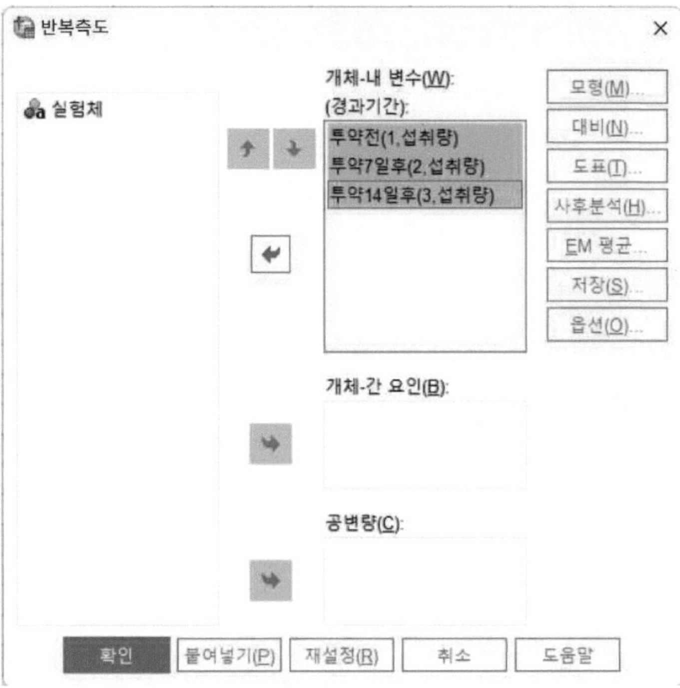

그림 161

⑪ '반복측도' 대화상자에서 '도표(T)'를 클릭하여 '프로파일 도표' 대화상자를 연다. 대화상자에서 '경과기간'을 '수평축 변수(H)'로 이동시키고 '추가(A)'를 클릭하면 아래와 같이 변수 선정이 완료된다. 완료 후 '계속(C)'를 클릭한다.

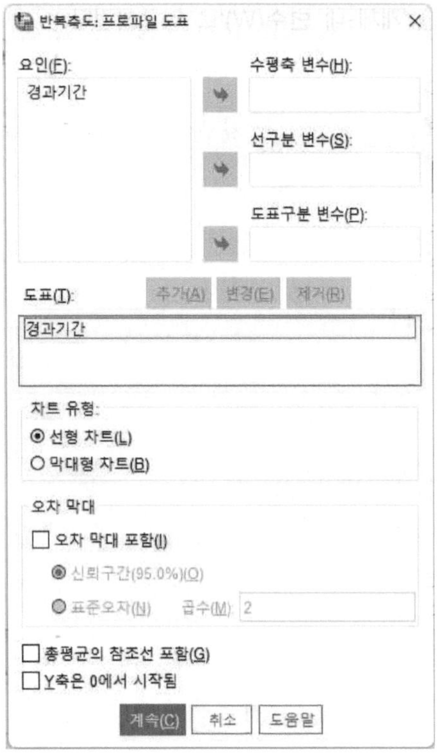

그림 162

⑫ '반복측도' 대화상자에서 'EM 평균'을 클릭하여 '추정 주변 평균' 대화상자를 연다. '경과기간'을 '평균 표시 기준(M)'으로 이동시키고, '주효과 비교(O)'에 체크를 한 뒤 '신뢰구간 수정(N)' 콤보박스에서 Bonferroni를 선택한다. 완료 후 '계속(C)'를 누른다.

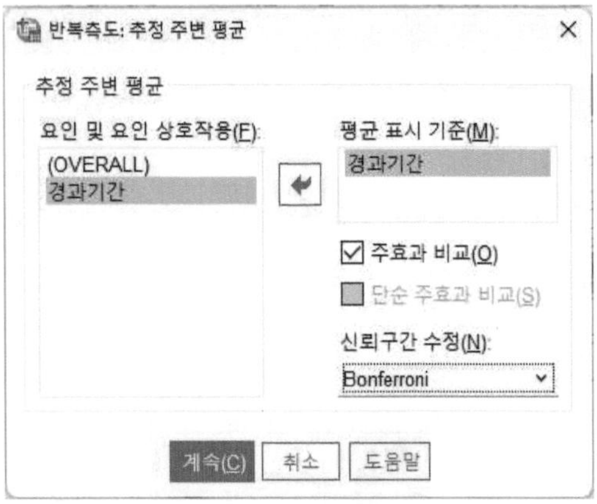

그림 163

⑬ '반복측도' 대화상자에서 '옵션(O)'을 클릭하여 '옵션' 대화상자를 열고 아래와 같이 체크한다. 체크 완료 후 '계속(C)'을 클릭한다.

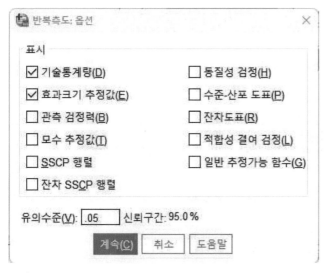

반복측도: 옵션

표시

- ☑ 기술통계량(D)
- ☑ 효과크기 추정값(E)
- ☐ 관측 검정력(B)
- ☐ 모수 추정값(T)
- ☐ SSCP 행렬
- ☐ 잔차 SSCP 행렬
- ☐ 동질성 검정(H)
- ☐ 수준-산포 도표(P)
- ☐ 잔차도표(R)
- ☐ 적합성 결여 검정(L)
- ☐ 일반 추정가능 함수(G)

유의수준(V): .05 신뢰구간: 95.0%

계속(C) 취소 도움말

그림 164

⑭ '반복측도' 대화상자에서 '확인'을 클릭하면 다음과 같이 출력결과가 표시된다.

기술통계량

	평균	표준편차	N
투약전	18.33	5.502	6
투약7일후	13.83	5.154	6
투약14일후	15.67	3.204	6

▸ '기술통계량' 표는 각 경과 기간별 섭취량의 평균, 표준편차, 케이스 수를 보여준다.

Mauchly의 구형성 검정[a]

측도: 섭취량

					엡실런[b]		
개체-내 효과	Mauchly의 W	근사 카이제곱 검정	자유도	유의확률	Greenhouse-Geisser	Huynh-Feldt	하한
경과기간	.854	.631	2	.729	.873	1.000	.500

정규화된 변형 종속변수의 오차 공분산행렬이 항등 행렬에 비례하는 영가설을 검정합니다.

a. Design: 절편
개체-내 계획: 경과기간

b. 유의성 평균검정의 자유도를 조절할 때 사용할 수 있습니다. 수정된 검정은 개체내 효과검정 표에 나타납니다.

▸ '구형성 검정' 표는 반복측정 분산분석의 가정인 구형성 가정이 충족되는지를 보여준다. Mauchly의 구형성 검정에서 W값이 1에 가까울수록 구형성이 강하다. 표에서 구형성 검정 결과 *p*(유의확률)=.729이므로 구형성 가정을 충족한다.

개체-내 효과 검정

측도: 섭취량

원인		제 III 유형 제곱합	자유도	평균제곱	F	유의확률	부분 에타 제곱
경과기간	구형성 가정	61.444	2	30.722	5.497	.025	.524
	Greenhouse-Geisser	61.444	1.745	35.207	5.497	.031	.524
	Huynh-Feldt	61.444	2.000	30.722	5.497	.025	.524
	하한	61.444	1.000	61.444	5.497	.066	.524
오차(경과기간)	구형성 가정	55.889	10	5.589			
	Greenhouse-Geisser	55.889	8.726	6.405			
	Huynh-Feldt	55.889	10.000	5.589			
	하한	55.889	5.000	11.178			

▸ 앞서 구형성 가정이 충족된 것을 확인했으므로, '개체-내 효과 검정' 표에서 '구형성 가정' 라인을 해석하면 된다. 결과를 살펴보면 개체-내 효과 즉, 시간에 따른 섭취량의 차이는 유의적인 것으로 나타났다(F=5.497, *p*=.025). 따라서 시간의 경과에 따라 섭취량이 다르다고 결론을 내릴 수 있다. 효과 크기의 경우, 부분 에타 제곱값이 .524이므로 효과 크기가 큰 것으로 나타났다.

만약 구형성 가정이 충족되지 않았다면 Greenhouse-Geisser, Huynh-Feldt, 하한 값으로 검정하면 된다. Greenhouse-Geisser, Huynh-Feldt, 하한 순으로 더 보수적이다.

대응별 비교

측도: 섭취량

(I) 경과기간	(J) 경과기간	평균차이(I-J)	표준오차	유의확률[a]	차이에 대한 95% 신뢰구간[a] 하한	상한
1	2	4.500	1.522	.095	-.879	9.879
	3	2.667	1.453	.378	-2.468	7.802
2	1	-4.500	1.522	.095	-9.879	.879
	3	-1.833	1.078	.449	-5.642	1.975
3	1	-2.667	1.453	.378	-7.802	2.468
	2	1.833	1.078	.449	-1.975	5.642

추정 주변 평균을 기준으로

a. 다중비교를 위한 수정: Bonferroni

▸ '대응별 비교' 표는 사후 검정 결과를 나타낸다. 표에서는 경과기간 간 섭취량의 유의적인 차이가 나타나는 관계는 존재하지 않는 것으로 나타났다.

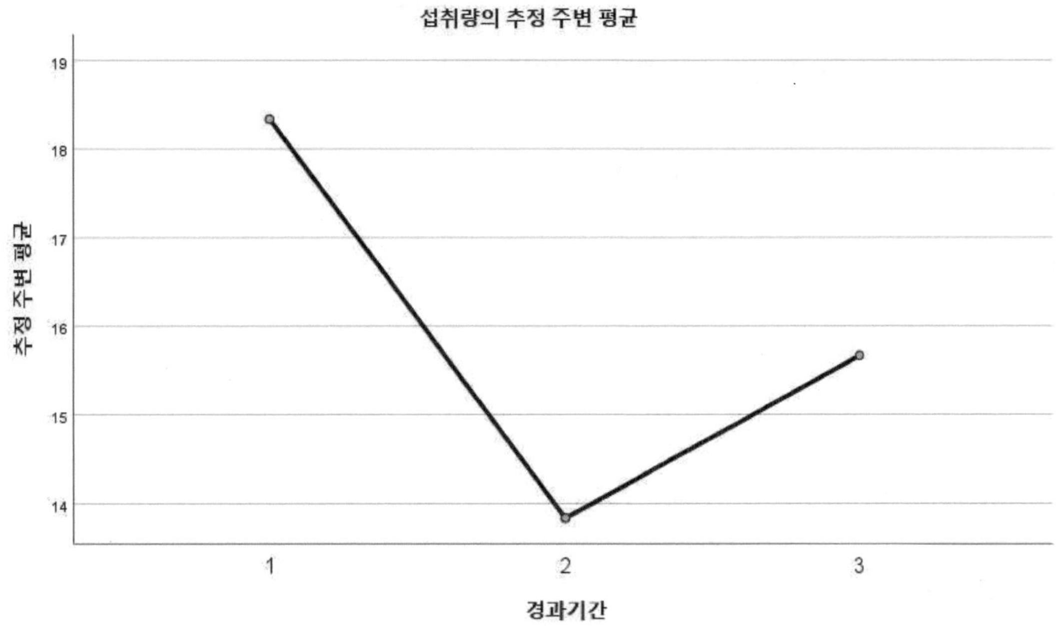

▸ 프로파일 도표는 투약전(1), 투약7일후(2), 투약14일후(3)의 평균 섭취량을 시각적으로 보여준다.

<반복측정 분산분석의 비모수 통계기법>

대응하는 세 개 이상 표본의 정규성 가정 검정(반복측정 분산분석의 ③~⑥ 절차) 결과, 정규성 가정이 위배되는 경우에는 분산분석을 진행할 수 없다. 따라서 비모수적인 통계기법을 활용하여 두 모집단의 평균을 비교하여야 한다.(비모수 통계기법에 대한 설명은 독립표본 T-검정 참고)

대응하는 세 개 이상의 집단의 분포(평균)을 비교하기 위한 비모수 통계기법으로 Friedman 검정을 활용한다. SPSS에서 분석을 진행하는 방법은 다음과 같다.

① '2.4.2.반복측정 분산분석.sav' 파일을 열고, 반복측정 분산분석의 ⑥번 절차(정규성 검정)까지 완료한 상태에서 분석을 진행한다. (단, 정규성 분석 결과 정규성 가정이 위배되었음을 가정한다.)

② Friedman 검정을 위해 '분석(A)' - '비모수검정(N)' - '레거시 대화상자(L)' - 'K-대응표본(S)' 순으로 클릭한다.

그림 170

③ 'K-대응 표본 비모수검정' 대화상자에서 분석할 변수들을 '검정 변수(T)'로 이동하고 검정 유형으로 'Friedman'을 선택한 후 '확인'을 클릭한다.

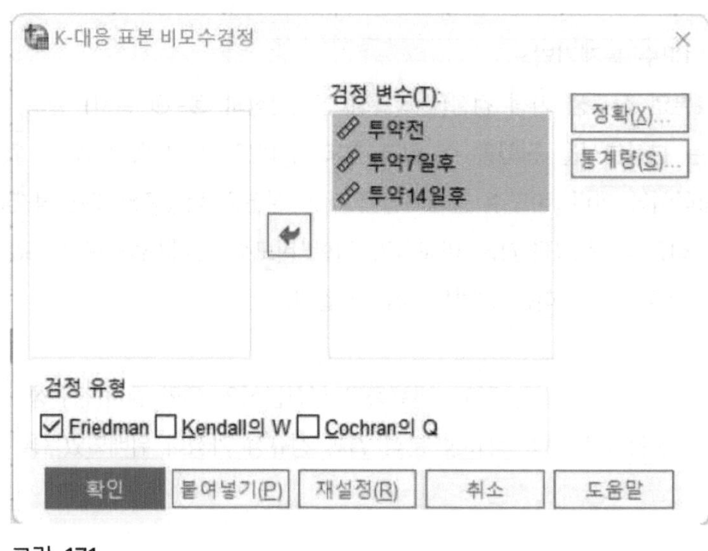

그림 171

④ 출력결과가 다음과 같이 나타난다.

순위

	평균 순위
투약전	2.67
투약7일후	1.25
투약14일후	2.08

▸ Friedman 검정 시 SPSS에서 자료를 서열척도로 변환시키기 때문에 '순위' 표는 약물 투약 전, 7일 후, 14일 후 하루 사료 섭취량의 평균 순위를 나타낸다.

검정 통계량[a]

N	6
카이제곱	6.636
자유도	2
근사 유의확률	.036

a. Friedman 검정

▸ Friedman 검정 결과 χ^2 값은 6.636이고, p-value=.036로 유의수준 .05에서 귀무가설을 기각한다. **따라서 시간의 경과에 따라 사료 섭취량이 다르다고 결론을 내릴 수 있다.**

2.4.3. 이원배치 분산분석(Two-Way ANOVA)

일원 배치 분산분석의 경우 연구자가 확인하고자 하는 것은 주 효과(main effect)이다. 주 효과는 한 독립변수가 종속변수에 미치는 영향을 말한다. 반면, 이원배치 분산분석에서 주로 확인하고자 하는 것은 두 독립변수의 상호작용효과(interaction effect)이다. 상호작용효과란 한 독립변수의 변화가 종속변수에 미치는 영향이 다른 독립변수의 수준(level)에 따라 달라지는 것을 말한다.

독립변수가 두 개인 이원배치 분산분석에서 첫 번째 독립변수 A가 나누어진 수준의 개수를 J라고 하고, 두 번째 독립변수 B가 나누어진 수준의 개수를 K라고 하면 관찰값은 X_{ijk}로 표시한다. 이때 i는 집단 내 위치(순서)를 나타내고, j는 독립변수 A의 수준을, k는 독립변수 B의 수준을 나타낸다. 관찰값 X_{ijk}를 수식으로 나타내면 다음과 같은데, 이는 다중회귀분석의 회귀식과 유사하다. 즉, 이원배치 분산분석과 다중회귀분석 모두 종속변수와 독립변수들 사이의 선형적 관계를 가정한다는 점에서 유사한 특성을 가진다.

$$X_{ijk} = \mu + \alpha_j + \beta_k + (\alpha\beta)_{jk} + e_{ijk}$$

(X_{ijk}: 독립변수 A의 j번째 수준과 독립변수 B의 k번째 수준의 영향을 받은 i번째 관찰값,

μ: 전체 평균, α_j: 독립변수 A의 효과, β_k: 독립변수 B의 효과,
$(\alpha\beta)_{jk}$: 독립변수 A, B의 상호작용 효과, e_{ijk}: 관찰값 i의 오차)

이원배치 분산분석도 일원배치 분산분석과 같이 독립변수는 명목척도, 종속변수는 등간 혹은 비율척도로 측정되어야 하며, 정규성, 등분산성 가정이 필요하다.

<예제>
A 기업은 학력에 따른 성과의 차이가 있는지를 조사하여 인사업무에 참고하고자 한다. 그런데 학력에 따른 성과의 차이가 성별에 따라 다를 수도 있겠다는 생각이 들어 남·녀 중 어느 성별 집단에서 성과가 높은지도 확인하기로 했다. 따라서 직원 32명의 성별, 학력, 성과 등급 자료를 수집하였다. 이 자료를 통해 학력에 따른 성과의 차이가 성별에 따라 다르다고 할 수 있는가?

① 귀무가설(H_0)과 연구가설(H_1) 설정

본 예제의 연구 문제는 다음과 같이 표현된다.

▸ 연구 문제 : 학력에 따른 성과의 차이가 성별에 따라 다를 것인가?

한편, 위 연구 문제는 학력 변수와 성별 변수 간의 상호작용을 중심으로 다음과 같이 바꿔서 표현할 수 있다.

▸ 연구 문제 : 학력과 성별 간에는 상호작용 효과가 있는가?

위와 같은 연구 문제를 도식으로 나타내면 직관적인 이해가 가능하며, 다른 연구자에게 설명하기도 수월하다. 본 연구 문제를 도식으로 나타내면 아래와 같다.

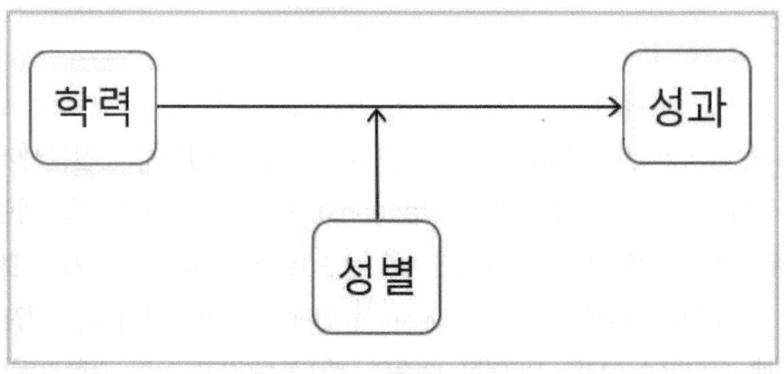

그림 174

귀무가설과 연구가설은 아래와 같이 표현된다.

H_0: 학력과 성별의 상호작용효과가 없다.

H_1: 학력과 성별의 상호작용효과가 있다.

② 데이터 확인 및 결측값 처리

'2.4.3.이원배치 분산분석.sav' 파일을 열고 데이터를 확인한다. 자료에 결측값이 존재하면 결측값을 빼고 통계분석을 수행할지, 아니면 결측값을 대체하여 통계분석을 수행할지 결정한다.

본 예제에서는 실제 연구자 개인이 보유한 데이터가 완벽하지 않음을 고려하여 결측값을 대체하여 통계분석을 수행한다(결측값은 '9'로 코딩되어 있다).

2.4.3.이원배치 분산분석.sav [데이터세트2] - IBM SPSS Statistics Data

파일(F) 편집(E) 보기(V) 데이터(D) 변환(T) 분석(A) 그

9 :

	성별	학력	성과등급	변수	변수
1	1	1	2.5		
2	1	1	2.6		
3	1	1	2.8		
4	1	1	3.0		
5	1	1	3.9		
6	1	1	4.2		
7	2	1	4.2		
8	2	1	4.3		
9	2	1	4.7		
10	2	1	4.8		
11	2	1	4.8		
12	2	1	9.0		
13	1	2	1.8		
14	1	2	2.0		
15	1	2	2.1		
16	1	2	2.2		
17	2	2	2.3		
18	2	2	2.3		
19	2	2	2.4		
20	2	2	2.5		
21	1	3	2.2		

그림 175

③

④

⑤ 결측값을 결측 처리하기 위해 '데이터(D)' - '변수특성정의(V)'를 클릭한다.

그림 176

⑥ '변수특성정의' 대화상자에서 결측값이 존재하는 변수들을 모두 '스캔할 변수(S)'로 옮기고 '계속(C)'을 클릭한다. ※ 결측치가 존재하지 않는 변수를 함께 스캔해도 상관없다.

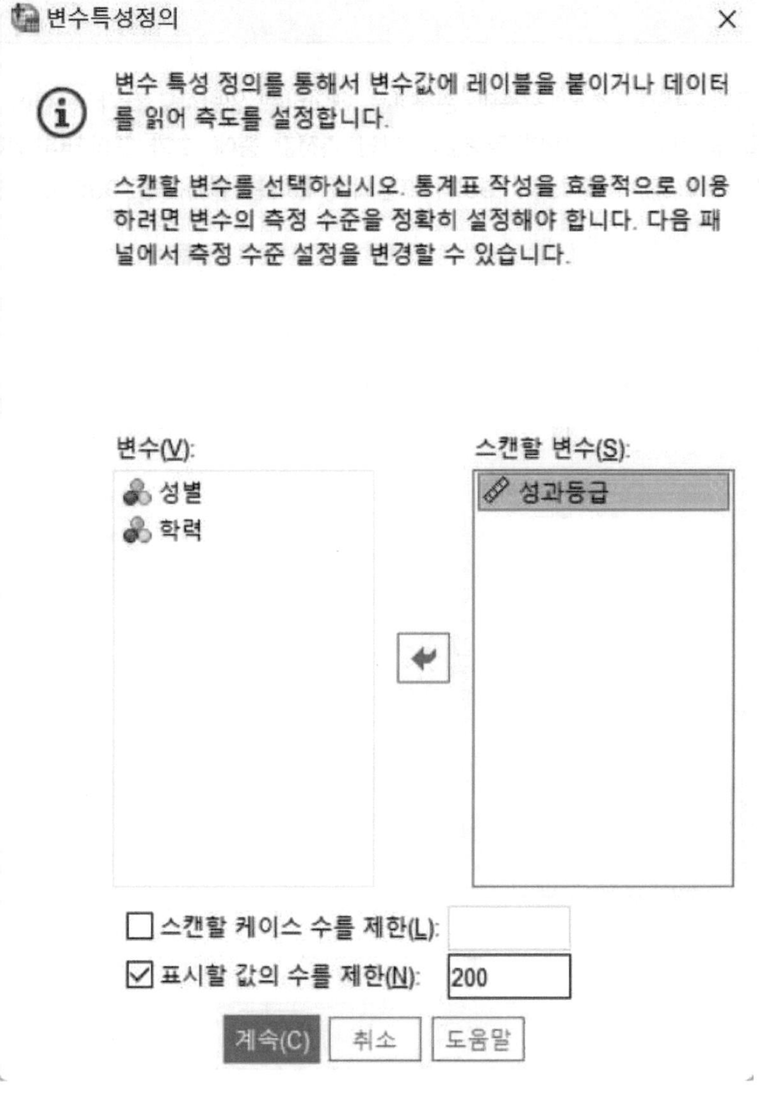

그림 177

⑦ '스캔된 변수 목록(C)'에는 독립변수들이 나타난다. 각 독립변수를 클릭하면 '값 레이블 격자(V)'에 데이터 값, 빈도 등이 표시된다. 데이터 값이 결측값(9, 99, 999 등으로 표시)에 해당하는 행의 '결측' 상자에 체크한다.

<결측값의 코딩>
수집한 데이터를 엑셀 등에 코딩할 경우, 결측이 존재하는 데이터는 일반적으로 해당 셀에 '9', '99', '999'와 같은 값을 입력한다. 단, 만약 결측값이 아닌 측정값 중에 '9'가 포함되어 있다면 결측값을 '99'로 코딩하고, 측정값 중에 '9'와 '99'가 포함되어 있다면 결측값을 '999'로 코딩하는 방식을 사용하면 된다.

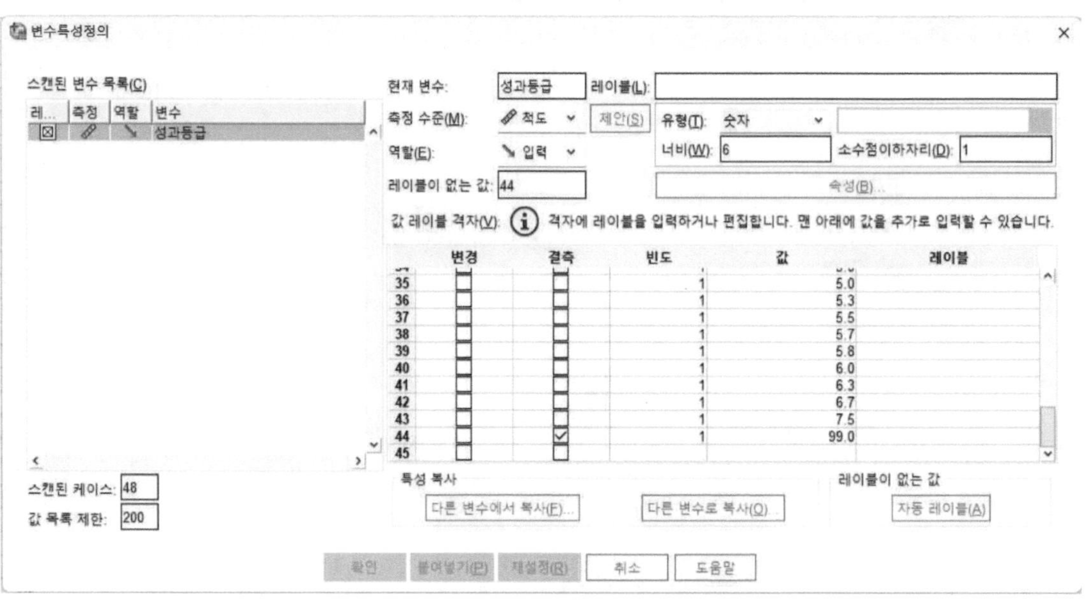

그림 178

⑧ '변수특성정의' 대화상자에서 결측값을 모두 체크한 후 '확인'을 누르면 결측 처리가 완료된다. 결측값 처리된 결과는 '변수 보기'에서도 확인할 수 있다.

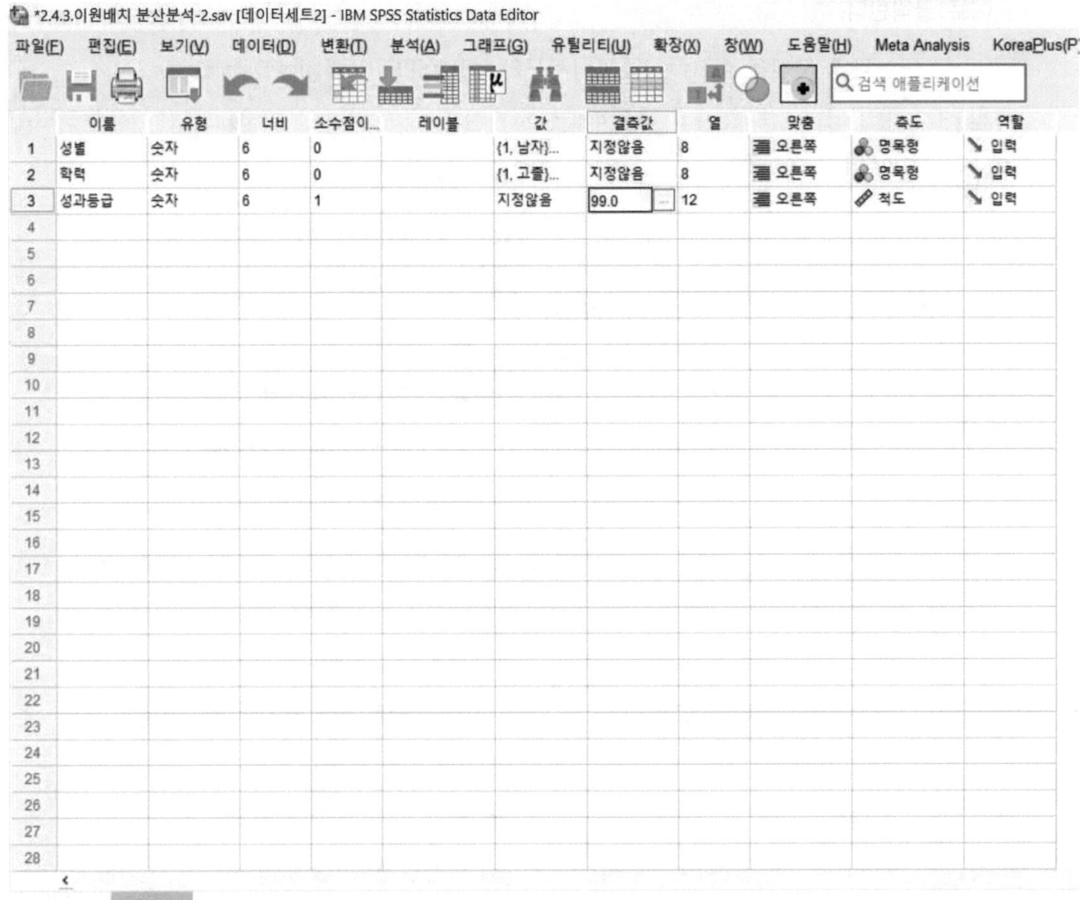

그림 179

⑨ 결측값 대체 : 본 예제의 자료에서 성과등급 변수에만 결측치('9')가 존재한다. 따라서 다중대체가 아닌 결측값 대체의 방법으로 결측치를 대체한다(1.4.4. 장 참고). '변환(T)' - '결측값 대체(V)'를 차례로 클릭한다.

	성별	학력	성과등급
1	1	1	4.1
2	1	1	3.4
3	1	1	2.9
4	1	1	5.3
5	1	1	6.7
6	1	1	5.0
7	1	1	3.1
8	1	1	4.4
9	1	2	3.1
10	1	2	2.4
11	1	2	1.9
12	1	2	4.3
13	1	2	5.7
14	1	2	4.0
15	1	2	2.1
16	1	2	3.4
17	1	3	3.5
18	1	3	2.7

그림 180

⑩ 성과등급 변수를 '새 변수(N)'로 이동하고 '이름(A)'을 '성과등급_대체'로 바꾸고 '변경(H)'를 클릭한다. '방법(M)'으로는 '선형 보간법'을 선택하고 '확인'을 클릭한다.

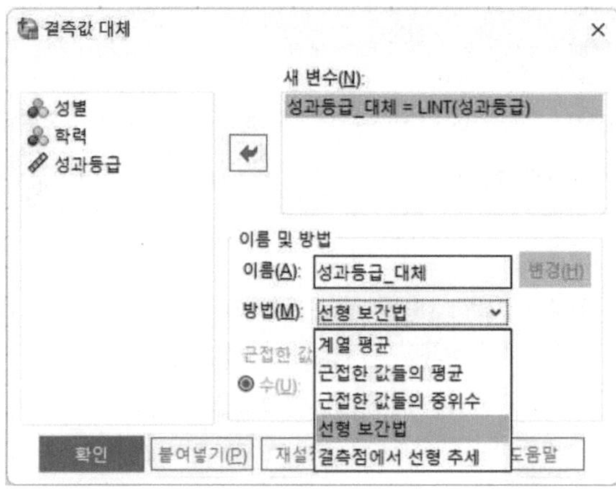

그림 181

⑪ 다음과 같이 결측치가 대체된 '성과등급_대체' 변수가 추가된 것을 확인할 수 있다.

*2.4.3.이원배치 분산분석-2.sav [데이터세트2] - IBM SPSS Statistics Data Editor

파일(F) 편집(E) 보기(V) 데이터(D) 변환(T) 분석(A) 그래프(G)

12 :

	성별	학력	성과등급	성과등급_대체	변수
1	1	1	4.1	4.14	
2	1	1	3.4	3.37	
3	1	1	2.9	2.90	
4	1	1	5.3	5.30	
5	1	1	6.7	6.65	
6	1	1	5.0	4.97	
7	1	1	3.1	3.12	
8	1	1	4.4	4.39	
9	1	2	3.1	3.14	
10	1	2	2.4	2.37	
11	1	2	1.9	1.90	
12	1	2	4.3	4.30	
13	1	2	5.7	5.65	
14	1	2	4.0	3.97	
15	1	2	2.1	2.12	
16	1	2	3.4	3.39	
17	1	3	3.5	3.50	

그림 182

⑫ 이원배치 분산분석 수행 전 정규성 가정 검정을 위해 '분석(A)' - '기술통계량(E)' - '데이터 탐색(E)'를 클릭한다.

	성별	학력	성과등급
1	1	1	4.1
2	1	1	3.4
3	1	1	2.9
4	1	1	5.3
5	1	1	6.7
6	1	1	5.0
7	1	1	3.1
8	1	1	4.4
9	1	2	3.1
10	1	2	2.4
11	1	2	1.9
12	1	2	4.3
13	1	2	5.7

그림 183

⑬ '데이터 탐색' 대화상자에서 '종속변수(D)'에 성과등급을, '요인(E)'에 성별, 학력을 이동하고 '도표(T)'를 클릭한다.

그림 184

⑭ '도표' 대화상자에서 '검정과 함께 정규성도표(O)'를 클릭하고 '계속(C)'를 클릭한다. 이후 '데이터 탐색' 대화상자에서 '확인'을 클릭한다.

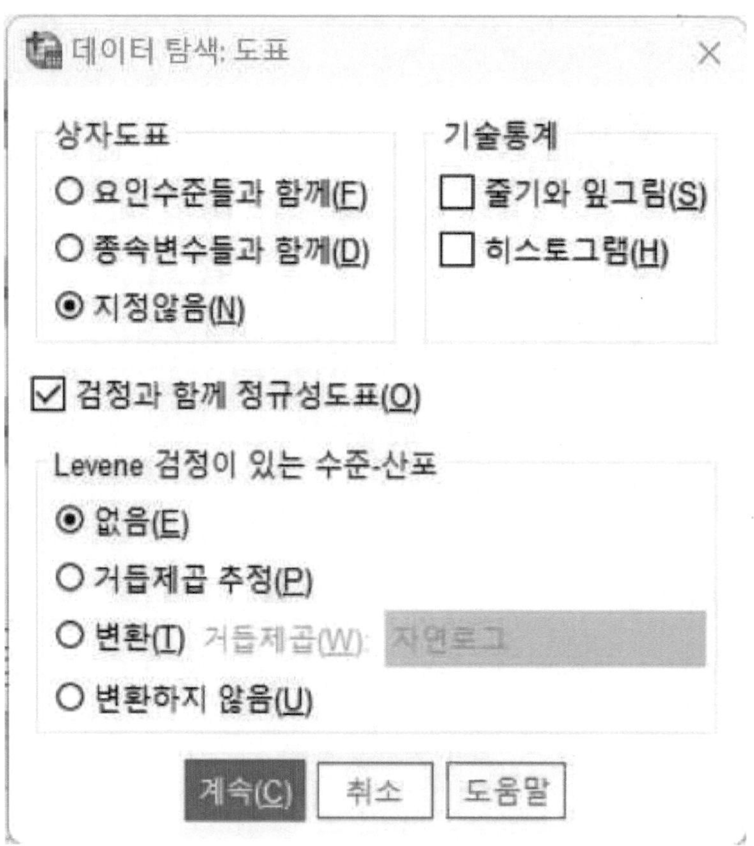

그림 185

⑮ 정규성 검정 결과가 나타난다.

정규성 검정

		Kolmogorov-Smirnov[a]			Shapiro-Wilk		
	성별	통계	자유도	CTT 유의확률	통계	자유도	CTT 유의확률
성과등급	남자	.098	24	.200*	.961	24	.463
	여자	.099	23	.200*	.962	23	.505

*. 이것은 참 유의성의 하한입니다.

a. Lilliefors 유의확률 수정

정규성 검정

	학력	Kolmogorov-Smirnov[a] 통계	자유도	CTT 유의확률	Shapiro-Wilk 통계	자유도	CTT 유의확률
성과등급	고졸	.115	16	.200*	.948	16	.462
	대졸	.152	16	.200*	.927	16	.217
	대학원졸	.129	15	.200*	.946	15	.461

*. 이것은 참 유의성의 하한입니다.

a. Lilliefors 유의확률 수정

▸ 콜모고로프-스미르노프 검정(Kolmogorov-Smirnov test)과 샤피로-윌크 검정(Shapiro-Wilk test)은 둘 다 데이터가 정규분포를 따르는지 아닌지를 확인하는 통계적 검정 방법이다. 일반적으로 콜모고로프-스미르노프 검정은 샘플의 크기가 클 때 사용하며, 샤피로-윌크 검정은 상대적으로 작은 샘플(n<50)일 때 사용한다.

▸ 두 검정 방법의 영가설은 "데이터는 정규분포를 따른다"인데, 요인(성별, 학력)별 데이터의 유의확률이 0.05 이상으로 영가설을 기각하지 않으므로 정규성 가정을 충족한다.

⑯ 이원배치 분산분석 수행을 위해 '분석(A)' - '일반선형모형(G)' - '일변량(U)' 순으로 클릭한다.

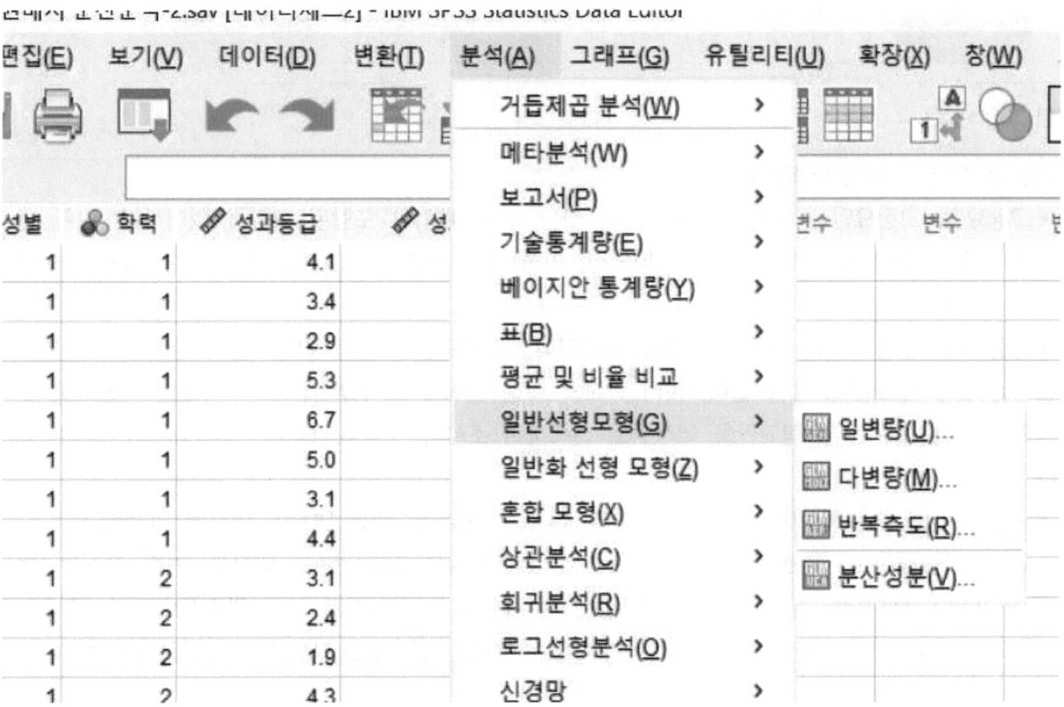

그림 188

⑰ '일변량 분석' 대화상자에서 대체된 성과등급('Lint(성과등급)[성과등급_대체]')을 '종속변수(D)'로, 성별과 학력을 '고정요인(F)'로 이동한다.

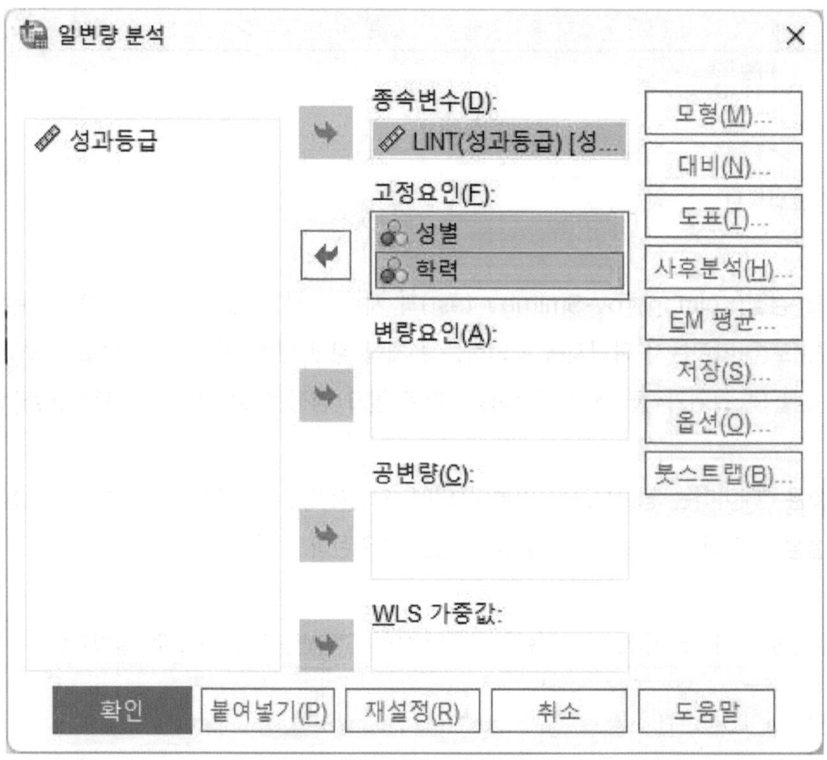

그림 189

<참고> 일변량 분석 대화상자

▸ 고정요인: 고정요인은 분석에서 고려되는 모든 수준(레벨)이 포함된 요인을 의미하며, 보통 범주형 변수에 해당한다. 예를 들어, 성별(남성, 여성)이나 처리 방법(A, B, C)과 같은 요인들이 있을 수 있다.

▸ 변량요인: 변량요인도 범주형 변수에 해당하나, 고정요인과 달리 변량요인의 수준은 무작위로 선택된 것을 대표한다. 예를 들어, 여러 학교의 학생 성적을 조사할 때, 모든 학교를 대상으로 조사할 수 없으므로 일부 학교만을 무작위로 선택하여 조사하는 경우, 학교는 변량요인이 될 수 있다.

▸ 공변량: 공변량은 종속변수에 영향을 미칠 수 있는 변수로, 보통 연속형 변수에 해당한다.

▸ WLS 가중값(WLS Weight): WLS는 Weighted Least Squares의 약자로, 가중 최소제곱법을 의미한다. 데이터의 분산이 일정하지 않은 경우나 특정 관측치가 다른 관측치보다 더 중요한 경우에 각 관측치에 가중치를 부여하여 분석을 수행하는 방법으로, WLS 가중값은 이러한 가중치를 설정하는 값이다.

⑱ '일변량 분석' 대화상자에서 '모형(M)'을 클릭하면 '모형' 대화상자가 나타난다. 본 예제에서는 기본 설정을 유지하고 '계속(C)'를 클릭한다.

그림 190

<참고> 모형 대화상자

▸ 완전요인모형(A) : 분석 결과에 두 독립변수의 주효과, 상호작용효과, 절편이 포함됨

▸ 항 설정(B) : 모형에 포함하려는 변수들만 오른쪽 상자로 옮김으로써 분석할 수 있다. 두 독립변수 중 하나의 주효과만 분석할 수도 있고, 상호작용효과만 분석할 수도 있다.

▸ 사용자 정의항 작성(U) : '항 설정(B)'이 전체 독립변수 간 상호작용효과 또는 주효과만을 확인할 수 있는 것과 달리, 사용자 정의항 작성은 변수 간의 일부 상호작용효과만을 확인할 수도 있다. 예를 들어, (가), (나), (다) 세 개의 독립변수가 존재할 때, (가)*(나)의 상호작용 효과만 확인하고 싶은 경우에 사용자 정의항 작성 기능을 활용하면 해당 상호작용 효과만을 분석할 수 있다.

⑲ '일변량 분석' 대화상자에서 '도표(T)'를 클릭하면 '프로파일 도표' 대화상자가 나타난다. 학력을 '수평축 변수(H)'로 보내고, 성별을 '선구분 변수(S)'로 보낸 뒤 '추가(A)'를 클릭한다.

※ 일반적으로 프로파일 도표에는 주변수(학력)가 수평축 변수로, 조절 변수(성별)가 선구분 변수로 설정한다.

일변량: 프로파일 도표

요인(F):
성별
학력

수평축 변수(H):

선구분 변수(S):

도표구분 변수(P):

도표(T): 추가(A) 변경(E) 제거(R)

학력*성별

차트 유형:
선형 차트(L)
막대형 차트(B)

오차 막대
오차 막대 포함(I)
신뢰구간(95.0%)(O)
표준오차(N) 곱수(M): 2

총평균의 참조선 포함(G)
Y축은 0에서 시작됨

계속(C) 취소 도움말

그림 191

⑳ '일변량 분석' 대화상자에서 '사후분석(H)'를 클릭하면 '관측평균의 사후분석 다중비교' 대화상자가 나타난다. 학력을 '사후검정변수(P)'로 보내고 사후분석 방법을 다음과 같이 체크한다. 완료 후 '계속(C)'을 클릭한다.

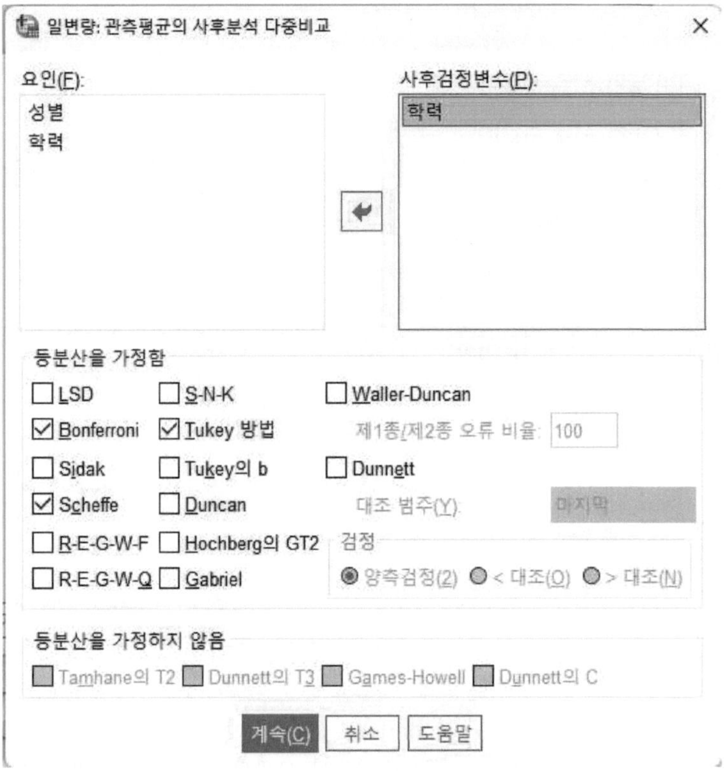

일변량: 관측평균의 사후분석 다중비교

요인(F):
성별
학력

사후검정변수(P):
학력

등분산을 가정함
☐ LSD ☐ S-N-K ☐ Waller-Duncan
☑ Bonferroni ☑ Tukey 방법 제1종/제2종 오류 비율: 100
☐ Sidak ☐ Tukey의 b ☐ Dunnett
☑ Scheffe ☐ Duncan 대조 범주(Y): 마지막
☐ R-E-G-W-F ☐ Hochberg의 GT2 검정
☐ R-E-G-W-Q ☐ Gabriel ◉ 양측검정(2) ○ < 대조(O) ○ > 대조(N)

등분산을 가정하지 않음
☐ Tamhane의 T2 ☐ Dunnett의 T3 ☐ Games-Howell ☐ Dunnett의 C

계속(C) 취소 도움말

그림 192

① '일변량 분석' 대화상자에서 '옵션(O)'를 클릭하여 대화상자에서 다음과 같이 체크한다. 완료 후 '계속(C)'을 클릭한다.

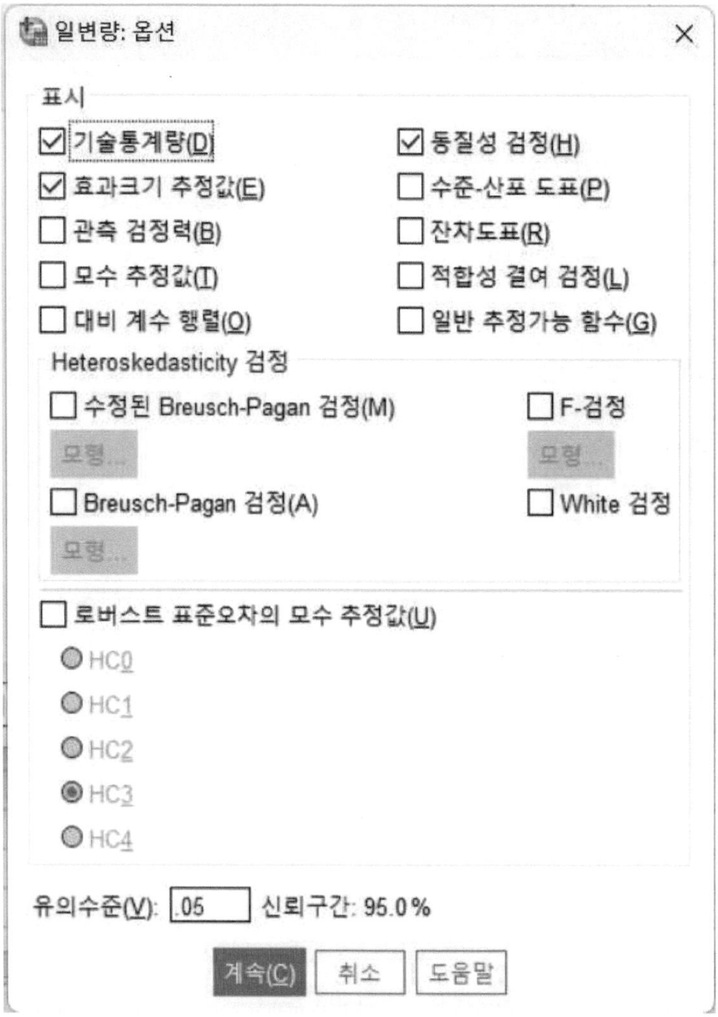

일변량: 옵션

표시
- [x] 기술통계량(D)
- [x] 동질성 검정(H)
- [x] 효과크기 추정값(E)
- [ ] 수준-산포 도표(P)
- [ ] 관측 검정력(B)
- [ ] 잔차도표(R)
- [ ] 모수 추정값(T)
- [ ] 적합성 결여 검정(L)
- [ ] 대비 계수 행렬(O)
- [ ] 일반 추정가능 함수(G)

Heteroskedasticity 검정
- [ ] 수정된 Breusch-Pagan 검정(M) 모형...
- [ ] F-검정 모형...
- [ ] Breusch-Pagan 검정(A) 모형...
- [ ] White 검정

- [ ] 로버스트 표준오차의 모수 추정값(U)
  - HC0
  - HC1
  - HC2
  - HC3
  - HC4

유의수준(V): .05 신뢰구간: 95.0 %

계속(C) 취소 도움말

그림 193

② '일변량 분석' 대화상자에서 '확인'을 클릭하면 다음과 같이 출력결과가 나타난다.

기술통계량

종속변수: LINT(성과등급)

성별	학력	평균	표준편차	N
남자	고졸	4.3550	1.26481	8
	대졸	3.3550	1.26481	8
	대학원졸	3.7750	1.40382	8
	전체	3.8283	1.32247	24
여자	고졸	4.9125	1.41970	8
	대졸	3.5250	1.28702	8
	대학원졸	2.6143	1.10970	7
	전체	3.7304	1.55693	23
전체	고졸	4.6337	1.33042	16
	대졸	3.4400	1.23582	16
	대학원졸	3.2333	1.36835	15
	전체	3.7804	1.42697	47

▸ '기술통계량' 표는 학력과 성별에 따른 성과등급의 기술통계량을 보여준다.

오차 분산의 동일성에 대한 Levene의 검정[a,b]

		Levene 통계량	자유도1	자유도2	유의확률
LINT(성과등급)	평균을 기준으로 합니다.	.085	5	41	.994
	중위수를 기준으로 합니다.	.100	5	41	.992
	자유도를 수정한 상태에서 중위수를 기준으로 합니다.	.100	5	40.177	.992
	절삭평균을 기준으로 합니다.	.087	5	41	.994

여러 집단에서 종속변수의 오차 분산이 동일한 영가설을 검정합니다.

a. 종속변수: LINT(성과등급)

b. Design: 절편 + 성별 + 학력 + 성별 * 학력

▸ '분산의 동질성 검정' 표는 등분산성 검정을 위한 Levene 통계량이 나타난다. 평균을 기준으로 한 Levene 통계량의 p=.994이므로, α=.05에서 등분산성 가정을 충족한다. 따라서 본 예제의 데이터는 이원배치 분산분석에 적합하다고 할 수 있다.

개체-간 효과 검정

종속변수: LINT(성과등급)

원인	제 III 유형 제곱합	자유도	평균제곱	F	유의확률	부분 에타 제곱
수정된 모형	24.383[a]	5	4.877	2.886	.025	.260
절편	661.460	1	661.460	391.432	<.001	.905
성별	.244	1	.244	.145	.706	.004
학력	18.623	2	9.311	5.510	.008	.212
성별 * 학력	6.216	2	3.108	1.839	.172	.082
추정값	69.284	41	1.690			
전체	765.373	47				
수정된 합계	93.667	46				

a. R 제곱 = .260 (수정된 R 제곱 = .170)

▸ '개체-간 효과 검정' 표는 이원배치 분산분석의 결과표에 해당한다. 연구의 초점인 성별과 학력의 상호작용(성별*학력)은 F=1.839, *p*=.172로 비유의적으로 나타나 학력에 따른 성과는 성별에 따라 다르다고 할 수 없다. 부분 에타 제곱은 효과크기를 나타낸다.

▸ 표의 하단에 있는 R 제곱은 두 독립변수와 상호작용효과가 종속변수의 분산을 설명하는 정도(설명력)를 나타낸다. 설명력은 0에서 1 사이의 값을 가지며, 1에 가까울수록 모델이 종속변수의 변동을 잘 설명한다는 것을 의미한다.

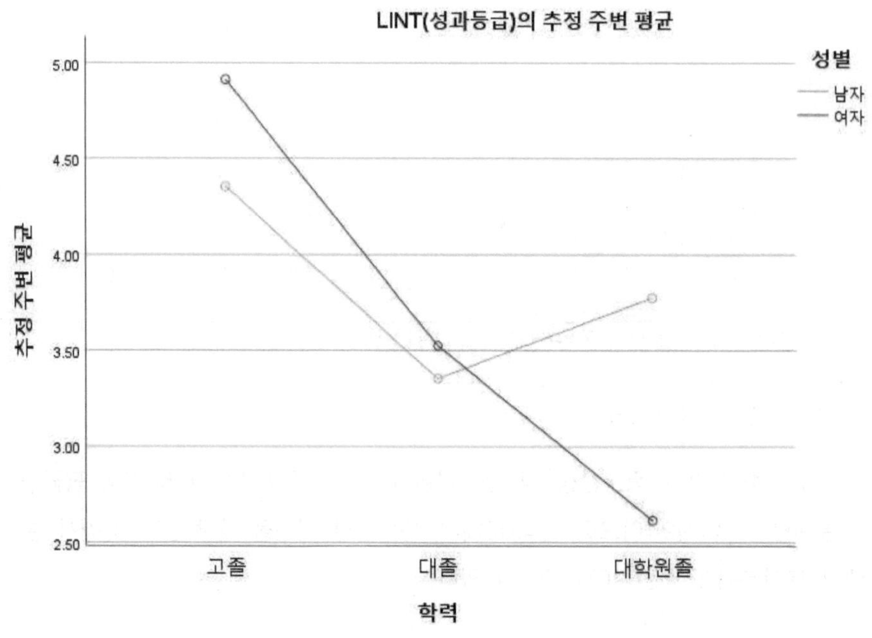

▸ '프로파일 도표'는 상호작용효과를 시각적으로 보여준다.

'개체-간 효과 검정'과 '프로파일 도표'에 의하면 남성의 경우 고졸의 성과등급이 가장 높고, 대학원졸-대졸 순으로 높다는 것이 나타났다. 여성의 경우 학력이 높을수록 성과등급이 낮다는 것을 확인할 수 있다. 만약 성별별로 학력에 따른 성과의 차이가 유의적인지 확인하기 위해서는 성별 데이터로 일원분산분석을 수행하면 된다(2.4.1장 참고).

다중비교

종속변수: LINT(성과등급)

	(I) 학력	(J) 학력	평균차이(I-J)	표준오차	유의확률	95% 신뢰구간 하한	95% 신뢰구간 상한
Scheffe	고졸	대졸	1.1937*	.45960	.044	.0264	2.3611
		대학원졸	1.4004*	.46720	.017	.2138	2.5871
	대졸	고졸	-1.1937*	.45960	.044	-2.3611	-.0264
		대학원졸	.2067	.46720	.907	-.9800	1.3933
	대학원졸	고졸	-1.4004*	.46720	.017	-2.5871	-.2138
		대졸	-.2067	.46720	.907	-1.3933	.9800
Bonferroni	고졸	대졸	1.1937*	.45960	.039	.0465	2.3410
		대학원졸	1.4004*	.46720	.014	.2342	2.5666
	대졸	고졸	-1.1937*	.45960	.039	-2.3410	-.0465
		대학원졸	.2067	.46720	1.000	-.9595	1.3729
	대학원졸	고졸	-1.4004*	.46720	.014	-2.5666	-.2342
		대졸	-.2067	.46720	1.000	-1.3729	.9595

관측평균을 기준으로 합니다.
오차항은 평균제곱(오차) = 1.690입니다.
*. 평균차이는 .05 수준에서 유의합니다.

▸ '다중비교' 표는 학력 변수에 대한 사후분석 결과를 제시한다. 고졸-대졸, 고졸-대학원졸 간 성과등급 차이가 모두 유의적인 것으로 나타났으며($p<.05$), 고졸이 대졸·대학원졸보다 성과등급이 높다는 것을 확인할 수 있다.

2.5. 상관분석

2.5.1. Pearson 상관분석

상관분석은 두 변수 간의 선형적 관계(linear relationship)를 평가한다. 즉, 상관분석은 두 변수가 함께 움직이는 경향이 있는지를 알아보기 위해 사용된다. 선형적 관계란, 두 변수 간의 변화가 직선 형태로 관련되어 있으며, 한 변수가 증가하면 다른 변수도 비례하여 증가하거나 감소하는 관계를 의미한다. 이러한 상관관계의 크기를 나타내는 값이 상관계수(correlation coefficient)이다. 상관계수가 1 또는 -1에 가까울수록 강한 선형적 관계를 보여준다고 판단하고 0에 가까울수록 선형적 관계가 없다고 판단한다.

상관계수의 종류로는 여러 가지가 있는데, 본 장에서는 Pearson 상관계수를 활용한 상관분석을 다룬다. 척도 별로 분석할 수 있는 상관계수의 종류는 다음 표와 같다.

척도	상관계수 종류
등간·비율 – 등간·비율	Pearson 상관계수
서열 – 서열	Spearman 상관계수
서열 – 서열	Kendall's tau
등간·비율 – 명목(2분화 변수)	Point-biserial r
명목(이분화 변수) – 명목(이분화 변수)	Phi-coefficient

Pearson 상관분석을 수행하기 위해서는 두 변수가 이변량 정규분포(bivariate normal distrib ution)를 이룬다는 가정이 충족되어야 한다. 즉, 각 변수는 정규분포를 따라야 하며, 두 변수 간에는 선형적인 관계가 있어야 하고, 데이터의 분산은 모든 값에서 일정해야 한다.

<예제>
기온에 따른 축구 경기 관중 수 간의 관계를 조사하기 위하여 20일간의 최고기온과 관중 수 자료를 수집하였다. 두 변수 간에 상관관계가 있다고 할 수 있는가?
(관중 수 단위 : 천 명)

① 귀무가설(H_0)과 연구가설(H_1) 설정

가설 검정을 위해 귀무가설과 연구가설(대립가설)을 아래와 같이 설정한다.

H_0: 최고기온과 관중 수 간에는 상관관계가 없다($\rho = 0$).

H_1: 최고기온과 관중 수 간에는 상관관계가 있다($\rho \neq 0$).

(ρ: rho라고 읽으며 상관관계를 의미하는 모수이다.)

② 데이터 확인 및 결측값 처리

'2.5.1.Perason 상관분석.sav' 파일을 열고 데이터를 확인한다. 자료에 결측값이 존재하면 결측값을 빼고 통계분석을 수행할지, 아니면 결측값을 대체하여 통계분석을 수행할지 결정한다.

본 예제에서는 실제 연구자 개인이 보유한 데이터가 완벽하지 않음을 고려하여 결측값을 대체하여 통계분석을 수행한다(결측값은 '999', '99'로 코딩되어 있다).

2.5.1.Pearson 상관분석.sav [데이터세트1] - IBM SPSS

파일(F) 편집(E) 보기(V) 데이터(D) 변환(T)

13 :

	관중수	최고기온	변수	변수
1	82.65	13.60		
2	85.70	18.39		
3	90.93	16.19		
4	102.88	20.08		
5	104.08	21.11		
6	104.23	21.21		
7	104.77	21.91		
8	105.27	21.44		
9	106.04	22.47		
10	999.00	22.28		
11	112.41	23.83		
12	113.08	23.30		
13	116.64	24.55		
14	101.02	19.10		
15	98.40	99.00		
16	96.61	18.79		
17	95.63	18.56		
18	96.26	18.66		
19	91.72	14.35		
20	113.88	23.13		
21				

그림 199

③ 결측값을 결측 처리하기 위해 '데이터(D)' - '변수특성정의(V)'를 클릭한다.

그림 200

④ '변수특성정의' 대화상자에서 결측값이 존재하는 변수들을 모두 '스캔할 변수(S)'로 옮기고 '계속(C)'을 클릭한다. ※ 결측치가 존재하지 않는 변수를 함께 스캔해도 상관없다.

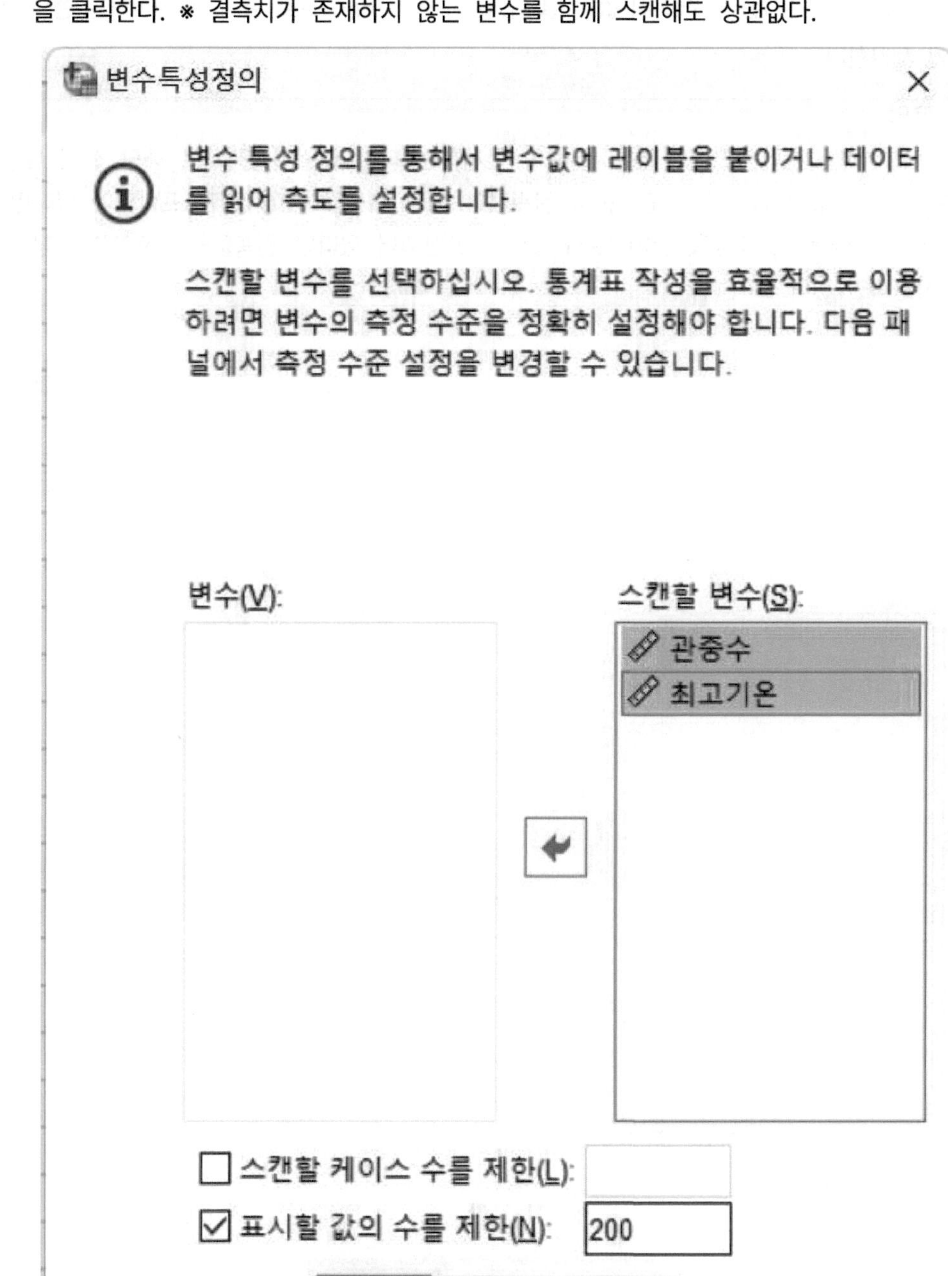

그림 201

⑤ '스캔된 변수 목록(C)'에는 독립변수들이 나타난다. 각 독립변수를 클릭하면 '값 레이블 격자(V)'에 데이터 값, 빈도 등이 표시된다. 데이터 값이 결측값(9, 99, 999 등으로 표시)에 해당하는 행의 '결측' 상자에 체크한다.

<결측값의 코딩>
수집한 데이터를 엑셀 등에 코딩할 경우, 결측이 존재하는 데이터는 일반적으로 해당 셀에 '9', '99', '999'와 같은 값을 입력한다. 단, 만약 결측값이 아닌 측정값 중에 '9'가 포함되어 있다면 결측값을 '99'로 코딩하고, 측정값 중에 '9'와 '99'가 포함되어 있다면 결측값을 '999'로 코딩하는 방식을 사용하면 된다.

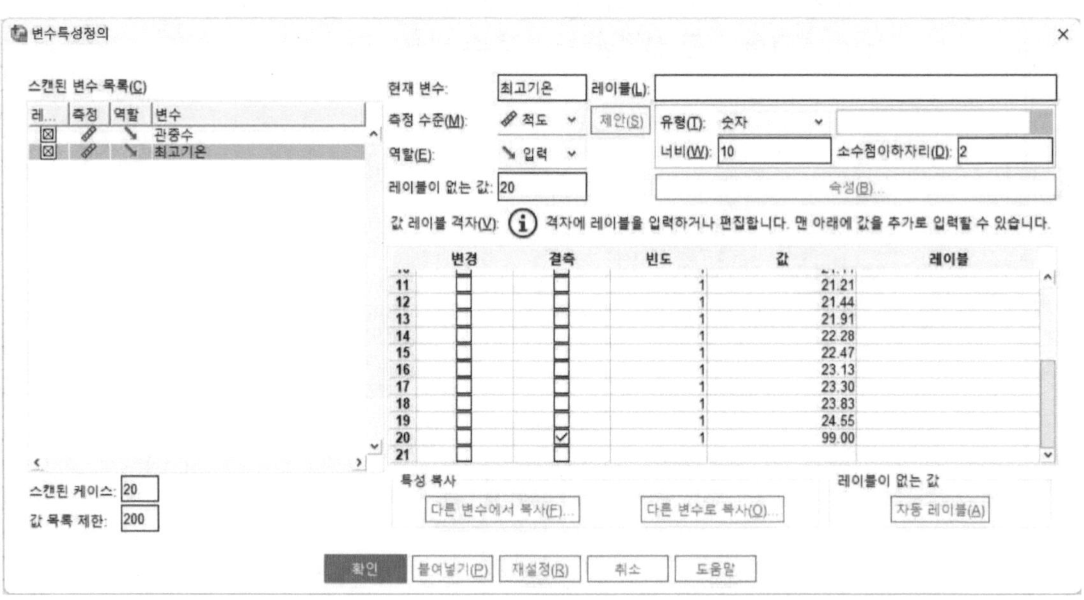

그림 202

⑥ '변수특성정의' 대화상자에서 결측값을 모두 체크한 후 '확인'을 누르면 결측 처리가 완료된다. 결측값 처리된 결과는 '변수 보기'에서도 확인할 수 있다.

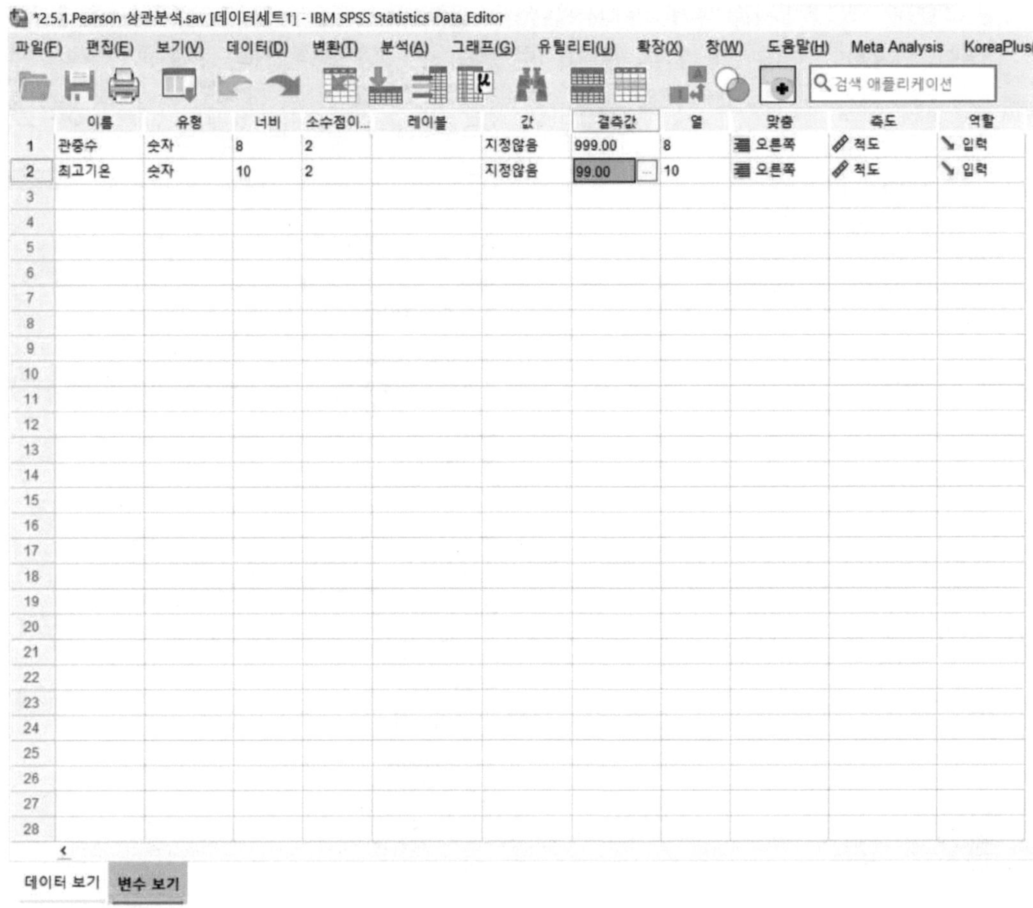

그림 203

⑦ 결측값 대체 : 본 예제의 자료는 다중대체(자동 대치, 1.4.4. 장 참고) 방법으로 결측치를 대체한다. '분석(A)' - '다중대체(I)' - '결측 데이터 값 대체(I)'를 차례로 클릭한다.

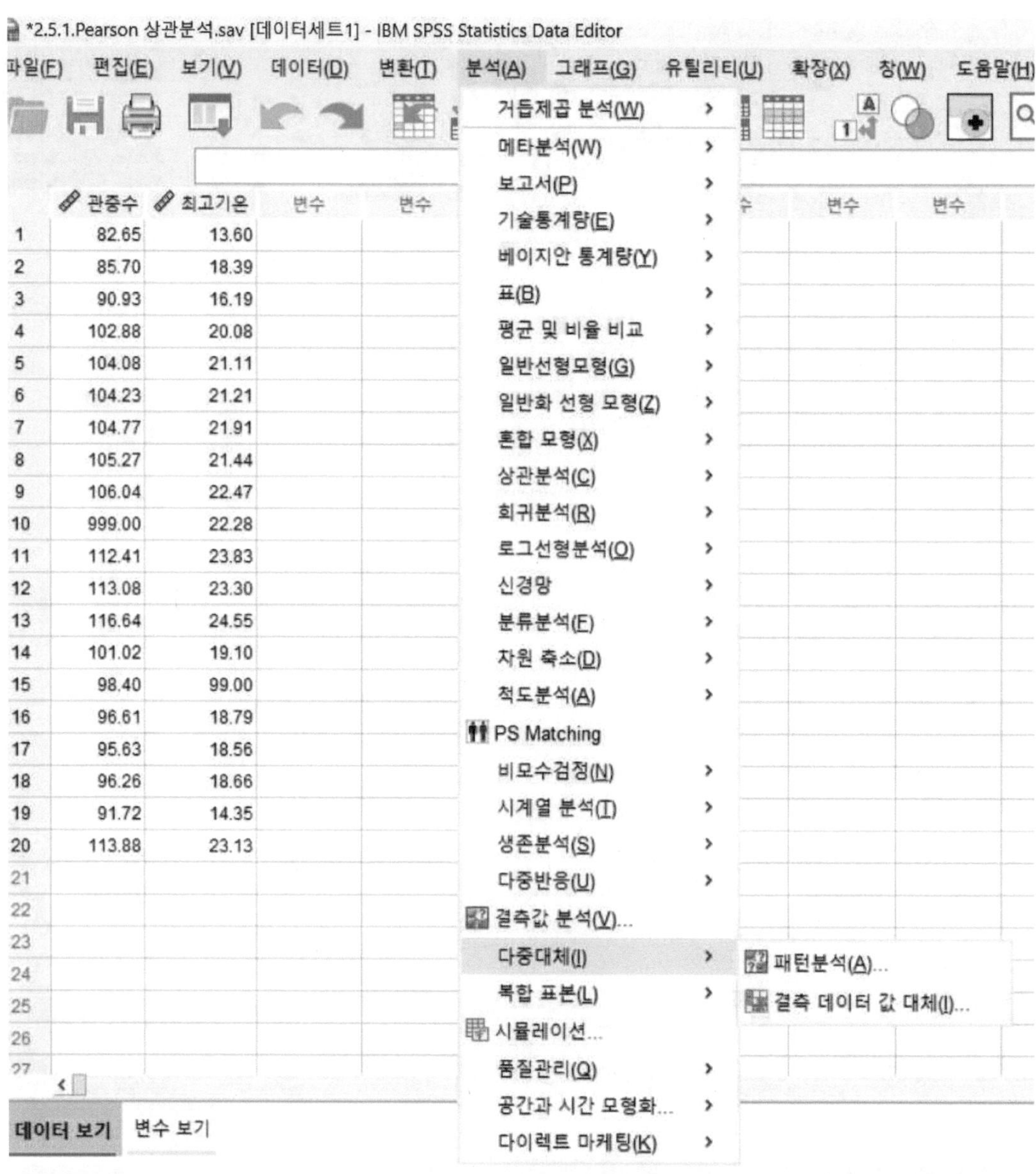

그림 204

⑧ '결측 데이터 값 대체' 대화상자에서 결측치가 존재하는 변수(관중수, 최고기온)를 모두 '모형의 변수(A)'로 이동한다. 결측치를 대체한 샘플의 수('대체(M)')는 2로 설정한다(원하는 샘플의 숫자만큼 설정한다).

'데이터세트 이름(D)'으로 '결측치_대체'를 기재한다.

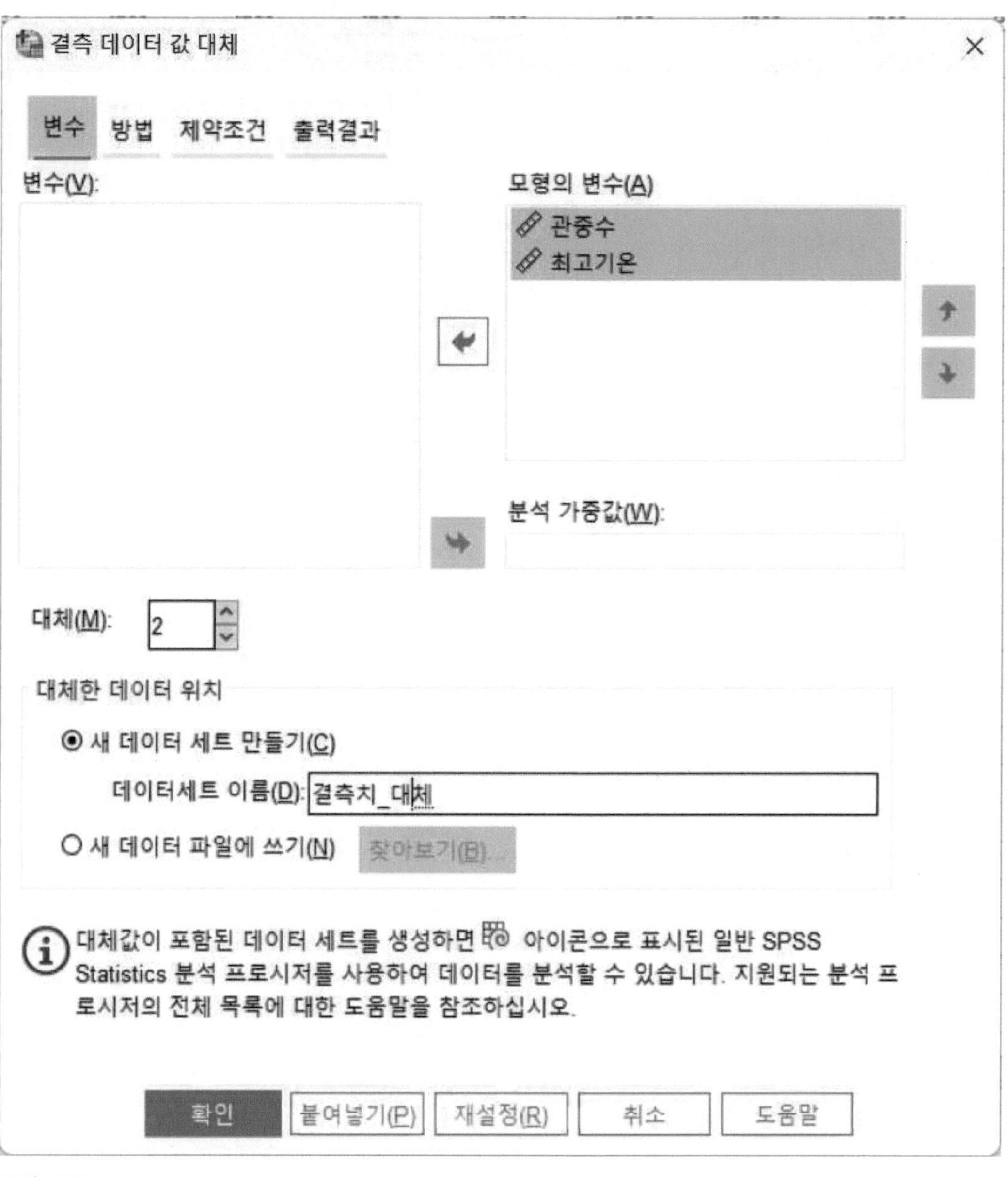

그림 205

⑨ 상단 탭의 '방법' 탭은 기본 설정('자동(A)')을 유지하고. '제약조건' 탭을 클릭한다. '데이터 스캔(S)'을 누르면(좌) '변수 요약(V)'이 나타난다(우). 데이터 스캔을 완료한 후 '확인'을 누른다.

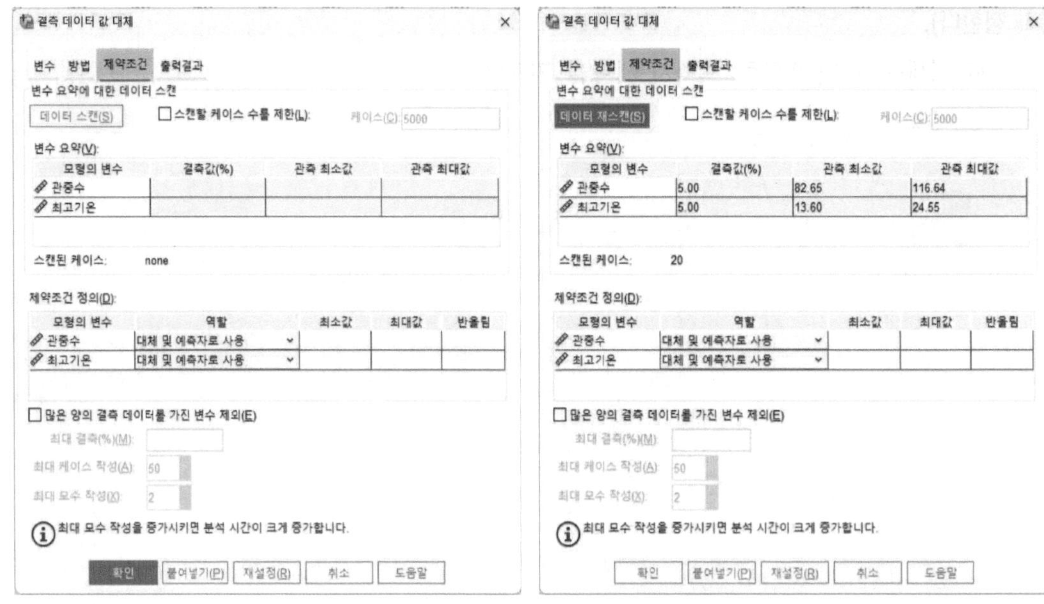

그림 206

⑩ 새로운 SPSS '결측치_대체' 창이 생성된다. 'Imputation' 열은 대체 횟수를 나타내며, 노란색으로 색칠된 셀이 대체된 셀이다.

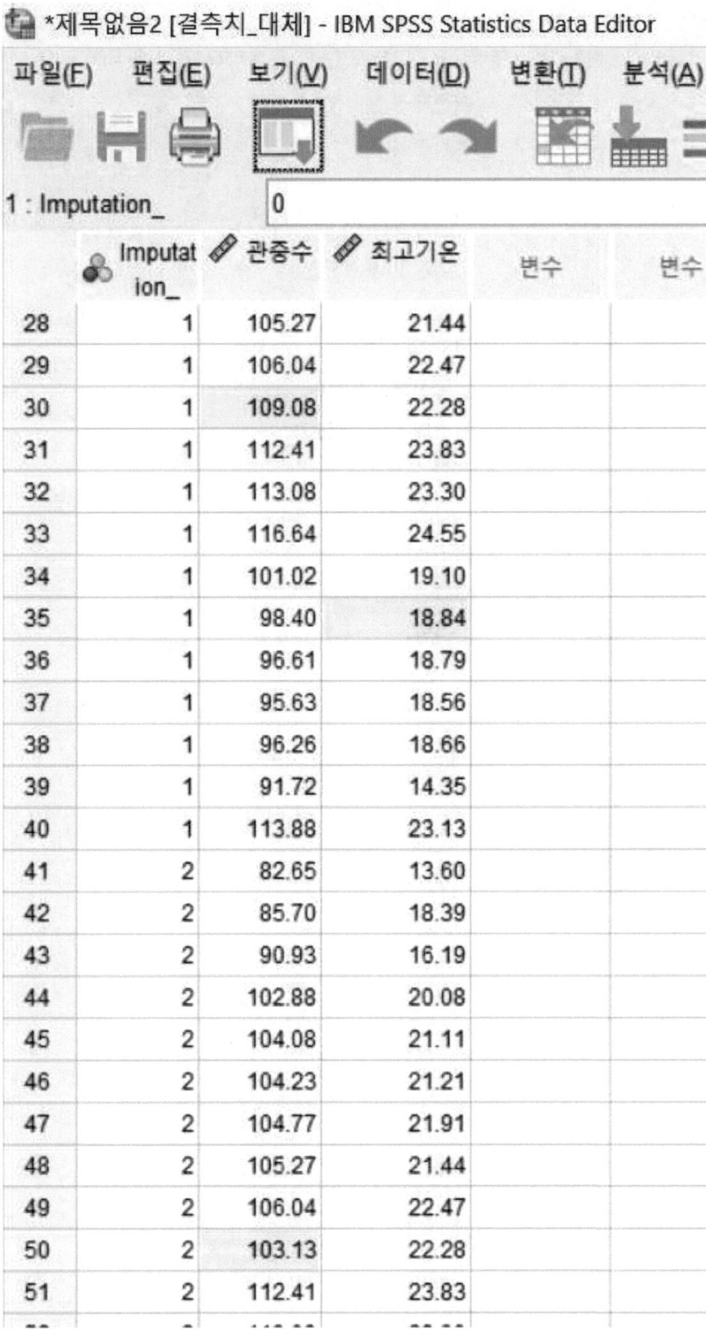

*제목없음2 [결측치_대체] - IBM SPSS Statistics Data Editor

파일(F) 편집(E) 보기(V) 데이터(D) 변환(T) 분석(A)

1 : Imputation_ 0

	Imputation_	관중수	최고기온	변수	변수
28	1	105.27	21.44		
29	1	106.04	22.47		
30	1	109.08	22.28		
31	1	112.41	23.83		
32	1	113.08	23.30		
33	1	116.64	24.55		
34	1	101.02	19.10		
35	1	98.40	18.84		
36	1	96.61	18.79		
37	1	95.63	18.56		
38	1	96.26	18.66		
39	1	91.72	14.35		
40	1	113.88	23.13		
41	2	82.65	13.60		
42	2	85.70	18.39		
43	2	90.93	16.19		
44	2	102.88	20.08		
45	2	104.08	21.11		
46	2	104.23	21.21		
47	2	104.77	21.91		
48	2	105.27	21.44		
49	2	106.04	22.47		
50	2	103.13	22.28		
51	2	112.41	23.83		

그림 207

⑪ Pearson 상관분석을 하기 전에 각 변수가 정규분포를 따르는지 확인한다. '분석(A)' - '기술통계량(E)' - '데이터 탐색(E)'를 클릭한다.

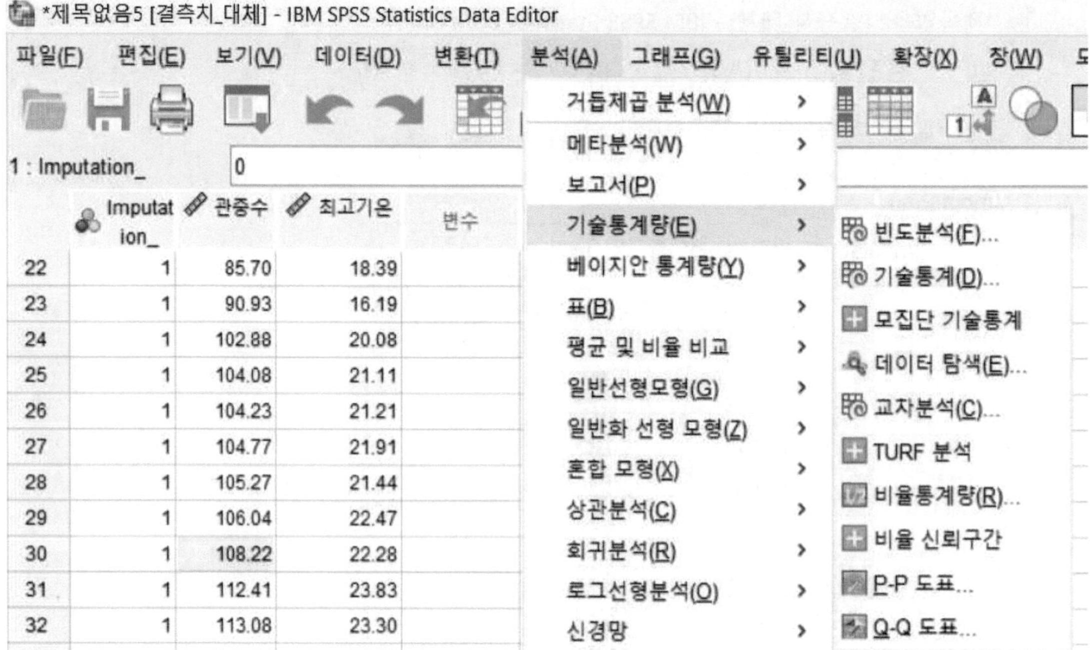

그림 208

⑫ '데이터 탐색' 대화상자에서 정규성을 검정할 변수를 '종속변수(D)'로 이동한 후, '도표(T)'를 클릭한다.

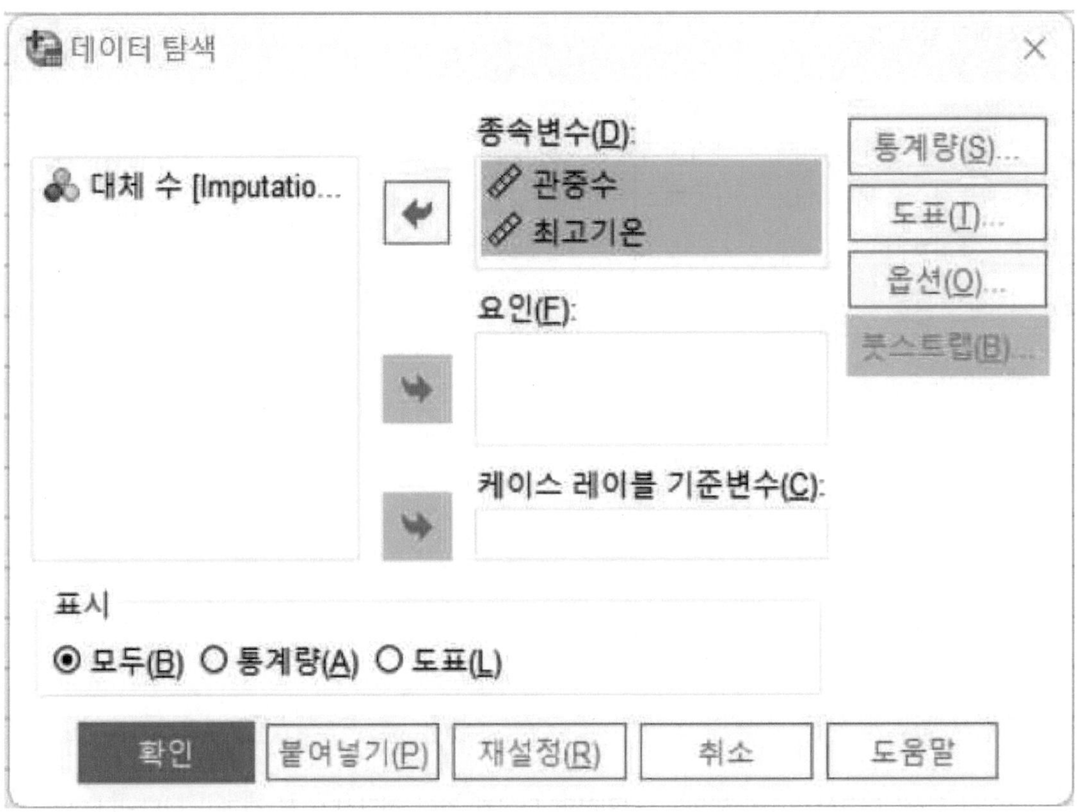

그림 209

⑬ '도표' 대화상자에서 정규성 검정을 위해 다음과 같이 '검정과 함께 정규성 도표(O)'를 선택하고 '계속(C)'를 클릭한다.

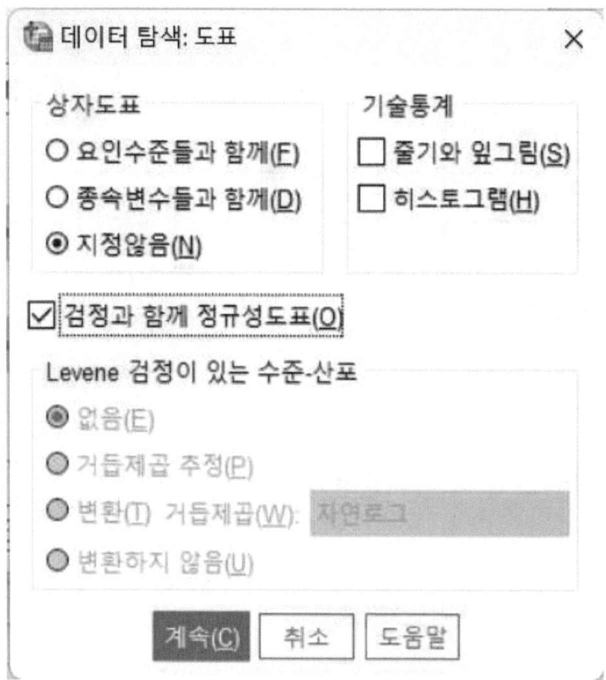

그림 210

⑭ '데이터 탐색' 대화상자에서 '확인'을 클릭하면 다음과 같이 정규성 검정 결과가 나타난다.

정규성 검정

대체 수		Kolmogorov-Smirnov[a] 통계	자유도	CTT 유의확률	Shapiro-Wilk 통계	자유도	CTT 유의확률
원 데이터	관중수	.120	18	.200*	.964	18	.681
	최고기온	.134	18	.200*	.947	18	.377
1	관중수	.108	20	.200*	.972	20	.789
	최고기온	.131	20	.200*	.946	20	.310
2	관중수	.111	20	.200*	.971	20	.770
	최고기온	.129	20	.200*	.945	20	.298

*. 이것은 참 유의성의 하한입니다.

a. Lilliefors 유의확률 수정

▸ 콜모고로프-스미르노프 검정(Kolmogorov-Smirnov test)과 샤피로-윌크 검정(Shapiro-Wilk test)은 둘 다 데이터가 정규분포를 따르는지 아닌지를 확인하는 통계적 검정 방법이다. 일반적으로 콜모고

로프-스미르노프 검정은 샘플의 크기가 클 때 사용하며, 샤피로-윌크 검정은 상대적으로 작은 샘플(n <50)일 때 사용한다.

▸ 두 검정 방법의 영가설은 "데이터는 정규분포를 따른다"인데, 두 변수의 유의확률이 0.05 이상으로 영가설을 기각하지 않으므로 정규성 가정을 충족한다.

※ 만약 정규성을 따르지 않을 때는 비모수통계 분석 방법을 사용한다.

<Pearson 상관분석의 비모수 버전>

데이터가 정규분포를 따르지 않거나, 서열척도로 측정되었을 때 다음 비모수통계 분석 방법을 사용한다. 비모수통계 분석 방법은 후술할 '이변량 상관계수' 대화상자에서 '상관계수'의 선택을 'Kendall'의 타우-b' 또는 'Spearman'을 선택하면 된다.

▸ Kendall'의 타우-b: 서열척도로 측정된 자료의 상관관계를 분석한다. 편상관분석의 비모수통계 분석 방법으로 활용할 수 있다.

▸ Spearman: 서열척도로 측정된 자료의 상관관계를 분석한다. 단, Kendall'의 타우-b와 달리 편상관분석에는 사용할 수 없다.

⑮ Pearson 상관분석을 위해 '분석(A)' - '상관분석(C)' - '이변량 상관(B)' 순으로 클릭한다.

그림 212

⑯ '이변량 상관계수' 대화상자에서 관중수와 최고기온을 '변수(V)'로 이동한다. 상관계수는 'Peason', 유의성 검정은 '양측(T)'을 선택하고 나머지는 기본 설정으로 유지한다.

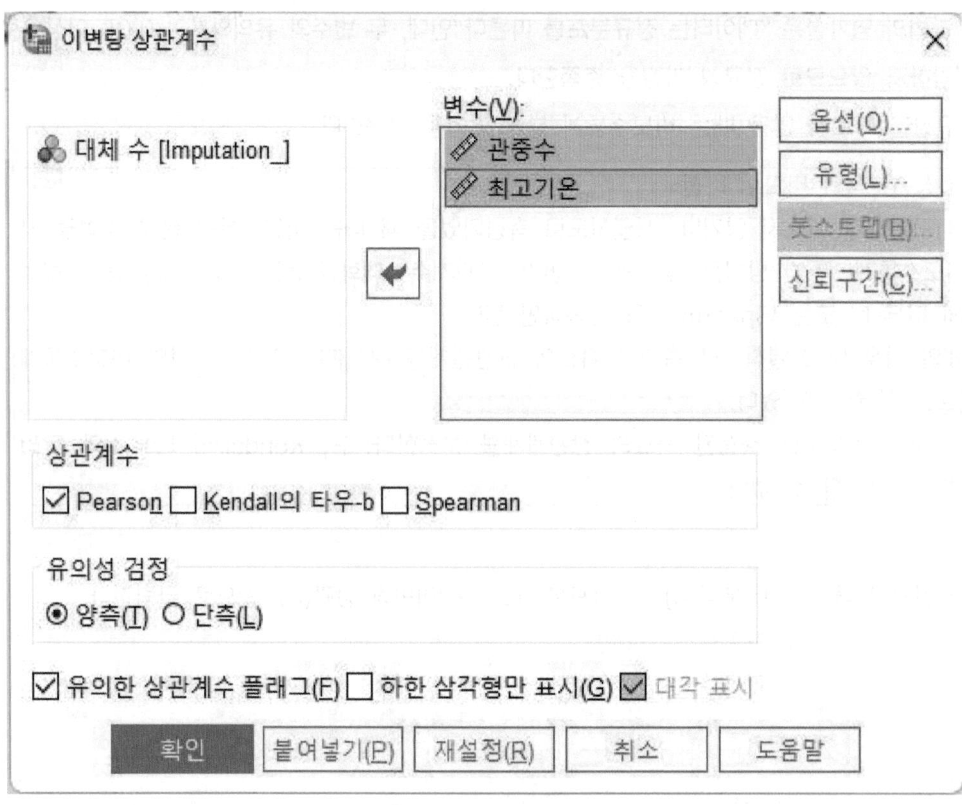

그림 213

⑰ '이변량 상관계수' 대화상자에서 '옵션(O)'을 클릭하여 나타나는 대화상자에서 통계량으로 '평균과 표준편차(M)'을 선택한 뒤 '계속(C)'를 클릭한다.

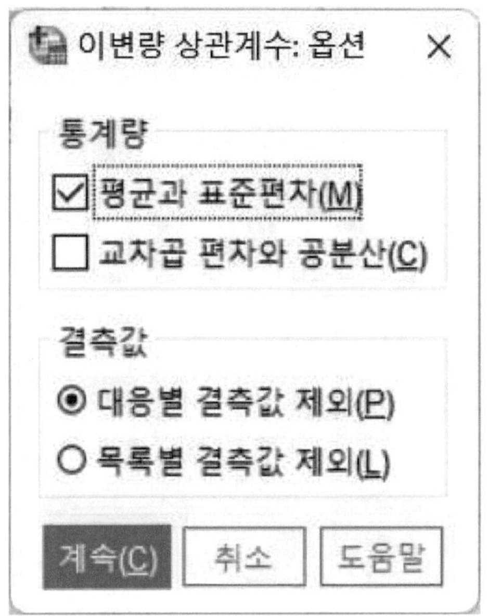

그림 214

⑱ '이변량 상관계수' 대화상자에서 '확인'을 클릭하면 다음과 같이 출력 결과가 나타난다. ※ 본 예제에서는 편의상 결측치가 대체된 샘플 중 2번 샘플(Imputation이 '2'인 샘플)만을 대상으로 설명한다.

기술통계량

대체 수		평균	표준편차	N
2	관중수	101.2667	9.19616	20
	최고기온	20.0857	3.01993	20
통합	관중수	101.2667		20
	최고기온	20.0857		20

▸ '기술통계량' 표는 관중수와 최고기온의 평균, 표준편차, 표본의 수가 나타난다

상관관계

대체 수			관중수	최고기온
2	관중수	Pearson 상관	1	.925**
		유의확률 (양측)		<.001
		N	20	20
	최고기온	Pearson 상관	.925**	1
		유의확률 (양측)	<.001	
		N	20	20
통합	관중수	Pearson 상관	1	.925
		유의확률 (양측)		.
		N	20	20
	최고기온	Pearson 상관	.925	1
		유의확률 (양측)	.	
		N	20	20

**. 상관관계가 0.01 수준에서 유의합니다(양측).

그림 216

▸ '상관관계' 표는 상관분석 결과가 제시된다. 표에 따르면 상관계수 r=.925이고 p<.001이므로 귀무가설이 기각된다. 따라서 관중 수와 최고기온 간에는 상관관계가 존재한다고 할 수 있다. 상관계수 r이 .925이므로 양(+)의 상관관계가 있다고 할 수 있다.

2.5.2. Spearman 상관분석

Spearman 상관분석은 서열척도로 측정된 변수들 사이의 상관관계를 분석하는 것으로, 서열상관분석이라고도 한다. Spearman 상관분석은 Pearson 상관분석과 달리 정규성 가정이 필요하지 않다.

> <예제>
> 지방선거에 출마한 10명의 후보에 대한 유권자 2명의 지지 순위 자료를 수집하였다. 두 유권자의 지지 순위 간에 상관관계가 있다고 할 수 있는가?

① 귀무가설(H_0)과 연구가설(H_1) 설정

가설 검정을 위해 귀무가설과 연구가설(대립가설)을 아래와 같이 설정한다.

H_0: 유권자 1과 유권자 2의 후보 지지 순위는 상관관계가 없다.

H_1: 유권자 1과 유권자 2의 후보 지지 순위는 상관관계가 있다.

② '2.5.2.Spearman 상관분석.sav' 파일을 열고 데이터를 확인한다.

그림 217

③ Spearman 상관분석을 위해 '분석(A)' - '상관분석(C)' - '이변량 상관(B)' 순으로 클릭한다.

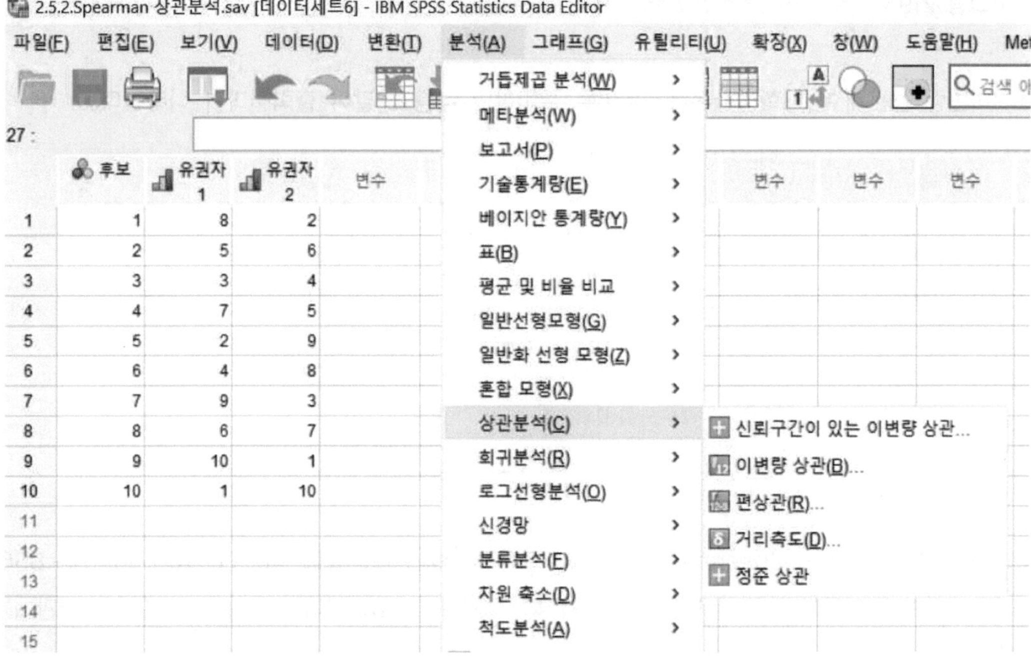

그림 218

④ '이변량 상관계수' 대화상자에서 유권자 1, 2를 '변수(V)'로 이동한다. 상관계수는 'Spearman', 유의성 검정은 '양측(T)'을 선택하고 나머지는 기본 설정으로 유지한다. '옵션(O)'을 선택하여 나타나는 대화상자에서도 기본 설정을 유지한다.

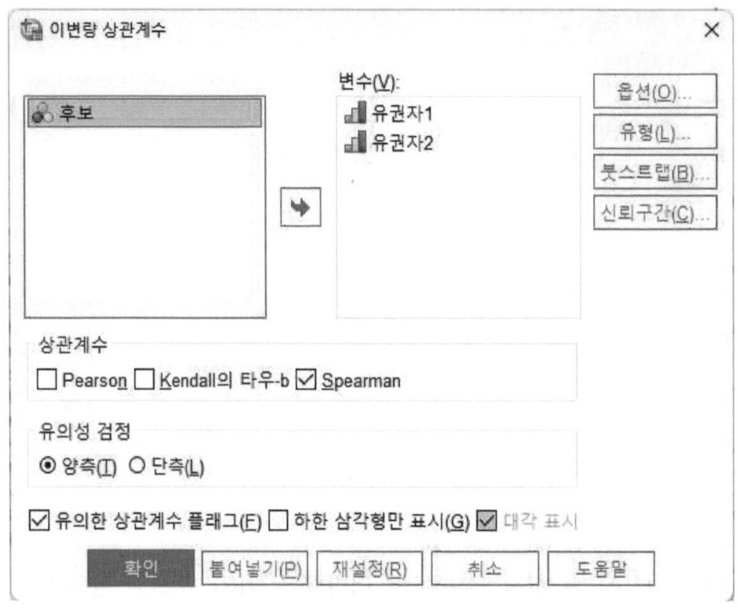

그림 219

⑤ '이변량 상관계수' 대화상자에서 '확인'을 클릭하면 다음과 같이 출력결과가 나타난다.

상관관계

			유권자1	유권자2
Spearman의 rho	유권자1	상관계수	1.000	-.855**
		유의확률 (양측)	.	.002
		N	10	10
	유권자2	상관계수	-.855**	1.000
		유의확률 (양측)	.002	.
		N	10	10

**. 상관관계가 0.01 수준에서 유의합니다(양측).

▸ '상관관계' 표는 Spearman 상관분석 결과가 제시된다. 표에 따르면, 상관계수 r=-.855이고 p=.002이므로 귀무가설이 기각된다. 따라서 두 유권자의 지지 후보 간에는 음(0)의 상관관계가 존재한다고 할 수 있다.

2.5.3. 편상관분석

만약 어떤 두 변수가 다른 제3의 변수와 관련하여 높은 상관성을 보인다면, 두 변수 사이의 상관관계는 순수한 상관관계보다 크게 나타날 수 있다. 이러면 두 변수 간의 순수한 상관관계를 파악하기 위해서는 제3의 변수를 통제하는 것이 필요한데, 이때 활용할 수 있는 분석 방법이 편상관(partial correlation)분석이다. 즉, 편상관분석은 제3의 변수의 영향을 통제한 상태(통제변수로 설정)에서 두 변수 간의 상관관계를 분석하는 것이다.

편상관분석은 Pearson 상관분석과 동일하게 두 변수가 이변량 정규분포를 이룬다는 가정이 충족되어야 한다.

<예제>
어떤 온라인 쇼핑몰의 물품 판매량과 방문자 수 간의 관계를 조사하기 위해 10년간의 자료를 수집하였다. 그런데 두 변수 간의 순수한 관계를 알기 위해 온라인광고비의 영향을 통제하려고 한다. 온라인광고비의 영향을 통제했을 때, 물품 판매량과 방문자 수 간에 상관관계가 있다고 할 수 있는가?

① 귀무가설(H_0)과 연구가설(H_1) 설정

가설 검정을 위해 귀무가설과 연구가설(대립가설)을 아래와 같이 설정한다.

H_0: 온라인광고비를 통제했을 때 물품 판매량과 방문자 수 간에는 상관관계가 없다.

H_1: 온라인광고비를 통제했을 때 물품 판매량과 방문자 수 간에는 상관관계가 있다.

② 데이터 확인 및 결측값 처리

'2.5.3.편상관분석.sav' 파일을 열고 데이터를 확인한다. 자료에 결측값이 존재하면 결측값을 빼고 통계분석을 수행할지, 아니면 결측값을 대체하여 통계분석을 수행할지 결정한다.

본 예제에서는 실제 연구자 개인이 보유한 데이터가 완벽하지 않음을 고려하여 결측값을 대체하여 통계분석을 수행한다(결측값은 '999' 또는 '9999'로 코딩되어 있다).

2.5.3.편상관분석.sav [데이터세트1] - IBM SPSS Statistics Data Editor

파일(F) 편집(E) 보기(V) 데이터(D) 변환(T) 분석(A) 그래

11 :

	연도	판매량	방문자수	온라인광고비	변수
1	1	100	1211.0	11.00	
2	2	93	831.0	8.00	
3	3	112	1041.0	9.00	
4	4	118	1301.0	10.00	
5	5	999	721.0	8.00	
6	6	80	812.0	8.00	
7	7	89	1130.0	9.00	
8	8	65	617.0	6.00	
9	9	82	9999.0	7.00	
10	10	103	1112.0	10.00	
11					

그림 221

③ 결측값을 결측 처리하기 위해 '데이터(D)' - '변수특성정의(V)'를 클릭한다.

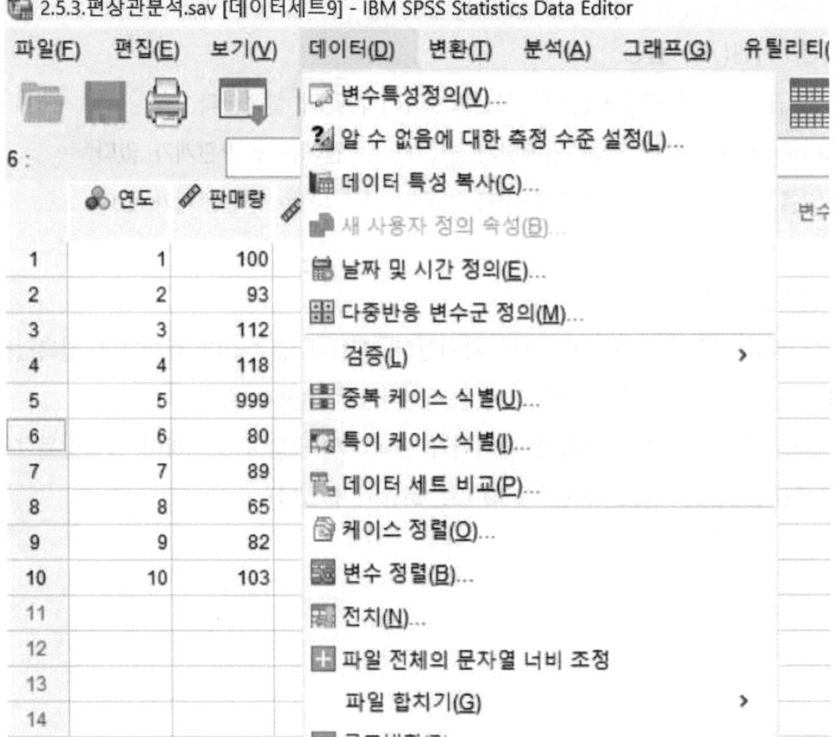

그림 222

④ '변수특성정의' 대화상자에서 결측값이 존재하는 변수들을 모두 '스캔할 변수(S)'로 옮기고 '계속(C)'을 클릭한다. ※ 결측치가 존재하지 않는 변수를 함께 스캔해도 상관없다.

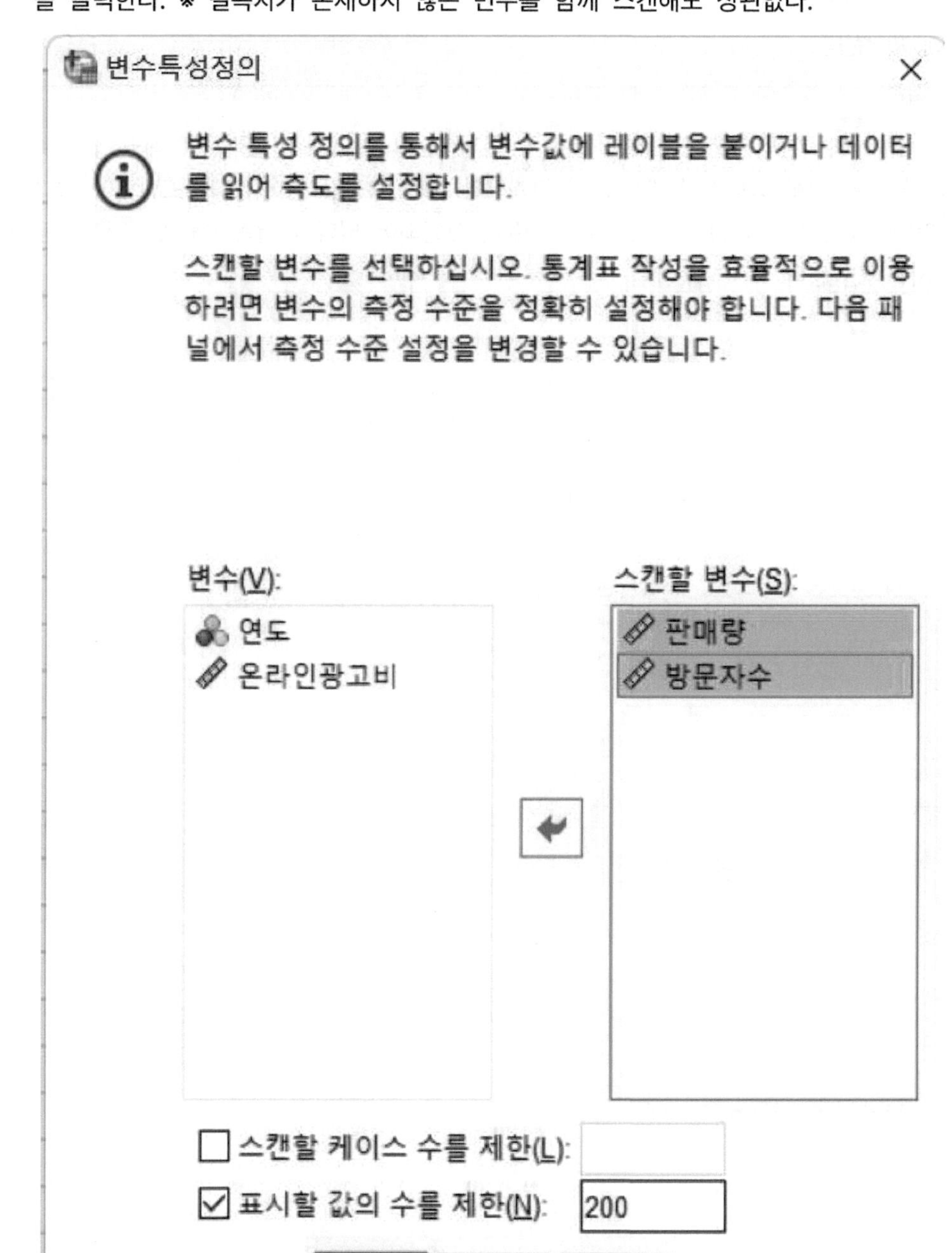

그림 223

⑤ '스캔된 변수 목록(C)'에는 독립변수들이 나타난다. 각 독립변수를 클릭하면 '값 레이블 격자(V)'에 데이터 값, 빈도 등이 표시된다. 데이터 값이 결측값(9, 99, 999 등으로 표시)에 해당하는 행의 '결측' 상자에 체크한다.

> <결측값의 코딩>
> 수집한 데이터를 엑셀 등에 코딩할 경우, 결측이 존재하는 데이터는 일반적으로 해당 셀에 '9', '99', '999'와 같은 값을 입력한다. 단, 만약 결측값이 아닌 측정값 중에 '9'가 포함되어 있다면 결측값을 '99'로 코딩하고, 측정값 중에 '9'와 '99'가 포함되어 있다면 결측값을 '999'로 코딩하는 방식을 사용하면 된다.

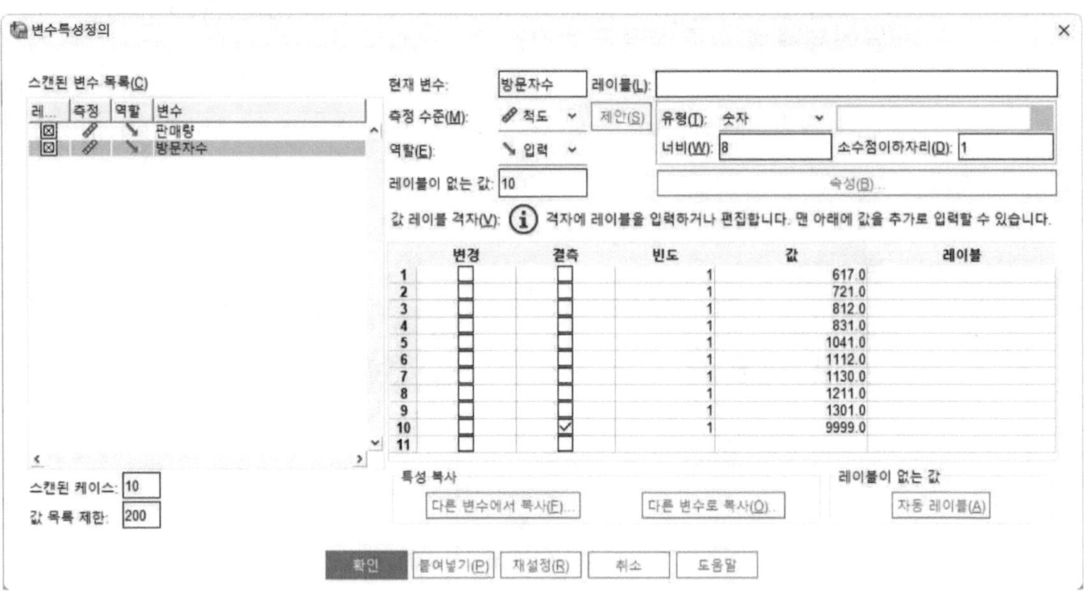

그림 224

⑥ '변수특성정의' 대화상자에서 결측값을 모두 체크한 후 '확인'을 누르면 결측 처리가 완료된다. 결측값 처리된 결과는 '변수 보기'에서도 확인할 수 있다.

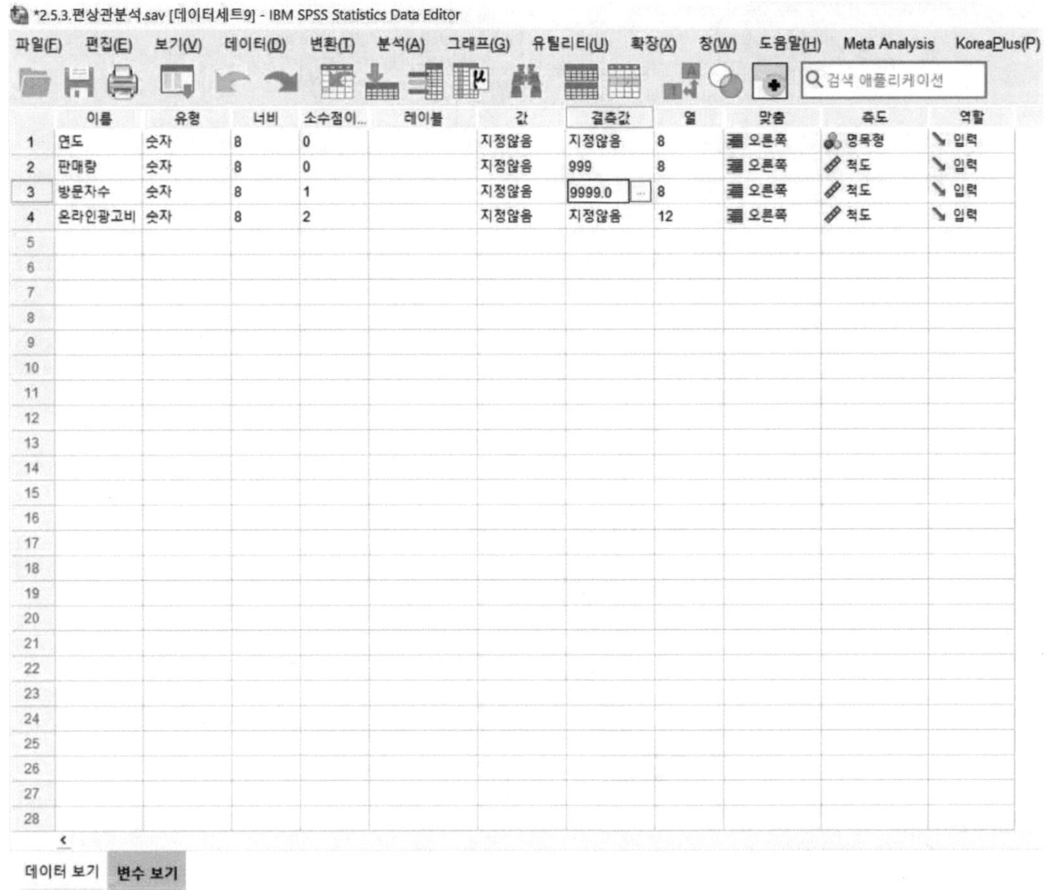

그림 225

⑦ 결측값 대체 : 본 예제의 자료는 다중대체(자동 대치, 1.4.4.장 참고) 방법으로 결측치를 대체한다. '분석(A)' - '다중대체(I)' - '결측 데이터 값 대체(I)'를 차례로 클릭한다.

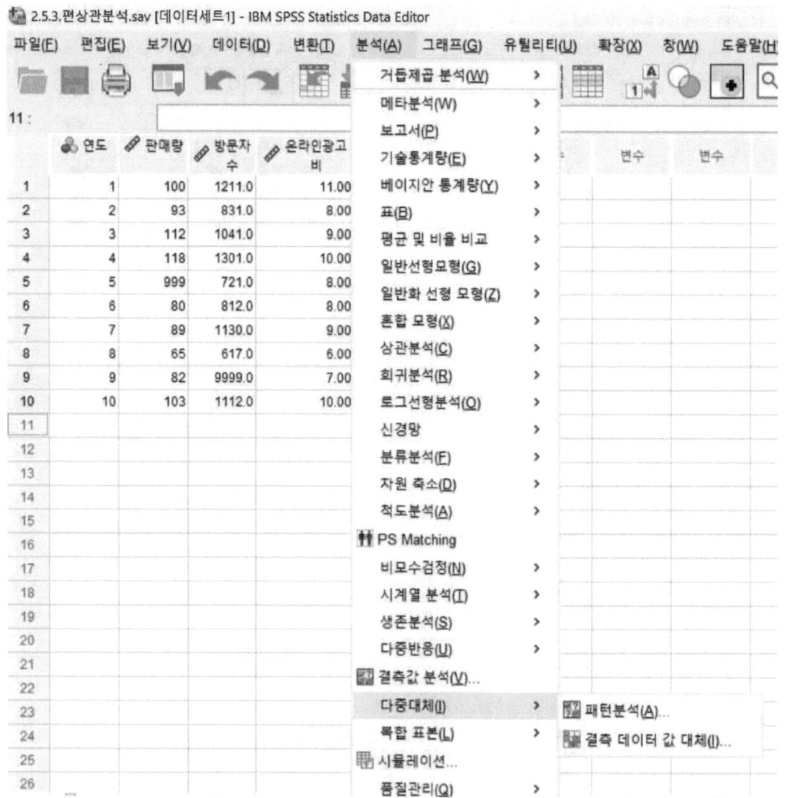

그림 226

⑧ '결측 데이터 값 대체' 대화상자에서 결측치가 존재하는 변수(판매량, 방문자수)를 모두 '모형의 변수(A)'로 이동한다. 결측치를 대체한 샘플의 수('대체(M)')는 2로 설정한다(원하는 샘플의 숫자만큼 설정한다).

'데이터세트 이름(D)'으로 '결측치_대체'를 기재한다.

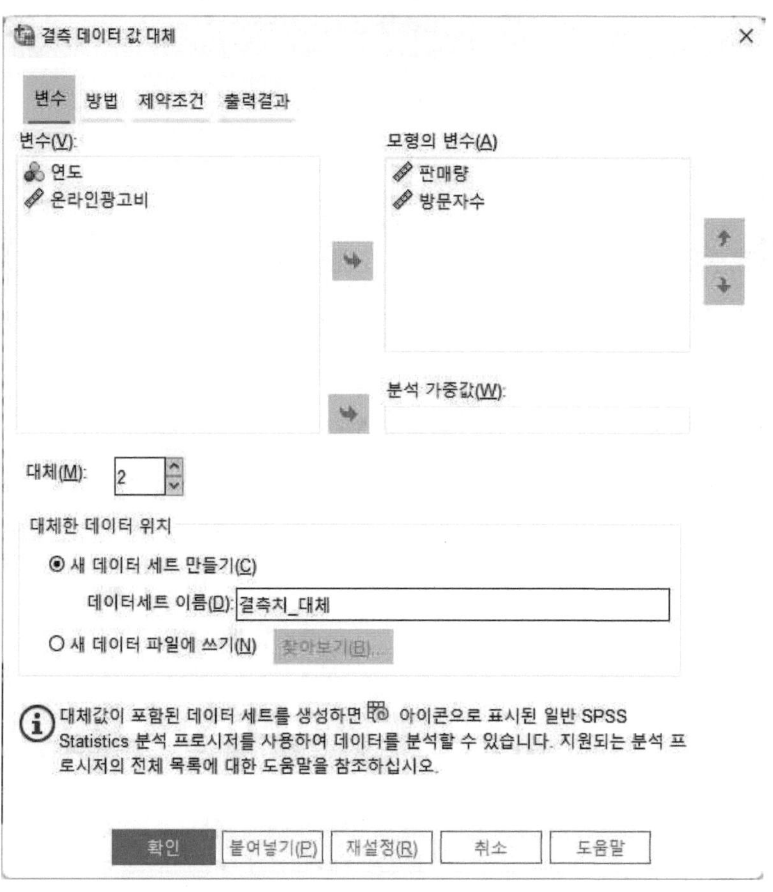

그림 227

⑨ 상단 탭의 '방법' 탭은 기본 설정('자동(A)')을 유지하고. '제약조건' 탭을 클릭한다. '데이터 스캔(S)'을 누르면(좌) '변수 요약(V)'이 나타난다(우). 데이터 스캔을 완료한 후 '확인'을 누른다.

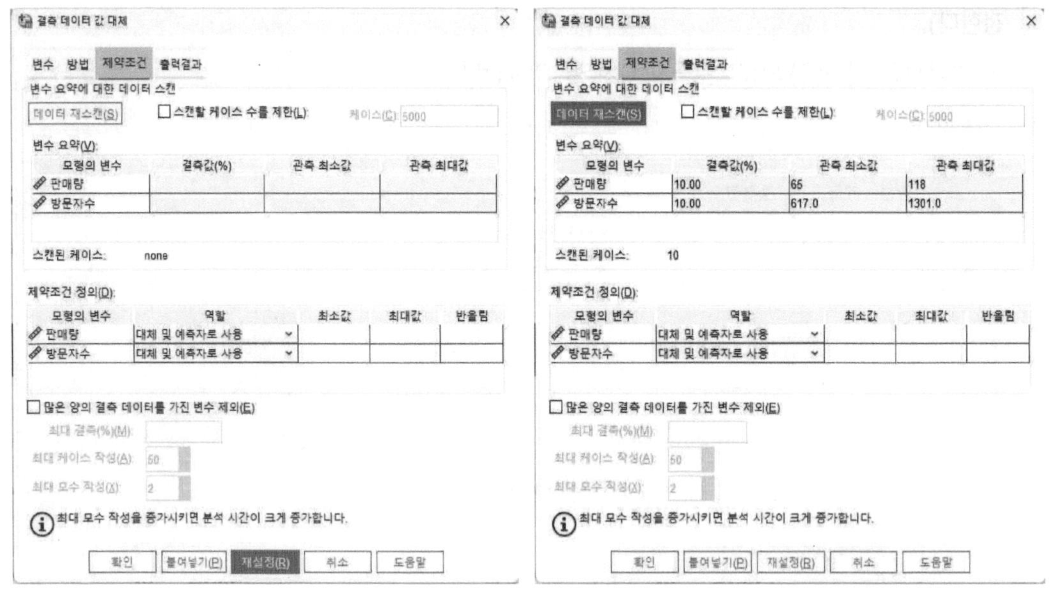

그림 228

⑩ 새로운 SPSS '결측치_대체' 창이 생성된다. 'Imputation' 열은 대체 횟수를 나타내며, 노란색으로 색칠된 셀이 대체된 셀이다.

	Imputation_	연도	판매량	방문자수	온라인광고비	변수
1	0	1	100	1211.0	11.00	
2	0	2	93	831.0	8.00	
3	0	3	112	1041.0	9.00	
4	0	4	118	1301.0	10.00	
5	0	5	999	721.0	8.00	
6	0	6	80	812.0	8.00	
7	0	7	89	1130.0	9.00	
8	0	8	65	617.0	6.00	
9	0	9	82	9999.0	7.00	
10	0	10	103	1112.0	10.00	
11	1	1	100	1211.0	11.00	
12	1	2	93	831.0	8.00	
13	1	3	112	1041.0	9.00	
14	1	4	118	1301.0	10.00	
15	1	5	92	721.0	8.00	
16	1	6	80	812.0	8.00	
17	1	7	89	1130.0	9.00	
18	1	8	65	617.0	6.00	
19	1	9	82	828.7	7.00	
20	1	10	103	1112.0	10.00	
21	2	1	100	1211.0	11.00	
22	2	2	93	831.0	8.00	
23	2	3	112	1041.0	9.00	
24	2	4	118	1301.0	10.00	
25	2	5	74	721.0	8.00	

그림 229

⑲ 편상관분석을 하기 전에 각 변수가 정규분포를 따르는지 확인한다. '분석(A)' - '기술통계량(E)' - '데이터 탐색(E)'를 클릭한다.

그림 230

⑳ '데이터 탐색' 대화상자에서 정규성을 검정할 변수를 '종속변수(D)'로 이동한 후, '도표(T)'를 클릭한다.

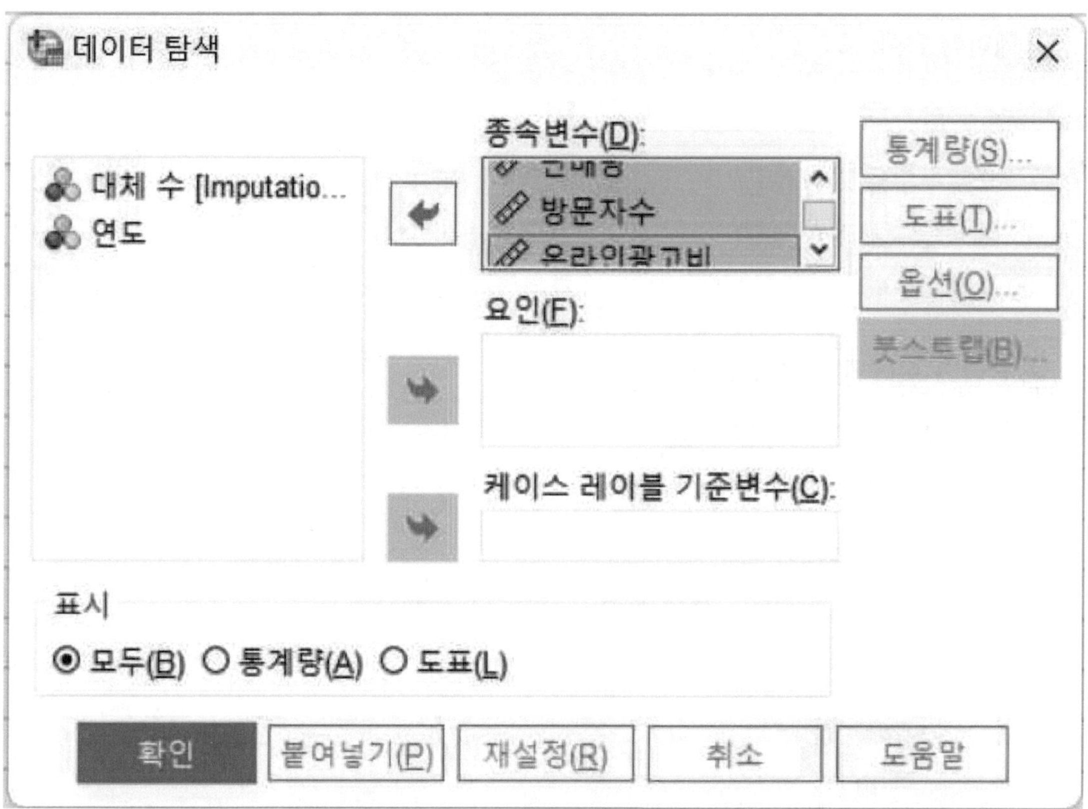

그림 231

① '도표' 대화상자에서 정규성 검정을 위해 다음과 같이 '검정과 함께 정규성 도표(O)'를 선택하고 '계속(C)'를 클릭한다.

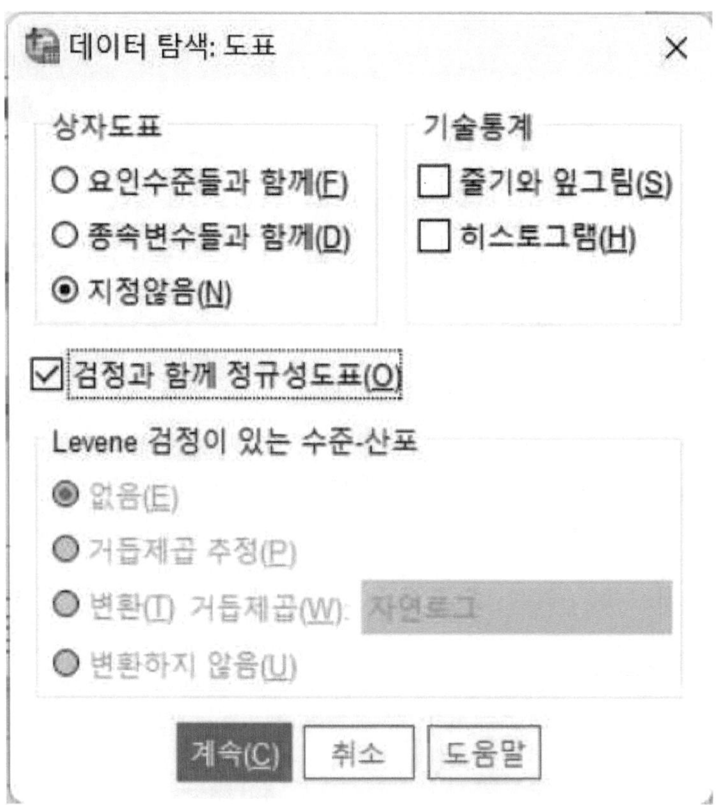

그림 232

② '데이터 탐색' 대화상자에서 '확인'을 클릭하면 다음과 같이 정규성 검정 결과가 나타난다.

정규성 검정

대체 수		Kolmogorov-Smirnov[a] 통계	자유도	CTT 유의확률	Shapiro-Wilk 통계	자유도	CTT 유의확률
원 데이터	판매량	.114	8	.200*	.979	8	.957
	방문자수	.183	8	.200*	.945	8	.660
	온라인광고비	.162	8	.200*	.952	8	.731
1	판매량	.137	10	.200*	.975	10	.936
	방문자수	.161	10	.200*	.968	10	.868
	온라인광고비	.155	10	.200*	.969	10	.886
2	판매량	.088	10	.200*	.987	10	.991
	방문자수	.171	10	.200*	.923	10	.385
	온라인광고비	.155	10	.200*	.969	10	.886

*. 이것은 참 유의성의 하한입니다.

a. Lilliefors 유의확률 수정

그림 233

▸ 콜모고로프-스미르노프 검정(Kolmogorov-Smirnov test)과 샤피로-윌크 검정(Shapiro-Wilk test)에 대해서는 2.5.1.Pearson 상관분석의 설명을 참조한다.

▸ 두 검정 방법의 영가설은 "데이터는 정규분포를 따른다"인데, 두 변수의 유의확률이 0.05 이상으로 영가설을 기각하지 않으므로 정규성 가정을 충족한다.

※ 만약 정규성을 따르지 않을 때는 비모수통계 분석 방법(Kendall'의 타우-b)을 사용한다(2.5.1.Pearson 상관분석 설명 참조)

⑪ 편상관분석을 위해 '분석(A)' - '상관분석(C)' - '편상관(R)' 순으로 클릭한다.

그림 234

⑫ '편상관계수' 대화상자에서 상관분석을 하려는 변수인 판매량, 방문자수를 '변수(V)'로, 통제변수인 온라인광고비를 '제어변수(C)'로 이동한다. 유의성 검정은 '양측(T)'를 선택하고, '관측 유의수준 표시(D)'를 선택한다.

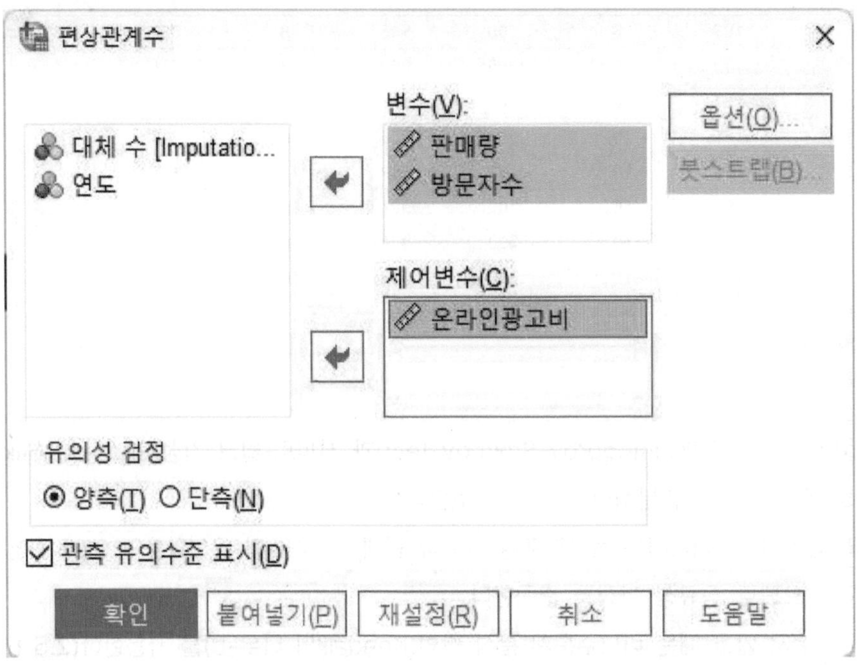

그림 235

⑬ '편상관계수' 대화상자에서 '옵션(O)'을 클릭하면 나타나는 '옵션' 대화상자에서 '평균과 표준편차(M)'과 '0차 상관(Z)'를 선택한다. 0차 상관은 통제변수를 설정하지 않았을 경우에 상관계수를 의미한다.

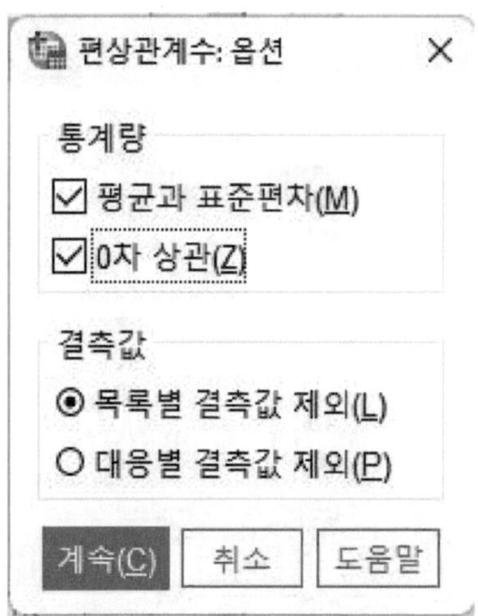

그림 236

⑭ '편상관계수' 대화상자에서 '확인'을 클릭하면 다음과 같이 출력결과가 나타난다. ※ 본 예제에서는 편의상 결측치가 대체된 샘플 중 1번 샘플(Imputation이 '1'인 샘플)만을 대상으로 설명한다.

기술통계량

대체 수		평균	표준화 편차	N
1	판매량	93.4295	15.71854	10
	방문자수	960.4686	228.13328	10
	온라인광고비	8.6000	1.50555	10
통합	판매량	93.4295		10
	방문자수	960.4686		10
	온라인광고비	8.6000		10

▸ '기술통계량' 표는 각 변수의 평균과 표준편차, 케이스 수가 제시된다.

상관관계

대체 수	대조변수			판매량	방문자수	온라인광고비
1	-지정않음-[a]	판매량	상관관계	1.000	.799	.800
			유의확률(양측)	.	.006	.005
			자유도	0	8	8
		방문자수	상관관계	.799	1.000	.907
			유의확률(양측)	.006	.	<.001
			자유도	8	0	8
		온라인광고비	상관관계	.800	.907	1.000
			유의확률(양측)	.005	<.001	.
			자유도	8	8	0
	온라인광고비	판매량	상관관계	1.000	.291	
			유의확률(양측)	.	.447	
			자유도	0	7	
		방문자수	상관관계	.291	1.000	
			유의확률(양측)	.447	.	
			자유도	7	0	
통합	-지정않음-[a]	판매량	상관관계	1.000	.799	.800
		방문자수	상관관계	.799	1.000	.907
		온라인광고비	상관관계	.800	.907	1.000
	온라인광고비	판매량	상관관계	1.000	.291	
		방문자수	상관관계	.291	1.000	

a. 셀에 0차 (Pearson) 상관이 있습니다.

▸ '상관관계' 표는 편상관분석 결과가 제시된다. 대조변수 '-지정않음-' 부분은 온라인광고비를 통제변수로 설정하지 않은 상태에서 상관관계분석 결과를 나타내며, 대조변수 '온라인광고비' 부분은 온라인광고비를 통제변수로 설정한 상태에서의 편상관분석 결과를 나타낸다.

통제변수를 설정하지 않은 경우, 판매량과 방문자 수는 유의한 양(+)의 상관관계가 있는 것으로 나타났다(p=.006). 그러나 온라인광고비를 통제변수로 설정한 경우, 판매량과 방문자 수 간의 편상관계수의 값(.291)은 통제변수를 설정하지 않은 상관계수 값(.799)보다 낮으며, 유의하지 않은 것으로 나타났다(p=.447). 이러한 분석 결과로 보아 온라인광고비가 일정한 경우 판매량과 방문자 수 간에 유의적인 상관관계가 있다고 할 수 없다(α=.05). 즉, 판매량과 방문자 수 간의 순수한 상관관계는 없는 것으로 추정된다.

2.6. 회귀분석

2.6.1. 단순회귀분석(Simple Regression Analysis)

상관분석이 두 변수 간의 선형적 관계를 확인하는 것임에 비해, 회귀분석(regression analysis)은 독립변수(예측변수)와 종속변수(기준변수) 간의 관계를 분석하고자 할 때 사용된다. 이때, 독립변수가 하나인 경우를 단순회귀분석, 두 개 이상인 경우를 다중회귀분석이라고 한다.

단순회귀분석을 통해 독립변수와 종속변수 간의 관계를 회귀식으로 표현할 수 있다. 아래 식에서 $\hat{\beta}_0$과 $\hat{\beta}_1$을 구하는 것이 단순회귀분석의 목적이다.

$$\hat{Y} = \hat{\beta}_0 + \hat{\beta}_1 X$$

등간 또는 비율척도로 측정된 자료에 대해서 회귀분석을 수행할 수 있다. 단, 독립변수가 명목변수로 측정된 경우에도 회귀분석을 수행할 수 있는데, 이때 명목변수인 독립변수를 더미변수(dummy variable)로 설정해야 한다.

회귀분석 시 필요한 가정은 다음과 같다.

▸ 독립변수와 종속변수가 **선형적 관계**(linear relationship)를 이루고 있어야 한다. 이는 상관분석 시 필요한 가정과 같다.

▸ **잔차(오차)의 정규성** : 잔차(residual)란 표본 데이터에서 관측된 값과 회귀식으로 예측한 값 사이의 차이를 의미한다. 이러한 잔차가 정규 분포를 따라야 한다.

▸ **잔차(오차)의 등분산성** : 등분산성(homoscedasticity)이란 잔차들이 회귀선을 중심으로 일정한 폭을 유지하거나 0을 중심으로 랜덤하게 분포된 것을 말한다. 잔차의 등분산성이란 독립변숫값이 변함에 따라 잔차들이 일정한 폭(분산)을 유지한다는 것이다.

▸ **잔차(오차)의 독립성** : 잔차들이 중첩되지 않고 독립적이어야 한다는 것을 의미하며, 이는 곧 잔차 간 자기상관(autocorrelation)이 존재하지 않아야 한다는 것을 말한다.

<참고> 오차(error)와 잔차(residual)

회귀분석의 가정을 말할 때는 일반적으로 '오차의 정규성, 오차의 등분산, 오차의 독립성'이라고 한다. 왜냐하면 이는 모집단에 관한 회귀모델의 가정이기 때문이다.

하지만, 실제 회귀분석을 수행하고 모델을 평가할 때는 모집단 전체를 관찰할 수 없고 표본을 통해 관찰하므로 '오차' 대신 '잔차'를 사용한다. 잔차는 관측된 종속변수의 값과 회귀모델에 의해 예측된 값의 차이를 말한다.

즉, 이론적인 회귀모델의 가정을 말할 때는 '오차'를 사용하고(모집단), 실제 모델의 적합도를 평가할 때는 '잔차'를 사용(표본집단)하는 것이 일반적이다. 그러나 두 용어는 많은 경우 상호 교환적으로 사용되므로 참고하기를 바란다.

<예제>
합계출산율이 인구증가율에 영향을 미치는지 확인하기 위하여 우리나라의 2020년 지역별 합계출산율 및 인구증가율 자료를 수집하였다. 합계출산율은 인구증가율에 영향을 미친다고 할 수 있는가?

① 귀무가설(H_0)과 연구가설(H_1) 설정

가설 검정을 위해 귀무가설과 연구가설(대립가설)을 아래와 같이 설정한다.

H_0: 합계출산율은 인구증가율에 영향을 미친다($\beta_1 = 0$).

H_1: 합계출산율은 인구증가율에 영향을 미치지 않는다($\beta_1 \neq 0$).

(β_1: 합계출산율의 회귀계수)

② 데이터 확인 및 결측값 처리

'2.5.2.단순회귀분석.sav' 파일을 열고 데이터를 확인한다. 자료에 결측값이 존재하면 결측값을 빼고 통계분석을 수행할지, 아니면 결측값을 대체하여 통계분석을 수행할지 결정한다.

본 예제에서는 실제 연구자 개인이 보유한 데이터가 완벽하지 않음을 고려하여 결측값을 대체하여 통계분석을 수행한다(결측값은 '99'로 코딩되어 있다).

2.6.1.단순회귀분석.sav [데이터세트5] - IBM SPSS Statistics D

파일(F) 편집(E) 보기(V) 데이터(D) 변환(T) 분석(

22 :

	지역	합계출산율	인구증가율	변수
1	1	.642	-1.00	
2	2	.747	-.80	
3	3	.807	-.89	
4	4	.829	-.62	
5	5	.811	99.00	
6	6	.805	-.88	
7	7	.984	-1.25	
8	8	1.277	4.23	
9	9	.878	1.12	
10	10	1.036	-.03	
11	11	.983	-.17	
12	12	1.029	-.40	
13	13	.909	-.90	
14	14	1.145	-.99	
15	15	1.003	-1.18	
16	16	.945	-.91	
17	17	1.021	.13	
18				

그림 239

③ 결측값을 결측 처리하기 위해 '데이터(D)' - '변수특성정의(V)'를 클릭한다.

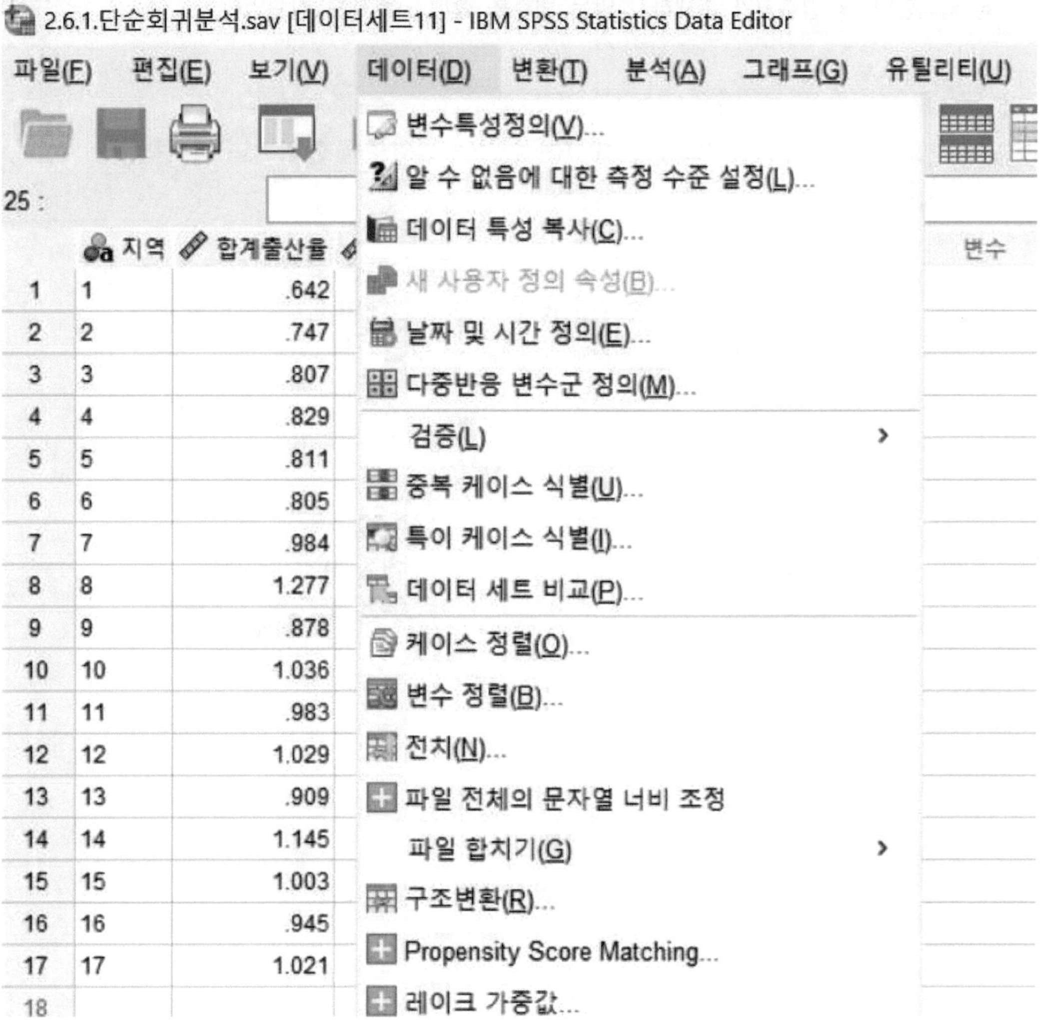

2.6.1.단순회귀분석.sav [데이터세트11] - IBM SPSS Statistics Data Editor

그림 240

④ '변수특성정의' 대화상자에서 결측값이 존재하는 변수들을 모두 '스캔할 변수(S)'로 옮기고 '계속(C)'을 클릭한다. ※ 결측치가 존재하지 않는 변수를 함께 스캔해도 상관없다.

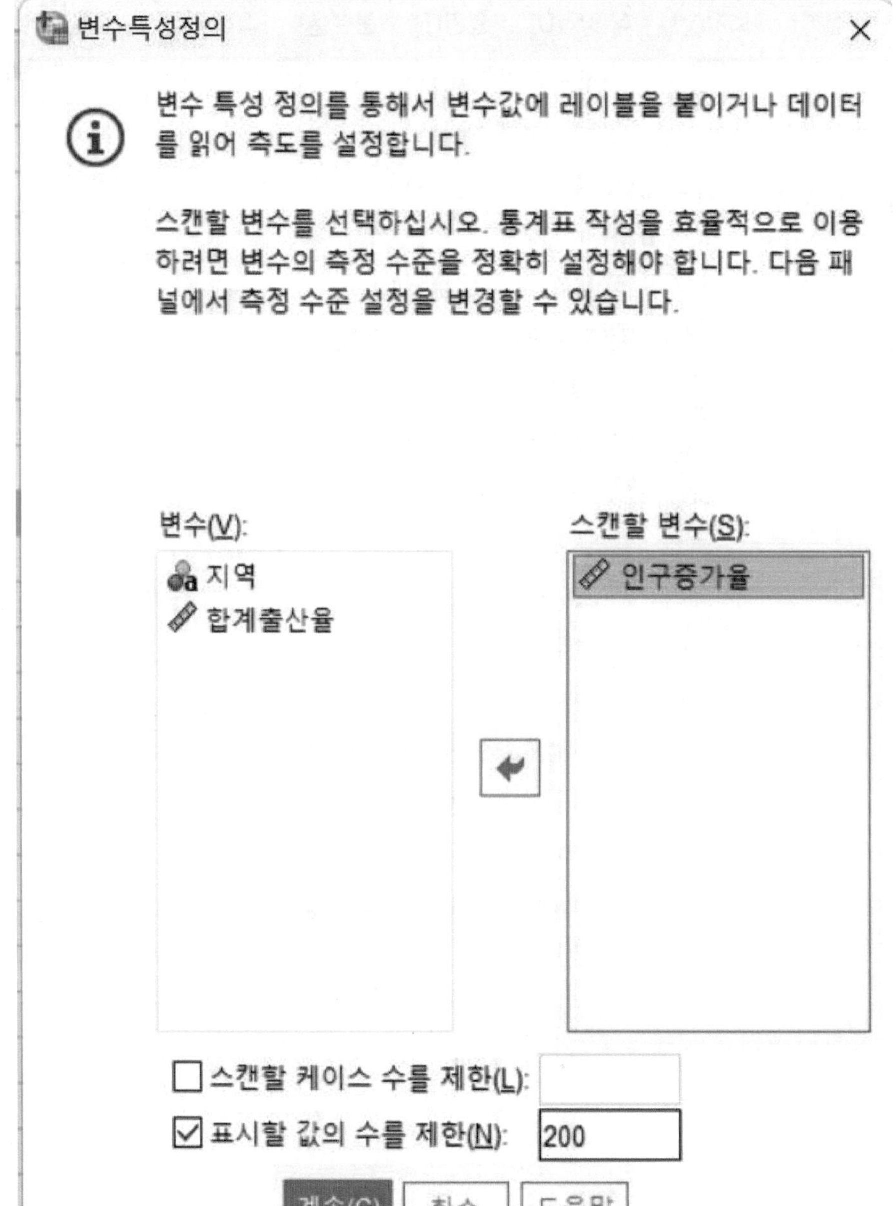

그림 241

⑤ '스캔된 변수 목록(C)'에는 독립변수들이 나타난다. 각 독립변수를 클릭하면 '값 레이블 격자(V)'에 데이터 값, 빈도 등이 표시된다. 데이터 값이 결측값(9, 99, 999 등으로 표시)에 해당하는 행의 '결측' 상자에 체크한다.

> <결측값의 코딩>
> 수집한 데이터를 엑셀 등에 코딩할 경우, 결측이 존재하는 데이터는 일반적으로 해당 셀에 '9', '99', '999'와 같은 값을 입력한다. 단, 만약 결측값이 아닌 측정값 중에 '9'가 포함되어 있다면 결측값을 '99'로 코딩하고, 측정값 중에 '9'와 '99'가 포함되어 있다면 결측값을 '999'로 코딩하는 방식을 사용하면 된다.

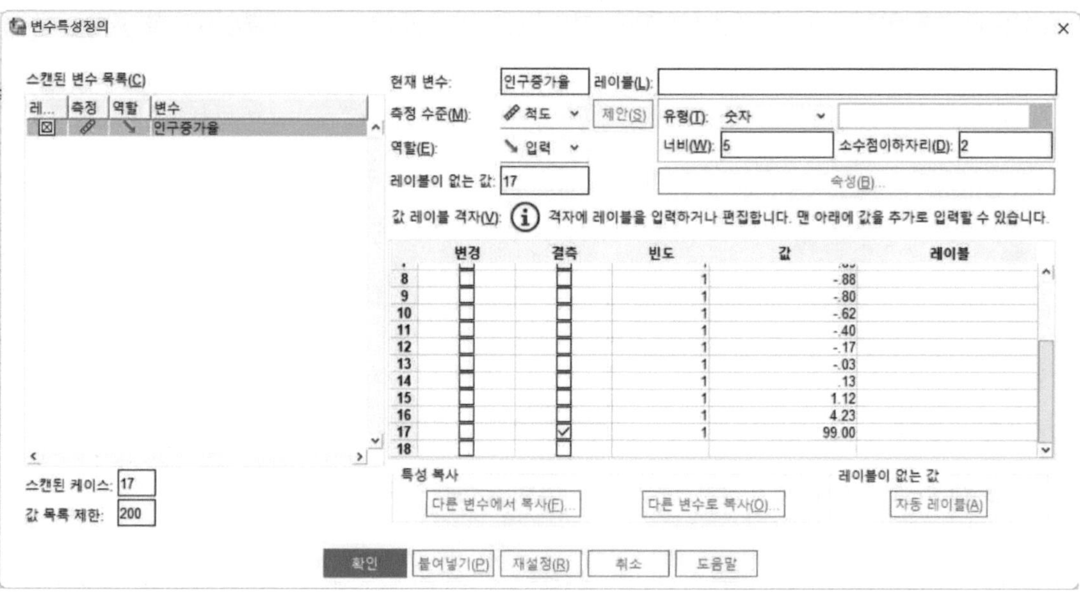

그림 242

⑥ '변수특성정의' 대화상자에서 결측값을 모두 체크한 후 '확인'을 누르면 결측 처리가 완료된다. 결측값 처리된 결과는 '변수 보기'에서도 확인할 수 있다.

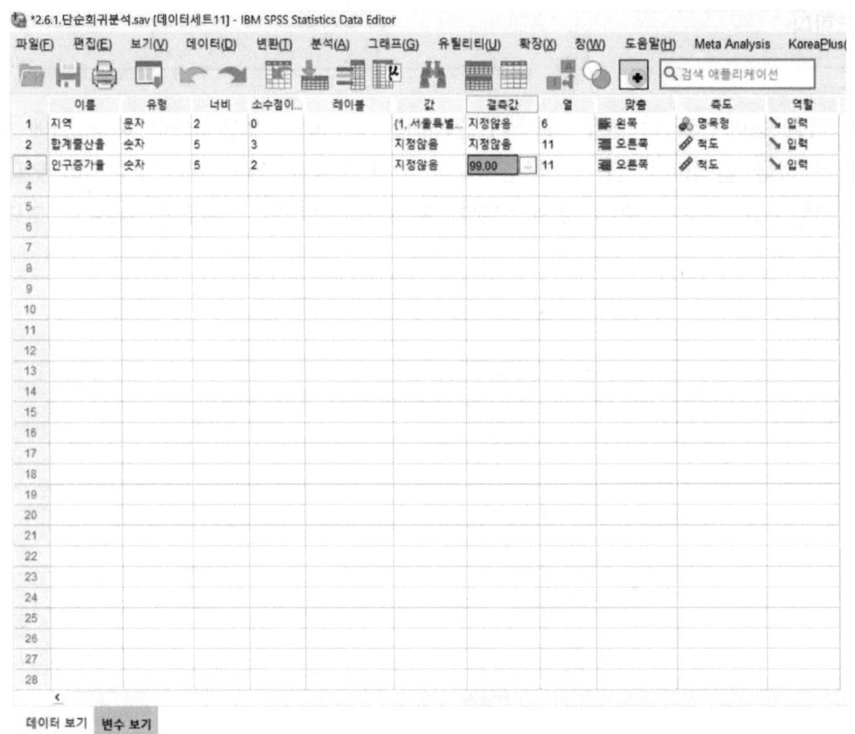

그림 243

⑦ 결측값 대체 : 본 예제의 자료에서 인구증가율 변수에만 결측치('99')가 존재한다. 따라서 다중대체가 아닌 결측값 대체의 방법으로 결측치를 대체한다(1.4.4.장 참고). '변환(T)' - '결측값 대체(V)'를 차례로 클릭한다.

그림 244

⑧ 인구증가율 변수를 '새 변수(N)'으로 이동하고 '이름(A)'을 '인구증가율_대체'로 바꾸고 '변경(H)'를 클릭한다. '방법(M)'으로는 '선형 보간법'을 선택하고 '확인'을 클릭한다.

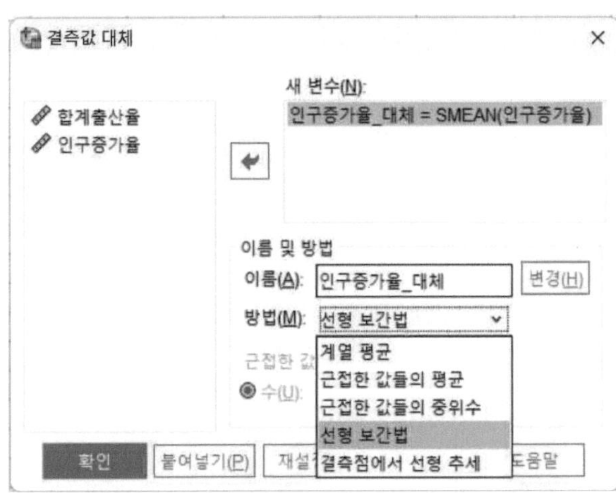

그림 245

⑨ 다음과 같이 결측치가 대체된 '인구등가율_대체' 변수가 추가된 것을 확인할 수 있다.

*2.6.1.단순회귀분석.sav [데이터세트5] - IBM SPSS Statistics Data Editor

파일(F) 편집(E) 보기(V) 데이터(D) 변환(T) 분석(A) 그래프(G)

20 :

	지역	합계출산율	인구증가율	인구증가율_대체	변수
1	1	.642	-1.00	-1.00	
2	2	.747	-.80	-.80	
3	3	.807	-.89	-.89	
4	4	.829	-.62	-.62	
5	5	.811	99.00	-.28	
6	6	.805	-.88	-.88	
7	7	.984	-1.25	-1.25	
8	8	1.277	4.23	4.23	
9	9	.878	1.12	1.12	
10	10	1.036	-.03	-.03	
11	11	.983	-.17	-.17	
12	12	1.029	-.40	-.40	
13	13	.909	-.90	-.90	
14	14	1.145	-.99	-.99	
15	15	1.003	-1.18	-1.18	
16	16	.945	-.91	-.91	
17	17	1.021	.13	.13	

그림 246

⑩ 단순회귀분석을 위해 '분석(A)' - '회귀분석(R)' - '선형(L)' 순으로 클릭한다.

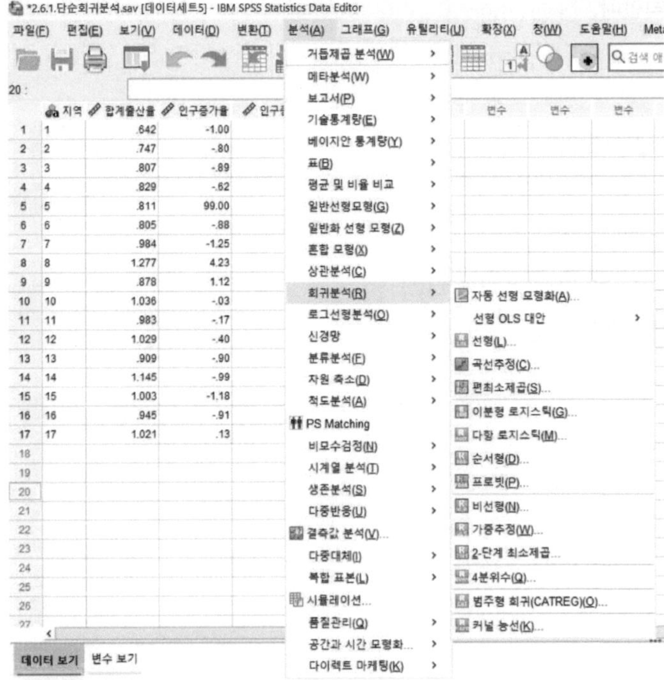

그림 247

⑪ '선형 회귀' 대화상자에서 인구증가율_대체를 '종속변수(D)'로, 합계출산율을 '블록(B)'로 이동한다. 여기서 블록은 독립변수를 의미한다. '방법(M)'은 기본설정을 유지한다.

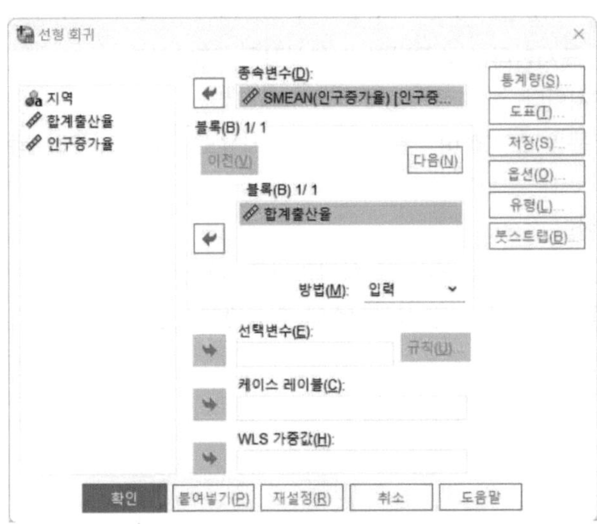

그림 248

⑫ '선형 회귀' 대화상자에서 '통계량(S)'를 클릭하면 '통계량' 대화상자가 나타난다. 다음과 같이 기본 설정을 유지하고 '계속(C)'을 클릭한다.

선형 회귀: 통계량

회귀계수
☑ 추정값(E)
☐ 신뢰구간(N)
수준(%): 95
☐ 공분산 행렬(V)

☑ 모형 적합(M)
☐ R 제곱 변화량(S)
☐ 기술통계(D)
☐ 부분상관 및 편상관계수(P)
☐ 공선성 진단(L)

잔차
☐ Durbin-Watson
☐ 케이스별 진단(C)
◉ 밖에 나타나는 이상값(O): 3 표준편차
◎ 모든 케이스(A)

계속(C) 취소 도움말

그림 249

<참고> 통계량 대화상자

▸ 추정값: 회귀계수의 추정치를 표시한다.
▸ 신뢰구간: 회귀계수에 대한 신뢰구간을 표시한다(신뢰구간의 기본설정은 95%이다).
▸ 공분산 행렬: 공분산 및 상관행렬을 표시한다.
▸ 모형 적합: R^2, 조정된 R^2, 표준오차 등을 표시하며, 분산분석표에 자유도, 제곱합, F값 등을 표시한다.
▸ R 제곱 변화량: 다중회귀분석 시 설명한다.
▸ 기술통계: 변수들의 평균, 표준편차 등을 표시하고 변수 간 상관관계를 보여준다.
▸ 부분상관 및 편상관계수: 독립변수와 종속변수 간 부분상관계수와 편상관계수를 보여준다. 다중회귀분석 시 필요하다.
▸ 공선성 진단: 다중회귀분석 시 설명한다.

⑬ '선형 회귀' 대화상자에서 '도표(T)'를 클릭한다. '도표' 대화상자에서 'ZRESID'를 'Y'로, 'ZPRED'를 'X'로 이동한다. '표준화 잔차도표'에서는 '정규확률도표(R)'에 체크한 뒤 '계속(C)'을 클릭한다.

그림 250

<참고> 선택사항 설명

- DEPENDNT: 종속변수
- ZPRED: 표준화(평균=0, 분산=1)된 예측값
- ZRESID: 표준화된 잔차
- DRESID: 삭제된 잔차
- ADJPRED: 조정된 예측값
- SRESID: 스튜던트화된 잔차
- SDRESID: 스튜던트화된 삭제된 잔차

⑭ '선형 회귀' 대화상자에서 '저장(S)'를 클릭한다. '잔차'에서 '비표준화(N)'를 체크한 뒤 '계속(C)'을 클릭한다.

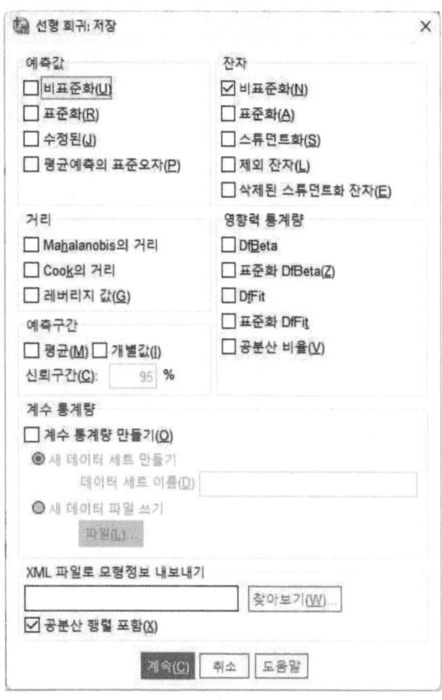

그림 251

⑭번은 잔차(오차)의 정규성을 검정하기 위한 절차로, 위와 같이 설정하고 회귀분석 수행 시 데이터파일에 'RES_1' 열이 추가된다. '분석(A)' - '비모수검정(N)' - '레거시 대화상자(L)' - '1-표본-K-S'를 클릭하면 'Komogorov-Smirnov 검정' 대화상자가 나타나고, 여기서 아래와 같이 RES_1을 '검정 변수(B)'로 보낸 후 '확인'을 클릭하면 출력결과에 Komogorov-Smirnov 검정 결과가 나타난다.

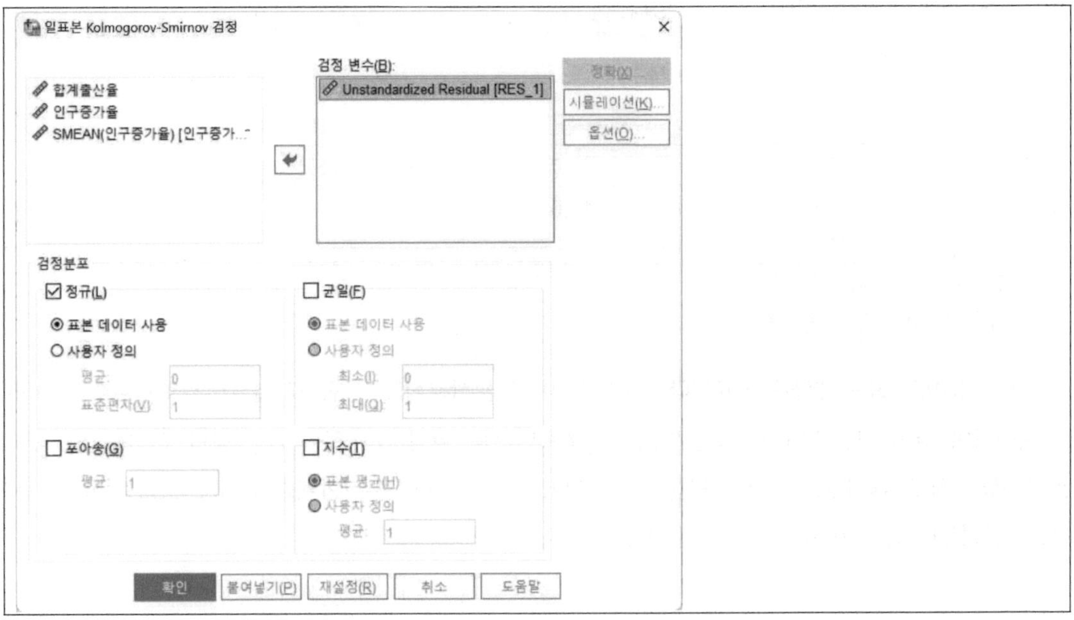

일표본 Kolmogorov-Smirnov 검정

합계출산율
인구증가율
SMEAN(인구증가율) [인구증가...

검정 변수(B):
Unstandardized Residual [RES_1]

정확(X)...
시뮬레이션(K)...
옵션(O)...

검정분포
☑ 정규(L)
◉ 표본 데이터 사용
○ 사용자 정의
평균: 0
표준편차(V): 1

☐ 균일(F)
◉ 표본 데이터 사용
○ 사용자 정의
최소(I): 0
최대(Q): 1

☐ 포아송(G)
평균: 1

☐ 지수(T)
◉ 표본 평균(H)
○ 사용자 정의
평균: 1

확인 붙여넣기(P) 재설정(R) 취소 도움말

⑮ '선형 회귀' 대화상자에서 '확인'을 클릭하면 출력결과가 다음과 같이 나타난다.

입력/제거된 변수[a]

모형	입력된 변수	제거된 변수	방법
1	합계출산율[b]	.	입력

a. 종속변수: SMEAN(인구증가율)
b. 요청된 모든 변수가 입력되었습니다.

▸ '입력/제거된 변수' 표는 독립변수가 합계출산율이고 종속변수가 인구증가율임을 보여주며, 방법을 '동시입력' 방식을 사용했음을 나타낸다.

모형 요약[b]

모형	R	R 제곱	수정된 R 제곱	추정값의 표준오차
1	.549[a]	.301	.255	1.12612

a. 예측자: (상수), 합계출산율
b. 종속변수: SMEAN(인구증가율)

▸ '모형 요약' 표의 R은 상관계수를 나타내고, R 제곱(R^2)은 결정계수(coefficient determination)를 의미한다. 결정계수는 독립변수가 종속변수의 분산을 얼마나 설명하는가를 나타내며, 0과 1 사이의 값을 가진다. 또한 결정계수는 회귀식이 자료에 얼마나 적합한지를 나타내므로 결정계수 값이 클수록 회귀식이 자료를 잘 나타낸다고 해석할 수 있다. 본 예제의 R^2은 .301로 독립변수가 종속변

수 분산의 30.1%를 설명함을 알 수 있다.

ANOVA[a]

모형		제곱합	자유도	평균제곱	F	유의확률
1	회귀	8.207	1	8.207	6.472	.022[b]
	잔차	19.022	15	1.268		
	전체	27.230	16			

a. 종속변수: SMEAN(인구증가율)

b. 예측자: (상수), 합계출산율

▸'ANOVA' 표는 분산분석표이다. 회귀분석에서 분산분석표는 귀무가설 'H_0: 회귀계수가 0이다 = 회귀식이 유의하지 않다 = 독립변수들이 종속변수를 설명하지 못한다'의 성립 여부를 나타낸다. 본 예제의 경우 p=.022로 귀무가설을 기각한다. 따라서 독립변수(합계출산율)가 종속변수(인구증가율)를 설명한다(혹은 회귀식이 유의하다)고 할 수 있다.

계수[a]

모형		비표준화 계수 B	비표준화 계수 표준화 오류	표준화 계수 베타	t	유의확률
1	(상수)	-4.607	1.721		-2.677	.017
	합계출산율	4.636	1.822	.549	2.544	.022

a. 종속변수: SMEAN(인구증가율)

▸'계수' 표에서 합계출산율의 회귀계수는 양(+)의 값을 가지고 유의한 것으로 나타났으므로(p=.022), 귀무가설은 기각된다. 따라서 합계출산율은 인구증가율에 유의미한 양의 영향을 미친다고 해석할 수 있다. 분석결과를 통해 다음과 같은 회귀식이 도출된다.

회귀식: $\hat{Y}_{(인구증가율)} = -4.607 + 4.636X_{(합계출산율)}$

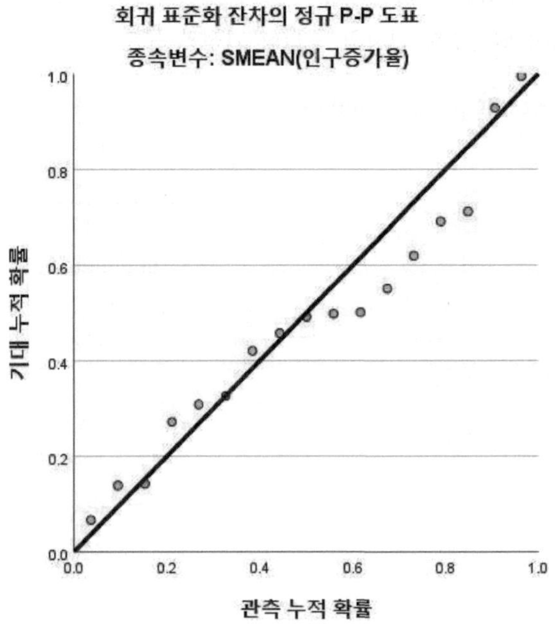

▸위 도표는 표준화 잔차의 정규확률도표이다. 대각선은 정규분포의 누적 분포이며, 대각선 주위의 점들은 분석한 자료이다. 도표에서 점들이 대각선에 가깝게 찍혀있을 경우 정규성 가정을 충족한다고 볼 수 있다.

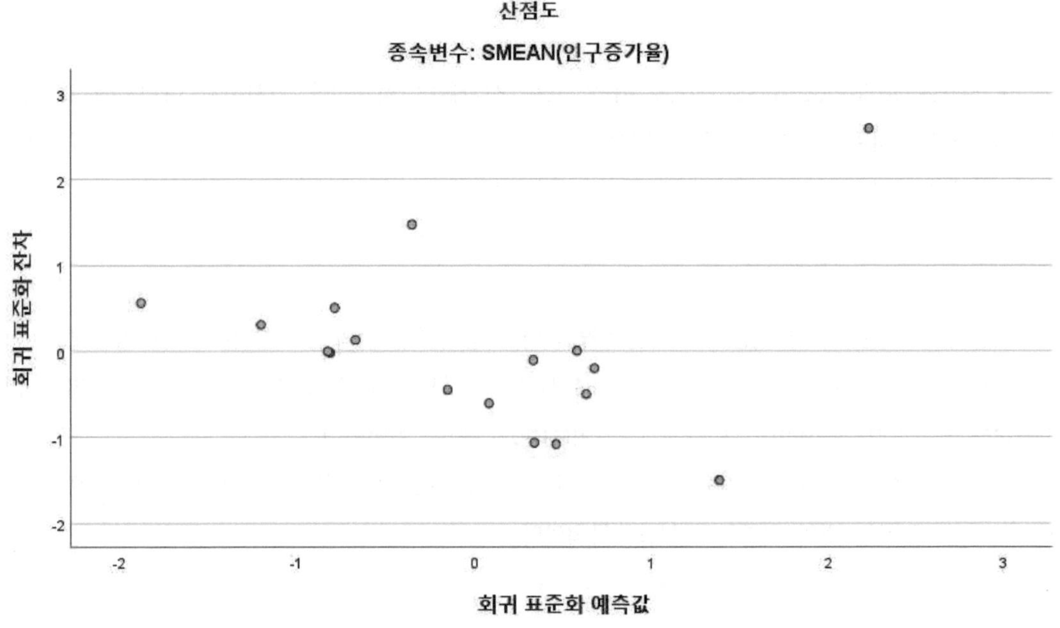

▸ '산점도'는 표준화 예측값과 표준화 잔차 간의 산점도를 보여준다. 산점도에서 잔차가 0을 중심으로 무작위도 분포되어 있을수록 잔차의 독립성 가정과 등분산성 가정을 충족하는 것으로 본다.

일표본 Kolmogorov-Smirnov 검정

			Unstandardized Residual
N			17
정규 모수[a,b]	평균		.0000000
	표준편차		1.09036463
최대극단차이	절대값		.164
	양수		.164
	음수		-.089
검정 통계량			.164
근사 유의확률 (양측)[c]			.200[d]
Monte Carlo 유의확률 (양측)[e]	유의확률		.247
	99% 신뢰구간	하한	.236
		상한	.258

a. 검정 분포가 정규입니다.
b. 데이터로부터 계산.
c. Lilliefors 유의확률 수정
d. 이것은 하한입니다.
e. 난수 시작값이 624387341인 Monte Carlo 표본 10000개를 기준으로 하는 Lilliefors 방법입니다.

▸ '일표본 Kolmogorov-Smirnov 검정' 표는 잔차들이 정규성을 가지는지 아닌지를 보여준다. 표에서 '근사 유의확률(양측)'이 .200이므로, 귀무가설(H_0: 잔차가 정규분포를 따른다)을 기각하지 않는다. 따라서 잔차의 정규성 가정이 충족된다고 할 수 있다.

2.6.2. 다중회귀분석(Multiple Regression Analysis)

다중회귀분석은 두 개 이상의 독립변수와 하나의 종속변수 간의 관계를 분석하는 방법으로, 단순회귀분석을 확장한 분석 방법이다. 다중회귀분석은 여러 방식이 존재하는데, 본서에서는 가장 많이 사용하는 동시입력방식(enter)과 단계입력방식(stepwise)을 설명한다.

다중회귀분석을 통해 독립변수들과 종속변수 간의 관계를 회귀식으로 표현할 수 있다. 아래 식에서 $\hat{\beta}_0 \sim \hat{\beta}_k$을 구하는 것이 다중회귀분석의 목적이다.

$$\hat{Y} = \hat{\beta}_0 + \hat{\beta}_1 X_1 + \hat{\beta}_2 X_2 + \cdots + \hat{\beta}_k X_k$$

다중회귀분석이 가능한 자료의 척도와 가정은 단순회귀분석(2.6.1.장)과 같다.

□ 다중회귀분석(동시입력)

동시입력 방식은 모든 독립변수를 한꺼번에 포함하여 분석하는 방법이다. 동시입력 방식을 사용하면 다른 독립변수들의 영향을 통제한 상태에서 특정 독립변수가 종속변수에 미치는 영향을 확인할 수 있다. 또한, 모든 독립변수가 종속변수의 변동을 설명하는 정도를 확인할 수 있다.

<예제>
화장품 기업의 매출액에 어떤 변수들이 얼마나 영향을 미치는지 확인하고자 한다. 이를 위해 국내 24개 기업의 온라인 광고비용, 오프라인 광고비용, 직원 수, 연구개발비, 매출액 자료를 수집하였다. 다른 변수들의 영향은 통제되었다고 가정했을 때, 온라인 광고비용, 오프라인 광고비용, 직원 수, 연구개발비는 매출액에 영향을 미친다고 할 수 있는가?

① 귀무가설(H_0)과 연구가설(H_1) 설정

가설 검정을 위해 귀무가설과 연구가설(대립가설)을 아래와 같이 설정한다.

H_0: 온라인 광고비용, 오프라인 광고비용, 직원 수, 연구개발비는 모두 매출액에 영향을 미치지 않는다.

H_1: 온라인 광고비용, 오프라인 광고비용, 직원 수, 연구개발비 중 최소한 어느 한 변수는 매출액에 영향을 미친다.

② 데이터 확인 및 결측값 처리

'2.6.2.다중회귀분석.sav' 파일을 열고 데이터를 확인한다. 자료에 결측값이 존재하면 결측값을 빼고 통계분석을 수행할지, 아니면 결측값을 대체하여 통계분석을 수행할지 결정한다.

본 예제에서는 실제 연구자 개인이 보유한 데이터가 완벽하지 않음을 고려하여 결측값을 대체하여 통계분석을 수행한다(결측값은 '9', '99'로 코딩되어 있다).

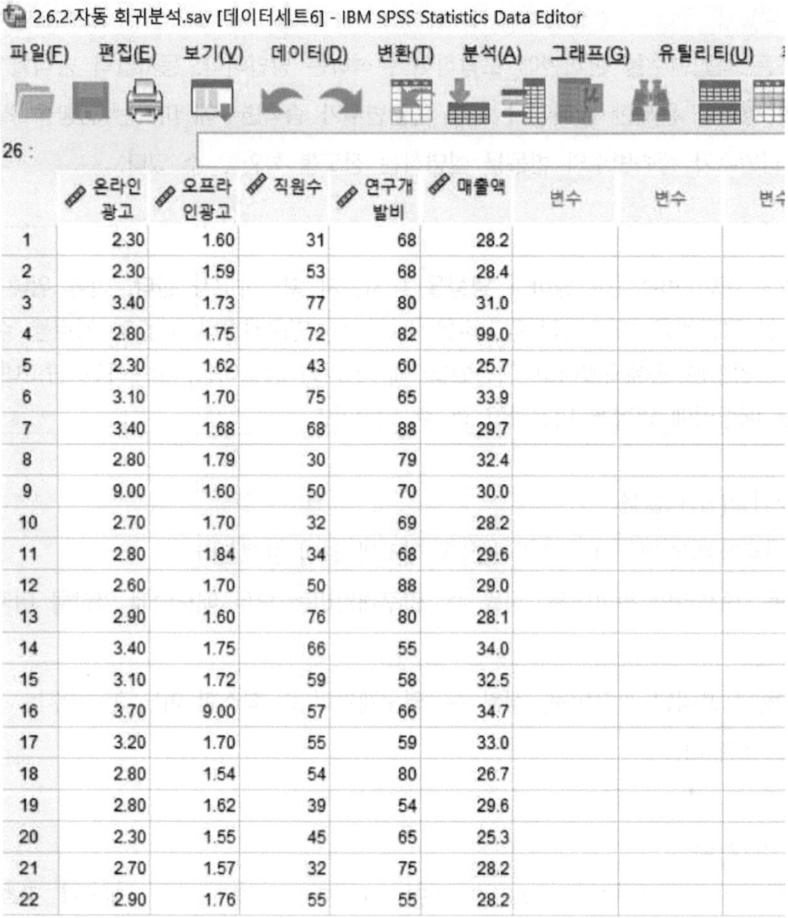

2.6.2.자동 회귀분석.sav [데이터세트6] - IBM SPSS Statistics Data Editor

파일(F) 편집(E) 보기(V) 데이터(D) 변환(T) 분석(A) 그래프(G) 유틸리티(U)

26 :

	온라인광고	오프라인광고	직원수	연구개발비	매출액	변수	변수	변수
1	2.30	1.60	31	68	28.2			
2	2.30	1.59	53	68	28.4			
3	3.40	1.73	77	80	31.0			
4	2.80	1.75	72	82	99.0			
5	2.30	1.62	43	60	25.7			
6	3.10	1.70	75	65	33.9			
7	3.40	1.68	68	88	29.7			
8	2.80	1.79	30	79	32.4			
9	9.00	1.60	50	70	30.0			
10	2.70	1.70	32	69	28.2			
11	2.80	1.84	34	68	29.6			
12	2.60	1.70	50	88	29.0			
13	2.90	1.60	76	80	28.1			
14	3.40	1.75	66	55	34.0			
15	3.10	1.72	59	58	32.5			
16	3.70	9.00	57	66	34.7			
17	3.20	1.70	55	59	33.0			
18	2.80	1.54	54	80	26.7			
19	2.80	1.62	39	54	29.6			
20	2.30	1.55	45	65	25.3			
21	2.70	1.57	32	75	28.2			
22	2.90	1.76	55	55	28.2			

그림 260

③ 결측값을 결측 처리하기 위해 '데이터(D)' - '변수특성정의(V)'를 클릭한다.

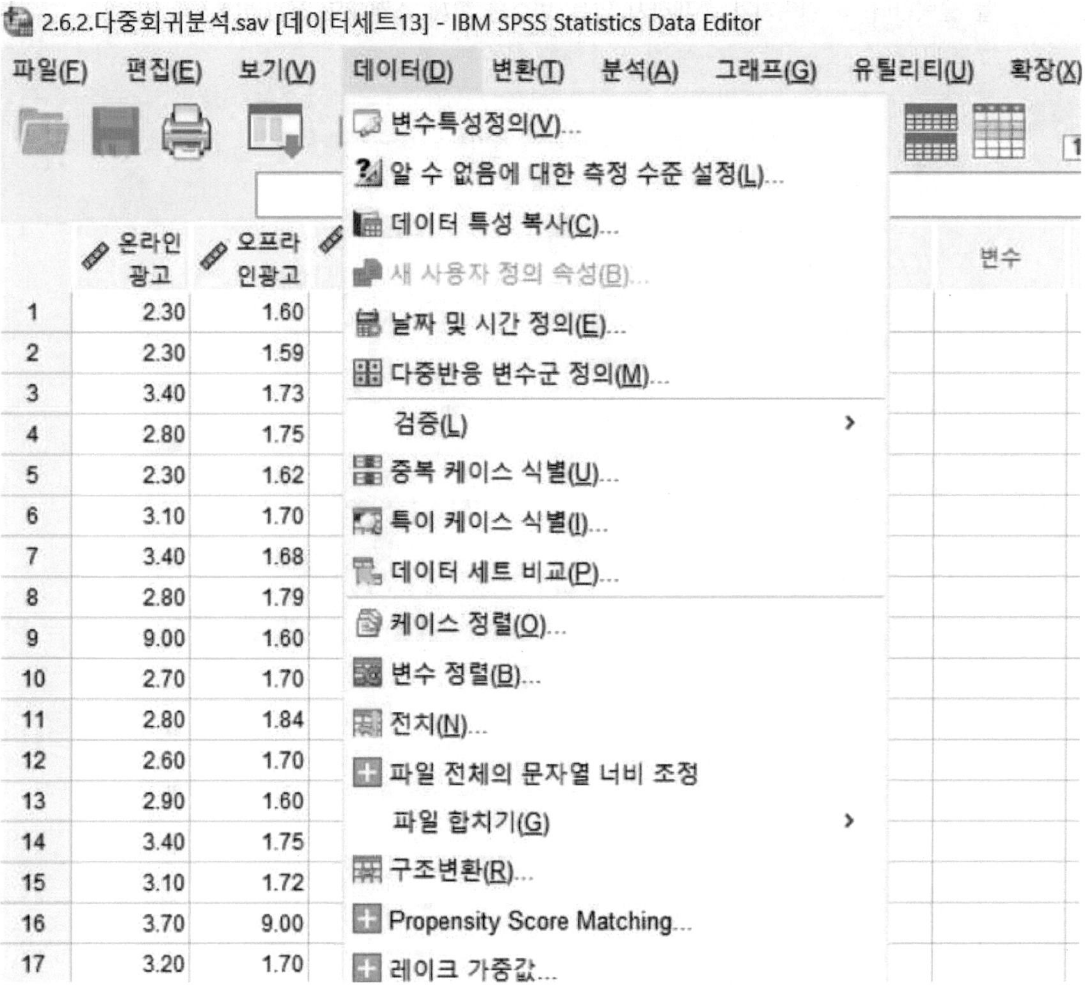

2.6.2.다중회귀분석.sav [데이터세트13] - IBM SPSS Statistics Data Editor

파일(F) 편집(E) 보기(V) 데이터(D) 변환(T) 분석(A) 그래프(G) 유틸리티(U) 확장(X)

변수특성정의(V)...
알 수 없음에 대한 측정 수준 설정(L)...
데이터 특성 복사(C)...
새 사용자 정의 속성(B)...
날짜 및 시간 정의(E)...
다중반응 변수군 정의(M)...
검증(L)
중복 케이스 식별(U)...
특이 케이스 식별(I)...
데이터 세트 비교(P)...
케이스 정렬(O)...
변수 정렬(B)...
전치(N)...
파일 전체의 문자열 너비 조정
파일 합치기(G)
구조변환(R)...
Propensity Score Matching...
레이크 가중값...

	온라인광고	오프라인광고
1	2.30	1.60
2	2.30	1.59
3	3.40	1.73
4	2.80	1.75
5	2.30	1.62
6	3.10	1.70
7	3.40	1.68
8	2.80	1.79
9	9.00	1.60
10	2.70	1.70
11	2.80	1.84
12	2.60	1.70
13	2.90	1.60
14	3.40	1.75
15	3.10	1.72
16	3.70	9.00
17	3.20	1.70

그림 261

④ '변수특성정의' 대화상자에서 결측값이 존재하는 변수들을 모두 '스캔할 변수(S)'로 옮기고 '계속(C)'을 클릭한다. ※ 결측치가 존재하지 않는 변수를 함께 스캔해도 상관없다.

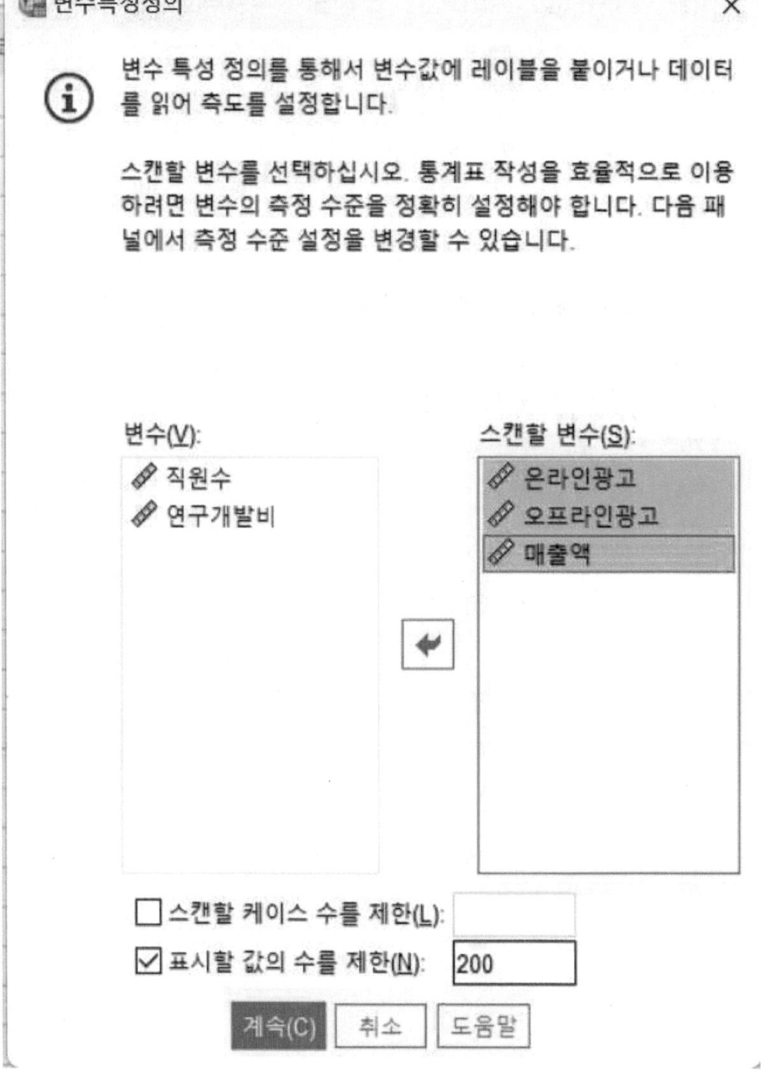

그림 262

⑤ '스캔된 변수 목록(C)'에는 독립변수들이 나타난다. 각 독립변수를 클릭하면 '값 레이블 격자(V)'에 데이터 값, 빈도 등이 표시된다. 데이터 값이 결측값(9, 99, 999 등으로 표시)에 해당하는 행의 '결측' 상자에 체크한다.

<결측값의 코딩> 수집한 데이터를 엑셀 등에 코딩할 경우, 결측이 존재하는 데이터는 일반적으로 해당 셀에 '9', '99', '999'와 같은 값을 입력한다. 단, 만약 결측값이 아닌 측정값 중에 '9'가 포함되어 있다면 결측값을 '99'로 코딩하고, 측정값 중에 '9'와 '99'가 포함되어 있다면 결측값을 '999'로 코딩하는 방식을 사용하면 된다.

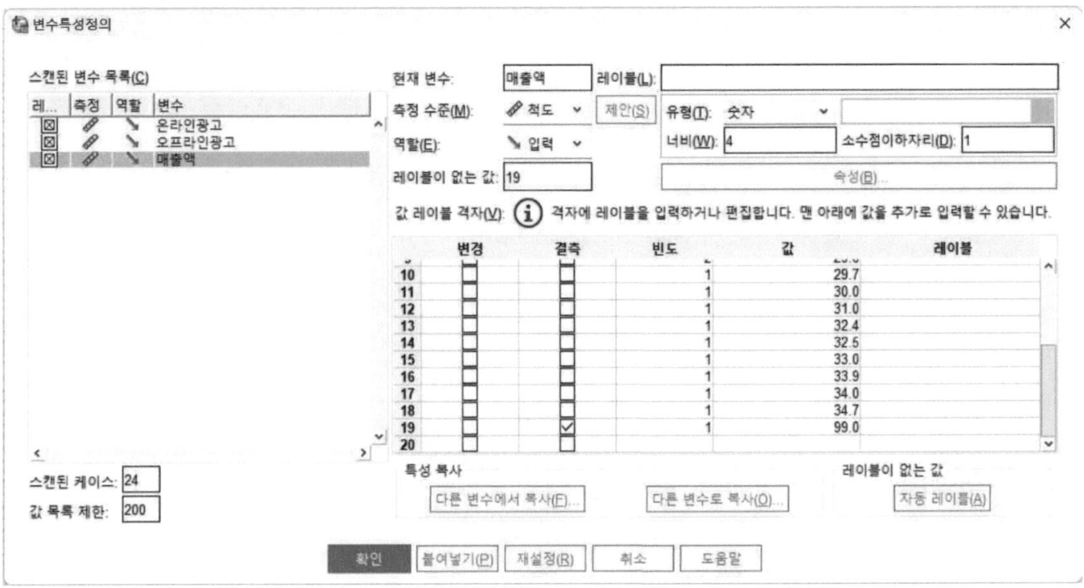

그림 263

⑥ '변수특성정의' 대화상자에서 결측값을 모두 체크한 후 '확인'을 누르면 결측 처리가 완료된다. 결측값 처리된 결과는 '변수 보기'에서도 확인할 수 있다.

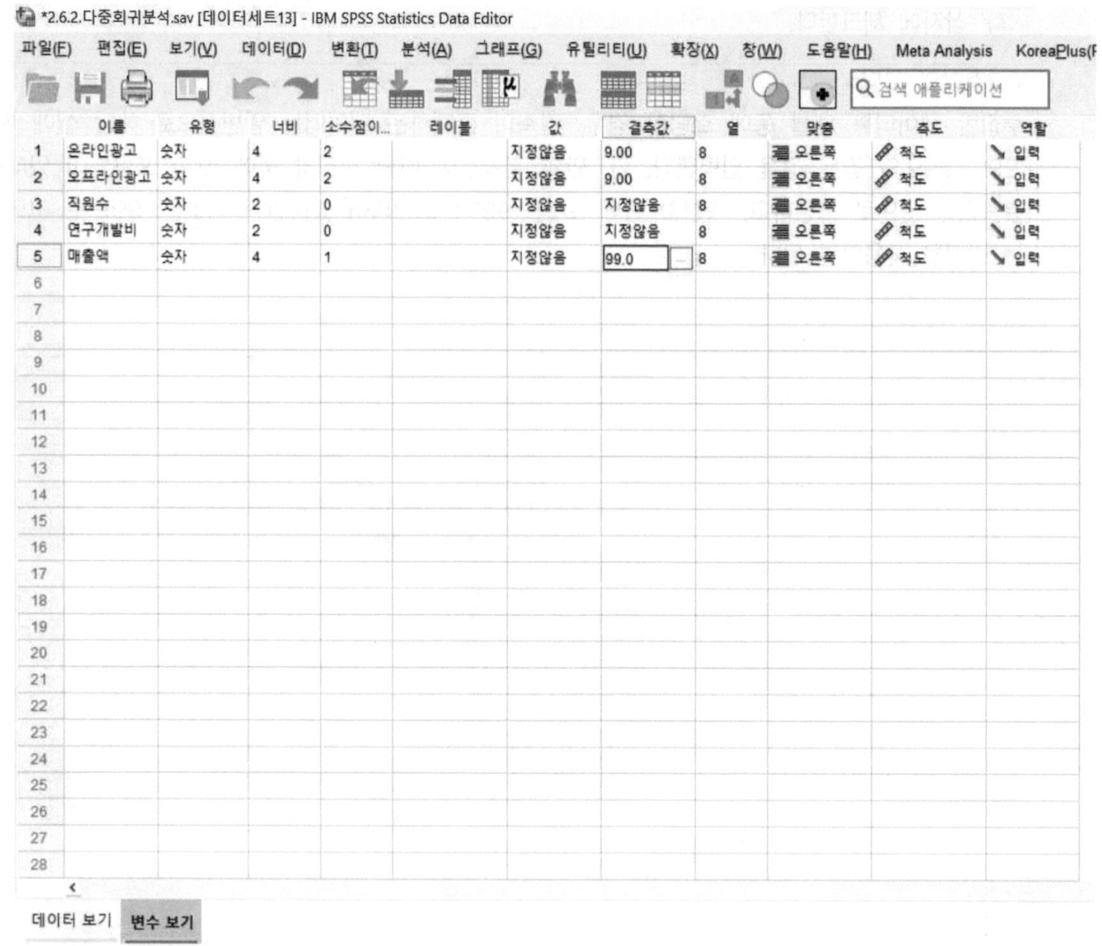

	이름	유형	너비	소수점이...	레이블	값	결측값	열	맞춤	척도	역할
1	온라인광고	숫자	4	2		지정않음	9.00	8	오른쪽	척도	입력
2	오프라인광고	숫자	4	2		지정않음	9.00	8	오른쪽	척도	입력
3	직원수	숫자	2	0		지정않음	지정않음	8	오른쪽	척도	입력
4	연구개발비	숫자	2	0		지정않음	지정않음	8	오른쪽	척도	입력
5	매출액	숫자	4	1		지정않음	99.0	8	오른쪽	척도	입력

그림 264

⑦ 결측값 대체 : 본 예제의 자료는 다중대체(자동 대치, 1.4.4.장 참고) 방법으로 결측치를 대체한다. '분석(A)' - '다중대체(I)' - '결측 데이터 값 대체(I)'를 차례로 클릭한다.

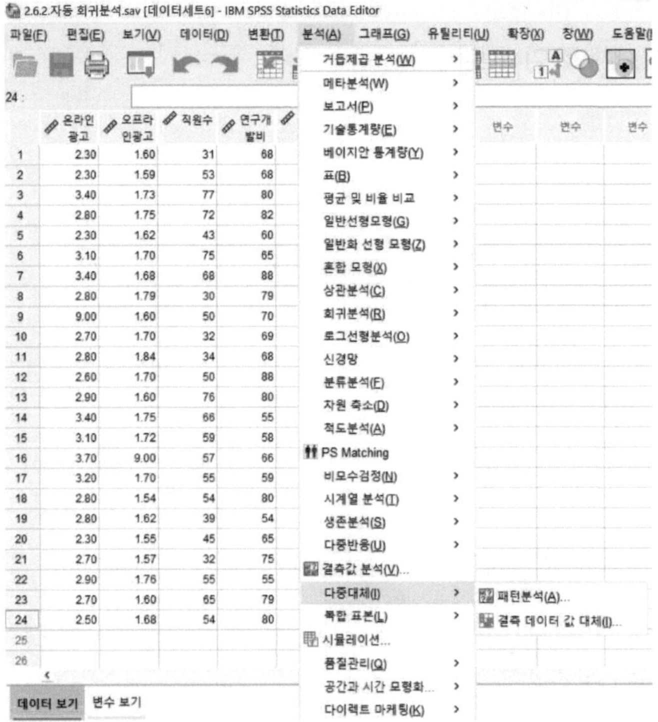

그림 265

⑧ '결측 데이터 값 대체' 대화상자에서 결측치가 존재하는 변수(온라인광고, 오프라인광고, 매출액)를 모두 '모형의 변수(A)'로 이동한다. 결측치를 대체한 샘플의 수('대체(M)')는 2로 설정한다(원하는 샘플의 숫자만큼 설정한다).
'데이터세트 이름(D)'으로 '결측치_대체'를 기재한다.

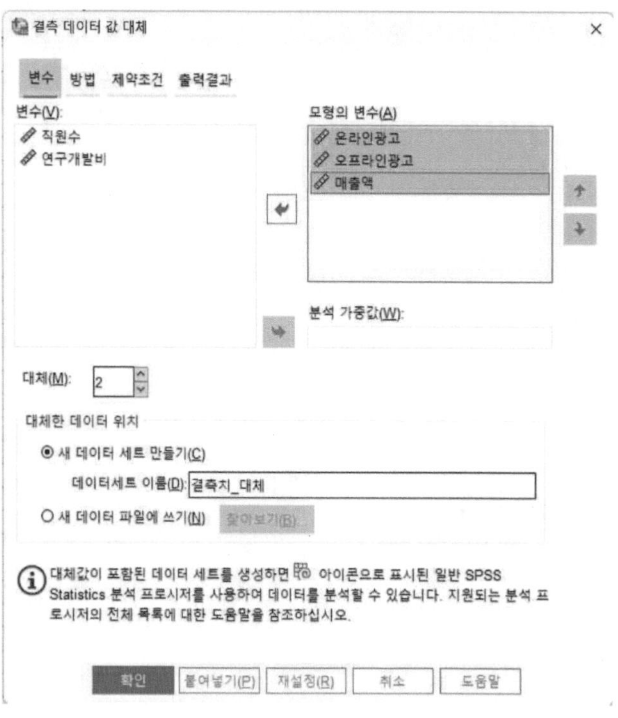

그림 266

⑨ 상단 탭의 '방법' 탭은 기본 설정('자동(A)')을 유지하고. '제약조건' 탭을 클릭한다. '데이터 스캔(S)'을 누르면(좌) '변수 요약(V)'이 나타난다(우). 데이터 스캔을 완료한 후 '확인'을 누른다.

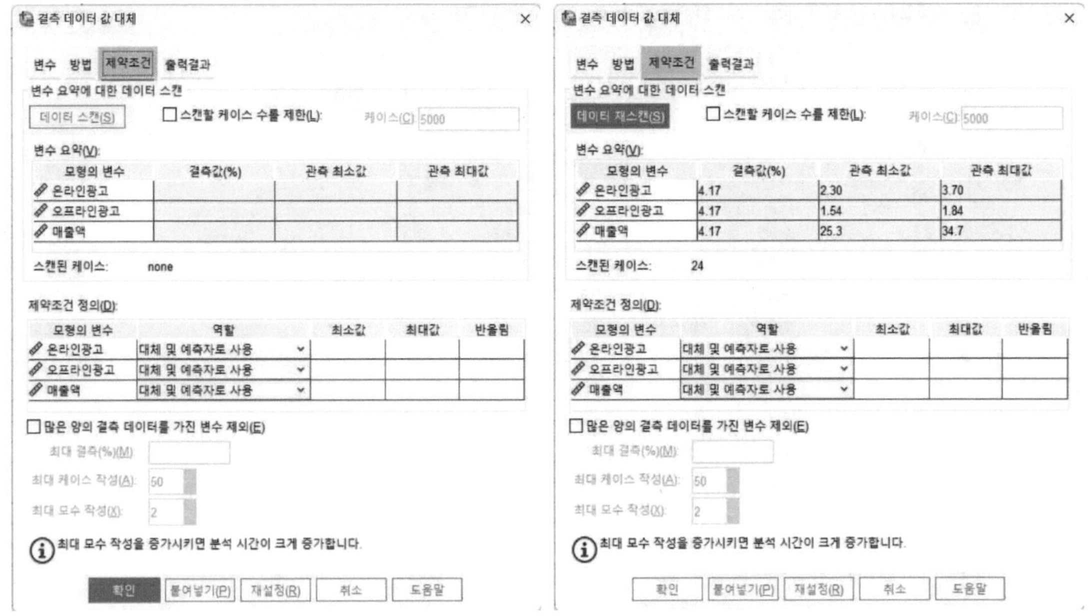

그림 267

⑩ 새로운 SPSS '결측치_대체' 창이 생성된다. 'Imputation' 열은 대체 횟수를 나타내며, 노란색으로 색칠된 셀이 대체된 셀이다.

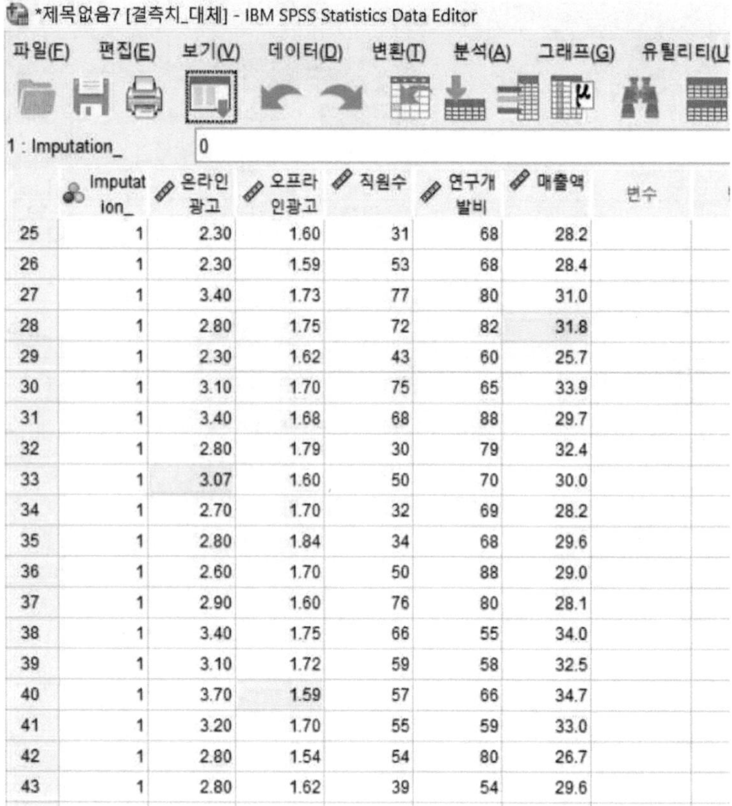

	Imputation_	온라인광고	오프라인광고	직원수	연구개발비	매출액	변수
25	1	2.30	1.60	31	68	28.2	
26	1	2.30	1.59	53	68	28.4	
27	1	3.40	1.73	77	80	31.0	
28	1	2.80	1.75	72	82	31.8	
29	1	2.30	1.62	43	60	25.7	
30	1	3.10	1.70	75	65	33.9	
31	1	3.40	1.68	68	88	29.7	
32	1	2.80	1.79	30	79	32.4	
33	1	3.07	1.60	50	70	30.0	
34	1	2.70	1.70	32	69	28.2	
35	1	2.80	1.84	34	68	29.6	
36	1	2.60	1.70	50	88	29.0	
37	1	2.90	1.60	76	80	28.1	
38	1	3.40	1.75	66	55	34.0	
39	1	3.10	1.72	59	58	32.5	
40	1	3.70	1.59	57	66	34.7	
41	1	3.20	1.70	55	59	33.0	
42	1	2.80	1.54	54	80	26.7	
43	1	2.80	1.62	39	54	29.6	

그림 268

⑪ 다중회귀분석을 위해 '분석(A)' - '회귀분석(R)' - '선형(L)' 순으로 클릭한다.

그림 269

⑫ '선형 회귀' 대화상자에서 매출액을 '종속변수(D)'로, 나머지 변수들을 '블록(B)'로 이동한다. 여기서 블록은 독립변수를 의미한다. '방법(M)'은 동시입력 방식을 수행하므로 기본설정('입력')을 유지한다.

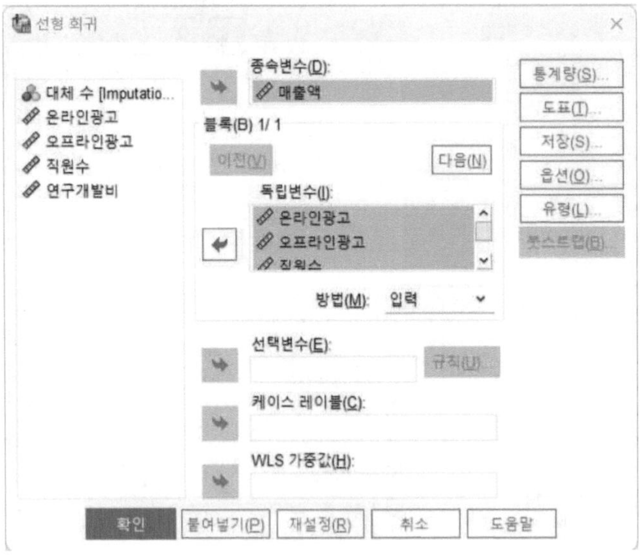

그림 270

⑬ '선형 회귀' 대화상자에서 '통계량(S)'를 클릭하면 '통계량' 대화상자가 나타난다. 회귀계수에서 '추정값(E)'을 선택하고, '모형 적합(M)', '기술통계(D)', '공선성 진단(L)'을 선택한 후 '계속(C)'을 클릭한다.

선형 회귀: 통계량

회귀계수
☑ 추정값(E)
☐ 신뢰구간(N)
수준(%): 95
☐ 공분산 행렬(V)

☑ 모형 적합(M)
☐ R 제곱 변화량(S)
☑ 기술통계(D)
☐ 부분상관 및 편상관계수(P)
☑ 공선성 진단(L)

잔차
☐ Durbin-Watson
☐ 케이스별 진단(C)
◉ 밖에 나타나는 이상값(O): 3 표준편차
○ 모든 케이스(A)

계속(C) 취소 도움말

그림 271

<참고> 통계량 대화상자 – 다중회귀분석의 경우
통계량 대화상자의 다른 선택사항에 대해선 단순회귀분석 부분을 참고한다. 여기서는 다중회귀분석 시에만 적용하는 선택사항에 관해 설명한다.
▸ R 제곱 변화량: 변수를 추가하거나 삭제하는 경우의 R^2 변화 정도를 나타낸다. 한 변수와 관련된 R 제곱 변화량이 많다면 그 변수는 종속변수에 대한 설명력이 높다고 할 수 있다. R 제곱 변화량은 다중회귀분석의 동시입력 방식에는 선택하지 않고, 단계입력 방식의 경우에 선택한다.
▸ 공선성 진단: 개별 변수의 공차(tolerance)와 공선성 진단을 위한 통계량을 보여준다. 공선성이 존재한다는 것은 한 독립변수가 다른 독립변수와 선형관계가 있다는 것을 의미한다.
▸ Durbin-Watson: 시계열자료(시간의 흐름에 관한 특성이 포함된 자료)를 회귀 분석하였을 때 오차항(error-term)들이 서로 상관관계를 가지는지를 확인하기 위한 값이다. 시계열자료를 분석하는 경우가 아니라면 확인할 필요가 없다.
▸ 케이스별 진단: 회귀식에 따른 케이스들의 예측값과 잔차를 보여준다. 모든 케이스에 대해서 나타나게 하거나, 이상값에 대해서만 나타나게 할 수도 있다. 예를 들어 '밖에 나타나는 이상값(O): □ 표준편차'의 '□' 안에 3을 입력한 경우, 예측값이 '실제값의 표준편차*3'을 벗어난 이상값에 대해서만 표시한다.

⑭ '선형 회귀' 대화상자에서 '도표(T)'를 클릭한다. '도표' 대화상자에서 'ZRESID'를 'Y'로, 'ZPRED'를 'X'로 이동한다. '표준화 잔차도표'에서는 '정규확률도표(R)'에 체크한 뒤 '계속(C)'을 클릭한다.

그림 272

※ 선택사항에 대한 설명은 2.6.1. 단순회귀분석 참조

⑮ '선형 회귀' 대화상자에서 '저장(S)'를 클릭한다. '잔차'에서 '비표준화(N)'를 체크한 뒤 '계속(C)'을 클릭한다.

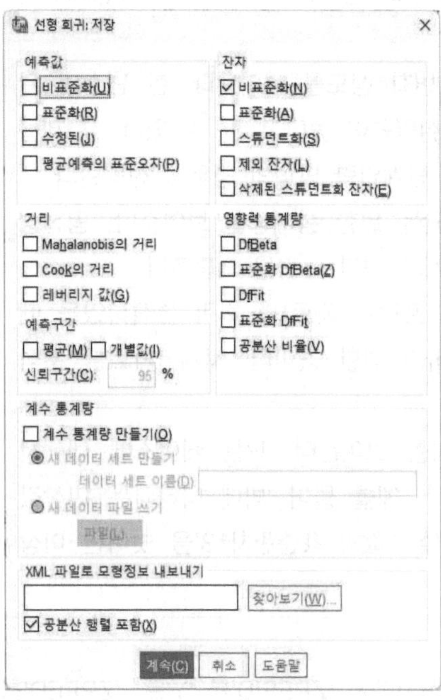

그림 273

⑯ '선형 회귀' 대화상자에서 '옵션(O)'을 클릭하면 나타나는 대화상자에서는 기본 설정을 유지한다.

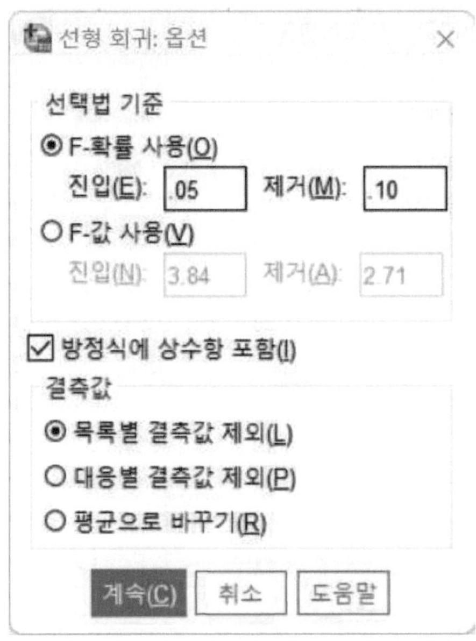

그림 274

⑰ '선형 회귀' 대화상자에서 '확인'을 클릭하면 다음과 같이 출력결과가 제시된다. ※ 본 예제에서는 편의상 결측치가 대체된 샘플 중 1번 샘플(Imputation이 '1'인 샘플)만을 대상으로 설명한다.

기술통계량

대체 수		평균	표준화 편차	N
1	매출액	29.782	2.5963	24
	온라인광고	2.8570	.38472	24
	오프라인광고	1.6657	.08151	24
	직원수	53.00	15.013	24
	연구개발비	70.46	10.476	24
통합	매출액	29.782		24
	온라인광고	2.8570		24
	오프라인광고	1.6657		24
	직원수	53.00		24
	연구개발비	70.46		24

▸ '기술통계량' 표는 변수들의 평균, 표준편차, 케이스 수가 제시된다.

상관계수

대체 수			매출액	온라인광고	오프라인광고	직원수	연구개발비
1	Pearson 상관	매출액	1.000	.763	.474	.351	-.182
		온라인광고	.763	1.000	.285	.519	-.052
		오프라인광고	.474	.285	1.000	.062	-.056
		직원수	.351	.519	.062	1.000	.208
		연구개발비	-.182	-.052	-.056	.208	1.000
	유의확률 (단측)	매출액	.	<.001	.010	.046	.198
		온라인광고	.000	.	.088	.005	.405
		오프라인광고	.010	.088	.	.386	.398
		직원수	.046	.005	.386	.	.165
		연구개발비	.198	.405	.398	.165	.
	N	매출액	24	24	24	24	24
		온라인광고	24	24	24	24	24
		오프라인광고	24	24	24	24	24
		직원수	24	24	24	24	24
		연구개발비	24	24	24	24	24
통합	Pearson 상관	매출액	1.000	.763	.474	.351	-.182
		온라인광고	.763	1.000	.285	.519	-.052
		오프라인광고	.474	.285	1.000	.062	-.056
		직원수	.351	.519	.062	1.000	.208
		연구개발비	-.182	-.052	-.056	.208	1.000
	유의확률 (단측)	매출액		.	.	.	.
		온라인광고	.		.	.	.
		오프라인광고	.	.		.	.
		직원수	.	.	.		.
		연구개발비	.	.	.	.	
	N	매출액	24	24	24	24	24
		온라인광고	24	24	24	24	24
		오프라인광고	24	24	24	24	24
		직원수	24	24	24	24	24
		연구개발비	24	24	24	24	24

▸ '상관계수' 표는 변수 간의 상관계수를 보여준다. 매출액(종속변수)과 독립변수 중 온라인광고, 오프라인광고, 직원수는 유의한 양(+)의 상관관계가 있는 것으로 나타났다($p<0.05$). 한편, 독립변수인 온라인광고와 직원수도 유의한 양(+)의 상관관계가 존재(r=.519, p=.005)한다는 점은 온라인광고와 직원수 간에 공선성이 존재할 가능성이 있음을 보여준다.

공선성(collinearity)은 두 독립변수 간의 관계를 의미한다. 두 독립변수의 상관계수가 1인 경우

완전한 공선성이 있다고 판단하며 상관계수가 0이라면 전혀 공선성이 없다고 본다. 다중공선성(multi collinearity)이란, 세 개 이상의 변수 간의 공선성을 의미한다. 만약 종속변수에 대한 설명력이 높은 어떤 독립변수가 공선성이 높으면 설명력이 낮은 것으로 보여진다. 공선성을 판단하는 기준 중 하나는 두 독립변수 간의 상관관계 정도인데, 상관관계가 높으면 공선성이 존재한다고 추측할 수 있다. 상관관계 외 다른 공선성 판단의 기준은 '계수' 표에서 설명한다.

입력/제거된 변수[a]

대체 수	모형	입력된 변수	제거된 변수	방법
1	1	연구개발비, 온라인광고, 오프라인광고, 직원수[b]	.	입력

a. 종속변수: 매출액

b. 요청된 모든 변수가 입력되었습니다.

▸ '입력/제거된 변수' 표는 독립변수의 투입 방법으로 동시입력방식(enter)가 사용되었음을 보여준다.

모형 요약

대체 수	모형	R	R 제곱	수정된 R 제곱	추정값의 표준오차
1	1	.820[a]	.672	.603	1.6364

a. 예측자: (상수), 연구개발비, 온라인광고, 오프라인광고, 직원수

▸ '모형 요약' 표는 R, R^2값 등을 보여준다. R 제곱(R^2)은 결정계수(coefficient determination)를 의미하는데, 결정계수는 독립변수가 종속변수의 분산을 얼마나 설명하는가를 나타내며, 0과 1 사이의 값을 가진다. 또한 결정계수는 회귀식이 자료에 얼마나 적합한지를 나타내므로 결정계수 값이 클수록 회귀식이 자료를 잘 나타낸다고 해석할 수 있다. 본 회귀모형의 R^2은 .672로 독립변수들이 종속변수의 67.2%를 설명하고 있음을 나타낸다.

▸ 수정된 R^2(adjusted R^2 = R^2_{adj})은 R^2값에 자유도를 반영한 수치이다. R^2값은 회귀식에 독립변수 수가 많아질수록 점차 커지는 특성을 가지는데, 이에 따라 실제로는 모델에 도움이 되지 않는 변수를 추가하더라도 R^2값은 상승하게 된다. 이러한 R^2값의 특성은 과적합(overfitting)을 초래할 수 있는 단점이 있다. 이러한 점을 보완하여 R^2_{adj}은 R^2을 독립변수의 수와 표본의 크기로 조정을 한 값이다. 따라서 다중회귀분석 시에는 R^2_{adj}값을 주로 참고한다.

ANOVA[a]

대체 수	모형		제곱합	자유도	평균제곱	F	유의확률
1	1	회귀	104.165	4	26.041	9.725	<.001[b]
		잔차	50.877	19	2.678		
		전체	155.042	23			

a. 종속변수: 매출액

b. 예측자: (상수), 연구개발비, 온라인광고, 오프라인광고, 직원수

▸ 'ANOVA' 표는 분산분석표이다. 회귀분석에서 분산분석표는 귀무가설 'H_0: 모든 회귀계수가 0이다 = 회귀식이 유의하지 않다 = 독립변수들이 종속변수를 설명하지 못한다'의 성립 여부를 나타낸다. 본 예제의 경우 $p<.001$로 귀무가설을 기각하게 되므로, 회귀식이 종속변수를 설명하는 데 유용하다(유의하다)고 할 수 있다.

계수[a]

대체 수	모형		비표준화 계수 B	비표준화 계수 표준화 오류	표준화 계수 베타	t	유의확률	공선성 통계량 공차	공선성 통계량 VIF	분수 누락 정보	상대 증가 분산	상대 효율
1	1	(상수)	4.476	7.513		.596	.558					
		온라인광고	4.530	1.105	.671	4.102	<.001	.645	1.551			
		오프라인광고	8.755	4.392	.275	1.993	.061	.908	1.101			
		직원수	.002	.028	.013	.081	.936	.669	1.496			
		연구개발비	-.033	.034	-.134	-.979	.340	.922	1.085			
통합	1	(상수)	4.476	7.513		.596	.			.	.	.
		온라인광고	4.530	1.105		4.102	.			.	.	.
		오프라인광고	8.755	4.392		1.993	.			.	.	.
		직원수	.002	.028		.081	.			.	.	.
		연구개발비	-.033	.034		-.979	.			.	.	.

a. 종속변수: 매출액

▸ '계수' 표에서 온라인광고의 회귀계수는 양(+)의 값을 가지고 유의한 것으로 나타났다($p<.001$). 나머지 변수들은 다른 세 변수가 회귀식에 포함되었을 때 비유의적으로 나타났다(p>0.05). 따라서 온라인광고는 매출액에 유의미한 양의 영향을 미친다고 해석할 수 있다. 분석 결과를 통해 다음과 같은 회귀식이 도출된다.

$$\hat{Y}_{(\text{매출액})} = 4.476 + 4.530X_{1(\text{온라인광고})} + 8.755X_{2(\text{오프라인광고})} + 0.002X_{3(\text{직원수})} - 0.033X_{4(\text{연구개발비})}$$

▸ **표준화계수**: 위와 같이 회귀식은 비표준화계수($\hat{\beta_i}$)를 사용하여 작성하나, 독립변수의 영향력의 상대적 크기를 비교하는 경우 비표준화계수를 사용해서는 안 된다. 왜냐하면 독립변수의 측정 단위가 모두 다를 수 있기 때문이다. 따라서 독립변수의 영향력을 상대적으로 비교하고자 할 때는 표준화계수(standardized beta coefficient)를 사용한다. 표준화계수는 각 변수의 표준편차를 사용하여 계산되므로 측정 단위에 영향을 받지 않는다. 본 예제의 경우, 모든 독립변수가 회귀식에 포함된 경우

영향력이 가장 큰 변수는 온라인광고(표준화계수=.671)로 확인된다.

▸ **공선성 통계량**: 공차(tolerance)는 한 독립변수의 분산 중 다른 독립변수들에 의해 설명되지 않는 부분을 의미한다. 따라서 공차 값이 작을수록 해당 독립변수의 분산 중 다른 독립변수들에 의해 설명되는 부분이 많다는 뜻이므로 공선성이 높다고 해석된다. 공차는 0~1의 값을 가진다. VIF(variance inflation factor, 분산팽창인자)는 공차의 역수이다. 공선성 판단을 위한 절대적 기준은 없으나, 일반적으로 공차가 0.5 이하이거나 VIF가 2 이상일 때 공선성이 크다고 본다.[3] 본 예제의 경우, 공차가 0.5 이상이므로 공선성 문제가 심하지 않다고 볼 수 있다. 만약 공선성이 높게 나온다면, 독립변수 중 상관관계가 높게 측정되는 변수를 제거하는 등의 조치를 할 수 있다.

<참고> 회귀분석 시 정규성 확인 방법

단순/다중회귀분석 모두 잔차들이 정규성을 가진다는 정규성 가정이 충족되어야 한다. 정규성을 확인하는 방법은 1) 표준화 잔차의 정규확률도표(p-p도표)를 통해 시각적으로 확인하는 방법, 2) Kolmogorov-Smirnov 검정 방법이 있다.

1) 표준화 잔차의 정규확률도표(p-p도표) : 다중회귀분석의 ⑭번 절차를 통해 출력되는 결과로, 분석한 자료의 누적 분포를 정규분포의 누적 분포와 시각적으로 비교할 수 있게 해준다. 대각선이 정규분포이며, 점들은 분석한 자료이다. 점들의 분포가 대각선에 가까울수록 정규성 가정을 충족한다고 본다. 본 예제의 경우 대체로 점들이 대각선 주위에 분포하고 있으므로, 정규성을 충족한다고 볼 수 있다.

3) 김민주, 행정계량분석론

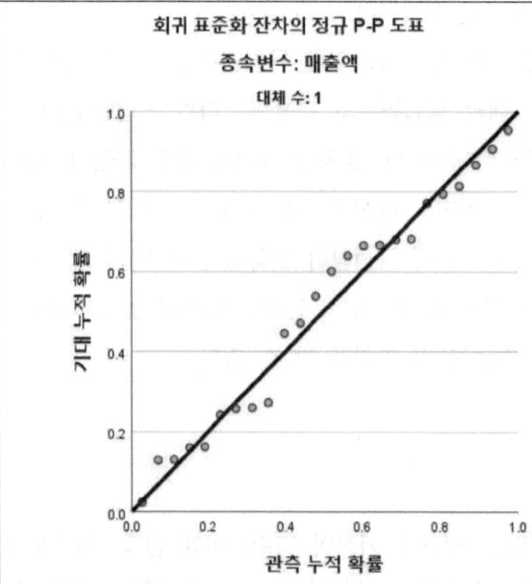

그림 281

2) Kolmogorov-Smirnov 검정

① 다중회귀분석의 ⑮번 절차를 통해 Data Editor 창에 'RES-1' 열이 생성된다.

IBM SPSS Statistics Data Editor

파일(F) 편집(E) 보기(V) 데이터(D) 변환(T) 분석(A) 그래프(G) 유틸리티(U)

: RES_1 1.37514665042213

	Imputation_	온라인광고	오프라인광고	직원수	연구개발비	매출액	RES_1
1	0	2.30	1.60	31	68	28.2	1.37515
2	0	2.30	1.59	53	68	28.4	1.61191
3	0	3.40	1.73	77	80	31.0	-1.01403
4	0	2.80	1.75	72	82	99.0	.
5	0	2.30	1.62	43	60	25.7	-1.66697
6	0	3.10	1.70	75	65	33.9	2.76320
7	0	3.40	1.68	68	88	29.7	-1.48285
8	0	2.80	1.79	30	79	32.4	2.19473
9	0	9.00	1.60	50	70	30.0	.
10	0	2.70	1.70	32	69	28.2	-1.12043
11	0	2.80	1.84	34	68	29.6	-1.53840
12	0	2.60	1.70	50	88	29.0	.74887
13	0	2.90	1.60	76	80	28.1	-.69729

그림 282

② '분석(A)' - '비모수검정(N)' - '레거시 대화상자(L)' - '1-표본-K-S'를 클릭하면 'Komogorov -Smirnov 검정' 대화상자가 나타난다. 여기서 아래와 같이 RES_1을 '검정 변수(B)'로 보낸 후 '확인'을 클릭하면 출력결과에 Komogorov-Smirnov 검정 결과가 나타난다.

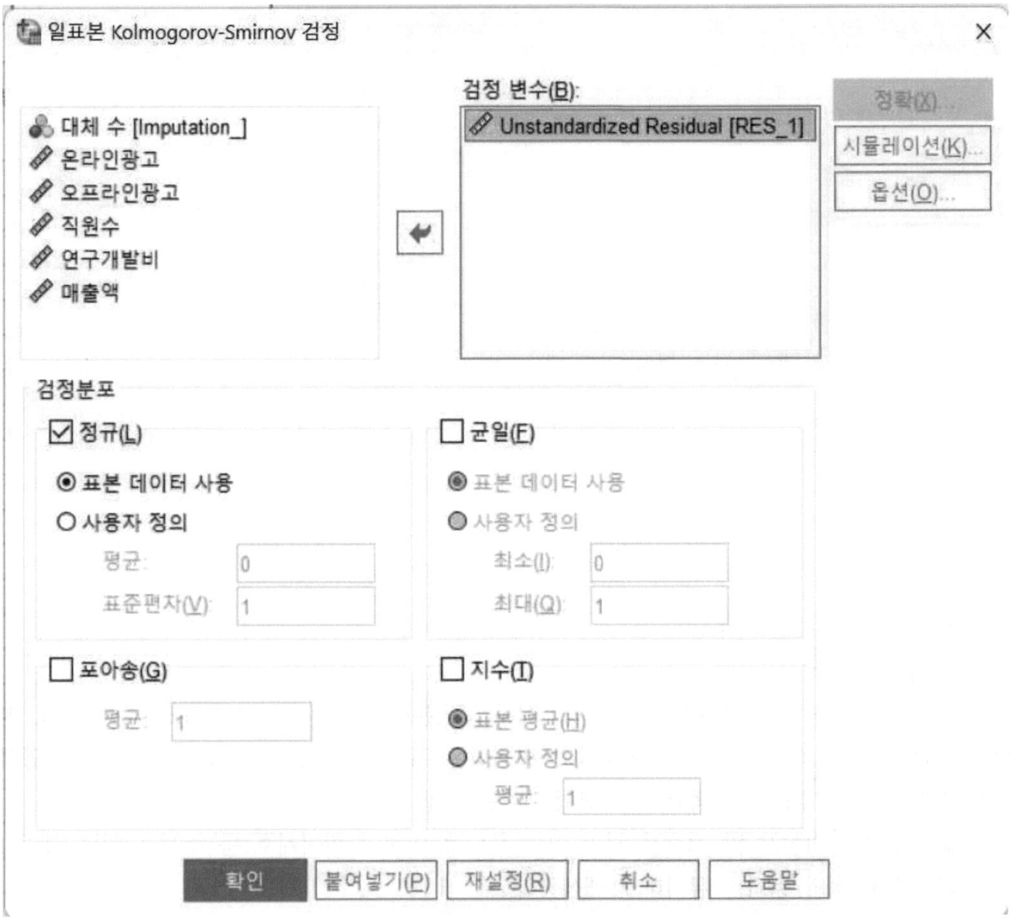

일표본 Kolmogorov-Smirnov 검정

검정 변수(B):
Unstandardized Residual [RES_1]

정확(X)...
시뮬레이션(K)...
옵션(O)...

대체 수 [Imputation_]
온라인광고
오프라인광고
직원수
연구개발비
매출액

검정분포
정규(L)
표본 데이터 사용
사용자 정의
평균: 0
표준편차(V): 1

균일(F)
표본 데이터 사용
사용자 정의
최소(I): 0
최대(Q): 1

포아송(G)
평균: 1

지수(T)
표본 평균(H)
사용자 정의
평균: 1

확인 붙여넣기(P) 재설정(R) 취소 도움말

그림 283

▸'일표본 Kolmogorov-Smirnov 검정' 표는 잔차들이 정규성을 가지는지 아닌지를 보여준다. 표에서 '근사 유의확률(양측)'이 .200이므로, 귀무가설(H_0: 잔차가 정규분포를 따른다)을 기각하지 않는다. 따라서 잔차의 정규성 가정이 충족된다고 할 수 있다.

일표본 Kolmogorov-Smirnov 검정

대체 수				Unstandardized Residual
1	N			24
	정규 모수[a,b]	평균		.0000000
		표준편차		1.55423376
	최대극단차이	절대값		.123
		양수		.123
		음수		-.111
	검정 통계량			.123
	근사 유의확률 (양측)[c]			.200[d]
	Monte Carlo 유의확률 (양측)[e]	유의확률		.443
		99% 신뢰구간	하한	.430
			상한	.456

a. 검정 분포가 정규입니다.
b. 데이터로부터 계산.
c. Lilliefors 유의확률 수정
d. 이것은 하한입니다.
e. 난수 시작값이 112562564인 Monte Carlo 표본 10000개를 기준으로 하는 Lilliefors 방법입니다.

그림 284

<참고> 자동 회귀분석

SPSS는 위와 같은 방식의 회귀분석 방법 외, 자동 회귀분석 기능을 지원한다(1.5.4.장 참고). 본 예제의 회귀식과 1.5.4.장의 자동 회귀분석의 회귀식은 그 결과가 유사한 것을 확인할 수 있다(온라인광고의 회귀계수만 유의적으로 나타나는 것도 동일).

※ 자동 회귀분석의 이상값 및 결측값 처리 기능 등으로 인하여 회귀계수 등 수치가 일부 차이가 있으나, 회귀분석의 결과는 유사하게 해석된다.

▸ 본 예제의 회귀식 :

$\hat{Y}_{(\text{매출액})} = 4.476 + 4.530X_{1(\text{온라인광고})} + 8.755X_{2(\text{오프라인광고})} + 0.002X_{3(\text{직원수})} - 0.033X_{4(\text{연구개발비})}$

▸ 자동 회귀분석의 회귀식 :

$\check{Y}_{(\text{매출액})} = 6.599 + 4.248X_{1(\text{온라인광고})} + 8.406X_{2(\text{오프라인광고})} - 0.041X_{3(\text{연구개발비})} - 0.004X_{4(\text{직원수})}$

□ 다중회귀분석(동시입력-더미변수 포함)

회귀분석 시 성별이나 직업과 같이 명목척도로 측정된 변수를 독립변수로 포함하여 분석해야 하는 경우가 있다. 이 경우 명목척도로 측정된 변수를 더미변수(dummy variable)로 설정하여 회귀분석을 진행하게 된다. 더미변수의 수는 해당 변수의 '범주의 수 – 1'이다. 더미변수를 설정하는 방식의 예시는 다음과 같다.

<더미변수 설정 예시>

1) 성별 (남/여)

※ 더미변수의 수 = 범주의 수-1 = 2-1 = **1**

범주	더미변수
남	0
여	1

2) 직업 (교사/공무원/자영업)

※ 더미변수의 수 = 범주의 수-1 = 3-1 = 1

범주	더미변수1	더미변수2
교사	0	0
공무원	1	0
자영업	0	1

즉, 더미변수는 각 범주가 서로 구분이 되게끔 설정하면 된다.

앞서 '다중회귀분석(동시입력)'의 예제에서 'TV 광고 유무'를 독립변수로 추가하여 분석해보자. TV광고를 한 경우 '1', 하지 않은 경우 '0'으로 코딩하였다.

<예제>

화장품 기업의 매출액에 어떤 변수들이 얼마나 영향을 미치는지 확인하고자 한다. 이를 위해 국내 24개 기업의 온라인 광고비용, 오프라인 광고비용, 직원 수, 연구개발비, **TV 광고 유무,** 매출액 자료를 수집하였다. 다른 변수들의 영향은 통제되었다고 가정했을 때, 온라인 광고비용, 오프라인 광고비용, 직원 수, 연구개발비, **TV 광고 유무**는 매출액에 영향을 미친다고 할 수 있는가?

① 귀무가설(H_0)과 연구가설(H_1) 설정

가설 검정을 위해 귀무가설과 연구가설(대립가설)을 아래와 같이 설정한다.

H_0: 온라인 광고비용, 오프라인 광고비용, 직원 수, 연구개발비, **TV 광고 유무**는 모두 매출액에 영향을 미치지 않는다.

H_1: 온라인 광고비용, 오프라인 광고비용, 직원 수, 연구개발비, **TV 광고 유무** 중 최소한 어느 한 변수는 매출액에 영향을 미친다.

② 데이터 확인 및 결측값 처리

'2.6.3.다중회귀분석(더미변수).sav' 파일을 열고 데이터를 확인한다. 변수특성정의 및 결측값 처리 방법은 '다중회귀분석(동시입력)' 예제와 같다.

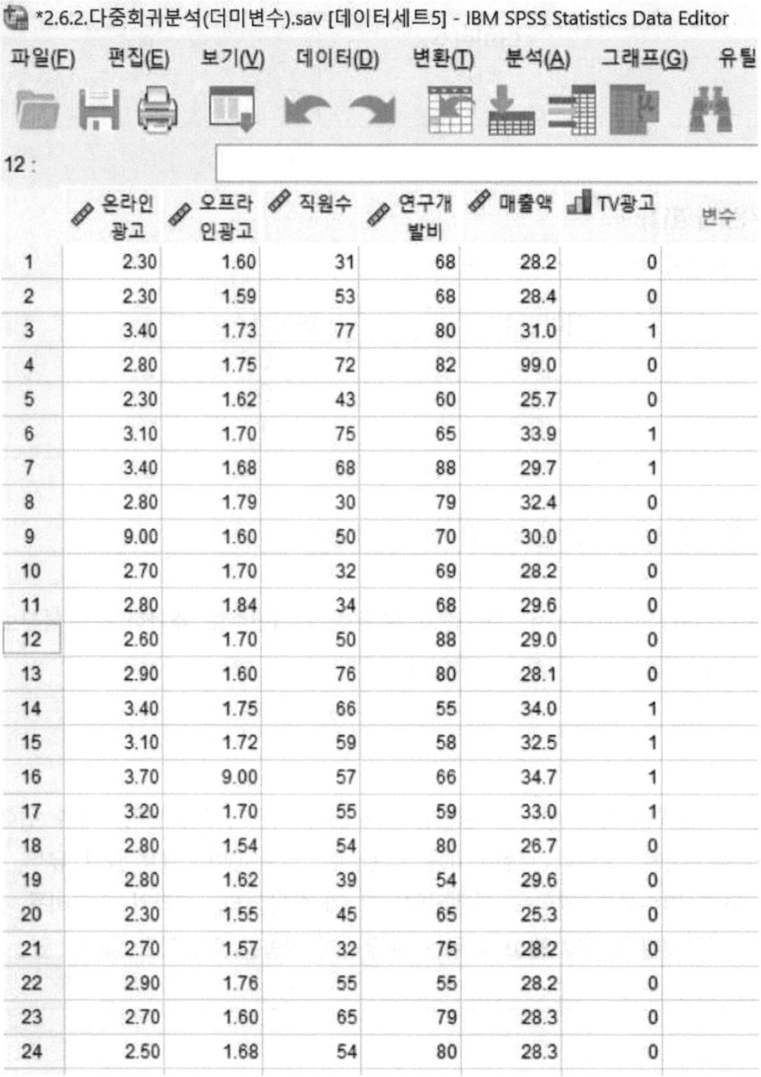

*2.6.2.다중회귀분석(더미변수).sav [데이터세트5] - IBM SPSS Statistics Data Editor

파일(F) 편집(E) 보기(V) 데이터(D) 변환(T) 분석(A) 그래프(G) 유틸

12 :

	온라인광고	오프라인광고	직원수	연구개발비	매출액	TV광고	변수
1	2.30	1.60	31	68	28.2	0	
2	2.30	1.59	53	68	28.4	0	
3	3.40	1.73	77	80	31.0	1	
4	2.80	1.75	72	82	99.0	0	
5	2.30	1.62	43	60	25.7	0	
6	3.10	1.70	75	65	33.9	1	
7	3.40	1.68	68	88	29.7	1	
8	2.80	1.79	30	79	32.4	0	
9	9.00	1.60	50	70	30.0	0	
10	2.70	1.70	32	69	28.2	0	
11	2.80	1.84	34	68	29.6	0	
12	2.60	1.70	50	88	29.0	0	
13	2.90	1.60	76	80	28.1	0	
14	3.40	1.75	66	55	34.0	1	
15	3.10	1.72	59	58	32.5	1	
16	3.70	9.00	57	66	34.7	1	
17	3.20	1.70	55	59	33.0	1	
18	2.80	1.54	54	80	26.7	0	
19	2.80	1.62	39	54	29.6	0	
20	2.30	1.55	45	65	25.3	0	
21	2.70	1.57	32	75	28.2	0	
22	2.90	1.76	55	55	28.2	0	
23	2.70	1.60	65	79	28.3	0	
24	2.50	1.68	54	80	28.3	0	

③ 다중회귀분석을 위해 '분석(A)' - '회귀분석(R)' - '선형(L)' 순으로 클릭한다.

그림 286

④ '선형 회귀' 대화상자에서 매출액을 '종속변수(D)'로, 나머지 변수들을 '블록(B)'로 이동한다. 여기서 블록은 독립변수를 의미한다. '방법(M)'은 동시입력 방식을 수행하므로 기본 설정('입력')을 유지한다.

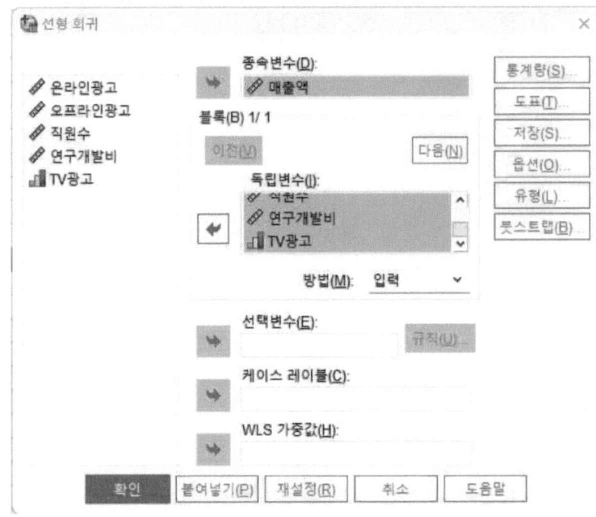

그림 287

⑤ '선형 회귀' 대화상자에서 '통계량(S)'를 클릭하면 '통계량' 대화상자가 나타난다. 회귀계수에서 '추정값(E)'을 선택하고, '모형 적합(M)', '기술통계(D)', '공선성 진단(L)'을 선택한 후 '계속(C)'을 클릭한다.

선형 회귀: 통계량

회귀계수
추정값(E)
신뢰구간(N)
수준(%): 95
공분산 행렬(V)
모형 적합(M)
R 제곱 변화량(S)
기술통계(D)
부분상관 및 편상관계수(P)
공선성 진단(L)
잔차
Durbin-Watson
케이스별 진단(C)
밖에 나타나는 이상값(O): 3 표준편차
모든 케이스(A)
계속(C) 취소 도움말

그림 288

⑥ '선형 회귀' 대화상자에서 '도표(T)'를 클릭한다. '도표' 대화상자에서 'ZRESID'를 'Y'로, 'ZPRED'를 'X'로 이동한다. '표준화 잔차도표'에서는 '정규확률도표(R)'에 체크한 뒤 '계속(C)'을 클릭한다.

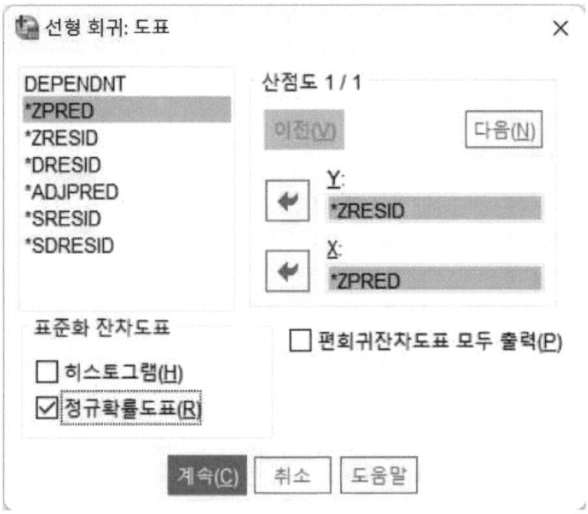

그림 289

⑦ '선형 회귀' 대화상자에서 '저장(S)'를 클릭한다. '잔차'에서 '비표준화(N)'를 체크한 뒤 '계속(C)'을 클릭한다.

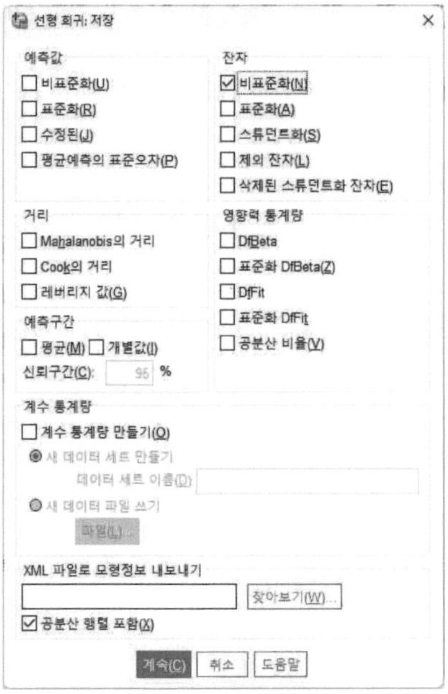

그림 290

⑧ '선형 회귀' 대화상자에서 '확인'을 클릭하면 다음과 같이 출력 결과가 제시된다. ※ 본 예제에서는 편의상 결측치가 대체된 샘플 중 1번 샘플(Imputation이 '1'인 샘플)만을 대상으로 설명한다.

기술통계량

대체 수		평균	표준화 편차	N
1	매출액	29.714	2.5636	24
	온라인광고	2.8400	.38396	24
	오프라인광고	1.6736	.08276	24
	직원수	53.00	15.013	24
	연구개발비	70.46	10.476	24
	TV광고	.29	.464	24
통합	매출액	29.714		24
	온라인광고	2.8400		24
	오프라인광고	1.6736		24
	직원수	53.00		24
	연구개발비	70.46		24
	TV광고	.29		24

▸ '기술통계량' 표는 변수들의 평균, 표준편차, 케이스 수가 제시된다.

상관계수

대체 수			매출액	온라인광고	오프라인광고	직원수	연구개발비	TV광고
1	Pearson 상관	매출액	1.000	.774	.639	.321	-.214	.760
		온라인광고	.774	1.000	.541	.530	-.050	.834
		오프라인광고	.639	.541	1.000	.088	-.097	.387
		직원수	.321	.530	.088	1.000	.208	.536
		연구개발비	-.214	-.050	-.097	.208	1.000	-.199
		TV광고	.760	.834	.387	.536	-.199	1.000
	유의확률 (단측)	매출액	.	<.001	<.001	.063	.157	<.001
		온라인광고	.000	.	.003	.004	.408	.000
		오프라인광고	.000	.003	.	.342	.326	.031
		직원수	.063	.004	.342	.	.165	.003
		연구개발비	.157	.408	.326	.165	.	.176
		TV광고	.000	.000	.031	.003	.176	.
	N	매출액	24	24	24	24	24	24
		온라인광고	24	24	24	24	24	24
		오프라인광고	24	24	24	24	24	24
		직원수	24	24	24	24	24	24
		연구개발비	24	24	24	24	24	24
		TV광고	24	24	24	24	24	24
통합	Pearson 상관	매출액	1.000	.774	.639	.321	-.214	.760
		온라인광고	.774	1.000	.541	.530	-.050	.834
		오프라인광고	.639	.541	1.000	.088	-.097	.387
		직원수	.321	.530	.088	1.000	.208	.536
		연구개발비	-.214	-.050	-.097	.208	1.000	-.199
		TV광고	.760	.834	.387	.536	-.199	1.000
	유의확률 (단측)	매출액		.	.	.	.	.
		온라인광고	.		.	.	.	.
		오프라인광고	.	.		.	.	.
		직원수	.	.	.		.	.
		연구개발비	.	.	.	.		.
		TV광고	.	.	.	.	.	
	N	매출액	24	24	24	24	24	24
		온라인광고	24	24	24	24	24	24
		오프라인광고	24	24	24	24	24	24
		직원수	24	24	24	24	24	24
		연구개발비	24	24	24	24	24	24
		TV광고	24	24	24	24	24	24

▸ '상관계수' 표는 변수 간의 상관계수를 보여준다. 매출액(종속변수)과 독립변수 중 온라인광고, 오프라인광고, TV광고(유무)는 유의한 양(+)의 상관관계가 있는 것으로 나타났다($p<0.05$). 한편, 독립변수인 온라인광고와 오프라인광고, 온라인광고와 직원수, 온라인광고와 TV광고, 오프라인광고와 TV광고, 직원수와 TV광고가 유의한 양(+)의 상관관계가 존재($p<0.05$)한다는 점은 온라인광고와 직원수 간에 공선성이 존재할 가능성이 있음을 보여준다. TV광고의 경우 다른 변수들과 유의한 상관관계를 보이는데, 이 경우 다중공선성이 의심되므로 변수를 제거하는 것을 고려할 필요가 있다.

입력/제거된 변수[a]

대체 수	모형	입력된 변수	제거된 변수	방법
1	1	TV광고, 연구개발비, 오프라인광고, 직원수, 온라인광고[b]	.	입력

a. 종속변수: 매출액

b. 요청된 모든 변수가 입력되었습니다.

▸ '입력/제거된 변수' 표는 독립변수의 투입 방법으로 동시입력방식(enter)가 사용되었음을 보여준다.

모형 요약[b]

대체 수	모형	R	R 제곱	수정된 R 제곱	추정값의 표준오차
1	1	.859[a]	.738	.665	1.4838

a. 예측자: (상수), TV광고, 연구개발비, 오프라인광고, 직원수, 온라인광고

b. 종속변수: 매출액

▸ 본 회귀모형의 R^2은 .738로 독립변수들이 종속변수의 73.8%를 설명하고 있음을 나타낸다.

※ R, R^2값에 대한 설명은 '다중회귀분석(동시입력)' 참고

ANOVA[a]

대체 수	모형		제곱합	자유도	평균제곱	F	유의확률
1	1	회귀	111.530	5	22.306	10.132	<.001[b]
		잔차	39.628	18	2.202		
		전체	151.158	23			

a. 종속변수: 매출액

b. 예측자: (상수), TV광고, 연구개발비, 오프라인광고, 직원수, 온라인광고

▸ 본 예제의 회귀식의 분산분석 결과 $p<.001$로 귀무가설을 기각하게 되므로, 회귀식이 종속변수를 설명하는 데 유용하다(유의하다)고 할 수 있다.

계수[a]

대체수	모형		비표준화 계수		표준화 계수	t	유의확률	공선성 통계량		분수 누락 정보	상대 증가 분산	상대 효율
			B	표준화 오류	베타			공차	VIF			
1	1	(상수)	8.835	7.251		1.218	.239					
		온라인광고	1.806	1.703	.271	1.060	.303	.224	4.468			
		오프라인광고	10.077	4.652	.325	2.166	.044	.646	1.548			
		직원수	-.012	.027	-.068	-.426	.675	.571	1.751			
		연구개발비	-.017	.033	-.069	-.513	.614	.799	1.251			
		TV광고	2.381	1.329	.431	1.791	.090	.251	3.978			
통합	1	(상수)	8.835	7.251		1.218	.			.	.	.
		온라인광고	1.806	1.703		1.060	.			.	.	.
		오프라인광고	10.077	4.652		2.166	.			.	.	.
		직원수	-.012	.027		-.426	.			.	.	.
		연구개발비	-.017	.033		-.513	.			.	.	.
		TV광고	2.381	1.329		1.791	.			.	.	.

a. 종속변수: 매출액

▸'계수' 표에서 오프라인광고의 회귀계수만이 양(+)의 값을 가지고 유의한 것으로 나타났다(p=.044). 나머지 변수들은 다른 네 변수가 회귀식에 포함되었을 때 비유의적으로 나타났다(p>.05). 따라서 오프라인광고는 매출액에 유의미한 양의 영향을 미친다고 해석할 수 있다. 분석 결과를 통해 다음과 같은 회귀식이 도출된다.

$$\hat{Y}_{(\text{매출액})}$$
$$= 8.835 + 1.806X_{1(\text{온라인광고})} + 10.077X_{2(\text{오프라인광고})} - 0.012X_{3(\text{직원수})} - 0.017X_{4(\text{연구개발비})} + 2.381X_{5(TV\text{광고})}$$

▸그런데, 온라인광고와 TV광고의 VIF가 각 4.468, 3.978로 2 이상으로 나타났다. 따라서 온라인광고 또는 TV광고의 공선선이 크게 나타났으므로 해당 변수를 제거하는 등의 조치를 적극적으로 고려해야 한다. 앞서 TV광고 변수를 제외한 회귀분석한 '다중회귀분석(동시입력)'의 경우 공선성 문제가 심하지 않은 것으로 나타났으므로, TV광고 변수를 제외하고 회귀분석하는 것이 상대적으로 바람직하다고 할 수 있다.

※ 표준화계수와 공선성 통계량에 관한 설명 '다중회귀분석(동시입력)' 참고

□ 다중회귀분석(단계입력)

단계입력 방식은 여러 독립변수 가운데 종속변수에 대한 설명력이 높은 변수들로 회귀모형을 구성하기 위해 사용한다. 1단계에서 종속변수와 가장 높은 상관관계를 가지는 변수가 회귀식에 포함되며, 2단계부터는 종속변수와 가장 높은 편상관관계를 가지는 변수가 차례대로 들어간다. 각 단계에서는 이전 단계에 진입한 변수들의 유의성 검정이 이뤄지고 그 결과 비유의적으로 나타난 변수는 제거된다.

⑨ 본 분석의 데이터는 단순회귀분석 예제의 ⑩번 절차까지 완료한 상태의 자료를 가지고 진행한다(결측치 대체가 완료된 상태의 자료). 다중회귀분석을 위해 '분석(A)' - '회귀분석(R)' - '선형(L)' 순으로 클릭한다.

⑩ '선형 회귀' 대화상자에서 매출액을 '종속변수(D)'로, 나머지 변수를 '블록(B)'로 이동한다. 여기서 블록은 독립변수를 의미한다. '방법(M)'은 단계입력 방식을 수행하므로 콤보박스에서 '단계 선택'을 선택한다.

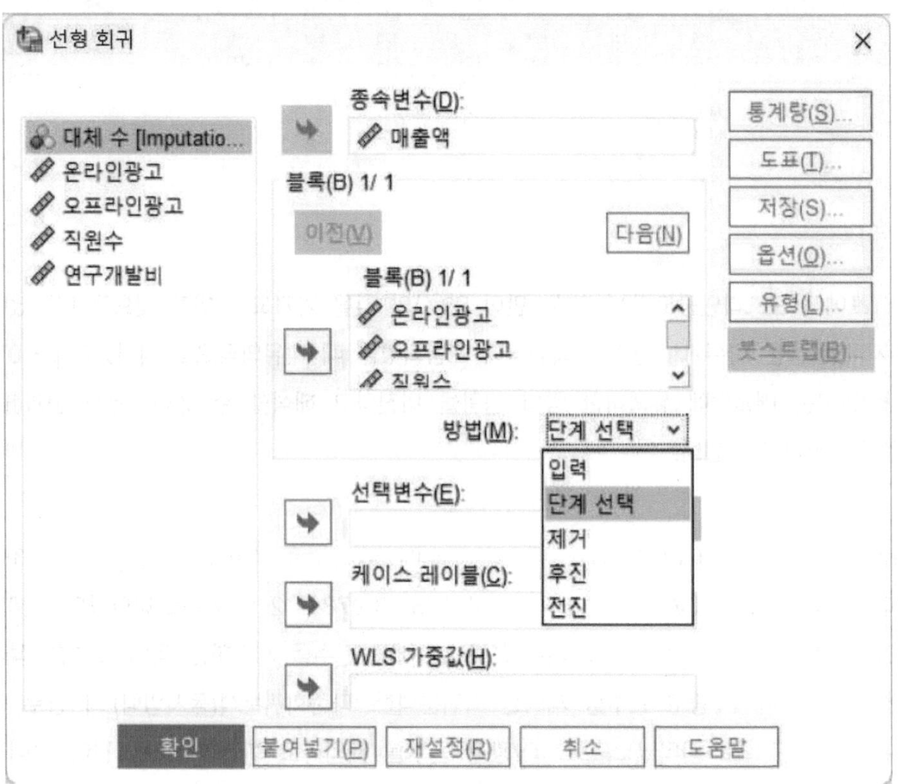

그림 297

⑪ '선형 회귀' 대화상자에서 '통계량(S)'를 클릭하면 '통계량' 대화상자가 나타난다. 회귀계수의 '추정값(E)'을 선택하고, '모형 적합(M)', 'R 제곱 변화량(S)', '부분상관 및 편상관계수(P)', '공선성 진단(L)'을 선택한다. 선택 완료 후 '계속'을 클릭한다.

※ 통계량 대화상자의 선택사항은 '단순회귀분석', '다중회귀분석(동시입력)'의 통계량 대화상자 설명 부분을 참고

그림 298

⑫ '선형 회귀' 대화상자에서 '옵션(O)'를 클릭하면 나타나는 대화상자에서 다음과 같이 변수의 진입과 제거 기준을 설정하고 '계속(C)'를 클릭한다.

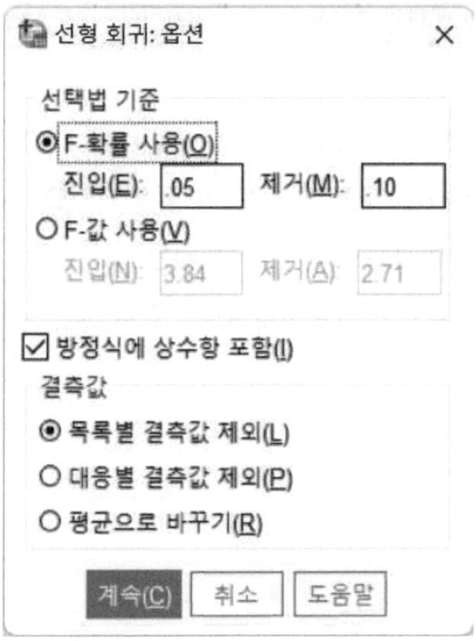

그림 299

<참고> 옵션 대화상자 - 선택법 기준
다중회귀분석에서 단계입력 방식은 독립변수들을 모델에 포함하거나 제거하기 위한 일련의 절차를 따른다. 이 방식에서는 통계적 기준을 사용하여 변수가 모델에 포함되거나 제거되는 것을 결정한다. 이와 관련한 대화상자의 내용은 다음과 같다.
▸ F-확률 사용(진입=.05 / 제거=.10 설정 시) : 회귀식에 아직 포함되지 않은 독립변수가 회귀식으로 포함되는 경우 F값의 *p*-value가 .05보다 작은 변수는 포함되며, 기존에 이미 포함되었던 독립변수라도 새로운 독립변수가 진입했을 때 *p*-value가 .10보다 커지면 회귀식에서 제거한다. 만약 설명력이 높은 변수들로만 회귀식을 구성하려면 진입 기준치와 제거 기준치를 더 낮은 숫자로 설정한다.
▸ F값 사용 : F값의 *p*-value를 사용하는 대신, F값 자체를 진입 기준치와 제거 기준치로 사용하는 것이다. F값의 기본 설정인 3.84와 2.71의 *p*-value는 각각 .05와 .10이므로, 'F-확률 사용'의 기본설정과 같다.

⑬ '선형 회귀' 대화상자에서 '확인'을 클릭하면 다음과 같이 출력 결과가 나타난다.

입력/제거된 변수[a]

대체 수	모형	입력된 변수	제거된 변수	방법
1	1	온라인광고	.	단계선택 (기준: 입력에 대한 F의 확률 <= .050, 제거에 대한 F의 확률 >= .100).
	2	오프라인광고	.	단계선택 (기준: 입력에 대한 F의 확률 <= .050, 제거에 대한 F의 확률 >= .100).

a. 종속변수: 매출액

▸ '입력/제거된 변수' 표는 단계별로 투입된 변수가 무엇인지 보여준다. 종속변수는 매출액이며, 1단계에서는 온라인광고가 독립변수로 투입되었고, 2단계에서는 오프라인광고가 투입되었으며 2단계에서 단계가 종료되었음을 알 수 있다. 온라인광고가 오프라인광고보다 먼저 투입된 것은 매출액과의 상관계수가 온라인광고가 가장 높았기 때문이다. ※ 다중회귀분석(동시입력)의 출력결과('상관계수' 표) 참고.

모형 요약[c]

대체 수	모형	R	R 제곱	수정된 R 제곱	추정값의 표준 오차	통계량 변화량 R 제곱 변화량	F 변화량	자유도1	자유도2	유의확률 F 변화량
1	1	.737[a]	.543	.522	1.8557	.543	26.160	1	22	<.001
	2	.806[b]	.650	.617	1.6616	.107	6.440	1	21	.019

a. 예측자: (상수), 온라인광고
b. 예측자: (상수), 온라인광고, 오프라인광고
c. 종속변수: 매출액

▸ '모형 요약' 표에 따르면, 1단계('모형' 열의 1번 행)는 독립변수로 온라인광고만 투입되어 회귀분석이 실시된 결과이며, 2단계('모형' 열의 2번 행)는 온라인광고와 오프라인광고가 투입되어 회귀분석이 실시된 결과이다. 1단계의 R^2은 .543며, 1단계에서 독립변수가 처음 투입된 것이기 때문에 R^2변화량도 .543로 나타났다. 2단계의 R^2은 .650이며 1단계보다 R^2이 .107만큼 증가하였으며(R^2변화량=.107), R^2변화량도 유의적인 것으로 나타났다(p=.019).

ANOVA[a]

대체 수	모형		제곱합	자유도	평균제곱	F	유의확률
1	1	회귀	90.079	1	90.079	26.160	<.001[b]
		잔차	75.756	22	3.443		
		전체	165.835	23			
	2	회귀	107.858	2	53.929	19.534	<.001[c]
		잔차	57.976	21	2.761		
		전체	165.835	23			

a. 종속변수: 매출액
b. 예측자: (상수), 온라인광고
c. 예측자: (상수), 온라인광고, 오프라인광고

▸ 'ANOVA'(분산분석표)는 단계별로 회귀식이 유의한 지 여부를 나타낸다. 1단계의 회귀식과 2단계의 회귀식 모두 유의한 것으로 나타났으며(1단계: p<0.01, 2단계: p<.001), 1단계 회귀식이 2단계 회귀식보다 더 유의적인 것으로 나타났다(1단계의 F값 26.160이 2단계의 F값 19.534보다 높으므로, *p*-value의 표시가 같게 보이더라도 실제 1단계의 *p*-value는 2단계보다 낮다).

계수[a]

대체 수	모형		비표준화 계수 B	비표준화 계수 표준화 오류	표준화 계수 베타	t	유의확률	상관계수 0차	상관계수 편상관	상관계수 부분상관	공선성 통계량 공차	공선성 통계량 VIF	분수 누락 정보	상대 증가 분산	상대 효율
1	1	(상수)	15.062	2.678		5.624	<.001								
		온라인광고	5.152	.929	.763	5.544	<.001	.763	.763	.763	1.000	1.000			
	2	(상수)	1.764	6.835		.258	.799								
		온라인광고	4.614	.903	.684	5.110	<.001	.763	.745	.655	.919	1.088			
		오프라인광고	8.906	4.262	.280	2.090	.049	.474	.415	.268	.919	1.088			
통합	1	(상수)	15.062	2.678		5.624	.						.	.	.
		온라인광고	5.152	.929		5.544	.	.763	.763	.763			.	.	.
	2	(상수)	1.764	6.835		.258	.						.	.	.
		온라인광고	4.614	.903		5.110	.	.763	.745	.655			.	.	.
		오프라인광고	8.906	4.262		2.090	.	.474	.415	.268			.	.	.

a. 종속변수: 매출액

▸ '계수' 표에 의해 다음과 같은 회귀식이 도출된다.

회귀식: $\hat{Y}_{(매출액)} = -1.925 + 3.884X_{1(온라인광고)} + 12.382X_{2(오프라인광고)}$

위 회귀식의 계수값은 모두 유의적인 것으로 나타났다($p<.05$).

▸ 표에서 '0차 상관계수'란 하나의 독립변수와 종속변수와의 Pearson 상관계수를 나타내며, '편상관계수'는 다른 독립변수의 효과를 제거한 상태에서 하나의 독립변수와 종속변수와의 상관관계를 나타낸다. '부분상관계수'는 독립변수의 전체 분산 중에 한 독립변수가 변수가 순수하게 차지하는 설명력을 제곱근 한 값이다.

▸ 공차와 VIF는 투입된 변수의 공선성을 나타낸다. 두 변수의 공차는 .761, VIF는 1.315로 나타나므로 공선성 문제가 심하지 않다고 볼 수 있다. ※ 공선성에 대한 설명은 '다중회귀분석(동시입력)'의 출력결과 설명 참조.

제외된 변수[a]

대체 수	모형		베타 입력	t	유의확률	편상관계수	공선성 통계량 공차	공선성 통계량 VIF	공선성 통계량 최소공차
1	1	오프라인광고	.375[b]	2.538	.019	.484	.761	1.315	.761
		직원수	-.013[b]	-.073	.942	-.016	.724	1.381	.724
		연구개발비	-.104[b]	-.714	.483	-.154	.997	1.003	.997
	2	직원수	.081[c]	.508	.617	.113	.686	1.458	.525
		연구개발비	-.079[c]	-.604	.553	-.134	.991	1.009	.756

a. 종속변수: 매출액

b. 모형내의 예측자: (상수), 온라인광고

c. 모형내의 예측자: (상수), 온라인광고, 오프라인광고

▸ '제외된 변수' 표는 단계입력 방식의 다중회귀분석에서 제외된 변수들에 대한 통계량을 보여준다. 베타 입력, t, 유의확률은 해당 변수가 회귀식에 투입됐을 경우의 표준화계수, t값, 유의확률을 나타낸다. 모형 1의 오프라인광고의 경우 편상관계수가 가장 크고 $p=.019$이므로 실제 회귀분석에 투입되었음을 확인할 수 있다.

2.7. 로지스틱 회귀분석

2.7.1. 로지스틱 회귀분석(Logistic Regression Analysis)

2.6.장의 회귀분석의 종속변수는 등간척도 또는 비율척도로, 양적인 척도로 구성되어있었다. 그에 반해 로지스틱 회귀분석은 종속변수가 명목척도와 같은 질적인 척도로 구성되어있으며, 이분형 변수(binary variable)는 독립변수와 종속변수 간의 관계를 분석하기 위해 사용된다. 이분형 변수란, 자격증의 있고 없음, 물건을 사거나 사지 않음과 같이 두 가지 카테고리로만 구분되는 변수를 말하며, 이러한 변수는 이항분포를 따른다.

로지스틱 회귀분석 로짓분석(Logit analysis)이라고도 하며, 어떤 사건이 발생할 확률을 예측한다. 따라서 종속 변숫값은 0에서 1 사이의 값을 가지며, 0.5를 기준으로 이보다 낮으면 사건이 발생하지 않는 것으로 예측하고, 0.5보다 높으면 사건이 발생하는 것으로 예측한다.

로지스틱 회귀분석의 종속변수는 이분형 명목척도로 구성된 자료이며, 독립변수는 명목·등간·비율척도로 측정된 자료이다. 독립변수가 명목척도인 경우, 해당 척도를 더미변수로 입력한다.

<예제> 어느 기업에서는 직원들의 GPA(학점), 근무기간, 근무만족도, 전문자격증 취득 여부와 퇴직 여부와의 관계를 분석하기 위해 재직 또는 퇴직한 직원 100명의 자료를 수집하였다. GPA(학점), 근무기간, 근무만족도, 전문자격증 취득 여부는 퇴직 여부에 영향을 미친다고 할 수 있는가?

① 귀무가설(H_0)과 연구가설(H_1) 설정

가설 검정을 위해 귀무가설과 연구가설(대립가설)을 아래와 같이 설정한다.

H_0: GPA, 근무기간, 근무만족도, 전문자격증 취득 여부는 퇴직 여부에 영향을 미치지 않는다.

H_1: GPA, 근무기간, 근무만족도, 전문자격증 취득 여부는 퇴직 여부에 영향을 미친다.

② 데이터 확인 및 결측값 처리

'2.7.1.로지스틱 회귀분석.sav' 파일을 열고 데이터를 확인한다. 자료에 결측값이 존재하면 결측값을 빼고 통계분석을 수행할지, 아니면 결측값을 대체하여 통계분석을 수행할지 결정한다.

본 예제에서는 실제 연구자 개인이 보유한 데이터가 완벽하지 않음을 고려하여 결측값을 대체하여 통계분석을 수행한다(결측값은 빈칸으로 코딩되어 있다).

※ 결측값이 9, 99, 999 등으로 코딩된 경우의 결측 처리 방법은 2.6.1. 단순회귀분석 등 참조

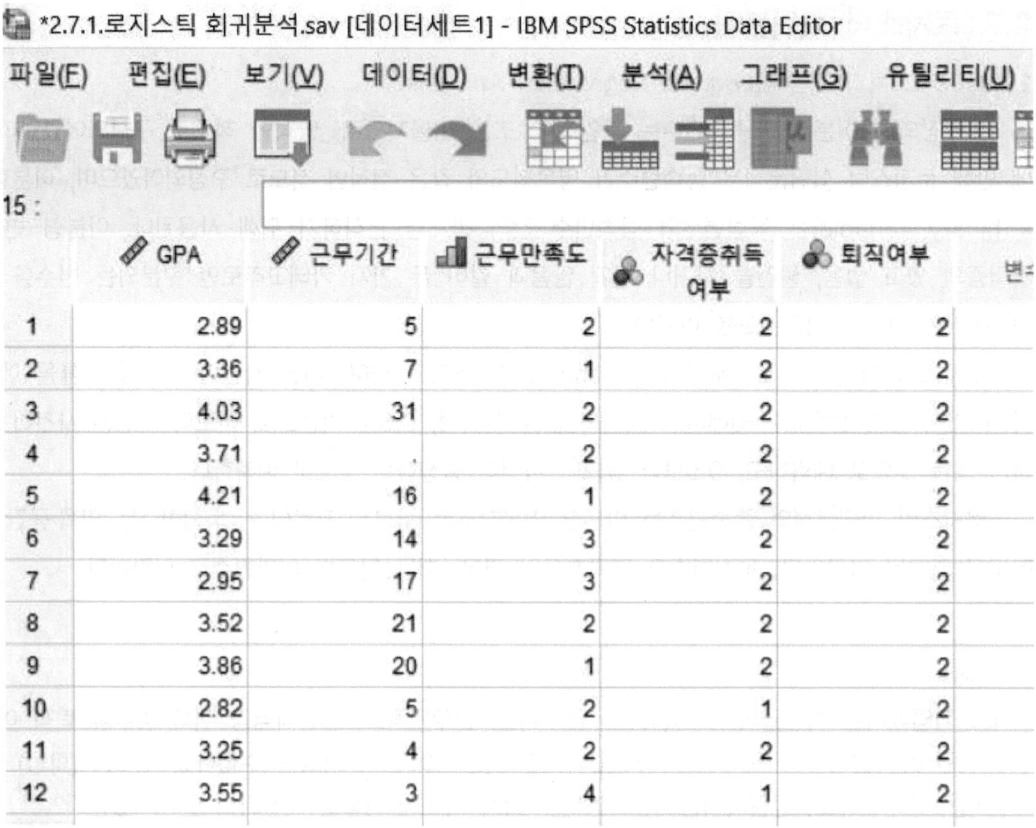

*2.7.1.로지스틱 회귀분석.sav [데이터세트1] - IBM SPSS Statistics Data Editor

파일(F) 편집(E) 보기(V) 데이터(D) 변환(T) 분석(A) 그래프(G) 유틸리티(U)

15 :

	GPA	근무기간	근무만족도	자격증취득여부	퇴직여부	변수
1	2.89	5	2	2	2	
2	3.36	7	1	2	2	
3	4.03	31	2	2	2	
4	3.71	.	2	2	2	
5	4.21	16	1	2	2	
6	3.29	14	3	2	2	
7	2.95	17	3	2	2	
8	3.52	21	2	2	2	
9	3.86	20	1	2	2	
10	2.82	5	2	1	2	
11	3.25	4	2	2	2	
12	3.55	3	4	1	2	

그림 305

③ 결측값 대체 : 본 예제의 자료는 다중대체(자동 대치, 1.4.4.장 참고) 방법으로 결측치를 대체한다. '분석(A)' - '다중대체(I)' - '결측 데이터 값 대체(I)'를 차례로 클릭한다.

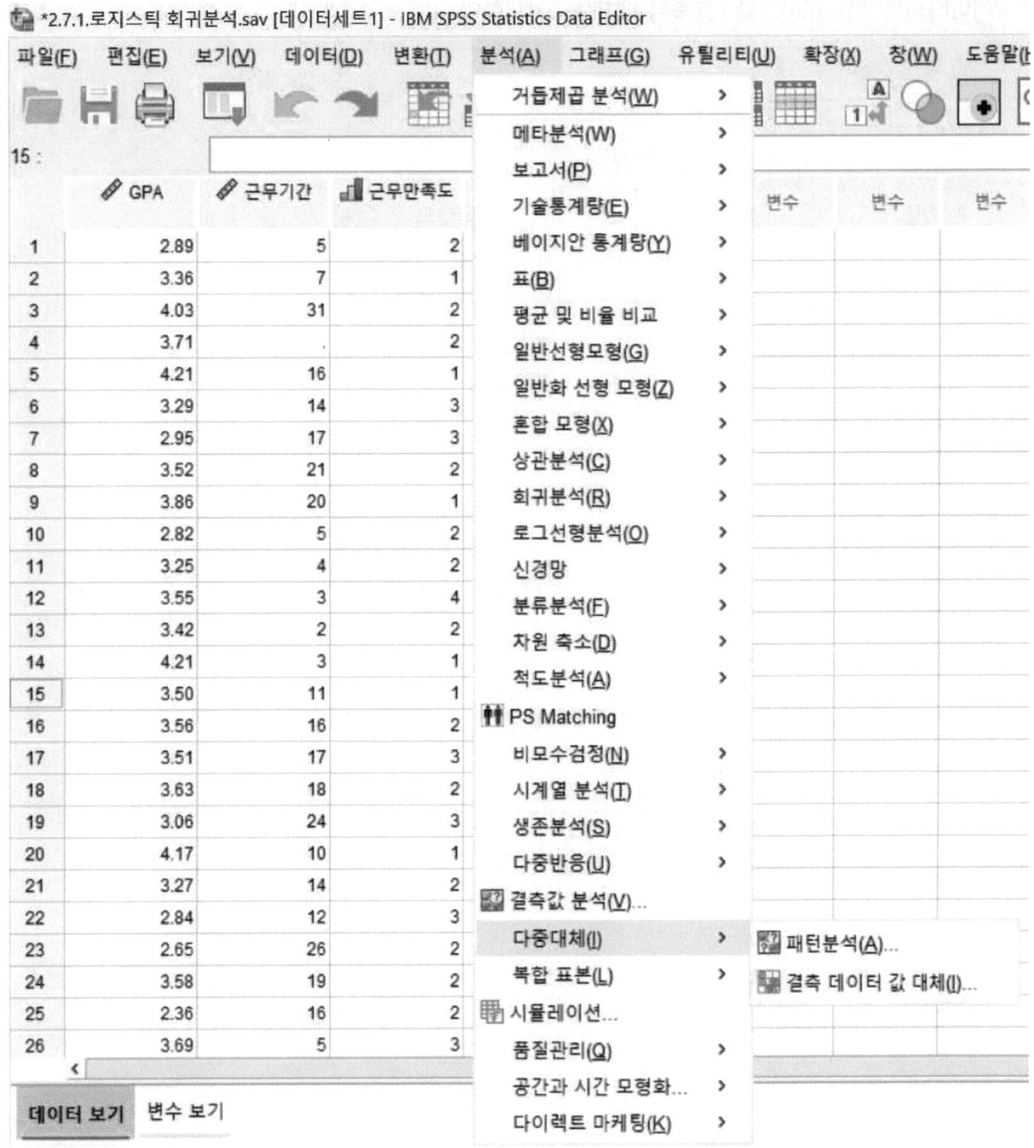

그림 306

④ '결측 데이터 값 대체' 대화상자에서 결측치가 존재하는 변수를 모두 '모형의 변수(A)'로 이동한다. 결측치를 대체한 샘플의 수('대체(M)')는 2로 설정한다(원하는 샘플의 숫자만큼 설정한다). '데이터세트 이름(D)'으로 '결측치_대체'를 기재한다.

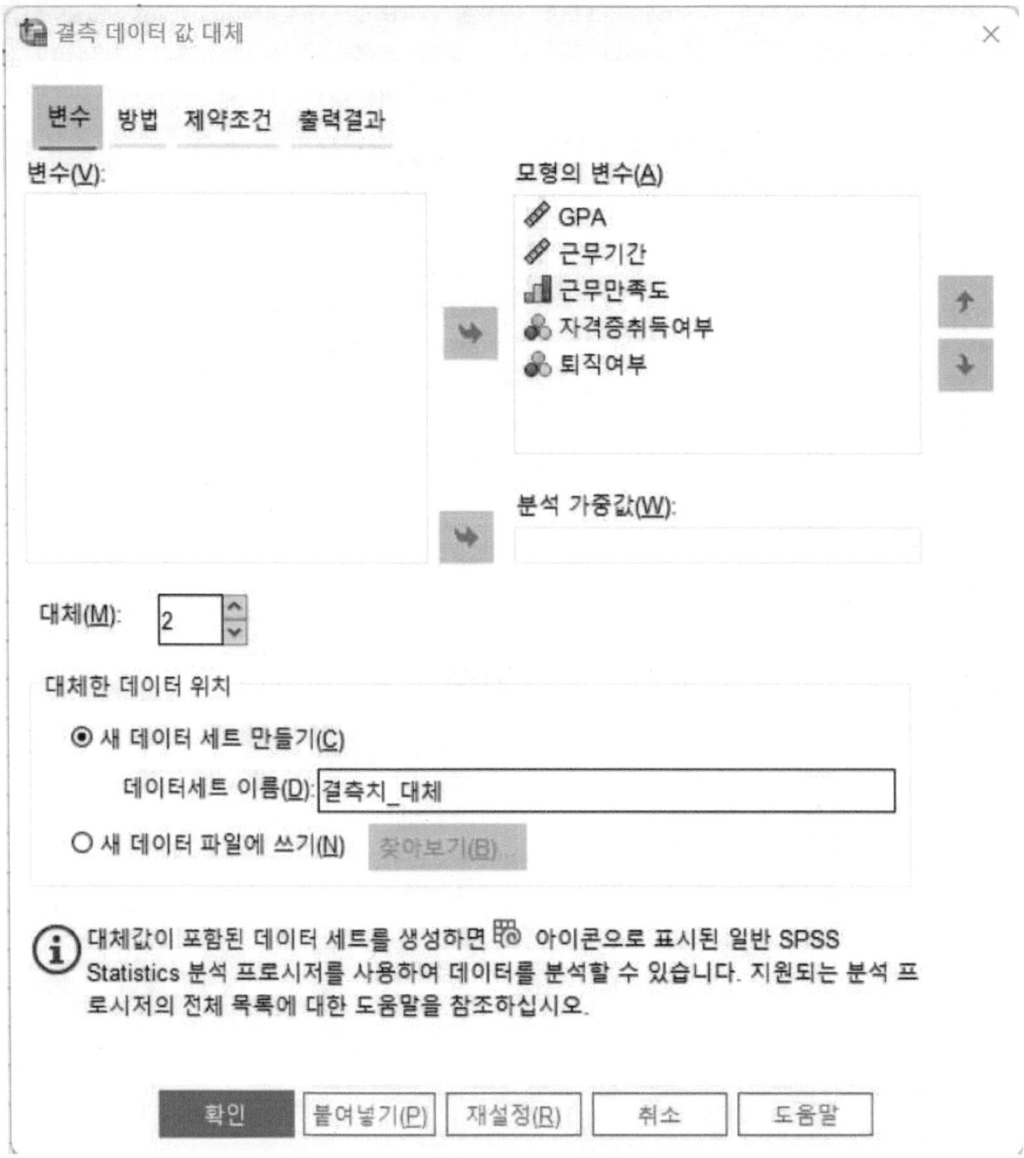

결측 데이터 값 대체

변수 방법 제약조건 출력결과

변수(V):

모형의 변수(A)
GPA
근무기간
근무만족도
자격증취득여부
퇴직여부

분석 가중값(W):

대체(M): 2

대체한 데이터 위치

◉ 새 데이터 세트 만들기(C)

데이터세트 이름(D): 결측치_대체

○ 새 데이터 파일에 쓰기(N) 찾아보기(B)...

대체값이 포함된 데이터 세트를 생성하면 아이콘으로 표시된 일반 SPSS Statistics 분석 프로시저를 사용하여 데이터를 분석할 수 있습니다. 지원되는 분석 프로시저의 전체 목록에 대한 도움말을 참조하십시오.

확인 붙여넣기(P) 재설정(R) 취소 도움말

그림 307

⑤ 상단 탭의 '방법' 탭은 기본 설정('자동(A)')을 유지하고. '제약조건' 탭을 클릭한다. '데이터 스캔(S)'을 누르면(좌) '변수 요약(V)'이 나타난다(우). 데이터 스캔을 완료한 후 '확인'을 누른다.

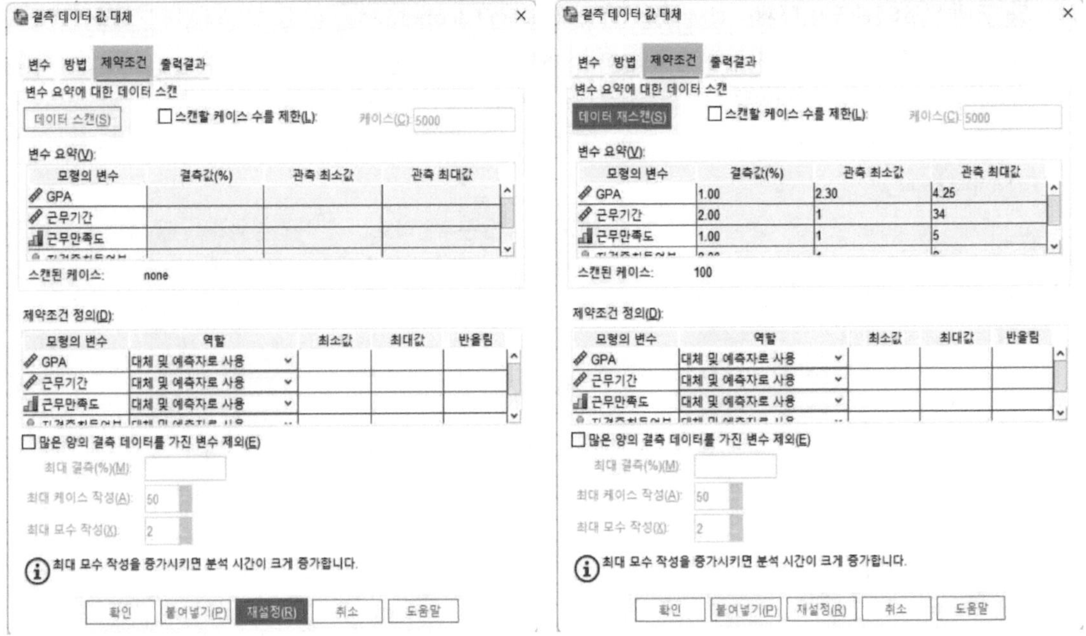

그림 308

⑥ 새로운 SPSS '결측치_대체' 창이 생성된다. 'Imputation' 열은 대체 횟수를 나타내며, 노란색으로 색칠된 셀이 대체된 셀이다.

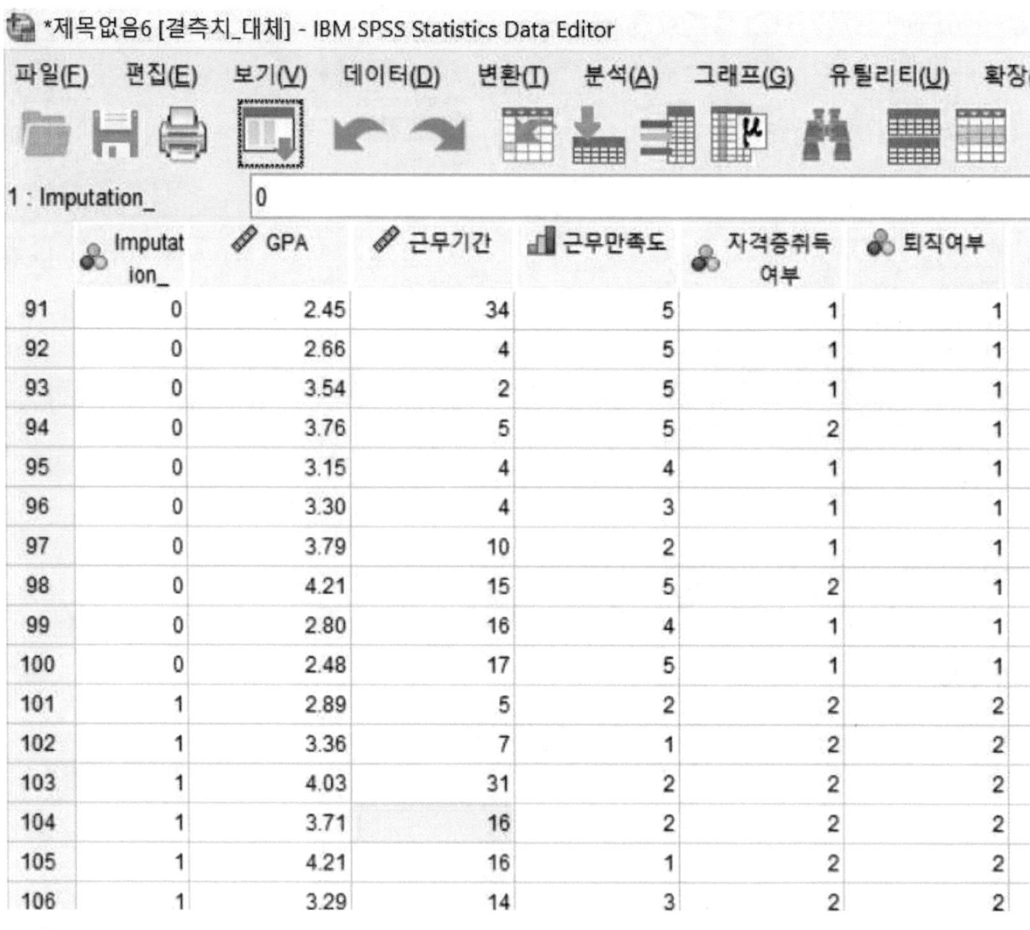
*제목없음6 [결측치_대체] - IBM SPSS Statistics Data Editor

파일(F) 편집(E) 보기(V) 데이터(D) 변환(T) 분석(A) 그래프(G) 유틸리티(U) 확장

1 : Imputation_ 0

	Imputation_	GPA	근무기간	근무만족도	자격증취득여부	퇴직여부
91	0	2.45	34	5	1	1
92	0	2.66	4	5	1	1
93	0	3.54	2	5	1	1
94	0	3.76	5	5	2	1
95	0	3.15	4	4	1	1
96	0	3.30	4	3	1	1
97	0	3.79	10	2	1	1
98	0	4.21	15	5	2	1
99	0	2.80	16	4	1	1
100	0	2.48	17	5	1	1
101	1	2.89	5	2	2	2
102	1	3.36	7	1	2	2
103	1	4.03	31	2	2	2
104	1	3.71	16	2	2	2
105	1	4.21	16	1	2	2
106	1	3.29	14	3	2	2

그림 309

⑦ 로지스틱 회귀분석을 위해 '분석(A)' - '회귀분석(R)' - '이분형 로지스틱(G)' 순으로 클릭한다.

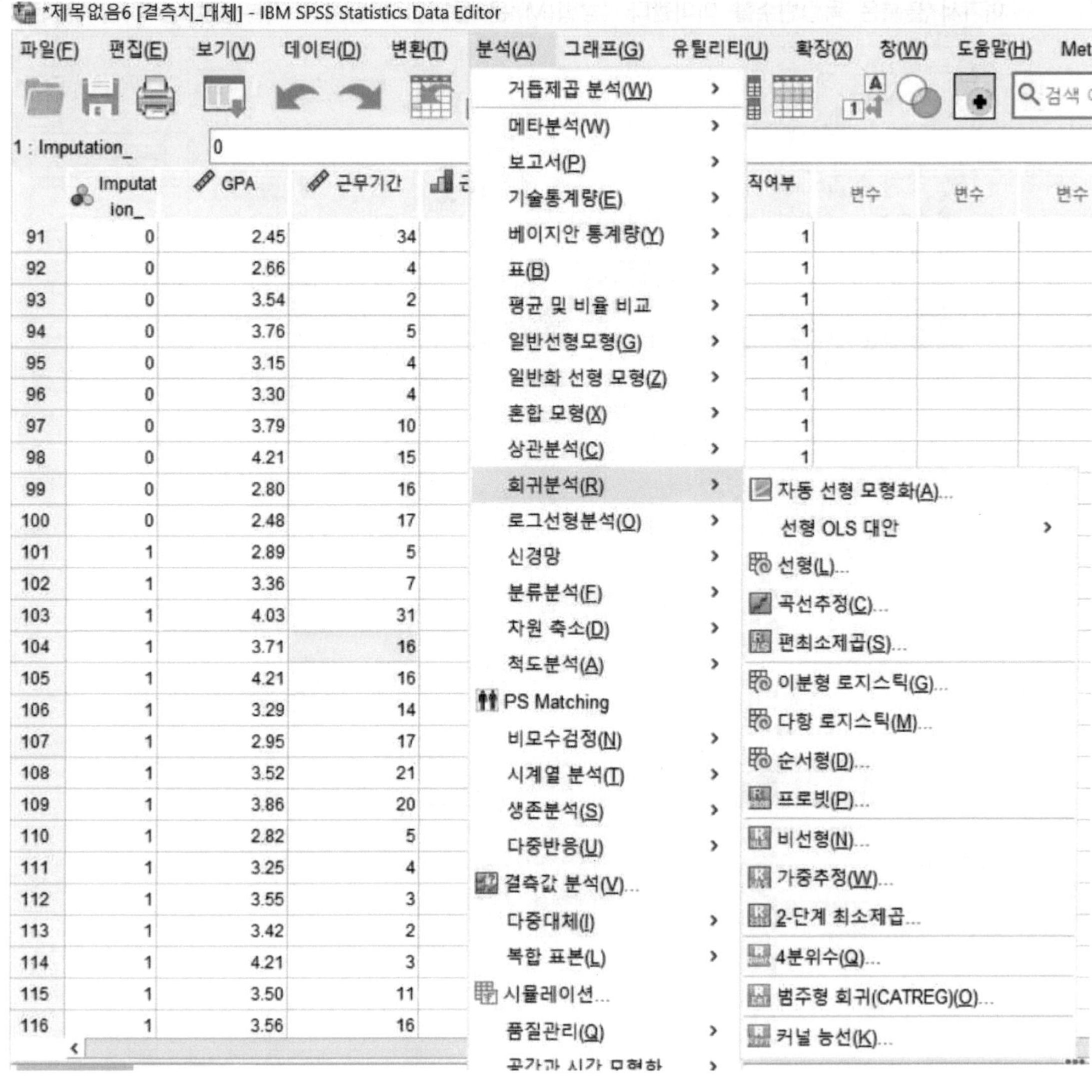

그림 310

⑧ '이분형 로지스틱' 대화상자에서 퇴직여부을 '종속변수(D)'로, 나머지 변수를 '공변량(C)'로 이동한다. 여기서 블록은 독립변수를 의미한다. '방법(M)'은 동시입력 방식인 기본설정('입력')을 유지한다.

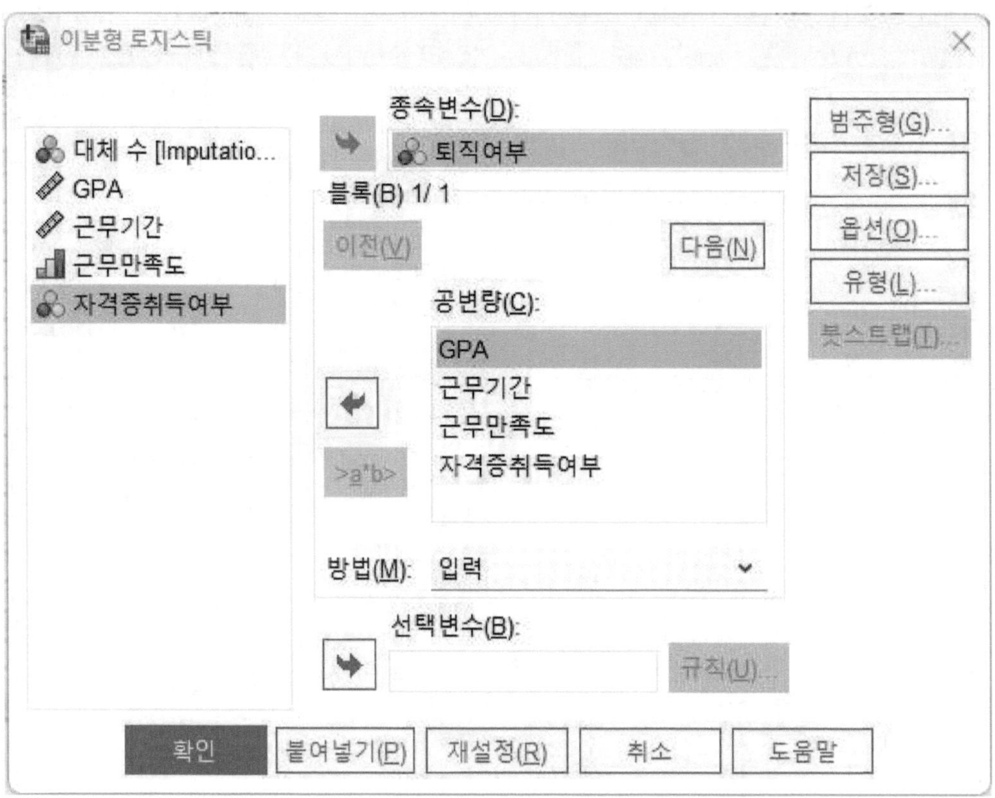

그림 311

⑨ '이분형 로지스틱' 대화상자에서 '범주형(G)'를 클릭하면 '범주형 변수 정의' 대화상자가 나타난다. 독립변수 중 범주형 변수인 근무만족도와 자격증취득여부를 '범주형 공변량(T)'로 이동한다. '대비(N)'은 연구논문에 일반적으로 쓰이는 방식인 '표시자'로 그대로 두고 '계속(C)'를 클릭한다.

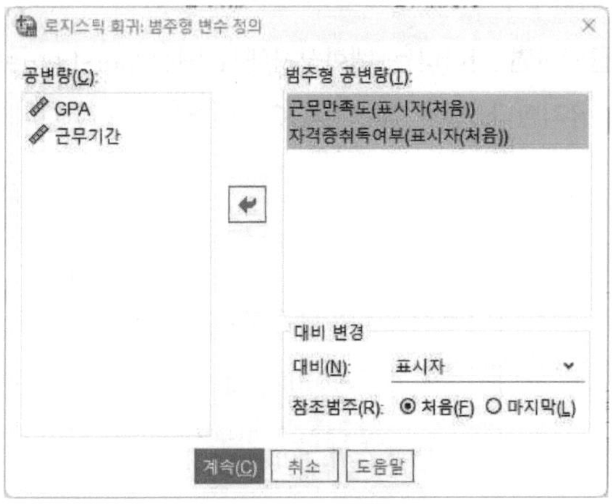

그림 312

<참고> 범주형 변수 정의 대화상자

▸참조범주: 참조하고자 하는 변수, 즉 참고 기준(reference) 변수를 어떤 것으로 설정할지 정하는 기능이다. 예를 들어, '성별' 변수의 코딩이 남성=1, 여성=2로 되어있는 경우에 참조범주를 '처음(E)'로 설정하면 남성이 기준이 되며, 참조범주를 '마지막(L)'로 설정하면 여성이 기준이 된다.

⑩ '이분형 로지스틱' 대화상자에서 '저장(S)'을 클릭하면 나타나는 대화상자에서 '확률(P)'와 '소속집단(G)'를 선택하고 '계속(C)'을 클릭한다.

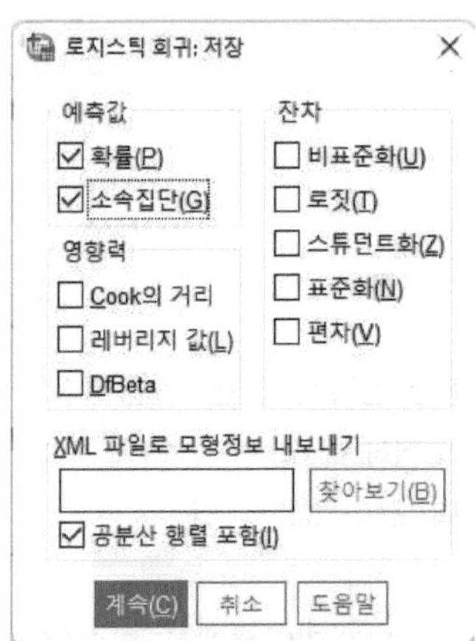

그림 313

<참고> 저장 대화상자
- 확률: 각 케이스별 사건의 예측 발생 확률을 새로운 열에 저장한다.
- 소속집단: 예측 발생 확률에 따라 구분된 각 케이스의 집단이 표시된다.

⑪ '이분형 로지스틱' 대화상자에서 '옵션(O)'을 클릭하면 나타나는 대화상자에서 'Hosmer-Lemeshow 적합도'를 선택하고 나머지는 기본 설정을 유지한다. 선택 후 '계속(C)'을 클릭한다.

로지스틱 회귀: 옵션

통계량 및 도표
- 분류도표(C)
- 추정값들의 상관계수(R)
- Hosmer-Lemeshow 적합도
- 반복계산과정(I)
- 케이스별 잔차목록(W):
- exp(B)에 대한 신뢰구간: 95 %
- 밖에 나타나는 이상값(O) 2 표준편차(S)
- 모든 케이스(A)

표시
- 각 단계마다(E) 마지막 단계에서(L)

단계선택에 대한 확률
진입(N): 0.05 제거(V): 0.10

분류 분리점(U): 0.5
최대반복계산(M): 20

- 복잡한 분석 또는 큰 데이터 세트를 위해 메모리 보존(D)
- 모형에 상수 포함(S)

계속(C) 취소 도움말

그림 314

<참고> 옵션 대화상자 – 단계선택에 대한 확률
- 진입, 제거: 독립변수의 단계선택 방식을 취하는 과정에서, 아직 진입하지 않은 독립변수의 유의수준이 '진입(N)'에 입력된 값보다 작을 때는 해당 독립변수가 모형에 진입된다. 만약 이미 진입한 독립변수의 유의수준이 '제거(V)'에 입력된 값보다 크다면 해당 값이 제거된다.
- 분류 분리점: 예측확률에 대한 분리 기준을 지정할 수 있다.
- 최대반복계산: 반복 계산 과정에서 최대-우도 계수가 추정된다. 만약 최대반복계산 횟수(기본설정=20)에 달하면 수렴 전에 반복이 종료된다.

⑫ '이분형 로지스틱' 대화상자에서 '확인'을 클릭하면 다음과 같은 출력결과가 나타난다. ※ 본 예제에서는 편의상 결측치가 대체된 샘플 중 2번 샘플(Imputation이 '2'인 샘플)만을 대상으로 설명한다.

종속변수 인코딩

대체 수	원래 값	내부 값
2	재직	0
	퇴직	1

▸ '종속변수 인코딩' 표는 종속변수가 인코딩된 값을 보여준다. 1로 코딩된 재직은 0으로, 2로 코딩된 퇴직은 1로 처리되었음을 알 수 있다. '대체 수'는 결측치 대체 샘플 번호를 의미한다.

범주형 변수 코딩

대체 수			빈도	모수 코딩 (1)	(2)	(3)	(4)
2	근무만족도	매우 만족하지 않음	11	.000	.000	.000	.000
		만족하지 않음	26	1.000	.000	.000	.000
		보통	17	.000	1.000	.000	.000
		만족함	19	.000	.000	1.000	.000
		매우 만족함	27	.000	.000	.000	1.000
	자격증취득여부	미취득	59	.000			
		취득	41	1.000			

▸ 범주형 독립변수가 코딩된 결과를 보여준다. 근무만족도는 5개 범주로 구성되어있으므로 4개의 가변수가 생겨났고, 자격증취득여부는 2개 범주로 구성되어있으므로 1개의 가변수가 생겨났다.

분류표[a,b]

대체 수		관측됨		예측 퇴직여부 재직	퇴직	분류정확 %
2	0 단계	퇴직여부	재직	60	0	100.0
			퇴직	40	0	.0
		전체 퍼센트				60.0

a. 모형에 상수항이 있습니다.

b. 절단값은 .500입니다.

▸ '분류표'는 로지스틱 회귀분석을 하기 전에 각 집단이 어느 집단으로 분류될 수 있는지를 예측한 것이다. 보통 범주의 수가 가장 많은 쪽으로 분류하여 분류정확도를 나타내는데, 본 예제의 100개 케이스 중 60개를 재직으로 분류하여 60%의 정확도를 보여준다.

방정식의 변수

대체 수			B	S.E.	Wald	자유도	유의확률	Exp(B)	분수 누락 정보	상대 증가 분산	상대 효율
2	0 단계	상수항	-.405	.204	3.946	1	.047	.667			
통합	0 단계	상수항	-.405	.204			.	.667	.	.	.

▸ '방정식의 변수' 표는 로지스틱 회귀분석의 첫 단계(0단계) 모형을 의미한다. 이 단계의 모형은 독립변수가 투입되지 않고 상수항으로만 구성된다.

방정식에 없는 변수

대체 수				점수	자유도	유의확률
2	0 단계	변수	GPA	.015	1	.903
			근무기간	1.538	1	.215
			근무만족도	45.782	4	<.001
			근무만족도(1)	16.017	1	<.001
			근무만족도(2)	.425	1	.514
			근무만족도(3)	8.490	1	.004
			근무만족도(4)	20.303	1	<.001
			자격증취득여부(1)	19.354	1	<.001
		전체 통계량		55.198	7	<.001

▸ 첫 단계(0단계)에서 로지스틱 회귀분석에 포함되지 않은 독립변수들의 유의확률을 보여준다.

모형 계수의 총괄 검정

대체 수			카이제곱	자유도	유의확률
2	1 단계	단계	69.600	7	<.001
		블록	69.600	7	<.001
		모형	69.600	7	<.001

모형 요약

대체 수	단계	-2 로그 우도	Cox와 Snell의 R-제곱	Nagelkerke R-제곱
2	1	65.002[a]	.501	.678

a. 분할된 파일 대체 수 = 2의 모수 추정값이 .001보다 작게 변경되어 계산반복 수 6에서 추정을 종료하였습니다.

▸ '모형 계수의 총괄 검정' 표에서 카이제곱 검정통계량은 69.6이고, p<.001으로 유의한 것으로 나타나, 로지스틱 회귀모형은 유의한 것으로 볼 수 있다. 즉, 귀무가설 'H_0: 회귀모형은 유용하지

않다'를 기각하므로, 독립변수들이 모두 투입되었을 때 퇴직 여부를 구분하는 데 유용하다고 할 수 있다.

▸ '모형 요약'의 –2 로그 우도(-2 log likelihood, -2LL)는 모형의 적합도를 나타낸다. -2LL은 값이 작을수록 적합도가 높다는 것을 의미한다.

▸ Cox와 Snell의 R-제곱과 Nagelkerke R-제곱은 설명력(회귀분석의 R^2)을 나타낸다. 따라서 본 모형은 종속변수 분산의 .501~ .678을 설명한다고 할 수 있다.

= Hosmer와 Lemeshow 검정 =

대체 수	단계	카이제곱	자유도	유의확률
2	1	4.145	8	.844

▸ 'Hosmer와 Lemeshow 검정'은 로지스틱 회귀모형의 적합도를 다른 방식으로 나타낸다. 즉, 모델의 예측값이 관측값 간의 일치 정도를 나타내는데, 카이제곱값이 작을수록 회귀모형의 적합도가 높다. Hosmer와 Lemeshow 검정의 귀무가설은 'H_0: 예측값과 관측값은 일치한다'이다. 본 모형의 경우 p=.844이므로 귀무가설을 기각하지 않으므로 모형이 적합하다고 할 수 있다.

분류표[a]

대체 수		관측됨		예측 퇴직여부 재직	예측 퇴직여부 퇴직	예측 분류정확 %
2	1 단계	퇴직여부	재직	54	6	90.0
			퇴직	6	34	85.0
		전체 퍼센트				88.0

a. 절단값은 .500입니다.

▸ '분류표'는 분류의 정확도를 보여준다. 재직에 해당하는 60개 케이스 중 54개가 제대로 분류되었고, 퇴직에 해당하는 40개 케이스 중 34개가 제대로 분류되었다. 전체 분류정확도는 88%이다.

방정식의 변수

대체 수			B	S.E.	Wald	자유도	유의확률	Exp(B)	분수 누락 정보	상대 증가 분산	상대 효율
2	1 단계[a]	GPA	-.522	.668	.610	1	.435	.593			
		근무기간	-.030	.035	.775	1	.379	.970			
		근무만족도			24.806	4	<.001				
		근무만족도(1)	-1.654	1.219	1.842	1	.175	.191			
		근무만족도(2)	-2.882	1.276	5.097	1	.024	.056			
		근무만족도(3)	-4.685	1.412	11.016	1	<.001	.009			
		근무만족도(4)	-6.380	1.602	15.868	1	<.001	.002			
		자격증취득여부(1)	2.453	.699	12.327	1	<.001	11.629			
		상수항	3.778	2.646	2.039	1	.153	43.749			
통합	1 단계[a]	GPA	-.522	.668			.	.593	.	.	.
		근무기간	-.030	.035			.	.970	.	.	.
		근무만족도(1)	-1.654	1.219			.	.191	.	.	.
		근무만족도(2)	-2.882	1.276			.	.056	.	.	.
		근무만족도(3)	-4.685	1.412			.	.009	.	.	.
		근무만족도(4)	-6.380	1.602			.	.002	.	.	.
		자격증취득여부(1)	2.453	.699			.	11.629	.	.	.
		상수항	3.778	2.646			.	43.749	.	.	.

a. 변수가 1: GPA, 근무기간, 근무만족도, 자격증취득여부 단계에 입력되었습니다.

▸ '방정식의 변수' 표의 '1단계'는 모든 독립변수가 한 번에 입력되었음을 의미한다. 독립변수별 계수의 유의성을 살펴보면 근무만족도(2), 근무만족도(3), 근무만족도(4), 자격증취득여부(1)이 유의적인 것으로 나타났으며 차례대로 근무만족도(보통), 근무만족도(만족함), 근무만족도(매우 만족함), 자격증 취득이 유의적이라는 것을 의미한다. 따라서 근무만족도가 '보통~매우 만족함'인 값이 클수록 재직으로 분류될 가능성이 크고, 자격증 '취득' 값이 클수록 퇴직으로 분류될 가능성이 크다고 할 수 있다.

▸ Exp(B)는 e^B(한계효과)를 의미하는데, 이를 odds라고 한다. odds란 '$\frac{p}{1-p}$' 즉, '$\frac{\text{퇴직 집단에 속할 확률}}{\text{재직 집단에 속할 확률}}$'을 의미한다. 분석 결과에 따라 '자격증 취득여부(1)' 행을 해석하면 자격증 취득여부가 1단위만큼 커지면(즉, 자격증 미취득에서 자격증 취득이 되는 경우) 퇴직 집단에 속할 확률이 11.629배가 된다는 의미다.

▸ 일반적으로 로지스틱 회귀분석의 결과는 다음과 같이 나타낸다.

$$odds = \frac{p(\text{사건 발생})}{p(1-\text{사건발생})} = e^{\beta_0 + \beta_1 X_1 + \beta_2 X_2 + \cdots + \beta_k X_k}$$

분석 결과에 따라 로지스틱 회귀식을 나타내면 다음과 같다.

$$odds = \frac{p(\text{퇴직})}{p(\text{재직})}$$

$$= e^{3.778 - .522X_{1(GPA)} - .030X_{2(\text{근무기간})} - 1.654X_{3(\text{근무만족도(1)})} - 2.882X_{4(\text{근무만족도(2)})} - 4.685X_{5(\text{근무만족도(3)})} - .6380X_{6(\text{근무만족도(4)})} + 2.453X_{7(\text{자격증취득여부})}}$$

*제목없음6 [결측치_대체] - IBM SPSS Statistics Data Editor

파일(F) 편집(E) 보기(V) 데이터(D) 변환(T) 분석(A) 그래프(G) 유틸리티(U) 확장(X) 창(W) 도움말(H) Meta

	Imputation_	GPA	근무기간	근무만족도	자격증취득여부	퇴직여부	PRE_1	PGR_1
1	2	2.89	5	2	2	2	.94868	2
2	2	3.36	7	1	2	2	.98614	2
3	2	4.03	31	2	2	2	.82199	2
4	2	3.71	15	2	2	2	.89920	2
5	2	4.21	16	1	2	2	.97199	2
6	2	3.29	14	3	2	2	.76962	2
7	2	2.95	17	3	2	2	.78453	2
8	2	3.52	21	2	2	2	.89098	2
9	2	3.86	20	1	2	2	.97360	2
10	2	2.82	5	2	1	2	.62248	2
11	2	3.25	4	2	2	2	.94045	2
12	2	3.55	3	4	1	2	.05463	1
13	2	3.42	2	2	1	2	.56912	2
14	2	4.21	3	1	1	2	.81600	2
15	2	3.50	11	1	1	2	.83430	2
16	2	3.56	16	2	1	2	.44490	1

그림 325

▸ ⑩번에서 '확률(P)'과 '소속집단(G)'를 저장하는 것으로 체크하였기 때문에 각 사건의 예측확률과 예측집단이 맨 오른쪽 두 개 열로 저장되었다. 예측 확률이 .5보다 작다면 예측집단은 1로, .5보다 크면 예측집단 2로 지정된다.

2.8. 신뢰성 분석과 요인분석

2.8.1. 신뢰성 분석(Reliability Analysis)

신뢰성(reliability)이란 같은 개념을 유사한 측정 도구로 반복해서 측정하거나 한 측정 도구로 여러 번 측정했을 때 그 결괏값이 같거나 비슷하게 나와야 한다는 것으로, 측정의 일관성 또는 측정용 도구의 정밀성을 의미한다.

신뢰성을 평가하는 방법으로는 내적 일관성(internal consistency), 반복측정 일관성(test-retest reliability), 반분법(split-half) 등이 있는데, 본 장에서는 가장 일반적으로 사용되는 내적 일관성을 측정하는 방법을 위주로 설명한다.

내적 일관성은 하나의 개념을 여러 측정 문항으로 측정했을 때, 각 측정항목이 일관성을 가지는지에 관한 것이다. 이 방법에서는 측정항목 간의 상관계수가 높을수록 내적 일관성이 높다고 본다. 내적 일관성을 활용하여 신뢰성을 평가하는 방법으로 크론바하 알파(Cronbach's alpha, α) 계수를 사용하는데, 크론바하 알파의 공식은 다음과 같다.

$$a = \left(\frac{k}{k-1}\right)\left(1 - \frac{\sum_{i=1}^{k}\sigma_i^2}{\sigma_t^2}\right) \text{ 또는 } \frac{k\bar{r}}{1+\bar{r}(k-1)}$$

(k=항목의 개수, σ_i^2=각 항목의 분산, σ_t^2=항목의 전체 분산, $\bar{r}$=항목 간 상관계수의 평균)

크론바하 알파 계수는 0에서 1의 값을 가지는데, 사회과학에서 a값은 적어도 0.6 이상일 때 허용할 수 있는 수준이라고 보며, 1에 가까울수록 좋은 측정 도구라고 평가한다.

<예제>

'스트레스에 대처 능력'을 조사하기 위해 다음과 같은 문항으로 구성된 측정 도구를 개발하였다. 각 문항을 5점 리커트 척도로 구성하였고, 총 100명을 응답자로부터 자료를 수집하였다. 측정 도구가 신뢰성을 가지고 있다고 할 수 있는가?

Q1: 스트레스를 경험할 때, 나는 일시적으로 감정을 통제할 수 있다.
Q2: 스트레스를 경험할 때, 나는 문제를 해결하기 위해 실제로 행동을 취한다.
Q3: 스트레스를 경험할 때, 나는 주변의 도움과 지지를 받으려고 한다.
Q4: 스트레스로 인해 건강이 저하되는 것을 방지하기 위해 나는 적절한 건강 관리에 주의한다.
Q5: 스트레스 상황에서 나는 긍정적인 면을 찾아내려 노력한다.
Q6: 스트레스를 경험할 때, 나는 자신의 감정을 이해하고 받아들인다.
Q7: 스트레스를 경험할 때, 나는 해결책을 찾기 위해 다양한 방법을 시도한다.
Q8: 스트레스를 경험할 때, 나는 자신을 격려한다.

① 데이터 확인 및 결측값 처리

'2.8.1.신뢰성분석.sav' 파일을 열고 데이터를 확인한다. 자료에 결측값이 존재하면 결측값을 빼고 통계분석을 수행할지, 아니면 결측값을 대체하여 통계분석을 수행할지 결정한다.

본 예제에서는 실제 연구자 개인이 보유한 데이터가 완벽하지 않음을 고려하여 결측값을 대체하여 통계분석을 수행한다(결측값은 '9'로 코딩되어 있다).

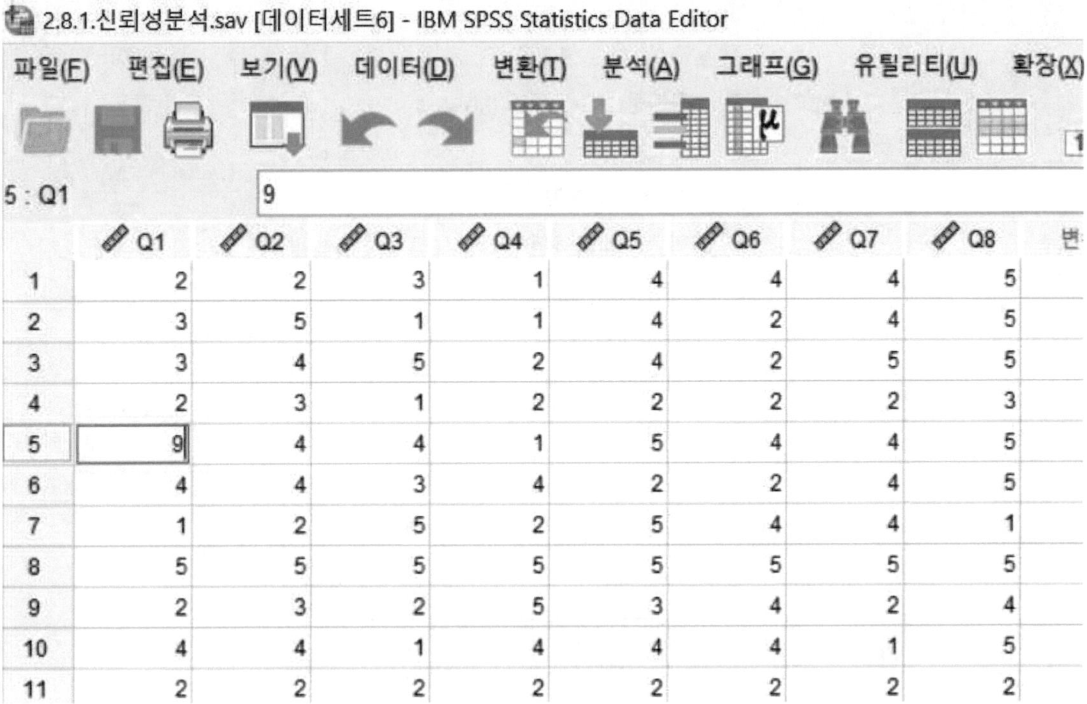

2.8.1.신뢰성분석.sav [데이터세트6] - IBM SPSS Statistics Data Editor

파일(F) 편집(E) 보기(V) 데이터(D) 변환(T) 분석(A) 그래프(G) 유틸리티(U) 확장(X)

5 : Q1 9

	Q1	Q2	Q3	Q4	Q5	Q6	Q7	Q8
1	2	2	3	1	4	4	4	5
2	3	5	1	1	4	2	4	5
3	3	4	5	2	4	2	5	5
4	2	3	1	2	2	2	2	3
5	9	4	4	1	5	4	4	5
6	4	4	3	4	2	2	4	5
7	1	2	5	2	5	4	4	1
8	5	5	5	5	5	5	5	5
9	2	3	2	5	3	4	2	4
10	4	4	1	4	4	4	1	5
11	2	2	2	2	2	2	2	2

② 결측값을 결측 처리하기 위해 '데이터(D)' - '변수특성정의(V)'를 클릭한다.

그림 327

③ '변수특성정의' 대화상자에서 결측값이 존재하는 변수들을 모두 '스캔할 변수(S)'로 옮기고 '계속(C)'을 클릭한다. ※ 결측치가 존재하지 않는 변수를 함께 스캔해도 상관없다.

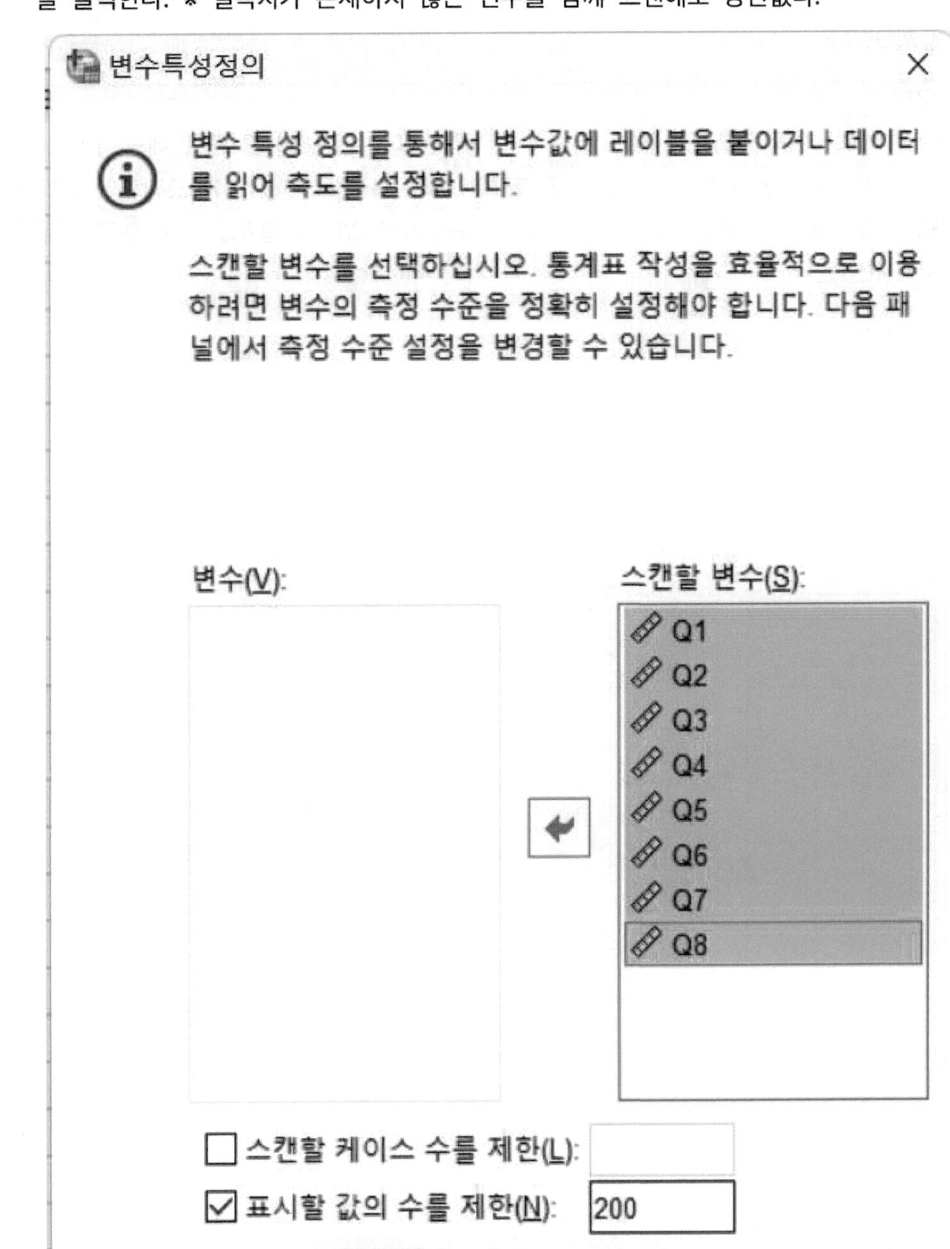

그림 328

④ '스캔된 변수 목록(C)'에는 독립변수들이 나타난다. 각 독립변수를 클릭하면 '값 레이블 격자(V)'에 데이터 값, 빈도 등이 표시된다. 데이터 값이 결측값(9, 99, 999 등으로 표시)에 해당하는 행의 '결측' 상자에 체크한다.

> <결측값의 코딩>
> 수집한 데이터를 엑셀 등에 코딩할 경우, 결측이 존재하는 데이터는 일반적으로 해당 셀에 '9', '99', '999'와 같은 값을 입력한다. 단, 만약 결측값이 아닌 측정값 중에 '9'가 포함되어 있다면 결측값을 '99'로 코딩하고, 측정값 중에 '9'와 '99'가 포함되어 있다면 결측값을 '999'로 코딩하는 방식을 사용하면 된다.

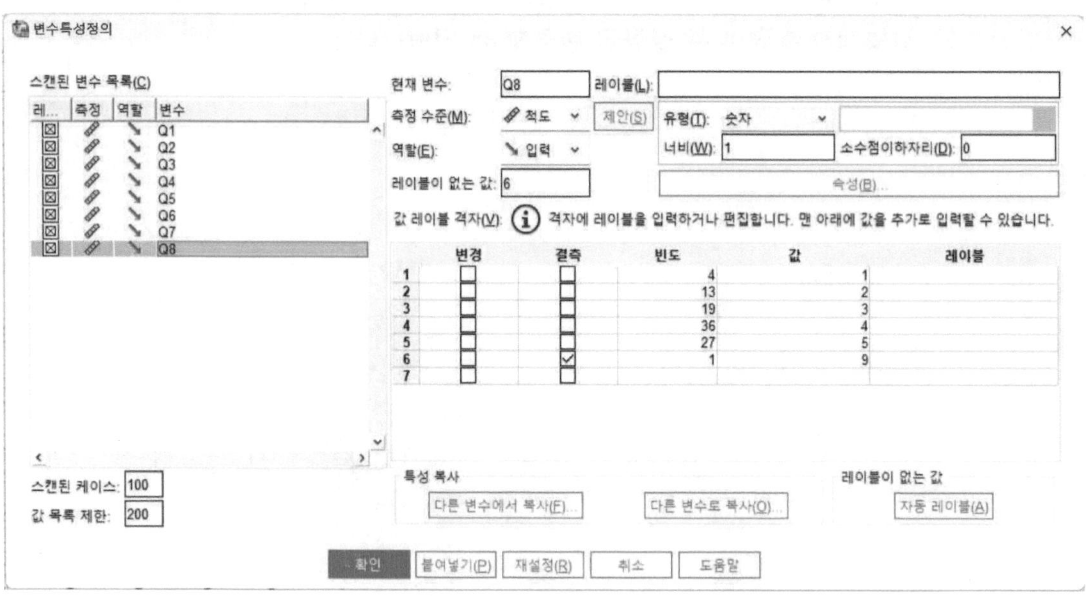

그림 329

⑤ '변수특성정의' 대화상자에서 결측값을 모두 체크한 후 '확인'을 누르면 결측 처리가 완료된다. 결측값 처리된 결과는 '변수 보기'에서도 확인할 수 있다.

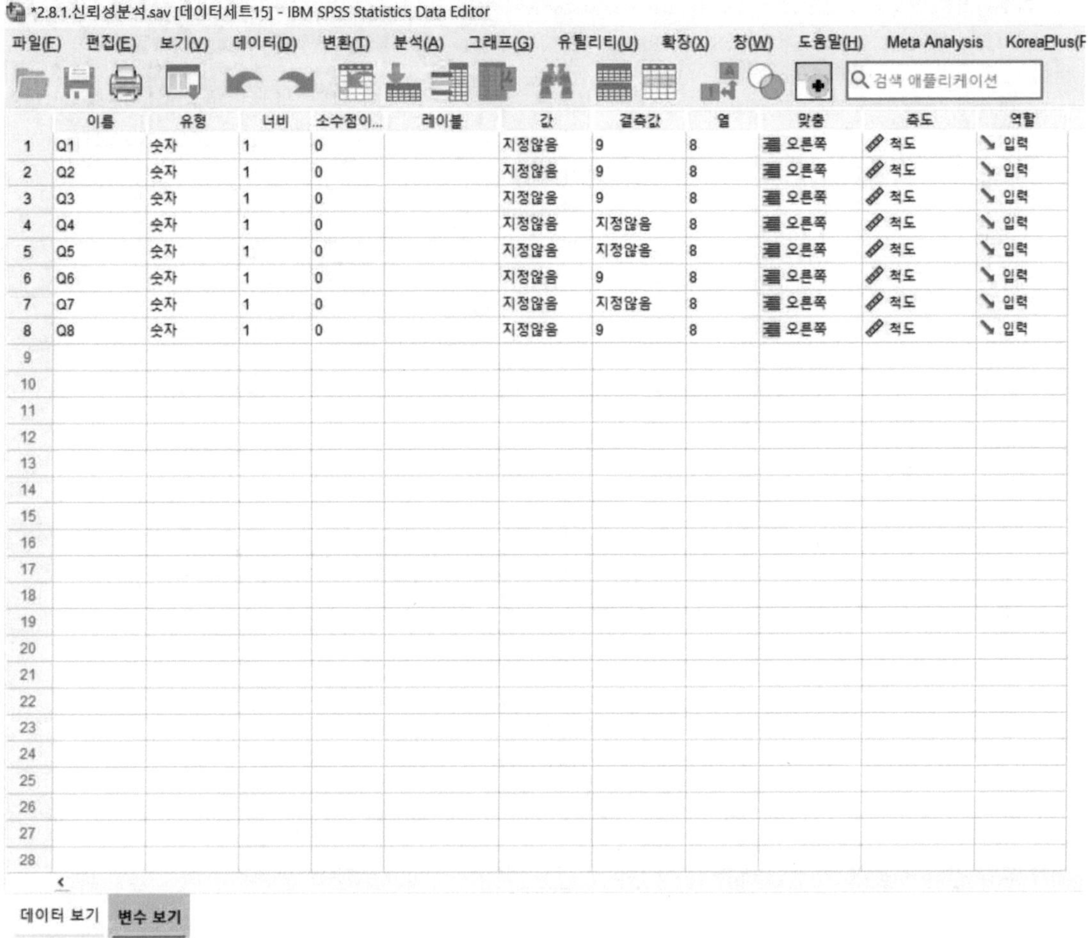

	이름	유형	너비	소수점이...	레이블	값	결측값	열	맞춤	측도	역할
1	Q1	숫자	1	0		지정않음	9	8	오른쪽	척도	입력
2	Q2	숫자	1	0		지정않음	9	8	오른쪽	척도	입력
3	Q3	숫자	1	0		지정않음	9	8	오른쪽	척도	입력
4	Q4	숫자	1	0		지정않음	지정않음	8	오른쪽	척도	입력
5	Q5	숫자	1	0		지정않음	지정않음	8	오른쪽	척도	입력
6	Q6	숫자	1	0		지정않음	9	8	오른쪽	척도	입력
7	Q7	숫자	1	0		지정않음	지정않음	8	오른쪽	척도	입력
8	Q8	숫자	1	0		지정않음	9	8	오른쪽	척도	입력

그림 330

⑥ 결측값 대체 : 본 예제의 자료는 다중대체(자동 대치, 1.4.4.장 참고) 방법으로 결측치를 대체한다. '분석(A)' - '다중대체(I)' - '결측 데이터 값 대체(I)'를 차례로 클릭한다.

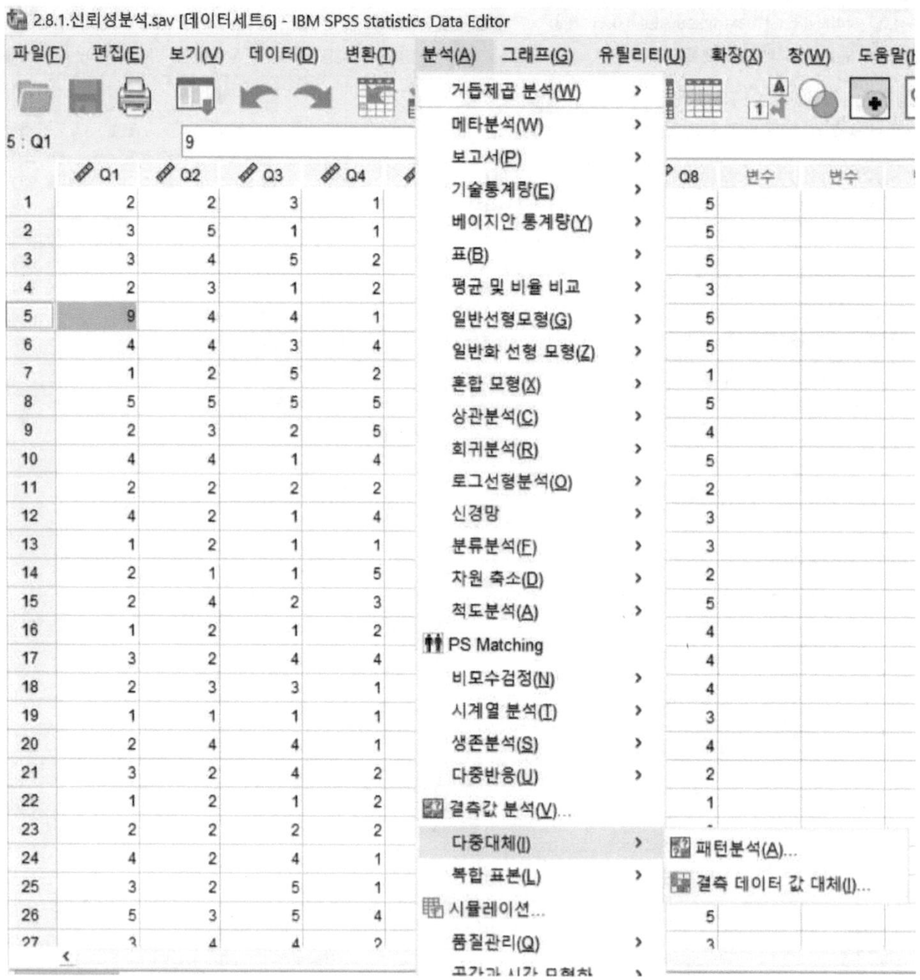

그림 331

⑦ '결측 데이터 값 대체' 대화상자에서 결측치가 존재하는 변수를 모두 '모형의 변수(A)'로 이동한다. 결측치를 대체한 샘플의 수('대체(M)')는 2로 설정한다(원하는 샘플의 숫자만큼 설정한다).

'데이터세트 이름(D)'으로 '결측치_대체'를 기재한다.

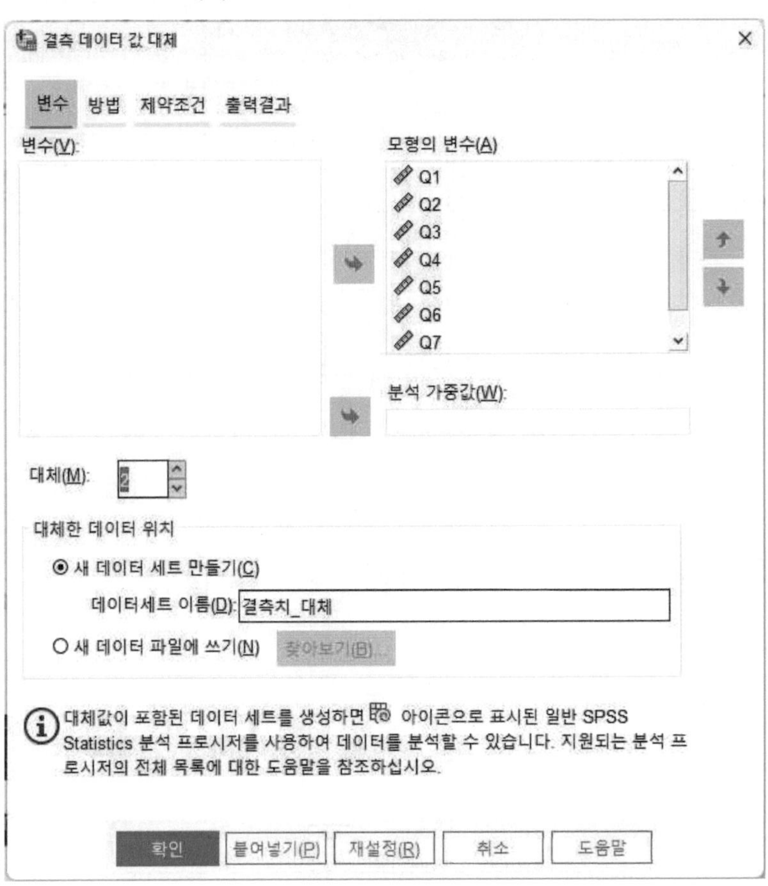

그림 332

⑧ 상단 탭의 '방법' 탭은 기본 설정('자동(A)')을 유지하고. '제약조건' 탭을 클릭한다. '데이터 스캔(S)'을 누르면(좌) '변수 요약(V)'이 나타난다(우).

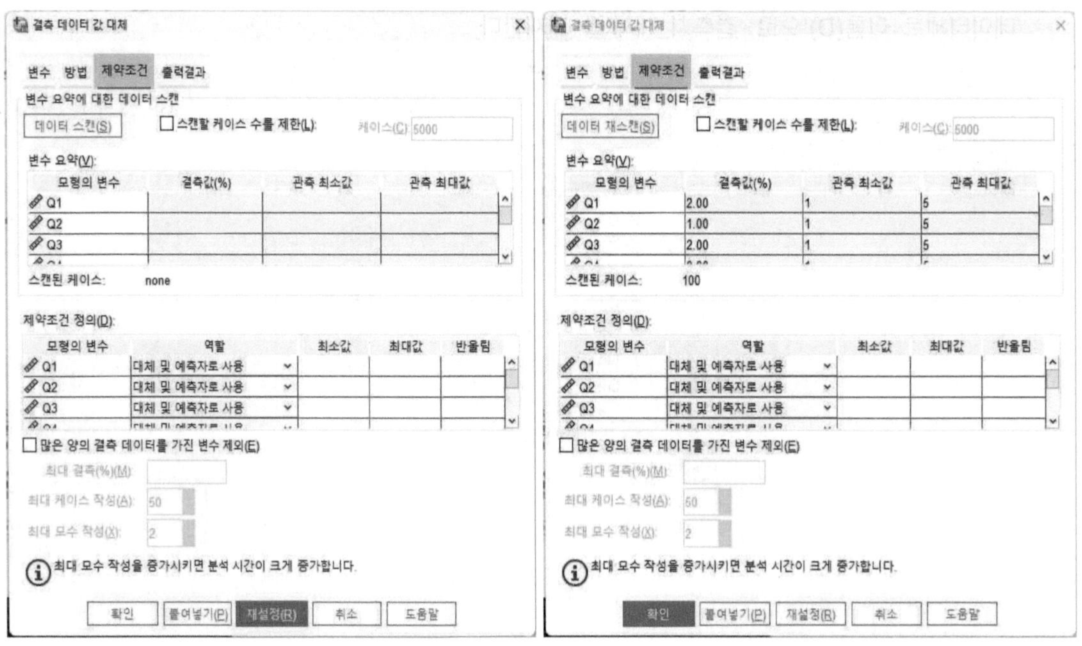

그림 333

⑨ '제약조건 정의(D)'에서 모든 변수의 최솟값과 최댓값에 각 '1', '5'를 입력한다. 각 변수(설문 문항)가 5점 척도로 구성되어 있기 때문이다. 입력 완료 후 '확인'을 클릭한다.

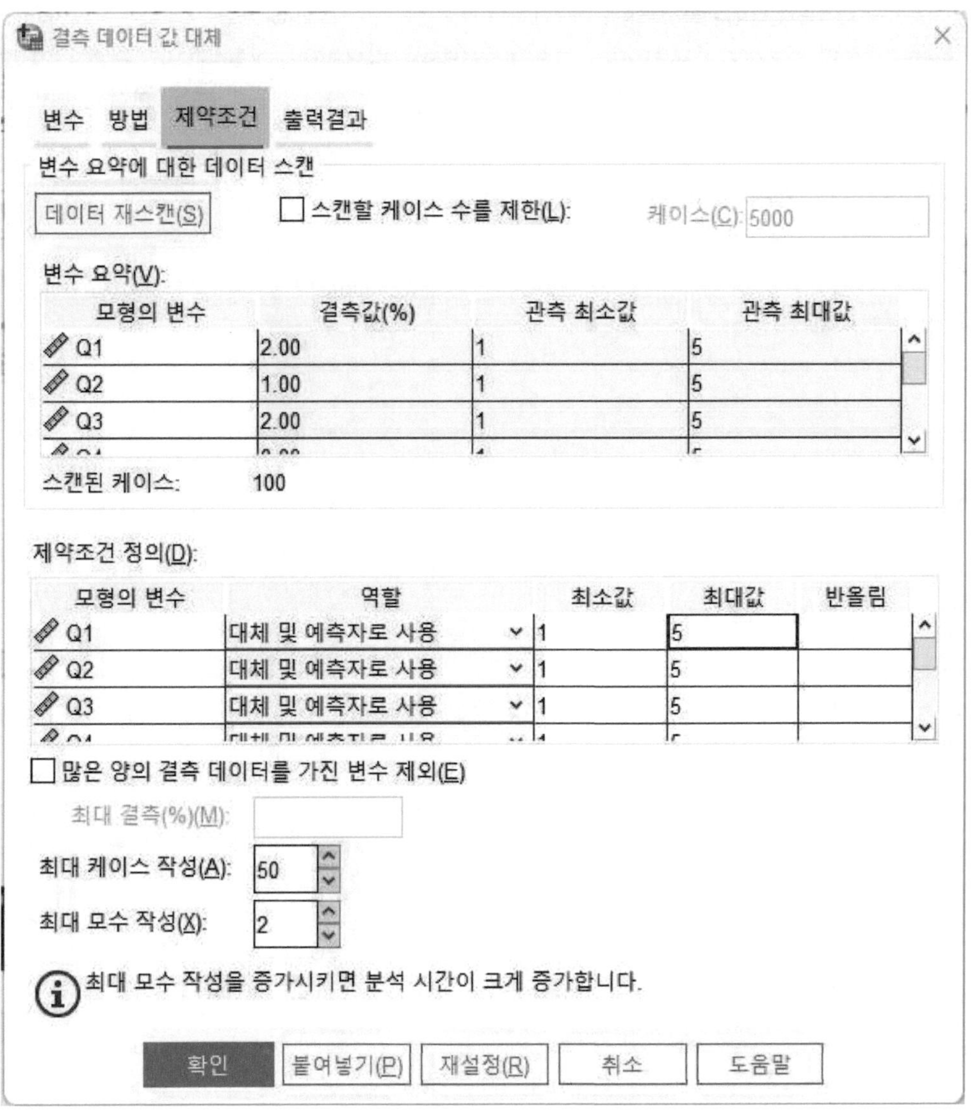

그림 334

⑩ 새로운 SPSS '결측치_대체' 창이 생성된다. 'Imputation' 열은 대체 횟수를 나타내며, 노란색으로 색칠된 셀이 대체된 셀이다.

*제목없음13 [결측치_대체] - IBM SPSS Statistics Data Editor

파일(F) 편집(E) 보기(V) 데이터(D) 변환(T) 분석(A) 그래프(G) 유틸리티(U) 확장(X) 창(W)

173 :

	Imputation_	Q1	Q2	Q3	Q4	Q5	Q6	Q7	Q8
154	1	1	3	3	2	4	4	3	2
155	1	2	4	3	1	3	3	3	3
156	1	2	2	5	1	3	1	1	4
157	1	5	2	1	5	2	2	4	4
158	1	4	5	5	2	5	4	4	5
159	1	4	4	4	2	4	4	3	3
160	1	3	5	5	2	5	5	4	2
161	1	1	2	1	1	3	2	3	4
162	1	2	4	2	1	4	3	3	4
163	1	2	2	3	1	4	4	4	5
164	1	3	5	1	3	4	2	4	5
165	1	3	4	5	3	4	2	5	5
166	1	2	3	1	3	2	2	2	3
167	1	2	4	4	4	5	4	4	5
168	1	4	4	1	3	2	2	4	5
169	1	1	2	5	2	5	4	4	1
170	1	5	5	5	3	5	5	5	5
171	1	2	3	2	3	3	4	2	4
172	1	4	4	1	4	4	4	1	5
173	1	2	2	2	1	2	2	2	2
174	1	4	2	1	1	2	4	2	3
175	1	1	2	1	4	1	1	1	3
176	1	2	1	1	2	2	2	2	2
177	1	2	4	2	1	4	3	3	4
178	1	1	2	1	1	4	2	1	4

그림 335

⑪ 신뢰성 분석을 위해 '분석(A)' - '척도분석(A)' - '신뢰도 분석(R)' 순으로 클릭한다.

그림 336

⑫ '신뢰도 분석' 대화상자에서 분석하고자 하는 변수들을 모두 '항목(I)'로 이동한다. '모형(M)'은 알파를 유지하고, '척도 레이블'은 그대로 비워둔다.

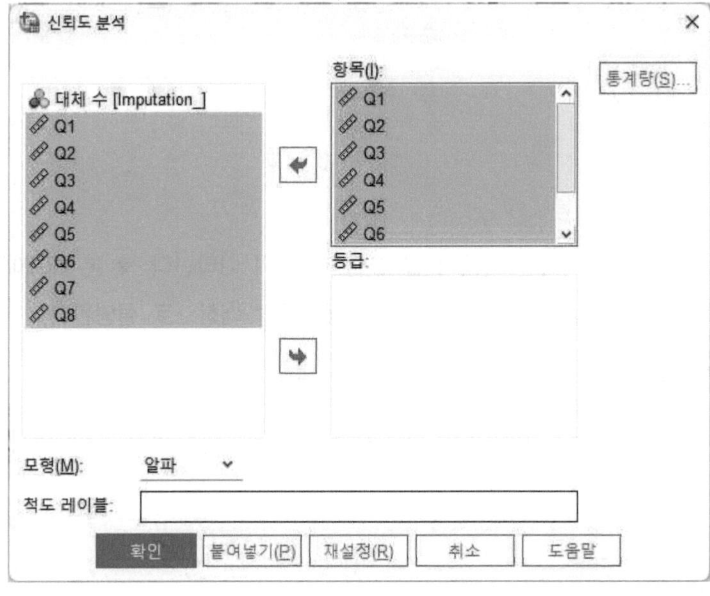

그림 337

⑬ '신뢰도 분석' 대화상자에서 '통계량(S)'를 클릭하면 나타나는 '통계량' 대화상자에서 '항목제거시 척도(A)'를 선택한다. 이 경우 해당 항목을 제거하였을 때 나머지 항목들에서 계산되는 크론바하 알파 값을 보여준다. 설정 완료 후 '계속(C)'을 클릭한다.

그림 338

⑭ '신뢰도 분석' 대화상자에서 '확인'을 클릭하면 다음과 같이 출력결과가 나타난다. ※ 본 예제에서는 편의상 결측치가 대체된 샘플 중 1번 샘플(Imputation이 '1'인 샘플)만을 대상으로 설명한다.

신뢰도 통계량

대체 수	Cronbach의 알파	항목 수
원 데이터	.769	8
1	.757	8
2	.760	8

▸'신뢰도 통계량' 표는 전체 항목의 크론바하 알파 값이 제시된다. 1번 샘플('대체 수' 1)의 경우 크론바하 알파 값은 .757로 신뢰성이 허용가능한 수준으로 해석된다.

항목 총계 통계량

대체 수		항목이 삭제된 경우 척도 평균	항목이 삭제된 경우 척도 분산	수정된 항목-전체 상관계수	항목이 삭제된 경우 Cronbach 알파
원 데이터	Q1	20.67	30.401	.497	.740
	Q2	20.34	28.738	.603	.721
	Q3	20.37	27.859	.470	.748
	Q4	21.18	35.169	.089	.808
	Q5	20.12	29.396	.560	.729
	Q6	20.47	30.141	.545	.733
	Q7	20.30	29.033	.615	.720
	Q8	19.63	30.881	.465	.745
1	Q1	20.55	28.914	.479	.727
	Q2	20.28	27.099	.607	.703
	Q3	20.24	27.155	.401	.748
	Q4	21.16	33.489	.080	.796
	Q5	20.08	27.829	.551	.714
	Q6	20.40	28.662	.535	.718
	Q7	20.24	27.395	.614	.703
	Q8	19.51	29.297	.469	.729
2	Q1	20.54	29.387	.458	.734
	Q2	20.29	27.336	.611	.706
	Q3	20.25	26.827	.443	.742
	Q4	21.17	33.778	.082	.798
	Q5	20.09	28.194	.544	.719
	Q6	20.42	29.044	.526	.723
	Q7	20.25	27.722	.610	.708
	Q8	19.52	29.516	.476	.732

▸'항목 총계 통계량' 표는 각 항목이 제거되었을 때 나머지 항목들로 구성되는 크론바하 알파 값을 보여준다. 1번 샘플에서 Q4 항목이 제거되었을 때 크론바하 알파 값이 .796으로 개선될 것임이 나타난다. 따라서 필요한 경우 크론바하 알파 값이 개선되도록 Q4를 제거하고 나머지 항목들만 활용하여 신뢰성 분석을 진행할 수 있다.

Q4를 제거하고 신뢰성 분석을 진행한 결과는 다음과 같다. 크론바하 알파 값이 .796으로 개선된 것을 확인할 수 있다.

신뢰도 통계량

대체 수	Cronbach의 알파	항목 수
원 데이터	.808	7
1	.796	7
2	.798	7

항목 총계 통계량

대체 수		항목이 삭제된 경우 척도 평균	항목이 삭제된 경우 척도 분산	수정된 항목-전체 상관계수	항목이 삭제된 경우 Cronbach 알파
원 데이터	Q1	18.55	28.184	.452	.798
	Q2	18.22	25.929	.618	.769
	Q3	18.25	24.213	.544	.787
	Q5	18.00	26.289	.600	.773
	Q6	18.35	27.453	.543	.783
	Q7	18.18	26.147	.637	.767
	Q8	17.51	28.453	.437	.800
1	Q1	18.50	26.815	.441	.784
	Q2	18.23	24.574	.616	.752
	Q3	18.19	23.658	.477	.787
	Q5	18.03	24.999	.585	.759
	Q6	18.35	26.179	.534	.769
	Q7	18.19	24.823	.628	.751
	Q8	17.46	27.039	.444	.784
2	Q1	18.49	27.222	.424	.790
	Q2	18.24	24.775	.621	.755
	Q3	18.20	23.347	.518	.780
	Q5	18.04	25.330	.578	.763
	Q6	18.37	26.539	.524	.774
	Q7	18.20	25.116	.624	.755
	Q8	17.47	27.231	.451	.786

2.8.2. 요인분석(Factor Analysis)

요인분석은 측정 문항 간 상관관계를 기초로 하여 여러 측정 문항이 공통으로 가지고 있는 개념적 특성(요소)을 하나의 요인으로 묶는 과정이다. 즉, 하나의 개념을 복수의 측정 문항으로 측정한 경우, 이들 문항 공통의 특성을 찾아내는 것으로 측정의 정확성(accuracy)을 판단하기 위한 분석이다.

요인분석의 종류로는 측정 문항 사이에 존재하는 구조를 발견하기 위한 공통요인 분석(common factor analysis), 많은 측정 문항을 적은 수의 요인으로 축소하여 정보를 요약하기 위한 주성분 분석(principal component analysis) 등이 있는데, 본 장에서는 대부분 연구논문에서 주로 사용하게 되는 주성분 분석을 위주로 설명한다.

<예제>
어느 기업에서는 직원들의 GPA(학점), 근무기간, 근무만족도, 자격증 취득 여부와 퇴직 여부와의 관계를 분석하기 위해 재직 또는 퇴직한 직원 100명의 자료를 수집하였다. GPA(학점), 근무기간, 근무만족도, 자격증 취득 여부는 퇴직 여부에 영향을 미친다고 할 수 있는가?

◦요인분석을 위한 자료

요인분석을 하기 위한 표본 크기에 대한 의견은 다양하나, 일반적으로 100개 이상(측정변수 수의 4~5배 이상)이어야 한다고 본다. 측정 문항의 수는 최소 3개 이상이어야 한다.

◦추출할 요인의 수 결정

요인분석 시 추출할 요인의 수를 결정해야 하는데, 요인의 수를 결정하기 위한 다양한 방법이 존재한다.

① 고유치(Eigenvalue)

고유치는 $\sum(\text{요인적재량}^2)$(요인적재량 제곱의 합)으로 계산되며, 한 요인의 설명력을 의미하며, 고윳값이라고도 한다. 요인적재량(factor loading)은 원 변수와 추출된 요인 간의 상관계수를 의미한다. 따라서 고유치가 크다는 것은 그 요인이 변수들의 분산을 잘 설명한다는 것을 뜻한다. 고유치를 기준으로 하는 경우, 일반적으로 고유치 값이 1 이상인 요인 수를 결정한다.

② 사전 결정

요인분석 전 추출된 요인의 수를 미리 결정하는 방법이다. 선행 연구 분석에 따른 요인 수가 정해져 있거나, 연구자가 적절한 요인의 수를 정했을 경우 사용된다.

③ 요인들의 설명력 합 기준

전체 요인들의 설명력을 모두 더한 값이 어느 수준 이상이 되어야 한다는 것을 사전에 정하고, 정한 수준의 설명력에 이를 때까지 요인을 추출하는 것이다. 일반적으로 설명력 기준은 60%로 설정한다.

④ 스크리 도표(scree table)

스크리 도표는 각 요인의 고유치(eigenvalue)를 그래프로 보여준다. 1개 요인이 추출되었을 때부터 마지막 요인이 추출될 때까지의 고유치 변화폭을 시각적으로 보여준다는 장점이 있다. 아래 스크리 도표의 경우, 요인의 수(성분 번호)가 3이 될 때까지 감소 폭이 크다가 요인의 수가 4일 때 감소 폭이 급격하게 줄어드는 것으로 볼 때, 3개 요인을 추출하는 것이 좋다.

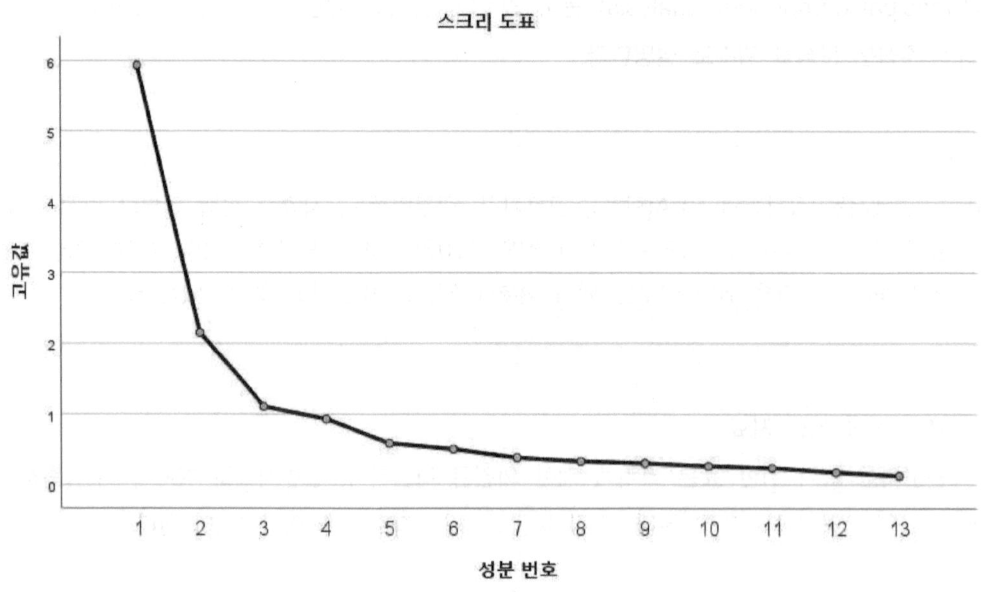

그림 343

◦요인 회전

요인분석 결과 최초로 구해진 비회전 요인 행렬(unrotated component mat 원래 변수들을 몇 요인들로 축소하여 보여주긴 하지만, 구체적으로 어떤 변수가 어떤 요인과 높은 상관관계를 가지는지 명확히 보여주지는 않는다. 요인 회전은 이 요인들을 더 명확하고 해석하기 쉬운 구조로 변환하는 과정이다. 구체적으로, 추출된 요인을 회전함으로써 각 변수가 특정 요인에 대해 높은 (또는 낮은) 요인적재량(factor loading)을 갖도록 만들어 어떤 변수가 어떤 요인과 높게 관계되는지에 대한 요인구조(fact or structure)를 명확히 보여준다.

요인을 회전하는 방법은 직각회전과 사각회전이 있다. 직각회전(Orthogonal rotation)은 회전된 요인들이 서로 독립적이라고 가정하는 회전 방법으로, 가장 뚜렷한 요인구조가 나타날 때까지 요인을 회전한다. 가장 많이 사용되는 직각회전 기법은 VARIMAX 방식으로, 요인행렬 열의 분산의 합계를 최대화함으로써 열을 단순화하는 방식이다.

사각회전(oblique rotation)은 회전된 요인들 사이에 어느 정도의 상관관계가 있을 수 있다고 가정하는 회전 방법이다. 즉, 실제 세상 데이터에서 요인들이 완전히 독립적이지 않을 수 있다는 사실을 반영한다. 그러나 사각회전 방식은 회전의 방식과 결과 해석에 대한 이견이 존재하므로 직각회전 방식이 주로 사용된다.

∘예제 실습

> <예제>
> 경찰관의 역량을 평가하기 위한 설문지를 작성하여 100명의 응답자로부터 자료를 수집하였다. 수집된 자료에 대해 요인분석을 수행하여 요인을 추출하고, 추출된 요인의 명칭을 부여하고자 한다.
> ※ 요인 추출은 고유치 1을 기준으로 하고 회전 방식 VARIMAX 방식을 사용

① 데이터 확인 및 결측값 처리

'2.8.2.요인분석.sav' 파일을 열고 데이터를 확인한다. 자료에 결측값이 존재하면 결측값을 빼고 통계분석을 수행할지, 아니면 결측값을 대체하여 통계분석을 수행할지 결정한다.

본 예제에서는 실제 연구자 개인이 보유한 데이터가 완벽하지 않음을 고려하여 결측값을 대체하여 통계분석을 수행한다(결측값은 '9'로 코딩되어 있다).

2.8.2.요인분석.sav [데이터세트2] - IBM SPSS Statistics Data Editor

파일(F) 편집(E) 보기(V) 데이터(D) 변환(T) 분석(A) 그래프(G) 유틸리티(U) 확장(X)

74 : 장비활용적절성 9

	사회서비스제공	범죄예방노력	업무처리투명성	팀협업도	장비활용적절성	직업윤리준수
61	1	2	1	3	2	3
62	2	4	2	4	3	3
63	2	2	3	4	4	4
64	3	5	1	4	2	4
65	3	4	5	4	2	5
66	2	3	1	2	2	2
67	2	4	4	5	4	4
68	4	4	9	2	2	4
69	1	2	5	5	4	4
70	5	5	5	5	5	5
71	2	3	2	3	4	2
72	4	4	1	4	4	1
73	2	2	2	2	2	2
74	4	2	1	2	9	2
75	1	2	1	1	1	1

그림 344

② 결측값을 결측 처리하기 위해 '데이터(D)' - '변수특성정의(V)'를 클릭한다.

그림 345

③ '변수특성정의' 대화상자에서 결측값이 존재하는 변수들을 모두 '스캔할 변수(S)'로 옮기고 '계속(C)'을 클릭한다. ※ 결측치가 존재하지 않는 변수를 함께 스캔해도 상관없다.

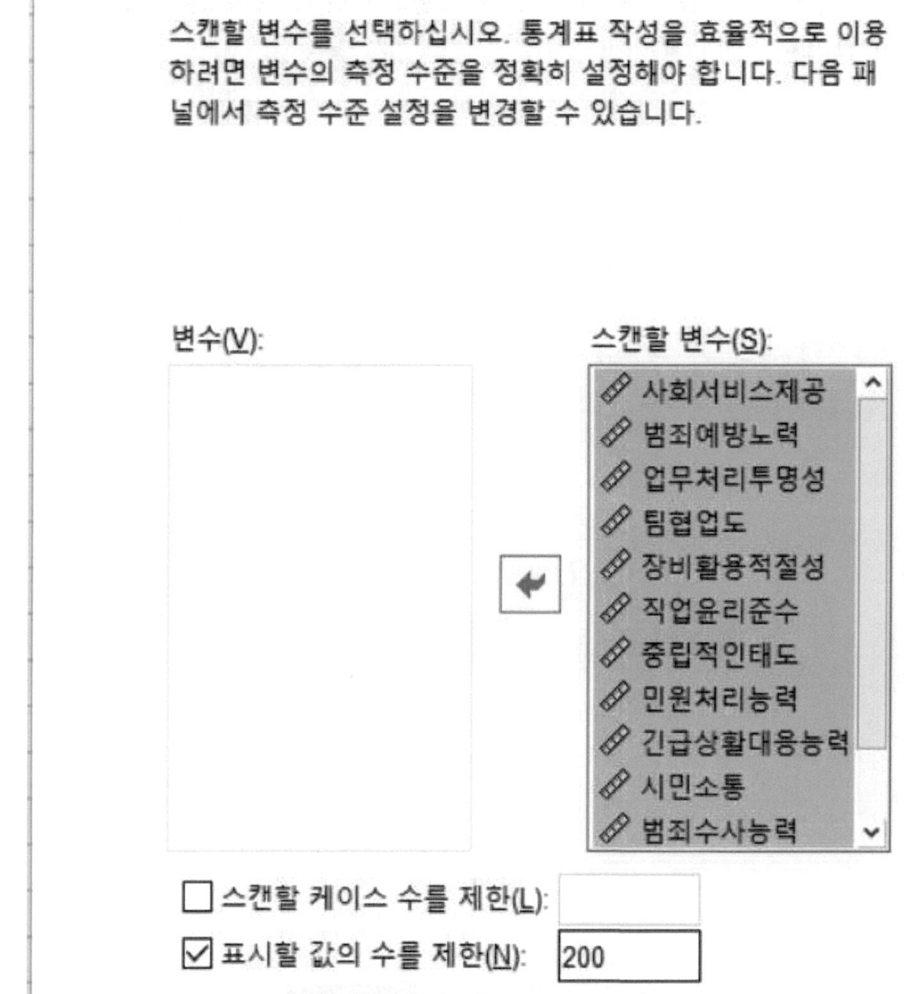

그림 346

④ '스캔된 변수 목록(C)'에는 독립변수들이 나타난다. 각 독립변수를 클릭하면 '값 레이블 격자(V)'에 데이터 값, 빈도 등이 표시된다. 데이터 값이 결측값(9, 99, 999 등으로 표시)에 해당하는 행의 '결측' 상자에 체크한다.

<결측값의 코딩>
수집한 데이터를 엑셀 등에 코딩할 경우, 결측이 존재하는 데이터는 일반적으로 해당 셀에 '9', '99', '999'와 같은 값을 입력한다. 단, 만약 결측값이 아닌 측정값 중에 '9'가 포함되어 있다면 결측값을 '99'로 코딩하고, 측정값 중에 '9'와 '99'가 포함되어 있다면 결측값을 '999'로 코딩하는 방식을 사용하면 된다.

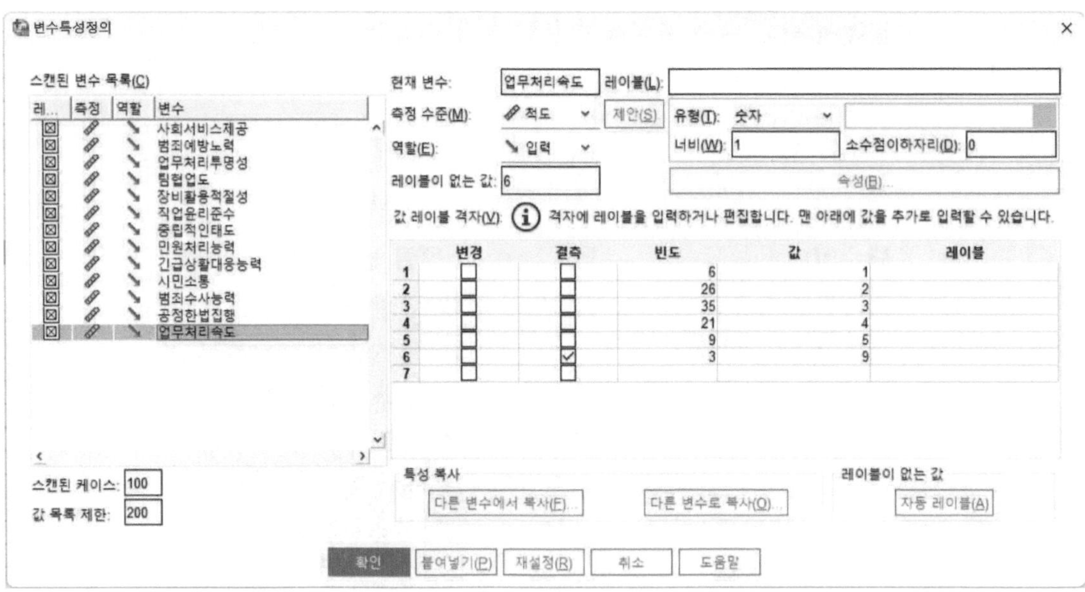

	변경	결측	빈도	값	레이블
1	☐	☐	6	1	
2	☐	☐	26	2	
3	☐	☐	35	3	
4	☐	☐	21	4	
5	☐	☐	9	5	
6	☐	☑	3	9	
7	☐	☐			

그림 347

⑤ '변수특성정의' 대화상자에서 결측값을 모두 체크한 후 '확인'을 누르면 결측 처리가 완료된다. 결측값 처리된 결과는 '변수 보기'에서도 확인할 수 있다.

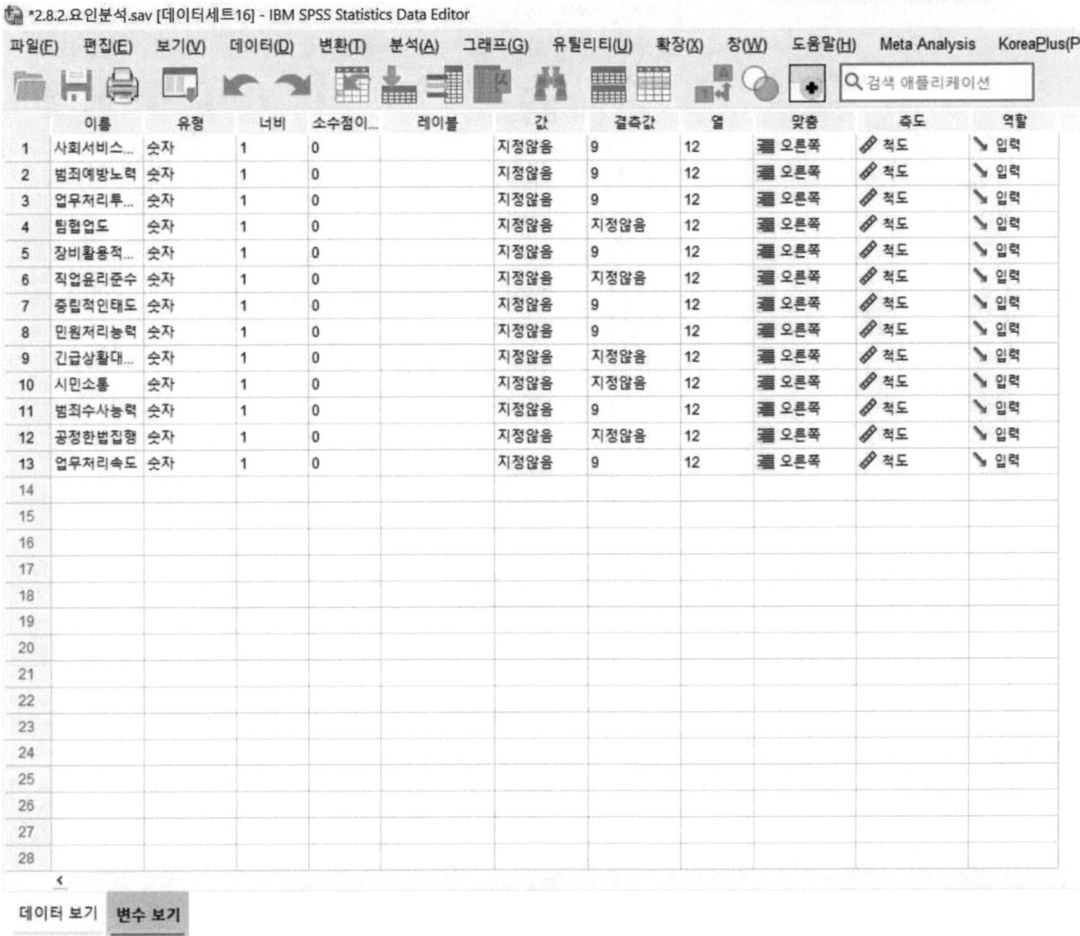

	이름	유형	너비	소수점이...	레이블	값	결측값	열	맞춤	측도	역할
1	사회서비스...	숫자	1	0		지정않음	9	12	오른쪽	척도	입력
2	범죄예방노력	숫자	1	0		지정않음	9	12	오른쪽	척도	입력
3	업무처리투...	숫자	1	0		지정않음	9	12	오른쪽	척도	입력
4	팀협업도	숫자	1	0		지정않음	지정않음	12	오른쪽	척도	입력
5	장비활용적...	숫자	1	0		지정않음	9	12	오른쪽	척도	입력
6	직업윤리준수	숫자	1	0		지정않음	지정않음	12	오른쪽	척도	입력
7	중립적인태도	숫자	1	0		지정않음	9	12	오른쪽	척도	입력
8	민원처리능력	숫자	1	0		지정않음	9	12	오른쪽	척도	입력
9	긴급상황대...	숫자	1	0		지정않음	지정않음	12	오른쪽	척도	입력
10	시민소통	숫자	1	0		지정않음	지정않음	12	오른쪽	척도	입력
11	범죄수사능력	숫자	1	0		지정않음	9	12	오른쪽	척도	입력
12	공정한법집행	숫자	1	0		지정않음	지정않음	12	오른쪽	척도	입력
13	업무처리속도	숫자	1	0		지정않음	9	12	오른쪽	척도	입력

그림 348

⑥ 결측값 대체 : 본 예제의 자료는 다중대체(자동 대치, 1.4.4.장 참고) 방법으로 결측치를 대체한다. '분석(A)' - '다중대체(I)' - '결측 데이터 값 대체(I)'를 차례로 클릭한다.

그림 349

⑦ '결측 데이터 값 대체' 대화상자에서 결측치가 존재하는 변수를 모두 '모형의 변수(A)'로 이동한다. 결측치를 대체한 샘플의 수('대체(M)')는 2로 설정한다(원하는 샘플의 숫자만큼 설정한다).

'데이터세트 이름(D)'으로 '결측치_대체'를 기재한다.

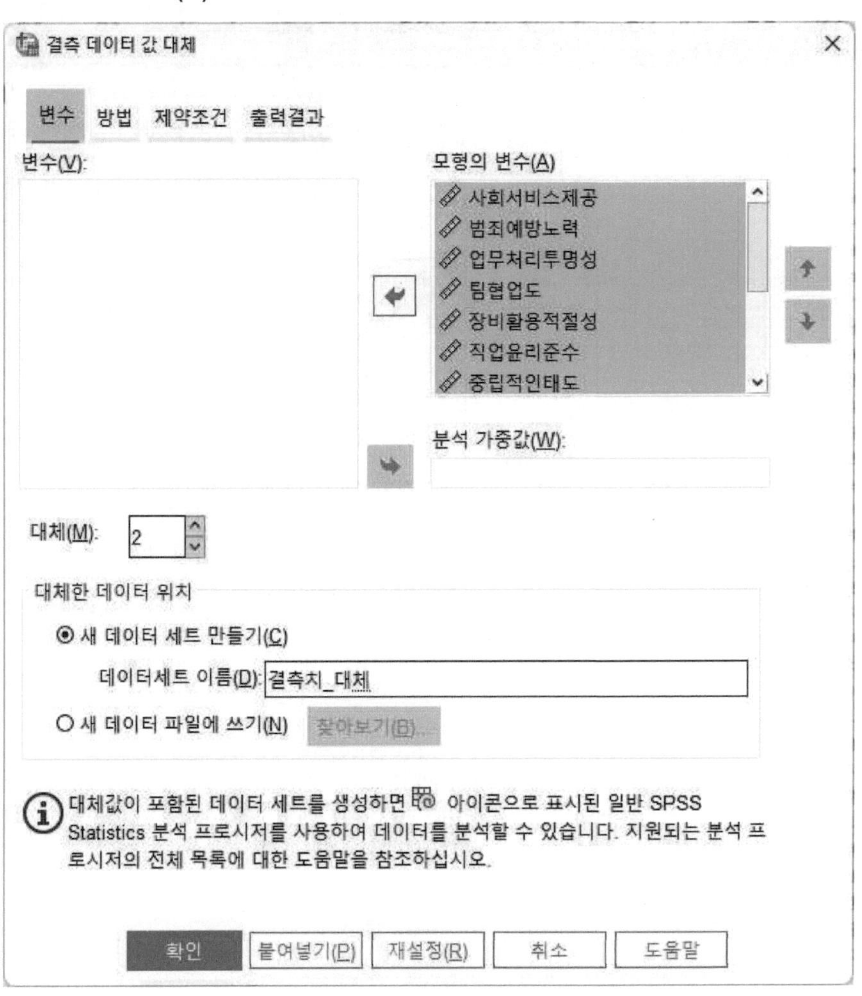

그림 350

⑧ 상단 탭의 '방법' 탭은 기본 설정('자동(A)')을 유지하고. '제약조건' 탭을 클릭한다. '데이터 스캔(S)'을 누르면(좌) '변수 요약(V)'이 나타난다(우).

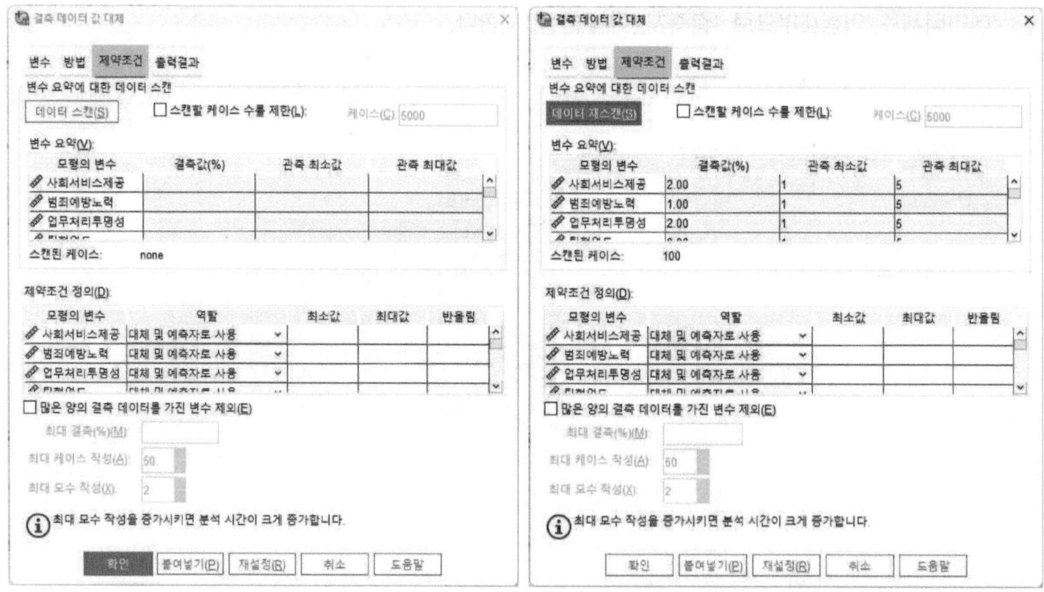

그림 351

⑨ '제약조건 정의(D)'에서 모든 변수의 최솟값과 최댓값에 각 '1', '5'를 입력한다. 각 변수(설문 문항)가 5점 척도로 구성되어 있기 때문이다. 입력 완료 후 '확인'을 클릭한다.

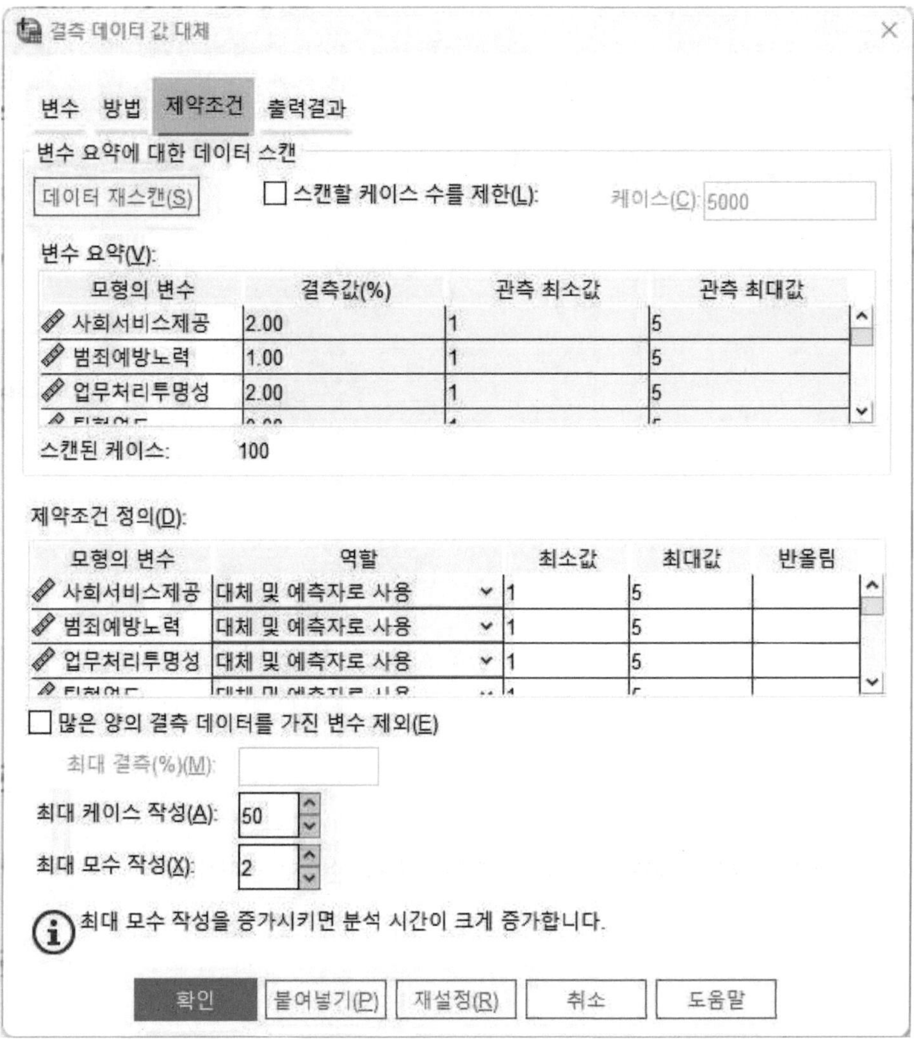

⑩ 새로운 SPSS '결측치_대체' 창이 생성된다. 'Imputation' 열은 대체 횟수를 나타내며, 노란색으로 색칠된 셀이 대체된 셀이다.

*제목없음10 [결측치_대체] - IBM SPSS Statistics Data Editor

파일(F) 편집(E) 보기(V) 데이터(D) 변환(T) 분석(A) 그래프(G) 유틸리티(U) 확장(X) 창(W) 도움말(H) Meta Analysis Korea

검색 애플리케이션

175 :

	Imputation_	사회서비스제공	범죄예방노력	업무처리투명성	팀협업도	장비활용적절성	직업윤리준수	중립적인태도	민원처리능력
163	1	2	2	3	4	4	4	5	4
164	1	3	5	1	4	2	4	5	4
165	1	3	4	5	4	2	5	5	5
166	1	2	3	1	2	2	2	3	3
167	1	2	4	4	5	4	4	5	4
168	1	4	4	4	2	2	4	5	3
169	1	1	2	5	5	4	4	1	5
170	1	5	5	5	5	5	5	5	4
171	1	2	3	2	3	4	2	4	4
172	1	4	4	1	4	4	1	5	4
173	1	2	2	2	2	2	2	2	2
174	1	4	2	1	2	3	2	3	3
175	1	1	2	1	1	1	1	3	1
176	1	2	1	1	2	2	2	2	2
177	1	2	4	2	4	3	3	5	2
178	1	1	2	1	4	2	1	4	3
179	1	3	2	4	2	3	4	4	3
180	1	2	3	3	3	4	2	4	3
181	1	1	1	3	2	2	2	3	2
182	1	2	4	4	5	4	2	4	4

그림 353

⑪ 요인분석을 위해 '분석(A)' - '차원축소(D)' - '요인분석(F)' 순으로 클릭한다.

그림 354

⑫ '요인분석' 대화상자에서 분석할 변수들을 모두 '변수(V)'로 이동한다.

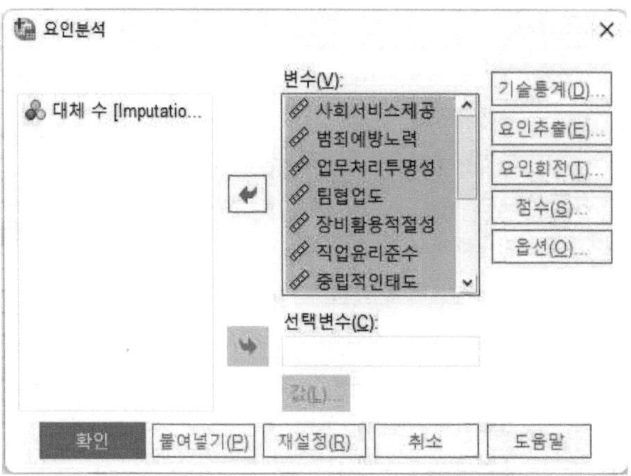

그림 355

⑬ '요인분석' 대화상자에서 '기술통계(D)'를 클릭하면 '기술통계' 대화상자가 나타난다. 대화상자에서 '초기해법(I)', '계수(C)', '유의수준(S)', 'KMO와 Bartlett의 구형성 검정', '역-이미지(A)'를 선택하고 '계속(C)'를 클릭한다.

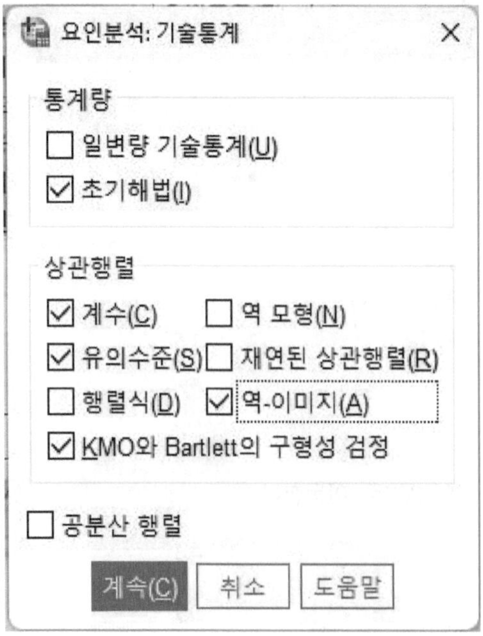

요인분석: 기술통계

통계량
☐ 일변량 기술통계(U)
☑ 초기해법(I)

상관행렬
☑ 계수(C) ☐ 역 모형(N)
☑ 유의수준(S) ☐ 재연된 상관행렬(R)
☐ 행렬식(D) ☑ 역-이미지(A)
☑ KMO와 Bartlett의 구형성 검정

☐ 공분산 행렬

계속(C) 취소 도움말

그림 356

<참고> 기술통계 대화상자
▸ 초기해법: 초기 고윳값, 설명된 분산 등을 보여준다.

▸ 계수: 지정된 변수에 대한 상관행렬을 보여준다.
▸ 유의수준: 상관행렬에서 나타난 계수의 단측측정 유의수준을 보여준다.
▸ KMO와 Bartlett의 구형성 검정: KMO(Kaiser-Meyer-Olkin) 측도는 상관행렬이 요인분석에 적합한지를 나타내는 지표다. KMO 측도(MSA)값이 0.5보다 크면 적합하다고 본다. Bartlett의 구형성 검정도 상관행렬의 전반적 유의성을 나타낸다.
▸ 역-이미지: 각 변수의 MSA값을 표시한 행렬을 보여준다. 행렬에서 대각선 위에 있는 값이 MSA값인데, 이 값이 0.5보다 크면 해당하는 변수가 요인분석에 적합한 것으로 보고, 0.5보다 작다면 그 변수를 제거하여 요인분석을 실시한다. 만약 두 개 이상 변수의 MSA값이 0.5보다 작다면 MSA값이 가장 작은 변수를 제거하여 다시 요인분석을 실시한다(실시 후에도 MSA값이 0.5보다 작은 변수가 존재한다면 위 작업을 반복한다).

⑭ '요인분석' 대화상자에서 '요인추출(E)'를 클릭하면 '요인추출' 대화상자가 나타난다. '방법(M)'을 주성분으로 유지하고, '분석'에서는 '상관행렬(B)'를 선택하고 '표시'에서는 '회전하지 않은 요인해법(F)'과 '스크리 도표(S)'를 선택한다. '추출'은 '고유값 기준(E)'을 선택하고 고유치는 1을 유지한다. '수렴을 위한 최대 반복(X)'은 기본값인 25를 유지한다. 선택 완료 후 '계속(C)'을 클릭한다.

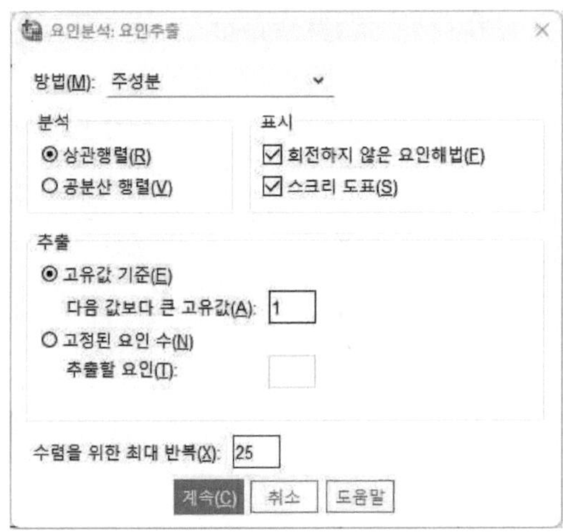

그림 357

<참고> 요인추출 대화상자
▸ 주성분: 주성분 분석 방식으로 요인분석을 수행한다.
▸ 상관행렬: 변수 간 상관행렬을 보여준다.
▸ 공분산행렬: 변수 간 공분산 행렬을 보여준다.
▸ 회전하지 않은 요인해법: 회전하지 않은 상태의 요인적재량, 공통성, 고윳값(고유치) 등을 보여준다.

▸ 스크리 도표: 요인 수에 따른 고유치 그래프를 내림차순 그래프로 나타낸다. ▸ 고유값 기준: 고유치(eigenvalue)를 1로 설정 시, 고유치가 1보다 큰 요인만 추출된다. ▸ 고정된 요인 수: 사용자가 지정한 요인의 수에 따라 요인을 추출할 때 사용하는 기능이다. ▸ 수렴을 위한 최대 반복: 요인 추출 과정에서 최대 반복 계산의 횟수를 설정한다.

⑮ '요인분석' 대화상자에서 '요인회전(T)'를 클릭하면 '요인회전' 대화상자가 나타난다. 가장 많이 사용하는 방법인 '베리믹스(V)'를 선택한다. '표시'는 '회전 해법(R)', '적재량 도표(L)'을 선택하고, '수렴을 위한 최대 반복(X)'은 25를 유지한다. 선택 완료 후 '계속(C)'을 클릭한다.

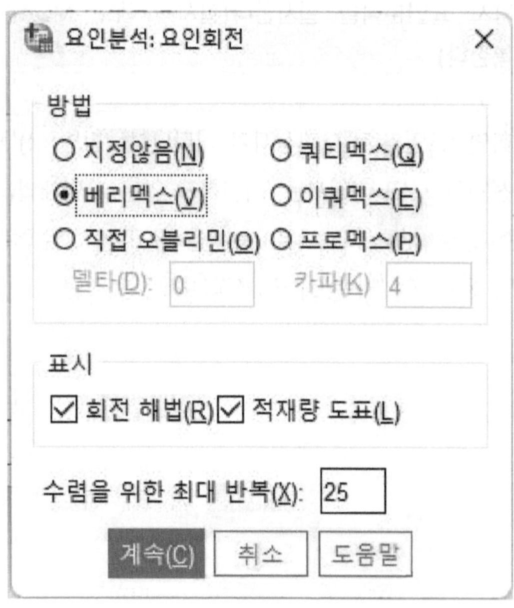

그림 358

⑯ '요인분석' 대화상자에서 '점수(S)'를 클릭하면 '요인점수' 대화상자가 나타난다. '변수로 저장(S)'을 클릭하여 방법으로 '회귀(R)'를 선택하고, '요인점수 계수행렬 표시(D)'를 클릭한다.

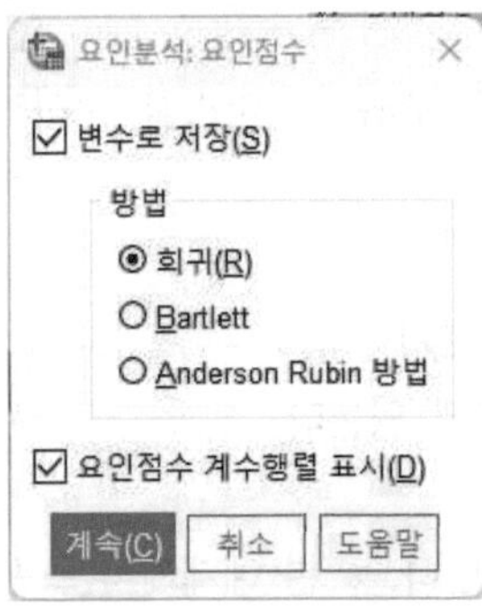

그림 359

<참고> 요인점수 대화상자

▸ 변수로 저장: 변수별 요인점수를 별도 변수로 저장하는 기능이다. 일반적으로 '회귀' 방법을 선택한다.

▸ 요인점수 계수행렬 표시: 요인점수 계수행렬과 공분산 행렬을 표시한다.

⑰ '요인분석' 대화상자에서 '옵션(S)'를 클릭하면 나타나는 '옵션' 대화상자에서 다음과 같이 설정하고 '계속(C)'을 클릭한다.

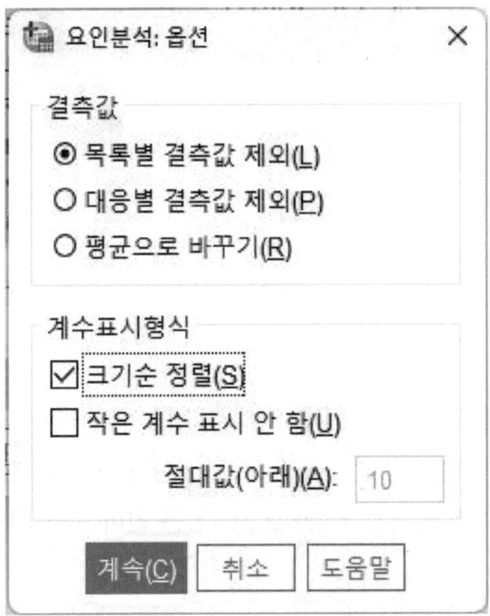

그림 360

<참고> 옵션

▸ 목록별 결측값 제외: 결측값이 존재하는 케이스는 모든 분석에서 제외한다(본 예제의 경우, 결측값을 모두 대체하였다).

▸ 대응별 결측값 제외: 특정 검정과 관련된 변수에 대해 결측값이 존재하는 케이스를 분석에서 제외한다.

▸ 평균으로 바꾸기: 결측값을 변수들의 평균으로 바꾼다.

▸ 크기순 정렬: 요인적재량 행렬과 구조 행렬을 크기순으로 정렬하여 표시한다.

▸ 작은 계수 표시 안 함: 설정한 값보다 절댓값이 작은 계수는 표시하지 않는다.

⑱ '요인분석' 대화상자 '확인'을 클릭하면 다음과 같이 출력 결과가 나타난다. ※ 본 예제에서는 편의상 결측치가 대체된 샘플 중 2번 샘플(Imputation이 '2'인 샘플)만을 대상으로 설명한다.

상관행렬[a]

		사회서비스제공	범죄예방노력	업무처리투명성	팀협업도	장비활용적절성	직업윤리준수	중립적인태도	민원처리능력	긴급상황대응능력	시민소통	범죄수사능력	공정한법집행	업무처리속도
상관관계	사회서비스제공	1.000	.293	.427	.052	.205	.343	.376	.360	.141	.831	.136	.461	.347
	범죄예방노력	.293	1.000	.265	.607	.551	.446	.404	.646	.550	.324	.638	.377	.571
	업무처리투명성	.427	.265	1.000	.331	.310	.488	.247	.499	.175	.483	.173	.693	.452
	팀협업도	.052	.607	.331	1.000	.575	.499	.319	.571	.543	.097	.612	.382	.601
	장비활용적절성	.205	.551	.310	.575	1.000	.365	.165	.647	.699	.233	.657	.275	.684
	직업윤리준수	.343	.446	.488	.499	.365	1.000	.370	.400	.239	.373	.336	.585	.566
	중립적인태도	.376	.404	.247	.319	.165	.370	1.000	.383	.166	.261	.174	.457	.336
	민원처리능력	.360	.646	.499	.571	.647	.400	.383	1.000	.544	.462	.576	.502	.556
	긴급상황대응능력	.141	.550	.175	.543	.699	.239	.166	.544	1.000	.216	.694	.136	.491
	시민소통	.831	.324	.483	.097	.233	.373	.261	.462	.216	1.000	.181	.451	.392
	범죄수사능력	.136	.638	.173	.612	.657	.336	.174	.576	.694	.181	1.000	.191	.462
	공정한법집행	.461	.377	.693	.382	.275	.585	.457	.502	.136	.451	.191	1.000	.521
	업무처리속도	.347	.571	.452	.601	.684	.566	.336	.556	.491	.392	.462	.521	1.000
유의확률 (단측)	사회서비스제공		.002	<.001	.304	.021	<.001	<.001	<.001	.081	<.001	.089	<.001	<.001
	범죄예방노력	.002		.004	.000	.000	.000	.000	.000	.000	.001	.000	.000	.000
	업무처리투명성	.000	.004		.000	.001	.000	.007	.000	.041	.000	.043	.000	.000
	팀협업도	.304	.000	.000		.000	.000	.001	.000	.000	.169	.000	.000	.000
	장비활용적절성	.021	.000	.001	.000		.000	.050	.000	.000	.010	.000	.003	.000
	직업윤리준수	.000	.000	.000	.000	.000		.000	.000	.008	.000	.000	.000	.000
	중립적인태도	.000	.000	.007	.001	.050	.000		.000	.050	.004	.041	.000	.000
	민원처리능력	.000	.000	.000	.000	.000	.000	.000		.000	.000	.000	.000	.000
	긴급상황대응능력	.081	.000	.041	.000	.000	.008	.050	.000		.015	.000	.089	.000
	시민소통	.000	.001	.000	.169	.010	.000	.004	.000	.015		.036	.000	.000
	범죄수사능력	.089	.000	.043	.000	.000	.000	.041	.000	.000	.036		.028	.000
	공정한법집행	.000	.000	.000	.000	.003	.000	.000	.000	.089	.000	.028		.000
	업무처리속도	.000	.000	.000	.000	.000	.000	.000	.000	.000	.000	.000	.000	

a. 대체 수 = 2

그림 361

▸ '상관행렬' 표는 변수 간의 상관계수와 단측측정 기준 유의확률을 보여준다. 요인분석은 변수 간 상관관계를 기반으로 하는 것이므로, 상관관계가 높은 변수들이 존재해야 한다. 일반적으로 상관관계가 0.3 이상이 되는 값들이 존재해야 하는데, 본 예제의 자료는 상관관계가 0.3보다 큰 값이 여러 개 존재하므로 요인분석이 가능하다고 해석된다.

KMO와 Bartlett의 검정[a]

표본 적절성의 Kaiser-Meyer-Olkin 측도.		.845
Bartlett의 구형성 검정	근사 카이제곱	813.041
	자유도	78
	유의확률	<.001

a. 대체 수 = 2

▸'KMO와 Bartlett의 검정' 표는 변수 간 상관행렬 상의 모든 상관관계 값의 전반적 유의성을 보여준다. Bartlett의 구형성 검정 결과 p<.001로 나타났으므로 변수 간의 상관관계가 유의적이라고 할 수 있다. 단, Bartlett의 구형성 검정은 표본의 크기가 클수록 유의적으로 나타날 수 있다는 점에 주의한다. KMO 측도도 상관행렬이 요인분석에 적합한지를 나타내는데, 기준치 0.5 이상일 경우 자료가 요인분석에 적합하다고 본다. 본 예제의 KMO 측도값은 .845이므로 요인분석에 적합하다고 할 수 있다.

역-이미지 행렬[a]

		사회서비스제공	범죄예방노력	업무처리투명성	팀협업도	장비활용적절성	직업윤리준수	중립적인태도	민원처리능력	긴급상황대응능력	시민소통	범죄수사능력	공정한법집행	업무처리속도
역-이미지 공분산	사회서비스제공	.259	-.017	-.007	.039	-.042	.014	-.121	.050	.026	-.188	-.013	-.036	.011
	범죄예방노력	-.017	.389	.065	-.054	.026	-.037	-.071	-.088	-.030	-.004	-.100	-.008	-.056
	업무처리투명성	-.007	.065	.428	-.036	-.012	-.053	.078	-.072	-.002	-.038	.035	-.180	-.006
	팀협업도	.039	-.054	-.036	.371	.012	-.091	-.043	-.052	-.047	.046	-.078	-.011	-.081
	장비활용적절성	-.042	.026	-.012	.012	.277	-.013	.073	-.103	-.110	.058	-.062	.036	-.145
	직업윤리준수	.014	-.037	-.053	-.091	-.013	.493	-.056	.071	.052	-.045	-.042	-.094	-.064
	중립적인태도	-.121	-.071	.078	-.043	.073	-.056	.614	-.087	-.030	.085	.052	-.092	-.025
	민원처리능력	.050	-.088	-.072	-.052	-.103	.071	-.087	.309	.000	-.085	-.035	-.054	.050
	긴급상황대응능력	.026	-.030	-.002	-.047	-.110	.052	-.030	.000	.382	-.043	-.117	.043	-.005
	시민소통	-.188	-.004	-.038	.046	.058	-.045	.085	-.085	-.043	.237	.008	.019	-.045
	범죄수사능력	-.013	-.100	.035	-.078	-.062	-.042	.052	-.035	-.117	.008	.357	.011	.049
	공정한법집행	-.036	-.008	-.180	-.011	.036	-.094	-.092	-.054	.043	.019	.011	.354	-.062
	업무처리속도	.011	-.056	-.006	-.081	-.145	-.064	-.025	.050	-.005	-.045	.049	-.062	.332
역-이미지 상관계수	사회서비스제공	.696[b]	-.054	-.021	.125	-.157	.040	-.305	.177	.082	-.759	-.044	-.118	.038
	범죄예방노력	-.054	.921[b]	.158	-.143	.079	-.084	-.146	-.253	-.078	-.013	-.268	-.021	-.155
	업무처리투명성	-.021	.158	.851[b]	-.090	-.035	-.116	.153	-.198	-.004	-.120	.089	-.463	-.015
	팀협업도	.125	-.143	-.090	.911[b]	.038	-.213	-.089	-.153	-.125	.155	-.214	-.030	-.230
	장비활용적절성	-.157	.079	-.035	.038	.818[b]	-.036	.177	-.353	-.339	.226	-.197	.114	-.479
	직업윤리준수	.040	-.084	-.116	-.213	-.036	.906[b]	-.101	.183	.119	-.131	-.099	-.226	-.158
	중립적인태도	-.305	-.146	.153	-.089	.177	-.101	.786[b]	-.199	-.063	.223	.111	-.197	-.056
	민원처리능력	.177	-.253	-.198	-.153	-.353	.183	-.199	.863[b]	-.001	-.314	-.105	-.163	.157
	긴급상황대응능력	.082	-.078	-.004	-.125	-.339	.119	-.063	-.001	.886[b]	-.144	-.317	.118	-.014
	시민소통	-.759	-.013	-.120	.155	.226	-.131	.223	-.314	-.144	.688[b]	.027	.067	-.162
	범죄수사능력	-.044	-.268	.089	-.214	-.197	-.099	.111	-.105	-.317	.027	.886[b]	.031	.144
	공정한법집행	-.118	-.021	-.463	-.030	.114	-.226	-.197	-.163	.118	.067	.031	.853[b]	-.182
	업무처리속도	.038	-.155	-.015	-.230	-.479	-.158	-.056	.157	-.014	-.162	.144	-.182	.875[b]

a. 대체 수 = 2
b. 표본화 적합성 측도(MSA)

▸'역-이미지 행렬' 표 아래쪽 부분(역-이미지 상관계수)의 대각선에 표시된 값은 변수의 MSA(measure of sampling adequacy)를 의미한다. MSA 값이 0.5 이상일 경우 요인분석에 적합하다고 할 수 있으며, MSA 값이 0.5보다 낮을 때 해당 변수의 제거를 고려해야 한다. 본 예제의 자료는 MSA 값이 모두 0.5 이상이므로 요인분석에 적합하다고 할 수 있다.

공통성[a]

	초기	추출
사회서비스제공	1.000	.877
범죄예방노력	1.000	.650
업무처리투명성	1.000	.609
팀협업도	1.000	.774
장비활용적절성	1.000	.746
직업윤리준수	1.000	.642
중립적인태도	1.000	.393
민원처리능력	1.000	.693
긴급상황대응능력	1.000	.769
시민소통	1.000	.900
범죄수사능력	1.000	.756
공정한법집행	1.000	.793
업무처리속도	1.000	.662

추출 방법: 주성분 분석.
a. 대체 수 = 2

▸ '공통성(communality)'은 한 변수가 다른 변수들과 공유하는 분산의 양을 의미한다. 요인분석에서는 한 변수의 분산이 요인들에 의해 설명되는 정도를 의미하며, 0에서 1의 값을 가진다. 표에서 초기 공통성은 요인이 추출되기 이전의 공통성으로 1이다. 추출 공통성은 각 변수가 요인들에 의해 얼마나 설명되는지를 보여준다. 공통성 값이 작으면 요인이 변수의 분산을 제대로 설명하지 못하는 것이기 때문에 일정 수준보다 높아야 하며, 일반적으로 공통성 값이 0.5보다 클 때 요인이 변수의 분산을 잘 설명한다고 본다. 만약 공통성 값이 0.5보다 작은 경우에는 해당 변수를 무시하고 나머지 변수들을 중심으로 해석하거나, 해당 변수를 제거하고 요인분석을 수행할 수 있다. 본 예제에서는 '중립적인태도'의 공통성 값만 0.5보다 작은 것으로 나타나는데, 해석 시 해당 변수를 무시하는 방법을 취하도록 한다.

설명된 총분산[a]

성분	초기 고유값			추출 제곱합 적재량			회전 제곱합 적재량		
	전체	% 분산	누적 %	전체	% 분산	누적 %	전체	% 분산	누적 %
1	6.048	46.521	46.521	6.048	46.521	46.521	4.146	31.892	31.892
2	2.128	16.372	62.893	2.128	16.372	62.893	3.086	23.741	55.633
3	1.087	8.362	71.255	1.087	8.362	71.255	2.031	15.622	71.255
4	.857	6.593	77.849						
5	.582	4.476	82.325						
6	.489	3.760	86.085						
7	.385	2.958	89.044						
8	.311	2.396	91.439						
9	.296	2.275	93.714						
10	.272	2.095	95.809						
11	.239	1.842	97.650						
12	.190	1.465	99.115						
13	.115	.885	100.000						

추출 방법: 주성분 분석.

a. 대체 수 = 2

▸ '설명된 총분산' 표의 '초기 고유값' 부분은 추출할 수 있는 최대 요인 수인 13개 요인이 모두 추출된 경우의 고유치와 설명력을 보여준다. 가운데 '추출 제곱합 적재량' 부분은 요인회전을 하기 전 고유치와 설명력을 보여준다. 오른쪽 '회전 제곱합 적재량' 부분은 요인회전 이후 고유치와 설명력을 나타낸다. 고유치(eigenvalue, 표의 '전체' 열)는 해당 요인이 설명하는 분산의 양을 의미하며, 설명력(표의 '% 분산' 열)은 그 요인이 전체 분산을 어느 정도로 설명하는지를 의미한다. '누적 %' 열은 추출된 요인들이 전체 분산을 얼마나 설명하는지를 누적하여 나타낸다. 본 예제에서 요인 추출 기준을 고유치(eigenvalue) 1 이상으로 설정하였기 때문에 3개 요인이 추출되었으며, 추출된 3개의 요인은 전체 분산의 71.255%를 설명한다.

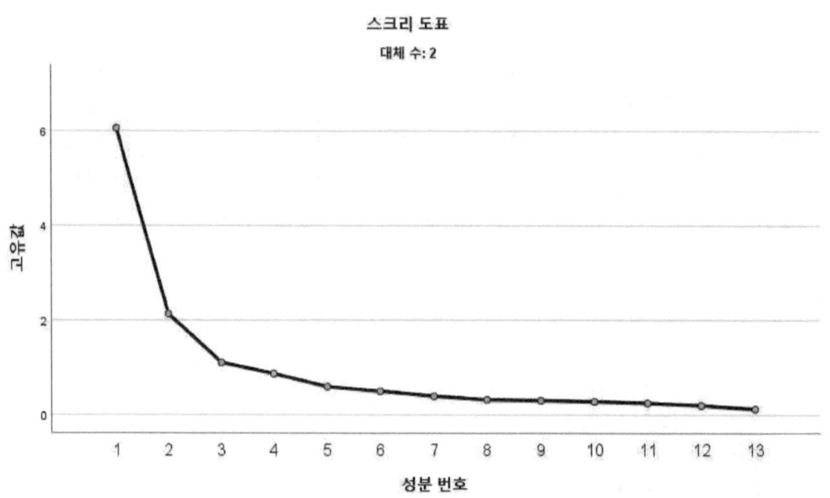

▸ 스크리 도표는 고유치의 감소 폭을 시각적으로 확인할 수 있도록 보여준다.

성분행렬[a,b]

	성분		
	1	2	3
민원처리능력	.823	-.069	.101
업무처리속도	.806	-.046	-.100
범죄예방노력	.773	-.227	.029
장비활용적절성	.749	-.402	.153
팀협업도	.727	-.370	-.330
범죄수사능력	.684	-.510	.165
직업윤리준수	.678	.213	-.370
공정한법집행	.669	.475	-.345
긴급상황대응능력	.655	-.508	.288
업무처리투명성	.615	.444	-.184
시민소통	.570	.569	.502
중립적인태도	.503	.265	-.264
사회서비스제공	.524	.625	.461

추출 방법: 주성분 분석.
a. 대체 수 = 2
b. 추출된 3 성분

회전된 성분행렬[a,b]

	성분		
	1	2	3
긴급상황대응능력	.870	-.024	.110
범죄수사능력	.866	.075	.030
장비활용적절성	.840	.170	.109
범죄예방노력	.715	.345	.137
팀협업도	.695	.492	-.222
민원처리능력	.666	.397	.303
업무처리속도	.593	.531	.168
공정한법집행	.101	.843	.269
직업윤리준수	.271	.748	.093
업무처리투명성	.117	.689	.347
중립적인태도	.134	.595	.142
시민소통	.156	.262	.898
사회서비스제공	.078	.287	.888

추출 방법: 주성분 분석.
회전 방법: 카이저 정규화가 있는 베리멕스.
a. 대체 수 = 2
b. 5 반복계산에서 요인회전이 수렴되었습니다.

▸ 위 표는 각각 회전 전 요인행렬(좌), 회전된 요인행렬(우)이다. 회전된 성분행렬은 VERIMAX 방식으로 5번 반복회전하여 얻어진 결과로, 회전 전 요인행렬보다 요인구조가 잘 나타난다. 예를 들어, '공정한법집행'의 경우 회전 전 요인적재량은 (.669, .475, -.345)였으나 회전한 결과 요인적재량이 (.

101, .843, .269)로 요인 2와의 상관계수가 뚜렷하게 높게 나타났다.

▸ 요인회전 결과 같은 요인에 적재량이 많게 나타난 변수들은 해당 요인과 상관관계가 높으므로, 변수 간에도 상관관계가 높은 것으로 볼 수 있다. 따라서 연구자는 요인과 높은 상관관계를 이루는 변수들의 특성을 중심으로 요인의 명칭을 정한다. 만약 특정 요인에 적재된 변수 간에 상관성을 발견할 수 없는 경우, 연구자는 해당 요인을 '불확정 요인(undefined factor)'이라고 한다. 이러한 불확정 요인이 존재하는 경우, 적재된 변수 중 다른 특성을 가지는 변수를 제외하고 다시 요인분석을 수행할 수 있다. 또한, 한 변수가 두 요인에 높게 적재된 경우를 '교차 적재(cross-loading)'라고 한다. 이 경우에도 해당 변수를 제거한 후 다시 요인분석을 수행하거나, 그 변수를 무시하고 해석할 수도 있다.

▸ 예제의 경우, 각 요인에 많이 적재된 변수들의 특성으로 볼 때 요인 1(긴급상황대응능력, 범죄수사능력, … , 업무처리속도)을 '업무수행능력', 요인 2(공정한법집행, 직업윤리준수, 업무처리투명성, 중립적인태도)를 '공정성', 요인 3(시민소통, 사회서비스제공)을 '대민서비스'라고 명명할 수 있다. 단, 앞서 '중립적인태도' 변수의 공통성(communality) 값이 0.5보다 작은 것으로 나타났기 때문에 해석 시 해당 변수를 무시할 수 있다.

성분 변환행렬[a]

성분	1	2	3
1	.727	.601	.332
2	-.650	.444	.617
3	.223	-.664	.713

추출 방법: 주성분 분석.
회전 방법: 카이저 정규화가 있는 베리멕스.
a. 대체 수 = 2

▸ '성분 변환행렬' 표는 요인 회전 시 사용한 변환행렬을 나타낸다. 예를 들어, 긴급상황 대응능력의 요인 1 적재값을 구하려면 앞서 제시된 '성분행렬' 표의 긴급상황 대응능력 값과 '성분변환행렬' 표의 요인 1 값들을 곱하여서 더하면 된다.

$$.870 = (.655)\times(.727) + (-.508)\times(-.650) + (.288)\times(.223)$$

회전 공간의 성분 도표

대체 수: 2

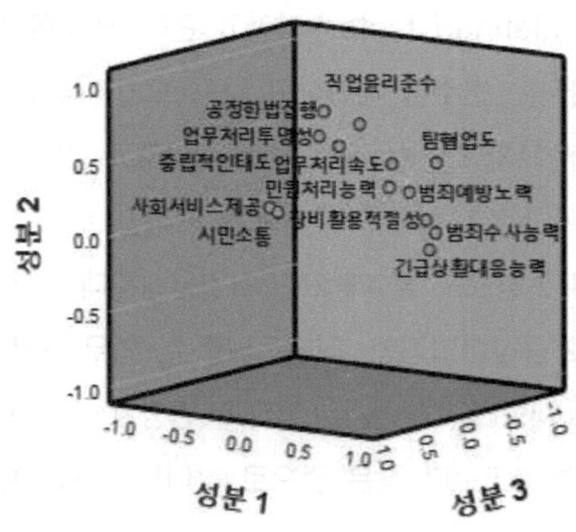

▸ '회전 공간의 성분 도표'는 회전된 요인에서 각 변수의 위치를 입체적으로 나타낸다. 그러나 요인의 수가 여러 개일 경우 해석이 쉽지 않으므로 참고만 하기를 바란다.

▸ '성분점수 계수행렬'은 각 변수(설문문항)에 대한 응답자들의 응답을 몇 개의 요인으로 축약하여 요인점수를 나타낸 것이다. 본 예제에서는 변수들로부터 3개의 요인을 추출하였으므로 응답자별로 3개의 요인점수를 계산할 수 있다. 응답자별 요인점수의 계산식은 다음과 같다.

$$\text{개인별 요인점수} = \sum_{i=1}^{k} (i\text{번째 변수의 요인계수} \times i\text{번째 변수의 원래 자료의 표준화값})$$

성분점수 공분산 행렬[a]

성분	1	2	3
1	1.000	.000	.000
2	.000	1.000	.000
3	.000	.000	1.000

추출 방법: 주성분 분석.
회전 방법: 카이저 정규화가 있는 베리멕스.
요인 점수.

a. 대체 수 = 2

▸ '성분점수 공분산 행렬' 표는 요인점수 공분산 행렬을 나타낸다. 각 요인 간의 공분산은 0으로 나타나는데, 이는 직각회전(VERIMAX 방식)을 하여 회전 후 요인들이 독립적이기 때문이다.

성분점수 계수행렬[a]

	성분		
	1	2	3
사회서비스제공	-.033	-.099	.512
범죄예방노력	.168	.012	-.004
업무처리투명성	-.100	.266	.042
팀협업도	.132	.197	-.284
장비활용적절성	.244	-.103	.025
직업윤리준수	-.060	.338	-.144
중립적인태도	-.075	.267	-.069
민원처리능력	.141	.006	.091
긴급상활대응능력	.293	-.217	.078
시민소통	-.002	-.131	.525
범죄수사능력	.272	-.139	-.002
공정한법집행	-.136	.376	-.052
업무처리속도	.090	.132	-.034

추출 방법: 주성분 분석.
회전 방법: 카이저 정규화가 있는 베리멕스.
요인 점수.
a. 대체 수 = 2

*제목없음10 [결측치_대체] - IBM SPSS Statistics Data Editor

파일(F) 편집(E) 보기(V) 데이터(D) 변환(T) 분석(A) 그래프(G) 유틸리티(U) 확장(X) 창(W) 도움말(H) Meta Analysis Kore

검색 애플리케이션

8 :

	능	긴급상활대응능력	시민소통	범죄수사능력	공정한법집행	업무처리속도	FAC1_1	FAC2_1	FAC3_1	변수
230	3	4	4	2	3	2	-.74235	-.43668	1.58745	
231	4	2	2	2	4	4	-.68126	.37113	-.31605	
232	3	1	2	3	5	3	-1.32608	1.34394	.06047	
233	4	3	4	2	5	3	-.42800	1.49442	.73553	
234	5	5	2	5	5	5	1.87441	1.47643	-1.18510	
235	3	3	3	3	3	3	-.01731	-.82735	.55468	
236	4	5	2	4	2	3	1.37583	-1.20879	-.31928	
237	2	2	2	1	2	2	-1.09492	-.55296	-.81296	
238	2	2	2	2	5	3	-1.42807	2.33646	-1.69519	
239	4	2	2	2	2	2	-.77743	-.43986	-.23930	
240	2	2	2	2	2	2	-1.27797	-.77613	-.40082	
241	5	2	3	2	5	1	-.95367	-.02873	.17035	
242	2	1	1	1	1	2	-2.02645	.26849	-.99055	
243	3	3	2	3	3	2	-.19352	-.07367	-.65029	

▸ '요인점수' 대화상자에서 요인분석 결과 도출된 요인점수를 별도 변수로 저장하도록 설정하였으므로, 데이터파일에 요인점수들이 저장되었다.

2.9. 다차원척도법

2.9.1. 다차원척도법이란?

다차원척도법(multidimensional scaling; MDS)란 상표나 기업명 등 개체가 가지고 있는 속성이나 응답자의 평가에 내재되어 있는 복잡한 다차원 관계를 2차원이나 3차원 공간상에 단순화하여 시각화해주는 분석 기법이다. 다차원척도법을 사용하면 유사성이 높은 개체들은 가깝게, 유사성이 작은 개체들은 멀게 위치하여 경쟁/비경쟁 관계를 시각적으로 빠르게 확인할 수 있다. 또한, 다차원 공간상에 응답자들의 선호도를 포함하여 응답자들이 생각하는 이상점(ideal point)을 함께 표시할 수도 있다.

이러한 다차원척도법은 마케팅 영역에서 시장 내 경쟁 관계를 분석하기 위하여 활발히 사용되어 왔으며, 많은 연구논문에서 연구 대상 간 관계를 규명하고 대안을 제시하는 방법론으로 유용하게 사용되고 있다.

본서에서는 개체 간의 비유사성을 기준으로 설문조사를 진행하고, SPSS의 ALSCAL 분석 방식을 사용하여 그 경쟁 관계를 나타내는 포지셔닝 맵(positioning map)을 그리는 방법을 설명한다.

2.9.2. 다차원척도법 설문지의 작성

<예제>

2022년 A 금융공기업에 입사한 신입사원의 학력은 특성화고(고졸), 인문사회(대졸), 경영경제(대졸), 공학(대졸)로 구분된다. A 금융공기업은 **신입사원의 학력과 성별에 따라 전반적인 역량과 이미지가 얼마나 유사하다고 지각되는지** 확인하고자 한다.

위 예제와 같은 문제가 주어졌을 때, 학력 및 성별에 따른 신입사원 유형 간 비유사성 평가 설문조사를 다수 응답자를 대상으로 진행하고, 그 결과를 다차원척도법으로 분석할 수 있다. 본 예제의 설문지의 측정 수준은 5점 리커트 척도(등간척도)이며, 개체 간 일대일 비교를 통해 비유사성의 정도를 선택하도록 구성하였다. 구체적인 설문지는 다음과 같이 작성한다.

<설문지 작성 예시>

아래 짝지어진 성별 및 학력별 신입사원의 전반적인 역량과 이미지를 비교하여 그 유사성의 정도를 해당란에 "√" 표시해주시기를 바랍니다.

※ ①은 매우 유사함, ⑦은 전혀 유사하지 않음

학력(성별)	매우 유사 <···> 전혀 다름						
특성화고(남) - 특성화고(여)	①	②	③	④	⑤	⑥	⑦
특성화고(남) - 인문사회(남)	①	②	③	④	⑤	⑥	⑦
특성화고(남) - 인문사회(여)	①	②	③	④	⑤	⑥	⑦
특성화고(남) - 경영경제(남)	①	②	③	④	⑤	⑥	⑦
특성화고(남) - 경영경제(여)	①	②	③	④	⑤	⑥	⑦
특성화고(남) - 공학(남)	①	②	③	④	⑤	⑥	⑦
⋮				⋮			
경영경제(남) - 경영경제(여)	①	②	③	④	⑤	⑥	⑦
경영경제(남) - 공학(남)	①	②	③	④	⑤	⑥	⑦
경영경제(여) - 공학(남)	①	②	③	④	⑤	⑥	⑦

2.9.3. 다차원척도법 분석

① 설문조사 자료의 코딩

설문조사를 통해 수집한 자료를 Excel 프로그램에 코딩한다. SPSS에 바로 자료를 코딩할 수 있으나, 관리의 효율성을 위해 Excel에 코딩하는 것을 추천한다('1.4.3. 데이터 관리' 설명 참조).

설문 자료는 응답자별로 다음 표와 같은 형식으로 코딩한다.

	특성화고(남)	특성화고(여)	인문사회(남)	인문사회(여)	경영경제(남)	경영경제(여)	공학(남)
특성화고(남)	0						
특성화고(여)	3	0					
인문사회(남)	5	7	0				
인문사회(여)	7	3	2	0			
경영경제(남)	5	7	1	4	0		
경영경제(여)	7	3	3	3	2	0	
공학(남)	1	6	6	7	6	7	0

가로축, 세로축이 평가대상 개체로 이루어진 행렬을 작성한 뒤, 각 설문 문항의 응답치를 입력한다. 예를 들어, '특성화고(남)-특성화고(남)' 셀의 경우, 동일한 개체 간의 비교이므로 '0'을 입력하고, '경영경제(남)-인문사회(남)' 셀의 경우 비유사성의 정도가 '1(매우 유사함)'로 평가되었기 때문에 '1'을 입력한다.

전체 자료를 Excel에 코딩하고 SPSS로 불러오기 한 결과는 다음과 같다(2.9.3.다차원척도법.sav 파일).

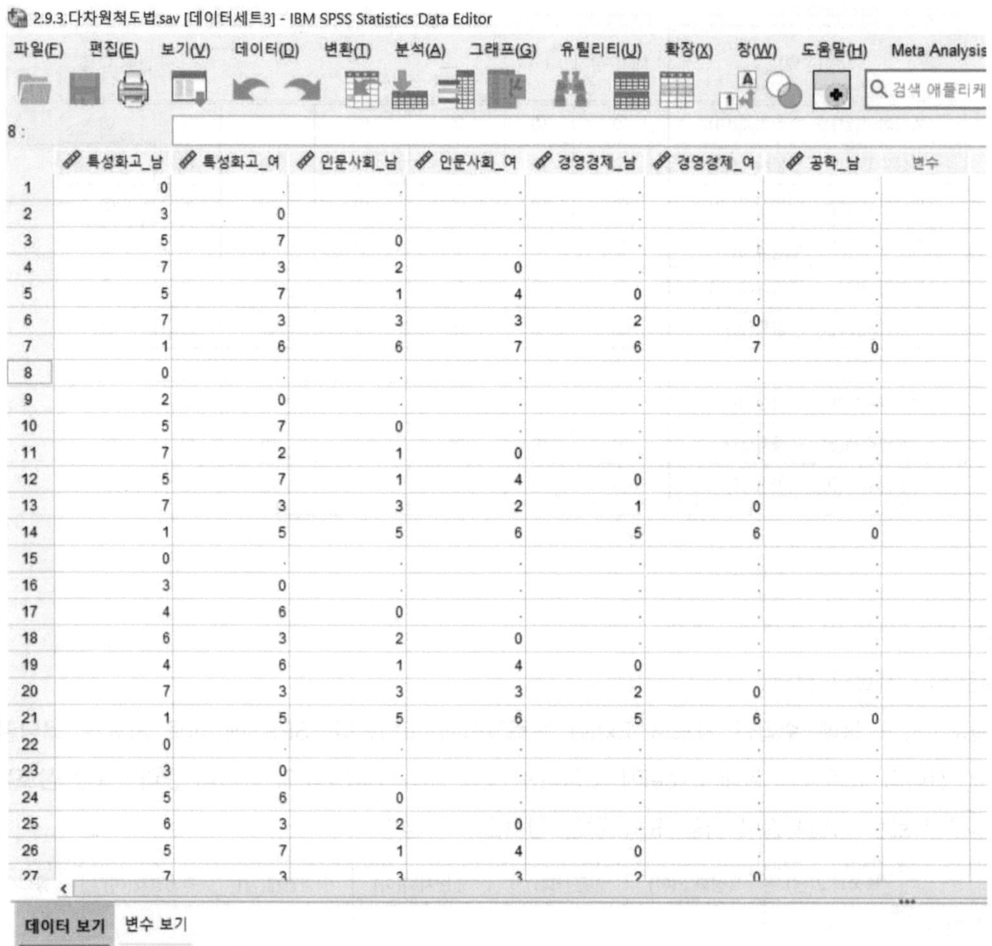

	특성화고_남	특성화고_여	인문사회_남	인문사회_여	경영경제_남	경영경제_여	공학_남	변수
1	0	.	.	.	.	.	.	
2	3	0	.	.	.	.	.	
3	5	7	0	.	.	.	.	
4	7	3	2	0	.	.	.	
5	5	7	1	4	0	.	.	
6	7	3	3	3	2	0	.	
7	1	6	6	7	6	7	0	
8	0	.	.	.	.	.	.	
9	2	0	.	.	.	.	.	
10	5	7	0	.	.	.	.	
11	7	2	1	0	.	.	.	
12	5	7	1	4	0	.	.	
13	7	3	3	2	1	0	.	
14	1	5	5	6	5	6	0	
15	0	.	.	.	.	.	.	
16	3	0	.	.	.	.	.	
17	4	6	0	.	.	.	.	
18	6	3	2	0	.	.	.	
19	4	6	1	4	0	.	.	
20	7	3	3	3	2	0	.	
21	1	5	5	6	5	6	0	
22	0	.	.	.	.	.	.	
23	3	0	.	.	.	.	.	
24	5	6	0	.	.	.	.	
25	6	3	2	0	.	.	.	
26	5	7	1	4	0	.	.	
27	7	3	3	3	2	0		

그림 373

'2.9.3.다차원척도법.sav' 파일은 총 6명의 응답자의 설문 결과가 코딩되어 있다. 1~7행이 첫 번째 응답자의 응답치이고, 8~14행이 두 번째 응답자의 응답치이다.

② 다차원척도법 분석을 위해 '분석(A)' - '척도분석(A)' - '다차원척도법(ALSCAL)(M)' 순으로 클릭한다.

그림 374

③ '다차원척도법' 대화상자에서 개체(변수)들을 '변수(V)'로 이동한다. 개체는 최소 4개 이상이 되어야 다차원척도 분석이 가능하다. '거리'는 기본 설정인 '데이터 자체가 거리행렬(A)'을 선택한다.

그림 375

<참고> 다차원척도법 대화상자 - 거리
▸ 데이터 자체가 거리행렬: 각 셀에 입력된 데이터가 개체 간 비유사성 정도(거리)를 나타내는 경우 선택한다. ▸ 데이터로부터 거리행렬 계산하기: 셀에 입력된 데이터가 어떤 집단에 속하는 각 대상의 속성에 대한 평가 점수인 경우(예를 들어, 경영경제를 전공한 남성 <u>직원 A의 성과평가 점수</u>가 셀에 입력된 경우), 데이터로부터 비유사성 정도(거리)를 계산하기 위해 선택한다.

④ '행렬형태(S)'를 클릭하여 나타나는 '데이터의 형태' 대화상자에서 데이터의 행과 열이 같은 항목(학력_성별)으로 구성되어 있으므로 '정방대칭형(S)'를 선택하고 '계속(C)'을 클릭한다.

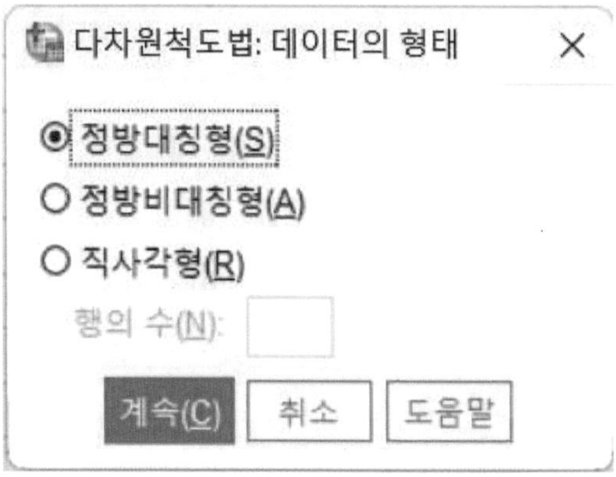

다차원척도법: 데이터의 형태

◉ 정방대칭형(S)
○ 정방비대칭형(A)
○ 직사각형(R)
행의 수(N):

계속(C) 취소 도움말

그림 376

⑤ '다차원척도법' 대화상자에서 '모형(M)'을 클릭하면 '모형' 대화상자가 나타난다. 다음과 같이 측정 수준으로 '구간(I)'를, 조건부로 '행렬(M)'을, 척도화 모형으로 '유클리디안 거리(E)'를 선택한다. 차원은 기본 설정인 최솟값 2, 최댓값 2로 두고 '계속(C)'을 클릭한다.

설

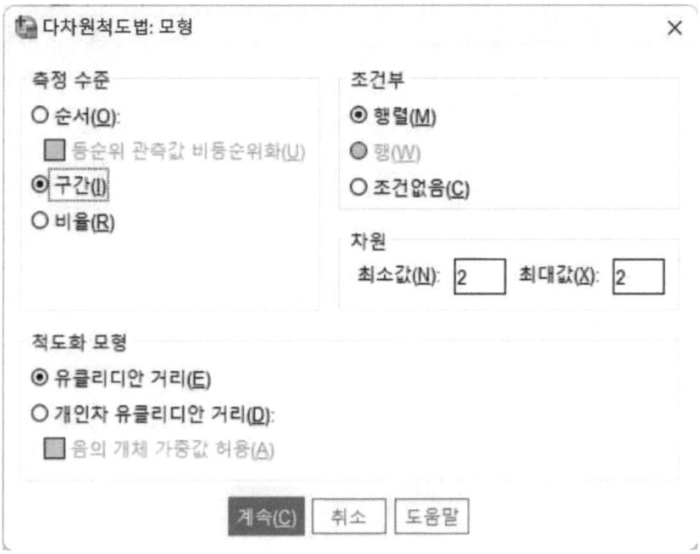

그림 377

<참고> 모형 대화상자

- ▸ 측정 수준: 데이터가 어떤 척도로 측정되었는지 선택한다.
- ▸ 척도화 모형
  - 유클리디안 거리 : 입력된 데이터가 단일 행렬이면 전통적 다차원척도법(classical MDS)를, 행렬이 두 개 이상이라면 반복 다차원척도법(replicated MDS)를 자동으로 실행한다.
  - 개인차 유클리디안 거리 : 데이터가 비유사성 자료가 아닌 대상의 속성에 대한 평가 자료인 경우 선택한다.
- ▸ 조건부
  - 행렬: 거리행렬 안에서 숫자들을 비교한다.
  - 행: 비대칭행렬이나 직사각형행렬로 구성되었을 때, 행렬의 행 내에서만 의미있는 비교를 할 수 있는 경우 선택한다.
  - 조건 없음: 행렬의 모든 값 간에 비교하는 경우 선택한다.
- ▸ 차원: 유사성 비교를 할 차원 수를 선택한다. 1에서 6 사이의 값을 입력할 수 있는데, 차원 수가 높아질수록 포지셔닝 맵의 정확도가 높아지나 현실적으로 3차원을 초과하는 경우 해석이 어려우므로 2차원이나 3차원을 선택한다.

⑥ '다차원척도법' 대화상자에서 '옵션(O)'을 클릭하면 '옵션' 대화상자가 나타난다. 다음과 같이 '집단 도표(G)'를 선택하고 나머지는 기본 설정을 유지하고 '계속(C)'를 클릭한다.

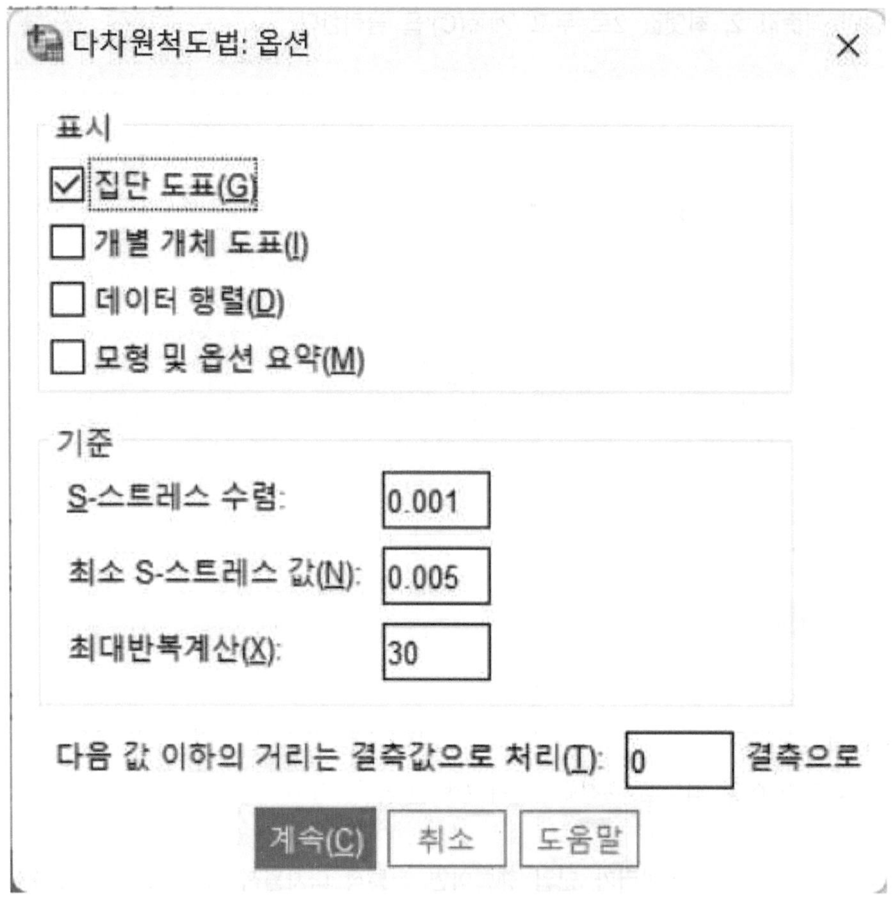

그림 378

<참고> 옵션 대화상자

▸ 기준: 최적 적합도가 얻어질 때까지 반복 계산을 할 기준을 설정한다. 반복 계산을 수행하여 스트레스값의 감소폭이 'S-스트레스 수렴'보다 작아지면 계산을 중지한다.

- S-스트레스 수렴: 스트레스값은 반복 계산을 할수록 줄어드는데, 개선 값이 0.001(기본 설정)보다 작으면 반복을 중지한다.
- 최소 S-스트레스값: 반복 계산 결과 스트레스값이 0.005(기본 설정)보다 작을 때 반복을 중지한다.
- 최대반복계산: 최대 반복 횟수를 설정한다.

▸ 다음 값 이하의 거리는 결측값으로 처리: 비유사성 응답치가 0(기본 설정)보다 작으면 결측값으로 처리한다. 일반적으로 자료의 코딩 시 결측값을 '9', '99' 등을 입력함으로써 나타내는데,

다차원척도 분석 시 결측값을 비유사성 정도로 인식한다. 따라서 다차원척도 분석 시에는 결측값을 '-9', '-99' 등과 같이 입력하면 된다.

<참고> 스트레스값(stress value)

다차원척도법은 개체 간 상대적인 거리의 적합도를 높이기 위해 반복 계산을 하는데, 적합도의 정도는 스트레스값을 통해 확인할 수 있다. 스트레스값은 다차원척도법에 의해 설명되지 않는 분산의 불일치 정도를 의미한다. Kruskal의 스트레스값에 따른 적합도 평가기준은 다음과 같다.

스트레스값	적합도
0.2 이상	매우 나쁘다
0.2	나쁘다
0.1	보통이다
0.05	좋다
0.025	매우 좋다
0	완벽하다

⑦ '다차원척도법' 대화상자에서 '확인'을 클릭하면 출력결과가 다음과 같이 나타난다.

```
Iteration history for the 2 dimensional solution (in squared distances)

            Young's S-stress formula 1 is used.

            Iteration     S-stress      Improvement

                1           .20336
                2           .18993         .01343
                3           .18895         .00097

                 Iterations stopped because
            S-stress improvement is less than   .001000


                         Stress and squared correlation (RSQ) in distances

                  RSQ values are the proportion of variance of the scaled data (disparities)
                         in the partition (row, matrix, or entire data) which
                          is accounted for by their corresponding distances.
                           Stress values are Kruskal's stress formula 1.

    Matrix    Stress    RSQ   Matrix    Stress    RSQ   Matrix    Stress    RSQ   Matrix    Stress    RSQ
      1        .190    .778     2        .211    .720     3        .202    .757     4        .190    .778
      5        .194    .770     6        .190    .778


    Averaged (rms) over  matrices
  Stress  =   .19641     RSQ =  .76371
```

▸ 'Iteration'은 반복 계산 횟수를 나타낸다. 3회째 계산에서 감소한 스트레스값은 .00097로, '옵션' 대화상자에서 설정한 S-스트레스 수렴값인 .001보다 작으므로 반복 계산을 3회에서 마쳤음을 알 수 있다.

▸ 하단의 'Stress'는 스트레스값으로 원 데이터와 다차원 공간에서의 거리 사이의 차이를 의미한다. 본 예제 모델의 스트레스값은 .19641로 매우 나쁜 정도이다.

▸ RSQ는 다차원척도 모델의 설명력을 의미하는 값으로, 0부터 1 사이의 값을 가지며 1에 가까울수록 설명력이 높다고 할 수 있다. 본 예제의 RSQ는 .76371로 적당히 높은 편이라고 할 수 있다.

Stimulus Coordinates

Stimulus Number	Stimulus Name	Dimension 1	Dimension 2
1	특성	1.5583	-.1687
2	특성_1	.4163	1.5171
3	인문	-.7438	-.9353
4	인문_1	-.9964	.7386
5	경영	-.6878	-1.1078
6	경영_1	-1.1652	.4381
7	공학_	1.6186	-.4820

※

Abbreviated Name	Extended Name
경영	경영경제_남
경영_1	경영경제_여
공학_	공학_남
인문	인문사회_남
인문_1	인문사회_여
특성	특성화고_남
특성_1	특성화고_여

▸ 하단의 'Abbreviated'는 원래 7개 개체명을 축약한 명칭이다. 바로 오른쪽의 'Extended'에 원래 명칭이 기재되어있다.

▸ 상단의 'Stimulus Coordinates'는 2차원 평면에 나타낼 7개 개체(학력_성별)의 좌표값을 나타낸다. '1'은 1차원(x축), '2'는 2차원(y축)의 좌표값을 의미한다.

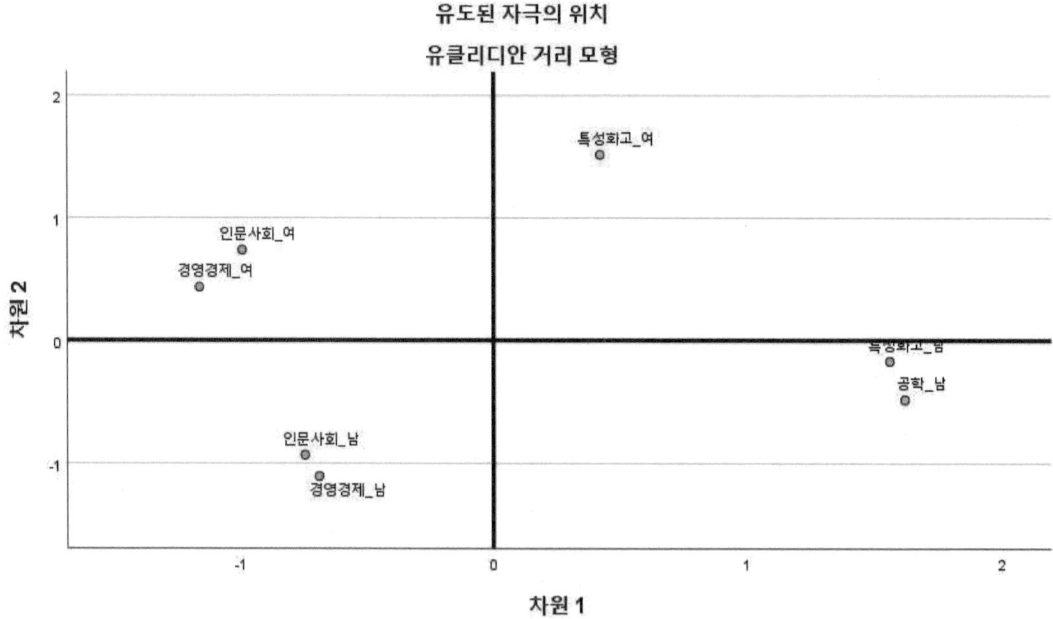

▸ '유도된 자극의 위치(유클리디안 거리 모형)'는 7개 개체(학력_성별)의 포지셔닝 맵을 보여준다. 평면상의 개체 간의 거리는 추정된 유클리디안 거리를 나타낸다.

▸ 유클리디안 거리 모형을 통해 분석 결과를 다음과 같이 해석할 수 있다.

- 평가자들은 '인문사회(여성)-경영경제(여성)', '인문사회(남성)-경영경제(남성)', '특성화고(남성)-공학(남성)'의 역량과 이미지를 유사하게 인지하였다. 특성화고(여성)의 경우, 다른 학력 및 성별과 다르게 인식하였다.
- 위쪽에 위치하는 개체의 성별은 여성이고, 아래쪽에 위치하는 개체의 성별은 남성이다. 따라서, 차원 2(y축)는 '성별'이라고 볼 수 있다.
- 좌측에 위치할수록 대체로 금융 부문과 전공 적합성이 높고, 좌측에 위치할수록 전공 적합성이 낮다. 따라서 차원 1(x축)은 '전공 적합성'이라고 볼 수 있다.
- 인문사회와 경영경제의 경우, 전공이 같은지 여부보다는 같은 성별일수록 유사하다고 지각되는 것으로 나타났다. 따라서, 문과 계열 대졸 신입사원은 성별이 같을수록 경쟁 관계에 있다고 볼 수 있다.
- 특성화고(여성)의 경우 비교적 경쟁이 없는 것으로 나타났다. 반면에, 특성화고(남성)는 공학(남성)과 경쟁 관계에 있다고 할 수 있다.

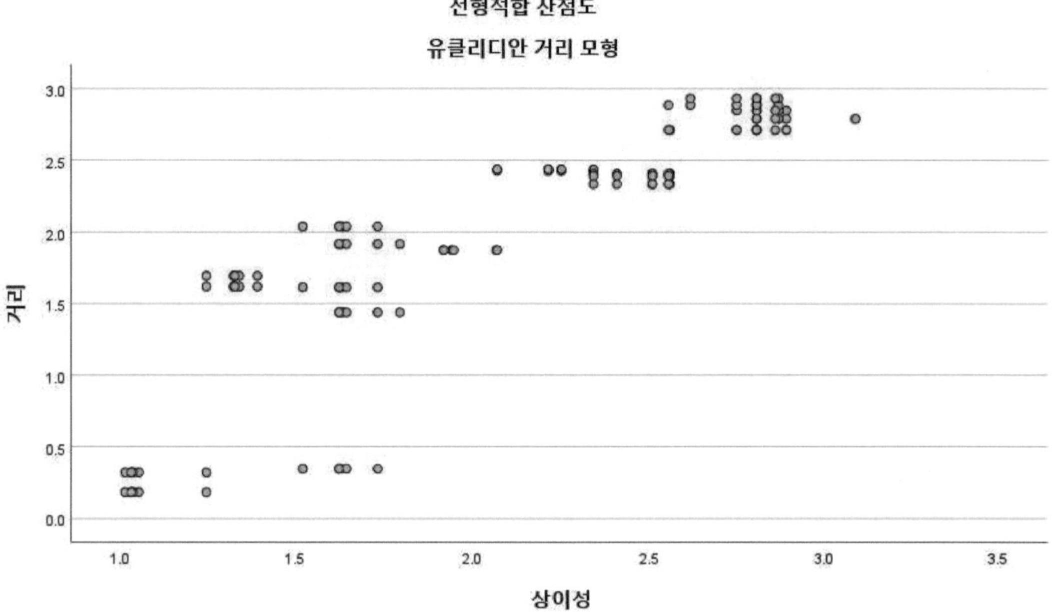

▸ '선형적합 산점도'는 추정된 유클리디안 거리와 실제 거리의 적합도를 보여주는 산점도이다. 각 점의 가로축(상이성) 좌표는 응답자들의 응답치가 나타내는 실제 유클리디안 거리이며, 세로축(거리) 좌표는 다차원척도법을 통해 추정된 거리이다. 따라서, 점들이 대각선에 가깝게 위치한다면 추정이 적합하다고 볼 수 있으며, 대각선에 완전히 일치하는 경우 스트레스값이 0이 된다.

3

연구 논문의 실제

SPSS를 활용한 논문의 준비부터 분석, 원고작성과 게재까지

3.1. 논문 투고 전 알아둘 것

3.2. 학술지 게재를 위한 필수 자료 준비

3.3. 저널 선택 방법과 실습

3.4. Editor의 마음 읽기

3.5. SCIE, SSCI, KCI 투고 실전

3.6. 논문 Review의 실제

3.7. 논문의 게재 확정 이후의 과정

빅데이터 러닝센터

3. 연구 논문의 실제

3.1. 논문 투고 전 알아둘 것

3.1.1. 주저자의 기준

연구자는 연구 논문 실적으로 평가된다. 많은 대학, 연구소에서 신임 교원이나 연구원을 선발할 때 연구 논문 실적을 요구하며, 그중에서도 논문의 '제1 저자' 또는 '교신저자'로 참여한 연구 실적만을 인정하는 경우가 많다(적어도, 공동 저자로 참여한 것보다 가산점을 더 많이 부여한다). 그렇다면 제1 저자와 교신저자, 그리고 공동 저자의 기준을 정확히 알고 논문을 투고하고 게재하는 과정을 거치는 것이 합리적이라고 할 수 있다.

논문의 주저자가 누구인가 묻는다면 많은 사람은 논문의 저자란에 가장 첫 번째로 기재된 제1 저자라고 응답할 것이다. 그러나 주저자에는 제1 저자뿐만 아니라 논문을 투고하고 동일 분야 전문가 평가 응답 등을 담당하는 교신저자(Corresponding Author)도 포함된다.

INTERNATIONAL JOURNAL OF
ENERGY RESEARCH

SHORT COMMUNICATION

Positioning of major energy sources in Korea and its implications

Seungkook Roh, Dongwook Kim

First published: 22 June 2017 | https://doi.org/10.1002/er.3790 | Citations: 5

Read the full text > PDF TOOLS SHARE

Summary

Energy is an integral component of today's economy, and Korea is no exception. Due to controversies around fossil fuel and nuclear energy, Korea had major discussions on its energy portfolio. In particular, for effective policy, it is essential to identify the public's

그림 1

위 그림에서 논문 제목 아래에 기재되어있는 두 이름은 논문의 저자를 보여준다. 일반적으로 가장 첫 번째로 기재된 저자가 제1 저자이다. KCI 급 논문의 경우 일반적으로 제1 저자 1명, 교신저자 1명, 그리고 그 외 공동 저자 여러 명을 지정한다. 그러나 SCIE 급 저널의 논문에서는 여러 명이 공동으로 참여하였을 때 2인 이상을 제1 저자로서 동등하게 주저자로 인정되는 경우가 많다. 따라서 공동 연구를 통해 SCIE 급 논문을 제출하기 전에 해당 저널에서 인정하는 주저자의 범위가 어디까지인지 확인해보는 것이 좋다.

교신저자의 경우 일반적으로 각주 등으로 교신저자라는 것을 표시한다. 위 그림에서 교신저자는 메일(✉)표시로 처리되어있다. 교신저자는 연구팀 조율과 논문 투고 및 수정, 그리고 리뷰 대응 등의 역할을 맡는다. 따라서 제1 저자가 교신저자의 역할도 수행하거나, 대학원생의 경우 지도 교수가 교신저자를 맡는 경우가 많다. 단, 교신저자는 해당 연구 논문을 대표하는 역할을 하므로, 해당 논문이 연구 윤리 위반이나 표절 등으로 문제가 되는 경우 그 책임 또한 교신저자에게도 주어진다. 따라서 단순히 연구 실적을 부풀리기 위하여 논문에 교신저자로 이름을 올리는 것은 지양해야 한다. 그 외 제1 저자와 교신저자에 해당하지 않는 저자는 모두 공동 저자에 해당한다.

3.1.2. ORCID

대다수 SCIE, SSCI, A&HCI급 저널은 논문 투고 시 저자의 ORCID 번호를 기재해줄 것을 요청한다. ORCID(Open Researcher and Contributor ID)는 연구자들에게 부여하는 식별 번호를 의미한다. ORCID를 부여받음으로써 한 명의 연구자를 다른 연구자(동명이인 등)와 구분할 수 있을 뿐만 아니라, 연구자로서 다양한 학술 활동을 정리하고 관리할 수도 있다. ORCID 등록 절차는 다음과 같다.

⑨ 먼저 www.orcid.org에 접속하면 그림3과 같은 화면이 나온다. 참고로 오른쪽 위 끝을 보면 페이지 언어를 한국어를 포함한 여러 언어로 변경할 수 있다.

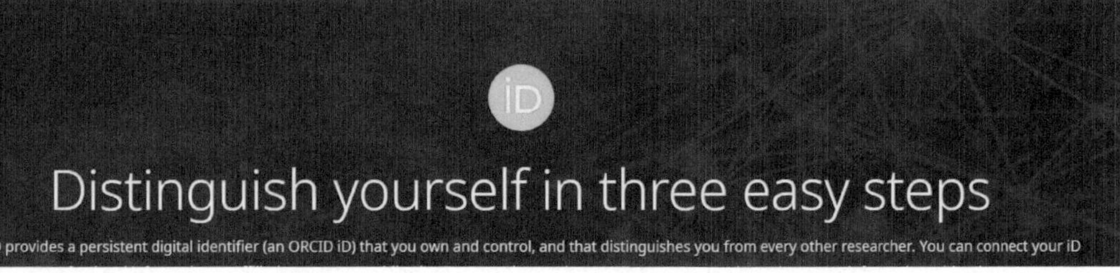

그림 3

오른쪽 위 끝 언어 설정 버튼 좌측의 'SIGN IN/REGISTER'를 클릭하여 SIGN in 화면으로 이동한다.

⑩ SIGN in 창에서 'Register now'를 클릭하면 ORCID ID를 생성 화면이 나타난다.

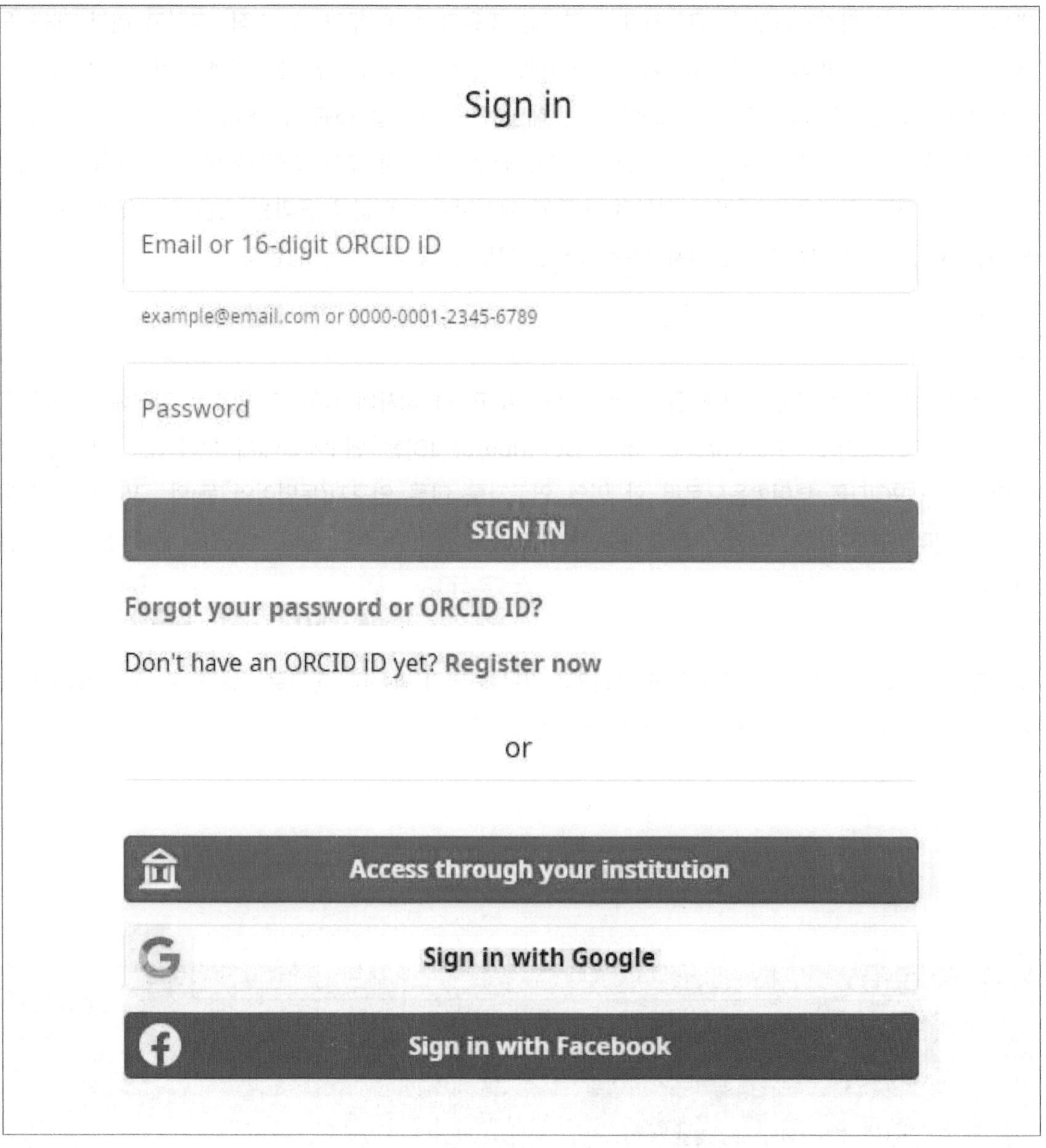

⑪ 영문 성명, 이메일 등 정보를 입력한다. 이때, primary email로는 소속된 기관 이메일보다는 Gmail이나 NAVER 등 개인 메일을 입력하는 것을 추천한다. 왜냐하면 향후 연구자의 소속이 변경될 때 기관 메일을 계속 사용하는 것이 어렵기 때문이다. 입력 완료 후 'NEXT'를 클릭한다.

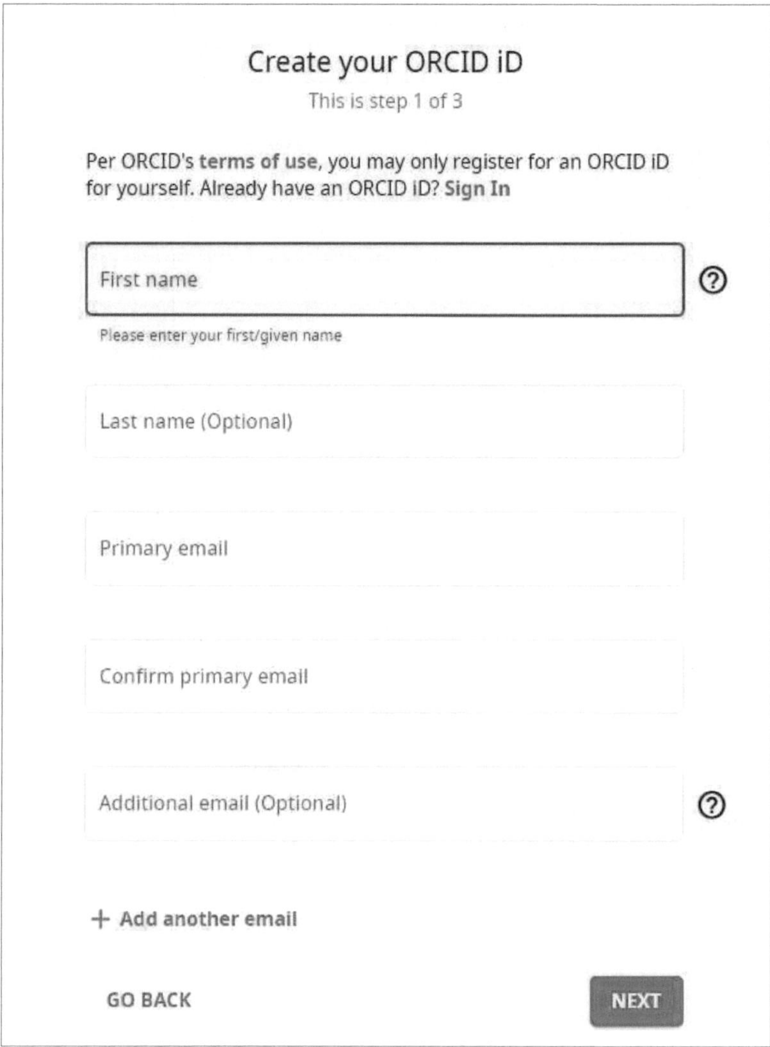

⑫ 다음 화면에서 password 입력 조건에 따른 password를 입력하고 'NEXT'를 클릭한다.

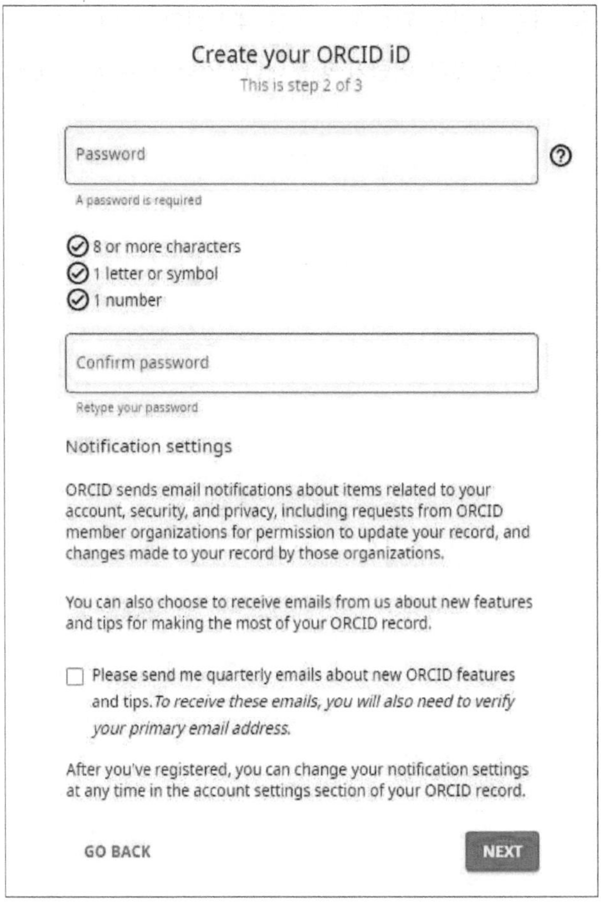

Create your ORCID iD

This is step 2 of 3

Password

A password is required

8 or more characters
1 letter or symbol
1 number

Confirm password

Retype your password

Notification settings

ORCID sends email notifications about items related to your account, security, and privacy, including requests from ORCID member organizations for permission to update your record, and changes made to your record by those organizations.

You can also choose to receive emails from us about new features and tips for making the most of your ORCID record.

Please send me quarterly emails about new ORCID features and tips. *To receive these emails, you will also need to verify your primary email address.*

After you've registered, you can change your notification settings at any time in the account settings section of your ORCID record.

GO BACK NEXT

그림 6

⑬ 가입의 마지막 단계에서 가시성 설정(Visibility settings) 방식을 선택하고 'REGISTER'를 클릭한다.

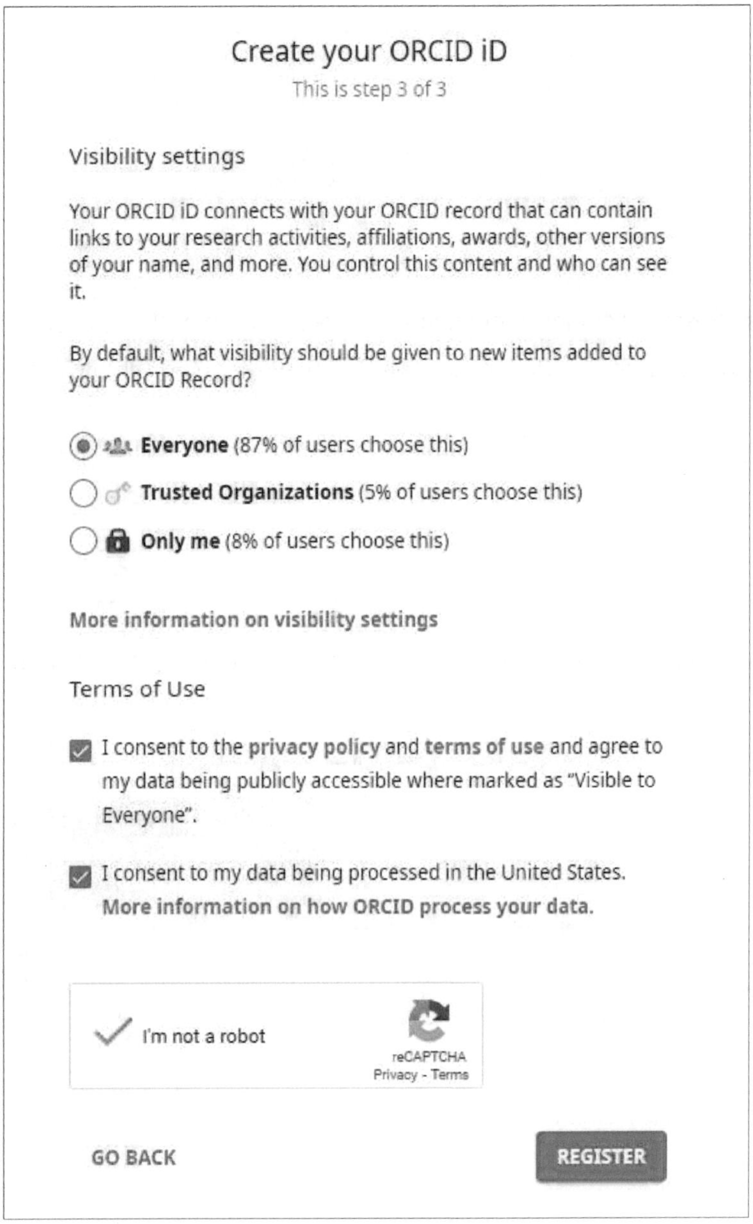

Create your ORCID iD

This is step 3 of 3

Visibility settings

Your ORCID iD connects with your ORCID record that can contain links to your research activities, affiliations, awards, other versions of your name, and more. You control this content and who can see it.

By default, what visibility should be given to new items added to your ORCID Record?

- **Everyone** (87% of users choose this)
- **Trusted Organizations** (5% of users choose this)
- **Only me** (8% of users choose this)

More information on visibility settings

Terms of Use

- I consent to the **privacy policy** and **terms of use** and agree to my data being publicly accessible where marked as "Visible to Everyone".
- I consent to my data being processed in the United States. **More information on how ORCID process your data.**

I'm not a robot

reCAPTCHA

Privacy - Terms

GO BACK REGISTER

그림 7

⑭ 입력한 이메일로 ORCID 가입 이메일 주소를 확인하는 메일이 발송된다. 해당 메일을 확인하여 'Verify your email adress' 버튼을 클릭하면 ORCID 가입이 완료된다.

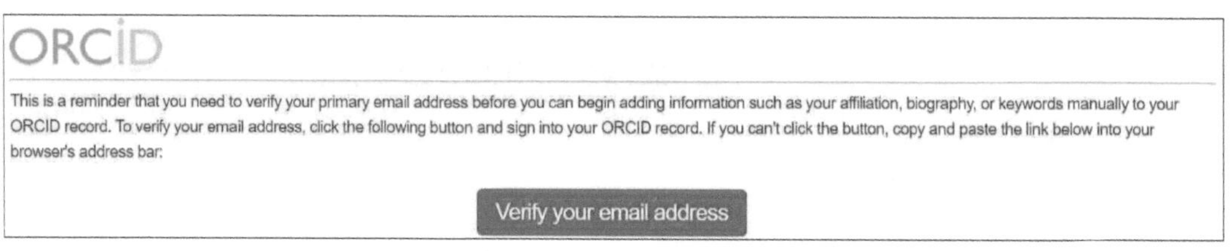

그림 8

⑮ ORCID를 등록하고 scholar.google.com과 researchgate.net도 가입하는 것을 추천한다. 저널에 논문 게재 시 자동으로 자신의 계정에 업데이트되어 연구 실적을 관리하기 쉽다.

그림 9 scholar.google.com (왼쪽 위 끝 '내 프로필'을 클릭하면 자신의 학술자료를 등록할 수 있다.)

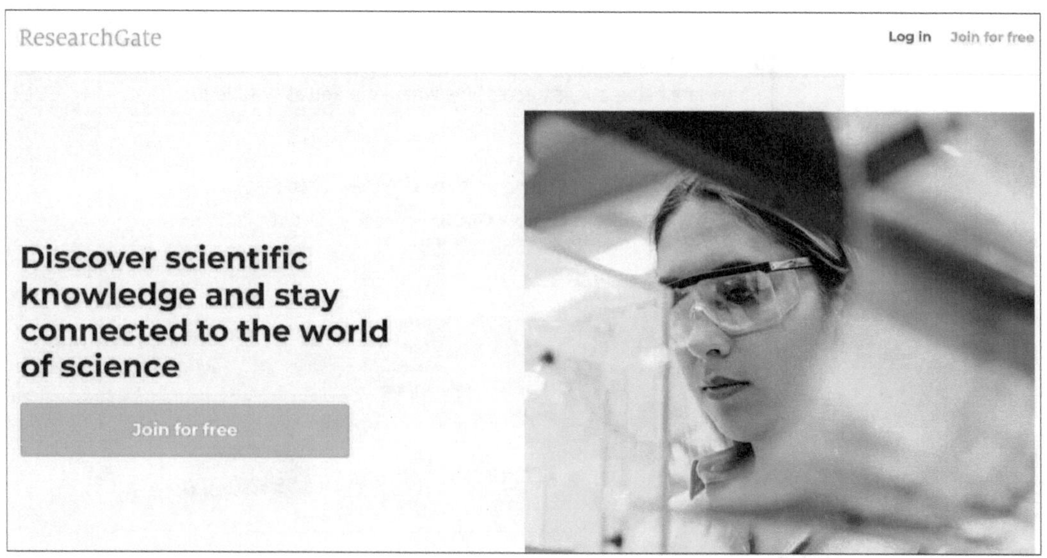

그림 10 researchgate.net

3.2. 학술지 게재를 위한 필수 자료 준비

3.2.1. Title 작성

Title(제목)은 연구 논문이 무엇에 관한 것인지, 주요 목적이 무엇인지를 정확하게 전달하여야 한다. 그중 좋은 Title이란 가장 적은 단어로 논문이 담고 있는 내용을 적절하게 기술하는 것이라고 할 수 있다. 단, 적은 단어라고 하여 너무 짧아서 논문이 전달하고자 하는 내용을 이해하기 어려워서도 안 된다. 즉, 간결하되 논문의 핵심 주제를 전달할 수 있어야 좋은 Title이라고 할 수 있다. 이를 확인하기 위해 Google Scholar에서 검색해보자.

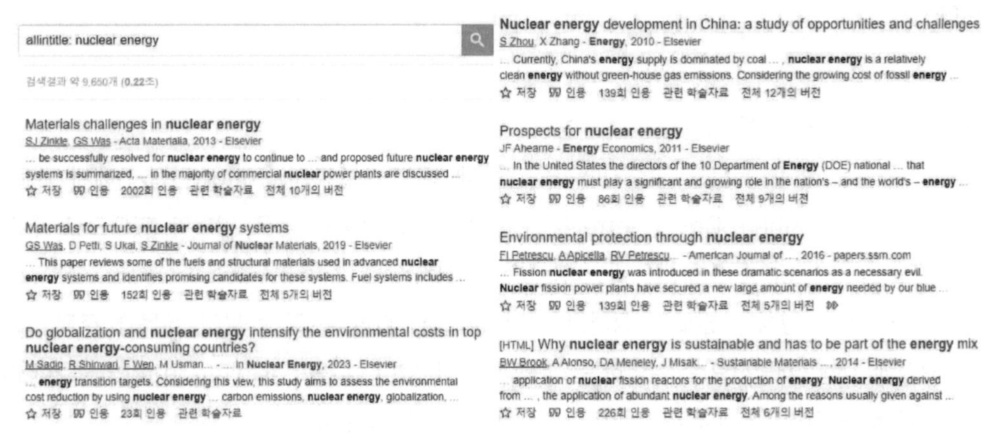

위 그림은 'nuclear energy'로 검색한 결과이다. 인용 횟수가 많은 논문은 대게 8~12단어로 작성된 것을 확인할 수 있다.

3.2.2. Abstract 작성

Abstract(초록)는 전체 논문을 간결하게 요약한 것으로서 다른 연구자들이 Abstract를 보고 전체 논문의 주요 내용을 파악할 수 있게 돕는 역할을 한다. 많은 연구자와 학술지 에디터는 논문의 Abstract를 통해 연구 내용을 파악하고, 논문의 가치를 판단한다. 따라서 연구자들은 연구 내용의 핵심을 간결하고 명확하게 Abstract로 표현할 수 있는 능력을 함양해야 한다.

좋은 Abstract에는 다음과 같은 사항을 모두 포함한다. 이를 유념하여 Abstract를 작성하도록 하자.

① 연구의 배경: 연구가 어떤 맥락에서 진행되었는지를 설명하며, 해당 분야의 현재 상황을 제시하는 것도 좋다. ② 연구에서 다루는 문제와 목적: 연구에서 해결하고자 하는 주요 문제와 그 문제를 해결하기 위한 목적을 명확하게 제시한다. ③ 분석 방법: 연구에서 사용한 주요 연구 방법이나 실험 절차를 간략하게 설명한다. ④ 연구 결과: 연구 결과의 핵심적인 특징과 주요 발견을 간결하게 요약한다. ⑤ 연구의 의미: 연구 결과가 해당 분야에 어떻게 기여하고 어떤 의미를 지니는지에 대해 설명한다.

3.2.3. Cover letter 작성

Cover letter는 연구 논문을 학술지에 투고할 때 해당 학술지의 Editor(편집자)에게 제출하는 편지를 의미한다. 학술지마다 Cover letter를 요구하거나 요구하지 않은 경우가 있으므로 투고 전 해당 학술지의 Guide for Authors를 확인하는 것이 좋다.

Cover letter의 양식은 별도로 정해진 것이 없으나, 일반적으로 논문의 제목과 주제, 그리고 논문의 중요성에 대해 개략적으로 설명하는 내용이 담겨 있다. 다음은 Cover letter의 작성례이다. 이 예시를 참고하여 자신만의 Cover letter를 작성해보기를 바란다.

May. 23, 2022 Data Science Dear Editor: Please consider the manuscript entitled "(논문 제목)" authored by (저자명), which we are submitting for consideration for publication in Data Science. The novelty and significance of our research paper lies in reviewing (구체적인 연구 분야). We expect that this review will be helpful for the readership of Data Science. We look forward to hearing from you at earliest convenience. The corresponding author: researcher123@gmail.com

표 2 (참고 및 수정: 영어연구논문 작성법(김준석))

3.2.4. Highlights 작성

Highlights는 연구 논문의 내용을 한 문장씩 간결하게 요약하여 주요 연구 결과와 시사점 등을 강조하는 부분을 말한다. Highlights는 연구 결과를 위주로 간략히 서술한다는 점에서 논문의 전반적인 내용을 요약하는 Abstract와 구분된다. 학술지별로 Highlights의 작성·제출 방식과 작성례를 소개하는 경우가 있으므로, Highlights 작성 전 해당 학술지의 Guide for Authors를 참고하는 것이 좋다.

Highlights는 연구 논문이 학술지에 게재될 때 학술지의 웹 사이트 및 학술 데이터베이스에 표시된다. 아래는 Elsevier사의 ScienceDirect(논문 찾기 기능)으로 논문을 검색하였을 때 보여지는 Highlights의 예시이다.

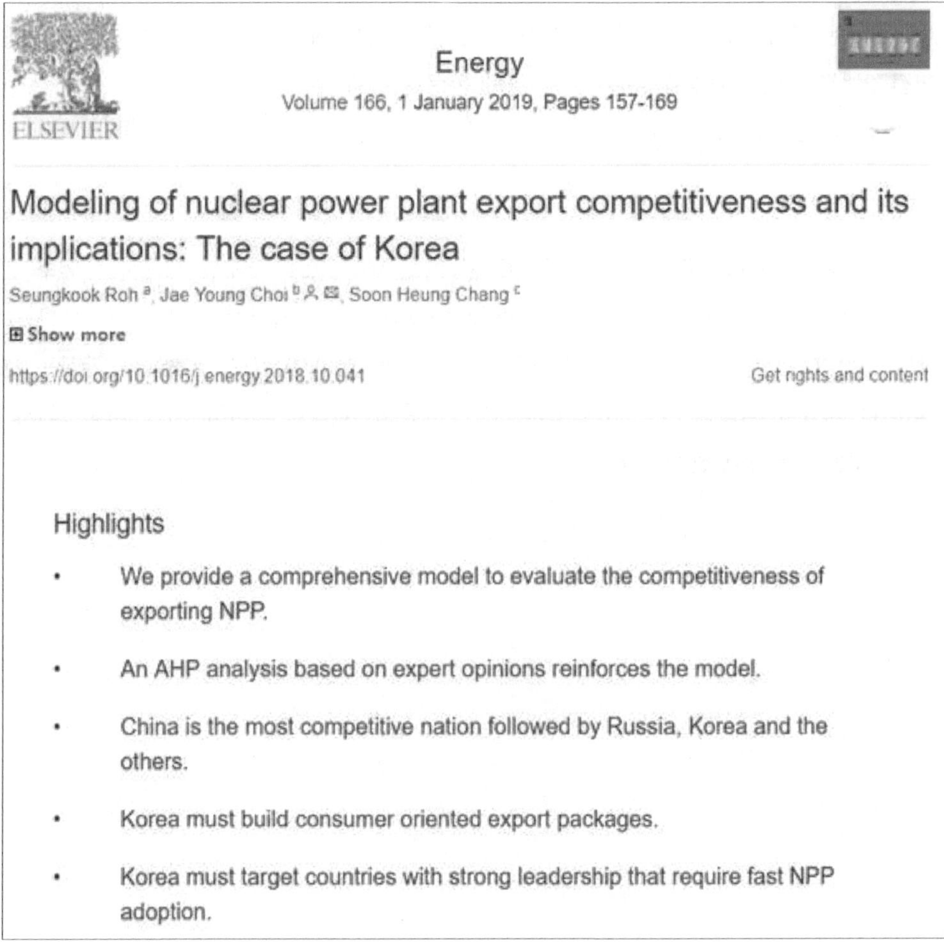

ELSEVIER

Energy

Volume 166, 1 January 2019, Pages 157-169

Modeling of nuclear power plant export competitiveness and its implications: The case of Korea

Seungkook Roh [a], Jae Young Choi [b], Soon Heung Chang [c]

Show more

https://doi.org/10.1016/j.energy.2018.10.041

Get rights and content

Highlights

- We provide a comprehensive model to evaluate the competitiveness of exporting NPP.
- An AHP analysis based on expert opinions reinforces the model.
- China is the most competitive nation followed by Russia, Korea and the others.
- Korea must build consumer oriented export packages.
- Korea must target countries with strong leadership that require fast NPP adoption.

그림 12

3.3. 저널 선택 방법과 실습

3.3.1. JCR의 I.F.를 고려한 저널 선택

I.F.(Impact Factor)는 1장에서 설명하였듯이 주어진 연도의 저널에 게재된 논문들이 그 이후 2년 동안 얼마나 자주 인용되었는지를 측정한 수치로, 저널의 수준은 이 I.F. 수치로 평가된다. 따라서 자신의 연구 논문을 수준 높은 저널에 투고하여 인정받기를 원한다면 I.F.가 높은 저널에 게재하는 것을 목표로 해야 한다.

<참고: Impact Factor 계산 방법> 특정 저널 'J'의 2022년도 I.F. 계산 방식은 다음과 같다. ▸ A: 2022년에 발행된 전체 저널에 실린 논문에서 저널 'J'의 논문이 인용된 건수 ▸ B: A의 인용된 건수 중 이전 2년간(2020~2021)의 발행분에 대한 인용 건수 ▸ C: 이전 2년간(2020~2021) 저널 'J'에 실린 논문의 발행 수 ▸ 저널 'J'의 2022년도 I.F. = B/C

JCR은 Journal Citation Rank의 약자로 Clarivate Analytics 사에서 제공하는 연구 분야별 저널의 순위 자료이다. 그러나 JCR 데이터는 Clarivate Analytics 사가 유료로 판매하는 자료이며, 인터넷상에서 구하기 쉽지 않다. 간혹 취업 관련 사이트에서 참고 자료로 JCR을 공개하는 경우가 있으므로 이러한 자료를 참고할 수는 있겠으나, 연구 논문을 투고할 때마다 취업 사이트에서 JCR 자료가 있는지 찾는 것은 비효율적이다.

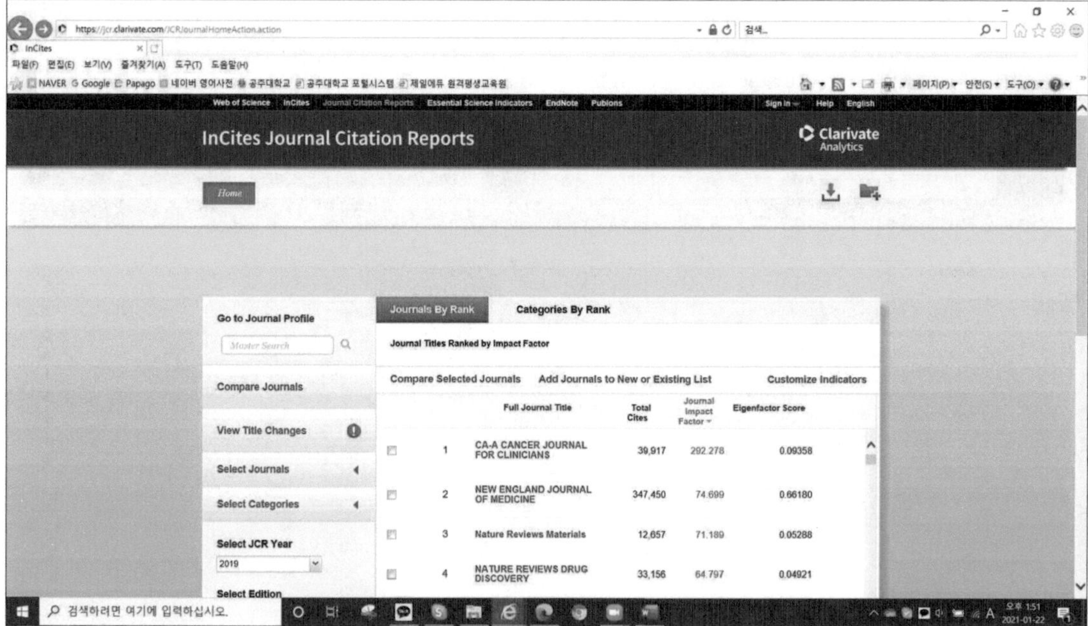

그림 13 Clarivate Analytics 사의 JCR(Journal Citation Rank). I.F.별 저널의 순위를 보여준다.

금전적 여유가 된다면 JCR 데이터를 구매하는 것도 좋겠으나, 본 장에서는 자신의 연구 논문의 주제 또는 분야에 따라 적절한 저널을 찾는 방법을 소개한다.

<참고: 한국연구재단의 효과적인 활용> SCIE, SSCI, A&HCI 급 저널의 전체 목록을 Excel 파일로 관리하여 필요할 때마다 저널을 찾는 것도 매우 유용한 방법이다. 한국연구재단(www.kci.go.kr) 홈페이지 하단 'Download'에서는 SCI(E)급, SCOPUS 학술지 목록을 Excel 파일로 제공하고 있다. 물론 KCI 등재(후보) 학술지 목록도 제공하고 있으니 내려받아 활용할 수 있다.

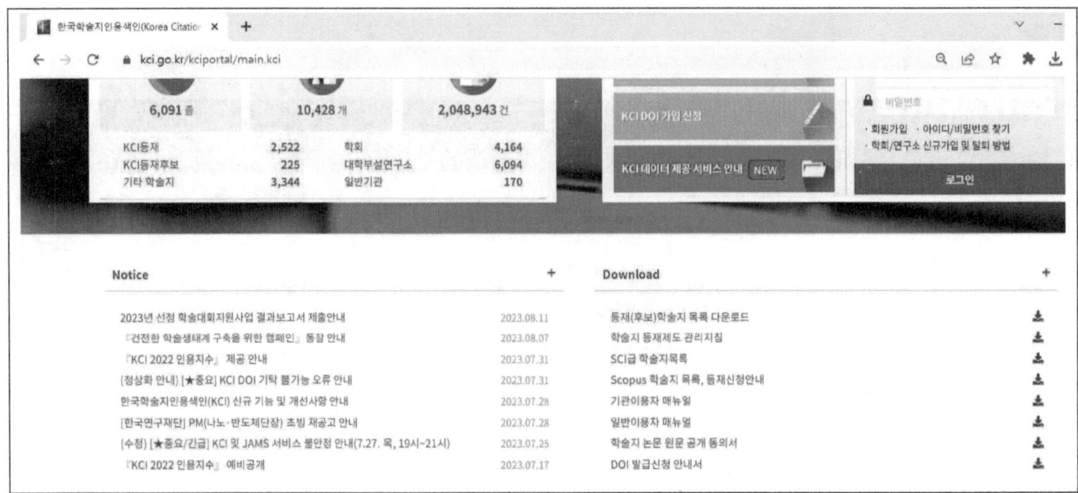

3.3.2. 나에게 맞는 저널 선정하기

Elsevier, Web of Science 등은 논문의 Title과 Abstract를 입력하면 해당 논문을 투고하기에 적절한 저널을 추천해주는 서비스를 제공한다. 연구자들은 해당 서비스를 제공하는 사이트에서 자신이 작성한 논문의 Title이나 Abstract 등을 입력하여 검색함으로써 저널의 적합도를 알려주며, 그 외 서비스별로 다양한 정보를 제공한다.

먼저 Elsevier의 Journal Finder 서비스를 이용하는 절차는 다음과 같다.

- Elsevier에서 저널 찾기

① Elsevier의 Journal Finder 페이지 주소(https://journalfinder.elsevier.com/)로 이동한다.

Elsevier Journal Finder는 저널 찾기 방식으로 'Match my abstract' (초록에 의한 검색), 'Search by keywords, aims & scope, journal title, etc.' (키워드, 목적과 분야, 저널 제목 등에 의한 검색) 두 가지를 지원한다.

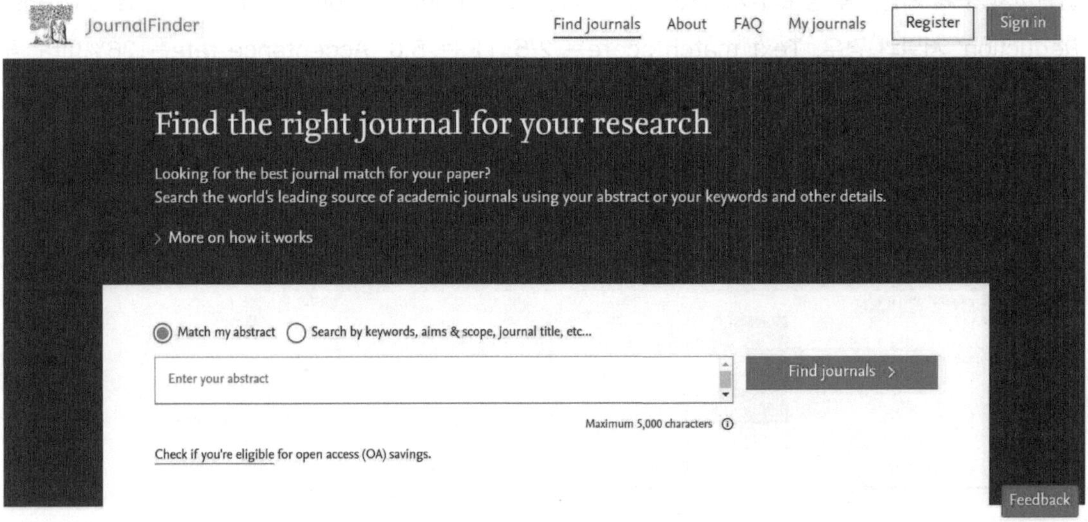

JournalFinder Find journals About FAQ My journals Register Sign in

Find the right journal for your research

Looking for the best journal match for your paper?
Search the world's leading source of academic journals using your abstract or your keywords and other details.

› More on how it works

Match my abstract | Search by keywords, aims & scope, journal title, etc...

Enter your abstract | Find journals ›

Maximum 5,000 characters

Check if you're eligible for open access (OA) savings.

Feedback

그림 15

② 검색 조건을 'Match my abstract'로 선택하고, 빈칸에 영문 초록을 입력하여 'Find journals'를 클릭한다.

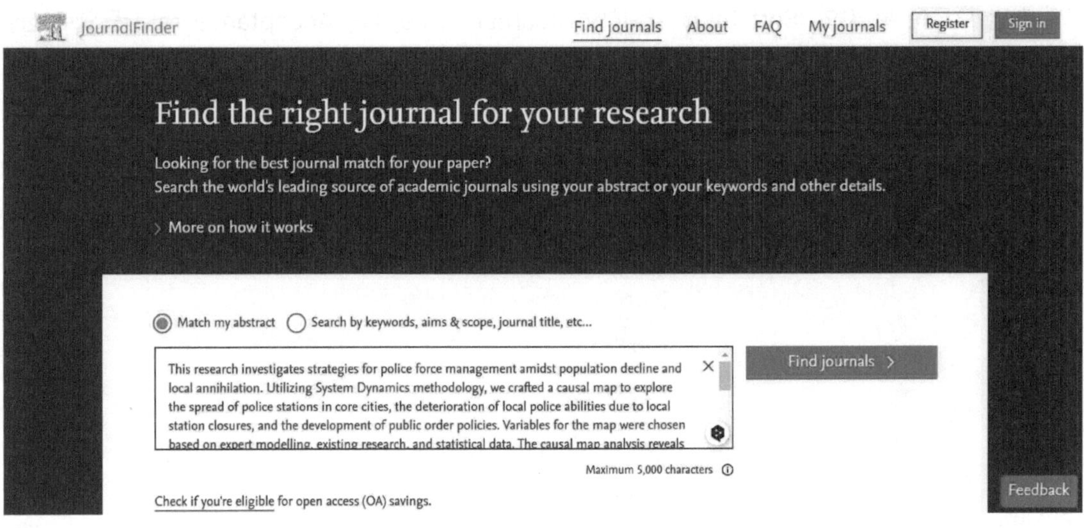

그림 16

③ 검색 결과, 입력한 초록과 매칭된 저널 38개가 추천되었다. Elsevier Journal Finder는 초록이 저널과 얼마나 부합하는지(Text match score)를 보여주며, 저널의 Impact Factor, Acceptance rate(게재 승인율), Time to 1st decision(1차 판정까지 소요 기간), Time to publication(게재 확정 후

출판까지 소요 기간) 등 정보가 제시되어 있다. 다음 그림의 'International Journal of Disaster Risk Reduction' 저널의 경우, Text match score는 2/5, I.F.는 5.0, Acceptance rate는 26%이며, 투고 후 첫 리뷰까지는 7주가 소요되며 게재 확정 후 출판까지는 2주가 소요된다는 것을 알 수 있다.

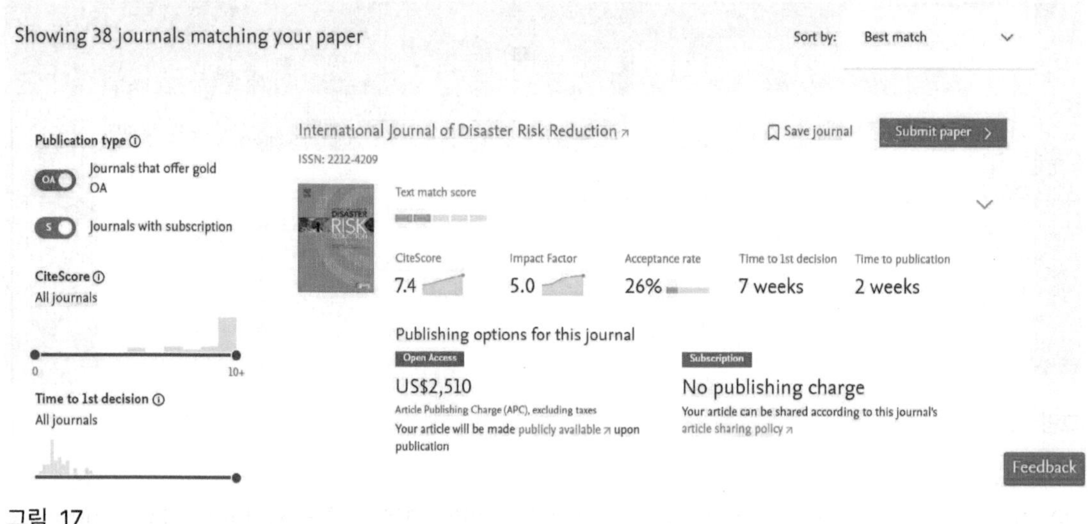

그림 17

화면 오른쪽 위 끝의 'Sort by'를 클릭하면 Journal name, I.F, Acceptance rate 등으로 정렬을 할 수도 있다.

그림 18

④ Elsevier Journal Finder 최초 화면에서 검색 조건을 'Search by keywords, aims & scope, journal title, etc.'로 설정하여 검색을 할 수도 있다. 그러나 키워드나 제목을 입력하여 검색하는 것보다 초록을 입력하여 검색한 결과가 더 많은 논문을 정확히 추천받을 수 있으니 웬만하면 초록을 입력하여 검색하는 것이 좋다.

그림 19

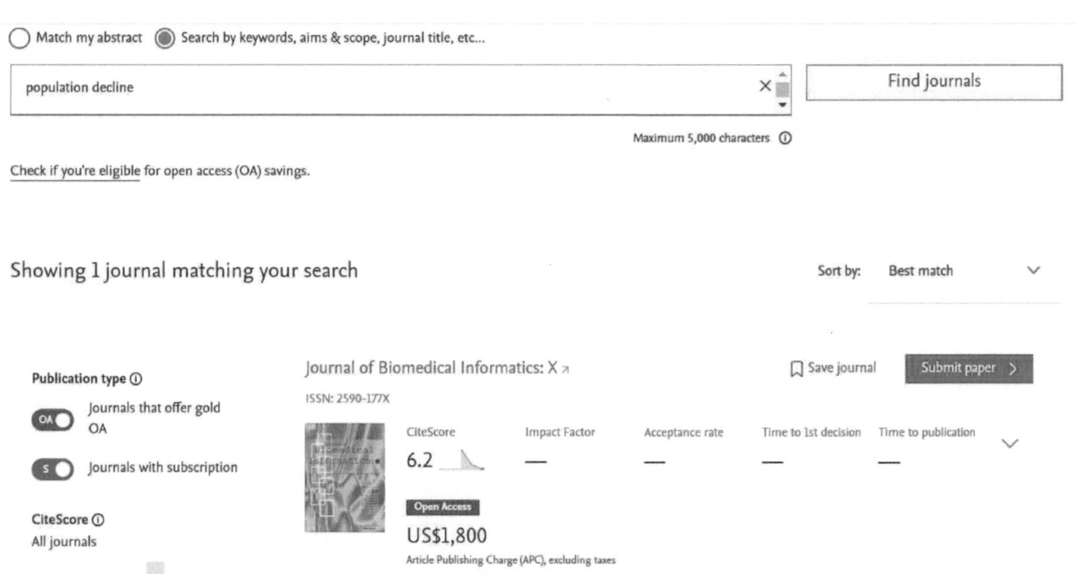

그림 20 'Search by keywords, aims & scope, journal title, etc.'로 설정하여 검색한 결과. 초록으로 검색한 것에 비하여 적은 수의 논문이 추천된다.

◦ Web of Science에서 저널 찾기

① Web of Science의 저널 찾기 페이지 주소(https://mjl.clarivate.com/)로 이동한다. Web of Science에서 저널을 추천받기 위해서는 우선 회원가입을 해야 한다. 오른쪽 위 끝의 'Create Free Account'를 클릭하여 회원가입을 한다.

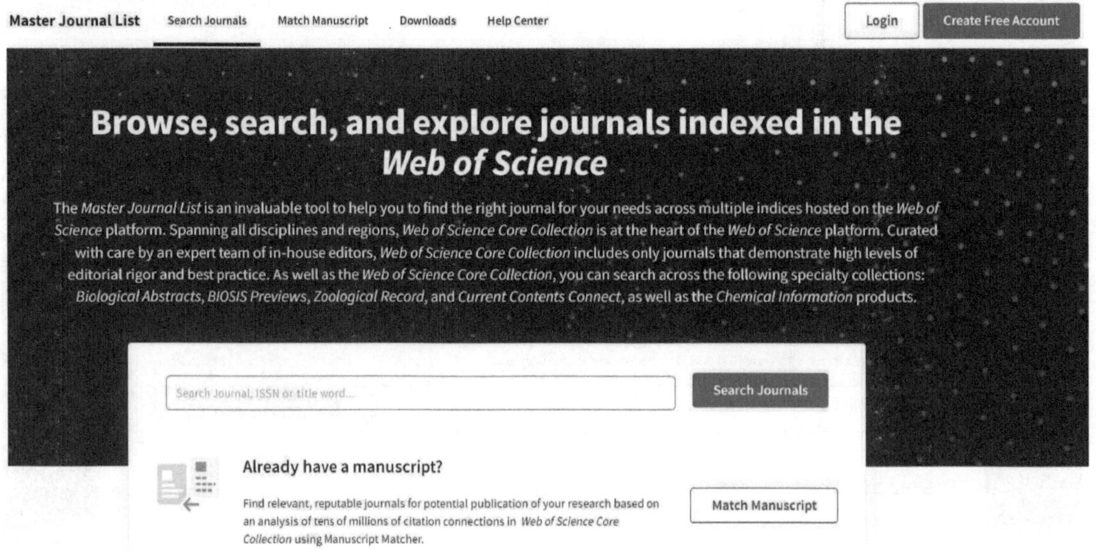

그림 21

② 회원가입 완료 후, 위 화면 아래에서 'Match Manuscript'를 클릭하면 아래와 같이 'Manuscript Matcher' 창이 나타난다. Title에 논문 제목, Abstract에 초록을 입력한 후 'Find Journals'를 클릭한다.

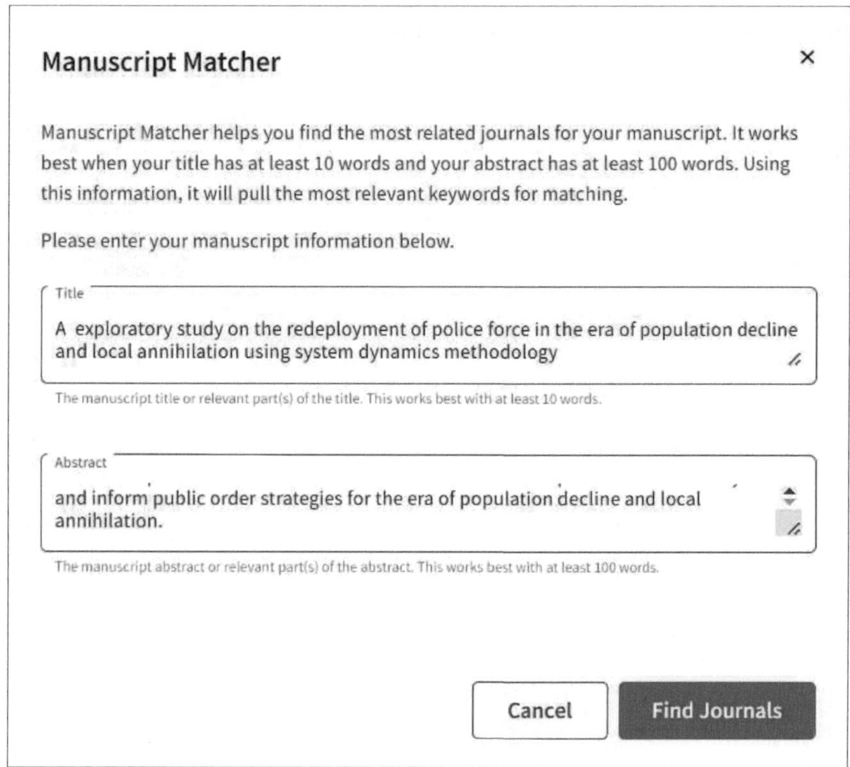

그림 22

③ 검색 결과, 저널 38개가 추천되었다. 검색 결과 화면의 좌측 Filters에서 분야, 언어, 출판 빈도 등을 기준으로 필터링을 설정할 수 있으며, 오른쪽 위 끝의 'Sort By'에서 Match Score, 알파벳 순(역순)으로 정렬할 수 있다.

그림 23

④ Match Score로 정렬하면 아래와 같이 추천 저널이 Match Score 순으로 제시된다. 저널명, 탑 키워드(Top Keywords) 등 간단한 정보만 제공되는데, 저널에 대한 자세한 정보를 보고 싶다면 'View profile page'를 클릭한다.

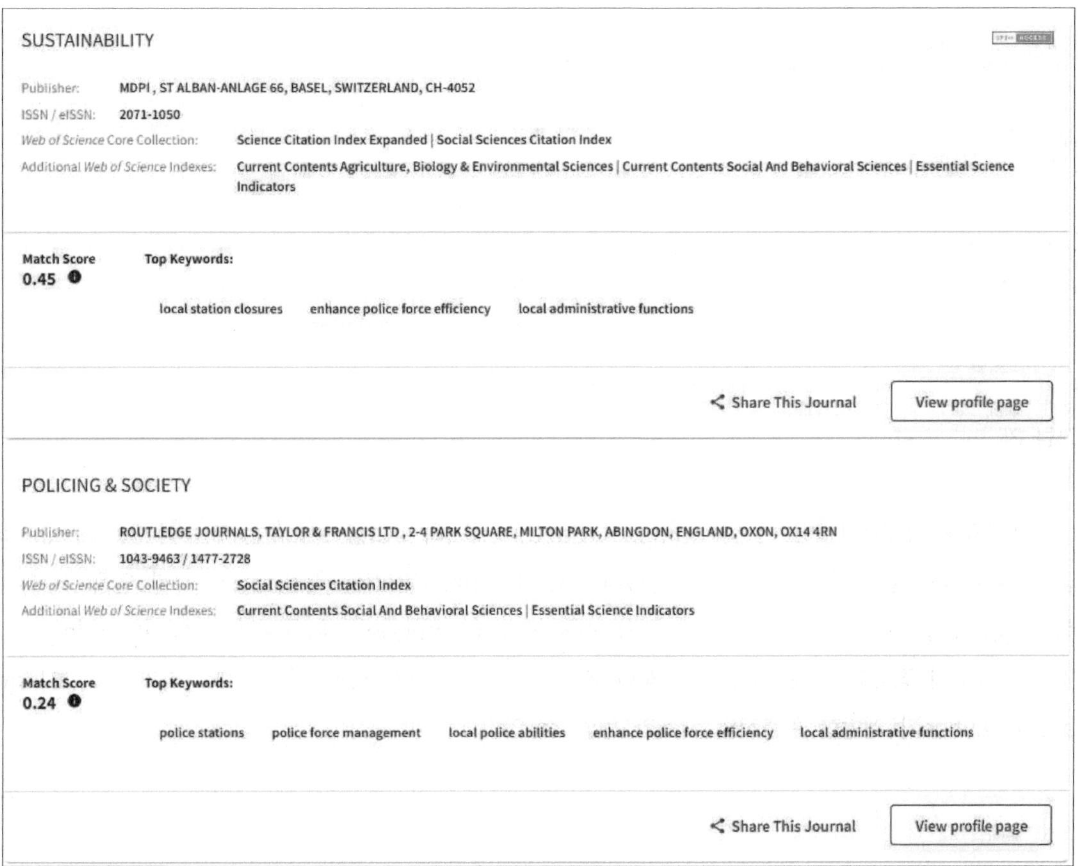

그림 24

⑤ 각 저널의 View profile page에서는 저널의 세부 정보가 제시된다. 첫 출판연도, 연간 출판 횟수, 언어, 출판 빈도, 게재 확정부터 출판까지의 기간 등 정보를 확인할 수 있다.

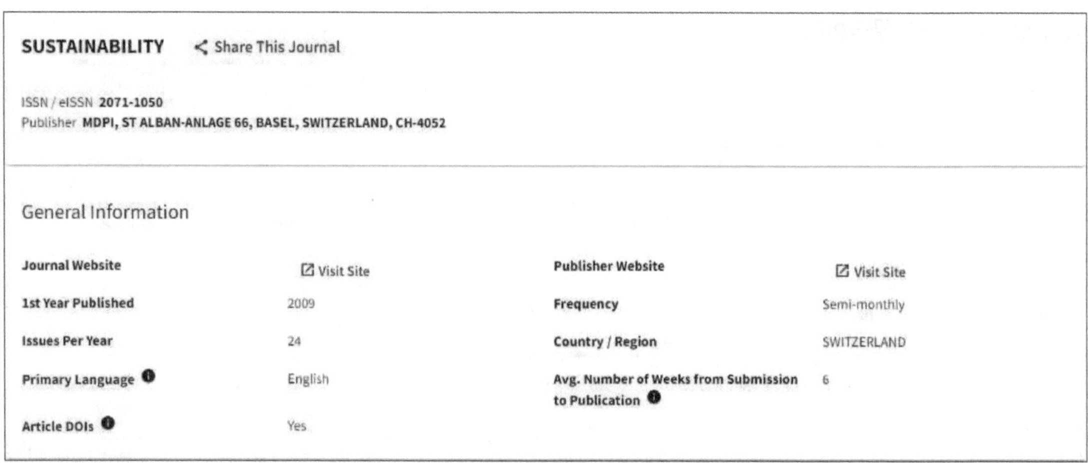

그림 25

페이지를 아래로 내려보면 JIF(=Impact Factor; I.F.)와 JCI를 보여주는 기능이 있는데, JIF의 경우 유료 구독을 하여야만 확인할 수 있다. JCI(Journal Citation Indicator; 저널 인용 지표)는 해당 저널에서 최근 3년간 발행한 논문의 평균 CNCI(Category Normalized Citation Impact; 평균 카테고리 정규화 인용 영향)를 측정한 지표로, I.F.외의 방법으로 저널을 평가하기 위해 Clarivate Analytics가 개발한 보충적인 지표라고 할 수 있다.

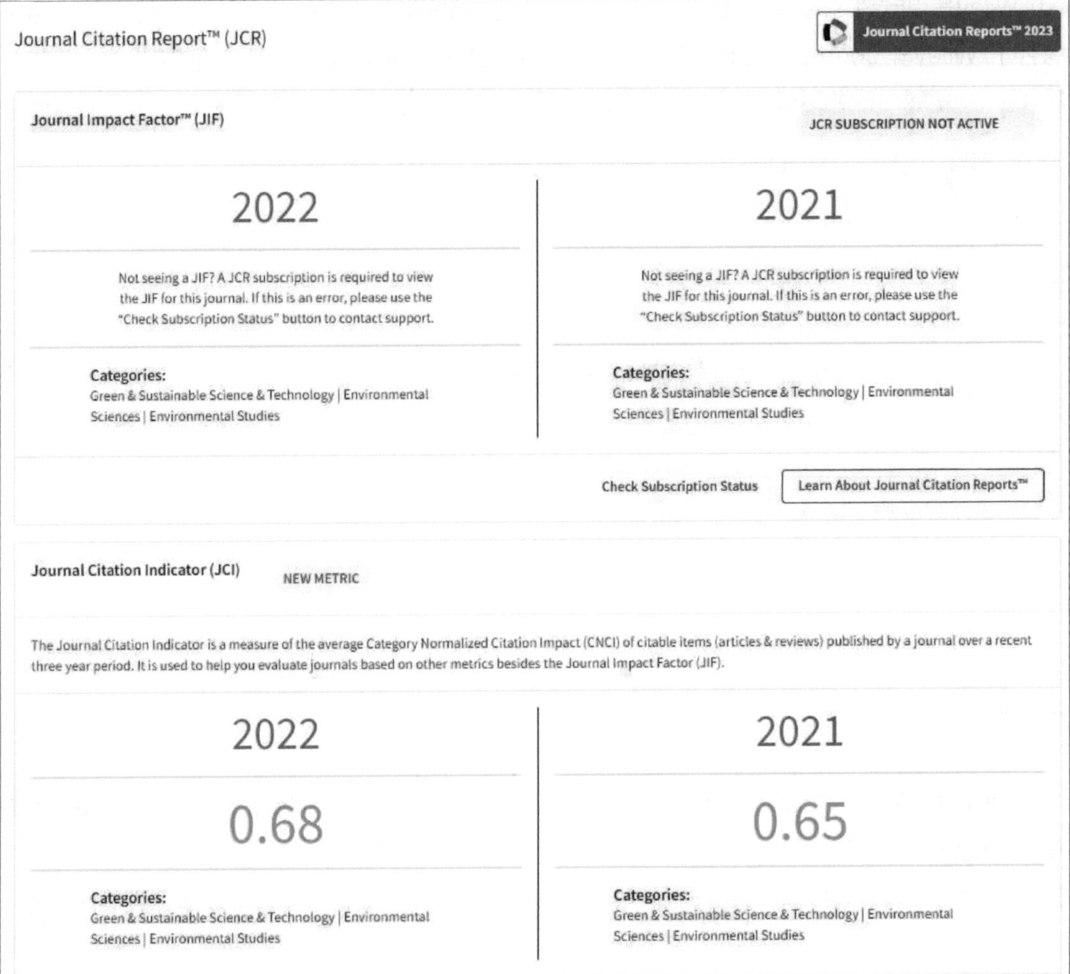

그림 26

- Wiley에서 저널 찾기

① Wiley는 미국의 학술 출판사이다. Wiley 또한 논문 제목과 초록으로 저널을 추천하는 서비스를 제공한다. Wiley의 Journal Finder 주소(https://journalfinder.wiley.com/)로 이동한다.

WILEY Journal Finder Beta

Find the journal that's right for your research Beta

Not sure where to submit your article? Our Journal Finder Beta can suggest Wiley journals that may be relevant for your research. Simply enter your title and abstract and we'll create a list of potential journals for you to consider. We recommend reviewing the journal's Aims and Scope before deciding where to submit.

Still having trouble finding the right journal?

Explore Wiley's 1,600+ journals by title or subject
Get expert recommendations - Receive 3-5 curated recommendations and a detailed report from our Journal Recommendation Service

FIND MATCHING JOURNALS | FIND JOURNAL BY TITLE

Enter your manuscript information • Both fields are required

Manuscript title

Manuscript abstract

0 of 3000 characters

Please continue to enter more info for better results FIND

그림 27

② 'FIND MATCHING JOURNALS'을 선택한 후, 아래 빈칸에 논문 제목과 초록을 입력하고 'FIND'를 클릭한다.

WILEY Journal Finder Beta

Find the journal that's right for your research Beta

Not sure where to submit your article? Our Journal Finder Beta can suggest Wiley journals that may be relevant for your research. Simply enter your title and abstract and we'll create a list of potential journals for you to consider. We recommend reviewing the journal's Aims and Scope before deciding where to submit.

Still having trouble finding the right journal?

Explore Wiley's 1,600+ journals by title or subject
Get expert recommendations - Receive 3-5 curated recommendations and a detailed report from our Journal Recommendation Service

FIND MATCHING JOURNALS | FIND JOURNAL BY TITLE

Enter your manuscript information • Both fields are required

Manuscript title

A exploratory study on the redeployment of police force in the era of population decline and local annihilation using system dynamics methodology

Manuscript abstract

analysis reveals an imbalance in police force due to population concentration and local annihilation, a weakening of local public order capabilities, and a heightened external demand, indicating a need for tailored public order policies. The study proposes the establishment of an 'Administrative Safety Complex Center', integrating police, firefighting, and local administrative functions, a new 'Elderly Crime Division', and the creation of additional police stations in core cities. This could enhance police force efficiency and inform public order strategies for the era of population decline and local annihilation.

940 of 3000 characters

Matching strength: Strong FIND

그림 28

③ 다음과 같이 저널 추천 결과가 제시된다. 같은 논문 제목과 초록으로 검색해도 앞선 Elsevier와 Web of Science 추천 결과와 차이가 있으니, 여러 검색 서비스를 활용하여 비교하여 최적의 저널을 찾는 것을 추천한다.

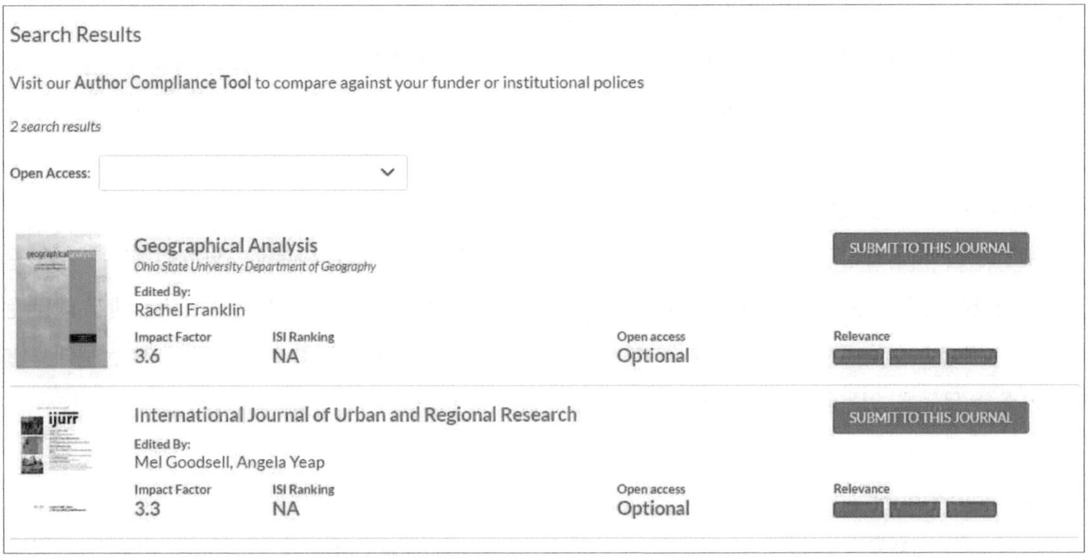
Search Results
Visit our Author Compliance Tool to compare against your funder or institutional polices
2 search results
Open Access:
Geographical Analysis
Ohio State University Department of Geography
Edited By:
Rachel Franklin
Impact Factor
3.6
ISI Ranking
NA
Open access
Optional
SUBMIT TO THIS JOURNAL
Relevance
International Journal of Urban and Regional Research
Edited By:
Mel Goodsell, Angela Yeap
Impact Factor
3.3
ISI Ranking
NA
Open access
Optional
SUBMIT TO THIS JOURNAL
Relevance

그림 29

3.4. Editor의 마음 읽기

저널 Editor의 역할로는 투고자와의 의사소통, 동일 분야 전문가 평가 관리, 논문의 품질 관리 등이 있다. 그중에서도 저널의 입장에서 Editor에게 요구하는 역할은 무엇일까? 본 서의 독자인 여러분이 A 저널에서 제안한 Editor 직책을 수락했다고 가정해보자. 해당 저널에서는 당신에게 투고된 많은 논문 중 양질의 논문을 게재하도록 하여 저널의 학술적 위상을 제고하는 역할을 기대할 것이다.

앞서 설명하였듯이 어떤 저널이 좋은 저널인지 판단하는 기준은 Impact Factor(I.F.)라고 하였다. I.F.는 매년 발표되며, 순위의 변동이 생긴다. 즉, 저널의 1년간의 성적표가 I.F.인 것이다. 결국 저널의 입장에서는 Editor가 I.F.를 높일만한 연구 논문이 게재될 수 있는 역할을 해줄 것을 기대하며, Editor인 당신은 어떤 논문이 저널의 I.F.를 높여줄 수 있는지 고민할 것이다. 결론적으로, Editor가 원하는 논문은 저널의 I.F.를 높여줄 수 있는 논문이다. 이러한 점을 고려하여 본서에서 제시하는 게재 확률을 높일 수 있는 전략은 다음과 같다.

① 좋은 논문의 조건; 새로운 시각, 놀라운 데이터와 완벽한 분석 방법, 탁월한 해석

우수한 논문의 조건으로 크게 세 가지를 들 수 있다. 기존 연구와 다른 관점이나 새로운 아이디어

를 제공하거나(새로운 시각), 세계 각국의 정상을 상대로 한 설문조사처럼 구하기 어렵거나 질 높은 데이터를 기반으로 정교한 분석 방법을 사용하여 연구 결과를 도출했거나(새로운 시각, 놀라운 데이터와 완벽한 분석 방법, 탁월한 해석), 분석 결과를 깊이 있는 통찰력으로 해석하여 연구 문제에 대한 획기적인 답을 제시하는 것(탁월한 해석)이다.

이러한 조건이 충족된 논문을 작성할 수 있다는 것은 곧 연구자의 연구 역량이 탁월하다는 것이다. 그만큼 쉽게 성취할 수 없는 조건들임과 동시에, 연구자가 지향해야 할 방향이기도 하다.

② 해당 저널의 논문을 인용하기

Editor는 저널의 I.F.를 높이고자 한다. 즉, 해당 저널의 논문이 다른 논문에 많이 인용되는 것을 원한다. 따라서 연구자는 투고 논문에 투고 대상 저널의 논문을 인용함으로써, 저널의 Editor에게 해당 논문이 저널의 I.F.를 높이는 데 도움을 줄 수 있음을 어필할 수 있다. 실제로 Editor가 투고 논문에 저널의 기존 논문들을 인용할 것을 직·간접적으로 요구하기도 한다.

③ Review paper

연구자가 게재율을 높여 연구 실적을 쌓고자 할 경우, Review paper를 작성하여 저널에 투고하는 것도 합리적인 접근이라고 할 수 있다. Review paper는 연구 동향에 대해 분석한 논문을 말한다. Review paper가 유형의 논문인지 감이 오지 않는다면, 일반적인 박사학위 논문의 선행연구(Literature review) 부분을 생각하면 된다.

연구 논문을 작성하다 보면, 특정 주제에 관한 최근 연구 동향을 참고하여 인용하는 경우가 많은데, 연구자 개인이 일일이 논문 검색 사이트에서 논문을 읽고 정리하기에는 시간적 한계가 있다. 따라서 노련한 연구자들은 최신 연구 경향이 정리된 Review paper를 많이 참고하며, 이는 곧 Review paper가 다른 논문들에 인용될 가능성이 높다는 것을 의미한다.

3.5. SCIE, SSCI, KCI 투고 실전

목표 저널을 선정하고, Editor가 선호할만한 논문을 작성했다면 실제로 저널에 논문을 투고해보자. 본 장에서는 독자의 다양한 연구 분야 및 목표 저널을 고려하여 SCIE(과학·기술 분야), SSCI(사회과학 분야), KCI 급 저널에 논문을 투고하는 과정을 설명한다.

3.5.1. SCIE 저널 투고하기

3.3. 장에서 안내한 저널 검색 절차에 따라 Elsevier Journal Finder에서 추천 저널을 검색하였다. 추천받은 저널 중 Telecommunications Policy를 목표 저널로 선정 가능한지 확인해보자.

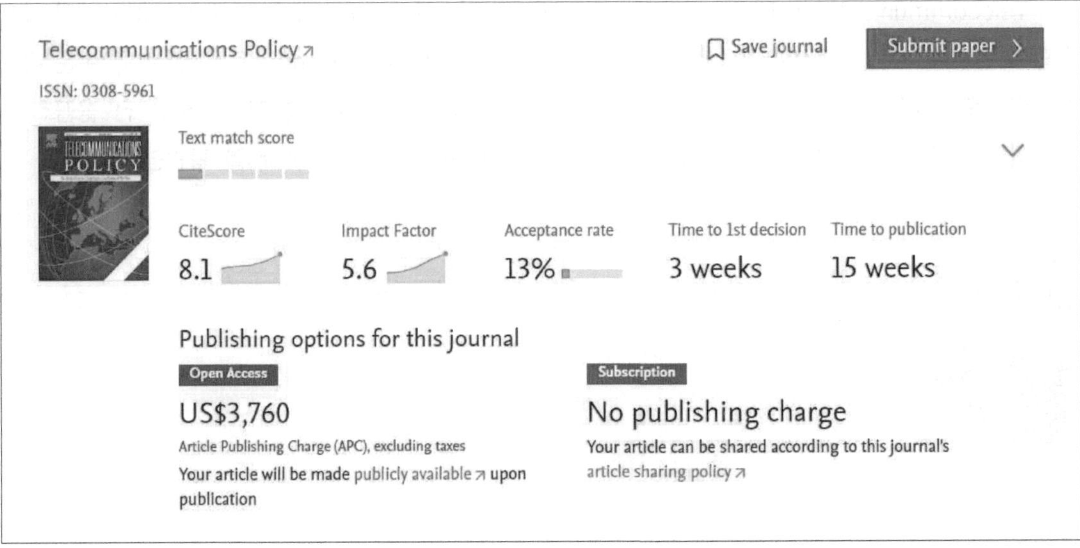

그림 30

가장 먼저 연구자의 논문이 해당 저널의 Scope(저널이 다루는 주제나 범위)에 포함되는지를 확인해야 한다. 이를 위해 그림 30의 'Submit paper'를 클릭하여 해당 저널의 홈페이지에 접속한다.

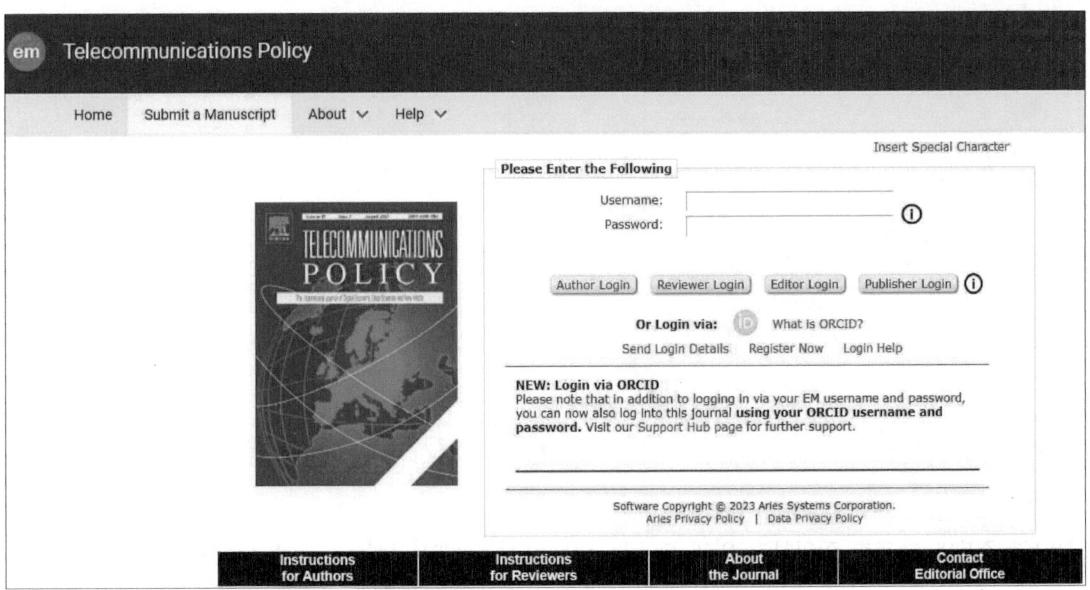

그림 31

Telecommunications Policy 저널의 홈페이지를 접속하면 'Instructions for Authors'가 화면 하단의 왼편에 있는 것을 확인할 수 있다. 이는 보통 'Guide for Authors'로 표현하며, 논문 투고를 위한 모든 내용(연구 윤리, 저작권, 원고 작성 요령 등)이 포함되어 있으므로 투고 전 꼼꼼히 읽어보아야 한다. 'Instructions for Authors'를 클릭하여 Guide for Authors를 확인한다.

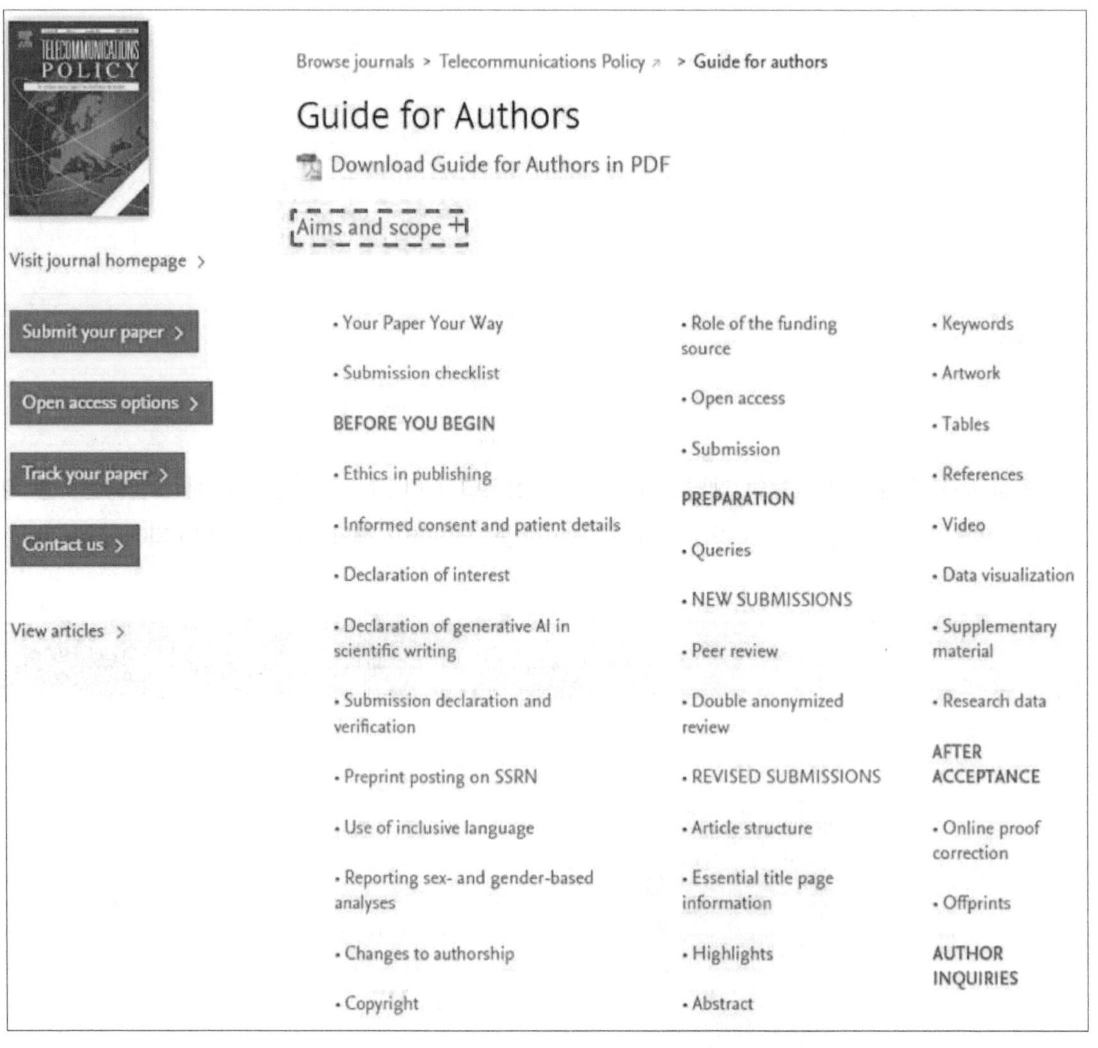

그림 32

저널의 주제와 범위를 확인하기 위해 Guide for Authors에서 'Aims and scope'를 클릭한다.

Aims and scope –

Telecommunications Policy is concerned with the impact of digitalization in the economy and society. The journal is multidisciplinary, encompassing conceptual, theoretical and empirical studies, quantitative as well as qualitative. The scope includes policy, regulation, and governance; big data, artificial intelligence and data science; new and traditional sectors encompassing new media and the platform economy; management, entrepreneurship, innovation and use. Contributions may explore these topics at national, regional and international levels, including issues confronting both developed and developing countries. The papers accepted by the journal meet high standards of analytical rigor and policy relevance.

그림 33

Aims and scope에서 본 저널은 Scope에 위와 같이 밑줄 친 분야를 포함한다는 것을 확인할 수 있다. Scope 및 기타 Guide for Authors에서 요구하는 사항을 확인하고, 실제 투고를 위해 해당 저널(Technology in Society)의 홈페이지에 접속한다. 회원가입을 해야 투고를 할 수 있으므로 다음 절차와 같이 회원가입을 한다.

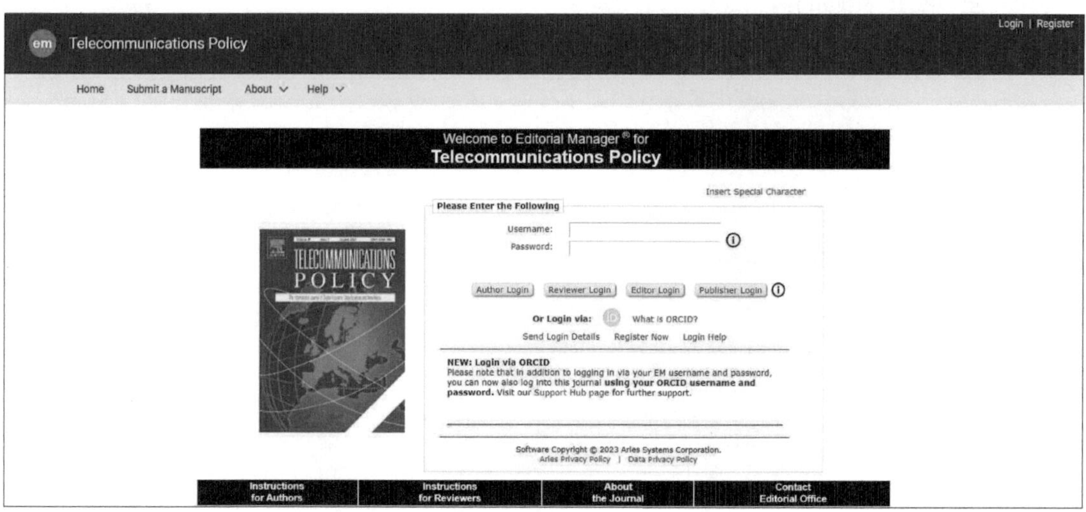

그림 34 홈페이지 오른쪽 위 끝의 Register를 클릭한다.

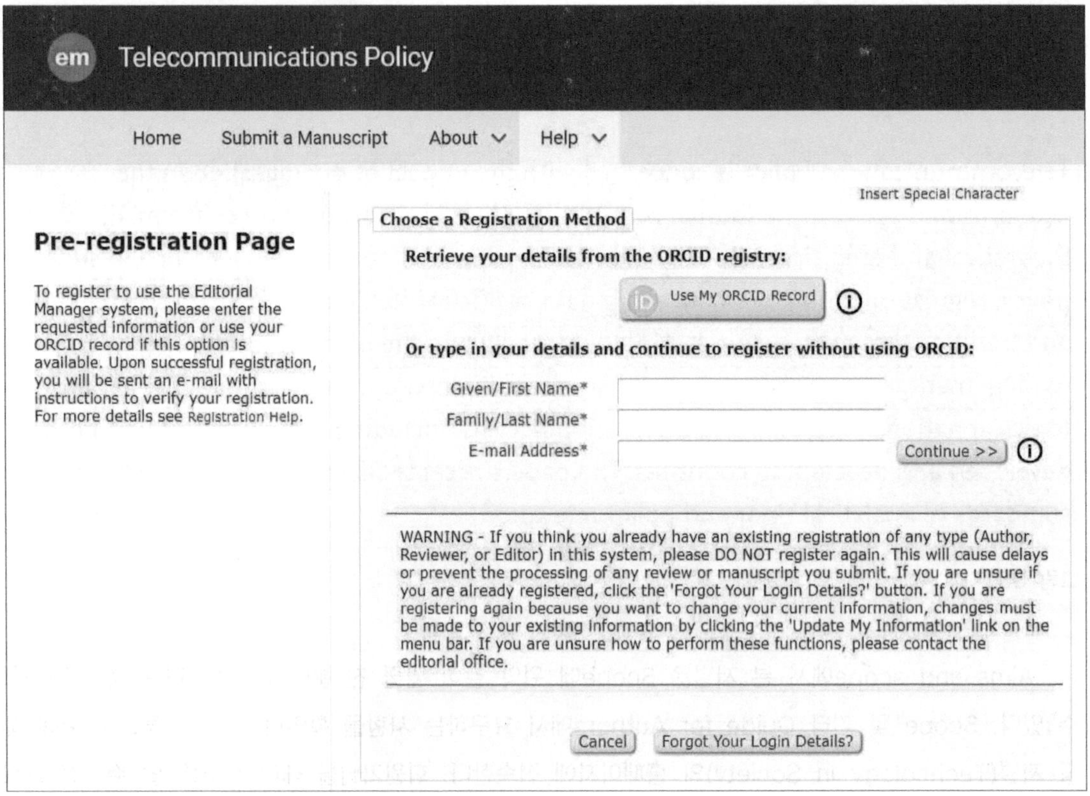

em Telecommunications Policy

Home Submit a Manuscript About Help

Insert Special Character

Pre-registration Page

To register to use the Editorial Manager system, please enter the requested information or use your ORCID record if this option is available. Upon successful registration, you will be sent an e-mail with instructions to verify your registration. For more details see Registration Help.

Choose a Registration Method

Retrieve your details from the ORCID registry:

Use My ORCID Record

Or type in your details and continue to register without using ORCID:

Given/First Name*

Family/Last Name*

E-mail Address*

Continue >>

WARNING - If you think you already have an existing registration of any type (Author, Reviewer, or Editor) in this system, please DO NOT register again. This will cause delays or prevent the processing of any review or manuscript you submit. If you are unsure if you are already registered, click the 'Forgot Your Login Details?' button. If you are registering again because you want to change your current information, changes must be made to your existing information by clicking the 'Update My Information' link on the menu bar. If you are unsure how to perform these functions, please contact the editorial office.

Cancel Forgot Your Login Details?

그림 35 회원가입 방식은 ① ORCID로 가입, ②ORCID 없이 개인정보를 입력하여 가입하는 방식 두 가지이다. 3.1. 장에서 설명한 바와 같이 SCIE 급 논문 투고 시 ORCID 등록이 필요하므로, ①번 방식으로 가입을 진행한다.

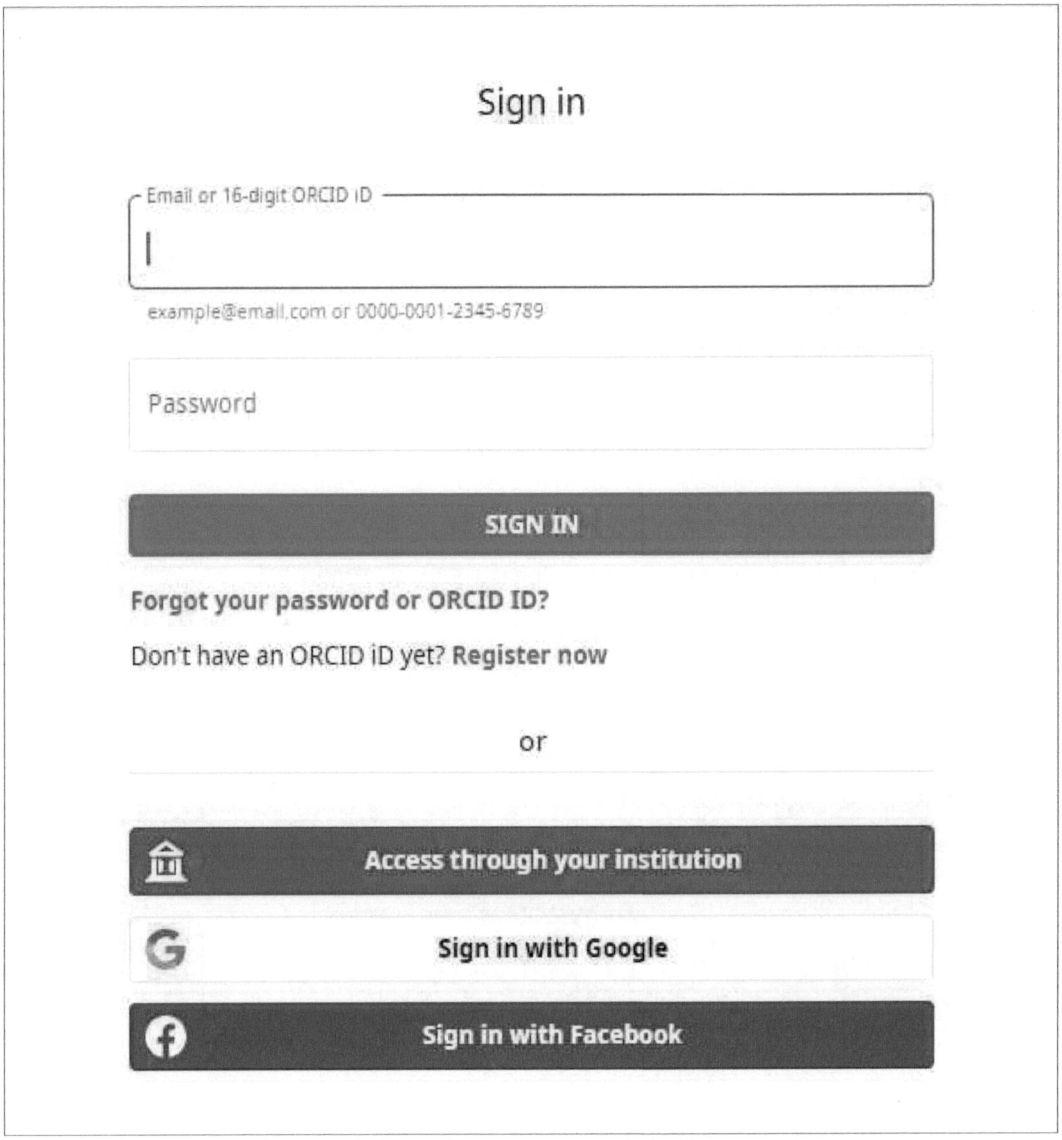

Sign in

Email or 16-digit ORCID iD

example@email.com or 0000-0001-2345-6789

Password

SIGN IN

Forgot your password or ORCID ID?

Don't have an ORCID iD yet? **Register now**

or

Access through your institution

Sign in with Google

Sign in with Facebook

그림 36 ORCID 이메일 또는 ORCID 번호와 Password를 입력하고 SIGN IN을 클릭한다.

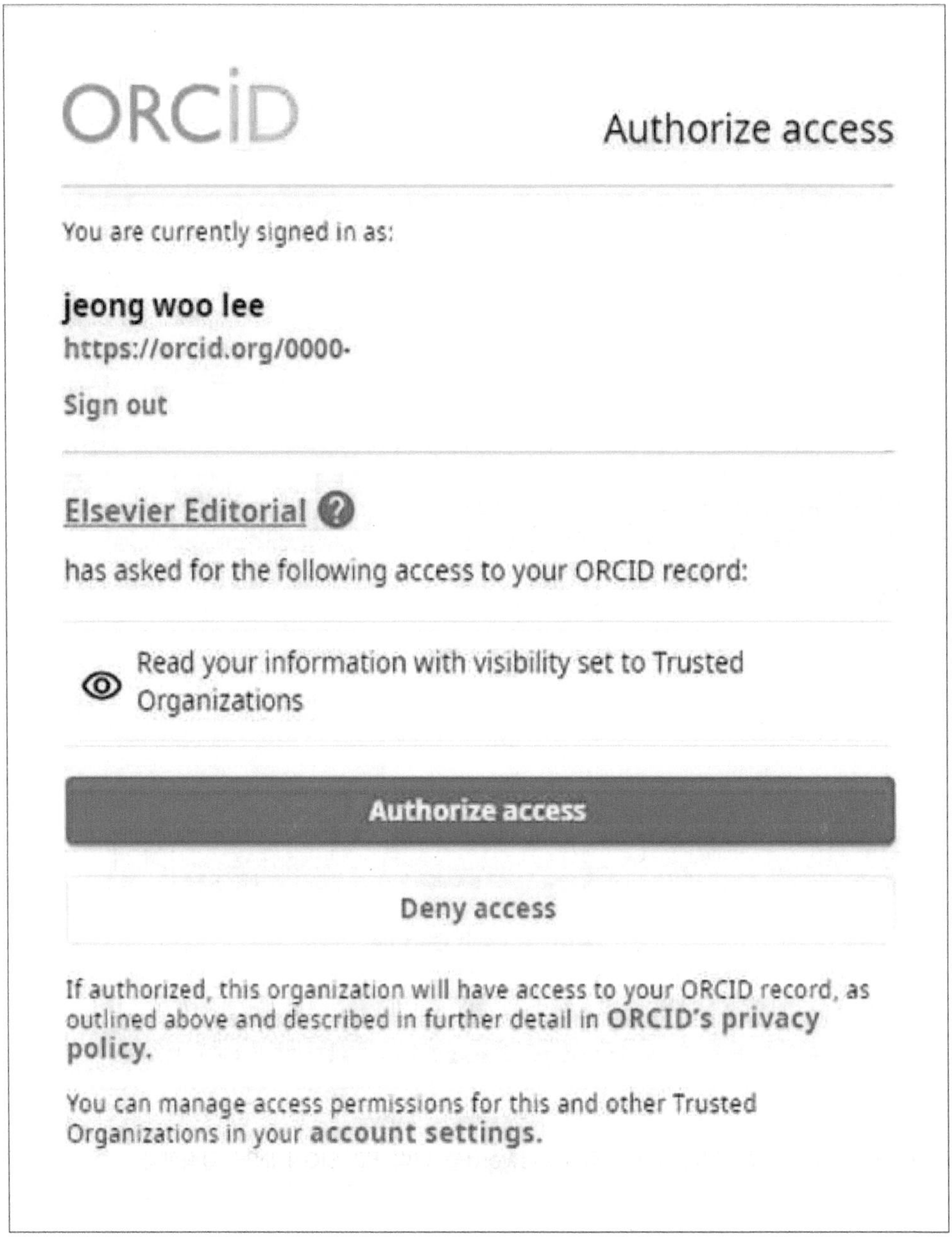

ORCID

Authorize access

You are currently signed in as:

jeong woo lee
https://orcid.org/0000-

Sign out

Elsevier Editorial 

has asked for the following access to your ORCID record:

 Read your information with visibility set to Trusted Organizations

Authorize access

Deny access

If authorized, this organization will have access to your ORCID record, as outlined above and described in further detail in **ORCID's privacy policy.**

You can manage access permissions for this and other Trusted Organizations in your **account settings.**

그림 37 화면에서 'Authorize access'를 클릭한다.

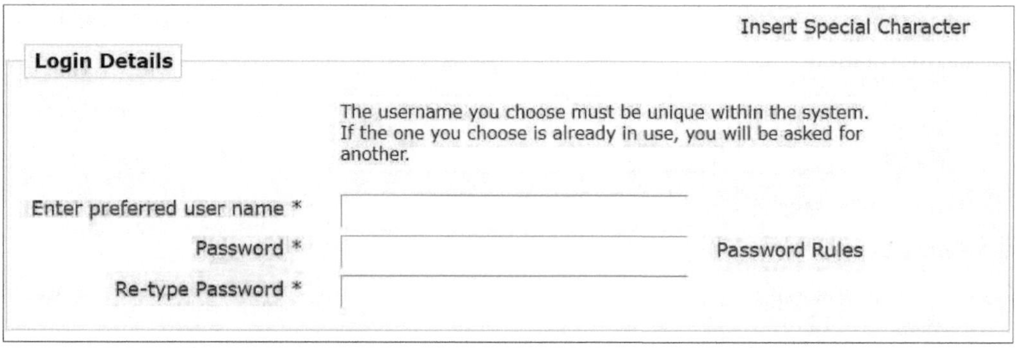

Insert Special Character

Login Details

The username you choose must be unique within the system. If the one you choose is already in use, you will be asked for another.

Enter preferred user name *

Password * Password Rules

Re-type Password *

그림 38 가입을 위한 정보를 입력한다(1)

Insert Special Character

Personal Information

Title *		
Given/First Name *	jeong woo	
Middle Name		
Family/Last Name *	lee	
Degree		(Ph.D., M.D., etc.)
Preferred Name		(nickname) ⓘ
Primary Phone		(including country code)
Secondary Phone		(including country code)
Secondary Phone is for	Mobile◉ Beeper○ Home○ Work○ Admin. Asst.○	
Fax Number		(including country code)
E-mail Address *		

If entering more than one e-mail address, use a semi-colon between each address (e.g., joe@thejournal.com;joe@yahoo.com) Entering a second e-mail address from a different e-mail provider decreases the chance that SPAM filters will trap e-mails sent to you from online systems. Read More.

You are encouraged to link to your ORCID iD and authenticate it. This will allow you to share information with other systems, ensure you get recognition for all your contributions and reduce the risk of errors.

You will only need to do this once in this journal to permanently associate your ORCID iD with your EM user record and you can do this by clicking on the fetch/register link below.

ORCID 0000-0001-5190-6417 Delete

그림 39 가입을 위한 정보를 입력한다(2)

Insert Special Character

Institution Related Information

Position		
Institution		Start typing to display potentially matching institutions.
Department		
Street Address		
City		
State or Province		
Zip or Postal Code		
Country or Region *	Please select from the list below	
Address is for	Work ◉ Home ○ Other ○	
Available as a Reviewer?	Yes ○ No ◉	

Areas of Interest or Expertise

Please indicate your areas of expertise either by selecting from the pre-defined list using the "Select Personal Classifications" button or by adding your own keywords individually using the "New Keyword" field and associated "Add" button.

Personal Keywords * (None Defined)

Edit Personal Keywords

Enter 5+ Keywords

Continue >>

그림 40 가입을 위한 정보를 입력한다(3). 맨 아래 Personal Keywords는 개별 연구자가 자신의 연구 관심사나 분야를 식별하고 표현하기 위해 사용하는 키워드나 용어를 의미한다. Personal Keywords까지 입력한 후, 'Continue'를 클릭한다.

Confirm Registration

Please confirm the following very important information:

Given/First Name:
Family/Last Name:
Username:
E-mail Address:
Country or Region:

Privacy Policy
Our staff at Elsevier B.V. and its affiliated companies worldwide as well as societies whose journals we publish, if applicable, will be contacting you concerning the publishing of your article and occasionally for marketing purposes.

☑ We respect your privacy. Please tick the box if you do not wish to receive news, promotions and special offers about our products and services.

Please click on the question below and Continue:

☑ * I accept the Publisher's Terms and Conditions and Privacy Policy and the Aries Privacy Policy.

If the information is correct and you wish to complete this registration, click the 'Continue' button below.

<< Previous Page   Continue >>

그림 41 가입 정보를 확인하고 개인정보 정책을 확인하기 위한 창이 나타난다. 확인 후 'Continue'를 클릭하면 가입이 완료된다,

가입을 완료하고 로그인하면 다음과 같은 화면이 나타난다. 논문 투고와 리뷰 진행 상황 등을 확인할 수 있다.

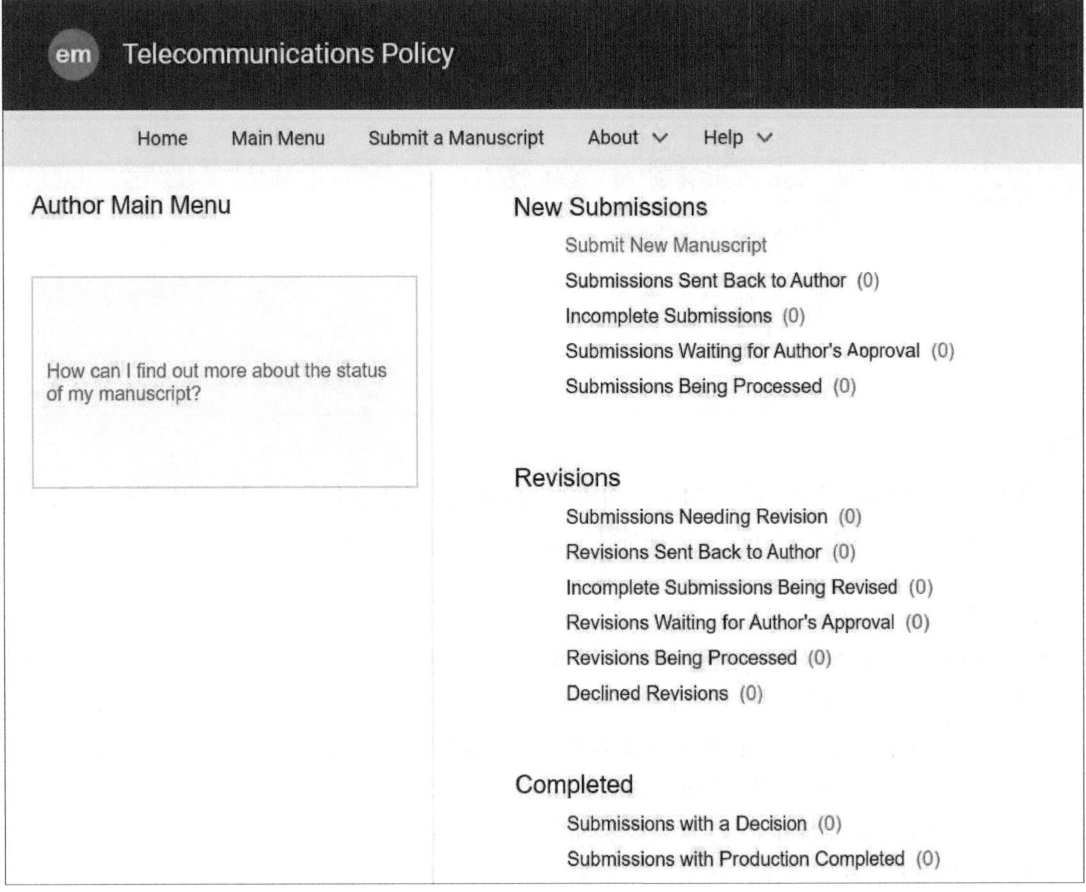

그림 42

논문을 투고하기 위해 New Submissions의 하위 목록 중 Submit New Manuscript를 클릭한다.

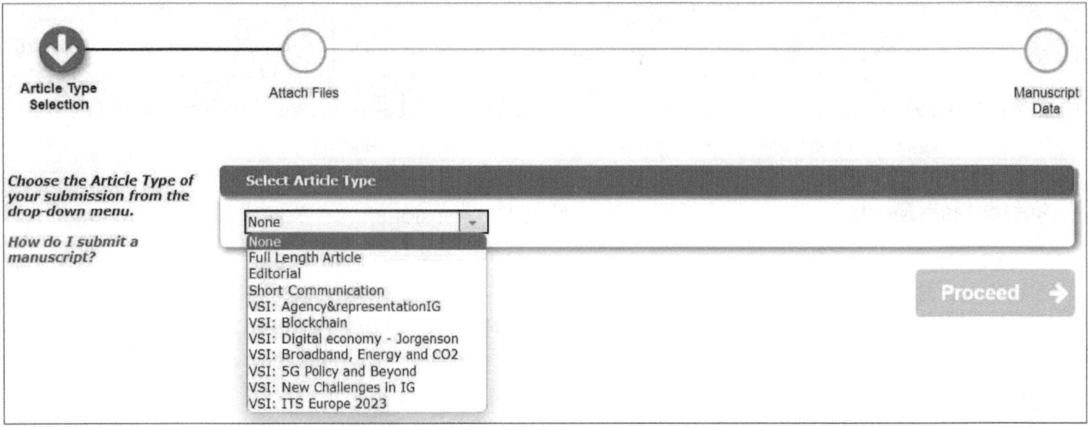

그림 43

가장 먼저 Article Type을 선택하는 화면이 나타난다. 연구 논문을 투고하고자 하는 것이므로, 'Full Length Article(전문 논문)'을 선택하고 'Proceed'를 클릭한다.

<참고: Article Type>

▸ Full Length Article(전문 논문): 일반적인 학술 논문 유형으로, 연구나 조사 결과를 상세하게 서술하는 긴 형식의 논문을 의미한다.

▸ Editorial(사설 논설글): 학술 저널의 편집위원이나 편집장이 작성한 기사로, 주로 저널의 내용, 방향 또는 특별한 주제에 대한 의견을 표명하는 것을 목적으로 한다.

▸ Short Communication (단문 논문): 길이가 상대적으로 짧은 학술 논문 유형이다. 전문 논문보다 더 간략하게 작성되지만, 엄격한 동일 분야 전문가 평가 절차를 거친다.

▸ VSI(Virtual Special Issue, 가상 특별 호): 일반 학술 저널의 정기 논문에 추가로 제공되는 특별한 주제나 주제 그룹을 다루는 가상의 특별 호를 의미한다.

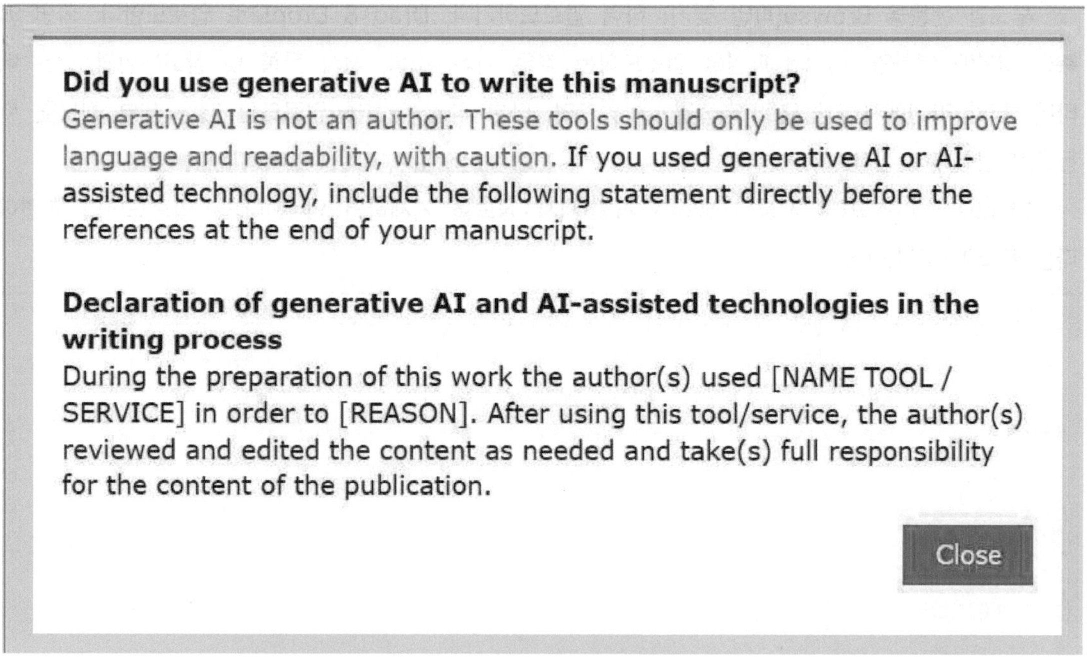

Did you use generative AI to write this manuscript?
Generative AI is not an author. These tools should only be used to improve language and readability, with caution. If you used generative AI or AI-assisted technology, include the following statement directly before the references at the end of your manuscript.

Declaration of generative AI and AI-assisted technologies in the writing process
During the preparation of this work the author(s) used [NAME TOOL / SERVICE] in order to [REASON]. After using this tool/service, the author(s) reviewed and edited the content as needed and take(s) full responsibility for the content of the publication.

Close

그림 44

생성형 AI(GPT 등)는 논문의 저자가 될 수 없음을 밝히는 안내창이 나타난다. 만약 논문 작성에 생성형 AI를 활용했다면 참고문헌의 앞쪽에 이를 명시해야 한다고 하며, 두 번째 단락은 생성형 AI를 사용했다는 것을 밝히는 예시문이다. 내용을 확인하고 'Close'를 클릭한다.

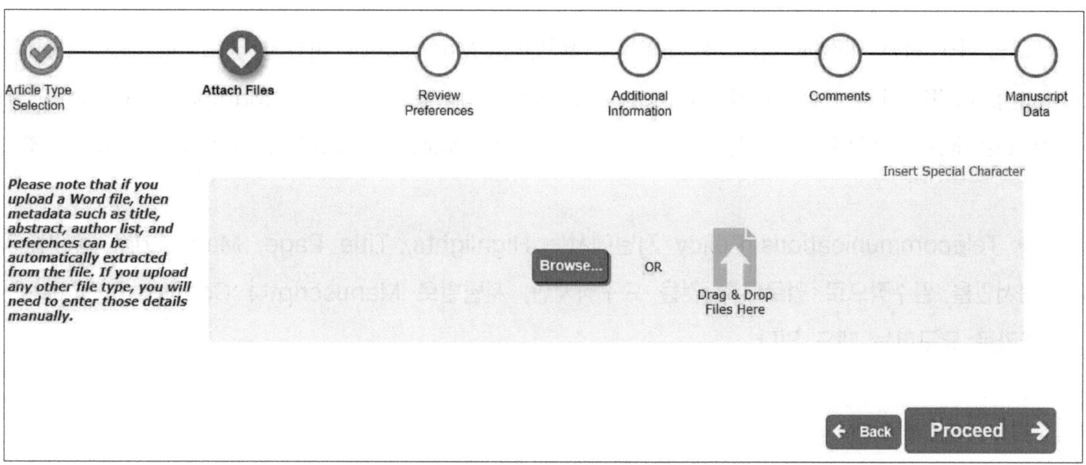

그림 45

투고할 논문을 Browse(파일 찾기) 하여 업로드하거나, Drag & Drop으로 업로드한다. 화면 좌측의 설명에 의하면, Word 파일을 업로드하는 경우 제목, 초록, 저자 목록 및 참고문헌과 같은 메타데이터가 파일에서 자동으로 추출될 수 있으며, 다른 파일 유형을 업로드할 때는 세부 정보를 수동으로 입력해야 한다.

Manuscript(초고)가 저장된 Word 파일(저자 정보를 기재하면 안 된다)을 업로드하면 화면이 다음과 같이 나타난다.

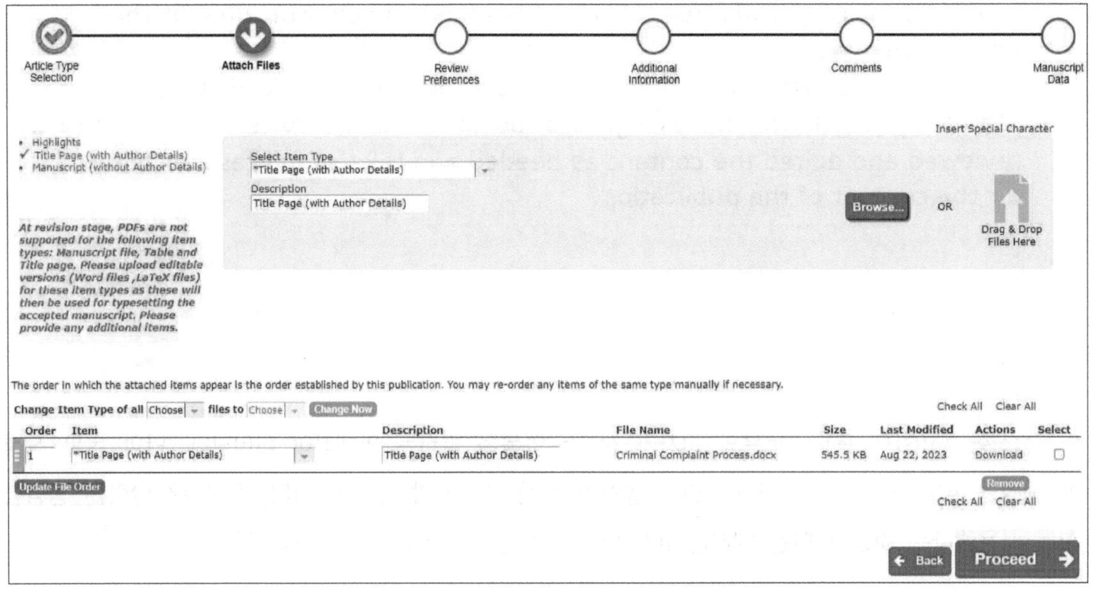

그림 46

그림 46 화면 아래에 업로드한 파일이 나타난다. Manuscript 파일을 업로드하였으나 Item과 Description이 'Title Page(with Author Details)'로 되어있으므로 이를 Manuscript(without Author Details)로 바꿔준다. 그다음 Highlights와 Title Page(with Author Details)를 차례로 추가한다.

※ Telecommunications Policy 저널에서는 Highlights, Title Page, Manuscript 총 세 가지 문서만을 필수적으로 업로드할 것을 요구하지만, 저널별로 Manuscript나 Conflict of Interest를 추가로 요구하는 때도 있다.

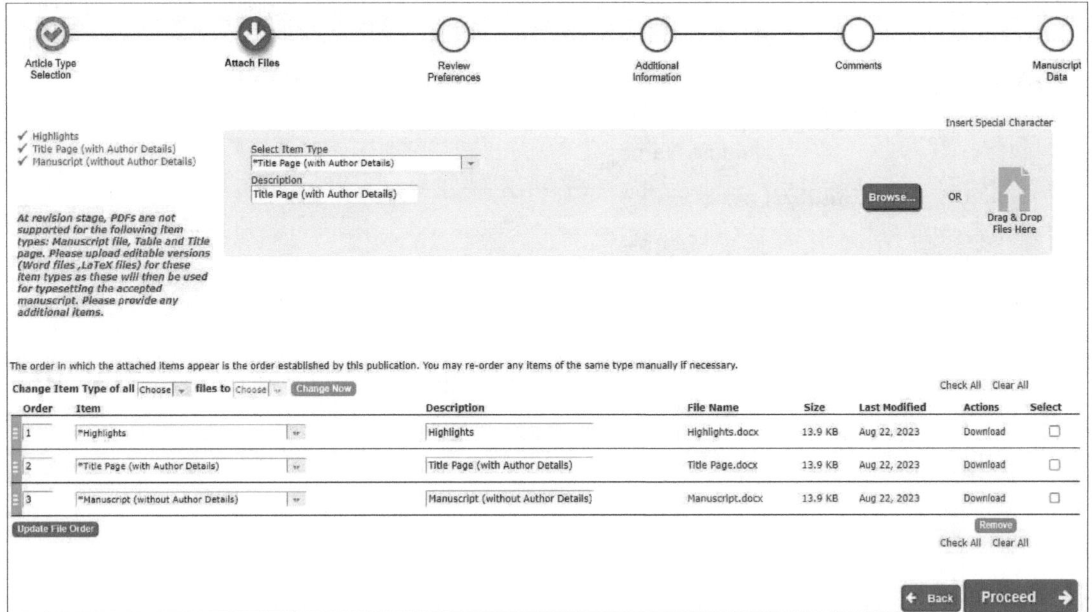

그림 47

파일 업로드 완료 후 'Proceed'를 클릭한다.

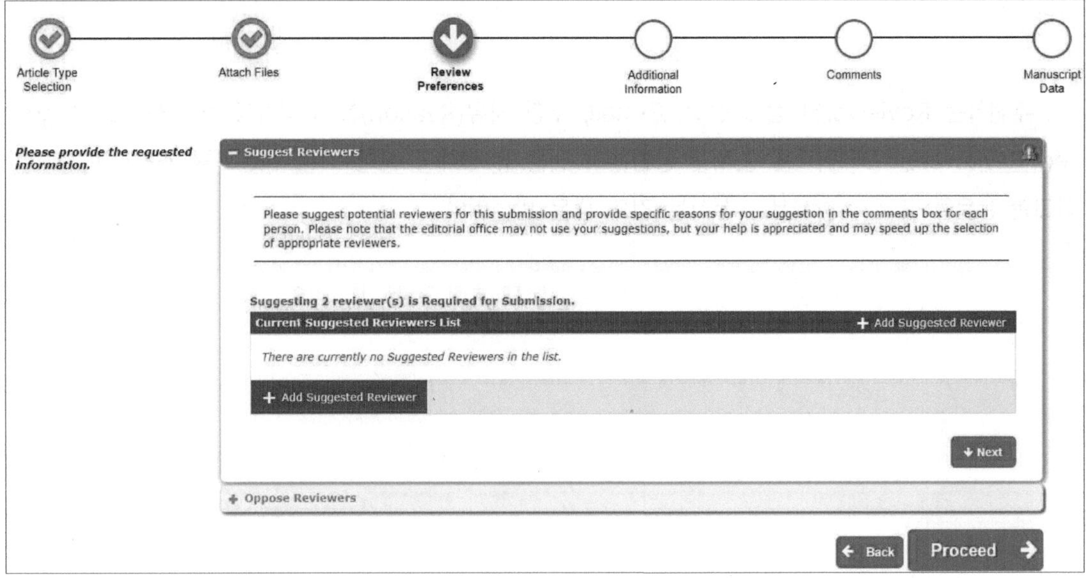

그림 48

다음으로 Suggest Reviewers 즉 자신의 논문을 평가할 Reviewer를 추천하는 화면이 나타난다. 일반적으로 2~3명의 Reviewer를 추천할 수 있으며, 본 저널에서는 최소 2명의 Reviewer를 추천할 것을 요구하고 있다. 'Add Suggested Reviewer'를 클릭하면 다음 화면이 나타난다.

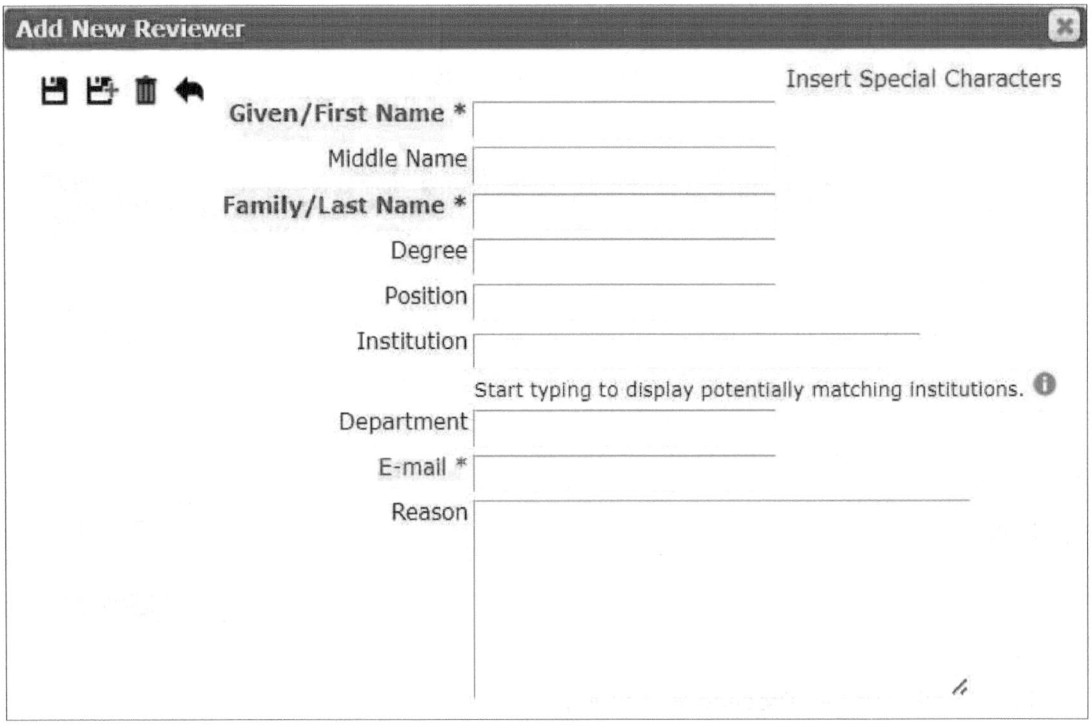

Add New Reviewer

Insert Special Characters

Given/First Name *

Middle Name

Family/Last Name *

Degree

Position

Institution

Start typing to display potentially matching institutions.

Department

E-mail *

Reason

그림 49

추천하는 Reviewer의 상세 정보, E-mail, 추천 사유(Reason)를 입력한다. 일반적으로 Suggested Reviewer는 ①데이터를 분석한 방법론의 전문가, ②해당 분야 이론 전문가를 추천하며, 자신이 참고한 논문들의 저자 중에서 추천하는 것도 좋은 방법이다.

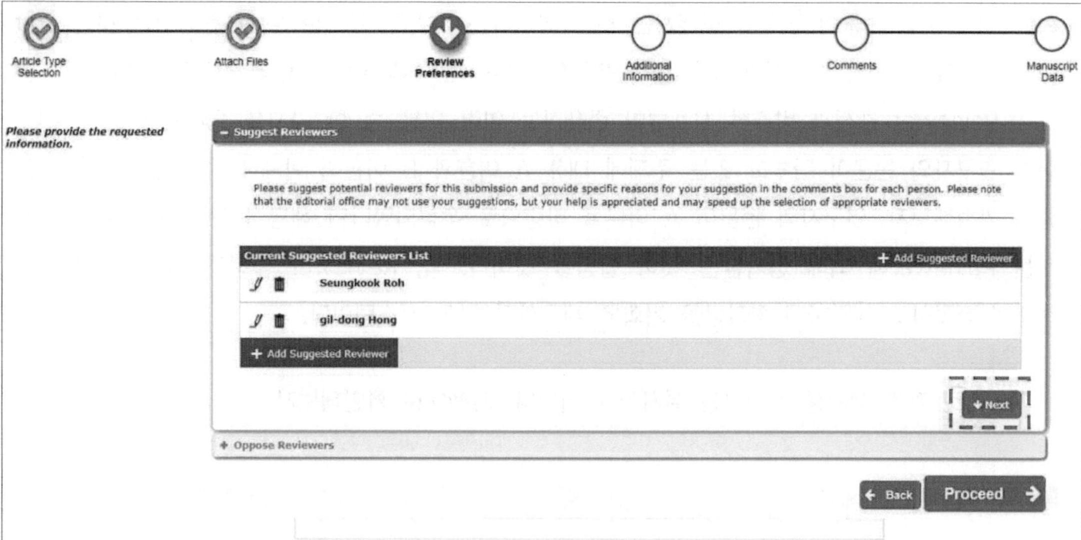

그림 50

Reviewer를 모두 입력하고 'Next'를 클릭한다.

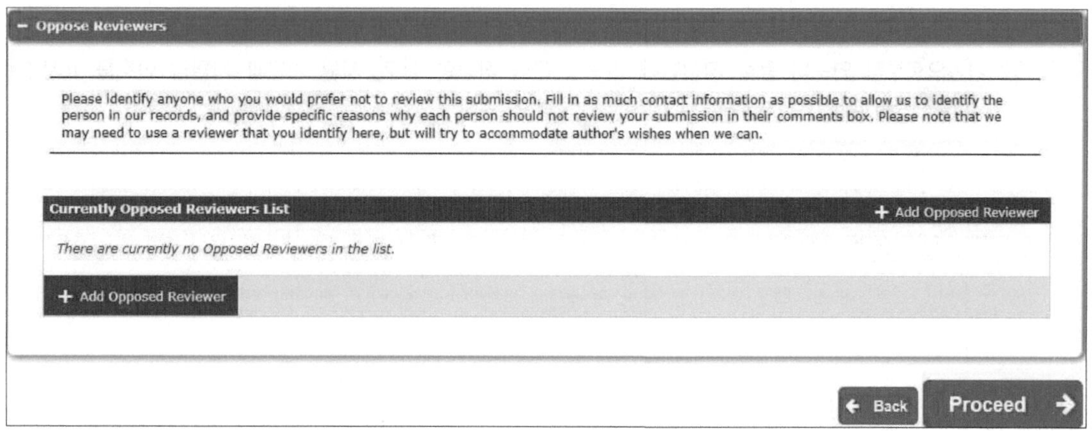

그림 51

다음으로 Oppose Reviewers 즉 비추천 리뷰어를 입력하는 화면이 활성화된다. 자신의 논문을 리뷰하지 않기를 바라는 연구자들이 있다면 'Add Opposed Reviewer'를 클릭하여 정보를 입력한다. 모두 입력 후 'Proceed'를 클릭한다.

<참고: Reviewer 추천과 비추천>

SCIE, SSCI, A&HCI급 저널에서는 이상 절차와 같이 Suggested Reviewer(추천 리뷰어), Oppose Reviewer(비추천 리뷰어) 시스템이 존재한다. 그러나 주의할 점은 자신이 추천한 Revi ewer에게 투고 논문이 반드시 보내지는 것은 아니라는 점이다. Reviewer를 선정하는 것은 Editor의 판단에 의하며, 투고자가 추천/비추천한 Reviewer는 Editor의 판단에 참고가 된다.

Reviewer 추천과 비추천 시스템이 존재하는 여러 이유 중 한 가지를 들자면 다음과 같다. 어떤 연구자의 논문이 다루고 있는 주제에 대해 A 이론과 B 이론이 학계에서 대립하고 있는 상황을 가정해보자. 연구자의 논문이 A 이론을 바탕으로 작성되었다면 해당 논문은 A 이론을 지지하는 Reviewer에 의해 평가받는 것이 합당할 것이다. 즉, Reviewer 추천과 비추천은 투고된 논문이 적절하고 세밀하게 평가받을 기회를 제공하기 위한 시스템이다.

다음으로 추가 정보를 선택하는 절차가 나타난다. 차례대로 확인해보자.

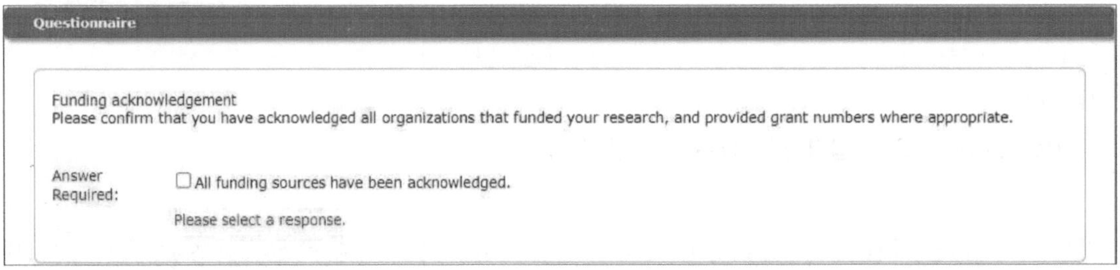

Questionnaire

Funding acknowledgement
Please confirm that you have acknowledged all organizations that funded your research, and provided grant numbers where appropriate.

Answer Required: ☐ All funding sources have been acknowledged.

Please select a response.

그림 52 기관으로부터 연구비 등을 지원받아 연구 논문을 작성한 경우, 지원 기관과 지원금 번호를 표시였는지 묻는 말이다.

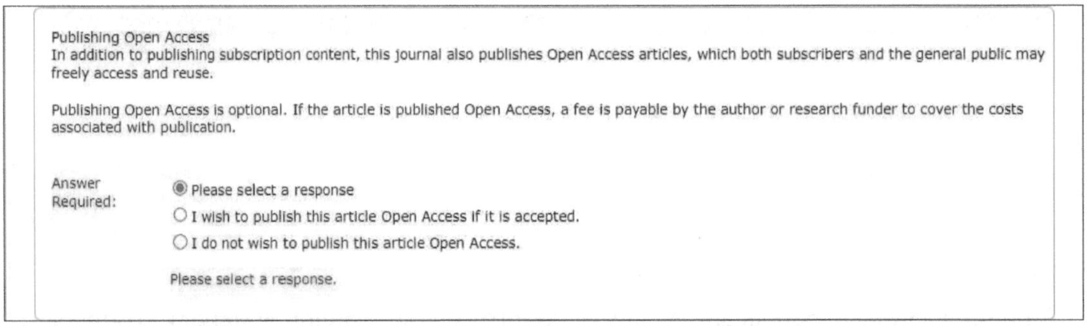

Publishing Open Access
In addition to publishing subscription content, this journal also publishes Open Access articles, which both subscribers and the general public may freely access and reuse.

Publishing Open Access is optional. If the article is published Open Access, a fee is payable by the author or research funder to cover the costs associated with publication.

Answer Required:
◉ Please select a response
○ I wish to publish this article Open Access if it is accepted.
○ I do not wish to publish this article Open Access.

Please select a response.

그림 53 투고한 논문이 저널에 게재될 경우, 해당 논문을 오픈 엑세스로 발행할 것인지를 묻는 말이다. 오픈 엑세스로 발행하면 다른 연구자들이 자신의 논문에 접근하기 쉬운 장점이 있으나, 그 비용을 투고자가 부담해야 한다. 오픈 엑세스로 발행 시 비용을 부담하는 이유는 저널을 발행하는 출판사는 논문을 개별 연구자에게 유료로 공개하는데, 논문이 무료로 공개될 때 출판사의 수입원이 사라지기 때문이다.

I wish to select a statement about the availability of my research data or code.
(If you have not shared data/code and wish to do so, you can still return to Attach Files. Sharing or referencing research data and code helps other researchers to evaluate your findings, and increases trust in your article. Find a list of supported data repositories in Author Resources, including the free-to-use multidisciplinary open Mendeley Data Repository.)

☐ Yes

그림 54 연구의 데이터나 코드의 접근성(공개 여부)을 선택할 수 있다. 연구 데이터 및 코드를 공유하는 경우 다른 연구자들이 자신의 연구를 평가하거나 인용하는 데 도움이 되며, 연구자 간 교류 가능성이 높아질 수 있으므로 필요한 경우 선택한다. Mendeley Data Repository는 연구 데이터를 저장하고 공유할 수 있는 온라인 플랫폼 중 하나로, Elsevier가 운영하는 서비스이다.

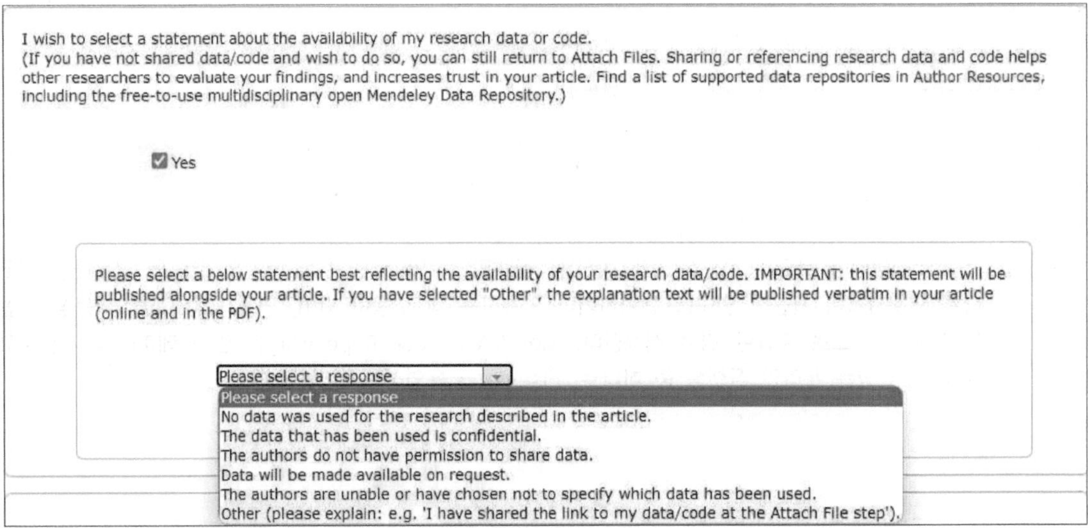
I wish to select a statement about the availability of my research data or code.
(If you have not shared data/code and wish to do so, you can still return to Attach Files. Sharing or referencing research data and code helps other researchers to evaluate your findings, and increases trust in your article. Find a list of supported data repositories in Author Resources, including the free-to-use multidisciplinary open Mendeley Data Repository.)

☑ Yes

Please select a below statement best reflecting the availability of your research data/code. IMPORTANT: this statement will be published alongside your article. If you have selected "Other", the explanation text will be published verbatim in your article (online and in the PDF).

Please select a response
- Please select a response
- No data was used for the research described in the article.
- The data that has been used is confidential.
- The authors do not have permission to share data.
- Data will be made available on request.
- The authors are unable or have chosen not to specify which data has been used.
- Other (please explain: e.g. 'I have shared the link to my data/code at the Attach File step').

그림 55 'Yes'를 선택하면 위 설명문이 추가로 나타난다. 데이터 및 코드의 공개 방식을 선택할 수 있다. 데이터를 비공개하고자 하는 경우 비공개 사유(공유할 데이터가 없거나, 기밀 자료이거나, 공유 권한이 없는 등)를 선택할 수 있으며, 공개하는 경우 공개 방법을 선택할 수 있다.

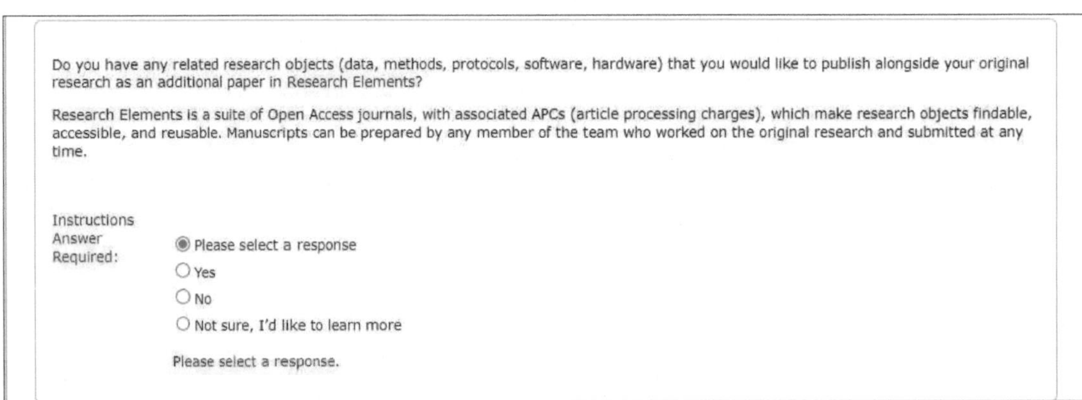
Do you have any related research objects (data, methods, protocols, software, hardware) that you would like to publish alongside your original research as an additional paper in Research Elements?

Research Elements is a suite of Open Access journals, with associated APCs (article processing charges), which make research objects findable, accessible, and reusable. Manuscripts can be prepared by any member of the team who worked on the original research and submitted at any time.

Instructions Answer Required:
- ◉ Please select a response
- ○ Yes
- ○ No
- ○ Not sure, I'd like to learn more

Please select a response.

그림 56 투고한 논문과 함께 Research Elements에 발행하고 싶은 추가 연구 자료(데이터, 방법론, 프로토콜, 소프트웨어, 하드웨어)가 있는지를 선택한다. Research Elements는 연구 객체(Research Objects)를 게재하는 데 특화된 오픈 엑세스 저널의 집합체이다.

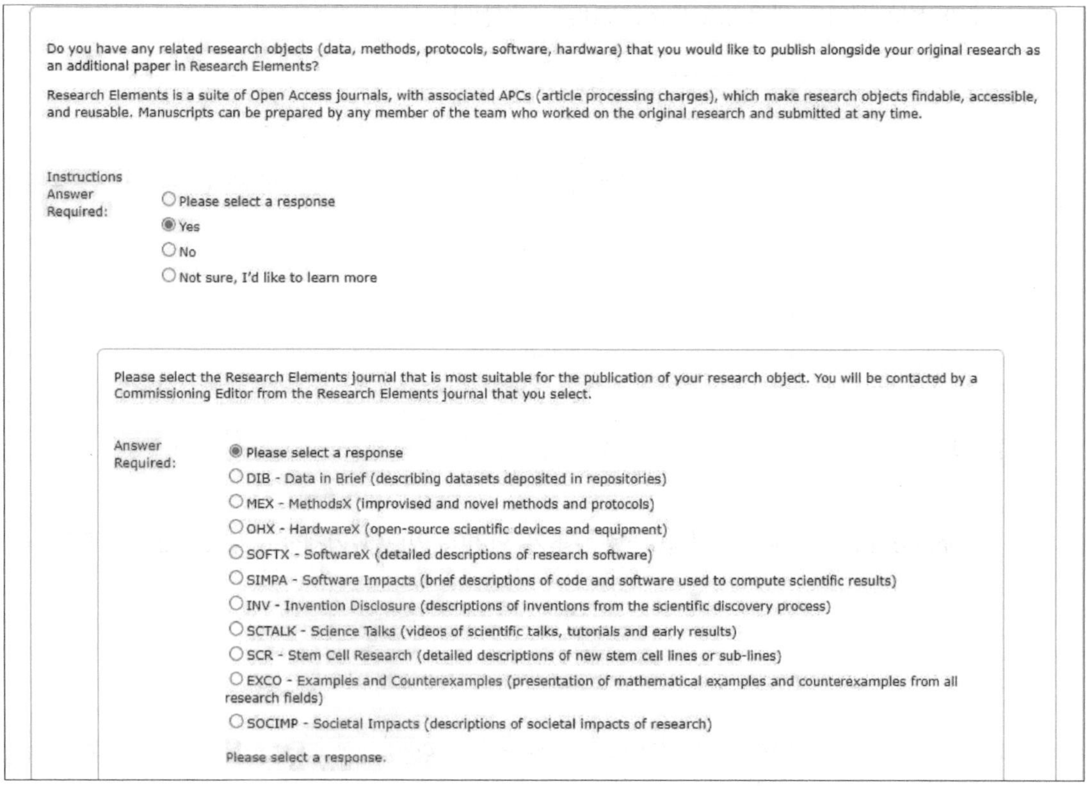

Do you have any related research objects (data, methods, protocols, software, hardware) that you would like to publish alongside your original research as an additional paper in Research Elements?

Research Elements is a suite of Open Access journals, with associated APCs (article processing charges), which make research objects findable, accessible, and reusable. Manuscripts can be prepared by any member of the team who worked on the original research and submitted at any time.

Instructions Answer Required:

- ○ Please select a response
- ◉ Yes
- ○ No
- ○ Not sure, I'd like to learn more

Please select the Research Elements journal that is most suitable for the publication of your research object. You will be contacted by a Commissioning Editor from the Research Elements journal that you select.

Answer Required:

- ◉ Please select a response
- ○ DIB - Data in Brief (describing datasets deposited in repositories)
- ○ MEX - MethodsX (improvised and novel methods and protocols)
- ○ OHX - HardwareX (open-source scientific devices and equipment)
- ○ SOFTX - SoftwareX (detailed descriptions of research software)
- ○ SIMPA - Software Impacts (brief descriptions of code and software used to compute scientific results)
- ○ INV - Invention Disclosure (descriptions of inventions from the scientific discovery process)
- ○ SCTALK - Science Talks (videos of scientific talks, tutorials and early results)
- ○ SCR - Stem Cell Research (detailed descriptions of new stem cell lines or sub-lines)
- ○ EXCO - Examples and Counterexamples (presentation of mathematical examples and counterexamples from all research fields)
- ○ SOCIMP - Societal Impacts (descriptions of societal impacts of research)

Please select a response.

그림 57 'Yes'를 선택하면 Research Objects를 어느 저널에 게재할지 선택할 수 있다. 저널을 선택하면 해당 저널의 Editor로부터 연락이 온다.

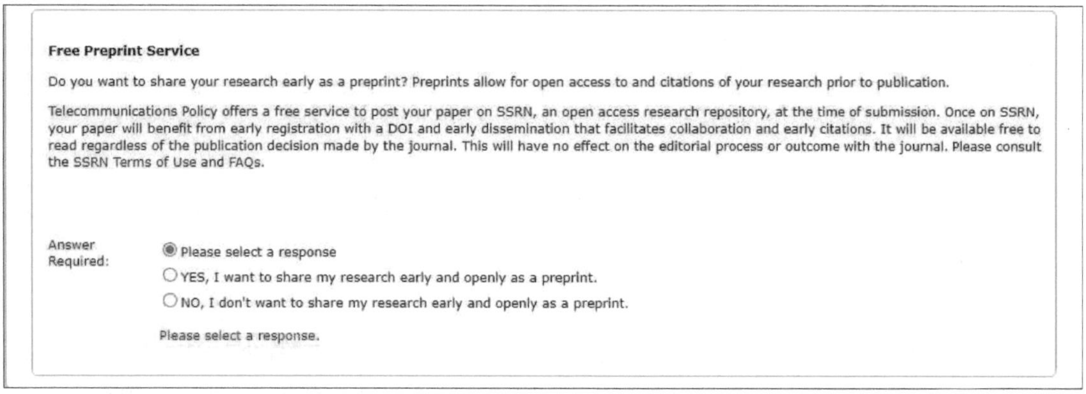

Free Preprint Service

Do you want to share your research early as a preprint? Preprints allow for open access to and citations of your research prior to publication.

Telecommunications Policy offers a free service to post your paper on SSRN, an open access research repository, at the time of submission. Once on SSRN, your paper will benefit from early registration with a DOI and early dissemination that facilitates collaboration and early citations. It will be available free to read regardless of the publication decision made by the journal. This will have no effect on the editorial process or outcome with the journal. Please consult the SSRN Terms of Use and FAQs.

Answer Required:

- ◉ Please select a response
- ○ YES, I want to share my research early and openly as a preprint.
- ○ NO, I don't want to share my research early and openly as a preprint.

Please select a response.

그림 58 투고한 논문이 발표되기 전에 Preprint로 공유할지를 선택할 수 있다. Preprint(프리프린트)는 학술 연구의 결과물을 학술지나 학회 발표 전에 미리 공개하는 형식의 문서다. Preprint를 온라인에 게시함으로써 자신의 연구 결과를 신속하게 공유하고 다른 연구자들의 피드백을 받을 수 있다.

추가 정보 선택을 완료하고 'Proceed'를 클릭한다.

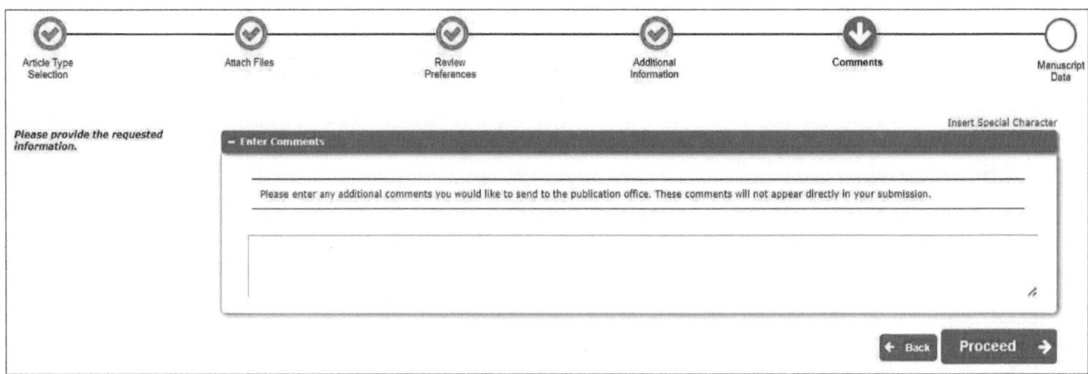

그림 59

'Comments' 단계에서 출판사로 보낼 추가 의견이 있으면 기재하고 'Proceed'를 클릭한다.

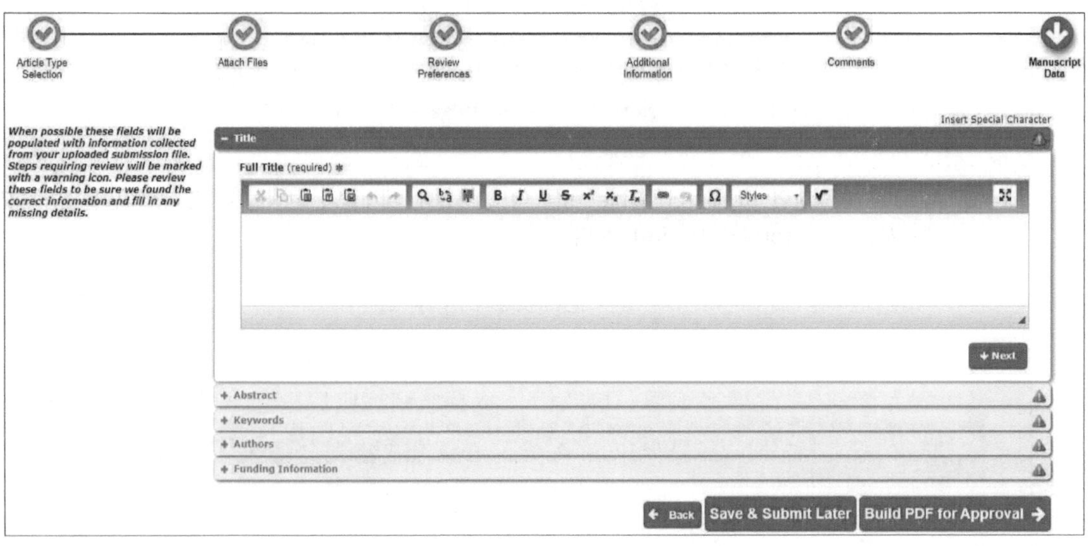

그림 60

'Manuscript' 단계에서 논문의 제목, 초록, 키워드, 저자 정보, 지원금 정보를 개별적으로 입력한다. 입력 완료 후 'Save & Submit Later'을 클릭하면 현재 상태를 저장하고 다음에 논문을 제출할 수 있으며, 'Build PDF for Approval'을 클릭하면 제출할 논문을 최종적으로 검토하고 승인하기 전에 PDF 형식으로 생성하여 확인할 수 있다. 논문의 검토와 수정을 모두 마쳤다는 것을 전제로 'Build PDF for Approval'을 클릭한다.

<참고: Authors 정보의 입력>

연구 논문 실적을 평가할 때 논문의 주저자 즉 First Author(제1 저자) 또는 Corresponding Author(교신저자)가 되는 것은 중요하다. 그런데 저널에 논문을 투고할 때 해당 저널 사이트에 로그인한 사람으로 제1 저자와 교신저자가 기본 설정되어 있다.

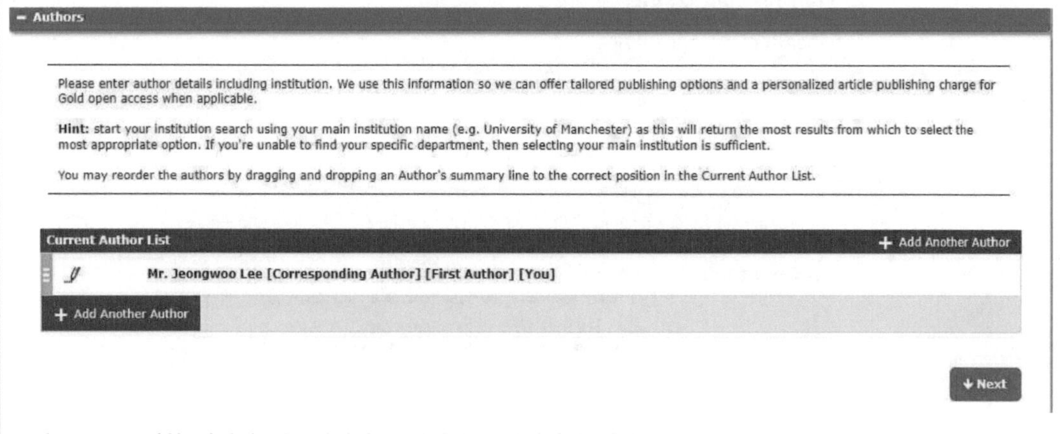

그림 61 로그인한 사람이 제1 저자와 교신저자로 지정되어 있다.

교신저자의 경우 저자 정보를 추가(Add Another Author)함으로써 변경할 수 있으나, 제1 저자를 변경할 수 있는 옵션은 없다.

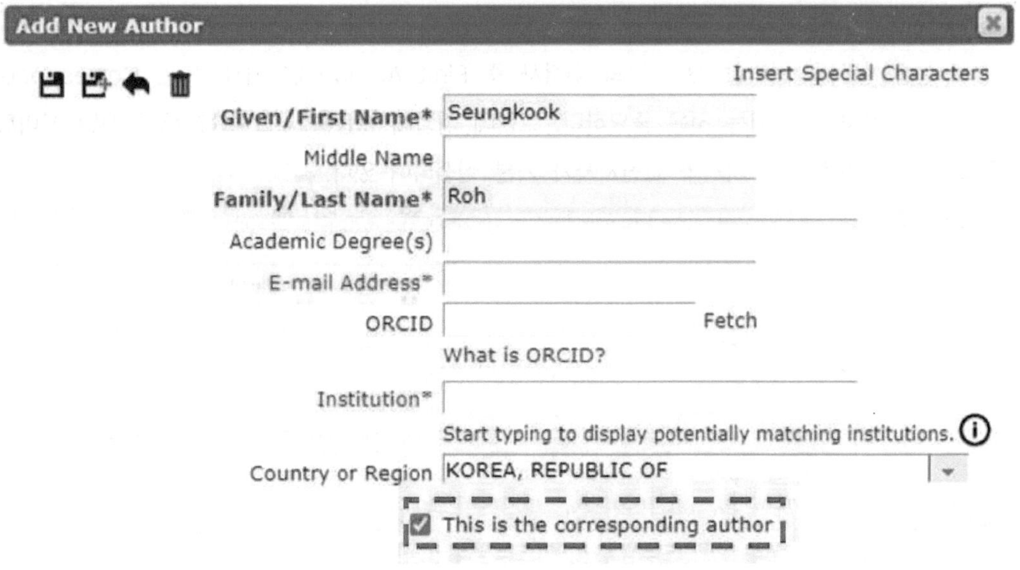

Add New Author

Insert Special Characters

Given/First Name* Seungkook

Middle Name

Family/Last Name* Roh

Academic Degree(s)

E-mail Address*

ORCID Fetch

What is ORCID?

Institution*

Start typing to display potentially matching institutions.

Country or Region KOREA, REPUBLIC OF

This is the corresponding author

그림 62 저자 정보 추가 시, 교신저자를 변경할 수 있으나 제1 저자로 지정할 수는 없다.

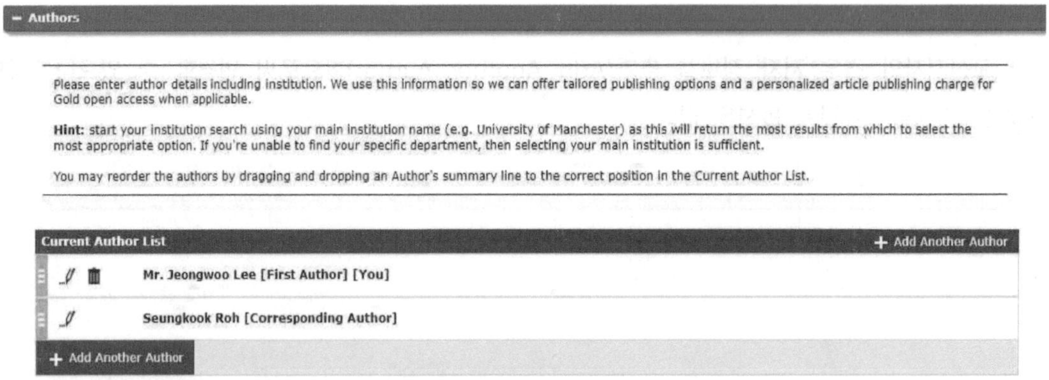

− Authors

Please enter author details including institution. We use this information so we can offer tailored publishing options and a personalized article publishing charge for Gold open access when applicable.

Hint: start your institution search using your main institution name (e.g. University of Manchester) as this will return the most results from which to select the most appropriate option. If you're unable to find your specific department, then selecting your main institution is sufficient.

You may reorder the authors by dragging and dropping an Author's summary line to the correct position in the Current Author List.

Current Author List + Add Another Author

Mr. Jeongwoo Lee [First Author] [You]

Seungkook Roh [Corresponding Author]

+ Add Another Author

그림 63 교신저자를 변경한 화면. 제1 저자는 로그인한 사람으로 되어있다.

그렇다면, 항상 공동 저자가 아닌 제1 저자가 직접 논문을 투고해야 하는 것일까? 그에 대한 대답은 '아니다'이다. 제1 저자는 논문의 원고에 입력한 저자명의 순서대로 지정되거나, 논문 평가가 모두 종료된 후 논문 최종본 제출 시 저자 순서로 지정할 수 있다. 따라서 공동 저자가 논문을 제출하였을 때 제1 저자가 다른 사람으로 지정되어 있더라도 당황하지 않도록 하자.

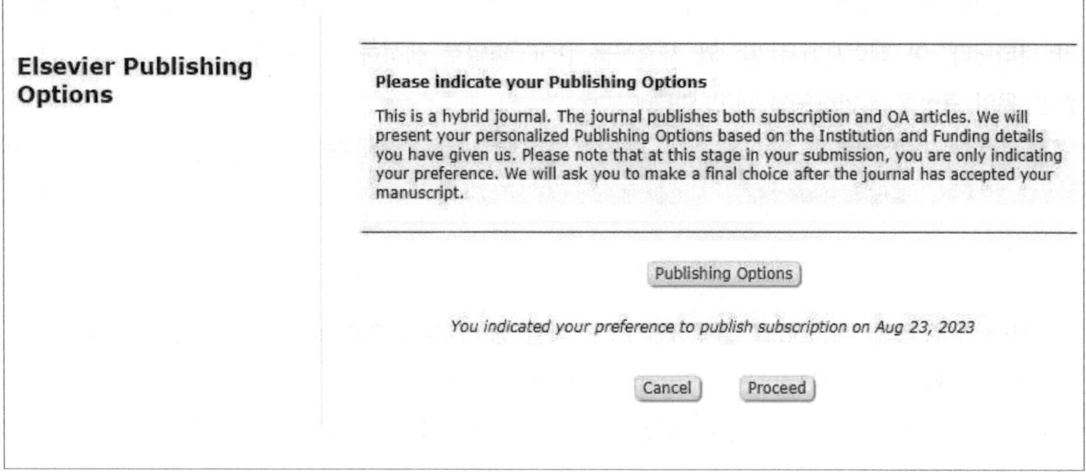

그림 64

'Elsevier Publishing Options' 단계에서 게재가 확정될 시 논문을 구독(Subscription) 방식으로 공개할지, 아니면 오픈 엑세스(OA) 방식으로 공개할지에 대한 의견을 선택할 수 있다. 추후 게재 확정 이후 선택을 변경할 수 있으니 참고하기를 바란다. 옵션 선택 완료 후 'Proceed'를 클릭한다.

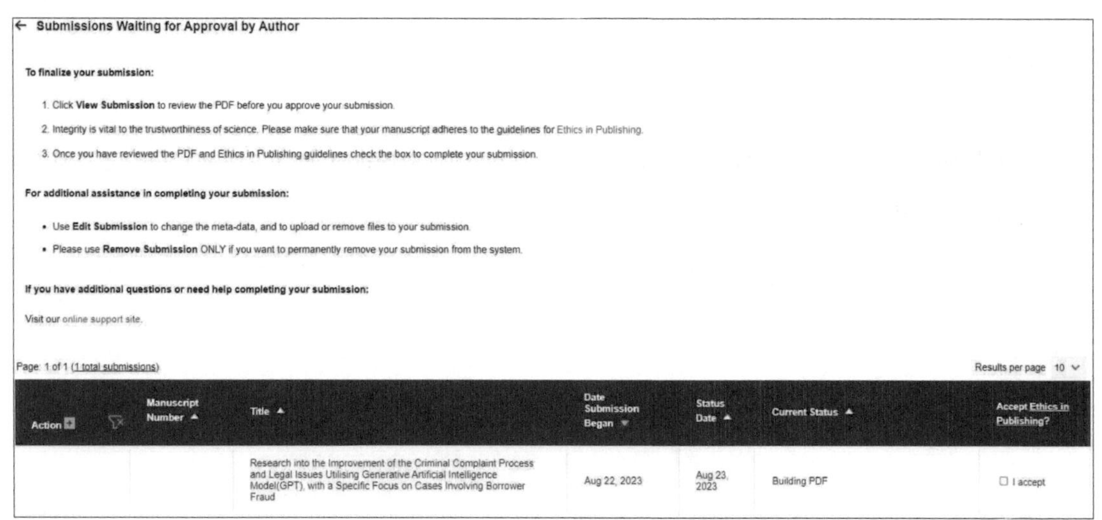

그림 65

Submissions Waiting for Approval by Author, 즉 '저자 승인을 대기 중인 제출물' 페이지가 나타난다. 이 페이지에서 원고와 제출물을 PDF 파일로 생성하여 최종적으로 검토할 수 있으며, 출판 윤리 규정을 확인하도록 하고 있다.

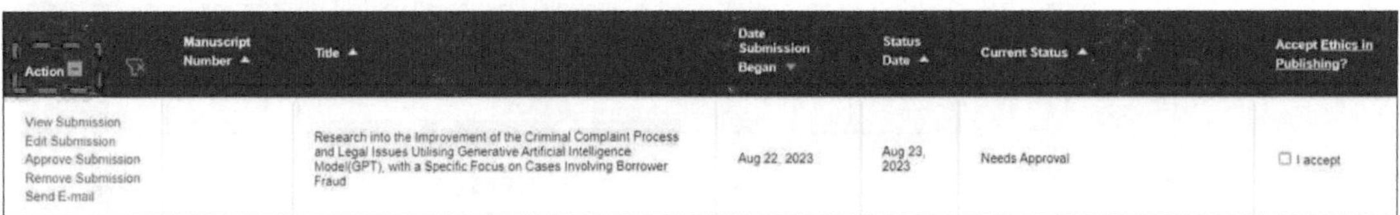

Action	Manuscript Number	Title	Date Submission Began	Status Date	Current Status	Accept Ethics in Publishing?
View Submission Edit Submission Approve Submission Remove Submission Send E-mail		Research into the Improvement of the Criminal Complaint Process and Legal Issues Utilising Generative Artificial Intelligence Model(GPT), with a Specific Focus on Cases Involving Borrower Fraud	Aug 22, 2023	Aug 23, 2023	Needs Approval	☐ I accept

하단 메뉴 바의 'Action'을 클릭하면 PDF 파일 생성(View Submission), 제출물 편집(Edit Submission), 제출물 승인(Approve Submission) 등 기능을 선택할 수 있다.

PDF 파일에 이상이 없고, 윤리 규정을 준수하였다면 페이지의 오른쪽 아래 끝의 'I accept'를 클릭하고 제출물 승인(Approve Submission)을 선택한다. 선택 완료 시 다음과 같은 화면이 나타난다.

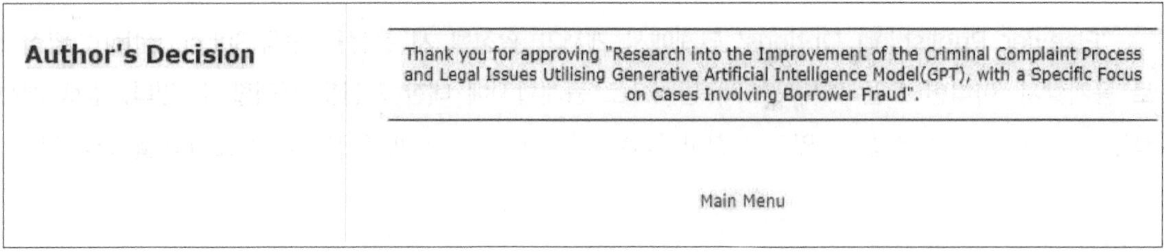

그림 67

다시 Main Menu로 돌아가면 투고 상태가 'Submissions Being Processed(1)'로 변경되었음을 확인할 수 있다.

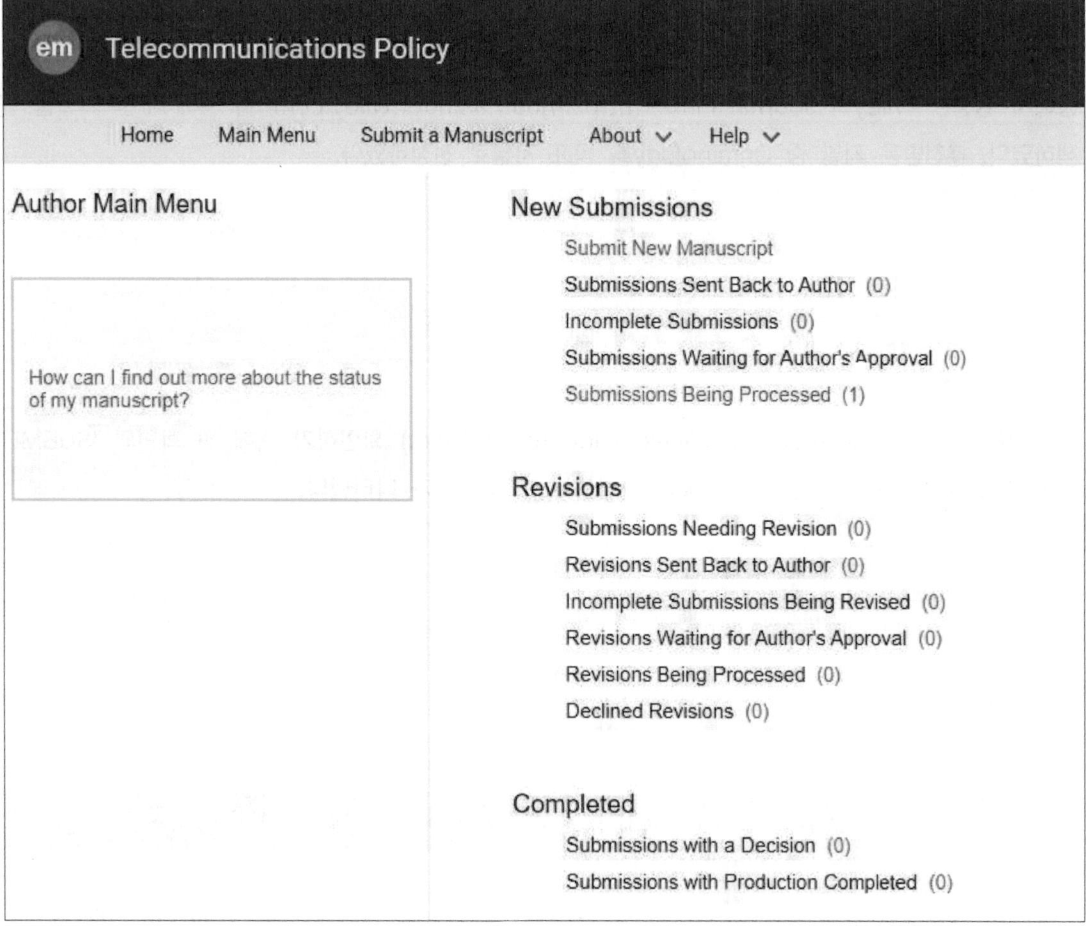

그림 68

'Submissions Being Processed(1)'를 클릭하면 다음과 같이 현 상태가 Submitted to Journal 즉, 제출이 완료되었다는 것을 확인할 수 있다.

← Submissions Being Processed for Author

Page: 1 of 1 (1 total submissions) Results per page 10

Action	Manuscript Number	Title	Initial Date Submitted	Status Date	Current Status
View Submission Send E-mail	JTPO-D-23-00615	Research into the Improvement of the Criminal Complaint Process and Legal Issues Utilising Generative Artificial Intelligence Model(GPT), with a Specific Focus on Cases Involving Borrower Fraud	Aug 23, 2023	Aug 23, 2023	Submitted to Journal

그림 69

3.5.2. SSCI 저널 투고하기

이 절에서는 인문 & 사회과학 분야의 SSCI 저널에 투고하는 방법을 소개한다. 이번에는 3.3. 장에서 설명한 Wiley의 Journal Finder(https://journalfinder.wiley.com/)를 통해 추천 저널을 검색하였다. 추천받은 저널 중 Criminology를 목표 저널로 선정하였다.

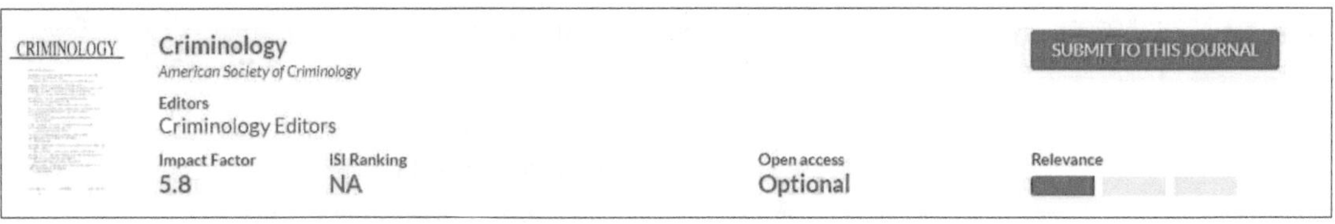

그림 70

Criminology의 Author Guidelines(Guide for Authors) 확인하기 위해 위 화면의 'SUBMIT TO THIS JOURNAL'을 클릭하면 해당 저널의 소개 페이지가 나타난다.

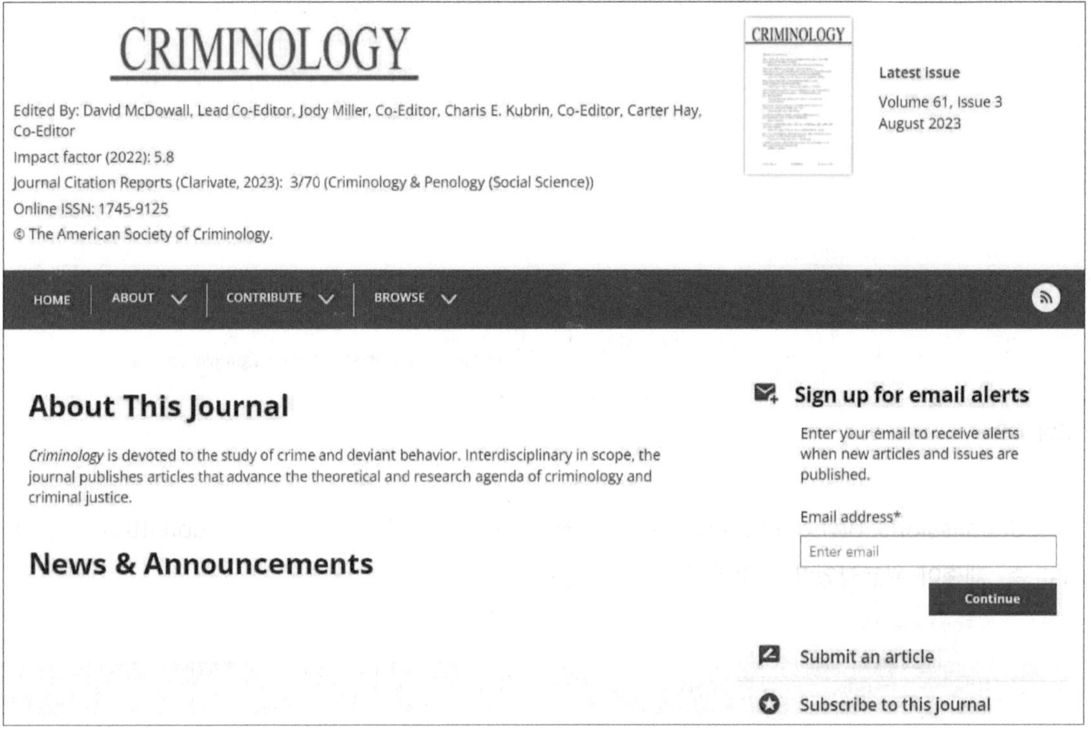

그림 71

저널 소개 페이지의 오른쪽 아래 끝 'Submit an article'을 클릭하면 저널의 Author Guidelines를 확인할 수 있다.

Author Guidelines

GUIDE FOR PREPARING MANUSCRIPTS FOR CRIMINOLOGY

Please read this document carefully and take steps to ensure that your manuscript is consistent with these guidelines. Once a paper is accepted for publication, any deviations from these guidelines can cause significant delays in publishing. Thank you.

EDITORIAL POLICY

The journal is interdisciplinary, devoted to the study of crime, deviant behavior, and related phenomena, as found in the social and behavioral sciences and in the fields of law, criminal justice, and history. The major emphases are theory, research, historical issues, policy evaluation, and current controversies concerning crime, law, and justice.

MANUSCRIPTS

Manuscripts must be submitted online at our secure site https://wiley.atyponrex.com/journal/CRIM.

New submissions should be made via the Research Exchange submission portal**.** You may check the status of your submission at any time by logging on to submission.wiley.com and clicking the "My Submissions" button. For technical help with the submission system, please review our FAQs or contact **submissionhelp@wiley.com**.

Papers accepted for publication should comply with the American Psychological Association's guidelines for bias-free language. See: **https://apastyle.apa.org/style-grammar-guidelines/bias-free-language**. For papers published in *Criminology*, the APA's General Principles for Reducing Bias should be applied when discussing individuals who have participated in crime, experienced victimization, and/or have had contact with the criminal legal system. For details, see: **https://apastyle.apa.org/style-grammar-guidelines/bias-free-language/general-principles**.

그림 72 Criminology의 Author Guidelines 일부(윤리 규정, 원고 작성 방법, 제출 방법 등)

Criminology의 Author Guidelines는 편집 정책, 원고 작성 방법, 저작권 정보 등이 기재되어 있으므로 꼼꼼히 확인하도록 한다.

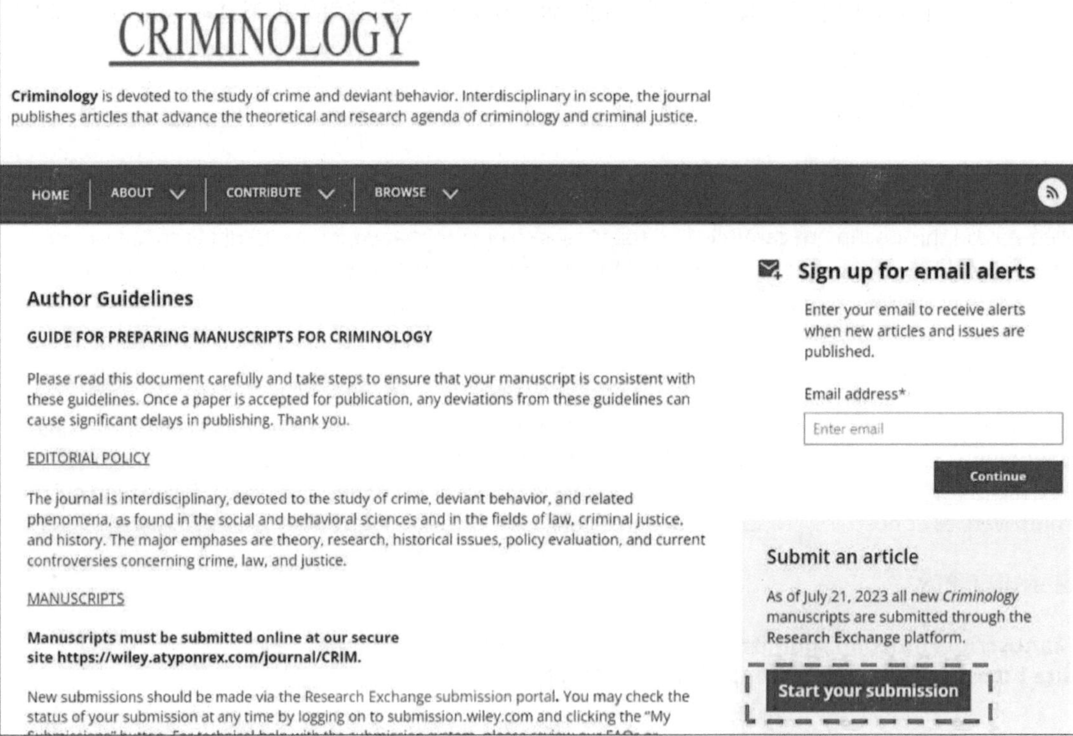

그림 73

Author Guidelines를 통해 논문이 저널의 Scope에 부합하는지 여부 등을 확인한 후, 투고 과정을 진행하기 위해 'Start your submission'을 클릭하면 Wiley 출판사의 로그인 페이지가 나타난다.

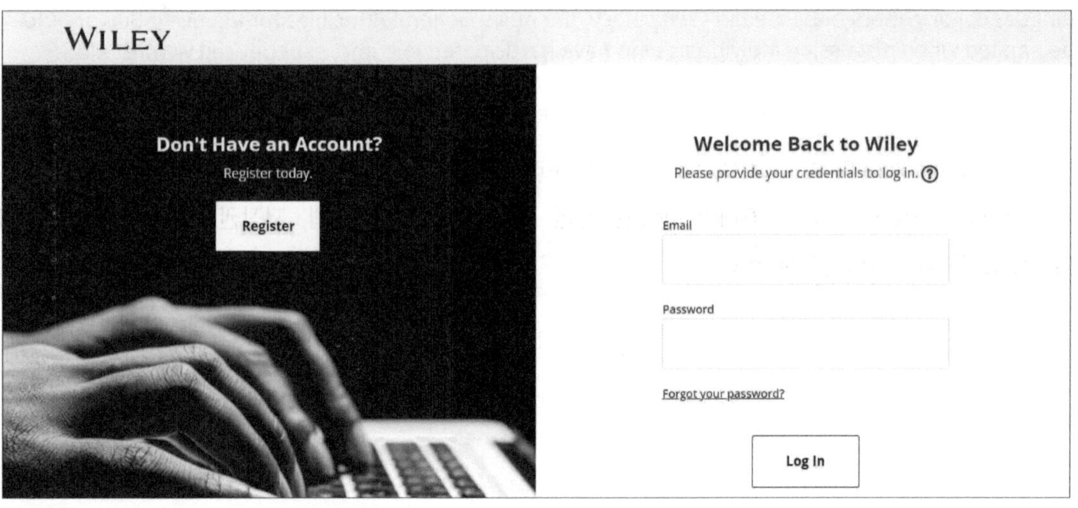

그림 74

투고에 앞서 Wiley에 회원가입을 진행한다. 'Register'를 클릭한다.

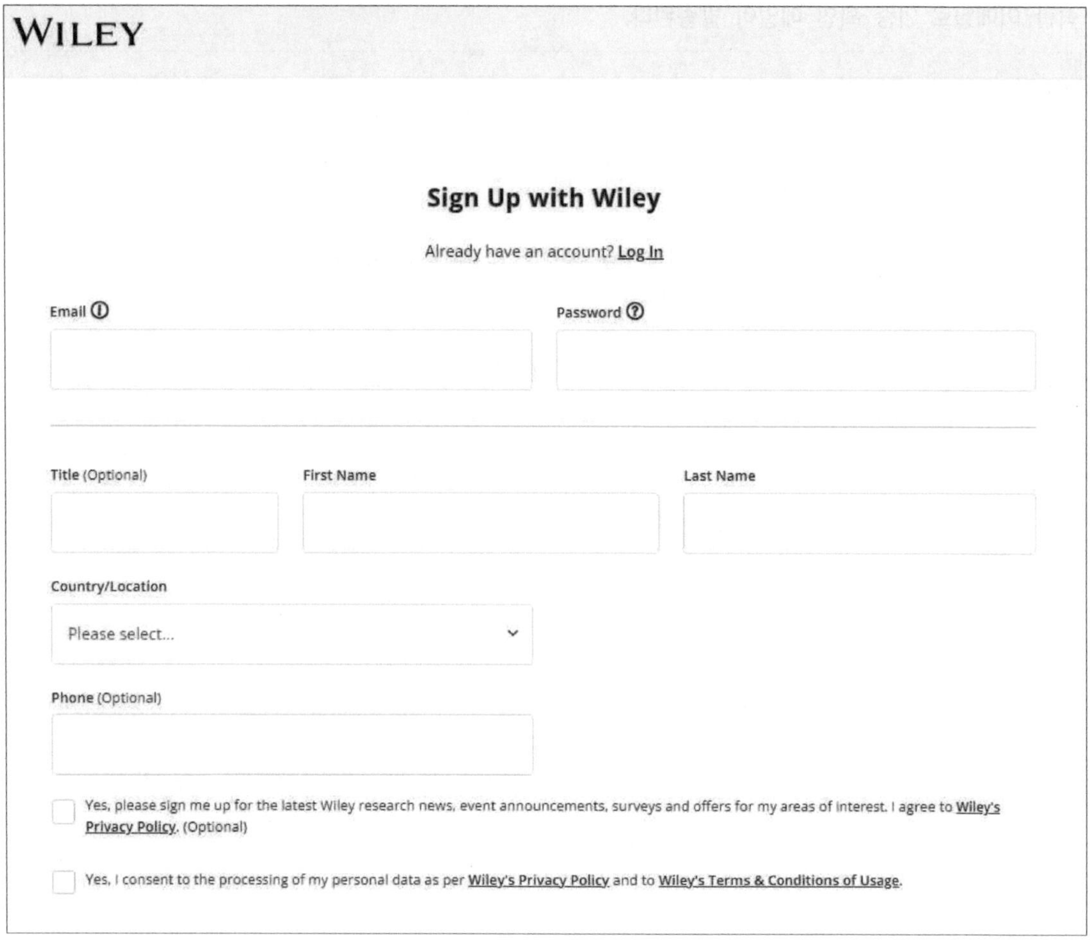

WILEY

Sign Up with Wiley

Already have an account? Log In

Email

Password

Title (Optional)

First Name

Last Name

Country/Location

Please select...

Phone (Optional)

Yes, please sign me up for the latest Wiley research news, event announcements, surveys and offers for my areas of interest. I agree to Wiley's Privacy Policy. (Optional)

Yes, I consent to the processing of my personal data as per Wiley's Privacy Policy and to Wiley's Terms & Conditions of Usage.

그림 75

회원가입 화면에서 가입을 위한 개인정보를 입력하고, 스크롤을 내려 'Register'를 클릭하면 입력한 이메일로 인증 확인 메일이 발송된다.

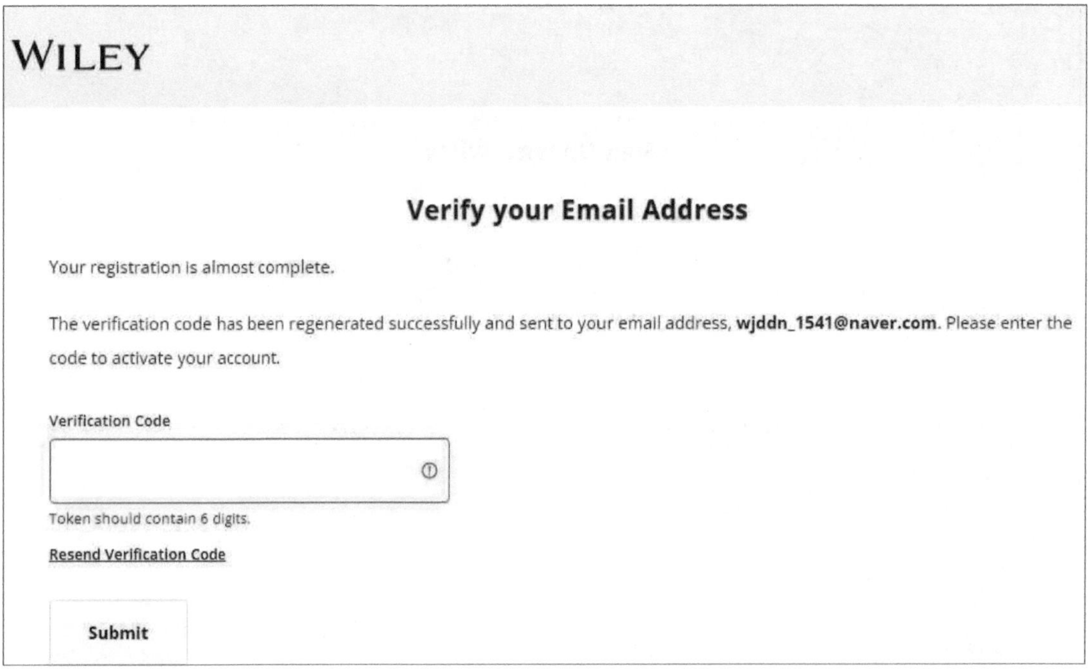

WILEY

Verify your Email Address

Your registration is almost complete.

The verification code has been regenerated successfully and sent to your email address, **wjddn_1541@naver.com**. Please enter the code to activate your account.

Verification Code

Token should contain 6 digits.

Resend Verification Code

Submit

그림 76

메일로 받은 인증 코드를 입력하고 'Submit'을 클릭하면 회원가입이 완료된다.

Wiley에 로그인하면 다음과 같이 메인 페이지가 나타난다.

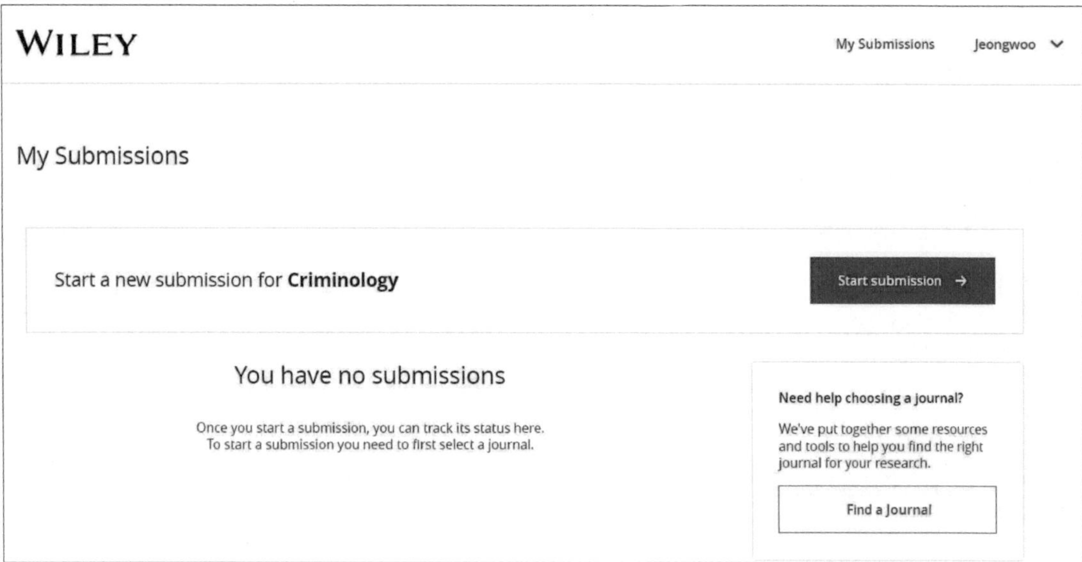

그림 77

논문을 투고하기 위해 'Start submission'을 클릭하면 다음과 같이 진행 상황(Your Progress)을 보여준다.

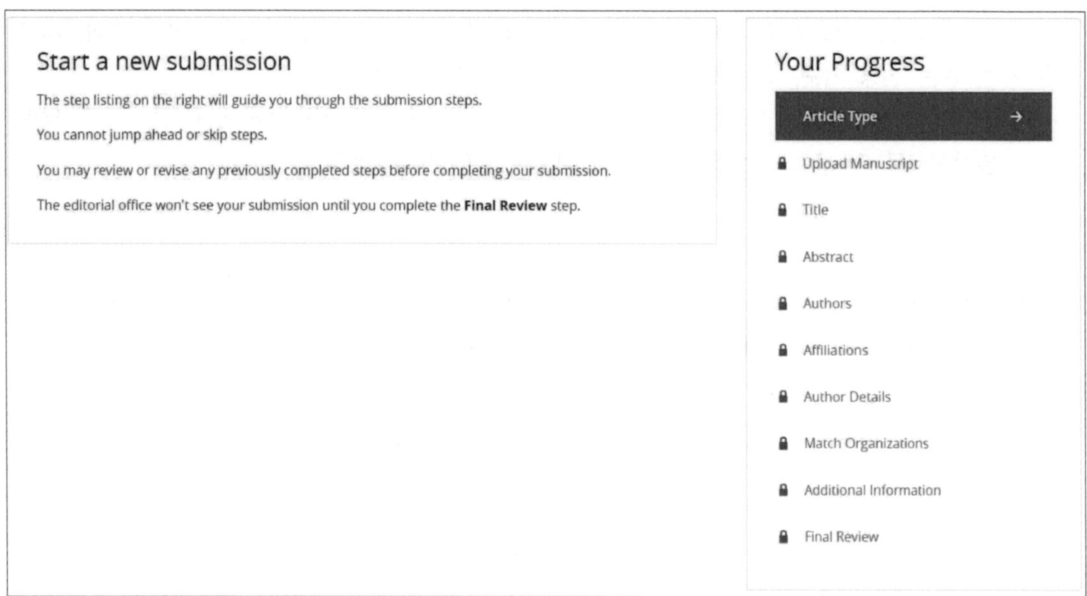

그림 78

투고 단계를 차례대로 진행해보자. 가장 먼저 'Article Type'을 클릭하면 다음과 같이 원고의 종류를 선택할 수 있다.

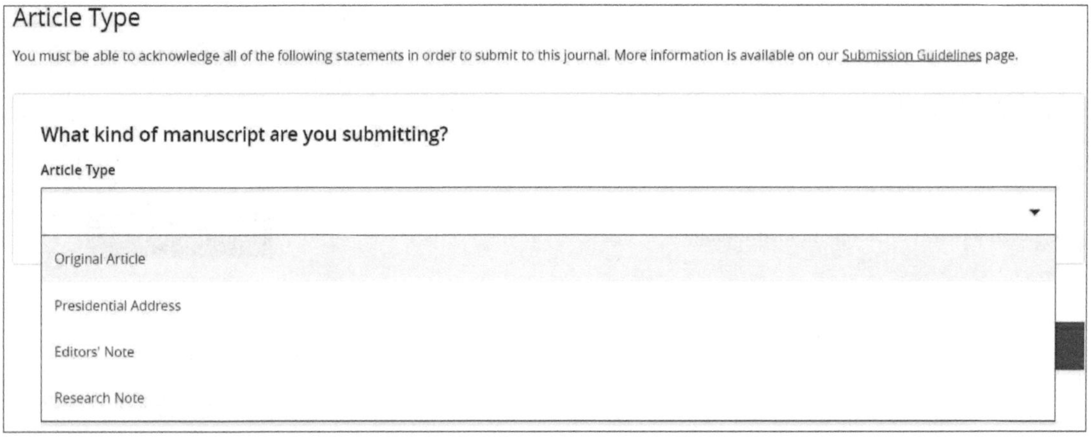

Article Type

You must be able to acknowledge all of the following statements in order to submit to this journal. More information is available on our Submission Guidelines page.

What kind of manuscript are you submitting?

Article Type

Original Article

Presidential Address

Editors' Note

Research Note

그림 79

<참고: Article Type>

▸ Original Article: 일반적인 학술 논문 유형으로, 연구나 조사 결과를 상세하게 서술하는 긴 형식의 논문을 의미한다.

▸ Presidential Article: 학술지 편집장이 직접 선정한 저명한 연구자들이 발표하는 논문으로, 학술지에서 많은 관심과 주목을 받는다.

▸ Editor's Note: 저널의 Editor가 작성한 짧은 길이의 논문이며, 주로 저널의 편집 방향, 새로운 발전, 논문 선정 기준, 또는 학회 활동에 관한 주제를 다룬다.

▸ Research Note: 기존 연구를 요약하거나 새로운 연구 결과를 간단하게 발표하는 논문 유형이다. 일반적으로 Original Article보다 짧고 간결한 형태로 작성된다.

Article Type으로 Original Article을 선택하면 다음과 같이 개인정보 이용과 저작권에 관한 안내가 설명되어 있다. 체크박스에 체크하고 'Confirm'을 클릭한다.

다음으로 원고 업로드를 위해 Your Progress(진행 상황)에서 'Upload Manuscript'를 클릭한다.

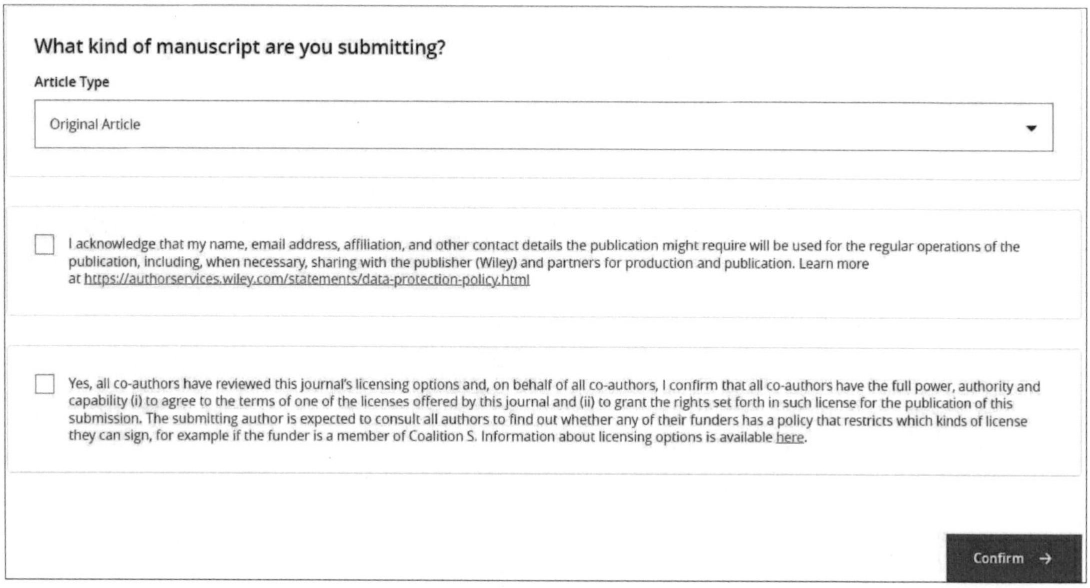

What kind of manuscript are you submitting?

Article Type

Original Article ▾

☐ I acknowledge that my name, email address, affiliation, and other contact details the publication might require will be used for the regular operations of the publication, including, when necessary, sharing with the publisher (Wiley) and partners for production and publication. Learn more at https://authorservices.wiley.com/statements/data-protection-policy.html

☐ Yes, all co-authors have reviewed this journal's licensing options and, on behalf of all co-authors, I confirm that all co-authors have the full power, authority and capability (i) to agree to the terms of one of the licenses offered by this journal and (ii) to grant the rights set forth in such license for the publication of this submission. The submitting author is expected to consult all authors to find out whether any of their funders has a policy that restricts which kinds of license they can sign, for example if the funder is a member of Coalition S. Information about licensing options is available here.

Confirm →

그림 80

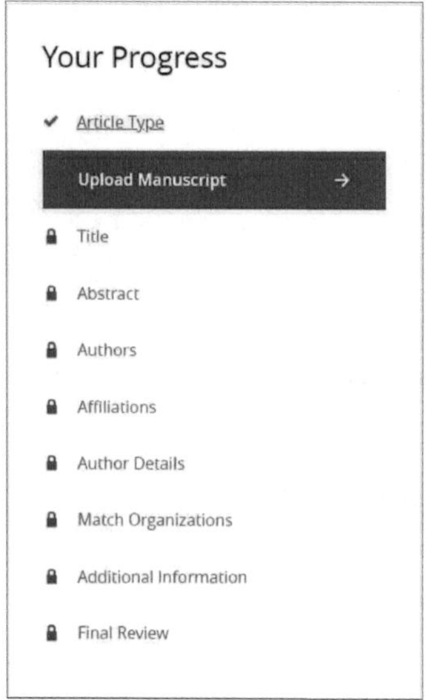

그림 81

올려줄 원고는 Required Files(필수 업로드 파일)와 Optional Files(선택 업로드 파일)로 나누어져 있다.

Upload Manuscript

Upload your Main Manuscript and related files. More information about the kinds of files you can provide for the selected article type are listed below.

Required Files

Anonymized Main Document - MS Word

- Required
- MS Word
- Maximum of 1 file

Your main manuscript document may be submitted without journal-specific reformatting. It may include embedded figures and tables, but should not include any supplementary materials. It should not contain identifying information (authors' names, affiliations, and funding sources).

Upload

Title Page

- Required
- MS Word
- Maximum of 1 file

The Title Page will not be sent to peer reviewers and should include your manuscript title, authors' names and affiliations, address for correspondence including email address, acknowledgements, and conflict of interest statement.

Upload

Submission Information - Confirm the following:

- Required
- Maximum of 1 file

Have you or your co-authors recently submitted or published a similar manuscript using the same or similar data in another journal? If so, please provide the title and journal name.

Upload

Conflict of Interest

- Required
- PDF, RTF, MS Word
- Reordering allowed

Upload one conflict of interest document per author disclosing either any conflicts of interest or declaring no conflict exists.

Your conflict of interest statement should not be included within your manuscript.

The existence of a conflict of interest does not necessarily preclude publication in this journal. Learn more about Conflict of Interest.

Upload

그림 82 필수 업로드 파일(Required Files)

먼저 Required Files부터 차례로 올려준다.

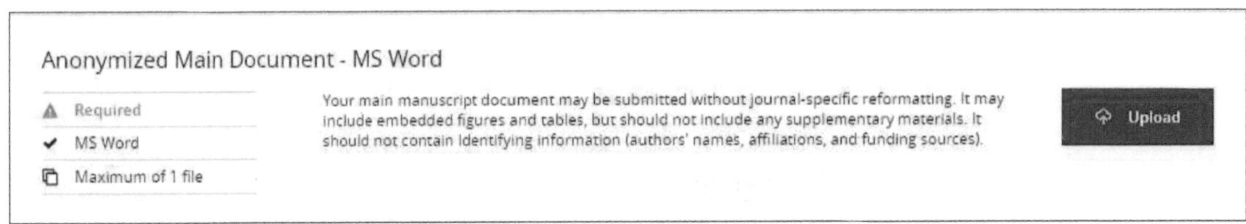

그림 83 본문 MS-Word 파일을 올려준다. 본문에는 저자 정보가 포함되어서는 안 된다.

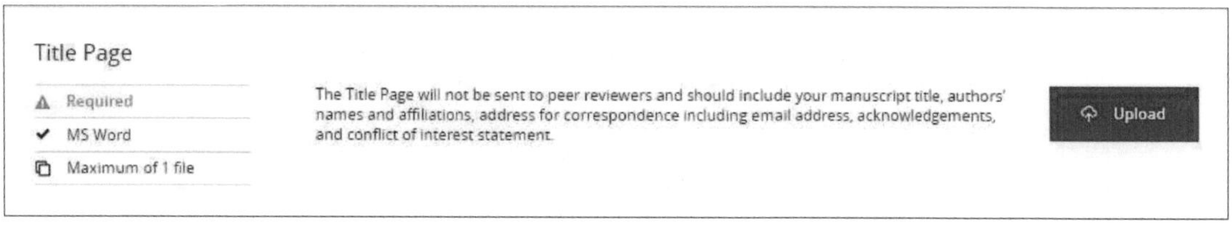

Title Page

- Required
- MS Word
- Maximum of 1 file

The Title Page will not be sent to peer reviewers and should include your manuscript title, authors' names and affiliations, address for correspondence including email address, acknowledgements, and conflict of interest statement.

Upload

그림 84 Title Page를 올린다. Title Page는 논문 제목, 저자 정보 등을 포함하며 리뷰어에게는 전달되지 않는다.

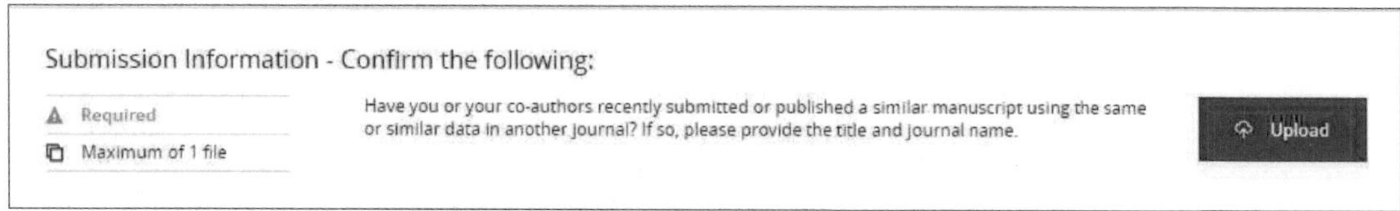

그림 85 투고하는 논문과 같거나 유사한 데이터로 다른 저널에 논문을 투고하거나 게재한 사실이 있는지 확인한다. 만약 그렇다면 해당 논문의 제목과 저널명을 기재하고, 그런 사실이 없다면 "I have not submitted or published a similar paper in another journal using the same or similar data as this paper."와 같은 문구를 저장한 Word 파일을 올려준다.

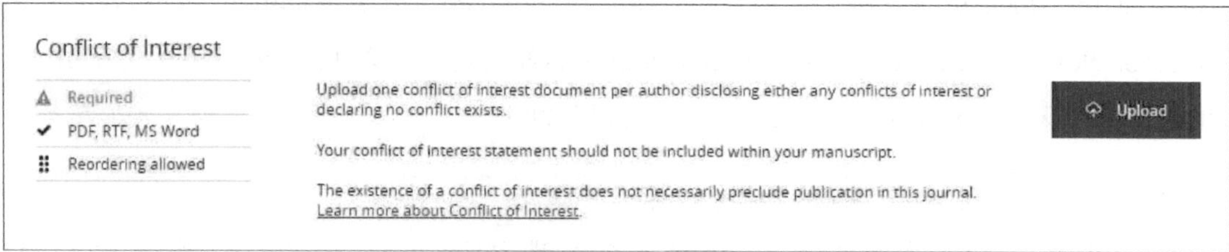

그림 86 논문의 저자 당 하나의 Conflict of Interest Document 문서를 올려줘야 한다. Conflict of Interest에 대한 설명은 'Learn more about Conflict of Interest'를 클릭하면 확인할 수 있다.

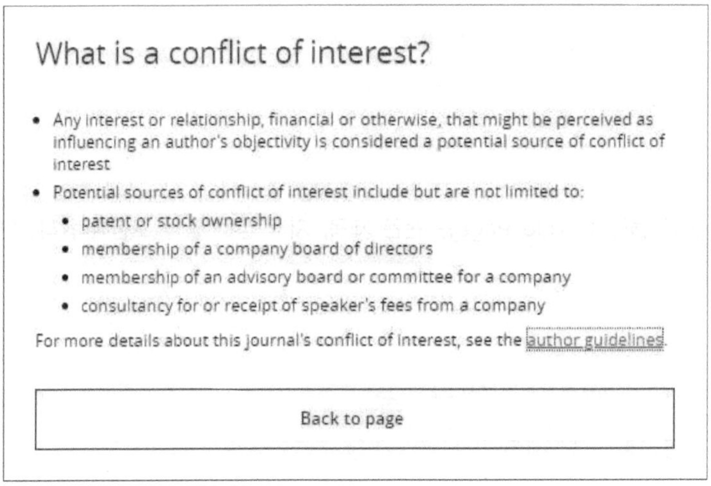

What is a conflict of interest?

- Any interest or relationship, financial or otherwise, that might be perceived as influencing an author's objectivity is considered a potential source of conflict of interest
- Potential sources of conflict of interest include but are not limited to:
  - patent or stock ownership
  - membership of a company board of directors
  - membership of an advisory board or committee for a company
  - consultancy for or receipt of speaker's fees from a company

For more details about this journal's conflict of interest, see the author guidelines.

Back to page

그림 87 Conflict of Interest에 대한 설명이다. 이해관계 충돌이 발생할 수 있는 사항으로 특허나 주식 소유, 특정 회사와 관련성 등을 제시하고 있다. 상세한 내용은 Author Guidelines에서 확인할 수 있다.

다음으로 Optional Files를 올려준다. 업로드 대상 파일로는 Figure, Table, Supplementary Material for Review, Additional File for Review but Not for Publication, Supplementary Material Not for Review, Cover letter/Comments가 있다. 이 중 Figure, Table, Cover letter는 업로드하고, 그 외의 경우 필요한 경우 올려주면 된다.

<참고: Figure와 Table을 별도로 올리는 이유>

Figure(그림), Table(표) 등을 별도로 올려줄 수 있게 해두었는데, 그 이유는 다음과 같다. 첫 번째로, 표절 확인을 철저히 하기 위해서다. 논문의 표절률은 전체 내용 중 기존 논문들과 겹치는 부분으로 계산되는데, 논문에 포함된 전체 글자 수가 많을수록 표절률이 낮아지므로, 그림과 표가 포함되어 있으면 표절률이 실제보다 낮아질 수 있다. 따라서 표절률을 정확히 산출하기 위해 그림과 표를 별도로 제출해달라고 요구할 수 있다. 두 번째로, 출판사에서 편집을 쉽게 하려고 별도의 파일 업로드를 요구하기도 한다.

Optional Files

Figure

- Optional
- Most image files
- Reordering allowed

You may provide figures separately if they aren't embedded in your Main Document.
Accepted file types: Most image files

Upload

Table

- Optional
- Most document files
- Reordering allowed

You may provide tables separately if they aren't embedded in your Main Document.
Accepted file types: Most document files

Upload

Supplementary Material for Review

- Optional
- Reordering allowed

Other files related to your research that aren't part of your Main Document, but will be available to Peer Reviewers and published as Supplementary Material.

Upload

Additional File for Review but Not for Publication

- Optional
- Reordering allowed

Other files related to your research that aren't part of your Main Document, and will be available to Peer Reviewers, but WILL NOT be published as Supplementary Material.

Upload

Supplementary Material Not for Review

- Optional
- Reordering allowed

Other files related to your research that provide context or meet regulatory or submission requirements, but will *not* be available to Peer Reviewers or appear in the published version.

Upload

Cover letter / Comments

- Optional
- PDF, RTF, MS Word
- Maximum of 1 file

Comments or information for editorial consideration that will not be shown to Peer Reviewers or appear in the published version.
Accepted file types: Most document files

Upload

그림 88 선택 업로드 파일(Optional Files)

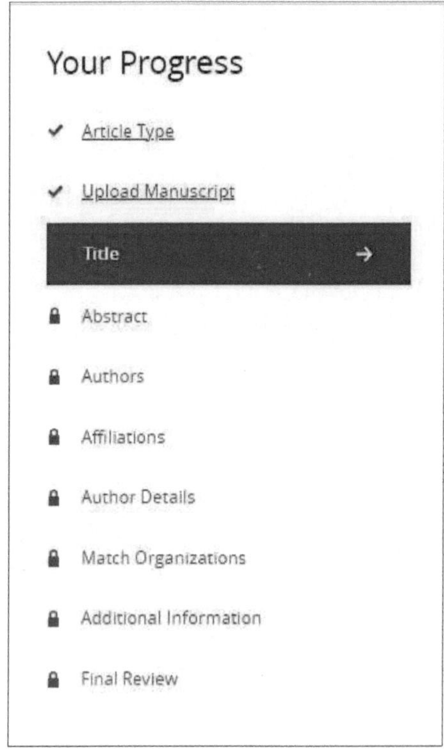

그림 89

원고 업로드를 완료하였으면 다음으로 'Title'을 클릭하면 시스템이 자동으로 올린 파일(Main Document)로부터 Title을 찾아 아래 그림과 같이 표시한다.

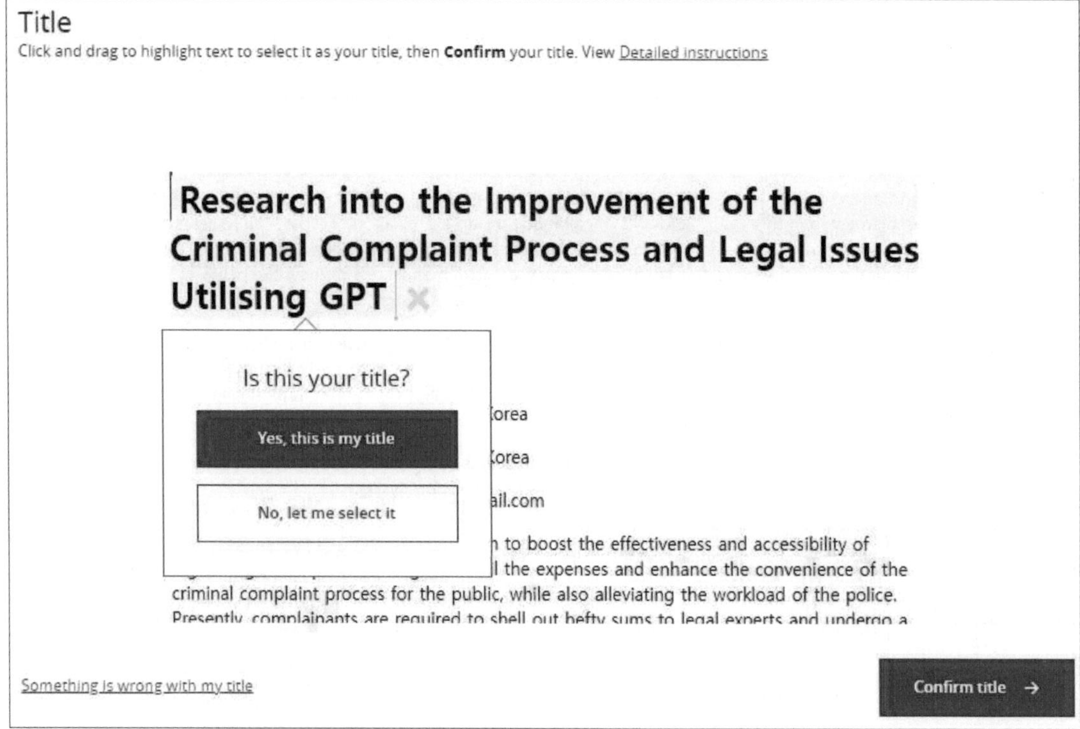

그림 90

위 화면에서 블록 처리된 부분이 논문의 Title이 맞다면 'Yes, this is my title'을 클릭하고, 만약 아니라면 'No, let me select it'을 선택하여 원고에서 Title 부분을 직접 드래그하여 블록 처리한다. Title 확인 완료 후 'Confirm title'을 클릭한다.

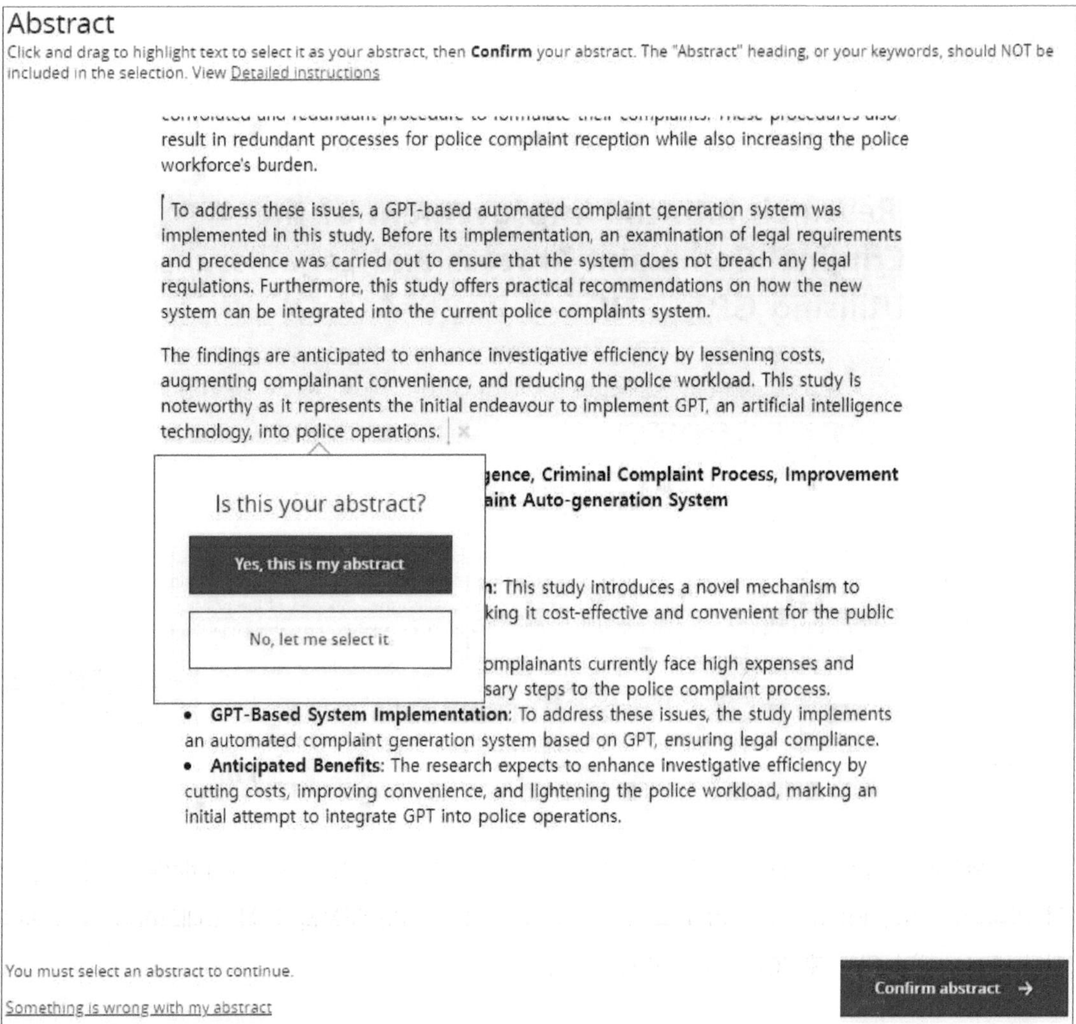

Abstract
Click and drag to highlight text to select it as your abstract, then Confirm your abstract. The "Abstract" heading, or your keywords, should NOT be included in the selection. View Detailed instructions
result in redundant processes for police complaint reception while also increasing the police workforce's burden.
To address these issues, a GPT-based automated complaint generation system was implemented in this study. Before its implementation, an examination of legal requirements and precedence was carried out to ensure that the system does not breach any legal regulations. Furthermore, this study offers practical recommendations on how the new system can be integrated into the current police complaints system.
The findings are anticipated to enhance investigative efficiency by lessening costs, augmenting complainant convenience, and reducing the police workload. This study is noteworthy as it represents the initial endeavour to implement GPT, an artificial intelligence technology, into police operations.
Is this your abstract?
Yes, this is my abstract
No, let me select it
gence, Criminal Complaint Process, Improvement
aint Auto-generation System
: This study introduces a novel mechanism to
king it cost-effective and convenient for the public
omplainants currently face high expenses and
sary steps to the police complaint process.
GPT-Based System Implementation: To address these issues, the study implements an automated complaint generation system based on GPT, ensuring legal compliance.
Anticipated Benefits: The research expects to enhance investigative efficiency by cutting costs, improving convenience, and lightening the police workload, marking an initial attempt to integrate GPT into police operations.
You must select an abstract to continue.
Something is wrong with my abstract
Confirm abstract →

그림 91

다음으로 Abstract를 확인하는 화면이 나타난다. Title을 확인한 것과 같은 방법으로 원고의 Abstract를 드래그하여 블록 처리한 후, 'Confirm abstract'를 클릭한다.

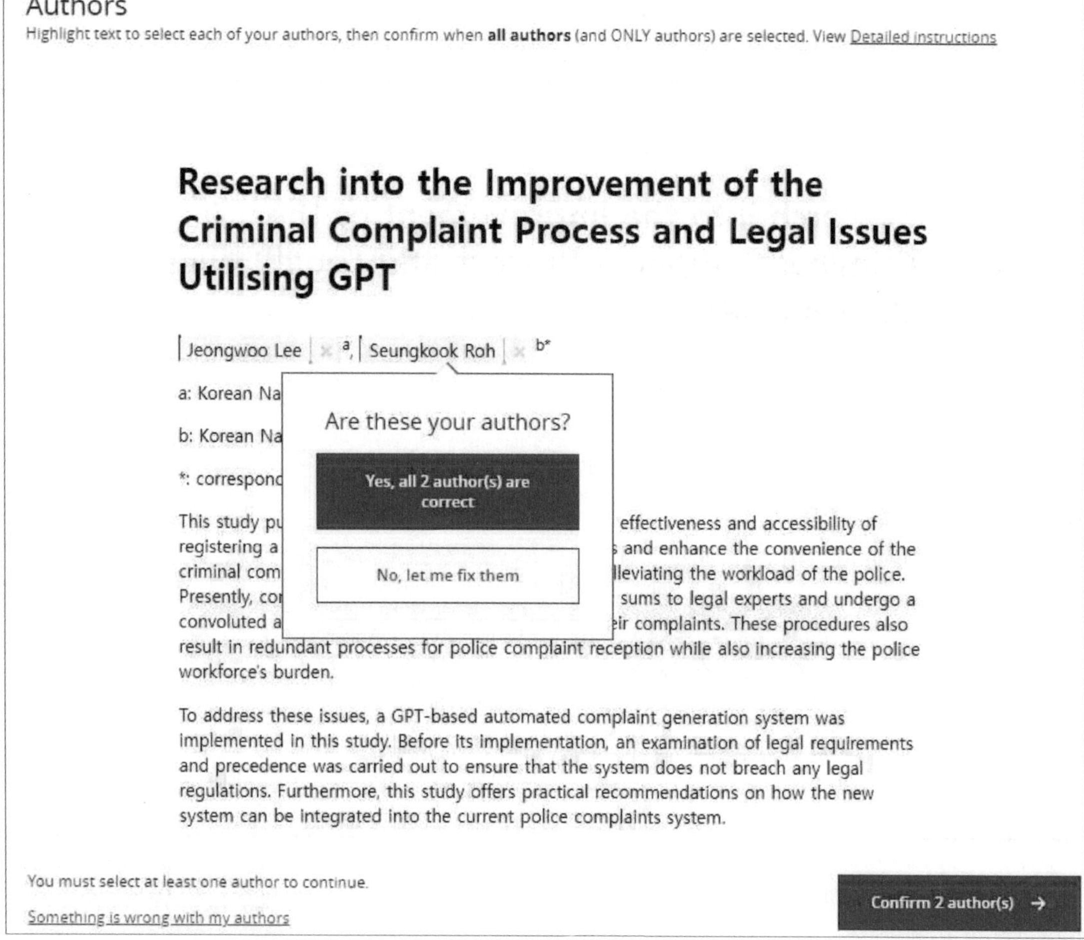

그림 92

다음 화면에서 Authors(저자)를 확인한다. 저자명과 저자의 수가 정확히 선택되어있는지를 확인하고 'Confirm n author(s)'를 클릭한다.

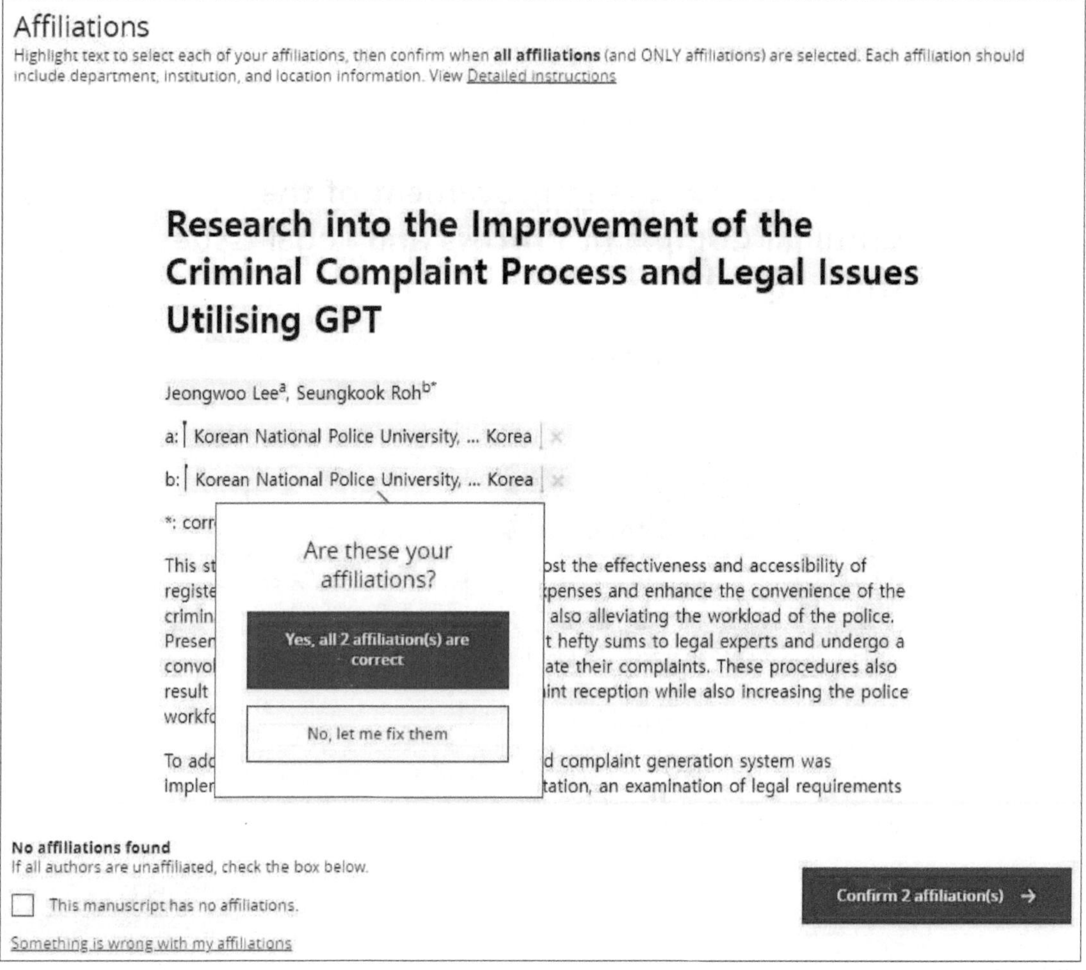

그림 93

저자들의 소속이 원고에 기재되어있는 경우, Affiliations(소속)를 선택할 수 있다. 원고의 Affiliation은 소속 기관, 부서, 위치 정보가 포함되어야 함을 유의한다. 확인을 마치고 'Confirm n affiliation(s)'을 클릭하면 아래와 같이 진행 상황이 나타난다.

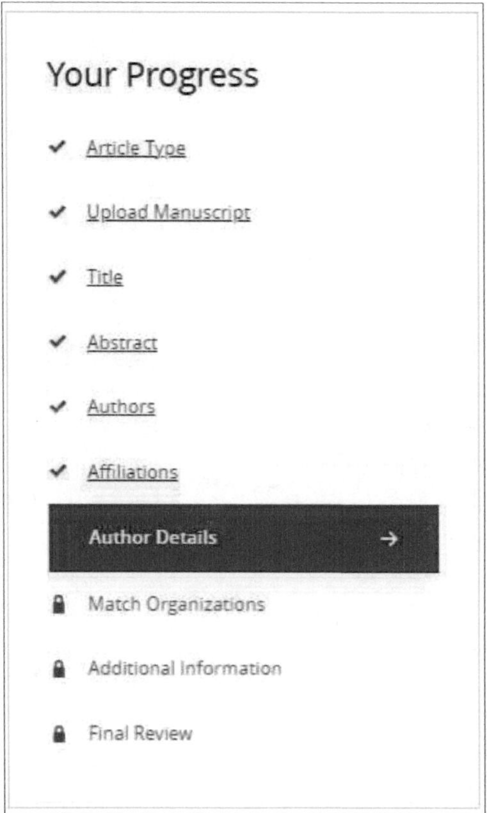

그림 94

이어서 'Author Details'를 클릭한다.

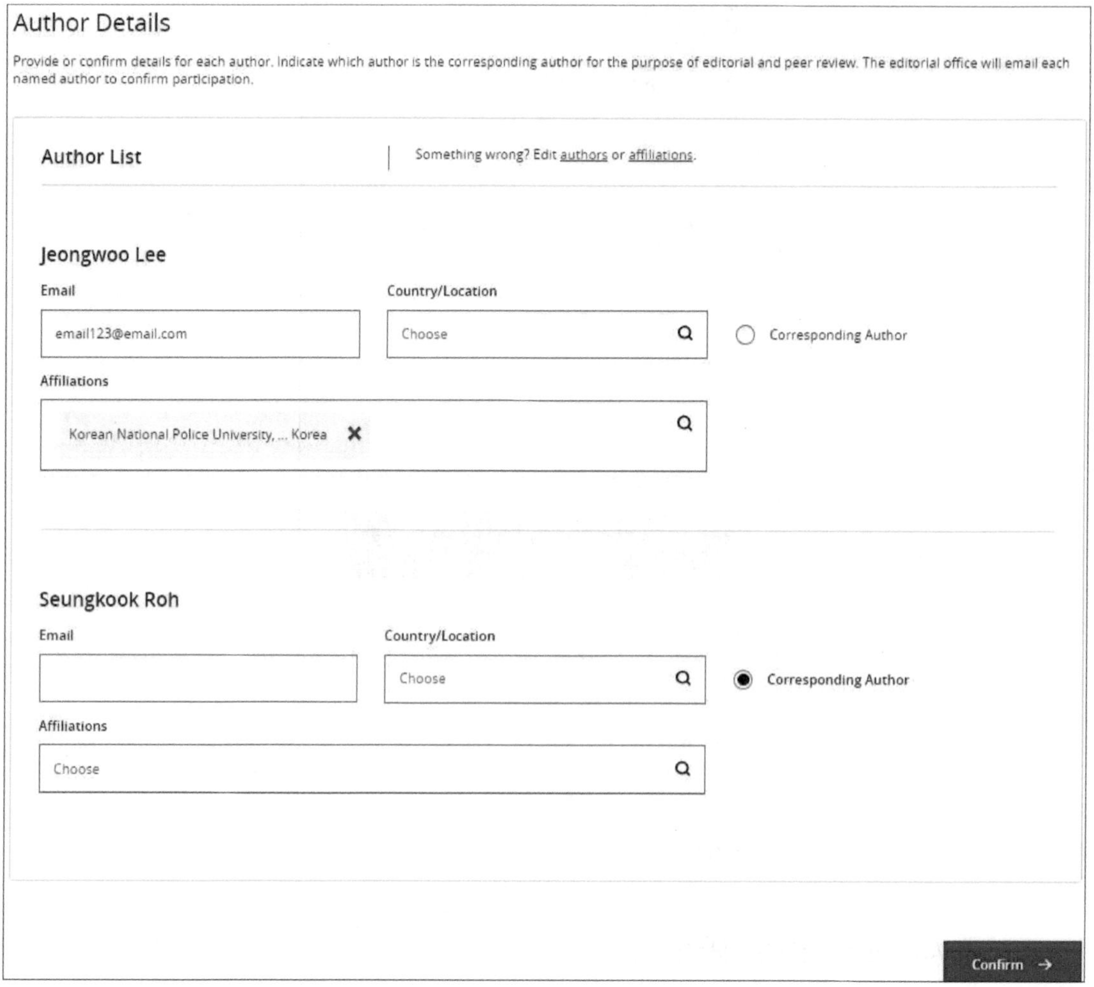

Author Details

Provide or confirm details for each author. Indicate which author is the corresponding author for the purpose of editorial and peer review. The editorial office will email each named author to confirm participation.

Author List | Something wrong? Edit authors or affiliations.

Jeongwoo Lee

Email: email123@email.com

Country/Location: Choose

Corresponding Author

Affiliations: Korean National Police University, ... Korea

Seungkook Roh

Email

Country/Location: Choose

Corresponding Author

Affiliations: Choose

Confirm →

그림 95

Author Details에서 저자의 상세 정보를 기재한다. 만약 Corresponding Author(교신저자)를 변경해야 하는 경우, 해당 저자에 체크한다.

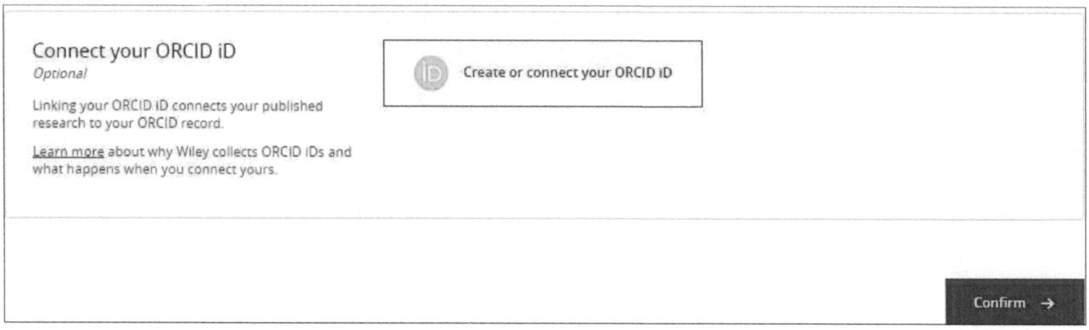

Connect your ORCID iD
Optional
Linking your ORCID iD connects your published research to your ORCID record.
Learn more about why Wiley collects ORCID iDs and what happens when you connect yours.
Create or connect your ORCID iD
Confirm →

그림 96

저자 정보 기재를 완료하면 ORCID ID와 연결할 수 있는 알림창이 나타난다. 추후 연구 실적 관리 등을 위해 ORCID ID와 연결하는 것이 좋다. 완료 후 'Confirm'을 클릭한다.

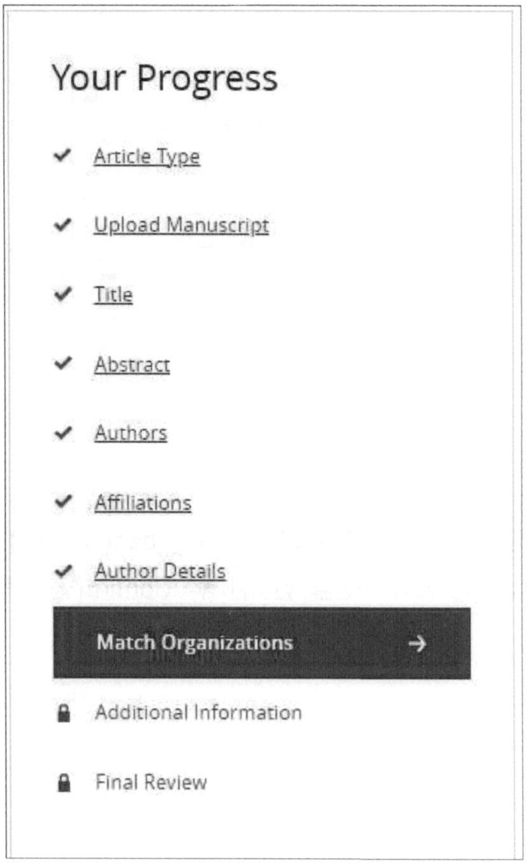

Your Progress
✔ Article Type
✔ Upload Manuscript
✔ Title
✔ Abstract
✔ Authors
✔ Affiliations
✔ Author Details
Match Organizations →
Additional Information
Final Review

그림 97

다음으로 Match Organizations를 클릭한다. 만약 입력한 소속 기관명이 Wiley의 데이터베이스에 등록된 실제 기관명과 다를 경우, 아래 그림과 같이 Not Matched 상태가 표시된다.

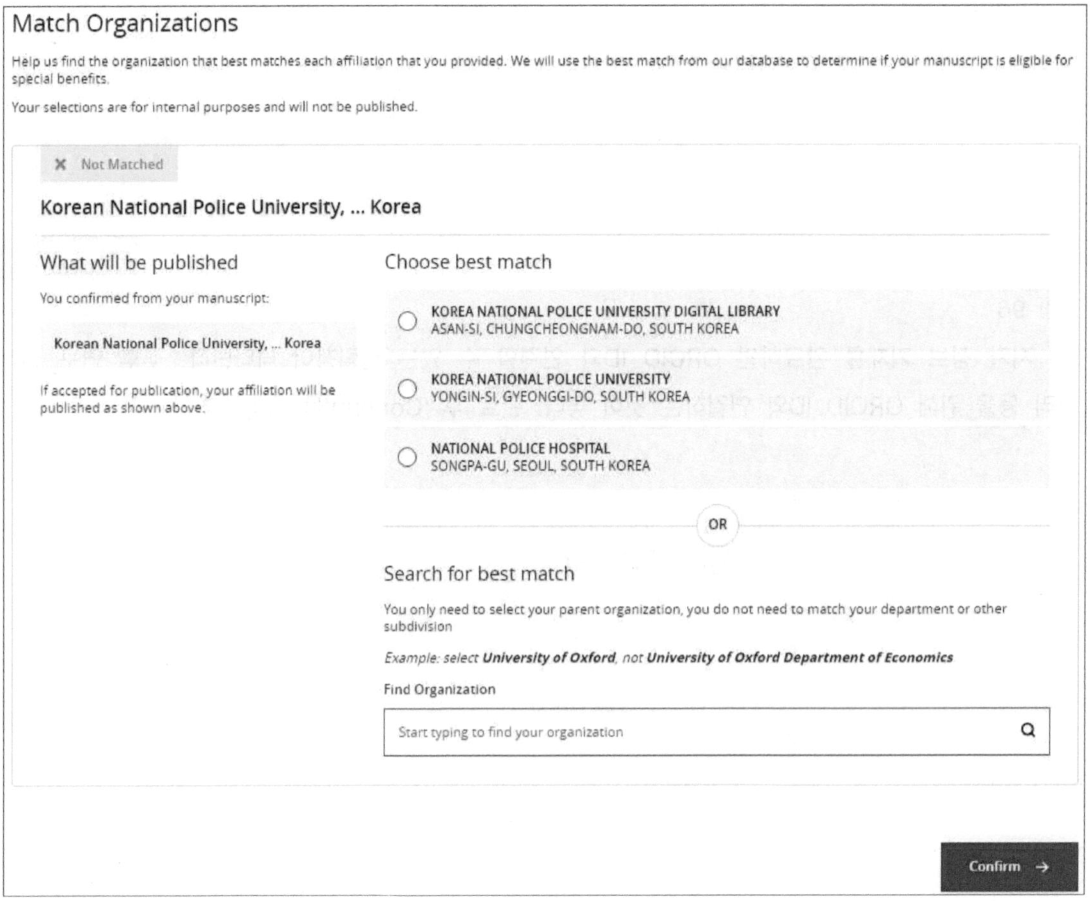

Match Organizations

Help us find the organization that best matches each affiliation that you provided. We will use the best match from our database to determine if your manuscript is eligible for special benefits.

Your selections are for internal purposes and will not be published.

✖ Not Matched

Korean National Police University, ... Korea

What will be published

You confirmed from your manuscript:

Korean National Police University, ... Korea

If accepted for publication, your affiliation will be published as shown above.

Choose best match

- KOREA NATIONAL POLICE UNIVERSITY DIGITAL LIBRARY
  ASAN-SI, CHUNGCHEONGNAM-DO, SOUTH KOREA
- KOREA NATIONAL POLICE UNIVERSITY
  YONGIN-SI, GYEONGGI-DO, SOUTH KOREA
- NATIONAL POLICE HOSPITAL
  SONGPA-GU, SEOUL, SOUTH KOREA

OR

Search for best match

You only need to select your parent organization, you do not need to match your department or other subdivision

Example: select ***University of Oxford****, not* ***University of Oxford Department of Economics***

Find Organization

Start typing to find your organization

Confirm →

그림 98

기재한 소속 기관과 유사한 기관이 추천되며(Choose best match), 직접 검색하여 찾을 수도 있다(Search for best match). 소속 기관을 선택한 후 'Confirm'을 클릭한다.

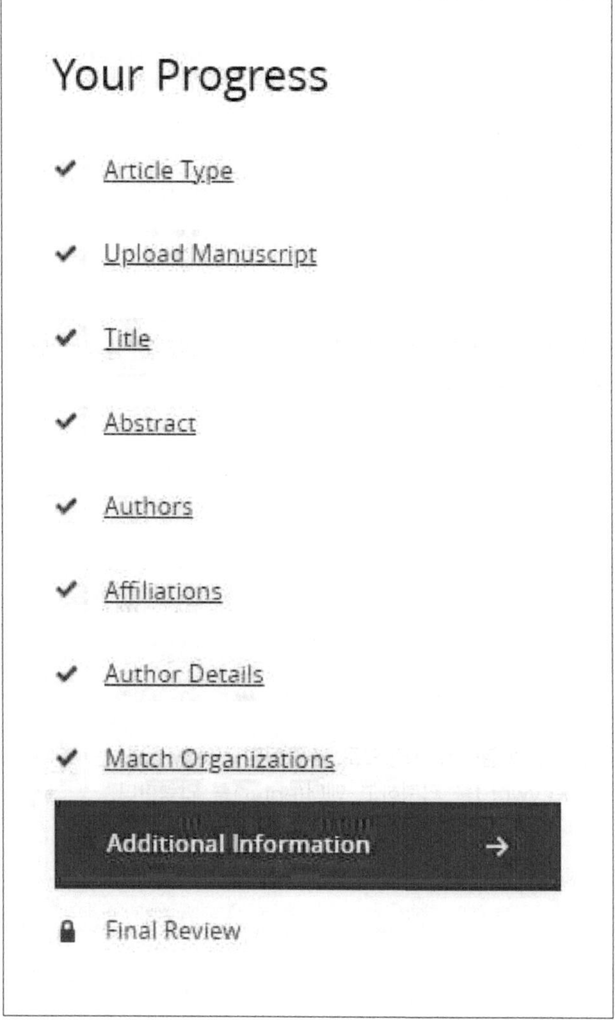

그림 99

다음으로 'Additional Information'에서 추가 정보를 입력한다. 입력할 추가 정보로는 펀딩(지원금 수령) 여부, 키워드 선택, 연구 방법, 저널에 논문 재투고 여부, Cover Letter가 있다. 다음과 같이 순서대로 입력한다.

Additional Information

Just a few more questions about your manuscript. Please note that if your manuscript advances to the next stage we may ask you to provide more information.

Is this research supported by funding?

You should list all funders for this manuscript and associated research. This helps us ensure that you're compliant with any funder mandates.

Funders are matched with Funder Registry for transparency into research funding and its outcomes. Learn More

- ◯ No funding was received for this manuscript
- ◯ Yes, this manuscript has one or more funders

그림 100 연구가 지원금(펀딩)을 받아 진행되었는지를 묻는다. 지원금을 받지 않았다면 'No'를 클릭하고, 지원금을 받았다면 'Yes'를 클릭하여 Funder 세부 정보를 입력한다.

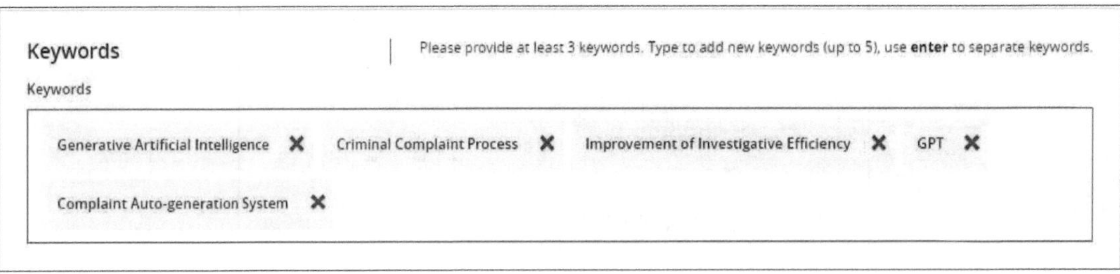
Keywords

Please provide at least 3 keywords. Type to add new keywords (up to 5), use **enter** to separate keywords.

Keywords

Generative Artificial Intelligence ✖ Criminal Complaint Process ✖ Improvement of Investigative Efficiency ✖ GPT ✖

Complaint Auto-generation System ✖

그림 101 Keywords는 올려준 파일에서 자동으로 추출된다. Keywords는 3개~5개를 선정해야 하며, 추가 입력을 원하는 경우 빈칸에 Keyword를 입력하고 엔터(enter)를 입력한다.

Methods

Select a method that best matches the focus of your manuscript. The editorial office will use these selections to find appropriate subject matter experts for peer review.

Research Topics

Start typing to find a topic

그림 102 연구 방법을 선택한다. Mixed(혼합)/Other(기타)/Qualitative(질적)/Quantitative(양적) 중에서 하나를 선택할 수 있다.

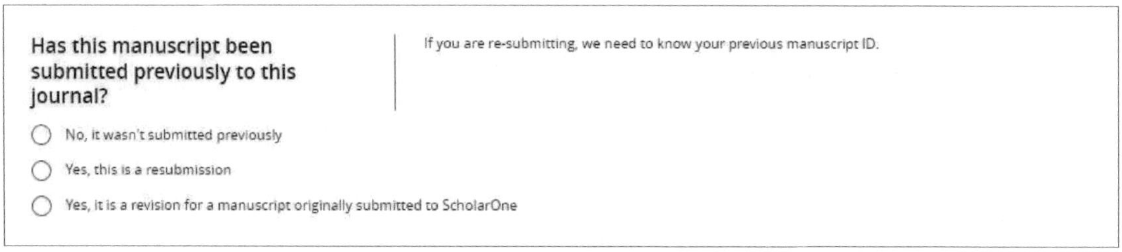

Has this manuscript been submitted previously to this journal?

If you are re-submitting, we need to know your previous manuscript ID.

- ○ No, it wasn't submitted previously
- ○ Yes, this is a resubmission
- ○ Yes, it is a revision for a manuscript originally submitted to ScholarOne

그림 103 같은 저널에 같은 논문을 투고한 적이 있는지 묻는다. 응답 내용 중 'ScholarOne'은 Clarivate Analytics의 자회사로 논문 편집·투고·데이터관리 등을 제공하는 플랫폼이다.

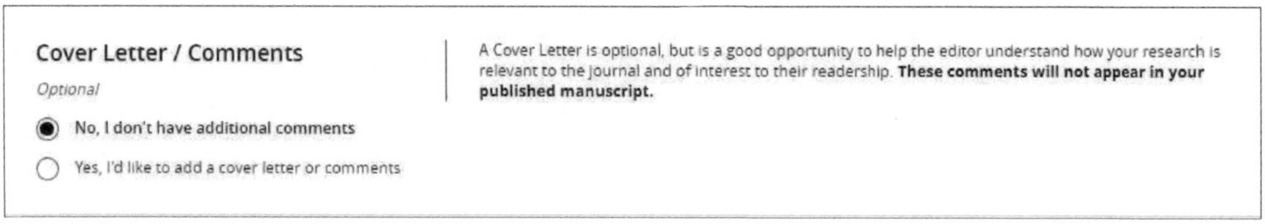

Cover Letter / Comments

Optional

A Cover Letter is optional, but is a good opportunity to help the editor understand how your research is relevant to the journal and of interest to their readership. **These comments will not appear in your published manuscript.**

- ◉ No, I don't have additional comments
- ○ Yes, I'd like to add a cover letter or comments

그림 104 Cover Letter 및 Comments를 작성할지 묻는다. 만약 Optional Files로 Cover Letter를 올리지 않았다면 'Yes'를 클릭하여 Cover Letter를 작성하도록 한다.

Additional Information 작성 완료 후 화면 하단의 'Confirm'을 클릭한다.

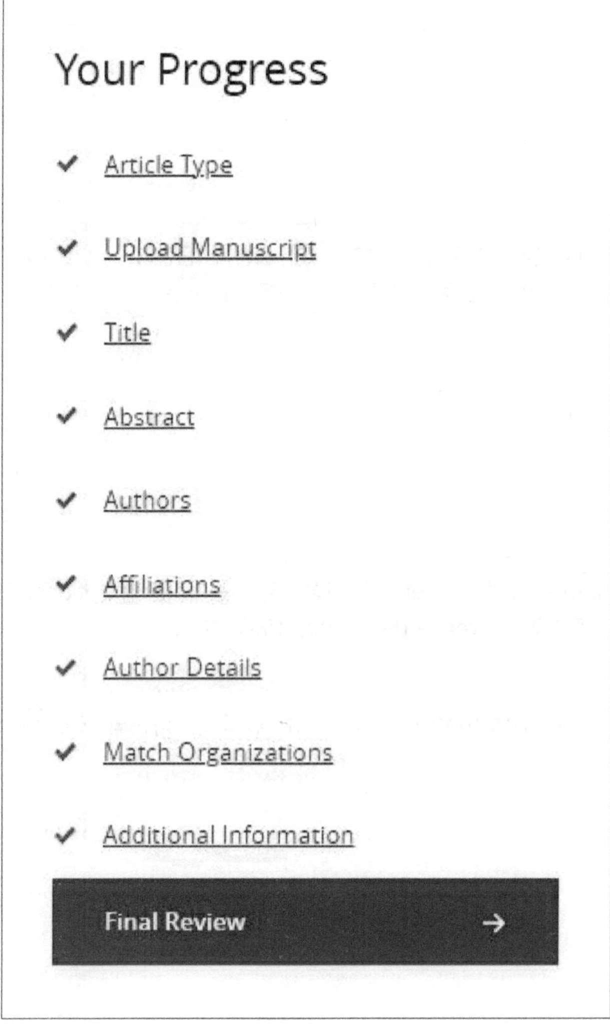

그림 105

다음으로 'Final Review'에서 최종 확인을 진행한다.

Final Review

Initial Submission You're about to send your submission to the journal editors for review. After you complete submission, you will not be able to make changes unless your manuscript is returned. If everything looks correct, click **Complete my submission** to send it to editorial review.

Article Type
Edit

Original Article

Title
Edit

Research into the Improvement of the Criminal Complaint Process and Legal Issues Utilising GPT

Manuscript Files
Edit

Name	Type of File	Size
Main Document.docx	Anonymized Main Document - MS Word	17.6 KB
Title Page.docx	Title Page	16.4 KB
Submission Information.docx	Submission Information - Confirm the following:	13.9 KB
Conflict of Interest.docx	Conflict of Interest	13.9 KB

Abstract
Edit

This study puts forth a novel mechanism to boost the effectiveness and accessibility of registering a complaint, aiming to curtail the expenses and enhance the convenience of the criminal complaint process for the public, while also alleviating the workload of the police. Presently, complainants are required to shell out hefty sums to legal experts and undergo a convoluted and redundant procedure to formulate their complaints. These procedures also result in redundant processes for police complaint reception while also increasing the police workforce's burden.

To address these issues, a GPT-based automated complaint generation system was implemented in this study. Before its implementation, an examination of legal requirements and precedence was carried out to ensure that the system does not breach any legal regulations. Furthermore, this study offers practical recommendations on how the new system can be integrated into the current police complaints system. The findings are anticipated to enhance investigative efficiency by lessening costs, augmenting complainant convenience, and reducing the police workload. This study is noteworthy as it represents the initial endeavour to implement GPT, an artificial intelligence technology, into police operations.

Keywords : Generative Artificial Intelligence, Criminal Complaint Process, Improvement of Investigative Efficiency, GPT, Complaint Auto-generation System

그림 106 Final Review(1/3). Article Type, Title, Manuscript Files, Abstract를 확인한다.

Authors
Edit

Name	Email	Country/Location
Jeongwoo Lee [1] 0000-	wjddn_1541@naver.com	South Korea
Seungkook Roh [1] Corresponding Author	email123456@email.com	South Korea

Affiliations
Edit

1. Korean National Police University, ... Korea

Additional Information
Edit

Is this research supported by funding?
No funding was received for this manuscript

Keywords
Generative Artificial Intelligence; Criminal Complaint Process; Improvement of Investigative Efficiency; GPT; Complaint Auto-generation System

Methods
Quantitative

Has this manuscript been submitted previously to this journal?
No, it wasn't submitted previously

Cover Letter / Comments
No, I don't have additional comments

그림 107 Final Review(2/3). Authors 정보, Affiliations, Additional Information을 확인한다.

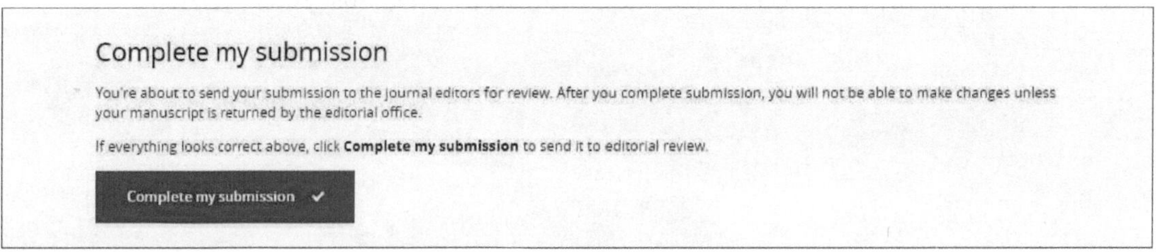

그림 108 Final Review(3/3). 확인을 마친 후 화면 하단의 'Complete my submission'을 클릭하면 투고가 완료된다.

<참고: 투고 이후 수신하는 메일>

저널에 논문 투고 절차를 마치면 저널마다 형식의 차이는 있으나 리뷰 프로세스에 대한 안내 메일을 수신하게 된다. 메일에는 리뷰의 진행 상황을 확인하는 방법(링크 등)이 포함되어 있다. 아래는 Elsevier로부터 수신한 메일의 예시이다.

Manuscript Number: NETJOURNAL-A-00-00000
Manuscript Title: Can nuclear energy be value neutral? - A focus on the thoughts of the public on portal news about South Korea's nuclear phase-out policy.
Journal: Nuclear Engineering and Technology

Dear Seungkook Roh,

Your submitted manuscript is currently under review. You can track the status of your submission in Editorial Manager, or track the review status in more detail using Track your submission here:
https://track.authorhub.elsevier.com?uuid=24fcba14-66fb-496d-8f6c-0d662ded778f

This page will remain active until the peer review process for your submission is completed. You can visit the page whenever you like to check the progress of your submission. The page does not require a login, so you can also share the link with your co-authors.

(생략)

We hope you find this service useful.

Kind regards,
Journal Office of Nuclear Engineering and Technology
Elsevier B.V.

3.5.3. KCI 저널 투고하기

KCI 저널을 선정하고 투고하는 절차를 차례대로 설명한다.

먼저 KCI 저널에 어떤 것들이 있는지 궁금하다면, 한국학술지인용색인(KCI) 홈페이지(https://www.kci.go.kr/)에서 내려받을 수 있다.

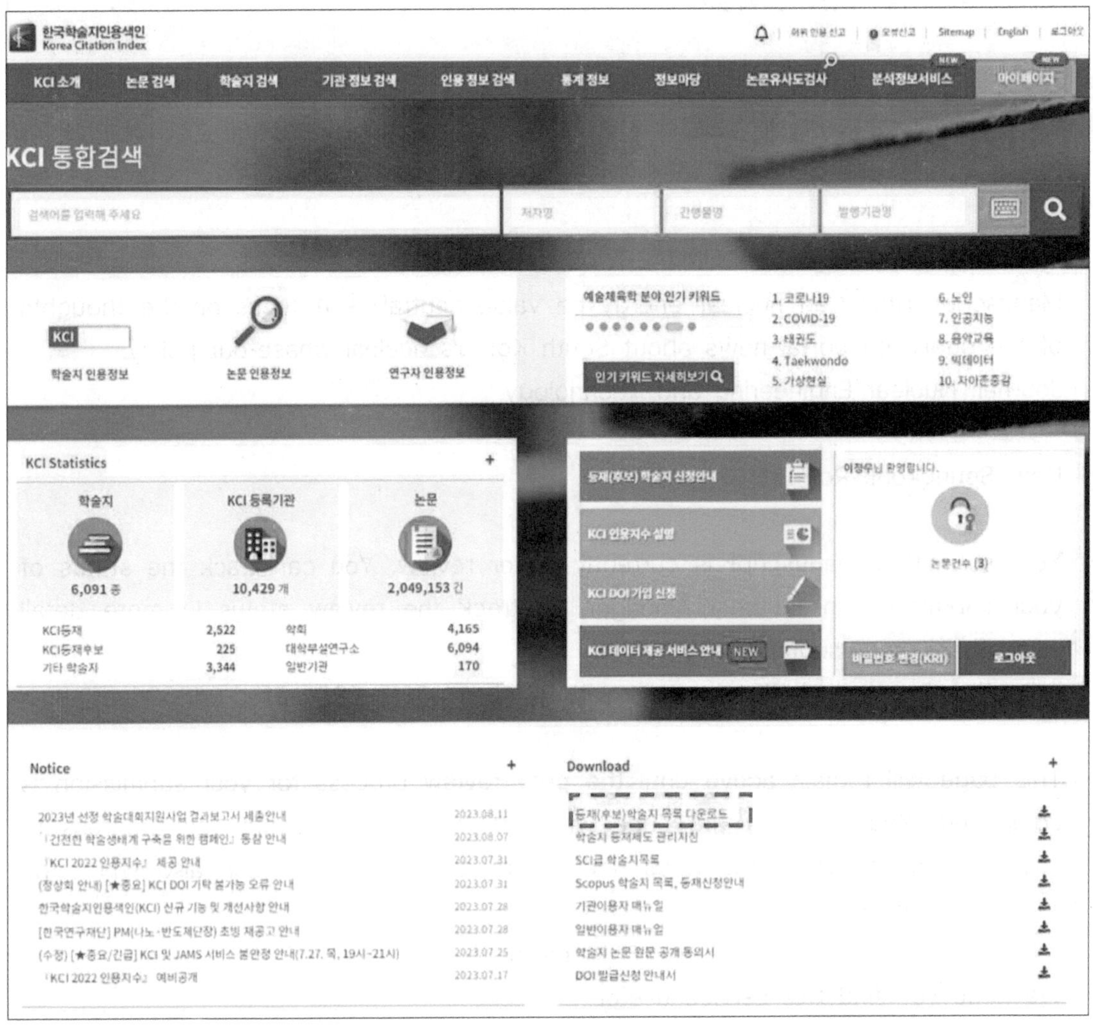

그림 109 KCI 홈페이지에서 등재(후보) 학술지 목록을 내려받을 수 있다.

KCI도 논문명, 키워드 초록을 입력하여 저널을 추천받을 수 있는 서비스가 존재한다. 연구기관 또는 대학의 전자저널 서비스를 이용하여 DBpia(https://www.dbpia.co.kr)에 접속한다.

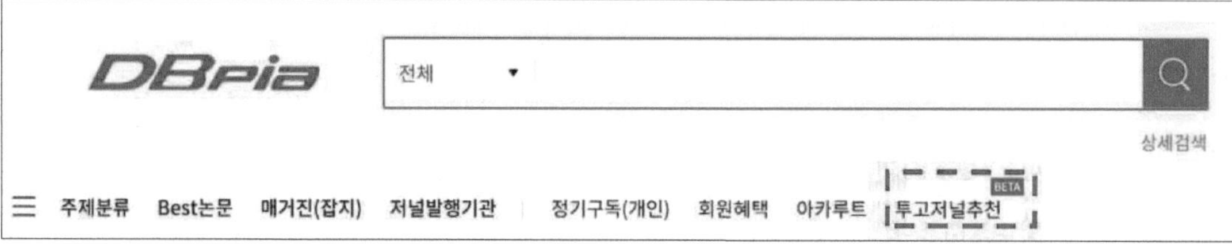

그림 110 DBpia의 검색창 아래의 메뉴에서 '투고저널추천'을 클릭한다.

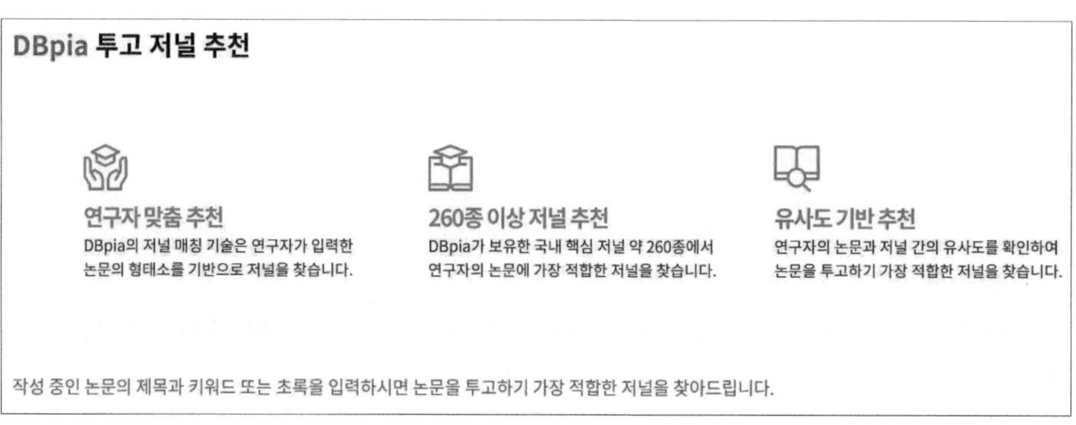

그림 111 투고 저널 추천(1/4)

DBpia의 투고 저널 추천 서비스에 대한 설명이 나타난다. 추천 방식은 Elsevier, Web of Science 등 출판사에서 제공하는 저널 추천 서비스와 유사하게 논문의 제목, 키워드, 초록을 입력하면 된다.

3 연구 논문의 실제

논문명*

작성 중인 논문의 제목을 입력하세요.

키워드*

작성 중인 논문의 키워드를 입력하세요. (ex. 논문,투고)

초록*

작성 중인 논문의 초록 또는 주요 내용을 입력하세요. (최소 200자 이상)

0 / 1000 자

주제분야

주제분야(대분류)를 선택하세요. | 주제분야(중분류)를 선택하세요. | +

그림 112 투고 저널 추천(2/4).

논문명, 키워드, 초록을 필수로 입력하게 되어있다. 주제 분야의 경우 1개 이상의 주제를 선택할 수 있다.

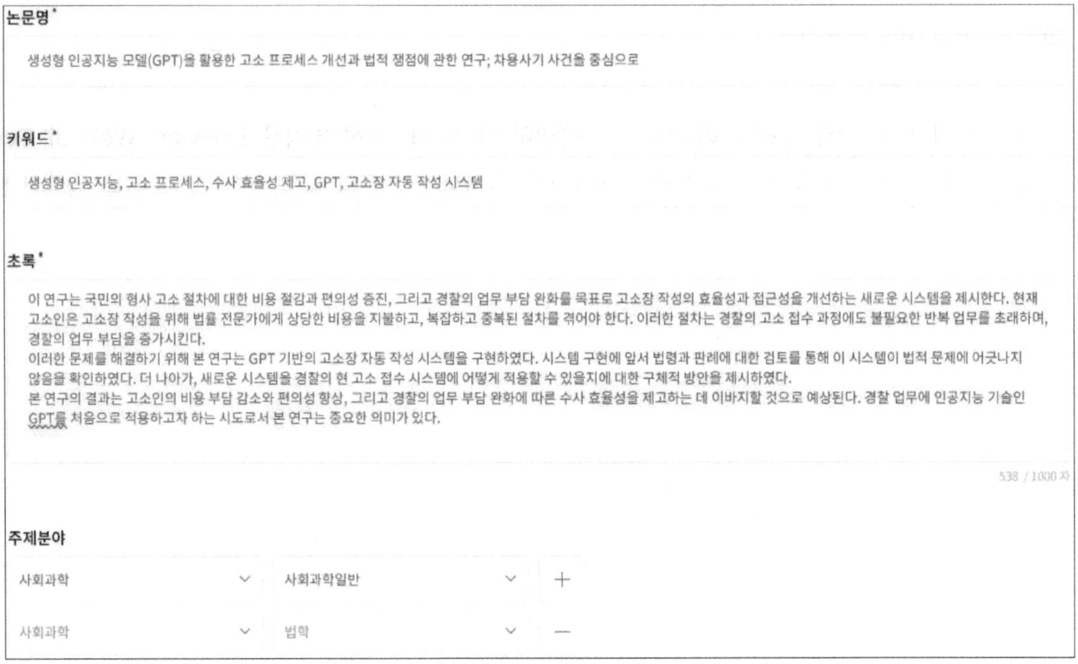

논문명*

생성형 인공지능 모델(GPT)을 활용한 고소 프로세스 개선과 법적 쟁점에 관한 연구; 차용사기 사건을 중심으로

키워드*

생성형 인공지능, 고소 프로세스, 수사 효율성 제고, GPT, 고소장 자동 작성 시스템

초록*

이 연구는 국민의 형사 고소 절차에 대한 비용 절감과 편의성 증진, 그리고 경찰의 업무 부담 완화를 목표로 고소장 작성의 효율성과 접근성을 개선하는 새로운 시스템을 제시한다. 현재 고소인은 고소장 작성을 위해 법률 전문가에게 상당한 비용을 지불하고, 복잡하고 중복된 절차를 겪어야 한다. 이러한 절차는 경찰의 고소 접수 과정에도 불필요한 반복 업무를 초래하며, 경찰의 업무 부담을 증가시킨다.
이러한 문제를 해결하기 위해 본 연구는 GPT 기반의 고소장 자동 작성 시스템을 구현하였다. 시스템 구현에 앞서 법령과 판례에 대한 검토를 통해 이 시스템이 법적 문제에 어긋나지 않음을 확인하였다. 더 나아가, 새로운 시스템을 경찰의 현 고소 접수 시스템에 어떻게 적용할 수 있을지에 대한 구체적 방안을 제시하였다.
본 연구의 결과는 고소인의 비용 부담 감소와 편의성 향상, 그리고 경찰의 업무 부담 완화에 따른 수사 효율성을 제고하는 데 이바지할 것으로 예상된다. 경찰 업무에 인공지능 기술인 GPT를 처음으로 적용하고자 하는 시도로서 본 연구는 중요한 의미가 있다.

538 / 1000 자

주제분야

사회과학 | 사회과학일반 | +

사회과학 | 법학 | —

그림 113 투고 저널 추천(3/4).

논문명, 키워드, 초록 예시를 입력하였으며, 주제 분야는 2개로 설정하였다.

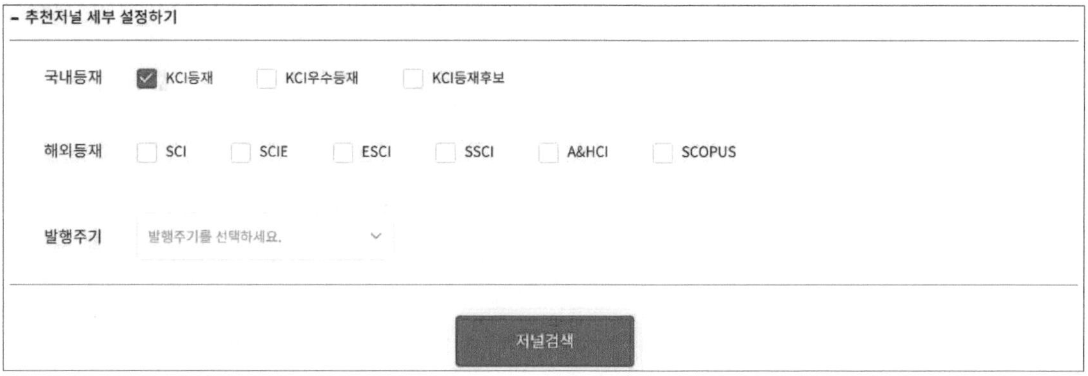

- 추천저널 세부 설정하기

국내등재 KCI등재 KCI우수등재 KCI등재후보

해외등재 SCI SCIE ESCI SSCI A&HCI SCOPUS

발행주기 발행주기를 선택하세요.

저널검색

그림 114 투고 저널 추천(4/4).

'추천저널 세부 설정하기'를 클릭하면 국내·해외 등재 여부 및 발행주기를 선택할 수 있다. 추천 저널 세부 설명까지 완료하면 '저널검색'을 클릭한다.

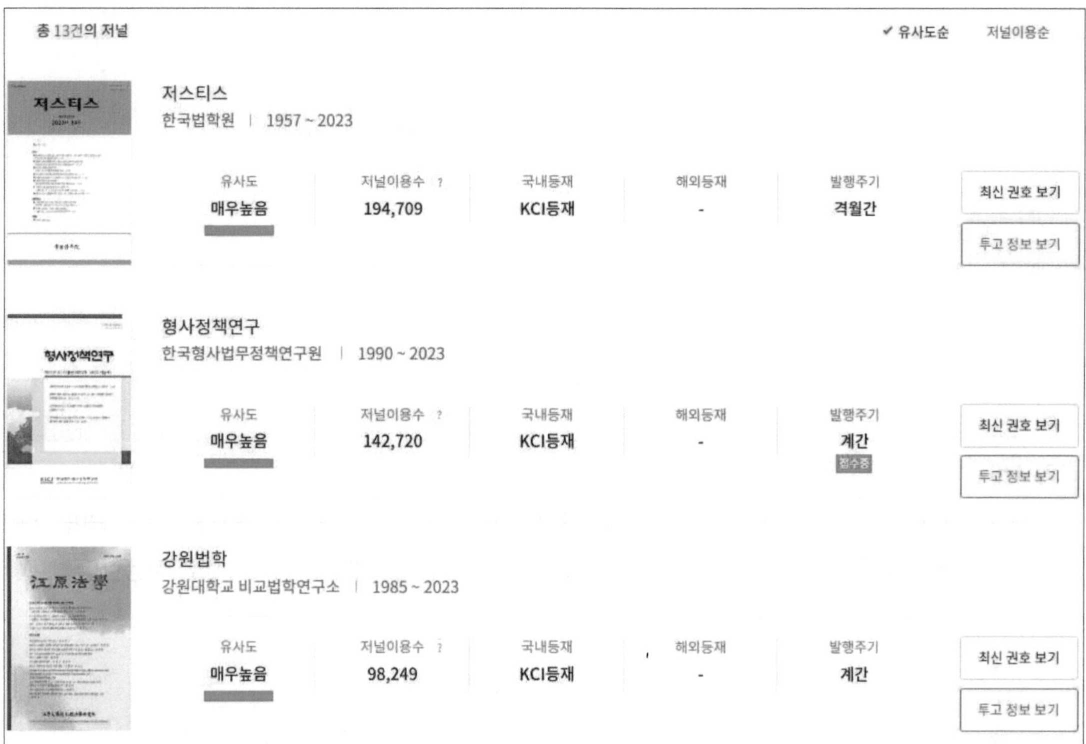

그림 115

그림 115과 같이 13건의 저널이 추천되었다. 각 저널의 유사도, 저널 이용 수(3년간), 국내·해외 등재 여부, 발행 주기 정보가 표시된다. 투고 정보를 확인하고 싶다면 검색 결과 우측의 '투고 정보 보기'를 클릭한다. 본 예시에서는 '형사정책연구'에 투고과정을 살펴본다.

그림 116

형사정책연구의 투고 정보가 그림 116과 같이 나타난다. 투고 자격을 확인할 수 있으며, 세부 규정을 확인하기 위해 '작성양식', '투고규정' 등을 클릭하면 해당 저널의 홈페이지로 이동한다.

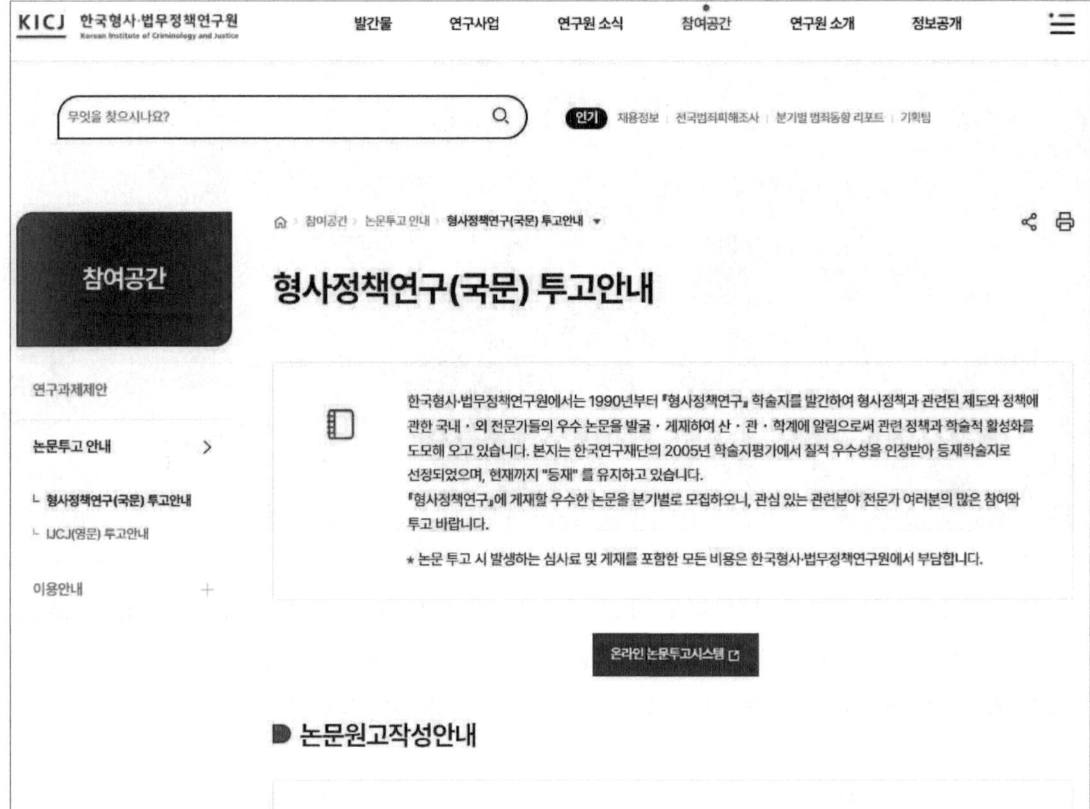

그림 117

그림 116에서 '작성양식'을 클릭하면 위와 같이 형사정책연구의 논문투고 안내 페이지로 이동한다. 원고작성법, 논문 접수 및 발간일, 심사 규정, 윤리 지침 등을 확인할 수 있으므로 꼼꼼히 확인하고 논문을 수정한다. 투고 기준을 준수하여 논문을 수정한 후, 투고 진행을 위해 화면의 '온라인 논문투고시스템'을 클릭한다.

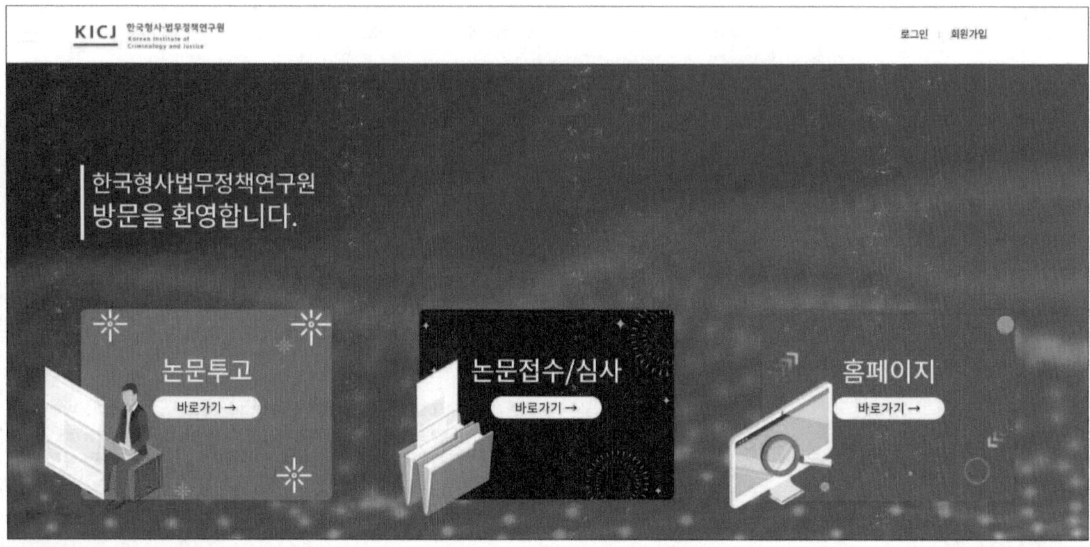

그림 118

KCI 저널에 논문 투고는 JAMS(Journal and Article Management System) 온라인논문투고 및 심사시스템을 통해 이루어진다. 오른쪽 위 끝 '회원가입'을 통해 회원가입을 한 후 JAMS에 로그인하면 해당 학회에 추가 가입을 진행하라는 알림창이 다음과 같이 나타난다.

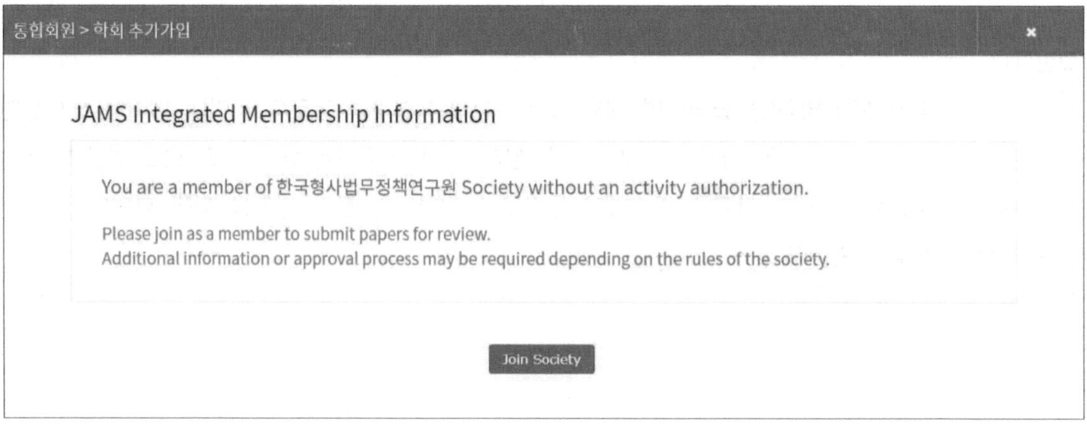

통합회원 > 학회 추가가입 ×

JAMS Integrated Membership Information

You are a member of 한국형사법무정책연구원 Society without an activity authorization.

Please join as a member to submit papers for review.
Additional information or approval process may be required depending on the rules of the society.

Join Society

그림 119

이처럼 KCI 저널은 JAMS 통합회원가입 외 개별 학회에 별도 가입을 진행해야 한다. 그러나 2023년 8월 기준 시스템상 오류로 그림 119의 화면에서 'Join Society'를 클릭하더라도 정상적인 회원가입이 되지 않는다. 따라서 JAMS의 개별 학회 홈페이지에서 별도로 회원가입을 진행한다. 한국형사·법무정책연구원의 JAMS 페이지는 DBpia의 검색 결과 화면에서 '홈페이지 바로가기'를 클릭하거나, 그림 121의 '홈페이지 바로가기'를 클릭하여 접속할 수 있다.

그림 120 한국형사·법무정책연구원 홈페이지 접속 방법(1)

그림 121 한국형사·법무정책연구원 홈페이지 접속 방법(2)

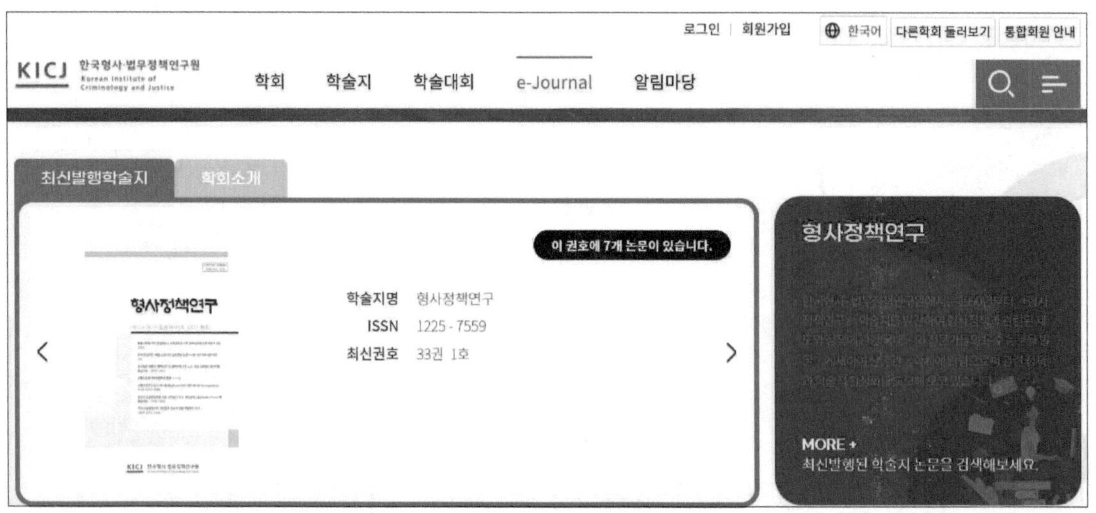

그림 122

홈페이지에 접속하여 그림122의 상단에 '회원가입'을 클릭한다.

그림 123

회원가입 약관에 동의하면 그림 123과 같이 JAMS 통합회원 공통정보를 입력하는 화면이 나타난다. JAMS 가입 시 입력한 정보와 같은 정보를 입력하면 아래 그림 124와 같이 JAMS 통합계정 선택란이 나타난다.

ⓘ 아래 항목은 JAMS 통합회원 가입을 위해 필요한 공통정보이며, 통합회원 가입여부 확인 시 활용됩니다.

성명 *	이정우 JEONGWOO LEE
생년월일 *	199
성별 *	남성 여성
이메일 *	wjd @ naver.com naver.com ▼ 이메일 중복체크 입력한 이메일은 사용 가능한 이메일 입니다.
통합계정선택 *	==계정 선택== ▼ ==계정 선택== wjd
비밀번호 *	비밀번호는 9~12자의 영문, 숫자, 특수문자 조합으로 해주십시오.
비밀번호확인 *	

← 이전단계 다음단계 →

그림 124

통합계정을 선택하고, 비밀번호를 설정한 뒤 다음 단계를 클릭한다.

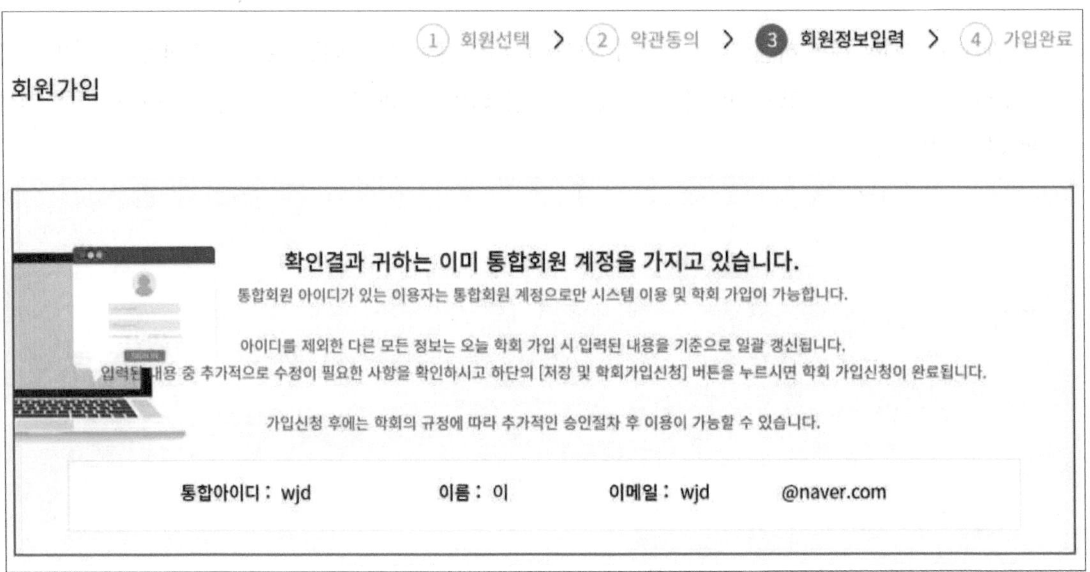

그림 125

그림 125과 같이 JAMS 통합회원 계정이 확인된다. 이후 추가 정보(소속 기관, 연락처 등)를 입력하고 '가입신청'을 클릭하면 회원 가입신청이 완료된다.

※ 학회의 규정에 따라 연회비를 납부해야 회원가입이 승인될 수 있으니, 각 학회의 가입 규정을 참고하기를 바란다.

이어서 그림 118의 '논문투고'를 클릭하면 다음 화면이 나타난다.

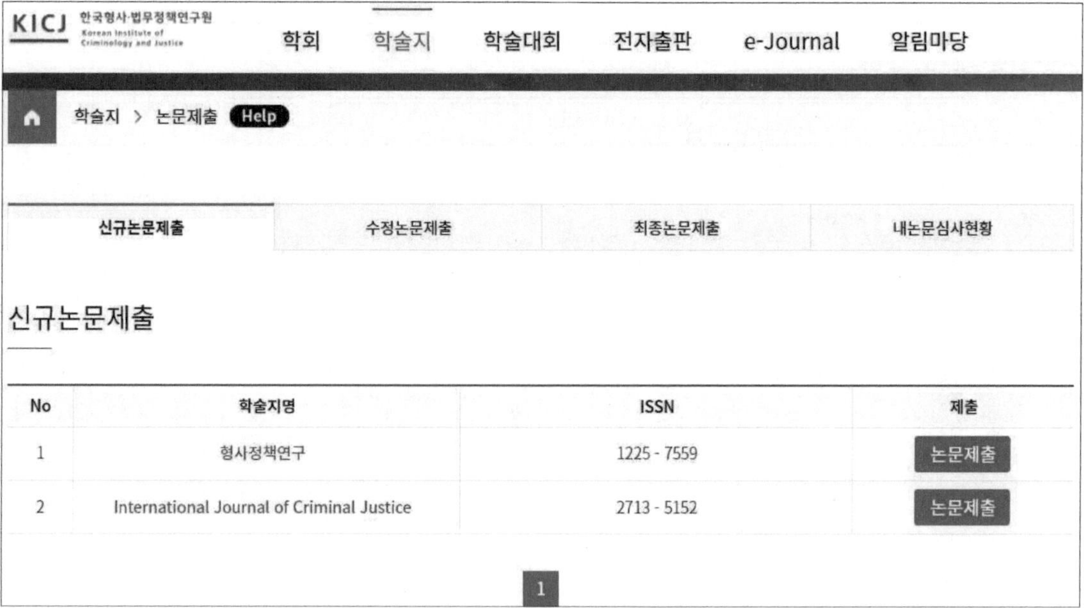

그림 126

그림 126에서 목표 저널인 형사정책연구의 '논문제출'을 클릭한다.

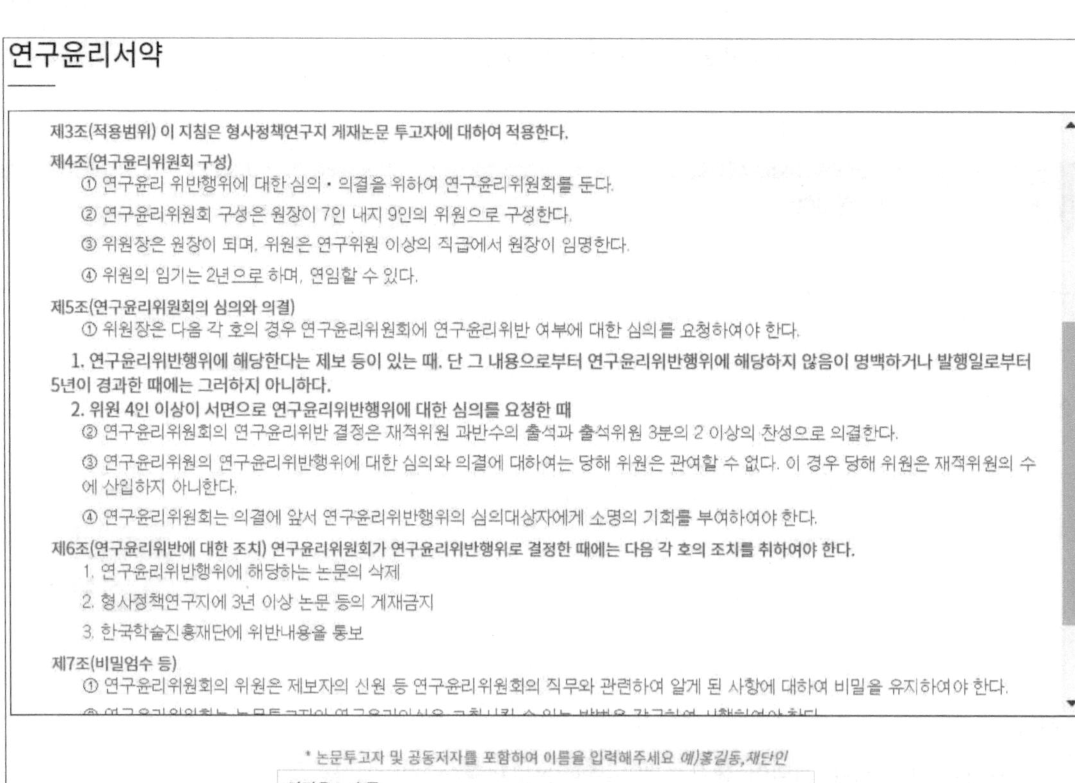
연구윤리서약

제3조(적용범위) 이 지침은 형사정책연구지 게재논문 투고자에 대하여 적용한다.

제4조(연구윤리위원회 구성)
① 연구윤리 위반행위에 대한 심의 · 의결을 위하여 연구윤리위원회를 둔다.
② 연구윤리위원회 구성은 원장이 7인 내지 9인의 위원으로 구성한다.
③ 위원장은 원장이 되며, 위원은 연구위원 이상의 직급에서 원장이 임명한다.
④ 위원의 임기는 2년으로 하며, 연임할 수 있다.

제5조(연구윤리위원회의 심의와 의결)
① 위원장은 다음 각 호의 경우 연구윤리위원회에 연구윤리위반 여부에 대한 심의를 요청하여야 한다.
1. 연구윤리위반행위에 해당한다는 제보 등이 있는 때. 단 그 내용으로부터 연구윤리위반행위에 해당하지 않음이 명백하거나 발행일로부터 5년이 경과한 때에는 그러하지 아니하다.
2. 위원 4인 이상이 서면으로 연구윤리위반행위에 대한 심의를 요청한 때
② 연구윤리위원회의 연구윤리위반 결정은 재적위원 과반수의 출석과 출석위원 3분의 2 이상의 찬성으로 의결한다.
③ 연구윤리위원의 연구윤리위반행위에 대한 심의와 의결에 대하여는 당해 위원은 관여할 수 없다. 이 경우 당해 위원은 재적위원의 수에 산입하지 아니한다.
④ 연구윤리위원회는 의결에 앞서 연구윤리위반행위의 심의대상자에게 소명의 기회를 부여하여야 한다.

제6조(연구윤리위반에 대한 조치) 연구윤리위원회가 연구윤리위반행위로 결정한 때에는 다음 각 호의 조치를 취하여야 한다.
1. 연구윤리위반행위에 해당하는 논문의 삭제
2. 형사정책연구지에 3년 이상 논문 등의 게재금지
3. 한국학술진흥재단에 위반내용을 통보

제7조(비밀엄수 등)
① 연구윤리위원회의 위원은 제보자의 신원 등 연구윤리위원회의 직무와 관련하여 알게 된 사항에 대하여 비밀을 유지하여야 한다.

* 논문투고자 및 공동저자를 포함하여 이름을 입력해주세요 *예)홍길동,재단인*

이정우,노승국

동의합니다

그림 127

연구윤리서약의 내용을 확인하고, 논문 투고자 및 공동 저자의 이름을 입력한 후 '동의합니다'를 클릭하면 논문 등록(투고)을 위한 정보입력 페이지가 나타난다.

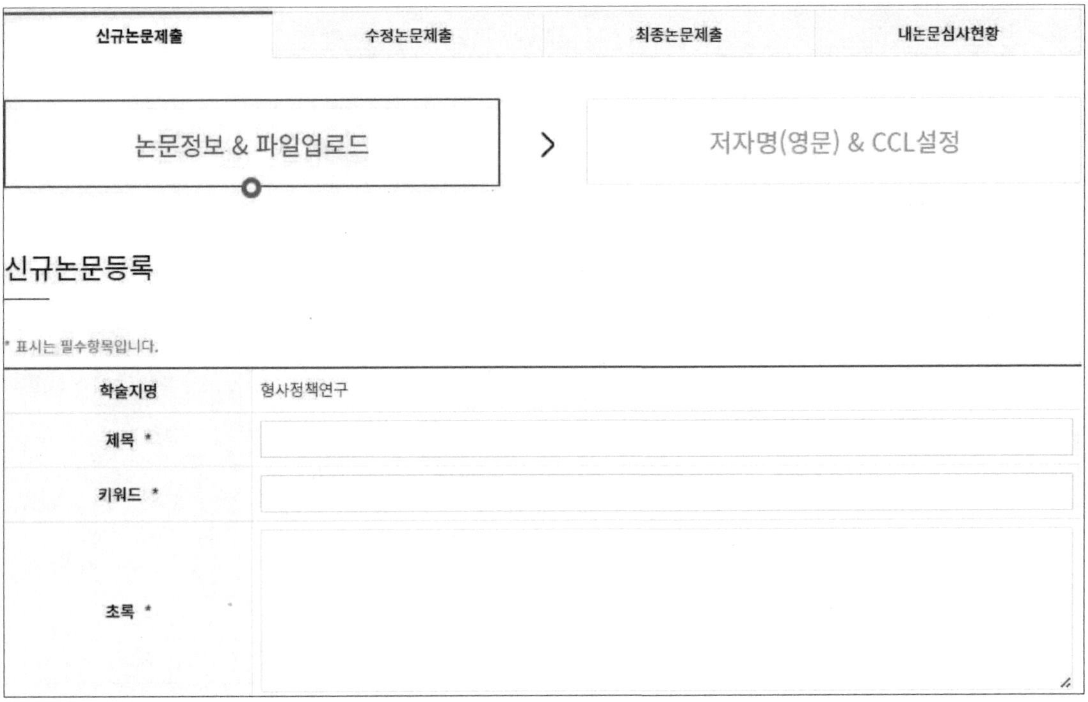

신규논문제출	수정논문제출	최종논문제출	내논문심사현황

논문정보 & 파일업로드 > 저자명(영문) & CCL설정

신규논문등록

* 표시는 필수항목입니다.

학술지명	형사정책연구
제목 *	
키워드 *	
초록 *	

그림 128 논문제출(1/3)

논문의 제목, 키워드, 초록을 입력한다.

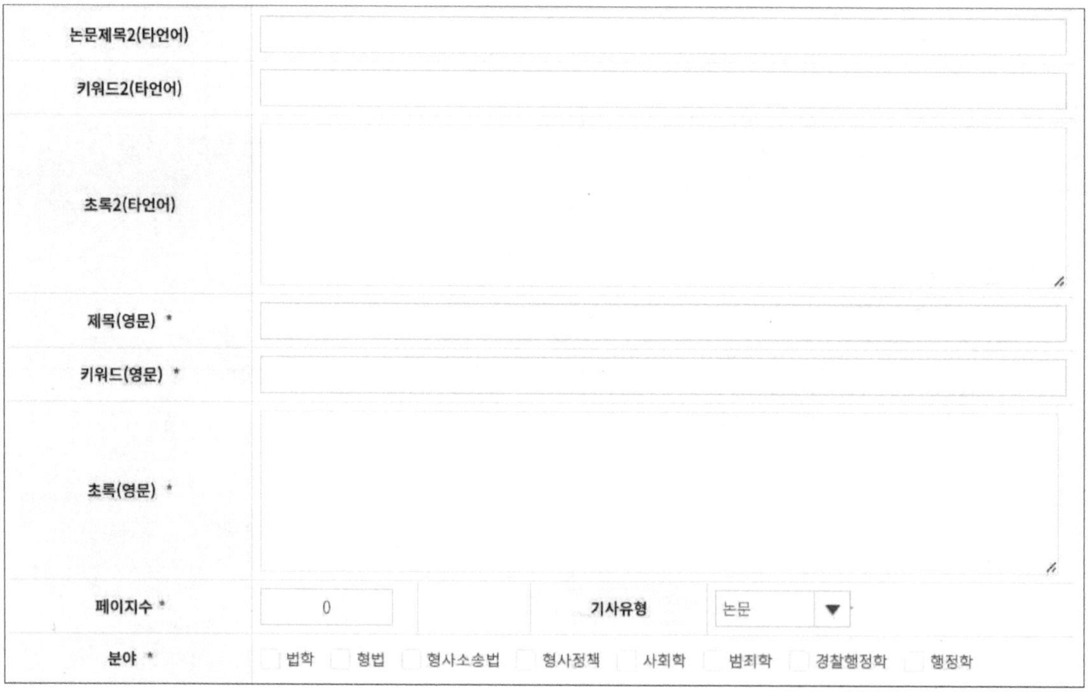

논문제목2(타언어)				
키워드2(타언어)				
초록2(타언어)				
제목(영문) *				
키워드(영문) *				
초록(영문) *				
페이지수 *	0		기사유형	논문 ▼
분야 *	법학 형법 형사소송법 형사정책 사회학 범죄학 경찰행정학 행정학			

그림 129 논문제출(2/3)

그림 129 상단의 '타언어'의 경우 한글, 영문이 아닌 다른 언어로 제목, 키워드, 초록 기재를 원하는 경우 해당 언어로 기재한다. 하단의 '영문'에는 제목, 키워드, 초록을 영문으로 기재한다. 논문의 페이지 수를 입력하고 유형(논문으로 자동 선택), 분야를 선택한다.

원문파일 * *원문파일 저자정보 삭제여부 : 개별학회 투고규정 확인 필요*		파일선택 업로드 ※ 원문정보 파일형식은 HWP,DOC,DOCX,TXT,PDF 가능하며, 개별학회 투고 규정 필수 확인 요망
첨부파일	이미지파일	파일선택 업로드 ※ 이미지 파일(jpg, jpeg, png, bmp, tif)과 압축파일(zip, egg)만 등록 가능 (파일 용량 최대 90MB)
	표파일	파일선택 업로드
	첨부파일	파일선택 업로드 파일삭제 파일추가
저작권이양동의서	양식	투고신청서및논문연구윤리확인서.hwp ↓다운로드
	첨부파일 *	파일선택 업로드
논문유사도검사결과 *		파일선택 업로드

이전단계로 다음단계로 임시저장 논문유사도 검사 목록

그림 130 논문제출(1/3)

그림 130에서는 논문 원문파일 및 기타 문서 등을 첨부한다. 원문 파일의 경우, 저자 정보 삭제 여부는 개별 저널(학회)의 투고 규정을 살펴본다. 형사정책연구의 경우, 홈페이지 공지 사항에 아래와 같이 신상정보를 삭제하여야 한다고 기재되어 있으므로, 저자 정보를 삭제한다.

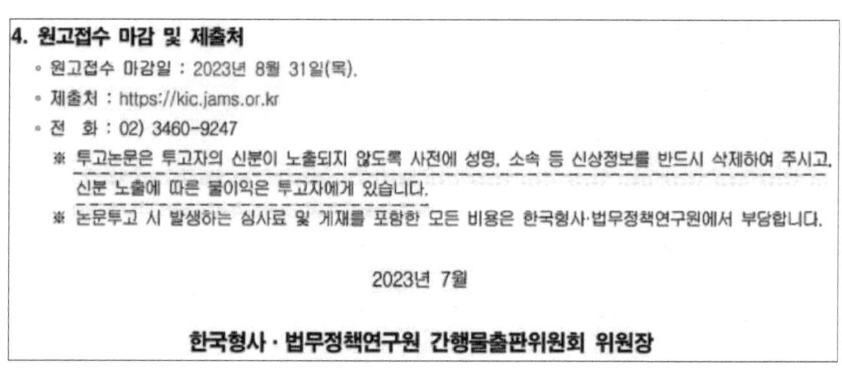

4. 원고접수 마감 및 제출처

- 원고접수 마감일 : 2023년 8월 31일(목).
- 제출처 : https://kic.jams.or.kr
- 전 화 : 02) 3460-9247

※ 투고논문은 투고자의 신분이 노출되지 않도록 사전에 성명, 소속 등 신상정보를 반드시 삭제하여 주시고, 신분 노출에 따른 불이익은 투고자에게 있습니다.

※ 논문투고 시 발생하는 심사료 및 게재를 포함한 모든 비용은 한국형사·법무정책연구원에서 부담합니다.

2023년 7월

한국형사 · 법무정책연구원 간행물출판위원회 위원장

그림 131 형사정책연구 투고규정(일부)

이미지, 표 파일은 별도로 업로드할 수 있다. 대부분의 KCI 저널의 경우 별도 업로드를 요구하지는 않으나, 특별히 업로드하도록 규정되어 있다면 별도 파일로 업로드한다.

'저작권이양동의서'의 경우 논문이 저널에 게재될 때 저작 대상권이 해당 저널에 양도된다는 내용을 포함한다. 양식을 내려받아 개인정보 및 동의 내용을 작성하여 업로드한다.

「형사정책연구」 투고신청서

형사정책연구 논문투고를 위한 개인정보 수집 및 이용 동의

- 한국형사·법무정책연구원은 **투고논문의 심사진행 및 발간물배포**를 위해 다음과 같은 개인정보를 수집하고 있습니다.

수집 항목	수집 목적	보유기간
성명, 주소, 전화번호, 휴대전화번호, 이메일	투고논문 심사진행, 발간물 배포	1년

- 위의 개인정보 수집·이용에 대한 동의를 거부할 권리가 있습니다. 그러나 **동의를 거부할 경우 논문투고 및 관련 행정서비스 제공에 제한**을 받을 수 있습니다.
- 수집된 개인정보는 정해진 보존기관이 경과하면 지체 없이 재생 불가능한 방법으로 파기합니다.

개인정보 수집 및 이용에 동의하십니까? **동의함 □ 동의하지 않음 □**

<table>
<tr><td>성명</td><td colspan="3"></td><td>영문</td><td colspan="2"></td></tr>
<tr><td rowspan="7">연락처</td><td>소속</td><td></td><td>직위</td><td></td><td>최종학위</td><td></td></tr>
<tr><td>소속(외국어)</td><td colspan="5"></td></tr>
<tr><td>직위(외국어)</td><td colspan="5"></td></tr>
<tr><td>주소</td><td colspan="4"></td><td>우편번호
○○○○○</td></tr>
<tr><td>전화</td><td colspan="2"></td><td>휴대전화</td><td colspan="2"></td></tr>
<tr><td>이메일</td><td colspan="5"></td></tr>
<tr><td colspan="6"></td></tr>
<tr><td rowspan="2">논문</td><td>제목</td><td colspan="5"></td></tr>
<tr><td>제목(외국어)</td><td colspan="5"></td></tr>
<tr><td>유의사항</td><td colspan="6">원고 제출시 국문제목, 국문 저자성명, 국문 저자 소속 및 직위, 국문요약(Abstract), 국문 주제어(Key Words), 본문, 참고문헌, 외국어제목, 외국어 저자성명, 외국어 저자 소속 및 직위, 외국어 요약, 외국어 주제어가 포함되어 있는지 확인바랍니다.</td></tr>
</table>

위와 같이「형사정책연구」 투고논문을 제출합니다.

년 월 일

한국형사법무정책연구원 간행물출판위원회 위원장 귀하

논문연구윤리 확인서 및 논문 사용권 등 위임 동의서

한국형사법무정책연구원장 귀중

논문제목 :

논문연구윤리 확인서

저자(들)는 아래의 사항에 대하여 확인합니다

1. 투고논문이 창의적이며 다른 논문의 저작권을 침해하지 않았음
2. 저자는 투고논문의 작성에 실제적이고 지적인 공헌을 하였으며 투고논문의 내용에 대하여 책임을 부담함
3. 투고논문은 타인의 명예 등 권리를 침해하지 않았음
4. 투고논문은 과거에 출판된 적이 없으며, 다른 학술지에 중복 게재를 위하여 투고하지 않았고 투고할 계획이 없음
5. 「형사정책연구」 발행인은 투고논문에 대한 저작권 침해에 대하여 이의 제기, 고소, 기타 저작권 보호를 위한 제반 권리를 보호함

저작대상권 위임서

저자(들)는 본 논문이 한국형사·법무정책연구원이 발간하는「형사정책연구」에 게재될 경우, 저작대상권의 전부를 한국형사·법무정책연구원에 양도하는 것에 동의합니다.

년 월 일

저 자	성 명	소속 및 직위	이메일	연락처
제1저자				
교신저자				
공동저자1				
공동저자2				

그림 132 형사정책연구의 '저작권이양동의서' 양식. 투고신청서와 연구윤리확인서가 포함되어 있다.

'논문유사도 검사 결과'는 KIC 홈페이지에서 논문유사도 검사를 하고 그 결과 파일을 올려준다. 논문유사도 검사 방법은 다음과 같다.

<논문유사도 검사 방법>

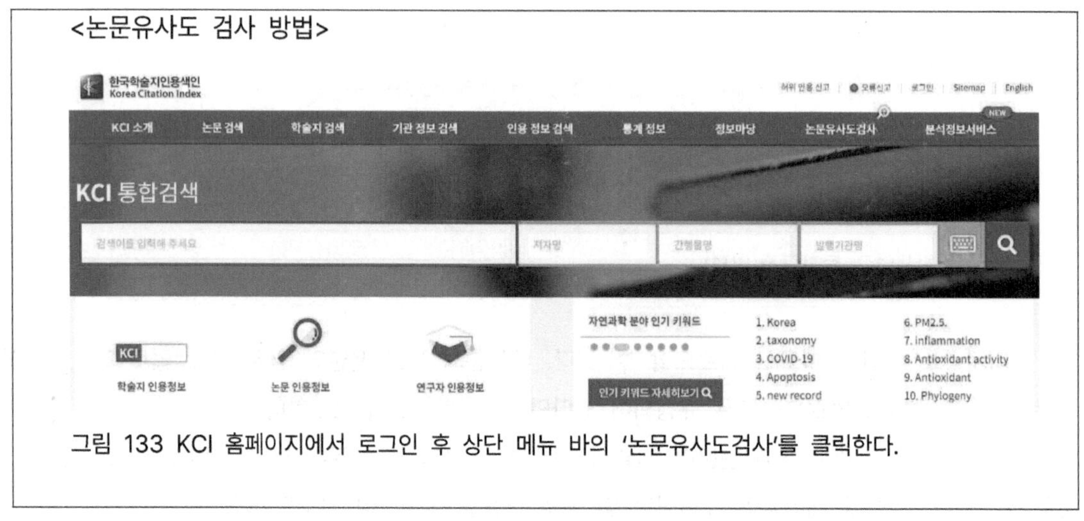

그림 133 KCI 홈페이지에서 로그인 후 상단 메뉴 바의 '논문유사도검사'를 클릭한다.

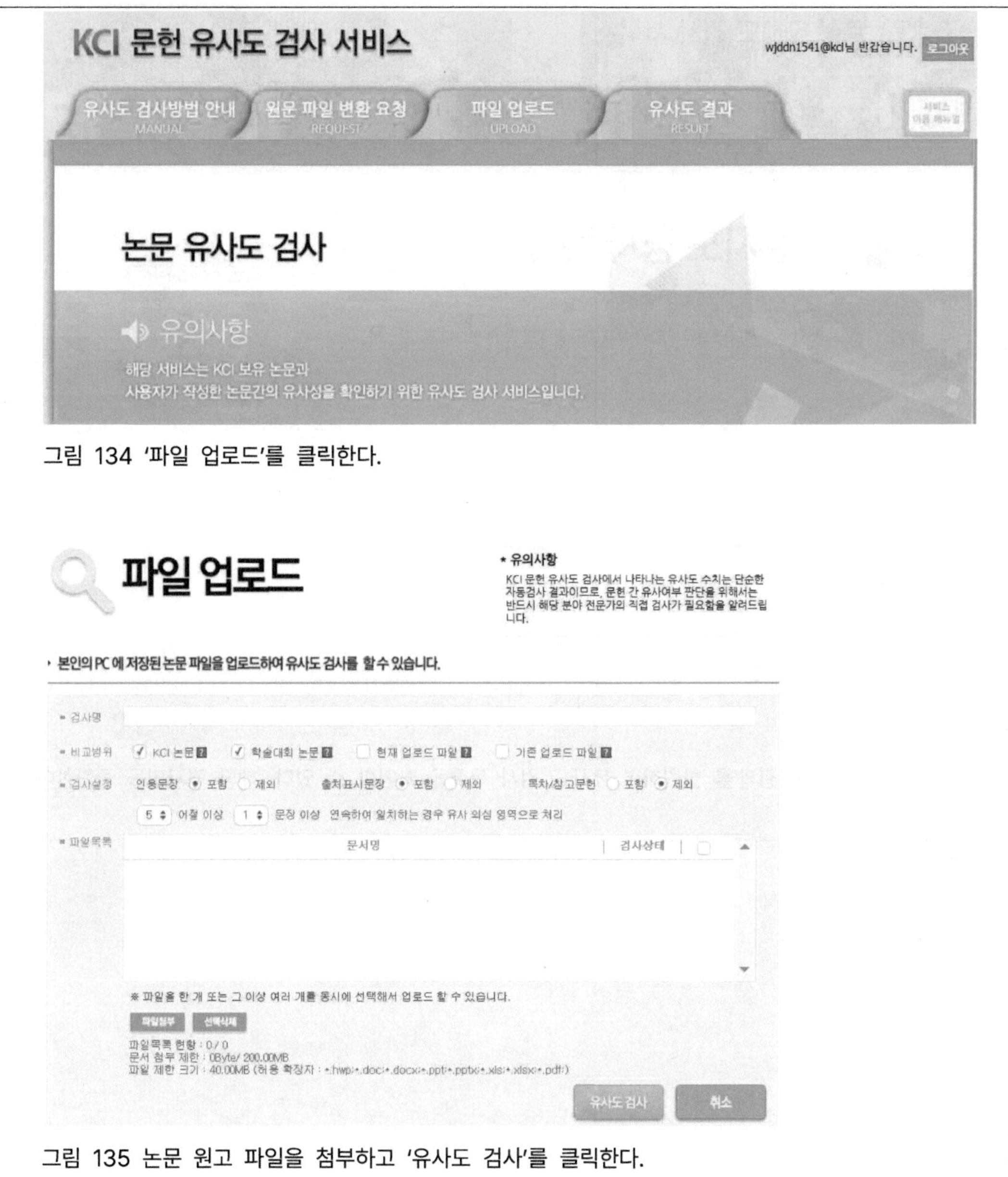

그림 134 '파일 업로드'를 클릭한다.

그림 135 논문 원고 파일을 첨부하고 '유사도 검사'를 클릭한다.

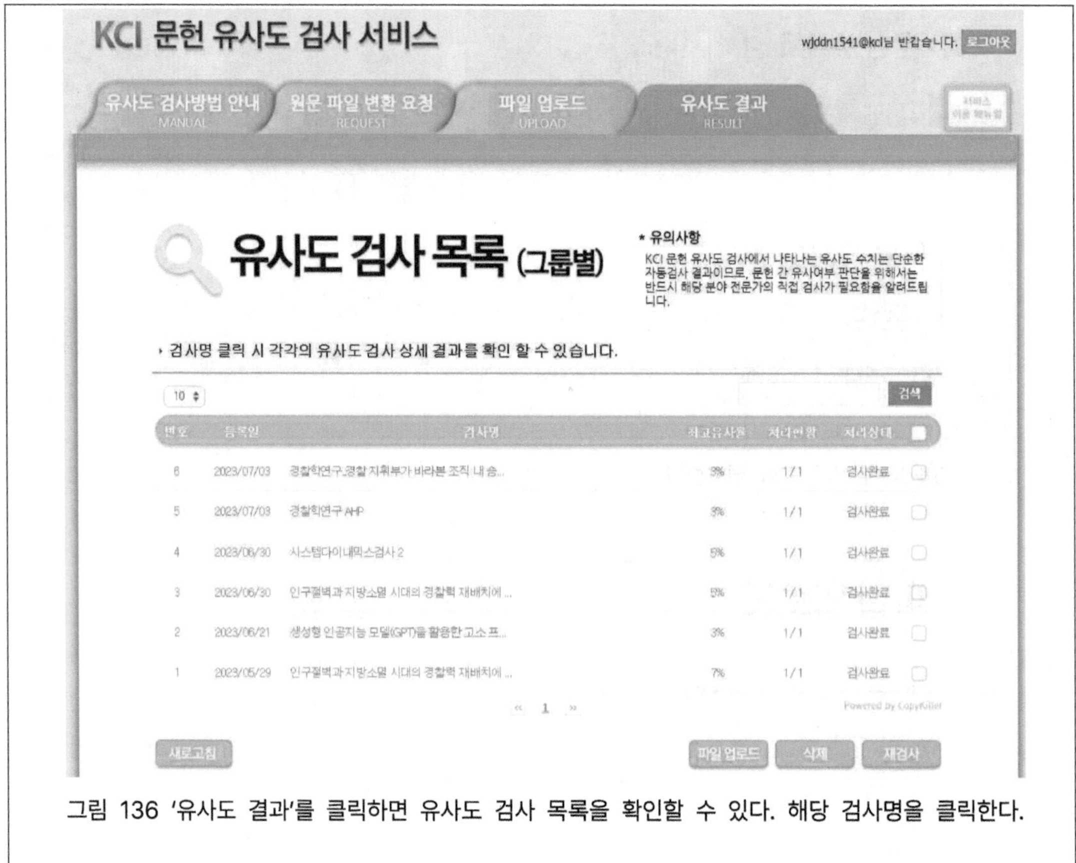

그림 136 '유사도 결과'를 클릭하면 유사도 검사 목록을 확인할 수 있다. 해당 검사명을 클릭한다.

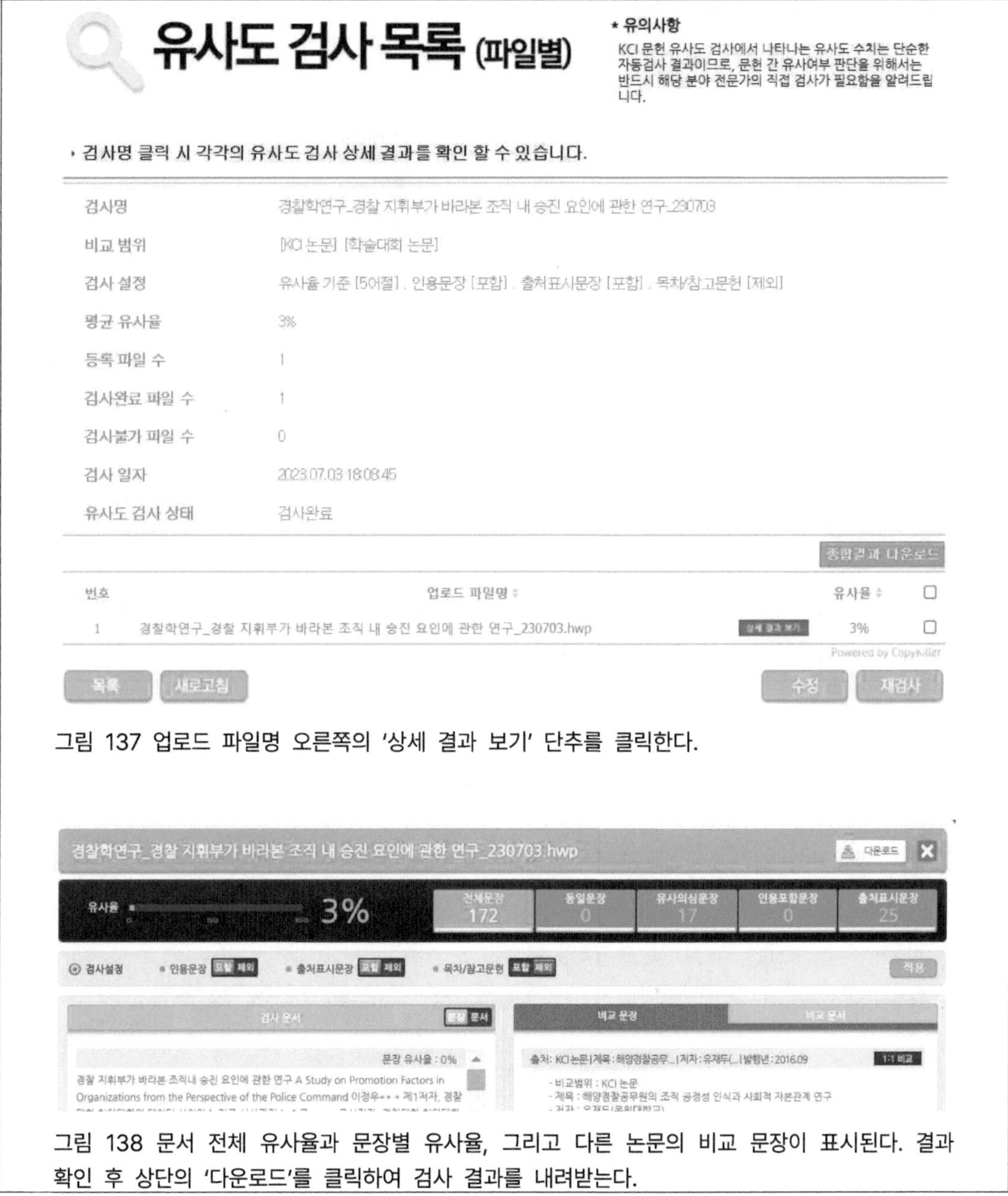

그림 137 업로드 파일명 오른쪽의 '상세 결과 보기' 단추를 클릭한다.

그림 138 문서 전체 유사율과 문장별 유사율, 그리고 다른 논문의 비교 문장이 표시된다. 결과 확인 후 상단의 '다운로드'를 클릭하여 검사 결과를 내려받는다.

논문유사도 검사 결과까지 업로드 완료한 후, '다음 단계로'를 클릭하면 저자명 및 CCL 설정 단계가 나타난다.

저자등록

저자유형	투고자 ▼ ◉제1저자 ◉교신저자		
저자명	이정우	저자명(영문)	JEONGWOO LEE
소속	경찰대학	소속(영문)	
부서		부서(영문)	
소속구분		국가	▼
지역	충청	우편번호	
주소			
전화번호		휴대폰	010
이메일	wjd @naver.com	FAX	

한국인추가 외국인추가

그림 139

'저자등록' 단계에서 제1 저자, 교신저자, 공동 저자 정보를 입력한다. 하단의 '한국인추가' 또는 '외국인추가'를 클릭하여 저자를 추가할 수 있다.

CCL설정

CCL설정		
	◉ 사용	
	원저작자를 표시합니다.	
	저작물을 영리 목적으로 이용	◉ 허락
	저작물의 변경 또는 2차 저작	◉ 허락
	(cc)	내가 생성한 저작물에 대해 위의 조건을 준수하는 경우에 한해 다른 사람이 복제, 배포, 전송, 전지, 공연 및 방송하는 것을 허락합니다. 선택하신 이용허락 관계의 해석 및 규율은 대한민국의 저작권법을 따릅니다.

CCL 사용이란? | 영리목적의 이용이란? | 저작물의 변경, 2차 저작이란?

이전단계로 임시저장 제출 논문유사도 검사 목록

그림 140

CCL은 Creative Commons License의 약자로, 자신이 쓴 논문을 타인이 인용하고자 할 때 그 허락 범위나 조건을 상대방이 알 수 있도록 표시하는 방법이다. 저널마다 저작물의 이용·변경·2차 저작의 허락 여부를 선택하거나, 형사정책연구와 같이 허락하는 것으로만 선택이 고정된 경우가 있다. CCL 사용 및 저작물 이용 허락 여부를 선택하고 '제출'을 클릭하면 논문 투고가 완료된다.

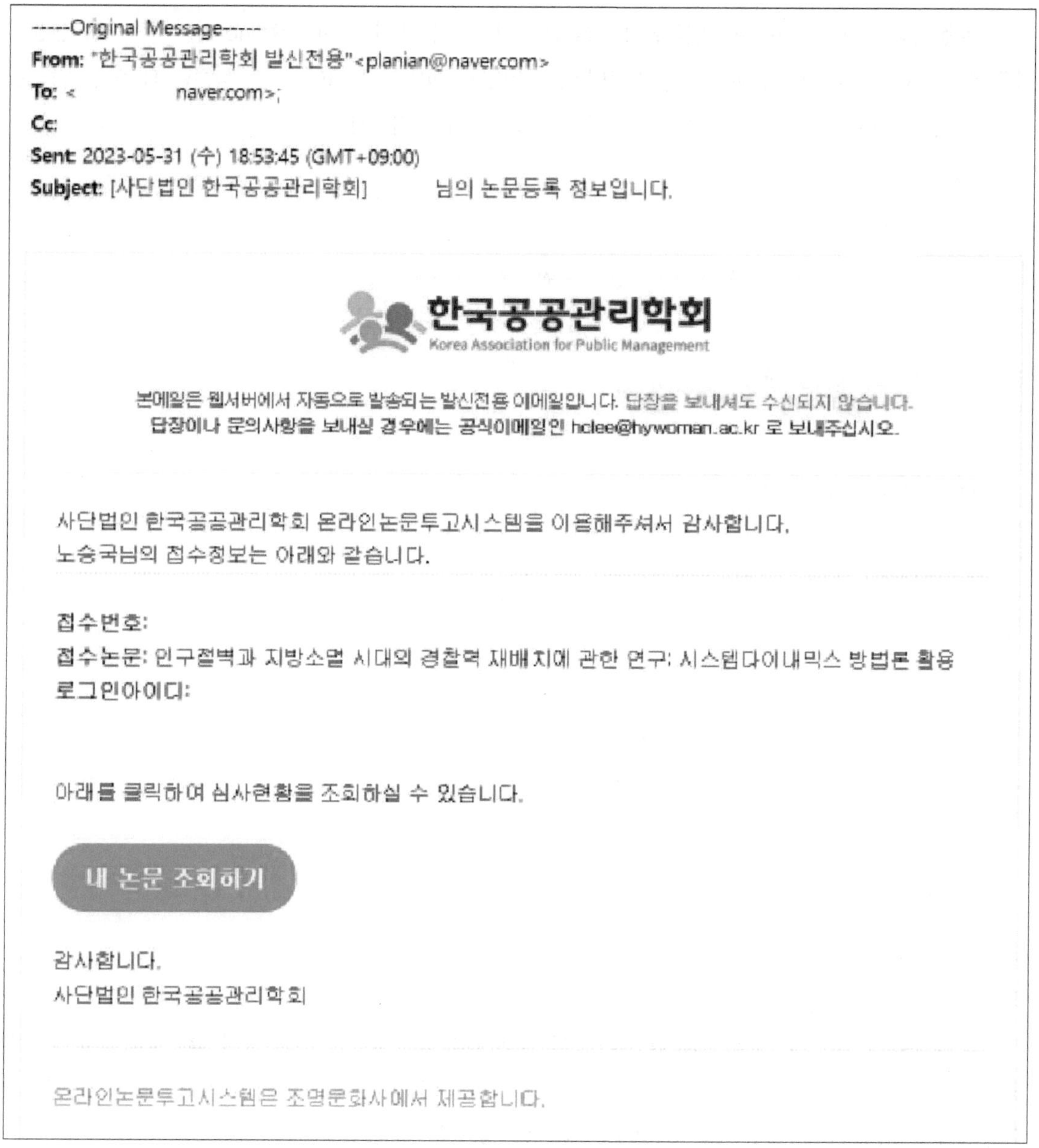

-----Original Message-----
From: "한국공공관리학회 발신전용"<planian@naver.com>
To: < naver.com>;
Cc:
Sent: 2023-05-31 (수) 18:53:45 (GMT+09:00)
Subject: [사단법인 한국공공관리학회] 님의 논문등록 정보입니다.

본메일은 웹서버에서 자동으로 발송되는 발신전용 이메일입니다. 답장을 보내셔도 수신되지 않습니다.
답장이나 문의사항을 보내실 경우에는 공식이메일인 hclee@hywoman.ac.kr 로 보내주십시오.

사단법인 한국공공관리학회 온라인논문투고시스템을 이용해주셔서 감사합니다.
노승국님의 접수정보는 아래와 같습니다.

접수번호:
접수논문: 인구절벽과 지방소멸 시대의 경찰력 재배치에 관한 연구: 시스템다이내믹스 방법론 활용
로그인아이디:

아래를 클릭하여 심사현황을 조회하실 수 있습니다.

내 논문 조회하기

감사합니다.
사단법인 한국공공관리학회

온라인논문투고시스템은 조명문화사에서 제공합니다.

그림 141

논문 투고가 완료되면 투고자의 메일 주소로 그림 141과 같은 확인 메일이 발송된다.

3.6. 논문 Review의 실제

3.6.1. Reviewer의 평가 기준

논문 투고를 완료하면, Editor가 선정한 Reviewer의 평가 결과(Peer Review)를 바탕으로 원고를 수정하여 다시 투고하여 재심사받는 절차를 진행해야 한다. Peer Review를 바탕으로 논문을 수정하기 전에, 실제 Reviewer의 평가 기준이 무엇인지 확인하고 그에 맞는 적절한 대응 전략을 찾는 것이 필요하다. Reviewer의 평가 기준을 사례와 함께 살펴보자.

PDF

Zip File Status: **Under Review (33 days)** | Submitted: **24/Apr/2018** - Review due date: **01/Jun/2018**

Overview | My Review

My Overall Recommendation:*

Please Select

The subject addressed in this article is worthy of investigation*
○ Strongly disagree ○ Disagree ○ Neutral ○ Agree ○ Strongly agree

The information presented is new*
○ Strongly disagree ○ Disagree ○ Neutral ○ Agree ○ Strongly agree

The conclusions are supported by the data*
○ Strongly disagree ○ Disagree ○ Neutral ○ Agree ○ Strongly agree

The manuscript is appropriate for the journal*
○ Strongly disagree ○ Disagree ○ Neutral ○ Agree ○ Strongly agree

Organization of the manuscript is appropriate*
○ Strongly disagree ○ Disagree ○ Neutral ○ Agree ○ Strongly agree

Figures, tables and supplementary data are appropriate*
○ Strongly disagree ○ Disagree ○ Neutral ○ Agree ○ Strongly agree

그림 142 A 저널의 평가 양식(1/4)

그림 142은 저자가 실제로 Reviewer로서 A 저널(SCIE 급)에 투고된 논문을 심사할 때 평가한 양식이다. 리뷰어는 종합 평가(My Overall Recommendation)로 Accept(게재), Reject(게재 불가), Major Revisions(대폭 수정), Minor Revisions(소폭 수정)를 선택할 수 있다.

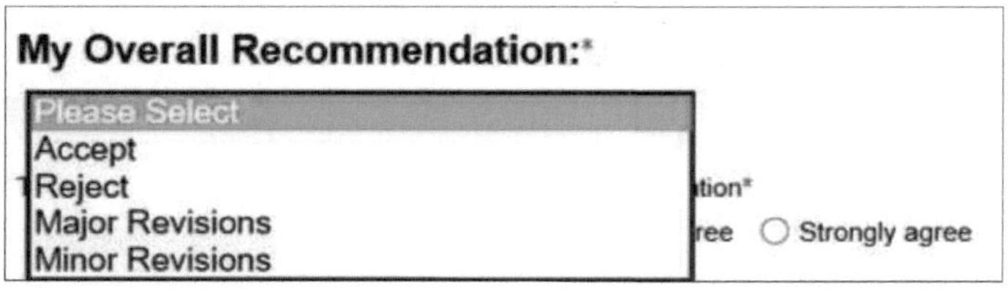

My Overall Recommendation:*

Please Select
Accept
Reject
Major Revisions
Minor Revisions

...tion*
...ree ○ Strongly agree

그림 143 A 저널의 평가 양식(2/4)

객관적인 평가 기준은 다음과 같다.

1) 논문에서 다루는 주제는 연구할 가치가 있다.
2) 논문의 정보는 최신의 자료이다.
3) 결론이 데이터 근거하고 있다.
4) 원고가 저널에 적합하다.
5) 원고의 구성이 적절하다.
6) 그림, 표, 기타 보조 데이터가 적절하다.

아울러, Reviewer는 객관적인 평가 외에도 교신저자에게 평가 내용에 대한 의견을 별도로 전달한다.

Enter feedback on the manuscript in the text boxes below.

Comments to Author:

그림 144 A 저널의 평가 양식(3/4)

평가 내용에 대한 의견(Comments to Author)에는 투고자에게 요구하는 Revision의 구체적인 내용과 이유를 기재한다.

투고자에게 보내는 Peer Review 외에, 투고자에게는 공개되지 않고 Editor에만 전달하는 정보도 작성하게 된다.

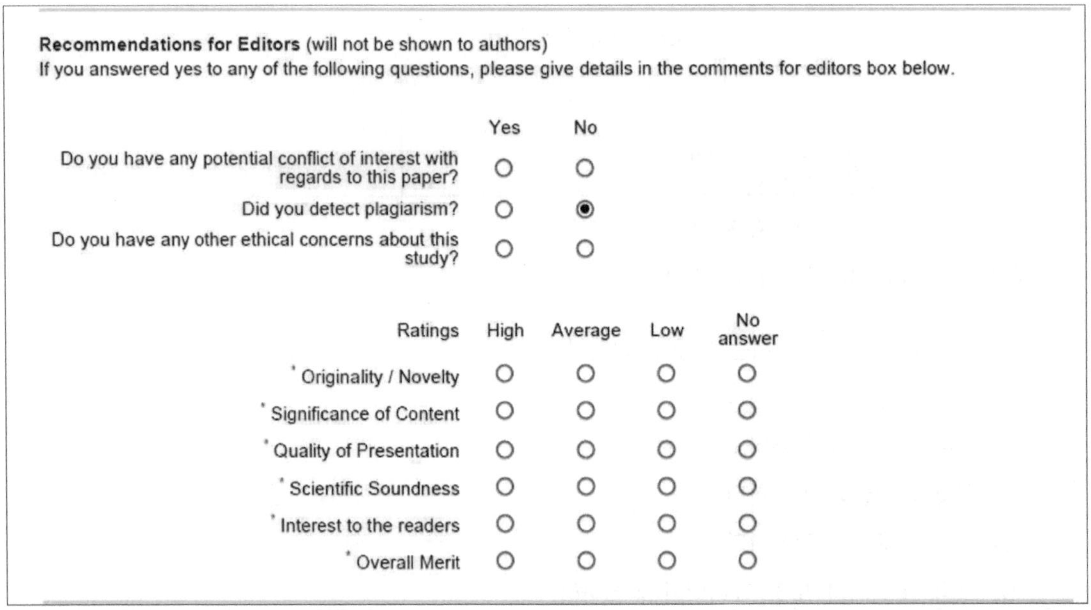

Recommendations for Editors (will not be shown to authors)
If you answered yes to any of the following questions, please give details in the comments for editors box below.

	Yes	No
Do you have any potential conflict of interest with regards to this paper?	○	○
Did you detect plagiarism?	○	◉
Do you have any other ethical concerns about this study?	○	○

Ratings	High	Average	Low	No answer
* Originality / Novelty	○	○	○	○
* Significance of Content	○	○	○	○
* Quality of Presentation	○	○	○	○
* Scientific Soundness	○	○	○	○
* Interest to the readers	○	○	○	○
* Overall Merit	○	○	○	○

그림 145 A 저널의 평가 양식(4/4)

Reviewer가 심사 대상 논문과 이해충돌의 여지가 있는지, 논문에서 표절을 발견했는지, 논문에 윤리적 문제점은 없는지 등을 체크한다. 또한, 논문의 창의성/새로움, 중요성, 프레젠테이션의 질, 학문적 타당성, 독자의 흥미, 종합적 가치에 등급을 매긴다.

위에서 제시한 평가 양식 외, 저널마다 별도의 평가 양식을 갖추고 있다. 다음 그림 146~147은 B 저널의 평가 양식이다.

Comments

* Comments and Suggestions for Authors (will be shown to authors)

FontSize

Path: Word Count

그림 146 B 저널의 평가 양식(1/2)

Overall Recommendation

* Overall Recommendation	○ Accept in present form ○ Accept after minor revision (corrections to minor methodological errors and text editing) ○ Reconsider after major revision (control missing in some experiments) ○ Reject (article has serious flaws, additional experiments needed, research not conducted correctly)
	Comments for authors can be made available to other reviewers. Your identity will remain confidential.
Submission Date	22 August 2018
	[Submit] or [Save as draft (submit later)]

그림 147 B 저널의 평가 양식(2/2)

3.6.2. 대응 전략

Peer Review에 따른 수정(Revision)을 하기 전에 반드시 알아야 할 사항이 있다. 첫 번째로, 논문의 Review는 결국 사람이 하는 것이라는 점이다. 따라서 Reviewer는 연구자가 논문 수정에 들인 정성과 시간, 그리고 겸손에 영향을 받을 수밖에 없다. 그러므로 연구자는 논문 수정 시 자세하고 최대한 많은 양의 수정본을 제공하고(정성), 최대한 빨리 수정안을 제시하고(시간), 리뷰어의 의견을 최대한 반영하는 것(겸손)이 좋다.

두 번째로, Peer Review를 받으면 평가 내용을 상당한 시간을 들여 꼼꼼하게 읽어보기를 추천한다. 저널마다 수정 기한을 짧게는 3~4일, 길게는 2개월까지 제한하는데, Reviewer 들의 요구 사항을 정확히 판단하고, 이를 주어진 시간 안에 모두 처리할 수 있을지 신중하게 판단해야 한다. 시간의 제약을 고려하지 않고 무작정 Reviewer의 요구를 모두 처리하다가는 시간과 노력을 들이고도 제대로 된 수정을 마치지 못하는 결과가 발생할 수도 있다.

또한, 저널마다 Minor Revision(소폭 수정), Major Revision(대폭 수정) 판정 기준이 다르므로 Minor 또는 Major라는 명칭에 너무 구애받을 필요는 없다. 예를 들어, Miner Revision 판정이지만 데이터를 다시 수집하여 분석할 것을 요구받았다고 가정하자. 짧은 시간 안에 데이터를 재수집하여 분석을 할 수 있다면 수정사항을 반영하는 데 문제가 되지 않겠으나, 기존 데이터가 몇 달, 혹은 몇 년에 걸쳐 수집되었다면 요구 사항대로 수정은 현실적으로 불가능하다. 반대로, Major Revision 판정을 받았으나 논문의 글씨체나 그래프의 양식만을 변경할 것을 요구하였다면, 이러한 요구는 상대적으로 쉽게 수정사항에 반영할 수 있을 것이다.

결론적으로, Revision 판단에 가장 중요한 것은 Reviewer들이 요구한 사항을 연구자가 현실적으로 어떻게 반영할 수 있는지에 대한 것이다. 만약 Reviewer가 요구한 사항이 도저히 반영하기 어려운 조건(데이터 재수집 등)인 경우, Editor에게 논문 투고 철회를 요청하는 것도 시간과 노력을 낭비하지 않는 방법이 될 수 있다.

Reviewer의 요구를 반영하여 논문을 수정하기로 하였다면, 구체적인 Revision 전략은 다음과 같다.

1) Review 답변 시 겸손함을 잊지 않는다.

예를 들어 다음과 같은 형식으로 답변을 시작하도록 한다.

"당신의 의견에 동의합니다. 그래서 우리는 이 부분을 수정하였습니다." 혹은, "그러나 우리는 OOO 이유로 지적해주신 사항에 대해 달리 생각합니다."

2) Reviewer의 의견이 모호한 때도 공손함을 잊지 말고 대응한다.

Review 내용이 불분명하거나 상반되는 의미를 모두 포함하는 경우, 투고자 관점에서 어떻게 답변해야 할지 난감할 수 있다. 이때는 Review 내용에서 추론할 수 있는 가장 합리적인 방향으로 수정을 진행하고, 그 이유에 대한 설명을 답변으로 기재하는 것이 좋다. 예시 문구는 다음과 같다.

"당신의 충고는 매우 일리가 있다고 생각합니다. 우리는 당신의 의견을 A라고 판단하였고, 이에 대해 다음과 같이 수정하였습니다. 만약 수정한 내용이 당신의 의도와 다르다면 바로 수정하겠습니다."

3) Reviewer들이 지적한 내용 각각에 대한 답변을 별도로 작성한다. 만약 두 명 이상의 Reviewer가 공통적인 부분을 지적했다면 하나로 묶어서 답변하는 것도 좋은 방법이다.

< Summary of Revision Details >

No	Reviewer's comment	Authors' response	Page
Reviewer #1			
1		This paper's conclusion has been evidently changed to reflect Reviewer 1's comment. ➔ In the process, the opinion leaders may distort the data if they purposely attempt to influence the opinion. This, however, could be prevented by using Bayesian statistics based machine learning on user information (also collected when big data is collected) to distinguish actual residents from opinion leaders(Bergsma, Dredze, Van Durme, Wilson, & Yarowsky, 2013; Pennacchiotti & Popescu, 2011). In other words, intentional distortion of opinion can be filtered and be accommodated for using machine learning technology(Ikeda, Hattori, Ono, Asoh, & Higashino, 2013).	8

그림 148 Reviewer의 지적 내용에 따라 논문이 어떻게 수정되었는지에 대한 답변 예시. 그림과 같이 지적 내용 각각에 대하여 답변을 할 수 있고, 공통적인 지적 내용에 대해서는 묶어서 한 번에 답변할 수 있다.

다른 논문들에 대한 Reviewer의 평가와 투고자들의 Revision 사례를 참고하고 싶다면 The E

MBO Journal의 사례를 확인하는 것을 추천한다. The EMBO Journal은 저널에 게재된 논문들이 게재된 과정을 공개하고 있어 여러 Revision 방법들을 확인할 수 있다. The EMBO Journal에서 Revision 사례를 확인하는 구체적인 방법은 다음과 같다.

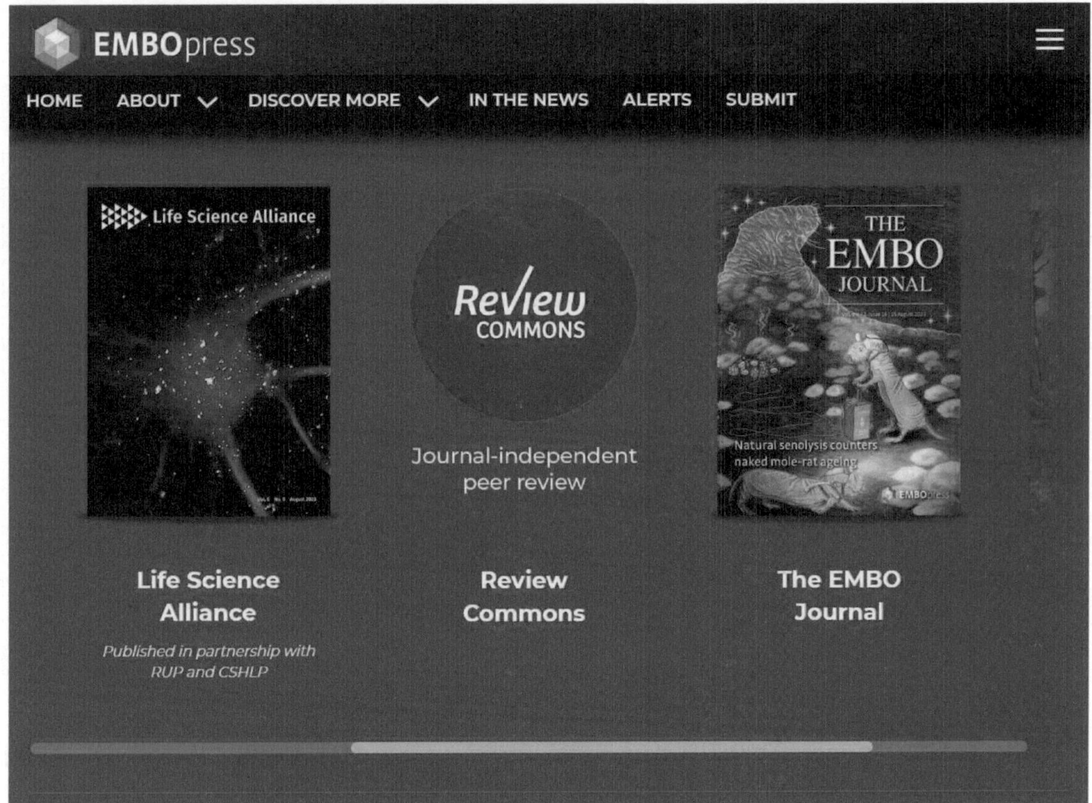

그림 149

https://www.embopress.org에 접속하여 나타나는 페이지에서 'The EMBO Journal'을 클릭하여 The EMBO Journal에 접속한다.

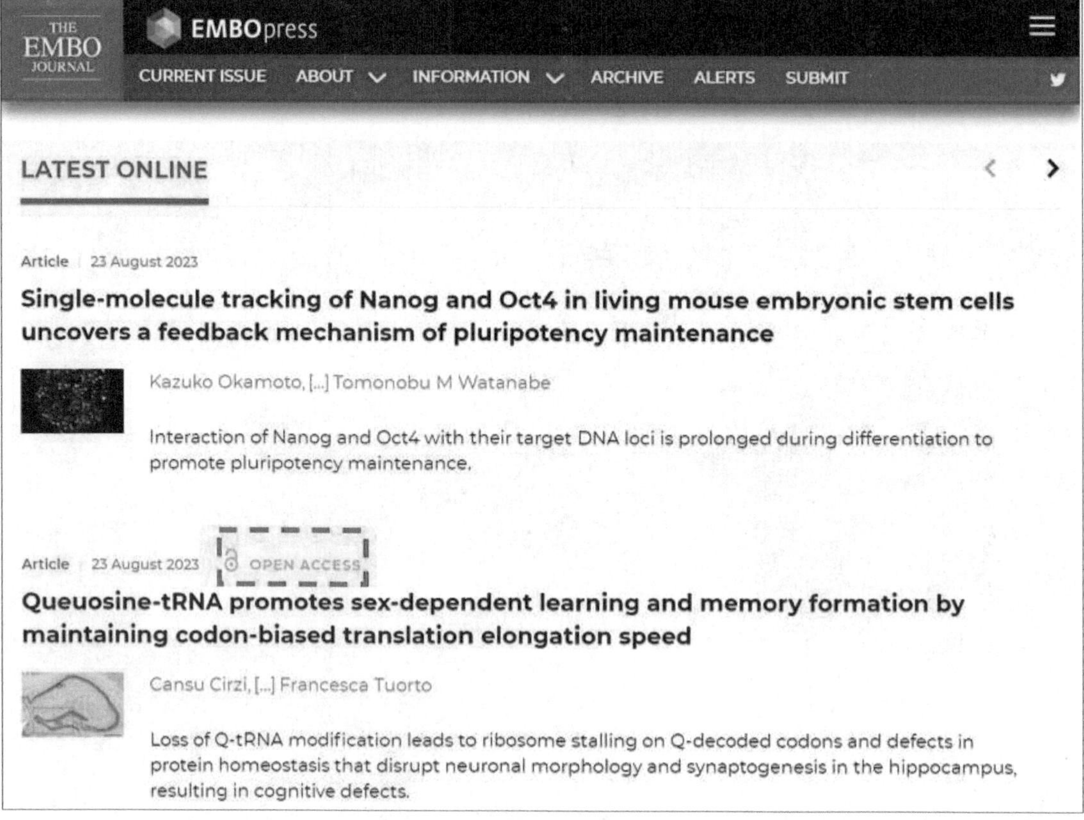

그림 150

The EMBO Journal 홈페이지에서 스크롤을 아래로 내리면 최신 논문이 나타난다. 이 중에서 'OPEN ACCESS'라고 표시된 논문을 선택한다.

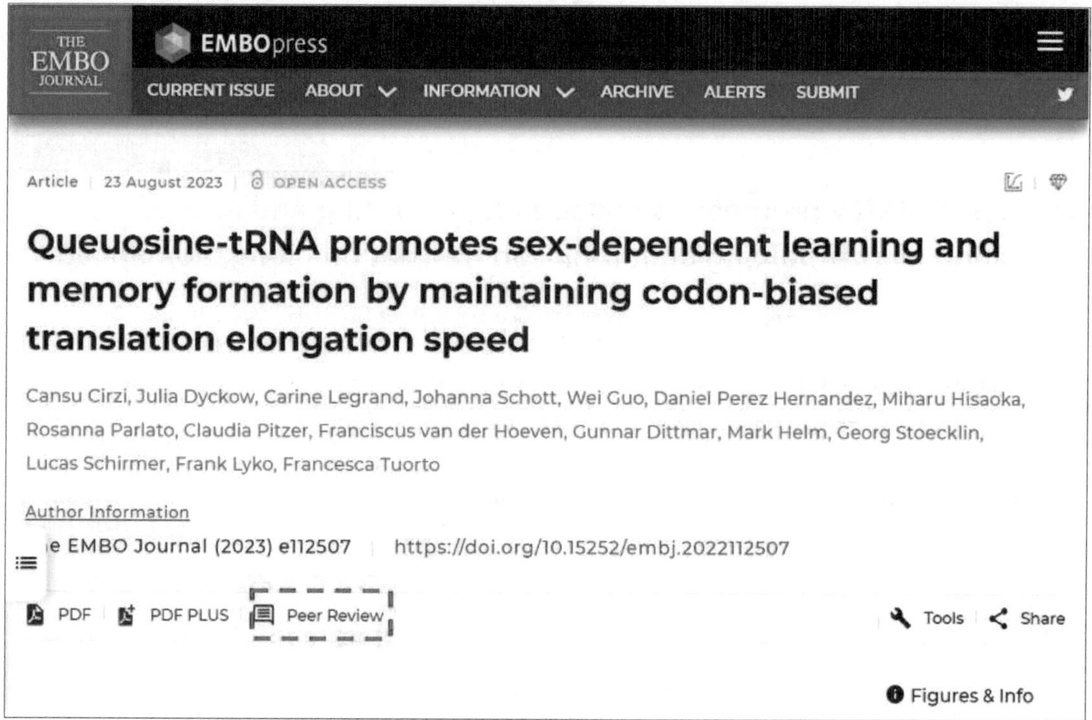

그림 151

Open Access인 논문을 선택하여 들어가면 해당 논문의 상세 정보가 나타난다. 여기서 'Peer Review'를 클릭하면 Peer Review 파일을 내려받을 수 있다.

Queuosine-tRNA promotes sex-dependent learning and memory formation by maintaining codon-biased translation elongation speed.

Cansu Cirzi, Julia Dyckow, Carine Legrand, Johanna Schott, Wei Guo, Daniel Perez-Hernandez, Miharu Hisaoka, Rosanna Parlato, Claudia Pitzer, Franciscus van der Hoeven, Gunnar Dittmar, Mark Helm, Georg Stoecklin, Lucas Schirmer, Frank Lyko, and Francesca Tuorto
DOI: 10.15252/embj.2022112507

Corresponding author(s): Francesca Tuorto (francesca.tuorto@medma.uni-heidelberg.de)

Review Timeline:

Submission Date:	31st Aug 22
Editorial Decision:	22nd Sep 22
Revision Received:	16th Jun 23
Editorial Decision:	16th Jun 23
Revision Received:	21st Jun 23
Editorial Decision:	16th Jul 23
Revision Received:	26th Jul 23
Accepted:	28th Jul 23

Editor: Karin Dumstrei

Transaction Report:

(Note: With the exception of the correction of typographical or spelling errors that could be a source of ambiguity, letters and reports are not edited. Depending on transfer agreements, referee reports obtained elsewhere may or may not be included in this compilation. Referee reports are anonymous unless the Referee chooses to sign their reports.)

그림 152

내려받은 Peer Review 파일은 Review와 Revision에 대한 모든 내용이 포함되어 있다. 다른 연구자(투고자)의 Review 대응 방식을 참고하여 자기만의 Review 대응 양식을 마련한다면 향후 SCIE 급 저널에의 논문 투고가 수월해질 것이다.

3.7. 논문의 게재 확정 이후의 과정

3.7.1. 게재 확정 이후

논문 게재가 확정된 이후의 과정의 순서를 간략히 정리한다면 다음과 같다.

① 저널로부터 영문 Editing이 된 논문을 받아 검토, 확인 메일 통보
② 저널에서 수정된 사항에 대한 PDF 문서를 받아 검토, 확인 메일 통보
③ Elsevier, Wiley 등 출판사로부터 내용 및 용어에 대한 검토 요청 받아 수정
④ 최종 수정 완료 후 출판사 시스템에서 완료 확정

표 14

①번과 ②번 과정은 저널의 Editor와 연락을 주고받으며 진행된다. 저널의 게재료 정책 또는 Open Access 정책에 따라 투고자에게 비용이 청구될 수 있는데, 비용 청구는 교신저자의 이메일로 수신된다. 이메일에 안내된 지급 방법에 따라 금액을 내면 출판사로는 아래와 같이 영수증을 보내준다.

Payment confirmation MDPI

MDPI
[illegible]

Tel.: [illegible]
Fax: [illegible]
E-Mail: [illegible]
VAT nr. CHE-115.694.943

[illegible]

Basel, 10 July 2020

Description
Payment confirmation for invoice: sustainability-820262

MDPI confirms that it has received payment of invoice sustainability-820262 (invoice dated 06 July 2020)

Amount Received: 1800.00 CHF
Date Received: 10 July 2020

MDPI
[illegible]

그림 153

그 이후 표 14의 ⓷~⓸번 과정은 저널 Editor가 아닌 출판사와 진행한다. 출판사를 통해 논문을 최종적으로 교정하며 제출을 완료한다. 과정을 자세히 소개하면 다음과 같다.

3.7.2. 최종 교정과 제출

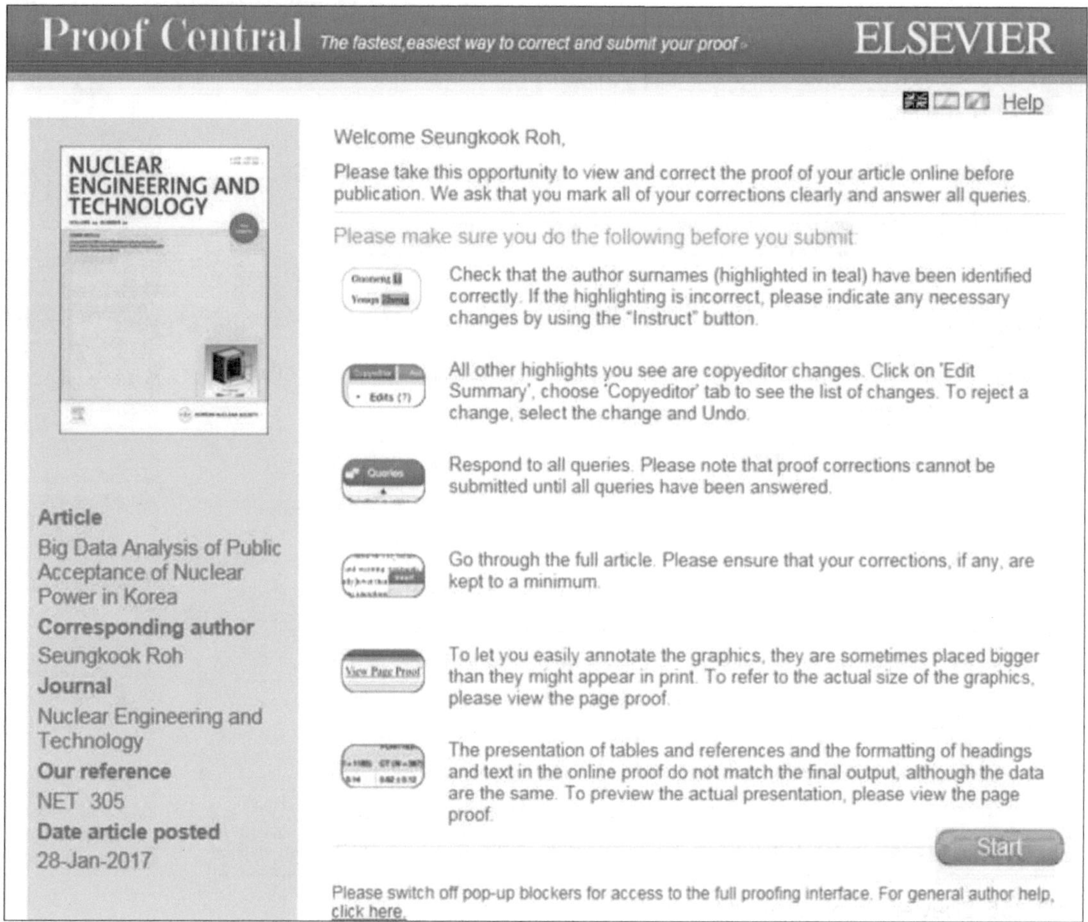

그림 154

그림 154는 Elsevier의 Proof Central(교정 센트럴) 화면이다. Proof Central에서는 저자명, 이메일 주소, 소속 등을 확인할 수 있다. 그러나 저자명 등에 대한 변경은 이미 저널 투고과정에서 Editor가 확인을 거친 사안이기 때문에 예외적으로 변경이 필요한 경우에는 출판사가 아닌 저널의 E ditor와 연락을 해야 한다.

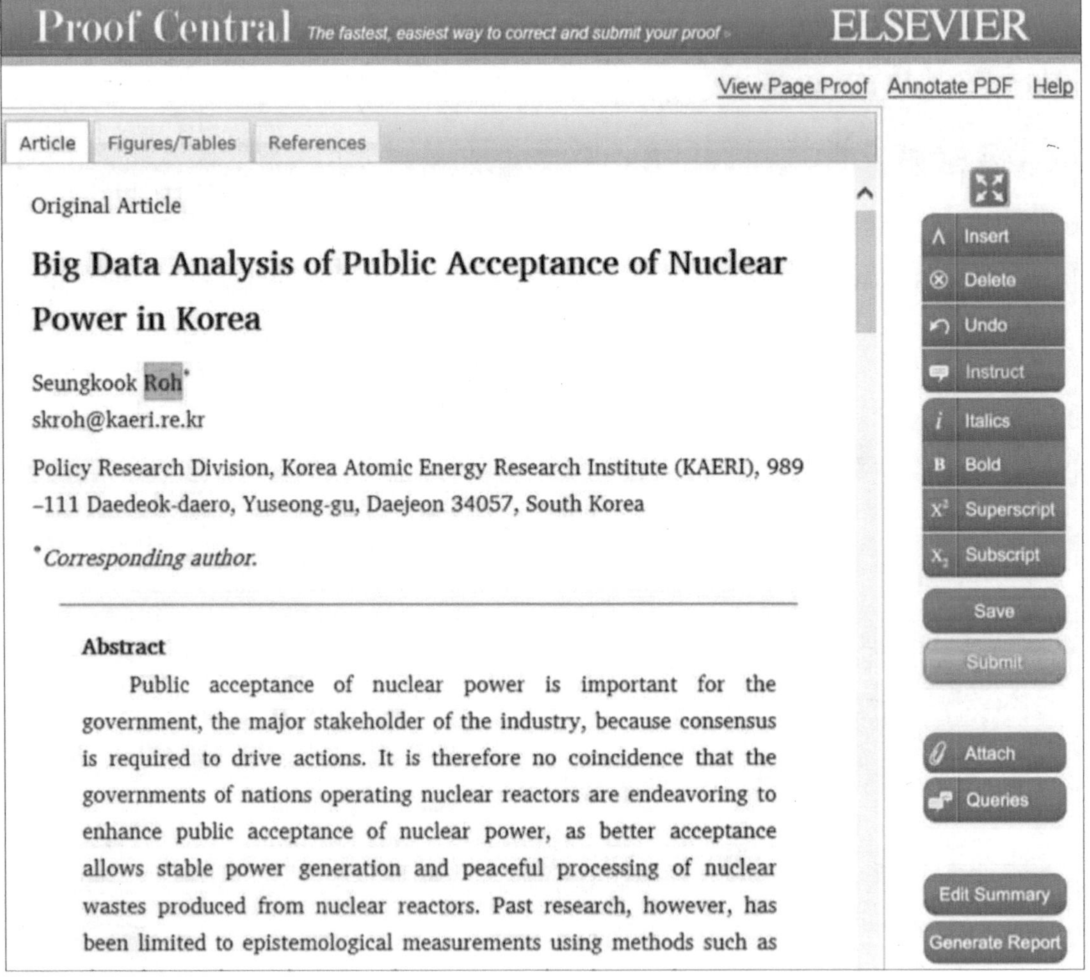

그림 155 Elsevier Proof Central의 교정 화면

출판사와 교정 작업까지 마쳤다면 논문 투고를 완료했다고 할 수 있다. 일정 기간을 기다리면 출판사로부터 최종 PDF 파일과 게재된 논문을 확인할 수 있는 URL 주소를 전달받을 수 있다.